KB056337

최신 송배전공학

공학박사 송길영 저

동일출판사

머리말
PREFACE

우리 나라 전력 계통은 지난 1961년 한국전력(한전) 발족 당시의 설비 용량 37만 [kW]에서 59년이 지난 2020년말에는 약 350배가 넘는 1억 2,900만 [kW]에 이르렀고, 전력 수요도 9,000만[kW]를 넘어서서 이제 그 규모만을 본다면 세계 13위를 차지하고 있다.

현재 한전은 우리 나라 유일의 전력사업체로서 제주도, 울릉도까지 포함한 전국의 전력 공급을 담당하고 있다. 전력 공급은 발전소에서 발전한 전력을 송배전 설비의 운용을 통해서 전국 방방곡곡에 산재한 수용가에게 전송, 배분함으로서 이루어지는데, 이러한 송배전 설비도 그 동안의 계통 규모의 확대와 더불어 엄청나게 확충되면서 과히 그 면모를 일신하고 있다고 하겠다. 우선 송전 전압이 154[kV]에서 345[kV]로, 다시 이것이 765[kV]로 승압 건설되면서 계통 구성도 종래의 단순한 방사상 계통에서 다중 루프 계통으로 바뀌고 그 보호 방식이나 계통 제어를 통한 운용 형태도 이전과 비교할 수 없을 정도로 고도화 되고 있다.

송배전 공학은 이러한 전력 전송 설비의 운용에 관한 내용을 다루고 있는 바, 비록 그 기본적인 원리라든지 역할면에서는 크게 변화한 것이 없다고는 하지만, 그래도 이처럼 계통이 양적으로 확대되면서 신기술 도입과 첨단 장비의 설치 운용이 진전되어서 질적면에서도 많은 변화를 가져온 만큼, 송배전 공학 자체도 그 내용에 있어 새로이 다듬어지고 또한 많이 보강 정비 되어야 한다는 것은 당연하다 하겠다.

일찍이 저자가 1967년에 한전 계통계획 과장으로 전력 분야에 첫발을 들여놓은 다음, 다시 1974년에 대학으로 자리를 옮기면서 한결같이 전력 공학 분야를 맡아서 강의해 왔었는데, 특히 그 중에서도 송배전 공학은 그 중심 과목으로서 가장 애착이 가고 또한 그 충실화에 노력해 왔었다.

그 동안 40여 년에 걸쳐 사용해 오면서 여러 차례 개정, 보완했던 "송배전 공학"을 이번에 다시 대폭 손질해서 명실공히 최신판으로서 내어놓게 되었다. 이번 개정에 있어서는 이론적인 보완도 물론 있었지만 그 보다도 우리 나라의 계통 현황을 중심으로 보다 실제적이며 실무적인 내용을 많이 보강하도록 하였다. 특히 송전 분야에서는 보다 넓은 시야에서 전력계통을 이해할 수 있게끔 전력조류계산, 계통보호방식, 안정도 문제 등을 확충시켰으며, 배전 분야에서도

보다 실무적인 지식 습득을 위해 예제 중심으로 다양한 실무계산 내용을 보강하였다.

그 내용은 대학이나 전문대학에서 대략 주 3시간 단위로서 1년 동안에 학습할 수 있는 분량으로 정리하였다. 집필 방향도 이제까지 자칫하면 수식의 나열과 설명으로 딱딱해지기 쉬운 내용들을 간결하게 요약해서 누구나가 쉽게 이해할 수 있게 하였으며, 또한 이해를 돕기 위한 예제도 보다 기초적이고 실제적인 것으로 대폭 수정, 대체하였다. 따라서 각 장별로 수록된 예제와 연습 문제(부록으로 연습 문제 해답을 수록하였음)만 잘 소화한다면 별도의 연습 시간을 갖지 않고도 충분히 송배전에 관한 기초 실력과 실무 지식을 흡수할 수 있을 것으로 믿는다.

그밖에 최근의 다양화된 계통 실정을 감안해서 컴퓨터에 의한 새로운 해석 방법 및 자동화 추세에 관한 내용도 여러 가지 소개하였다.

다만 교과 내용면에서나 한정된 지면 때문에 어느 정도 의도하였던대로 다듬어졌는지 의심스럽지만 일단은 송배전 공학의 기초 이론과 실무에 관한 지식을 조합시켜서 대학 및 전문대학에서 전력 공학 내지 송배전 공학을 선택한 학생이면 충분히 이해하고 소화할 수 있도록 가능한 한 알기 쉽게 기술하였으므로 이 분야에 관심이 많은 분들에게도 좋은 길잡이가 될 것으로 믿는다.

끝으로 이 책을 출간함에 있어서 수고해 주신 동일출판사 여러분께 심심한 사의를 표하는 바이다.

저자 씀

차례

CONTENTS

제1장 송배전 계통의 구성

제2장 가공 송전 선로

Transmission Distribution Engineering

차 례
CONTENTS

차례
CONTENTS

제5장 송전 특성

제6장 중성점 접지 방식과 유도 장해

차례
CONTENTS

제7장 고장 계산

제8장 안 정 도

차례
CONTENTS

제9장 이상 전압

제10장 보호 계전 방식

차례
CONTENTS

제13장 배전 선로의 전기적 특성

제14장 배전 선로의 관리와 보호

차례
CONTENTS

부록

Transmission Distribution Engineering

최신 송배전공학

최 · 신 · 송 · 배 · 전 · 공 · 학

Transmission Distribution Engineering

01장 송배전 계통의 구성

1.1 전력 계통의 개요

전기를 생산하고 이것을 수용가에게 공급하는 일련의 설비를 **전력 계통**(electric power system)이라고 한다. 전력 계통은 전기 사업의 핵심을 이루는 것이다. 그 설비 내용은 전력을 생산하는 수력 발전소, 화력 발전소, 원자력 발전소 등의 **발전 설비**와 여기서 생산된 전력을 수용 장소에까지 수송하고 배분하는 송전선, 변전소, 배전선 등의 **수송 설비** 및 수송 배분된 전력을 일반 가정이나 공장에서 소비하기 위한 **수용 설비** 등으로 구성되고 있다. 또, 여기에 이들을 유기적으로 결합하고 효율적으로 관리, 운용하기 위한 급전 설비, 통신 설비 등의 **운용 설비**가 포함된다. 그림 1.1은 이들의 개요를 나타낸 것이다.

송배전 계통은 전원으로부터 수송 설비를 거쳐 부하에 이르기까지 경제성과 신뢰성이라는 측면에서 협조가 잘 취해져 있어야 한다. 곧 발전소에서 발전한 전력을 가장 경제적이면서도 정전 사고가 없이 수용가에게 안정적으로 수송, 배분하여야 한다는 것이다.

본질적으로는 **송전**과 **배전**이라는 구별은 없지만 이중 전자는 대전력, 고전압, 장거리의 일괄 수송을 맡는 것이고 후자는 소전력, 저전압, 단거리 수송으로 넓게 분산된 수용가에게 전력을 배분한다는 데 중점을 두고 그 기능을 수행하는 것으로 이해하면 될 것이다.

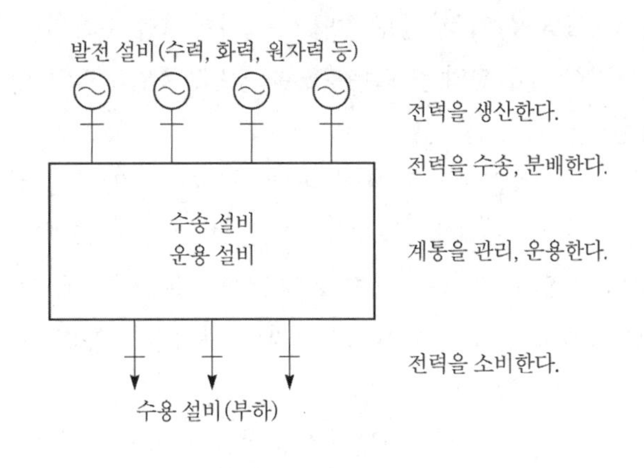

그림 1.1 전력 계통의 개요

일반적으로는 이들 양자에 관한 학습, 즉 송전 공학과 배전 공학을 따로 구분하지 않고 한데 묶어서 송배전 공학 또는 전력 공학이라는 과목으로 취급하는 경우가 많다.

이 책에서는 이러한 실정을 감안해서 전력의 수송, 배분까지의 전반에 걸친 내용을 총 14장으로 나누어서 알기 쉽게 설명하기로 한다.

1.2 송배전 선로의 구성

수력, 화력 또는 원자력 발전소에서 발전된 전력은 발전기가 회전기이고 발전기의 회전자가 120°의 위상각을 갖도록 배치되어 있기 때문에 그 전압은 3상 교류로서 6.6~24[kV] 정도로 낮은 것이 보통이다.

그러나 수전 전력은 전압의 제곱에 비례해서 결정되므로 이 정도의 낮은 발전 전압을 가지고는 대전력을 먼 지점까지 송전하기엔 부적당하다.

그러므로, 일반적으로는 발전단에 승압 변압기를 설치해서 대전력의 장거리 송전에 적당한 전압, 즉 154~345[kV] 또는 그 이상의 765[kV]라는 초고압으로 송전단 전압을 승압하여 이것을 **송전 선로**(이것을 1차 송전 선로라고 한다)를 통해서 수용지 부근의 변전소(1차 변전소라고 한다)에 일괄해서 송전하게 된다. 부하에 따라서는 직접 이 높은 전압으로 수전하는 경우도 있으나 일반적으로는 이 변전소에서 154~345[kV] 정도의 전압으로 강압하고 다시 2차 송전 선로를 거쳐서 수용지에 가까운 2차 변전소에 보내게 되며, 여기서 다시 22.9~154[kV] 정도로 강압된다. 2차 변전소로부터는 다시 3차 송전 선로에 의해서 수용 지역에 있는 배전용 변전소(3차 변전소라고도 한다)로 송전되고 여기서 최종적으로 22.9[kV]의 전압으로 낮추어진 후 배전 선로라든지 배전용 변압기를 사용해서 수용가에게 직접 공급하게 된다(우리 나라에서는 이러한 배전전압을 모두 22.9[kV]로 통일시키고 있다). 이와 같은 일련의 계통을 **송배전 계통**이라고 부른다.

이상의 설명은 어디까지나 일반적인 경우에 대한 것이다. 실제로 발전단에서 송전 전압을 몇 [kV]로 승압하고 이것을 몇 단계에 걸쳐서 강압해 갈 것인가, 또 도중의 중간 변전소에서 대수용가에게 몇 [kV]의 전압으로 직접 배전할 것인가 하는 것은 계통에 따라 각각 다를 수 있다. 그림 1.2에 발전소에서 수용가에 이르기까지의 송배전 계통의 개념도를, 그리고 그림 1.3에 이러한 송배전 계통의 구성 예를 보인다.

오늘날 송배전 계통은 주로 3상 3선식(교류)을 많이 채용하고 있기 때문에 이들 송배전 선로는 어느 것이나 모두 3상 3선식으로 되어 있지만 그림 1.3에서는 이것을 생략해서 1선 결선 형식으로 표시하였다. 보통 이와 같은 표현법을 **단선 결선도**라고 한다.

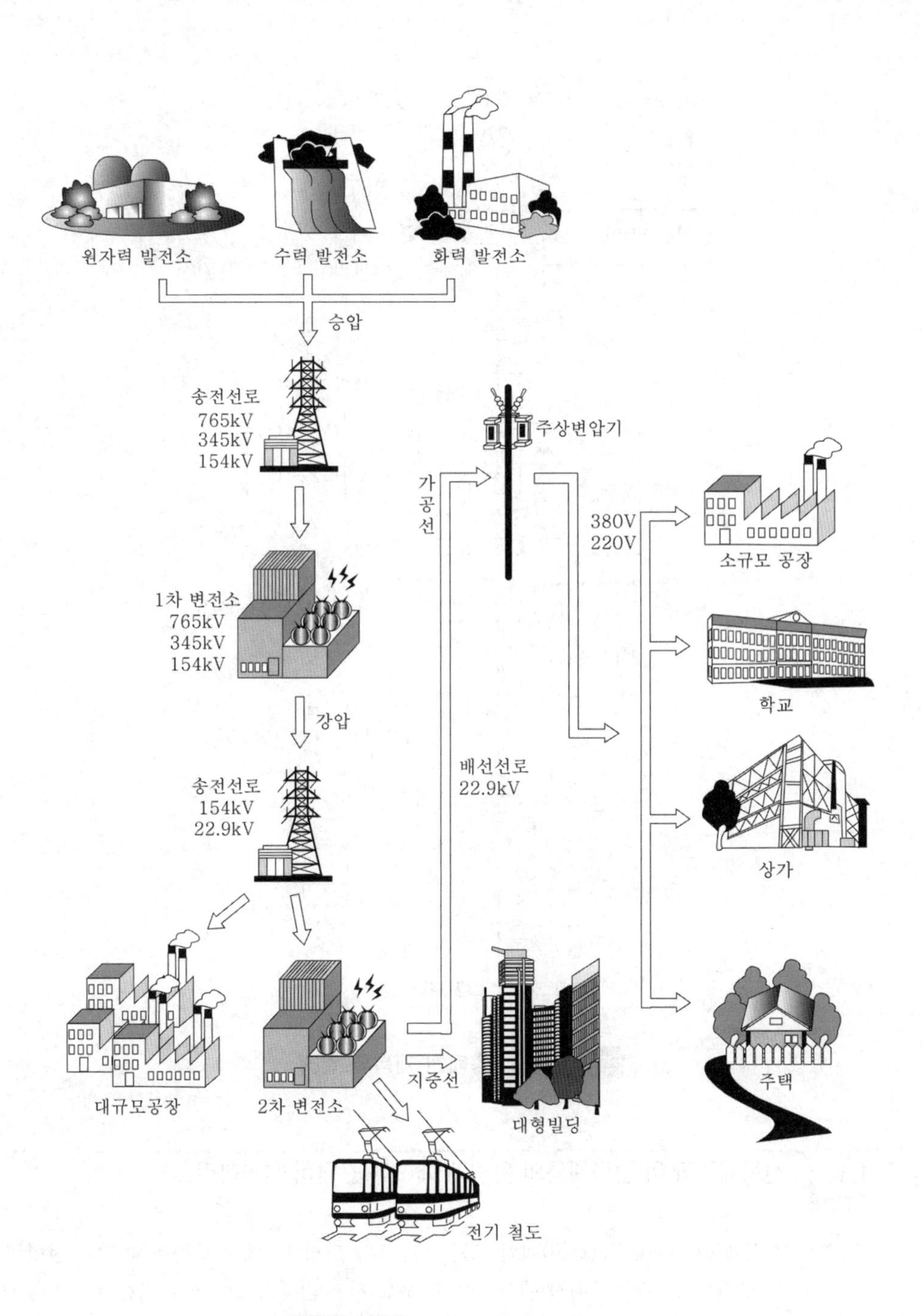

그림 1.2 송배전 계통의 개념도

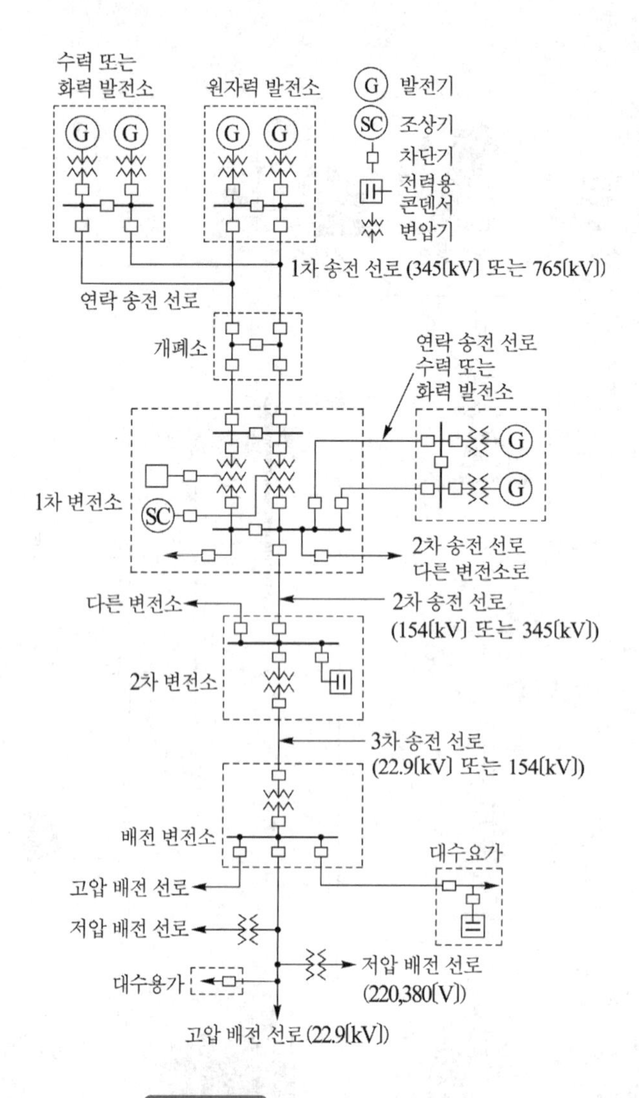

그림 1.3 송배전 계통의 일례

예제 1.1 전력계통과 이 전력계통의 운영에 대하여 간단히 설명하라.

전력계통(Power System)이란 그림 1.1, 또는 그림 1.2에서 보는 바와 같이 전력의 생산(발전) 및 수송(송, 배전)에서 소비지(수요)까지 전국적으로 상호 연결되어 있는 모든 전기설비를 말한다. 곧, 전력계통은 발전, 송전, 변전, 배전, 판매의 단계로 이루어져 있으며, 전국 단위로 전기적으로 모두 연결되어 있는 것이다.

전력계통의 운영은 바로 이 전력계통을 안정하고 효율적으로 유지하기 위한 일체의 업무를 말한다. 곧, 수급 조정(공급과 수요를 동일하게 맞춤), 계통해석(운전상태 파악), 계통보호(고장에 대비), 실시간 급전 운영 등을 하는 것이다.

참고로 우리나라에서 발전은 한전에서 분할 독립한 6개 발전회사 및 민간 발전회사가, 송배전설비의 건설과 운전은 한국전력이, 그리고 이들 전력계통의 운영은 전력거래소가 맡아서 하고 있다.

1.3 송전 방식

1.3.1 직류 방식과 교류 방식

현재 전력 전송은 발전으로부터 배전의 말단에 이르기까지 거의 전부가 교류 방식에 의해서 이루어지고 있다. 이것은 한마디로 말해서 교류 방식이 직류 방식보다 유리한 점이 많기 때문인데 그 내용을 살펴보면 다음과 같다.

(1) 교류 방식의 장점

1) 전압의 승압, 강압 변경이 용이하다.

전력 전송을 합리적, 경제적으로 운영해 나가기 위해서는 발전단에서 부하단에 이르는 각 구간에서 전압을 사용하기에 편리하고 적당한 값으로 변화시켜 줄 필요가 있다. 교류 방식은 변압기라는 간단한 기기로 이들 전압의 승압과 강압을 용이하게 또한 효율적으로 수행할 수 있다.

2) 교류 방식으로 회전 자계를 쉽게 얻을 수 있다.

교류 발전기는 직류 발전기보다 구조가 간단하고 효율도 좋으므로 특수한 경우를 제외하고는 모두 교류 발전기를 사용하고 있다. 또한, 3상 교류 방식에서는 회전 자계를 쉽게 얻을 수 있다는 장점도 있다.

3) 교류 방식으로 일관된 운용을 기할 수 있다.

전등, 전동력을 비롯하여 현재 부하의 대부분은 교류 방식으로 되어 있기 때문에 발전에서 배전까지 전과정을 교류 방식으로 통일하면 보다 합리적이고 경제적으로 운용할 수 있다.

그러나, 대전력의 장거리 수송이나, 케이블 송전 등의 경우에는 앞의 장점과는 달리 다음과 같은 이유로 이번에는 직류 방식이 교류 방식보다 유리해진다.

(2) 직류 방식의 장점

1) 절연 계급을 낮출 수 있다.

직류 방식은 선로 전압이 같은 실효값의 교류 전압 최고값의 $1/\sqrt{2}$ (≒ 0.707)배 이므로 선로의 절연이 그만큼 용이해진다. 따라서 가공선일 경우에는 선로의 건설비가 싸지고 철탑 등도 소형화 할 수 있다. 케이블 송전일 경우에도 교류송전에 의한 과대한 충전용량이라던가 유전체 손실의 발생이 없어서 송전용량을 크게 할 수가 있다.

2) 송전 효율이 좋다.

교류송전에서는 무효 전력이라든지 표피 효과 때문에 송전손실이 커지지만 직류에서는 이런 것이 없고, 또 역률이 항상 1로 되기 때문에 그만큼 송전 효율도 좋아진다.

3) 안정도가 좋다.

직류 방식에서는 리액턴스라든지 위상각에 대해서 고려할 필요가 없다. 이 때문에 교류 방식에서 문제가 되고 있는 안정도상의 제약이 없어서 전선의 열적허용전류의 한도까지 송전할 수 있다. 곧 대전력의 장거리 송전이 가능하게 된다.

4) 직류에 의한 계통 연계는 단락 용량을 증대 시키지 않기 때문에 교류 계통의 차단 용량이 작아도 된다.

5) 비동기연계가 가능하므로 주파수가 다른 계통간의 연계가 가능하다.

이상으로 어느 정도 장거리가 되면 직류 송전측이 유리해지는데 그 거리는 송전용량이나 지리적 조건에 따라 달라지지만, 가공선로의 경우 수 100[km], 케이블의 경우에는 수 10[km] 정도로 보면 될 것이다.

1.3.2 직류 송전 방식

전기사업의 초기에는 직류 발전기로 부근의 수요에 대해 수천 볼트 이하의 저전압으로 전력을 공급해왔으나, 수요가 증대하고 또한 공급 지역이 광범위해짐에 따라 변압기로 전압을 쉽게 변압할 수 있는 교류 송전이 유리하게 되어 현재는 거의 모두가 교류 송전을 하고 있다. 그러나 최근에 와서는 전원이 원격화되고 대용량화되었기 때문에 장거리, 대용량(수백 만[kW])용으로서 송전 안정도 문제가 없는 직류 송전이 각광을 받기 시작하고 있다.

고압 직류송전(High Voltage Direct Current Transmission : HVDC)은 발전소에서 발

전된 교류 전기를 높은 전압의 직류로 변환하여 멀리(보통 수백~수천 [km]) 떨어진 곳으로 송전하거나 수십 [km]이상 떨어진 육지와 섬을 해저 케이블을 사용해서 송전한 후에 이 고압 직류를 다시 교류로 바꾸어서 전력을 공급하는 송전 시스템이다.

기존의 교류 송전방식과 비교하여 이 직류 송전방식은 송전손실을 줄이고, 장거리 대용량의 전력 전송이라든가 주파수가 서로 다른 지역이나 국가 간 전력망 연계(이 경우에는 단거리 송전일수도 있다), 국가 간 또는 지역별의 계통분리(이 경우도 단거리 송전)등 그 동안 해결하기 어려웠던 문제들을 이 직류 송전방식으로 해결하게 되어서 현재 세계 각국에서 직류송전의 도입이 늘어나고 있다.

(1) 직류 송전 계통의 구성

직류 송전 계통은 일반적으로 그림 1.4 (a)에 나타낸 바와 같이 교류 계통-교류·직류 변환소-직류 송전선-직류·교류 변환소-교류 계통처럼 구성되고 있다.

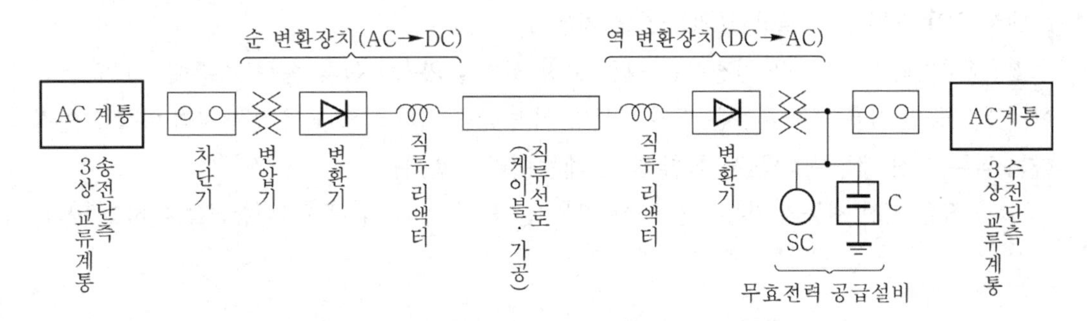

(a) 직류 송전 계통의 구성

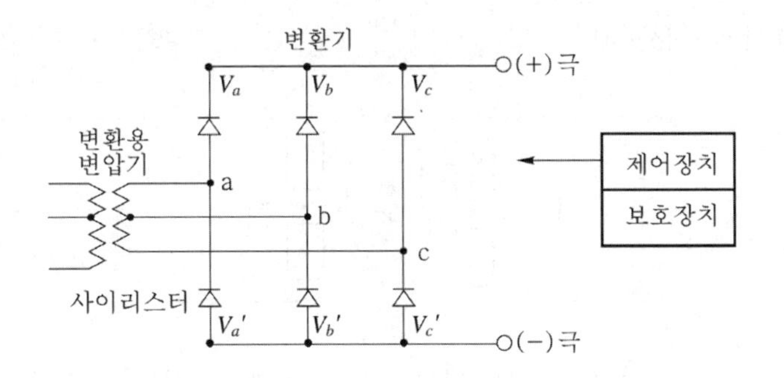

(b) 변환 장치의 주회로(3상 브리지 결선)

그림 1.4 직류 송전 계통의 구성 예

송전단측에서의 순변환소에서는 교류 계통의 전력을 변환용 변압기로 변환에 적합한 전압으로 변압하고 변환기로 교류를 직류로 순변환한다. 변환기는 그림 1.4 (b)에 나타낸 것처럼 사이리스터 밸브를 3상 브리지 결선해서 구성하고 있다.

변환기를 구성하고 있는 **사이리스터 밸브**의 기본적인 기능은 각 밸브암의 양극과 음극간에 순방향의 주회로 전압이 인가되어 있는 주기에는 게이트에 점호(点弧) 펄스를 인가하면 직시에 통전 상태로 되지만 양극과 음극간의 전압이 역방향으로 되면 주회로 전류를 차단하게 된다. 점호 펄스를 내는 시기를 적절히 제어함으로써 순변환(교류→직류), 역변환(직류→교류), 사고 전류 차단 등을 할 수 있다.

변환기에 의해 교류로부터 직류로 변환된 전력은 직류 리액터로 직류 전압의 맥동분을 평활화해서 직류로 송전하게 된다. 수전단측의 역변환소에서는 다시금 직류 리액터를 통과시킨 다음 변환기로 직류를 교류로 역변환하고 변환용 변압기로 교류 계통의 전압으로 변압해서 송전한다. 또한 변환기에서 교류를 직류 또는 직류를 교류로 변환할 경우, 각각 60[%] 정도의 진상 무효 전력을 공급해 주어야 하기 때문에 그 공급원으로서 필요에 따라 조상설비(전력용 콘덴서(SC) 또는 동기 조상기(RC))가 설치된다.

그림 1.4처럼 2지점간을 연결하는 직류 송전 계통을 **2단자 직류 송전 계통**이라고 하는데 현재 운전중인 직류 송전 계통은 거의 모두가 이 방식을 택하고 있다. 한편 3지점 이상을 연결하는 직류 송전 계통은 **다단자 직류 송전 계통**이라고 한다.

2단자 직류 송전 계통의 기본적인 구성으로서는 그림 1.5와 같은 회로 방식을 취하고 있다.

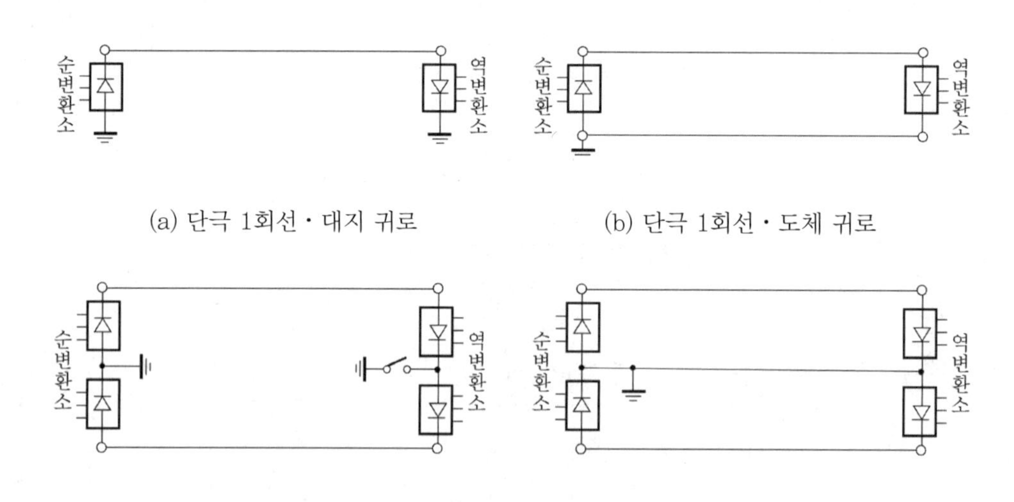

그림 1.5 2단자 직류 송전 계통의 송전 방식

변환 장치로서는 종래까지는 수은 정류기가 사용되어 왔었으나 1970년대 초 캐나다에서 고전압 사이리스터 변환 장치가 실용화된 이래 직류 송전은 모두 이 사이리스터 밸브로 구성, 운전하고 있다.

(2) 직류 송전 계통의 송전 방식

직류 송전으로 전력을 송전할 경우 직류 전압의 극수(단극 또는 쌍극) 및 귀로(대지 귀로 또는 도체 귀로)에 따라 그림 1.5와 같은 4가지 송전 방식이 사용된다.

1) 단극(1Pole) 대지(또는 해수) 귀로 방식

그림 1.5 (a)에서와 같이 가공선 또는 케이블을 왕로로 하고 대지 또는 해수(바닷물)를 귀로로 해서 사용하는 방법으로서 전선로는 한 가닥만 있으면 되기 때문에 건설비는 싸서 경제적이다. 그러나 대지를 귀로로 하기 때문에 이 귀로전류에 의한 대지에 매설된 수도, 가스, 파이프라인 등의 각종 금속시설물에 대한 전기적 부식문제라든가, 통신선의 전자유도장해 등을 발생할 우려가 있다. 또한 해저케이블의 경우에는 자기 컴퍼스(磁氣컴퍼스 ; 자기나침반(magneticcompass)에 대한 영향 등이 있다는 결점이 있다. 이 방식은 스웨덴의 고트랜드섬으로의 직류송전, 이탈리아의 살지니아섬으로의 직류송전 그리고 스웨덴－덴마크간의 콘티스칸연계 등에서 사용되고 있다.

2) 단극(1Pole) 도체 귀로 방식

그림 1.5 (b)에서와 같이 귀로로서는 도체를 따로 가설하는 방식으로서 인구 조밀 지역에서 각종 지하 공작물이 많은 곳에서는 직류 송전에 의한 전기적인 부식의 영향을 방지해야 하기 때문에 이 방식을 사용한다. 일본의 북해도－본토를 연계하는 250[kV] 직류 송전 계통에서 사용되고 있다.

3) 쌍극(2Pole) 중성점 양단 또는 1단 접지 방식

그림 1.5 (c)에서와 같이 이것은 그림 1.5 (a)의 방식을 2개 겹친 것으로서 한쪽 선로에 정전압, 다른 한쪽 선로에 부전압을 인가하고 중성점을 접지한 방식이다. 평상시에는 중성점에 전류가 거의 흐르지 않기 때문에 그림 1.5 (a)의 경우(대지 귀로방식)와 같은 각종 장해는 없고 또한 선로 또는 변환 장치의 한쪽 극 사고시에도 1/2의 전압으로 운전할 수 있어서 1/2의 용량의 전력을 보낼 수 있다는 특징이 있다(중성점 양단접지의 경우에 한함. 1단접지의 경우는 운전불능).

이 방식은 우리나라의 제주－육지(해남)간의 해저 케이블연계(±180[kV], 300[MW], 2Pole해수귀로방식)과 뉴질랜드의 남・북 섬 연계, 노르웨이－덴마크간의 스카게라아크 연계, 캐나다의 넬슨 리버 등 여러 곳에서 채택되고 있어, 직류 송전에서는 가장 일반적인 방식이라고 하겠다.

4) 쌍극(2Pole) 중성선 도체 방식

그림 1.5 (d)에서와 같이 그림 1.5 (c)의 방식의 중성점을 도체로 접속한 방식으로서 한쪽 선로에 정전압, 다른 쪽 선로에 부전압을 인가하고 중성선 도체에 대해서는 순 또는 역변환소의 어느 1점만을 접지한 것이다. 선로 또는 변환 장치의 한쪽 극 사고시에도 대지 귀로로 하지 않고 1/2의 전력을 계속 송전할 수 있는 방식으로서 그 실시 예로서는 우리나라의 제주-육지(진도)간의 해저케이블연계(±250[kV], 400[MW], 2Pole 전류제어형 도체귀로방식)와 일본의 북해도-본토 연계(현행 형태), 일본의 기이수도(紀伊水道) 직류연계, 캐나다의 뱅쿠버 섬 연계(최종 형태) 등을 들 수 있다.

참고로 직류차단은 교류의 차단에 비해 어려운 점이 많아서 이것이 직류 송전방식의 하나의 약점이 되고 있다는 것에 유의할 필요가 있다.

(3) 직류 송전의 적용 분야

직류 송전이 적용될 분야는 그 특징을 살려서 다음의 4가지로 분류된다.

① 대용량 장거리 송전
② 해저 케이블을 포함한 직류 송전
③ 교류 계통간 연계(비동기 연계, 서로 다른 주파수 교류 계통간 연계)
④ 과밀도시 지역의 직류 송전(단락 용량 대책에 의한 교류 계통간 연계를 포함함)

①은 직류가 절연계급을 낮출 수 있다는 경제적인 장점 외에도 직류에는 교류의 리액턴스에 해당하는 정수가 없기 때문에 교류의 안정도에 의한 제약이 없어서 전선의 열적(熱的)허용전류의 한도까지 송전할 수 있게 되어 대용량의 장거리 송전이 가능하게 된다는 것이다.

②는 육지에서 멀리 떨어진 섬까지 해저 케이블로 직류 송전할 경우 교류 송전과는 달리 충전용량이나 유전손의 발생이 없기 때문에 직류 송전이 훨씬 유리하다는 것이다.

③의 특수한 적용예로서 주파수가 서로 다른 계통간의 연계설비를 들 수 있다. 일본은 세계에서도 드물게 서일본은 60 사이클계통, 동일본은 50 사이클계통으로 운용 중에 있는데, 이처럼 양쪽의 주파수가 서로 다르기 때문에 교류 방식으로는 계통간의 연계가 불가능한데, 양계통의 경계점에 직류 방식인 주파수변환장치(교류(50사이클)변환 ↔ 직류 ↔ 변환 교류(60사이클)를 설치함으로써 양계통의 전력융통을 가능하게 하고 있는 것이다.

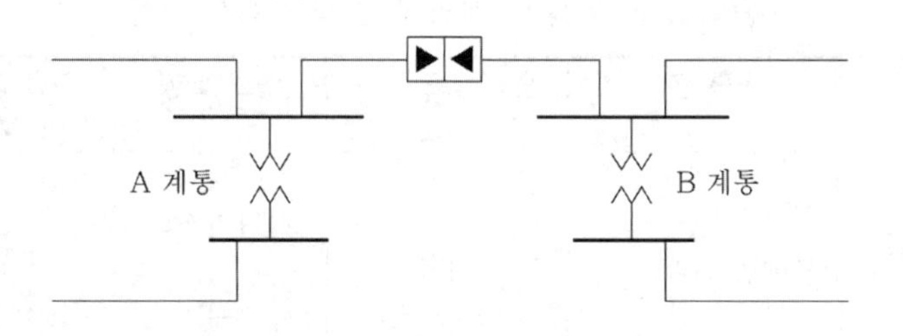

그림 1.6 직류 연계에 의한 교류계의 분할

마지막으로 ④의 직류 송전은 최근 문제가 되고 있는 단락 용량 억제 대책의 하나로서 그림 1.6에 보인 것처럼 직류 연계에 의한 교류 계통의 분할을 꾀하고자 하는 것이다. 단락 전류의 대부분은 무효 전류로 이루어지는데 직류 송전선은 무효 전류를 전송하지 않기 때문에 직류 연계로 교류 계통을 분할해 두면 단락시의 전류를 억제할 수 있다는 원리를 이용하고 있다.

이 밖에도 이 직류송전은 최근 각광을 받고 있는 신 재생 에너지의 계통연계에 대해서도 새로운 해결사로 관심을 모우고 있다. 곧, 녹색성장을 위한 신 재생 에너지원의 보급확대는 송전과 배전시스템의 안정성 확보를 필요로 하는 데, 최근 논의되고 있는 스마트 그리드의 필요 이유도 풍력발전을 비롯한 신 재생 에너지원의 가변적인 발전출력 문제를 전력망 차원에서 해결해서 이를 신 재생 에너지원의 전력계통에의 연계를 원활하게 해 줄 수 있다는 것이다. 곧, 직류송전은 대규모 신 재생 에너지원의 유연한 전력계통 연계를 위한 현실적인 대안으로도 활용될 전망이다.

(4) 직류 송전의 적용예

세계 최초의 직류송전은 스웨덴의 DC 100[kV], 20[MW], 수은 밸브에 의한 곳트랜드 섬에 대한 해저 케이블 송전이었다. 국내・외에서의 직류 송전의 실시 예를 보면 현재 60여 개에 달하고 있는데 이중 대용량 장거리 송전 분야에서의 적용이 80[%] 정도를 차지하고 있으며 그 다음이 해저 케이블을 포함한 직류 송전이 수10[%]에 이르고 있다.

표 1.1은 이들 중 대표적인 실시 예를 간추려서 정리한 것이다. 현재 운전중인 직류 송전설비는 약 55개소에 달하며 그 용량은 약 46,000[MW]이다. 이 중 일본에서는 세계에서도 드문 특수 운전 예로서 각각 주파수가 다른 동부 계통(50 사이클)과 중서부 계통(60 사이클)간의 주파수 변환을 통한 전력 융통을 위해서 이른바 주파수 변환소(125[kV] 300[MW]) 2개소를 각각 1970년과 1977년부터 건설해서 운전하고 있다(현재 3개소로 확충되었음).

표 1.1 운전 및 계획 중인 직류 송전 계통

국 명	계 통 명	송전선로 길이 [km]	밸브의 형	직류 전압 [kV]	용량 [MW]
스웨덴	곳트랜드	96	수은 사이리스터	100 → 150	20 → 30
영국 · 프랑스	영불해협 연계	65	수은	± 100	160
러시아	볼드그라드 -돈바스	470(가공선)	수은	± 400	720
스웨덴 · 덴마크	콘티 · 스칸	175	수은	± 250	250
일본	사쿠마 (주파수 변환소)	0	수은	2× 125	300
뉴질랜드	뉴질랜드	609	수은	± 250	600
이탈리아	살지니아	413	수은	± 200	200
캐나다	뱅쿠버	148	수은 사이리스터	± 300	450
미국	패시픽 인터타이	1362	수은	± 400	1440
캐나다	낼슨리버 Ⅰ	895	수은	± 300	1620
	증설	895	수은	± 450	1620
남아프리카	카보라바사	1414	사이리스터	± 533	1920
노르웨이 · 덴마크	스카게라크 Ⅰ ~ Ⅲ	230	〃	± 250	1190
일본	북해도-본토	193	〃	± 250	600
일본	신시나노 (주파수 변환소)	0	〃	2× 125	600
캐나다	넬슨리버 Ⅱ	900	〃	± 500	1800
미국	언더우드 미네아포리스	660	〃	± 400	1000
캐나다	걸 · 아일랜드	770/1060	〃	± 400	1600
러시아	엑스버쓰 센터	2400	〃	± 750	6000
영국 · 프랑스	영 · 불 연계 Ⅱ	66	〃	2× ±270	2000
미국	태평양 연안 남북 연계 Ⅱ, Ⅲ	1700	〃	±500	3400
브라질	이타입	783/804	〃	2× ±600	6300
미국	인터마운틴	800	〃	±500	7200
자이르	인가-사바	1700(가공)	〃	±500	560
한국	해남-제주	101	〃	±180	2× 150
	제주-진도	119	〃	±250	2× 200
일본	紀伊水道 연계	101	〃	±250	1400

참고로 우리나라에서도 제주도 전력계통의 공급 신뢰도 향상 및 발전 원가 절감을 위해 해남과 제주 사이에 총 길이 101[km], 2회선(150[MW/회선])의 DC±180[kV]의 해저 케이블에 의한 직류 송전선(제1 연계선 1998. 3)과 진도와 제주도 사이에 총 길이 113[km], 2회선(200[MW/회선])의 DC±250[kV]의 직류 송전선(제2 연계선, 2014. 4)이 건설되어 제주도

지역에의 전력공급을 크게 개선하게 되었다.

그후, 제주도에서의 수요가 계속 늘어남에 따라 새로이 완도와 제주도 사이에 99[km], ±150 [kV], 200[MW] 용량의 제3 연계선을 2023년 운전 목표로 건설 중에 있다. 다음에 이들의 설비 내역을 소개하면 다음과 같다.

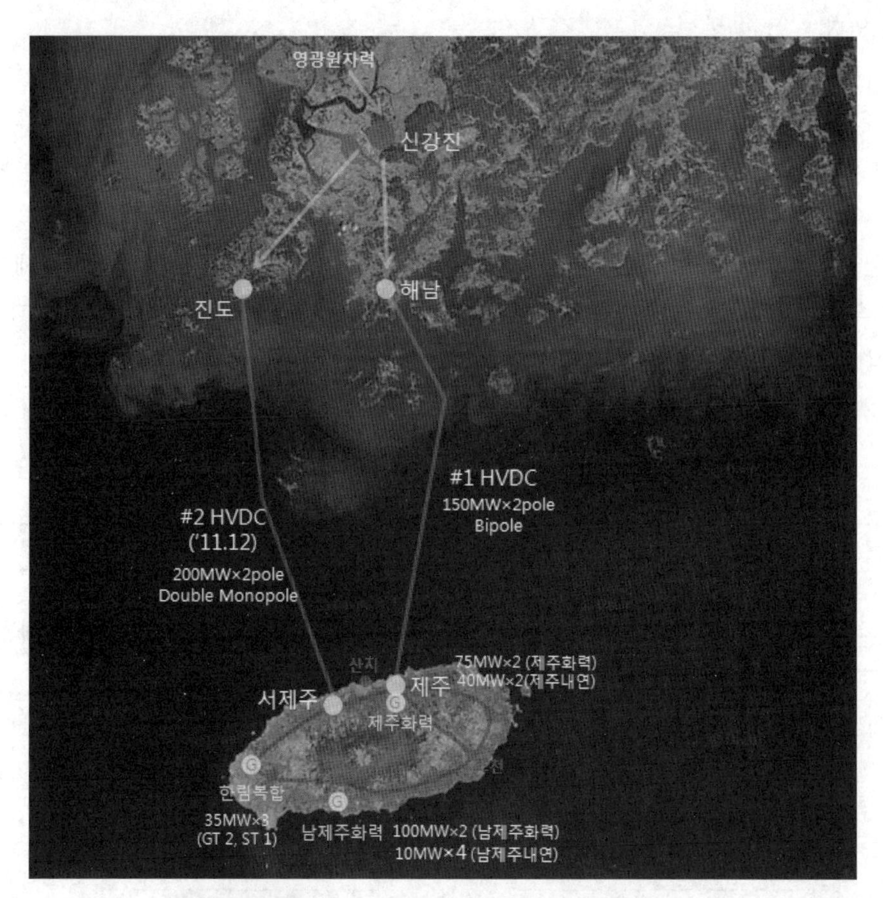

그림 1.7 육지와 제주도를 연결하는 직류송전

1. 제1차 직류 송전 시스템 (쌍극 해수귀로 방식)	2. 제2차 직류 송전 시스템 (2중단극 도체귀로 방식)
① 변환 장치 2개소(해남과 제주) 전압 : AC 154[kV] ⇔ DC±180[kV], 형식 : Thyristor Valve, Bipole 연속 정격 용량 : 150[MW]×2 Pole ② HVDC 케이블 긍장 : 101[km]×2(해저 구간 96[km]×2) 종류 : Solid type(Cu 800[mm^2]) 정격 : 180[kV], 840[A], 150[MW]	① 변환 장치 2개소(진도와 제주) 전압 : AC 250[kV] ⇔ DC±250[kV] 형식 : Thyristor Valve, Bipole 연속 정격 용량 : 200[MW]×2 Pole ② HVDC 케이블 긍장 : 101[km]×2(해저 구간 96[km]×2) 종류 : Solid type(Cu 900[mm^2]) 정격 : 250[kV], 800[A], 200[MW]

이밖에도 완도-제주를 잇는 제3 연계선(±150[kV], 200[MW], 99[km]의 직류 해저 케이블)이 2023년 운전 목표로 해서 현재 건설 중에 있다.

한편 육지에서의 장거리 대용량 송전에서는 여러 가지 기술상의 이유로 교류가 많이 사용되었지만, 앞으로 인버터, 전기자동차 등 일상생활에 직류를 사용할 일이 더 많아질 것으로 예상되고 있다.

또한 근래에는 지구 온난화 문제와 관련해서 신재생 에너지원의 도입이 늘어나고 있는데, 이들의 중심이 될 태양광 발전이나 풍력발전, 그리고 축전지(ESS)는 그 모두가 직류로 출력을 하고 있는 것이다. 이처럼 직류 작동을 하는 기기들은 굳이 교류로 변환하지 않아도 직류 그대로 사용할 수 있을 것이며 이렇게 된다면 전력 손실을 줄여 더 효과적일 것이다.

이러한 추세를 감안해서 우리나라에서도 동해안 또는 서해안의 대용량 발전단지에서 발전한 전력의 수도권 수송 또는 계통 간의 연계를 위해 765[kV]의 초고압 교류송전을 대신해서 500[kV]의 초고압 직류송전(HVDC)을 건설 또는 건설 계획 중에 있다.

표 1.2는 우리나라에서의 이러한 직류송전의 현황을 보인 것이다.

표 1.2 우리나라에서의 직류송전 현황

구 분	송전선로 경로	준 공	DC 전압	용 량	길 이	목 적
운영 중	해남-제주(#1)	1998	±180[kV]	150[MW]×2	101[km]	제주-육지 전력계통 연계
	진도-제주(#2)	2013	±250[kV]	200[MW]×2	113[km]	〃
건설 예정	완도-제주(#3)	2021	±150[kV]	200[MW]	99[km]	〃
건설 중	북당진-고덕(#1)	2019	±500[kV]	1.5[GW]	34[km]	서해안 발전력 수도권 수송
	북당진-고덕(#2)	2021		1.5[GW]	34[km]	
건설 예정	신한울-신가평(#1)	2021	±500[kV]	2.0[GW]×2	226[km]	동해안 발전력 수도권 수송
	신한울-수도권(#2)	2022		2.0[GW]×2	258[km]	
	해상풍력-새만금	2023		2.0[GW]	80[km]	서남해 풍력 발전력 수송

예제 1.2 전압의 첨두값이 같은 교류 송전 선로와 직류 송전 선로가 있다. 지금 이 두 선로에서 같은 전력을 보내고 있다고 할 경우 교류 선로에서의 선로 손실은 직류 선로의 그것에 비해 어떻게 되겠는가?

풀이 교류 전력 P_{ac}는 상전압이 V_a이고 선로 전류가 I_L이라면

$$P_{ac} = 3V_a I_L$$

한편 직류 전력 P_{dc}는

$$P_{dc} = 2V_d I_d$$

제의에 따라 $P_{ac} = P_{dc}$이므로

$$3V_a I_L = 2V_d I_d$$

교류 송전에서 보통 우리가 사용하는 V_{ac}의 값은 첨두값 $V_{ac}^{\max}$에 대한 실효값, 즉, $V_{ac} = \frac{1}{\sqrt{2}} V_{ac}^{\max}$이다. 따라서,

$$3 \cdot \frac{V_{ac}^{\max}}{\sqrt{2}} \cdot I_L = 2V_{dc}^{\max} \cdot I_d$$

제의에 따라 $V_{ac}^{\max} = V_{dc}^{\max}$ 이므로

$$I_d = \frac{3}{2\sqrt{2}} I_L = 1.06\, I_L$$

선로 손실은 교류 송전에서는 3선이 필요하고 직류 송전에서는 2선이 필요하므로

$$P_{Lac} = 3I_L{}^2 R_L$$
$$P_{Ldc} = 2I_d{}^2 R_L$$

따라서

$$\frac{P_{Lac}}{P_{Ldc}} = \frac{3}{2}\left(\frac{1}{1.06}\right)^2 = 1.33$$

로서 교류 송전의 경우 선로 손실은 직류 송전시의 선로 손실에 비해 1.33배가 된다는 것을 알 수 있다.

1.3.3 교류 송전 방식

이것은 그림 1.8에서와 같이 발전기에서 발전된 전력을 변압기로 적당한 전압으로 높여서 송전하는 것으로서 직류 송전 방식처럼 중간에 아무런 변환 설비를 두지 않고 발전에서 말단 수요까지 모두 교류로 통일해서 운전하는 방식이다. 그림 1.8은 교류 송배전 계통의 개요를 보인 것인데, 여기서는 전력 계통에서도 중심이 되는 기간 송전 계통(우리 나라에서는 154[kV] 및 345[kV] 또는 765[kV] 송전 선로로 구성된다)의 일례를 보인 것이다.

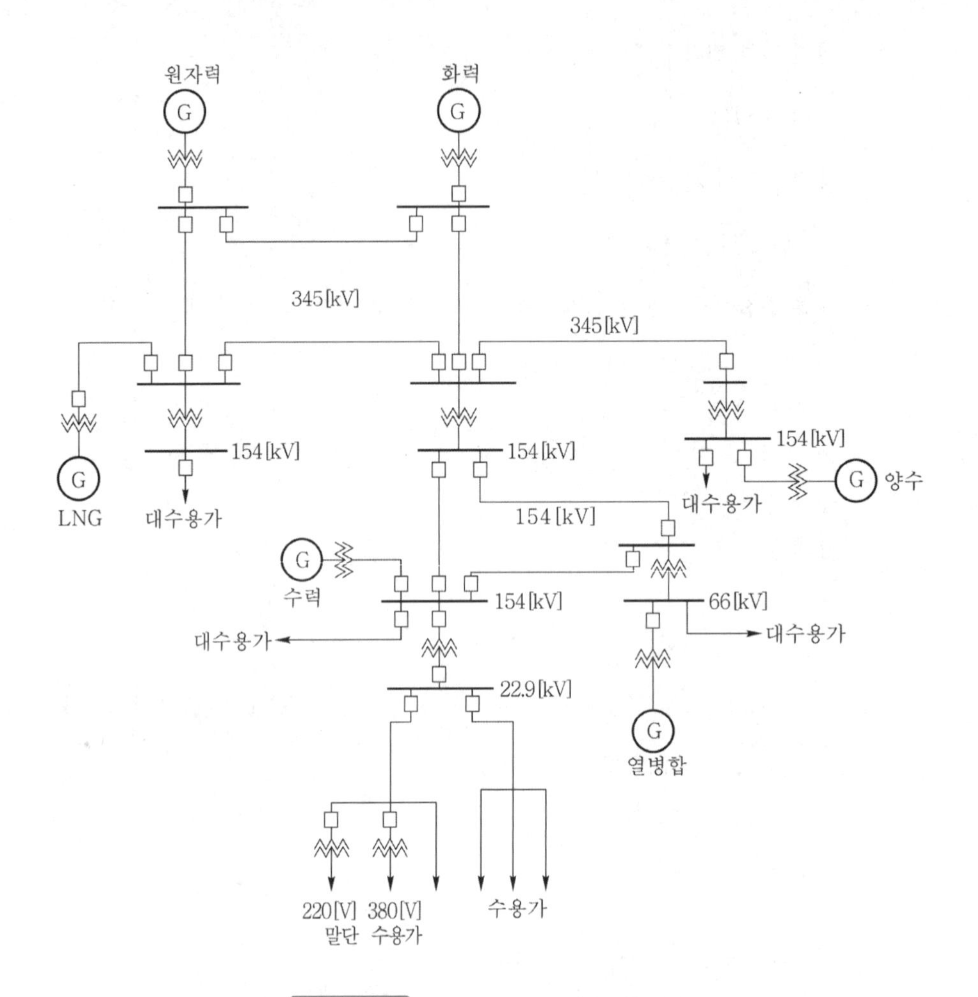

그림 1.8 교류 송배전 계통의 일례

교류 방식에는 단상, 3상 등 여러 가지가 있으나, 전선 한 가닥당의 송전 전력이 크다는 것, 회전 자계를 쉽게 얻을 수 있어서 회전 기기의 사용에 편리하다는 것, 그리고 3상분을 합계한 송전 전력의 순시값이 일정해서 단상처럼 맥동하지 않는다는 것 등의 이유에서 3상 3선식이 일반적으로 많이 쓰이고 있다.

각종 전기 방식에서 회로 중의 최대 선간 전압 V[V], 선로 전류 I[A] 및 역률 $\cos\phi$를 일정하다고 할 때, 전선 한 가닥당의 송전 전력 P[W]는 표 1.3처럼 되어 교류 3상 3선식이 가장 유리하다는 것을 알 수 있다. 이 때문에 송전에서는 3상 3선식이 채용되고 있으며 또한 배전에서도 고압선 및 동력용 전압선에 이 방식이 사용되고 있다.

이밖에 3상 4선식과 단상 3선식은 같은 회선에서 선간 전압과 상전압의 양전압을 이용할 수 있기 때문에 배전에서 많이 채용되고 있다.

표 1.3 각종 전기 방식에 의한 전송 전력

전기 방식		송전 전력 (P)	전선 한 가닥당의 송전전력		비 고
			송전 전력 (P_1)	직류 2선식을 100[%]로 한 백분율 (p)	
직류 2선식		VI	$VI/2$	100	
교류 방식	(a) 단상 2선식	$VI\cos\phi$	$VI\cos\phi/2$	100	중성선은 외선과 같은 굵기
	(b) 단상 3선식	$VI\cos\phi$	$VI\cos\phi/3$	66.6	
교류 방식	(c) 3상 3선식	$\sqrt{3}\,VI\cos\phi$	$\sqrt{3}\,VI\cos\phi/3$	115	
	(d) 3상 4선식	$\sqrt{3}\,VI\cos\phi$	$\sqrt{3}\,VI\cos\phi/4$	87	중성선은 외선과 같은 굵기
	(e) 대칭 n상 n선식	$n\dfrac{V}{2}I\cos\phi$	$VI\cos\phi/2$	100	n은 짝수, Y결선 또는 △결선

표 1.3에 나타낸 각종 전기 방식의 회로도를 그림 1.9에 보인다.

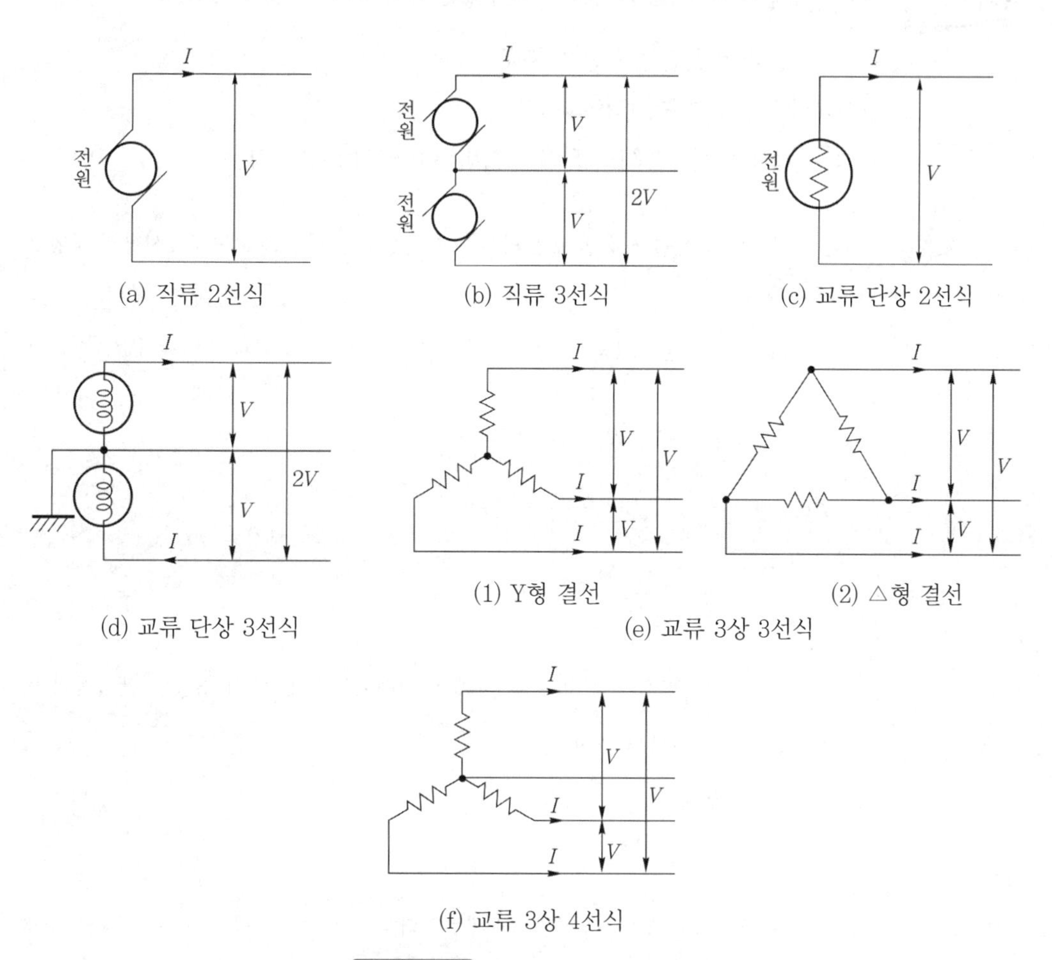

그림 1.9 각종 전기 방식(교류)

예제 1.3 송전 전력, 부하 역률, 송전 거리, 전력 손실 및 선간 전압이 같을 경우 3상 3선식에서 전선 한 가닥에 흐르는 전류는 단상 2선식의 경우의 몇 배가 되는가?

지금 부하 전력을 P[W], 선간 전압을 V[V], 부하 역률을 $\cos\phi$, 단상 2선식 및 3상 3선식의 전류를 각각 I_2[A] 및 I_3[A], 단상 및 3상의 전선 1가닥당의 저항을 각각 $R_2[\Omega]$ 및 $R_3[\Omega]$이라고 하면 I_3과 I_2의 비는

$$\frac{I_3}{I_2}=\frac{P/(\sqrt{3}\,V\cos\phi)}{P/V\cos\phi}=\frac{1}{\sqrt{3}}$$

로 된다.

예제 1.4 예제 1.3에서 각각 P, $\cos\phi$, l, V가 같다고 하고

(1) 같은 굵기의 전선을 사용할 경우

(2) 전선의 전중량을 동일하게 할 경우

단상 2선식과 3상 3선식의 전력 손실비는 어떻게 되겠는가?

(1) 같은 굵기의 전선을 사용할 경우의 비교 : 전선의 굵기가 같으므로 1선당의 저항 R은 같다.

$$\text{단상 : } P_{l2}=2I_2^{\,2}R_2=2R\left(\frac{P}{V\cos\phi}\right)^2$$

$$\text{3상 : } P_{l3}=3I_3^{\,2}R_3=3R\left(\frac{P}{\sqrt{3}\,V\cos\phi}\right)^2$$

이므로

$$\frac{P_{l3}}{P_{l2}}=\frac{3}{2}\times\left(\frac{1}{\sqrt{3}}\right)^2=\frac{1}{2}\ \text{또는 } 50[\%]$$

한편 전선의 단면적은 저항$\left(=\rho\dfrac{l}{A}\right)$에 역비례하므로 단상 및 3상의 단면적의 비 S_2/S_3은 다음 식으로 된다.

$$\frac{S_2}{S_3}=\frac{R_3}{R_2}=2$$

(이것은 $P_l=2I_2^{\,2}R_2=3I_3^{\,2}R_3$의 관계로부터 $\dfrac{R_3}{R_2}=\dfrac{2}{3}\cdot\left(\dfrac{I_2}{I_3}\right)^2=\dfrac{2}{3}\cdot(\sqrt{3})^2=2$로 구할 수 있다.)

따라서 구하고자 하는 전선의 중량비 W_3/W_2는

$$\frac{W_3}{W_2}=\frac{3S_3l}{2S_2l}=\frac{3}{2}\cdot\frac{1}{2}=\frac{3}{4}(\text{또는 } 75[\%])$$

으로 되어 결국 전선 중량은 같은 조건에 대해서 3상 3선식 쪽이 단상 2선식으로 송전하는 것보다 75[%]의 전선 총량으로 송전할 수 있다는 것을 알 수 있다.

(2) 전선의 전중량을 동일하게 할 경우의 비교 : 단상인 경우의 전선 1가닥의 저항을 R이라고 하면 3상인 경우의 전선 1가닥의 저항은 $3/2\cdot R$로 된다. 따라서

$$\text{단상 : } P_{l2}=2I_2{}^2R=2R\left(\frac{P}{V\cos\phi}\right)^2$$

$$\text{3상 : } P_{l3}=3I_2{}^2\cdot\left(\frac{3}{2}R\right)=3\left(\frac{P}{\sqrt{3}\,V\cos\phi}\right)^2\left(\frac{3}{2}R\right)=\frac{3}{2}R\left(\frac{P}{V\cos\phi}\right)^2$$

로 되므로 전력 손실비는 $\dfrac{P_{l3}}{P_{l2}}=\dfrac{3}{4}$ 또는 75[%]로 된다.

1.4 송전 전압

1.4.1 송전 전압과 송전 전력과의 관계

3상 3선식 송전 선로에서 선간 전압을 V[V], 선로 전류를 I[A], 역률을 $\cos\phi$, 송전 전력을 P[W], 송전 손실률(소수)을 p, 송전 거리를 l[m], 전선 한 가닥의 저항을 $R[\Omega]$이라고 하면

$$P=\sqrt{3}\,VI\cos\phi[\mathrm{W}] \tag{1.1}$$

$$p=\frac{3I^2R}{P}=\frac{\sqrt{3}\,IR}{V\cos\phi} \tag{1.2}$$

$$R=\frac{pV\cos\phi}{\sqrt{3}I}=\frac{pV^2\cos^2\phi}{P}[\Omega] \tag{1.3}$$

로 된다.

여기서, 전선의 단면적을 $A\,[\mathrm{cm}^2]$, 체적 저항률을 $\rho[\Omega\cdot\mathrm{m-mm}^2]$라고 하면

$$R = \rho \frac{l}{A}$$

이므로 식 (1.3)으로부터

$$\rho \frac{l}{A} = \frac{pV^2\cos^2\phi}{P}$$

$$\therefore\ A = \frac{\rho l P}{pV^2\cos^2\phi}[\text{cm}^2] \tag{1.4}$$

로 된다. 전선의 밀도를 σ[kg/cm^3]라고 하면 전선의 총중량 W[kg]은

$$W = 3lA\sigma = \frac{3\rho\sigma l^2 P}{pV^2\cos^2\phi}[\text{kg}] \tag{1.5}$$

로 된다. 곧 l, P, p 및 전선 재질(ρ, σ)이 일정하다고 할 경우 소요 전선 중량 W는

$$W \propto \frac{1}{V^2\cos^2\phi} \tag{1.6}$$

로 되어, 송전 전압과 역률의 제곱에 반비례한다는 것을 알 수 있다.

또한, 식 (1.5)로부터

$$P = \frac{WpV^2\cos^2\phi}{3\rho\sigma l^2} = 3lA\sigma \cdot \frac{pV^2\cos^2\phi}{3\rho\sigma l^2} = \frac{pAV^2\cos^2\phi}{\rho l} \tag{1.7}$$

로 되어 일정한 송전 거리, 송전 손실률, 역률에 대하여 같은 전선을 사용한다고 하면

$$P \propto V^2 \tag{1.8}$$

로서 송전 전력은 선간 전압의 제곱에 비례해서 증가한다는 것을 알 수 있다.

오늘날 전력 계통의 규모가 커지면서 대용량, 장거리 송전의 필요성이 높아짐에 따라 송전 전압이 상승하고 있다는 것은 바로 이러한 경제적인 이유에 의거하기 때문이다.

주어진 송전 전압에 대한 송전 용량은 송전 거리라든가 전압 강하 또는 안정도상의 제약 등 여러 가지 요인에 의해서 정해지지만 여기서 그 개략적인 값을 소개하면 표 1.4와 같다(이것은 어디까지나 참고적인 값이다).

표 1.4 송전 전압과 송전 용량

전압[kV]	송전 용량[MW/cct]	거리[km]	사용 전선	비 고
345	600	200	ACSR 480[mm^2]×2	SIL×1.6
154	100	100	ACSR 330[mm^2]	SIL×1.6
66	30	30	ACSR 160[mm^2]	전압 강하 10[%]
22.9-Y	10	10	ACSR 95[mm^2]	전압 강하 10[%]
6.6	2	3	경동선 38[mm^2]	전압 강하 10[%]

* SIL : 고유 부하(surge impedance loading)

예제 1.5 그림 1.10과 같은 T분기 선로 및 π분기 선로의 차이점을 설명하여라.

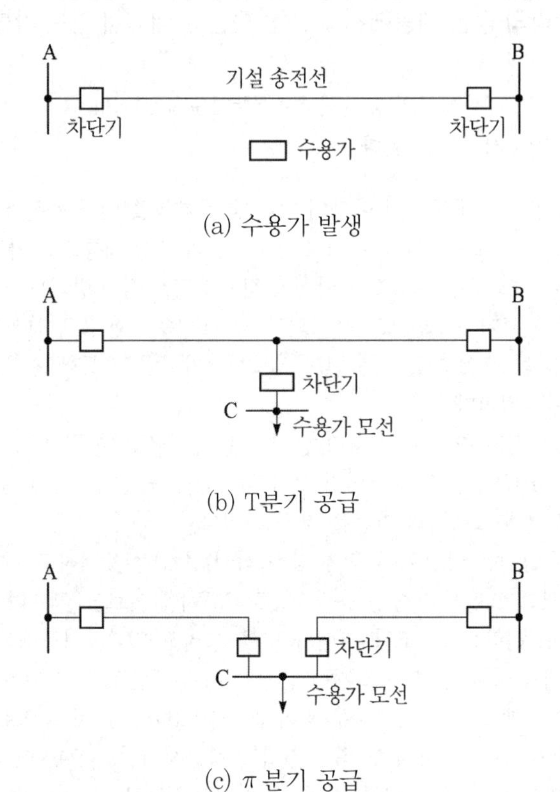

그림 1.10 T분기 선로 및 π 분기 선로

가령 A, B 모선을 연결하는 송전 선로가 있는데 이 A, B 구간의 중간에 대수용가가 새로 생겨서 전력 공급을 원할 때 A 모선 또는 B 모선으로부터 따로 송전선을 끌어서 전력을 공급하기가 어려울 경우 A, B 구간을 연결하는 기설 송전선의 중간에서 선을 뽑아

서 공급하는 경우가 생긴다. 이때의 분기 형식이 문제로 주어진 T분기 또는 π분기로서 수용가 모선인 C 모선에서 보면

(1) T분기쪽이 π분기쪽보다 설비비가 저렴하다(그림에서 보는 바와 같이 우선 차단기 수가 적다).
(2) A-B간 선로에 고장이 발생하면 T분기쪽은 C 모선도 정전이 되지만 π분기 쪽은 A-C간 또는 B-C간 선로가 동시에 고장이 나지 않는 한 정전이 되지 않으므로 공급 신뢰도가 높다.
(3) 보호 계전 방식면에서도 π 분기쪽이 신뢰성이 높다. 따라서 중요한 부하(정전이 되어서는 안 될 부하)라면 π 분기로 해야 한다. 그러나 이 방식은 설비비가 많이 들기 때문에 경우에 따라서는 보다 저렴한 T 분기로 하는 경우가 많다.

예제 1.6 우리 나라의 송전 계통에서의 송전 전압에 대해서 아는 바를 설명하여라.

오늘날 우리 나라에서의 송전계통에서는 154[kV], 345[kV] 및 765[kV]라는 3종류의 송전 전압이 사용되고 있다.

(1) 154[kV]는 과거 우리 나라의 기간 송전 계통을 이룬 송전 전압으로서 60년대 초반의 방사상 계통에서 60년대 후반부터는 루프상 계통으로 확장되었다. 또한 1968년 이후 유효 접지 방식(소호 리액터 접지→직접 접지 방식)으로 전환 운전중이며 거의 모든 선로가 2회선으로 구성되고 있으나 송전 용량은 회선당 100[MW] 정도밖에 되지 않으므로 최근에는 345[kV] 초 고압 송전 계통에 송전 기능을 많이 넘겨 주고 있는 실정이다.
(2) 345[kV]는 현재 우리 나라 송전 계통의 골격을 이루고 있는 기간 송전 전압이다. 지난 1976년부터 운전되기 시작해서 대규모 발전소의 송전과 지역간 연계를 위한 전력 계통으로서의 기능을 다하고 있다.
접지 방식은 역시 유효 접지 방식(직접 접지)을 채택하고 2회선 구성을 표준으로하고 있으며 회선당 송전 용량도 600[MW]에 이르고 있으며 계속 확장 중에 있다.
(3) 765[kV]라는 초 고압 시대가 막을 올리고 있다. 최근에는 계통 규모가 9000만[kW]를 넘었고, 전원 입지상 한 곳에서 수백만[kW]가 넘는 대용량 발전소가 집중적으로 개발되고 있기 때문에 이제까지의 345[kV] 송전으로는 다수의 회선수가 요구되기 때문에, 다시 이 송전 전압을 격상시키지 않으면 안 되게 되었다. 이를 위해서 현재 우리 나라에서는 최고 송전 전압으로서 765[kV] 송전 전압이 채택되어 서해안의 대용량 화력단지와 영동의 원자력단지를 경인 지구에 연결하는 765[kV] 송전선이 2000년대 초에 준공되어 운전 중에 있다. 참고로 일본에서는 1990년대에 대 용량 원자력 발전단지의 전력을 수송하기 위해서, 일부 구간에 1000[kV] 송전선을 건설하였으나, 아직도 이것을 500[kV]로 운전하고 있기 때문에 우리나라의 이 765[kV] 송전 전압은 아시아에서도 제일 높은 송전 전압으로 되고 있다.

1.4.2 표준 전압 및 공칭 전압

일정한 거리에 전력을 송전할 경우 송전 전압을 높이면 높일수록 같은 전선로로 보낼 수 있는 전력이 증대되어 유리해진다. 그러나, 한편 전압을 높여 주면 그만큼 전선로라든가 접속된 각종 기기의 절연 내력을 높여 주어야 하기 때문에 이에 소요되는 절연 비용이 증가해서 어느 한도 이상이 되면 오히려 비경제적으로 될 수 있다.

다음에 송전 전력의 크기와 송전 거리가 정해지면 송전 전압으로서는 어떠한 값을 선정하는 것이 가장 경제적인가를 살펴보기로 한다. 일반적으로 일정한 전력을 일정한 거리에 송전하는 데 전압을 높여 주면 경제적인 측면에서는 다음과 같은 경향을 보이게 된다.

(1) 건설비

① 전선의 굵기가 가늘어도 된다. 즉, 전선의 비용은 낮아진다.
② 절연 내력을 높여야 하기 때문에 애자 및 각종 기기의 가격은 비싸진다.
③ 지지물에 대해서는 전선 상호간의 거리를 크게 하여야 하므로 더 높고 큰 철탑이 소요되기 때문에 지지물의 가격은 비싸진다.

(2) 운전 유지비

① 전력 손실(I^2R)은 전압의 제곱에 반비례해서 감소한다.
② 기타의 운전 유지비는 전압과 더불어 증가한다.

각종의 전압에 대해서는 이와 같은 각 항목에 대하여 구체적으로 계산을 해서 연간의 총지출이 최소로 되는 가장 경제적인 전압을 선정하게 되는데 그림 1.11은 이들의 관계를 나타낸 것이다.

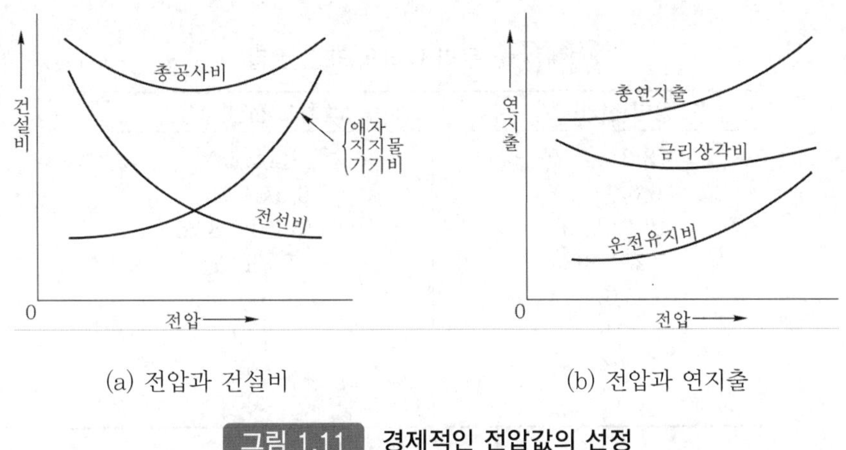

(a) 전압과 건설비 (b) 전압과 연지출

그림 1.11 경제적인 전압값의 선정

Alfred Still씨는 경제적 전압의 산정식으로서 다음과 같은 실험식을 제안한 바 있다.

$$\text{사용 전압[kV]} = 5.5\sqrt{0.6 \times \text{송전 거리[km]} + \frac{\text{송전 전력[kW]}}{100}} \quad (1.9)$$

이 식은 중거리의 송전 선로에 대해서 개략적인 값을 얻는 데 편리한 것으로 평가되고 있다.

이상으로 곧 알 수 있듯이 일정한 전력을 일정한 거리에 전송할 경우에는 가장 경제적인 전압값이 존재한다는 것이다. 그러나 이 경제적인 전압값을 개개의 경우에 맞추어 따로 따로 선정하게 되면 송전 선로에 사용되는 설비는 각 구간의 전압에 맞추지 않으면 안 된다. 그 결과 전압의 종류가 많아지면 많아질수록 이들 설비의 종류도 전압의 종류 수만큼 많아져서 호환성이 결여될 뿐만 아니라 제작비도 비싸지고 예비품 수도 늘어나게 되어서 전체적으로 본다면 비경제적으로 된다. 또, 임의의 전압으로 하면 다른 전선로와 병렬해서 전력의 융통을 기할 수 없게 될 것이다. 이와 같은 불편이나 결점을 없애기 위해서 송전 전압을 몇 개의 적당한 전압으로 통일하면 기기, 애자, 지지물 등을 규격화해서 제작할 수 있고 다른 송배전 선로와의 연결도 용이하게 되어 전반적으로 볼 때 경제적으로 될 것이다.

이 때문에 송배전 계통의 전압을 표준화해서 정한 것이 **표준 전압**이다.

우리 나라에서 사용하고 있는 표준 전압에는 **공칭 전압**(nominal voltage)과 **최고 전압**이 있다. 전자는 전선로를 대표하는 **선간 전압**을 말하고 이 전압으로 그 계통의 송전 전압을 나타낸다.

한편 후자는 그 전선로에 통상 발생하는 최고의 선간 전압으로서 염해 대책, 1선 지락 고장시 등 내부 이상 전압, 코로나 장해, 정전 유도 등을 고려할 때의 표준이 되는 전압이다.

표 1.5는 현재 우리 나라에서 채택하고 있는 표준 전압을 나타낸 것이다.

일반적으로는 공칭 전압의 1/1.1을 기준 전압, 또 기준 전압의 1.15배를 최고 전압으로 정하고 있다.

표 1.5 우리 나라의 표준 전압

공칭 전압[kV]	최고 전압[kV]
3.3/5.7 Y	3.4/5.9 Y
6.6/11.4 Y	6.9/11.9 Y
13.2/22.9 Y	13.7/23.8 Y
22/38 Y	23/40 Y
66	69
154	170
345	362
765	800

1.5 우리 나라 전력 계통의 발달

우리 나라의 전력 계통은 1962년부터 거듭된 전원 개발 5개년 계획의 성공적인 달성으로 급격한 발전을 보게 되었다. 우선 양적인 면에서는 당시 40만[kW]도 채 못된 규모로부터 59년이 지난 2020년 말에는 320배가 넘는 1억 2,900만[kW] 이상으로 대폭적인 확충을 보게 되었다. 전원 개발 내용도 당시의 수만[kW] 정도의 소단위 발전소의 건설로부터 이제는 50~80만[kW]에 이르는 대단위 고효율 신예 화력 발전소가 대종을 이루게 되었으며, 특히 지난 1977년 고리 원자력 1호기의 가동을 시작으로 현재 100만[kW]급 원자력 발전기가 24기(총 2,170만[kW])나 운전되고 있다.

이에 따라 송전 계통의 발달도 실로 눈부신 바 있다 하겠다.

그림 1.12에 나타낸 바와 같이 1960년대 초의 송전 계통은 전원과 부하를 154[kV] 송전 선로로 연결하는 극히 간단한 방사상 계통을 이루고 있었다.

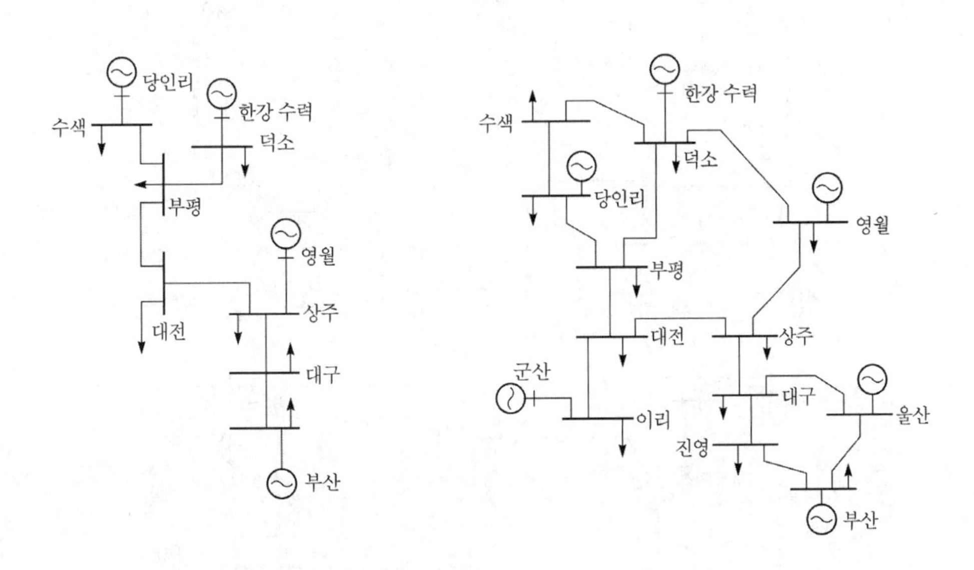

그림 1.12 우리 나라 154[kV] 계통의 발달 과정

그러나, 앞에서 설명한 발전 설비의 급격한 팽창과 때를 같이 하여 우선 1970년대 초에는 154[kV] 송전 계통의 확충을 서두르게 되었고 이들 대전력을 안정하게 공급하기 위하여 154[kV] 선로의 루프망 형성이 추진되어 종전보다 훨씬 안정된 계통 운용을 기할 수 있게 되었다.

그리고, 지난 1968년 11월에는 154[kV] 계통의 중성점 접지 방식이 종전의 소호 리액터 접지 방식으로부터 직접 접지 방식으로 전환되었으며, 선로 보호 방식도 거리 계전 방식으로부터 보다 신뢰성이 높은 반송 계전 방식으로 개선됨에 따라 계통의 안정도가 한층 더 향상되었다.

1970년대로 접어들면서 계속된 전원 개발과 대용량 발전기의 단일 발전소 집중화 및 원자력 발전소의 확충 등으로 수십 만[kW] 단위에서 수백 만[kW] 이상의 대전력 수송을 이룩하기 위해서 345[kV] 초고압 송전 선로의 건설이 추진되어 현재는 그림 1.13에서와 같이 이들 345[kV] 초고압 계통이 우리나라 송전 계통의 근간을 이루고 있다.

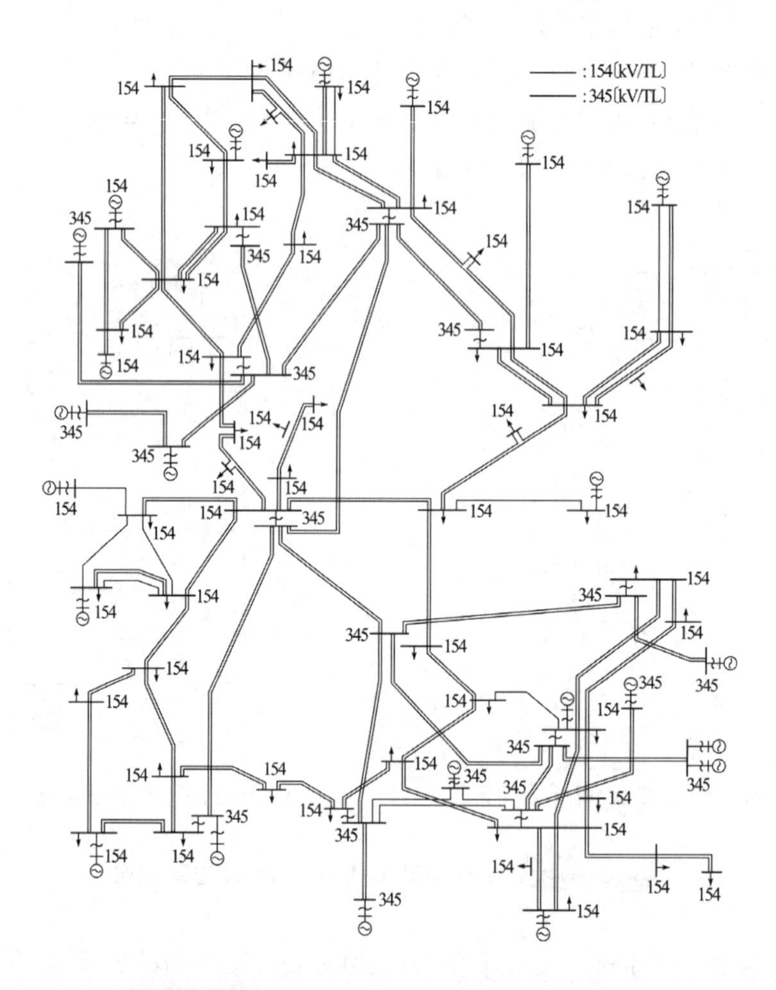

그림 1.13 우리 나라 송전 계통(1980년대 초)

그러다가 다시 최근에는 대용량 발전기의 집중 개발과 장거리 대용량 송전의 효율화 및 각 지역간의 연계를 통한 안정 공급을 위하여 다시 송전 전압을 765[kV] 로 격상시킨 이른바 초고압 송전 시대가 시작된 것이다. 그림 1.14는 2015. 12 기준에서 본 전국 345[kV] 이상의 송전계통도이다.

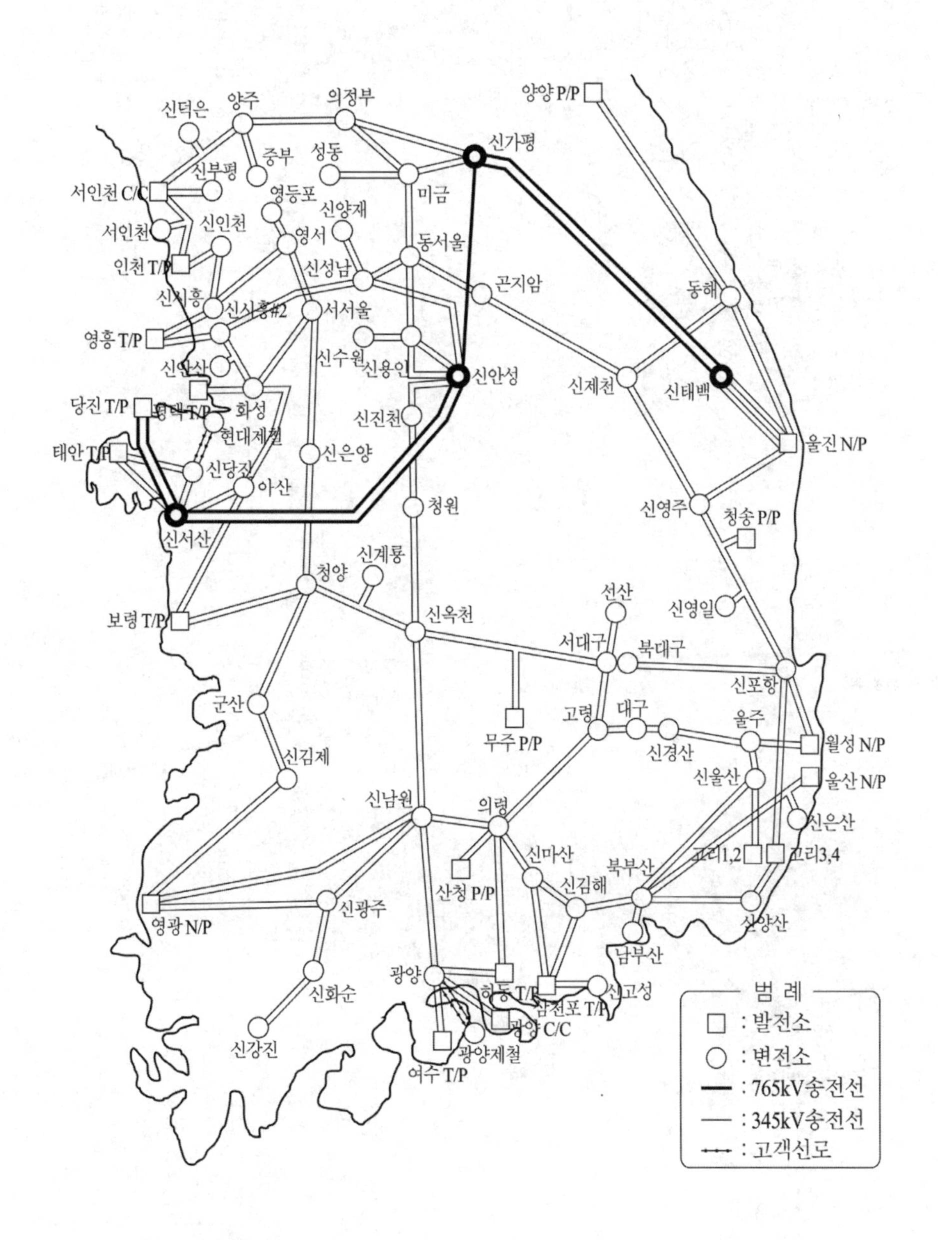

그림 1.14 전국 345[kV] 이상 송전계통도(2015. 12월 기준)

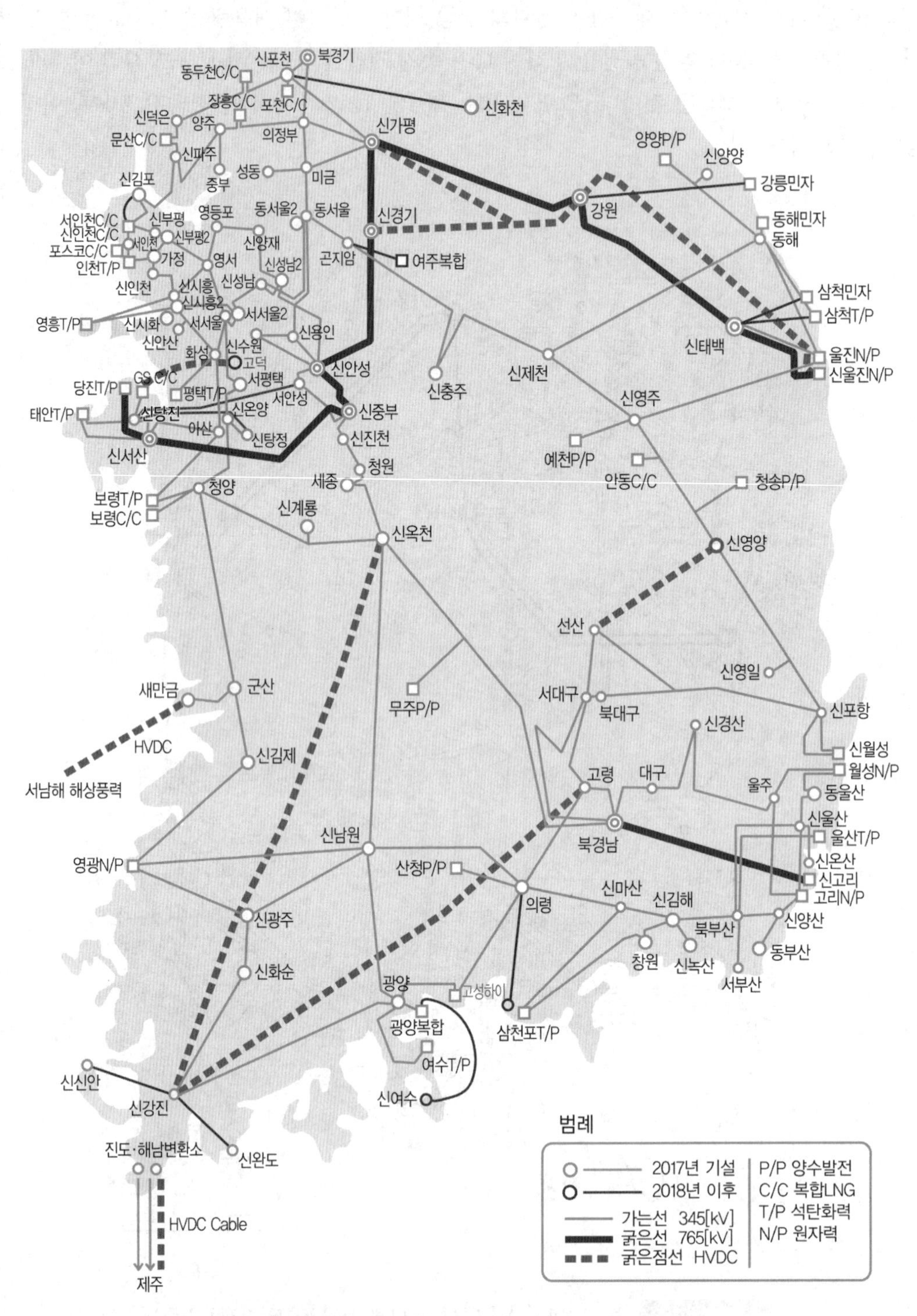

그림 1.15 우리나라 송전계통도(2021년 기준)

그림 1.15는 최근(2021년)의 우리나라 전력계통도이다. 그동안 2010년대까지에 우리나라 전력계통의 기본적인 골격이 형성되었기에 이 몇 년 사이에 크게 달라진 것이 없다. 765[kV] 선로로서는 신고리-북경남 구간이 추가되었으며, 그 밖에 계통 연계용으로서 새로이 500[kV] 직류송전선로의 건설이 추진되고 있다는 것이 눈여겨볼 사항인 것 같다.

예제 1.7 송전전압을 765[kV]로 격상시켰을 경우에 거둘 수 있는 효과는?.

1. 대규모 전력 수송이 용이(345[kV]에 비해 3.4배 증대)
2. 건설에 필요한 소요용지 최소화(345[kV]의 53[%] 경감)
3. 전력 손실 감소(345[kV]보다 20[%] 정도 감소)
4. 전력계통의 안정도 향상
5. 국내 전력 분야 기술 도약으로 국제 경쟁력 향상

예제 1.8 우리나라의 송전계통은 765[kV] - 345[kV] - 154[kV] - 22.9[kV]의 4단계의 전압별 송전선으로 다중 환상망을 구성해서 운영되고 있다. 여기서 각 전압별 송전선의 주된 분담 기능(역할)에 대해 설명하라.

- 765[kV] 계통 : 3[GW] 이상 대규모 기저 발전단지 전력을 대규모 수요지로 수송, 수도권 배후계통 운영
- 345[kV] 계통 : 중·대규모 발전소 계통연계 및 지역 간 연계의 주축, 765[kV] 변전소 중심으로 환상망 구성
- 154[kV] 계통 : 1[GW] 이하 소규모 발전소 계통연계 및 지역 공급 계통의 주축, 345[kV] 변전소 중심으로 환상망 구성
- 22.9[kV] 계통 : 20[MW] 이하 소용량 발전소 계통연계 및 고객 전력 공급

예제 1.9 우리나라의 송전설비 현황과 그 발달 과정을 설명하라.

그림 1.12~그림 1.15에 보는 바와 같이 초창기(1950년대)에는 154[kV] 방사상 계통에서 환상망 계통으로 운영하다가 1980년대부터는 송전전압이 345[kV]로 격상, 345[kV] 망상계통으로 확충되었다.

그 후 경제성장을 거듭하면서 수요가 크게 늘어나 각처에 대용량 화력발전단지, 대용량 원자력발전단지가 들어서면서 다시 송전전압이 765[kV]로 격상되어 이제 우리나라는 아시아에서도 으뜸가는 765[kV] 초고압 송전시대를 맞이하고 있다.

표 1.6 우리나라의 송전설비 현황(2021. 9 현재)

선로전압	회선 길이[C – km]	
	가공선로	지중선로
154[kV] 345[kV] 765[kV]	23,584 ACSR 410mm^2–2B 9,878 ACSR 480mm^2–4B 1,024 ACSR 480mm^2–6B	2,572 XLPE 케이블 255 XLPE 케이블
±180[kV](HVDC) ±250[kV](HVDC)	29(육상) 12(육상)	202(해저) 해남–제주 101(해저) 제주–진도
변전용량[MVA] 변전소 수(개소)	332,012 884	

이처럼 현재 우리나라에서 가장 높은 송전전압은 765[kV]이다. 765[kV] 송전선로는 345[kV] 선로 5개와 맞먹는 전력 수송 능력을 가지고 있다.

다음에 우리나라의 765[kV] 송전선로의 발달 과정을 간단히 소개해보자.

- 1979년 : 전력 수요의 지속적인 증가에 대비하여 765[kV]로의 전압 격상의 필요성이 대두
- 1983년 : 본격적인 연구개발에 착수
- 1997년 : 1단계로 765[kV] 송전선로를 345[kV]로 가압해서 운전
- 2003년 : 본격적인 765[kV] 송전 개시
  – 세계 최초로 765[kV] 2회선 운전

특히 우리나라에서는 이 765[kV] 송전선로는 전력 수요의 중심지인 수도권 전 지역과 대단위 발전단지(특히 원자력 발전단지) 간의 연결(전력 융통)에 주안점을 둔 것이었다.

이들 선로는 수도권과 영남권(원자력단지)의 계통 전압 향상 및 수급 여건 개선에 큰 역할을 담당했을 뿐 아니라 대용량 발전단지의 생산 전력을 효과적으로 수송하는 데 크게 기여한 것이다.

참고 765[kV] 송전선로는 345[kV] 송전보다 송전 용량을 3.4배 정도 증대시킬 수 있다고 한다.

표 1.7 우리나라 송변전설비의 현황

구 분		1990년	2000년	2010년	2015년	2021년 9월
송전선로 [C–kV]	765[kV]		595	835	1,014	1,024
	345[kV]	4,935	7,781	8,580	9,403	9,878
	154[kV]	14,497	18,706	21,261	22,524	23,584
	계	19,432	26,582	30,676	32,941	34,486
변전용량[MVA]		51,685	125,700	256,318	298,294	333,012
변전소 수(개소)		319	483	731	822	884

표 1.8 우리나라의 발전설비(용량 [MW]) 현황(1961 ~ 2020)

연도	에너지원별 발전설비 용량[MW] ※ 괄호(-)는 설비용량 비중[%]							최대전력수요 [MW]
	수 력	석 탄	유 류	가 스	원자력	신재생 등	합 계	
1961	143 (39%)	223 (61%)	1 (-)	-	-	-	367	306
1970	329 (13%)	537 (21%)	1,642 (65%)	-	-	-	2,508	1,555
1980	1,157 (12%)	750 (8%)	6,897 (73%)	-	587 (6%)	-	9,391	5,460
1990	2,340 (11%)	3,700 (18%)	4,815 (23%)	2,550 (12%)	7,616 (36%)	-	21,021	17,250
2000	3,149 (6%)	14,031 (29%)	4,866 (10%)	12,869 (26%)	13,716 (28%)	-	48,451	41,007
2010	5,525 (7%)	24,205 (32%)	5,400 (7%)	19,417 (26%)	17,717 (23%)	3,816 (5%)	76,078	71,308
2020	6,506 (5%)	35,853 (28%)	2,247 (2%)	41,170 (32%)	23,250 (18%)	19,266 (15%)	128,292	90,564

예제 1.10 우리나라 전력계통의 특징에 대해 설명하라.

우선 먼저 전력계통의 특성을 요약하면 아래와 같다.

1. 시스템의 대규모성 : 전국적인 규모의 거대한 시스템
2. 생산과 소비의 동시성 : 수요 = 발전을 실시간으로 추종
3. 계통 특성의 다양성 : 설비의 다양성과 시스템의 일체성
4. 중단 없는 공급의 중요성 : 한시의 정전도 일어나서는 안 됨.
5. 수급 균형의 유지의 중요성 : 전력(피상전력)은 유효전력과 무효전력으로 구분될 수 있으며, 두 개 모두 수요와 공급이 일치해야 수급 균형을 이룰 수 있다.
   (유효전력 : 공급 > 수요, 주파수 상승, 공급 < 수요, 주파수 하락)
   (무효전력 : 공급 > 수요, 전압 상승, 공급 < 수요, 전압 하락)

다음 우리나라 전력계통의 특징을 살펴보면

1. 다른 나라와 계통 연계가 없는 독립 계통(Island System)이다. 유럽에서는 국가 간 연계가 이루어져 전력 융통이 가능함.
2. 발전설비들이 대부분 서해안, 남해안, 동해안에 건설되어(대용량 발전단지 형성) 지역 편재가 심하다.
3. 한편 수요는 수도권에 집중(전 계통 수요의 40% 수준)되어 있음.
4. 따라서 송전선로의 대용량화, 장거리화가 불가피함. 신뢰도를 높이기 위해서 전력계통을 Loop 형태로 다중연계하게 됨.

예제 1.11 **우리 나라의 전력사업은 2000년 4월에 실시된 전력산업 구조개편으로 많이 바뀌었다고 하는데, 그 내용을 간단히 설명하라.**

우리 나라의 전력사업은 1961년 이래 한국전력이 발전, 송배전, 계통운용, 판매 전부를 책임 진 공기업으로 독점운영 해 왔었다.

그러나 1990년대에 들어서면서 독점체제인 전력사업에 시장경제원리를 도입하여 전력공급의 효율성을 높임과 동시에 값 싸고 안정적인 전력공급을 장기적으로 확보하면서 소비자에게 보다 나은 서비스를 제공하기 위하여 구조개편을 추진하게 되었다. 이것은 당시 해외 각국에서도 구조개편을 완료하였거나 추진 중에 있어서 이 전력산업 구조개편은 세계적인 추세이기도 하였다.

1994년 6월 한전의 경영진단을 시작으로 정부에서도 우리나라에 가장 적합한 구조개편 방안을 검토한 결과, 2001년 4월에 1단계로 한전의 발전부문을 분할하여 6개의 발전회사와 새로이 도입되는 전력시장을 운영할 기관으로 전력거래소를 설립하게 된 것이다. 발전회사는 수력과 원자력을 합친 수력원자력회사와 화력부문은 5개 화력발전회사(남동발전, 중부발전, 서부발전, 남부발전, 동서발전)로 분할한 것이다.

따라서 현재의 우리 나라 전력계통은 한국 수력원자력회사를 비롯한 6개 발전회사가 발전한 전력을 전력거래소(독립기관으로 설립되었음)를 통해 한전이 구입해서 이것을 한전이 운영하는 송전선과 배전선을 통해 각 수용가에게 공급하는 운영체제로 임하고 있는 것이다. 이 책에서 배우게 될 송전과 배전은 더 말할 것 없이 현재 한국전력이 책임지고 운영하고 있는 분야에 관한 것이다.

전력원가에서 65~70[%]를 차지하는 발전부문에 경쟁을 도입하여 효율성 향상 도모

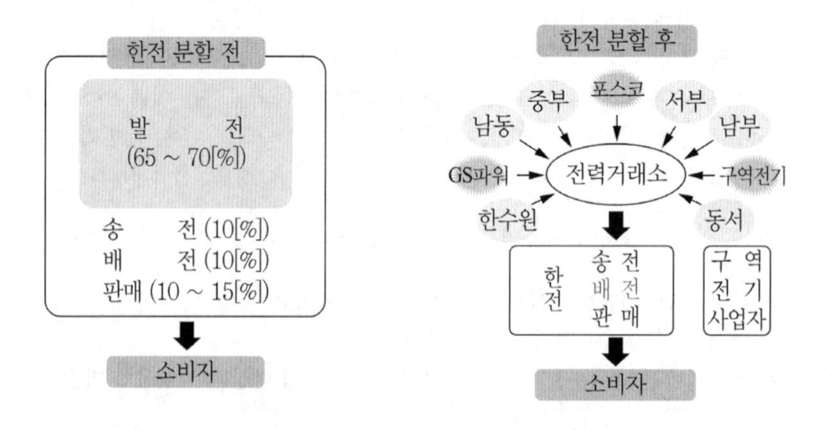

그림 1.16 **현행 전력사업 구조(개념도)**

연 습 문 제

1. 전력 계통 구성에 대해서 설명하고 간단한 계통 구성 예를 보여라.

2. 송전과 배전과의 구분에 대해서 설명하여라.

3. 직류 송전 방식과 교류 송전 방식의 장・단점을 비교, 설명하여라.

4. 현재 운전 중인 직류 송전 설비의 적용 예를 들어 설명하여라.

5. 송전 전력, 부하 역률, 송전 거리, 전력 손실 및 선간 전압이 같을 경우 3상 3선식에서 전선 한 가닥에 흐르는 전류는 단상 2선식의 경우의 몇 배가 되는가?

6. 앞의 문제 5에서 각각 P, $\cos\phi$, l, V가 같다고 하고 전선의 전 중량을 동일하게 할 경우 단상 2선식과 3상 3선식의 전력 손실비는 어떻게 되겠는가?

7. 경동선을 77[kV]의 송전선에 사용할 경우 최대 송전 전력을 20,000[kW], 역률을 0.8로 하면 얼마만한 굵기의 전선이 가장 경제적으로 되겠는가? 단, 전선 1[kg]의 가격을 9,000[원/kg], 전기 요금을 54[원/kWh], $p = 0.1$, 송전 선로의 연간 이용률은 60[%]라고 한다.

8. 우리나라 송전 전압에 대해서 아는 바를 설명하여라.

최 · 신 · 송 · 배 · 전 · 공 · 학

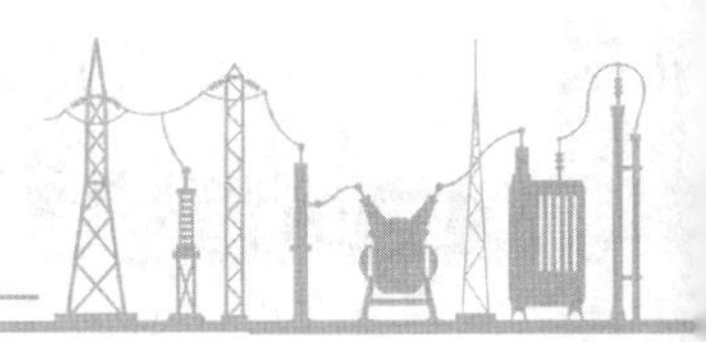

02장 가공 송전 선로

2.1 가공 전선로의 개요

전선로는 송배전 선로에서 다같이 **가공 선로식**과 **지중 선로식**의 두 가지로 나눌 수 있다. 가공 전선로는 전선을 목주, 철주, 콘크리트주 또는 철탑 등에 애자로 지지하는 데 대하여 지중 전선로는 도체에 특수한 절연을 입힌 전력 케이블을 지하에 매설해서 송배전을 하도록 한 것이다.

지중 전선로는 도시의 미관을 해치지 않고 교통상의 지장도 없고, 또 벼락이라든지 풍수해 등에 의해서 고장을 일으키는 경우가 적어서 공급 신뢰도가 좋아지지만 한편 그만큼 건설비가 비싸지고, 또 고장이 발생하였을 경우 고장 장소의 발견이나 수리가 어렵다는 결점이 있다.

유럽이나 미국의 대도시에서는 시가지의 송배전 선로는 거의 모두가 지중 선로식으로 되고 있으며, 고전압의 송전 선로도 도시의 부근에서는 지중 선로식으로 되어 있다.

우리 나라에서는 서울이나 부산과 같이 부하가 밀집되어 있는 도심부의 일부만이 지중 선로식으로 되어 있을 뿐 나머지는 거의 모두가 가공 선로로 전력을 공급하고 있다. 그러나, 최근 대도시에서의 부하가 크게 증가됨에 따라 지중 선로식에 대한 인식이 한층 더 높아져 가고 있으며, 서울에서는 오래 전부터 22[kV] 배전 선로의 지중선화에 이어서 154[kV] 송전 선로의 지중선화가 추진되었으며 최근에는 대도시 중심의 345[kV] 초고압 지중 케이블의 건설이 활발하게 전개되고 있다.

먼저 가공 송전 선로에 사용되는 전선으로서는 다음과 같은 조건들을 구비하는 것이 바람직하다.

① 도전율이 높을 것　　② 기계적인 강도가 클 것
③ 신장률이 클 것　　④ 내구성이 있을 것
⑤ 비중(밀도)이 작을 것　　⑥ 가격이 저렴할 것
⑦ 가선 작업이 용이할 것

그러나, 이들의 각 조건을 빠짐없이 다 만족하는 전선을 구한다는 것은 어렵기 때문에 여러 가지 전선 가운데에서 각각의 성능과 사용 조건에 맞추어서 가장 적당한 것을 선정하여 사용할 필요가 있다.

가공 전선로용 전선은 도체에 절연을 입히지 않는 **나전선**과 **절연 전선**으로 구분된다. 이중 후자는 저압 가공 인입선에 사용되고, 또 300[V] 이하의 가공 전선 및 3,500[V] 이하의 고압 가공 인입선 정도로 그 사용 범위가 한정되어 있으며(최근에는 배전 선로에서의 사고 방지 및 공급 신뢰도 향상을 위해 많이 쓰이고 있다) 이들 이외의 경우는 모두 전자의 나전선을 쓰고 있다.

2.2 전선의 종류

가공 송전 선로에 사용되는 전선은 모두 나전선이다. 이것은 구조상으로는 단선, 연선, 중공 전선의 세 가지로, 또 재질상으로는 단금속선, 합금선, 쌍금속선, 합성 연선의 네 가지로 나눌 수 있다.

또한, 전선의 조합에 따라서 단도체 방식과 복도체 방식이 있다. 복도체는 주로 초고압 송전선이나 발·변전소에서의 모선용으로 많이 쓰이고 있다.

2.2.1 구조에 의한 분류

(1) 단선

단선은 단면이 원형(때로는 각형, 평각형 등이 있다)인 1가닥을 도체로 한 것으로서 송전 선로에서는 소요 단면적이 작을 경우에 한해서 일부 쓰이고 있을 뿐이다.

우리 나라에서는 단선의 굵기를 전선의 지름[mm]으로 나타내고 있는데 외국에서는 이것을 번호(AWG)로 나타내는 경우도 있다.

(2) 연선

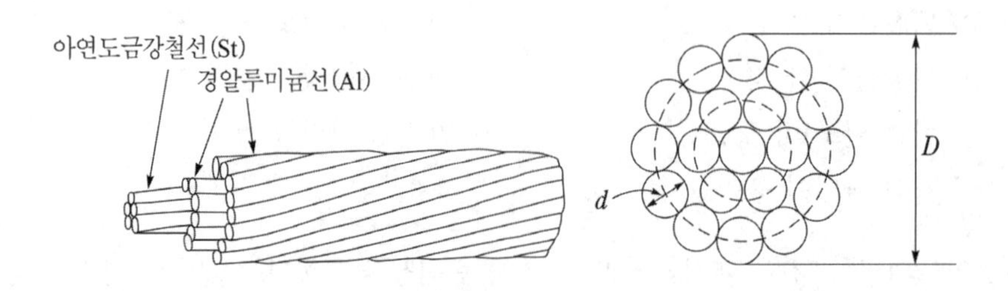

그림 2.1 동심 연선

연선은 수가닥 내지 수십 가닥으로 된 가느다란 소선을 꼬아 하나의 등가적인 단면적을 갖는 단선으로 만든 전선을 말한다. 보통의 연선은 그림 2.1에서와 같이 1개의 소선을 중심으로 그 주위에 소선을 몇 층으로 꼬아서 만든 동심 연선으로 되고 있다.

이 그림에서 점선으로 각 소선의 중심을 통과하는 원을 **피치 서클**이라고 하는데 이 수가 층수 n을 나타낸다. 따라서 그림의 연선은 2층으로 되고 있음을 알 수 있다.

연선의 구성에 대해서는 소선의 지름이 모두 같을 경우 이하의 관계식이 성립한다.

1) 연선을 구성하는 소선의 총수 N과 소선의 층수 n

$$N = 3n(n+1)+1 \tag{2.1}$$

2) 연선의 바깥지름(包絡원의 지름) D와 소선의 지름 d

$$D = (2n+1)d[\text{mm}] \tag{2.2}$$

3) 연선의 단면적 A와 소선의 단면적 a

$$A = Na[\text{mm}^2] \tag{2.3}$$

여기서 A를 계산 단면적이라 하는데 실제에는 계산값에 가까운 공칭 단면적으로 나타낸다.

(3) 중공(中空) 전선

200[kV] 이상의 초고압 송전선에서는 코로나의 발생을 방지하기 위해서 송전 용량과 관계없이 적어도 지름 25[mm] 이상의 전선을 필요로 하게 된다. 이 경우 보통의 연선을 사용하면 아주 다량의 재료가 소요되기 때문에 중공선을 사용하는 경우가 있다.

그림 2.2는 이 중공 전선의 일례를 보인 것이다.

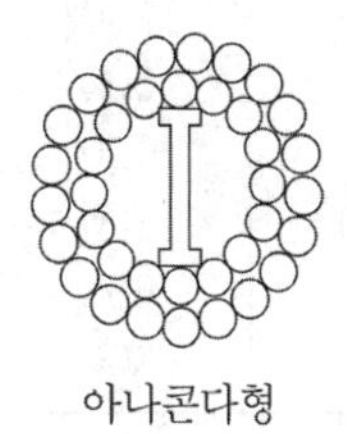
아나콘다형

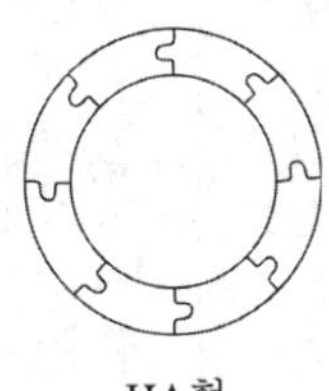
HA형

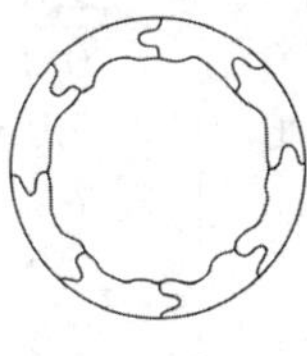
HB형

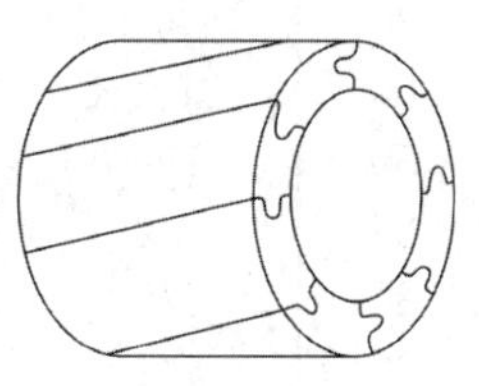
H형 측면도

그림 2.2 중공 전선

2.2.2 재질에 의한 종류

(1) 경동선

동선에는 경동선과 연동선이 있다. 가공 전선로용으로서는 기계적인 강도가 커야 하기 때문에 주로 경동선이 사용된다. 경동선은 도전율이 96~98[%]의 양도체로서 인장 강도는 35~48[kg/mm^2]이다. 송전 선로용 전선으로서는 전술한 각 조건을 거의 다 만족하는 가장 우수한 전선 재료라고 할 수 있으며, 사실 경동 연선은 이제까지 가공 송전 선로용으로서 가장 많이 사용되어 온 것이다.

표 2.1은 일반적으로 사용되고 있는 배전선용 경동선(단선)을, 표 2.2, 2.3은 배전선 및 송전선용의 표준 경동 연선을 나타낸 것이다.

표 2.1 배전선용 경동선(단선)

지름[mm]	단면적[mm^2]	중량[kg/km]	저항 (20℃)[Ω/km]	최소 인장 하중[kg]
5	19.64	174.6	0.905	817 이상
4	12.57	111.7	1.414	537 이상
3.2	8.042	71.49	2.210	350 이상
2.6	5.309	47.20	3.384	235 이상
2.0	3.142	27.93	5.657	141 이상

표 2.2 배전선용 경동 연선

공 칭 단면적 [mm^2]	연선 구성 소선수/소선 지름[mm]	계 산 단면적 [mm^2]	바깥지름 약 [mm]	중 량 [kg/km]	전기 저항 (20℃) [Ω/km]	최소 인장 하 중 [kg]	1가닥의 표준 길이 [m]
100	19/2.6	100.9	13.0	907.6	0.178	4020	600
80	19/2.3	78.95	11.5	710.3	0.228	3160	1000
60	19/2.0	59.70	10.0	537.0	0.301	2410	1000
50	19.18	48.36	9.0	435.1	0.376	1970	1000
38	7/2.6	37.16	7.8	334.4	0.484	1480	300
30	7/2.3	29.09	6.9	261.7	0.618	1170	300
22	7/2.0	21.99	6.0	197.9	0.818	888	300

표 2.3 송전선용 경동 연선

공 칭 단면적 [mm^2]	연선 구성 소선수/소선 지름[mm]	계 산 단면적 [mm^2]	바깥지름 약 [mm]	중 량 [kg/km]	전기 저항 (20℃) [Ω/km]	최소 인장 하 중 [kg]	1가닥의 표준 길이 [m]
240	19/4.0	238.8	20.0	2148	0.0753	9180	600
200	19/3.7	204.3	18.5	1838	0.0880	7900	700
180	19/3.5	182.8	17.5	1645	0.0984	7130	800
150	19/3.2	152.8	16.0	1375	0.118	6000	1000
125	19/2.9	125.5	14.5	1129	0.143	4960	1000
100	7/4.3	101.6	12.9	914.5	0.177	3880	600
75	7/3.7	75.25	11.1	677.0	0.239	2910	700
55	7/3.2	56.29	9.6	506.4	0.320	2210	1000
45	7/2.9	46.24	8.7	416.0	0.389	1830	1000
38	7/2.6	37.16	7.8	334.4	0.484	1480	1000
30	7/2.3	29.09	6.9	261.7	0.618	1170	1200
22	7/2.0	21.99	6.0	197.9	0.818	888	1200

(2) 경알루미늄선

경알루미늄선은 도전율이 61[%] 정도로서 전선으로서는 구리선에 다음가는 양도체이다. 그러나 그 인장 강도는 16～18[kg/mm^2] 정도에 지나지 않으므로 송전 선로에서는 경알루미늄선만의 전선은 거의 사용되지 않고 주로 다음에 설명하는 강심 알루미늄 연선으로서 많이 사용되고 있다.

(3) 강선

강선은 도전율이 겨우 10[%] 내외로 아주 낮기 때문에 전선으로서는 부적당하지만, 그 인장 강도가 55～140[kg/mm^2]에 이르기 때문에 강이나 좁은 해협을 넘을 경우, 기타 장경간 장소 등에서 특히 기계적인 강도가 크게 요구되는 경우에 일부 쓰이는 수도 있다. 그러나 이것이 주로 많이 사용되는 것은 강심 알루미늄 연선에서의 중심 소선용이라고 하겠다.

(4) 합금선

이상의 각 전선은 구리, 알루미늄, 철 등 한 종류의 금속을 사용한 단금속선이었으나 합금선은 전선의 인장 강도를 증대시키기 위해서 구리 또는 알루미늄에 1종 이상의 다른 금속 원소를 적당량 배합해서 만든 합금을 사용하는 전선이다. 합금의 결과 도전율이 단금속의 경우보다 약간 저하되지만 그 대신 기계적인 강도는 좋아진다.

(5) 쌍금속선

이것은 2종류의 금속을 융착시켜서 만든 전선으로서 가령 코퍼웰드선이라고 불리는 구리 피복 강선이 그 대표적인 예이다. 이것은 강선을 중심으로 하고 그 외부를 구리로 피복한 전선으로서 도전율로서는 30[%]와 40[%]의 두 가지가 있고 인장 강도는 75~115[kg/mm^2] 정도이다. 인장 강도가 특히 크기 때문에 장경간 등의 특수 장소에 쓰이는 것외에 C 합금선과 마찬가지로 통신선에 대한 유도 장해 방지 대책으로서의 가공 지선용으로 쓰이는 수가 있다.

(6) 합성 연선

이것은 2종류 이상의 금속선을 꼬아서 만든 전선인데 그 중에서도 **강심 알루미늄 연선**(Aluminium Cable Steel Reinforced ; ACSR)이 가장 대표적인 것이다.

ACSR는 비교적 도전율이 높은(약 61[%]) 경알루미늄선을 인장 강도가 큰 (125[kg/mm^2] 이상) 강선 또는 강연선의 주위에 꼬아서 만든 것으로서 그림 2.3에 그 구성 예를 보인다.

ACSR는 경동선에 비해서 도전율은 낮지만 기계적인 강도가 크고 비교적 가볍기 때문에 장경간용으로 적합한 것이다. 우리 나라에서도 154[kV] 이상의 송전 선로에서는 ACSR선이 많이 쓰이고 있고, 앞으로는 66[kV] 이하의 비교적 낮은 전압의 송전 선로나 고압 배전 선로에서도 종래의 경동 연선을 대신해서 이것이 더욱더 많이 쓰일 전망이다.

일반적으로 ACSR선은 강심에는 전류가 흐르지 않는 것으로 보고 연선의 단면적 및 저항은 알루미늄 부분에 대해서만 생각하고 있다. 따라서 같은 저항의 경동 연선에 비하면 전선의 바깥지름이 커지기 때문에 코로나 방지라는 점에서 특히 고전압의 송전 선로용 전선으로서 유리하다고 할 수 있다. 다만 알루미늄선은 구리보다 표면이 연약해서 상하기 쉽기 때문에 그만큼 취급에 주의할 필요가 있다.

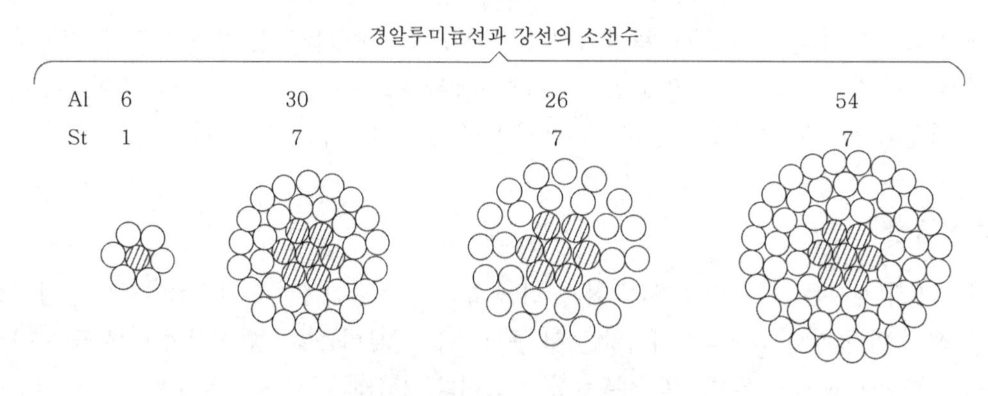

그림 2.3 ACSR의 단면도

2.2.3 조합에 의한 종류

송전 선로(교류 3상 3선식)에서는 1상당의 전선은 1가닥이며, 이것을 **단도체**라고 하는데 1상당 2가닥 이상의 전선을 사용하는 방식도 있다. 이것을 **복도체** 방식이라고 한다. 현재 복도체로서는 2도체, 4 도체가 비교적 많이 사용되고 있다.

전선을 이 복도체 방식으로 하면 코로나 개시 전압이 상승하므로 코로나 발생에 의한 라디오나 통신 기기에의 전파 장해라든지 잡음 장해 같은 것을 방지할 수 있다.

참고로 우리 나라의 345[kV] 초고압 송전 선로에서는 현재 ACSR 480[mm^2] 2도체를 많이 쓰고 있는데, 앞으로는 다시 이것을 480[mm^2] 4도체로 대형화해 나갈 계획이다.

2.3 전선의 허용 전류

전선에 전류가 흐르면 저항에 의한 발열(전력 손실) 때문에 전선의 온도가 올라간다. 온도가 어느 한도 이상으로 되면 전선의 기계적인 강도, 기타 여러 가지 성능이 저하되기 때문에 온도 상승 한도를 넘지 않게끔 전류량을 어느 수준 이하로 억제하지 않으면 안 된다.

이 온도에 대한 한도를 보통 최고 허용 온도라 하고 이에 대응하는 전류를 전선의 **허용 전류** 또는 **안전 전류**라고 말한다. 물론 허용 전류는 전선의 재질, 구조, 표면 상태, 주위 온도, 일사량, 풍속, 비나 눈, 표고 등에 따라서 크게 좌우되지만 중요한 것은 전선의 최고 허용 온도를 넘어서는 안 된다는 것이다.

전선의 최고 허용 온도는 여러 가지 시험을 실시한 결과 단시간의 과부하에 대해서는 100[℃]로 하고 있으나 장시간 연속 사용할 경우에는 전선 접속 장소의 열화 등을 고려해서 허용 온도를 90[℃]로 억제한다는 것을 표준으로 삼고 있다. 따라서, 가공 송전 선로의 주위 온도가 한여름에는 40[℃]로 되었다면 전선의 온도 상승은 50[℃]를 넘지 않는 범위에서 송전하지 않으면 안 된다.

허용 전류의 계산에는 주위 온도를 40[℃], 일사량을 0.1[W/cm^2], 풍속을 0.5[m/s]로 하는 것이 보통이며 표 2.4는 이의 계산 결과를 나타낸 것이다.

이렇게 해서 허용 전류가 정해지면 단거리 송전 선로에서는 이 허용 전류로 송전 용량이 억제되어 버린다. 그러나, 일반적인 경우에는 직렬 리액턴스가 커서 이것이 송전 용량을 좌우하게 되므로, 이 송전 용량으로 정해지는 전류라든지 켈빈의 법칙(Kelvin's law)에 의한 경제적 전류 용량은 그 전선의 허용 전류보다 훨씬 더 작은 값으로 된다는 것이 보통이다.

표 2.4 가공 송전선의 전류 용량

전선 종류	공칭 단면적[mm^2]	표준 전류 용량[A] (주위 온도 40[℃])	
		연속 사용 최고 온도(90[℃])	최고 허용 온도(100[℃])
경동 연선	250	755	850
	200	660	740
	150	540	610
	100	420	470
	75	350	395
	55	290	320
	38	225	245
	22	160	175
강심 알루미늄 연선	610	1075	1220
	520	965	1090
	480	925	1045
	410	835	945
	330	720	810
	250	615	690
	240	595	670
	200	525	590
	170	475	535
	160	455	510

여기서 **켈빈의 법칙**이란 "건설 후에 전선의 단위 길이를 기준으로 해서 여기서 1년간에 잃게 되는 손실 전력량의 금액과 건설시 구입한 단위 길이의 전선비에 대한 이자와 상각비를 가산한 연경비가 같게 되게끔 하는 굵기가 가장 경제적인 전선의 굵기로 된다."라고 하는 것이다.

여기서, M : 전선 1[kg]의 가격(원)
N : 1년간 전력량[kW 년]의 요금(원)
P : 1년간의 이자와 상각비와의 합계(소수 표시)
A : 전선의 굵기[mm^2]
σ : 가장 경제적인 전류 밀도[A/mm^2]

라고 하고 가령 ACSR를 사용할 경우에는 ACSR의 무게가 2.7×10^{-3}[kg/m−mm^2], 저항률은 1/35[Ω/m−mm^2]이므로

$$(\sigma A)^2 \times \frac{1}{35A} \times 10^{-3} \times N = 2.7\times10^{-3} \times A \times MP$$

$$\therefore\ \sigma \fallingdotseq \sqrt{\frac{2.7\times 35MP}{N}}\ [\mathrm{A/mm^2}] \tag{2.4}$$

로 된다.

한편 $I=\sigma A$로부터

$$A=\frac{1}{\sigma}I=\frac{1}{\sigma}\frac{P}{\sqrt{3}\,V\cos\theta} \tag{2.5}$$

식 (2.4)에서 곧 알 수 있듯이 전선의 가격 M이 비쌀수록, 이자라든가 상각비 P가 클수록, 그리고 전력 요금 N이 쌀수록 전류 밀도 σ는 커지고 전선의 굵기 A는 그만큼 가늘어질 것이다.

예제 2.1 **경동선을 77[kV]의 송전선에 사용할 경우 최대 송전 전력을 30,000[kW], 역률을 0.8로 하면 얼마만한 굵기의 전선이 가장 경제적으로 되겠는가?**
단, 전선 1[kg]의 가격은 9,000[원/kg], 전기 요금은 54[원/kWh], $p=0.1$, 송전 선로의 연간 이용률은 60[%]라고 한다.

켈빈의 법칙에 따라

$$\sigma=\sqrt{\frac{8.89\times 55\times 9{,}000\times 0.1}{365\times 24\times 54}}=0.964[\mathrm{A/mm^2}]$$

송전 선로의 연간 이용률이 60[%]이므로 가장 경제적인 전류 밀도는

$$\sigma=\frac{0.964}{0.6}=1.61[\mathrm{A/mm^2}]$$

한편 전선을 흐르는 전류는

$$I=\frac{30{,}000}{\sqrt{3}\times 77\times 0.8}=281[\mathrm{A}]$$

따라서, 구하고자 하는 가장 경제적인 전선의 굵기는

$$A=\frac{281}{1.61}=174[\mathrm{mm^2}]$$

그러므로, 결국 경동선의 규격으로부터 180[mm^2] (표 2.3 참고)의 경동선을 사용하여야 한다.

2.4 전선의 이도

2.4.1 이도의 필요성

가공 송전선에서는 전선을 느슨하게 가선해서 약간의 **이도**(dip)를 취하도록 하고 있다. 이도는 전선이 전선의 지지점을 연결하는 수평선으로부터 밑으로 내려가 있는 길이를 말한다.

가공 전선은 여름철에는 강렬한 햇빛과 고온에 노출되고, 또 태풍과 같은 폭풍을 받는 수가 있으며, 겨울철에는 가혹한 저온에 노출될 뿐만 아니라 곳에 따라서는 빙설이 부착하게 되므로 이들의 조건에 적응할 수 있게끔 적당한 이도를 잡아 줄 필요가 있다. 즉, 여름철에 전선을 세게 잡아당겨서 이도를 작게 잡아주었을 경우에는 겨울철에 가서 온도가 내려가 전선이 수축하게 되면 이도는 한층 더 작아져서 장력이 매우 커지고 경우에 따라서는 전선의 탄성 한도를 넘어서서 단선하게 되는 경우가 생기게 된다.

이와 반대로 겨울철에 전선을 느슨하게 가선해서 이도를 크게 잡아 주었을 경우에는 여름철에 온도 상승 때문에 전선이 늘어나서 이도가 한층 더 커져서 도로, 철도, 통신선 등의 횡단 장소에서는 이들과 접촉될 위험이 있고, 또 태풍시 등에는 전력선이 접촉해서 선간 단락을 일으키는 원인이 된다. 일반적으로 가공 전선로의 이도는 전선로에 대해서 다음과 같은 영향을 미친다. 즉,

① 이도의 대소는 지지물의 높이를 좌우한다.
② 이도가 너무 크면 전선은 그만큼 좌우로 크게 진동해서 다른 상의 전선에 접촉하거나 수목에 접촉해서 위험을 준다.
③ 이도가 너무 작으면 그와 반비례해서 전선의 장력이 증가하여 심할 경우에는 전선이 단선되기도 한다.

따라서, 가선할 경우에는 이 이도를 어느 정도로 잡아야 하는가 하는 것이 중요한 문제로 되고 있다.

2.4.2 이도의 계산

(1) 전선 지지점에 고저차가 없는 경우

먼저 전선 지지점에 고저차가 없는 경우의 이도를 계산해 본다.

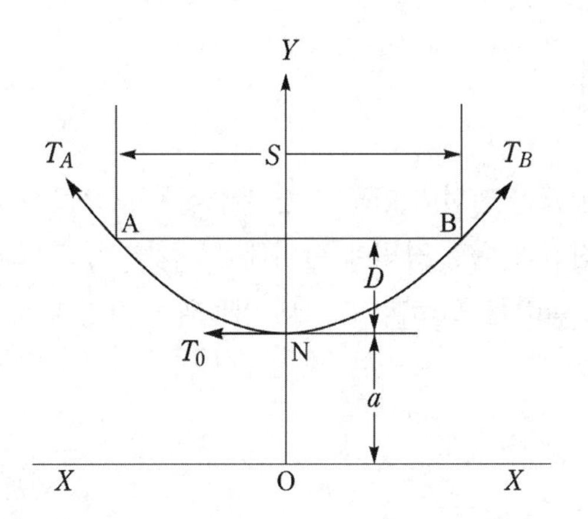

그림 2.4 양 지지점에 고저차가 없을 경우의 이도

전선은 이것을 완전한 가소성(可燒性)이 있는 것으로 본다면 **커티너리 곡선**(catenary curve)으로 취급해서 계산하여야 하지만 일반적으로는 이도가 경간 길이의 10[%] 이내일 경우에는 포물선으로 계산하여도 실용상 지장이 없다. 즉, 그림 2.4에서 O를 원점으로 하는 커티너리 곡선은

$$y = a\cosh\frac{x}{a} = a\left(1 + \frac{x^2}{2!a^2} + \frac{x^4}{4!a^4} + \frac{x^6}{6!a^6} + \cdots\cdots\right) \tag{2.6}$$

로 표현되지만 실제의 송전 선로에서는 대부분의 경우 이도 D[m]가 경간 S[m]에 비해서 아주 작기 때문에 윗식의 제3항 이하를 무시하여도 실용상 아무런 지장이 없다. 즉,

$$y = a + \frac{x^2}{2a}$$

으로 표현되는데 이것은 바로 포물선을 나타내는 관계식으로서 가공 전선은 근사적으로 포물선이라고 취급하여도 된다는 것을 가리키고 있는 것이다.

여기서, a : 정수로서 곡선의 최저점 N의 세로축 좌표값($= T_0/w$)

w : 전선의 중량[kg/m]

T_0 : N점에 작용하는 전선의 수평 장력[kg]

지금 그림 2.4에서 원점을 O로부터 N점으로 옮기면 $y = \dfrac{x^2}{2a}$이 되고 여기에 $x = \dfrac{S}{2}$를 대입하면 이도 D를 나타내는 식은 다음과 같이 된다.

$$D = \frac{w\,S^2}{8\,T_0}[\text{m}] \tag{2.7}$$

식 (2.7)은 경간이 S일 때의 전선의 이도 D를 계산하는 식으로서 D는 경간 길이의 제곱과 전선 중량에 비례하고 전선의 수평 장력에 반비례함을 가리키고 있다.

다음에 **전선의 실제의 길이**를 L[m]라고 하면 이도와 경간과의 사이에 다음의 관계식이 성립한다.

$$L = S + \frac{8D^2}{3S}[\text{m}] \tag{2.8}$$

즉, 전선의 길이 L은 경간 길이 S보다 $8D^2/3S$ 만큼 더 길어지게 되는데 이것은 S에 비해서 보통은 0.2~0.3[%] 정도밖에 되지 않는 아주 작은 것이며, 지지점의 고저차나 경간이 클 경우에도 1.0[%]를 넘는 일은 거의 없다.

위에서 설명한 모든 식에 W로서는 전선의 자체 중량만을 생각하였으나 실제로는 빙설이 부착하거나 또는 풍압이 여기에 더해지기도 하므로 이들의 하중도 함께 고려하지 않으면 안 된다.

지금 전선의 자체 중량을 w, 부착 빙설의 중량을 w_i, 수평 풍압을 w_w라고 한다면 **합성 하중** W는 다음과 같이 된다.

$$W = \sqrt{(w + w_i)^2 + w_w^2} \tag{2.9}$$

그림 2.4에서 전선의 지지점 A, B에 있어서의 장력을 T_A, T_B라고 하면 이 경우 $T_A = T_B$ = **최대 장력**으로서 최저점에서의 수평 장력 T_0에 전선 중량과 이도와의 곱을 더한 것과 같아진다.

$$T_A = T_B = T_0 + wD[\text{kg}] \tag{2.10}$$

위 식에서 wD는 보통 T_0의 1.0[%] 정도이므로 $T_A = T_B \fallingdotseq T_0$, 즉 전선의 각 점의 장력은 모두 수평 장력 T_0와 같다고 가정해서 설계하여도 별 문제가 없다.

(2) 전선 지지점에 고저차가 있는 경우

그림 2.5에 보인 것처럼 양 지지점 A, B에 고저차 h[m]가 있을 경우에도 전선이 만드는 곡선은 포물선을 그리게 되고 이것으로부터 경간 길이, 이도 및 전선의 길이를 다음과 같이 구할 수 있다(자세한 계산식 유도 과정을 생략하였음).

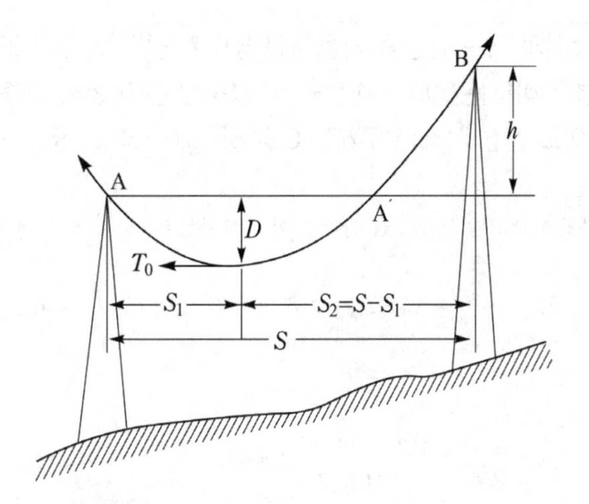

그림 2.5 양지점의 높이가 다른 경우의 이도

$$S_1 = \frac{S}{2} - \frac{T_0 h}{wS}[\text{m}] \tag{2.11}$$

$$D = \frac{w}{8T_0}\left(S - \frac{2T_0}{wS}h\right)^2[\text{m}] \tag{2.12}$$

$$L = S + \frac{w^2 S^2}{24T_0} + \frac{h^2}{2S}[\text{m}] \tag{2.13}$$

실제로 이도를 계산할 경우에는 전선의 최대 사용 장력을 먼저 구해야 하는데, 이것은 전기설비 기술기준에서 정하고 있는 안전율(경동선에서는 2.2 이상, 그 이외의 전선에서는 2.5 이상)을 확보할 수 있도록 전선의 인장 하중으로부터 구해진다.

예제 2.2 전선 지지점에 고저차가 없을 경우 330[mm^2] ACSR선이 경간 300[m]에서 이도가 7.4[m]였다고 하면, 이때 전선 실제의 길이는 얼마로 되겠는가?

식 (2.8)에 의하면

$$L = S + \frac{8D^2}{3S} = 300 + \frac{8 \times 7.4^2}{3 \times 300} = 300.487[\text{m}]$$

즉, 전선의 실제의 길이는 경간보다 겨우 48.7[cm](0.16[%])만 더 긴데 지나지 않는다.

예제 2.3 38[mm²]의 경동 연선을 사용해서 높이가 같고 경간이 330[m]인 철탑에 가선하는 경우 이도는 얼마인가? 단, 이 경동 연선의 인장 하중은 1480[kg], 안전율은 2.2이고 전선 자체의 무게는 0.348[kg/m]라고 한다.

인장 하중이 1480[kg]이고 안전율이 2.2이므로 최대 사용 장력

$$T_0 = \frac{1480}{2.2} = 672.7[\text{kg}]\,(T_A = T_B = T_0 + wD = T_0 + 0.348D)$$

이도 D는

$$D = \frac{wS^2}{8T_0} = \frac{0.348 \times 330^2}{8 \times 672.7} = 7.04[\text{m}]$$

예제 2.4 전선 지지점의 고저차가 없을 경우 경간 300[m]에서 이도가 9[m]인 송전 선로가 있다. 지금 이 이도를 10[m]로 증가시키고자 할 경우 경간에 더 늘려서 보내주어야 할 전선의 길이는 얼마[cm]인가?

전선의 실제 길이에 관한 계산식 (2.8)에 따라

$$L_1 = S + \frac{8{D_1}^2}{3S} = 300 + \frac{8 \times 9^2}{3 \times 300} = 300.72[\text{m}]$$

$$L_2 = S + \frac{8{D_2}^2}{3S} = 300 + \frac{8 \times 10^2}{3 \times 300} = 300.89[\text{m}]$$

따라서

$$L_2 - L_1 = 300.89 - 300.72 = 0.17[\text{m}] = 17[\text{cm}]$$

곧 경간에 17[cm]만 전선을 더 보내 주면 이도는 9[m]에서 10[m]로 증가한다.

예제 2.5 평평한 곳에서 같은 장력으로 가선된 2경간의 이도가 각각 4[m] 및 9[m]였다. 여기서, 중간 지지점에서 전선이 떨어져서 처지게 되었다고 하면 이도는 얼마로 되겠는가? 단, 지지점의 높이는 모두 다 같다고 하고 전선의 신장은 무시하는 것으로 한다.

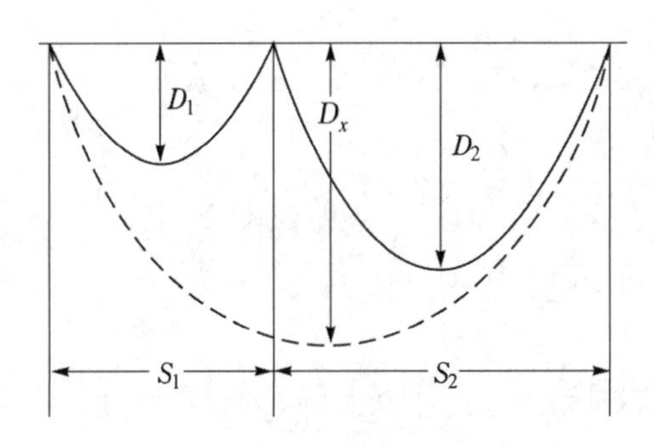

그림 2.6

기본식 (2.8)로부터 S_1 부분의 전선의 길이 L_1 및 S_2 부분의 길이 L_2는 다음과 같이 된다.

$$L_1 = S_1 + \frac{8D_1^2}{3S_1}$$

$$L_2 = S_2 + \frac{8D_2^2}{3S_2}$$

따라서, 2경간의 전선의 길이 L은

$$L = L_1 + L_2 = (S_1 + S_2) + \frac{8}{3}\left(\frac{D_1^2}{S_1} + \frac{D_2^2}{S_2}\right)$$

여기서, 전선의 신장을 무시할 수 있다면 중간 지지점이 없을 경우의 전선의 길이 L은 그림 2.6으로부터 다음과 같이 표시할 수 있다.

$$S = S_1 + S_2$$

$$L = S + \frac{8D_x^2}{3S} = (S_1 + S_2) + \frac{8D_x^2}{3(S_1 + S_2)}$$

따라서,

$$\frac{8}{3}\left(\frac{D_1^2}{S_1} + \frac{D_2^2}{S_2}\right) = \frac{8\,D_x{}^2}{3(S_1 + S_2)}$$

즉,

$$D_x^2 = \left(\frac{D_1^2}{S_1} + \frac{D_2^2}{S_2}\right)(S_1 + S_2)$$

한편 제의로부터 경간 S_1 부분과 S_2 부분의 전선 장력은 같으므로 식 (2.7)로부터

$$\frac{wS_1^{\ 2}}{8D_1} = \frac{wS_2^{\ 2}}{8D_2}$$

$$\therefore \ \frac{S_2}{S_1} = \sqrt{\frac{D_2}{D_1}} = \sqrt{\frac{9}{4}} = 1.5$$

이것을 D_x^2의 계산식에 대입하면

$$D_x^2 = \left(\frac{4^2}{S_1} + \frac{9^2}{1.5S_1}\right)(S_1 + 1.5S_1) = \left(4^2 + \frac{9^2}{1.5}\right)(1+1.5) = 175$$

$$\therefore \ D_x = \sqrt{175} \ \fallingdotseq 13.23[\mathrm{m}]$$

2.4.3 전선의 진동과 도약

매초 수[m] 정도의 미풍이 전선과 직각에 가까운 방향으로부터 불 때에는 그 전선의 배후에 공기의 소용돌이가 생기고, 이 때문에 전선의 수직 방향에 교번력이 작용해서 전선은 상하로 진동하게 된다. 이때의 주파수가 전선의 경간, 장력 및 전선의 단위 길이의 무게 등에 의해서 정해지는 고유 진동수와 같게 되면 전선은 이른바 공진을 일으켜서 상하로 진동을 지속하게 된다.

이 현상은 비교적 가벼운 전선의 경우 또는 경간이 길 경우, 그리고 가선 장력이나 바깥지름이 클 경우에 일어나기 쉽고, 이 진동이 오랫동안 계속되면 전선은 지지점에서 반복되는 응력을 받아서 피로 현상을 나타내고 드디어는 단선 사고에까지 이르게 된다.

실측에 의하면 진동의 주파수는 중공 동선에서 4～15사이클, ACSR에서는 6～25사이클에서 진동의 빈도가 제일 많이 일어나고 있다. 또, 루프 길이(진동의 절점간의 거리)는 3～10[m] 정도이고, 상하로 진동하는 진폭은 전선 지름의 0.5～2배 정도라고 한다. 이러한 자료를 기초로 해서 여러 가지 방진 장치가 설계, 이용되고 있다.

현재 가장 많이 쓰이고 있는 진동 억제 장치로서는 지지점에 가까운 곳에서 1개소 또는 2개소에 추를 달아서 진동을 감소시키는 방법과 지지점 부근의 전선을 보강하는 방법 등이 있다. 그림 2.7 (a), (b)는 각각 이들 방진 장치의 개요를 보인 것이다.

이 밖에 전선의 주위에 빙설이 부착하면 그 무게 때문에 전선이 끊어지는 수가 있다. 또는 그 어떤 원인으로 부착했던 빙설이 떨어지면 전선이 갑자기 장력을 잃게 되기 때문에 반동적으로 높게 튀어오르면서 상부 전선과 접촉해서 단락 사고를 일으키는 수가 있다.

도약으로 사고가 일어난다는 것은 상이 다른 전선이 동일 수직면에 가깝게 존재하고 있기 때문이므로 이를 피하기 위해서는 특히 눈이 많이 내려서 사고 발생의 우려가 있는 곳에서는 수평 배치의 1회선 철탑을 사용하거나 또는 그림 2.8에 보이는 바와 같이 철탑으로부터의 전선의 **오프셋**을 충분히 취해 주도록 하여야 한다.

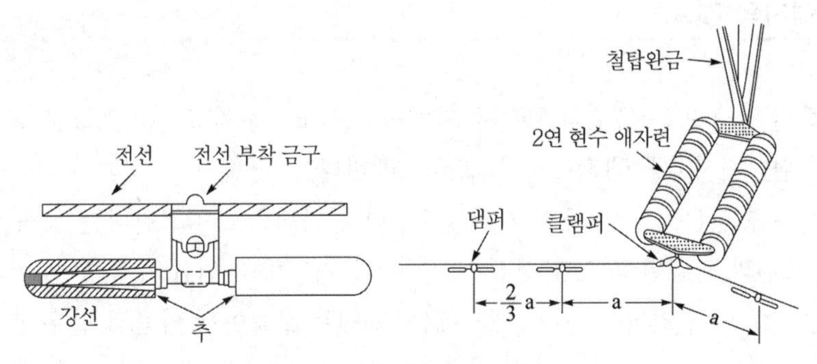

(a) stock bridge damper

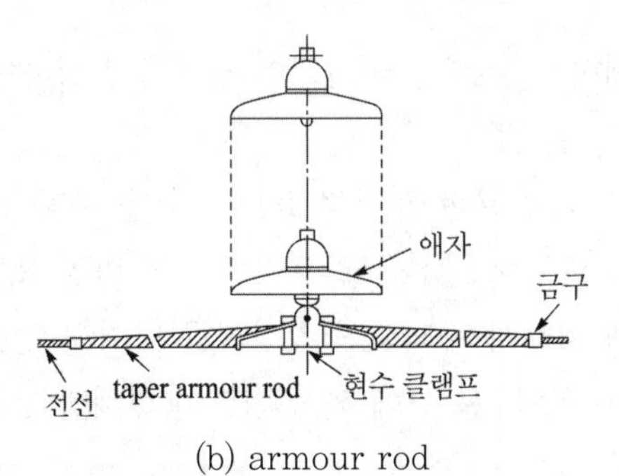

(b) armour rod

그림 2.7 **전선의 방진 장치**

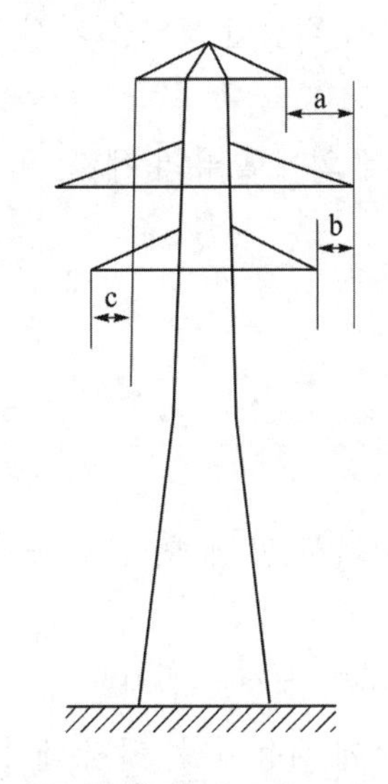

그림 2.8 **철탑의 오프셋**

2.5 가공 전선로용 애자

2.5.1 애자의 개요

전선을 철탑의 완금 또는 목주의 완목에 기계적으로 고정시키고 전기적으로 절연하기 위해서 사용하는 절연 지지체를 **애자**(insulator)라고 한다.

애자의 역할은 송전선을 철탑 등의 지지물로부터 전기적으로 절연한다는 목적 외에 풍우를 비롯한 기상 조건과 관련된 외력과 전선, 그 자체를 지지하기 위한 중량 등에 기계적으로 견딜 수 있는 구조로 되어 있어야 한다. 애자에는 그 임무로 보아서 다음과 같은 조건이 요구된다.

① 선로의 상규 전압에 대해서는 물론 각종 사고에 의해서 발생하는 이상 전압에 대해서도 어느 정도의 절연 내력을 가질 것
② 비, 눈, 안개 등에 대해서도 충분한 전기적 표면 저항을 가지고 누설 전류도 미소할 것
③ 상규 송전 전압 하에서는 코로나 방전을 일으키지 않고 만일 표면에 아크(arc)라든지 코로나가 일어나더라도 그에 의해서 파괴되거나 상처를 남기지 않을 것
④ 전선 등의 자체 중량 외에 바람, 눈 등에 의한 외력이 더해질 경우에도 충분한 기계적 강도를 지닐 것
⑤ 내구력이 있고 가격이 저렴할 것

이상의 조건들을 만족하는 것으로서 적당한 모양을 가진 경질 자기제의 애자가 일반적으로 많이 사용되고 있다.

애자에는 이러한 경질 자기제의 것 외에도 유리 애자, 합성 수지 애자 등이 있으나 이들은 주로 외국에서 사용되고 있다.

2.5.2 애자의 종류

전선로용 애자는 구조와 용도에 따라서 핀 애자, 현수 애자, 장간 애자 및 지지 애자로 크게 나누어 볼 수 있다.

일반적으로 핀 애자는 66[kV] 이하의 전선로에 사용되고, 현수 애자는 송전선에 널리 사용되고 있다. 장간 애자는 특수한 장소에 사용되며, 지지 애자 중 라인 포스트 애자(LP 애자)는 저전압의 송전 선로에서 핀 애자의 대용으로 사용되는 수가 있다.

(1) 핀 애자

고압용 핀 애자는 그림 2.9에 나타낸 바와 같이 갓 모양의 자기편 또는 유리편을 2~3층으로 해서 시멘트로 접합하고 철제 베이스로써 자기를 지지한 후 아연 도금한 핀을 박아서 원추형의 주철제 베이스를 통하여 완목 위에 고정시키고 있다.

저압용 핀 애자는 자기편에서 유리편 내측에 핀을 직접 시멘트 접합한 것이 있다.

최상층의 자기에는 전선 홈과 바인드선 홈이 설치되고 여기에 전선을 얹어서 바인드 선으로 전선을 고정시킨다.

핀애자는 현수 애자와 달라서 한 개로 전선을 지지하게 되므로 전압 계급에 따라서 자기의 크기, 층수, 절연층의 두께 등이 달라지지만 66[kV]를 초과하면 형태가 커지고 제작도 어려워지며, 또 기계적인 강도에도 한도가 있을 뿐만 아니라 경년 열화가 심해지므로 최근에는 주로 33[kV] 이하의 전선로에서만 사용되고 있을 뿐이다.

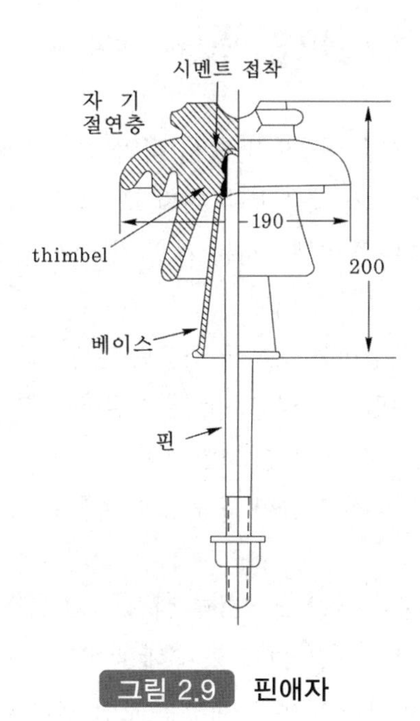

그림 2.9 핀애자

(2) 현수 애자(suspension insulator)

현수 애자는 원판형의 절연체 상하에 연결 금구를 시멘트로 부착시켜 만든 것으로서 전압에 따라 필요 개수만큼 연결해서 사용한다.

우리 나라에서는 66[kV] 이상의 모든 선로에는 거의 현수 애자를 사용하고 있는데 그림 2.10은 250[mm] 표준형의 현수 애자의 구조를 보인 것이다. 이중 (a)는 클레비스(clevis)형이고 (b)는 볼 소켓형이다.

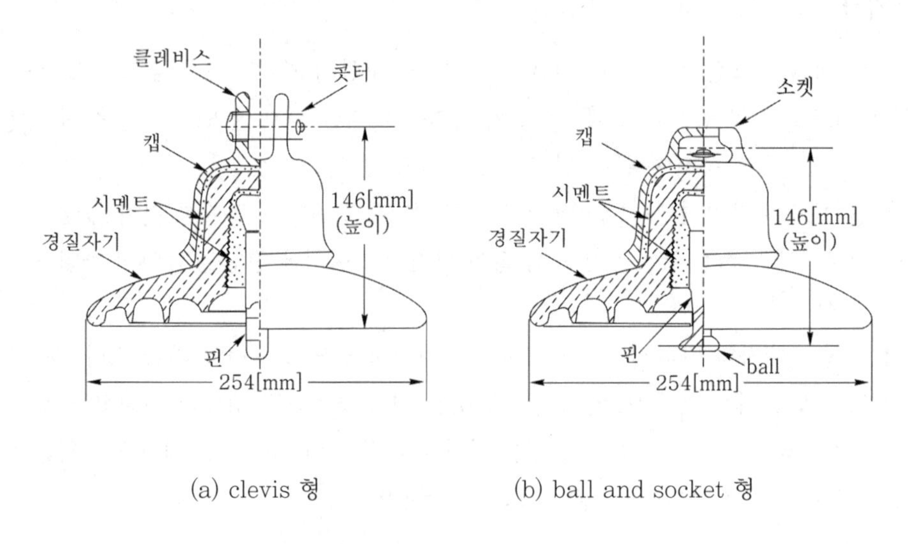

(a) clevis 형 (b) ball and socket 형

그림 2.10 250[mm] 현수 애자

종전에는 클레비스형을 주로 사용하였으나 **활선 작업**(전선로에서 전압을 살린 채로 송전을 계속하면서 애자, 완목, 주상 변압기 등을 보수 내지 교환하는 작업) 등의 편리상 최근에는 볼·소켓형을 많이 사용하고 있다. 절연체로서는 경질 자기나 경질 유리를 사용하며 주절체의 캡과 강(鋼)제의 핀을 시멘트로 붙인 것이다.

현수 애자는 한 개 단독으로 사용하는 경우도 있으나 일반적으로는 수 개 내지 수십 개를 쇠사슬 상태로 연결하고 이것을 철탑의 완금으로부터 매달아서 그 최하단에 전선을 고착시키고 있다. 최근에는 막대기 모양의 애자 또는 종 모양의 자기를 사용하는 현수 애자가 만들어지게 되었으므로 이들과 구별하기 위해서 상술한 표준형 애자를 특히 **원판형 현수 애자**라고 부르기도 한다.

현수 애자에는 내진, 내무, 내염 등의 목적으로 여러 가지 특수한 형태와 구조를 갖는 것이 있으나 일반적으로 사용되고 있는 것은 그림 2.10에 보이는 바와 같은 표준형이다.

표 2.5는 사용 전압에 대한 애자련의 연결 개수를 보인 것이다.

표준형에는 대형과 소형의 두 가지 종류가 있는데 소형은 자기, 즉 절연층의 지름이 180[mm], 대형은 254[mm](이것을 250[mm] 애자라고도 부른다.)가 표준이다. 일반적으로 대형이 사용되고 소형은 66[kV] 이하의 선로에서 일부 쓰이고 있다. 또, 원판형 현수 애자는 사용 전압에 따라 몇 개를 연결하여 하나의 **애자련**(suspension string)을 구성해서 사용하고 있다.

표 2.5 특고압 가공 전선로의 현수 애자의 연결 개수

사용 전압[kV]	250[mm] 현수 애자[개]	180[mm] 현수 애자[개]	핀 애자 [호]
15 미만	2	2	10
15 이상 25 미만	2	3	20
25 이상 35 미만	3	3	30
35 이상 50 미만	3	4	40
50 이상 60 미만	4	4	50
60 이상 70 미만	4	5	60
70 이상 80 미만	5		
80 이상 120 미만	7		
120 이상 160 미만	9		
160 이상 200 미만	11		
200 이상 230 미만	13		
230 이상 275 미만	16		

(3) 장간 애자

이것은 그림 2.11에서와 같이 많은 갓을 가지고 있는 원통형의 긴 애자인데 속까지 꽉 찬 긴 자기봉의 양단에 연결용 금구로서의 캡을 시멘트로 고착시킨 막대기형 현수 애자의 일종으로서 사용 전압이나 필요 강도에 따라 자기체의 구조 및 연결 개수를 변화할 수 있게끔 하고 있다.

장간 애자는 경년 열화가 적고 표면 누설 거리가 비교적 길어서 염분에 의한 애자 오손이 적은 데다가 비에 잘 씻기기 쉽고, 또 내무성도 좋고 보안 점검이 용이하다는 점 등으로 내염, 내무 애자로서 적당한 것이다. 다만 기계적 강도가 약하다는 결점이 있다.

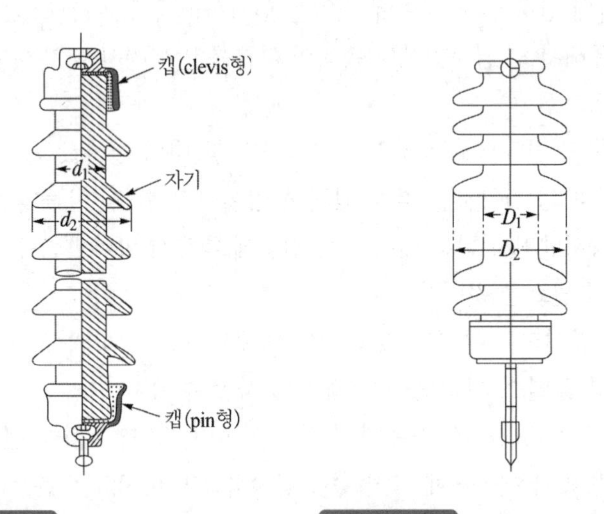

그림 2.11 장간 애자

그림 2.12 라인 포스트 애자

(4) 지지 애자

지지 애자는 발·변전소나 개폐소의 모선, 단로기 기타의 기기를 지지하거나 연가용 철탑 등에서 점퍼선을 지지하기 위해서 쓰이고 있는데 그 중 전선로용으로서는 **라인 포스트 애자**(LP 애자)가 그 대표적인 것이다.

이것은 그림 2.12에 나타낸 것처럼 장간 애자와 거의 비슷한 모양의 자기봉의 상단부에 핀 애자와 같은 도선 홈과 바인드선 홈을 두고 하단에는 완금 등에 고착시키기 위한 핀과 베이스 금구를 시멘트로 접착한 것이다. LP 애자는 장간 애자와 같은 장점을 구비하고 있기 때문에 77[kV] 이하의 송전 선로 등에 사용되고 있다.

2.5.3 애자의 전기적 특성

(1) 애자의 정전 용량

핀 애자의 경우에는 전선과 핀과의 사이에, 또 원판형 현수 애자일 경우에는 캡과 핀 또는 볼(ball)과의 사이에 각각 정전 용량이 존재한다. 특히 비가 내리면 자기편의 표면이 젖기 때문에 마치 평행판 콘덴서의 극판 면적이 증가한 결과가 되어 정전 용량도 이에 따라 증대하게 된다.

250[mm] 현수 애자 한 개의 정전 용량은 대략 40～44[pF]이며 연결 개수가 늘어날수록 그 값은 작아진다(10 개 연결에서 9～10[pF] 정도).

(2) 섬락 전압

섬락 전압은 애자의 상하 금구 사이에 전압을 인가하고 점점 이것을 높여가면 드디어는 애자 주위의 공기를 통해서 양 금구간에 지속적인 아크를 발생해서 애자가 단락된다. 이때의 전압을 섬락 전압이라고 한다.

상용 주파(60[Hz])의 전압으로 건조한 애자가 섬락할 때의 전압값을 **건조 섬락 전압**, 비에 젖은 애자가 섬락할 때의 전압값을 **주수 섬락 전압**이라고 한다. 이들의 전압은 송전 선로 개폐시 또는 지락 고장시에 발생하는 내부 이상 전압에 대해서 얼마만한 절연 내압이 있는가 하는 것을 알아내는 데 필요한 것이다.

한편 외부 이상 전압이라고 부르고 있는 뇌에 대해서 어느 정도의 절연 내압이 있는가에 대해서는 **충격파 전압**(**임펄스 전압**)을 사용해서 조사할 수 있다.

충격파 전압은 (1.2×50)[μs]의 표준파에 대한 것이며, **50[%] 섬락 전압**은 이 표준파형의 충격파 전압을 몇 번 인가하였을 때 그 반수가 섬락하고 나머지 반수는 섬락하지 않는 전압을 말한다.

(3) 애자의 전압 분포

현수 애자는 몇 개씩을 직렬로 연결해서 사용하는 것이 일반적이기 때문에 여기서는 주로 애자련의 전압 분포에 대해서 설명한다.

애자련의 각 애자는 자체의 정전 용량 C_m[pF] 외에 애자 금구와 철탑(대지), 금구와 전선과의 사이에 각각 C_e[pF] 및 C_d[pF]의 정전 용량을 가지고 있으므로 그 등가회로는 그림 2.13 처럼 된다.

따라서, 각 애자의 전압 분담은 균등하지 않고 그림 2.14에 나타낸 바와 같은 곡선으로 되어 전선에 가장 가까운 애자가 가장 분담비가 크고 중간의 것은 낮고 지지물에 가까운 것은 약간 커지고 있다.

이와 같이 각 애자의 분담 전압은 서로 다르기 때문에 그저 애자의 수를 늘린다고 해서 그 개수에 비례해서 애자련의 절연 내력이 증가한다는 것은 아니다.

한편, 이와 같이 전압 분포가 불평등할 경우에는 분담비가 작은 애자에 비해서 분담비가 큰 애자쪽이 그만큼 더 열화되기 쉬우므로 애자 전체로서의 이용률은 저하하게 된다.
또, 인가 전압을 증대해 가면 전압 분담비가 큰 전선측의 애자에 코로나가 발생해서 애자 자체의 외견상의 정전 용량이 약간 증가하게 되므로 전압 분포가 개선되어 섬락 직전에서는 전압 분포가 거의 균등하게 되고 있다.

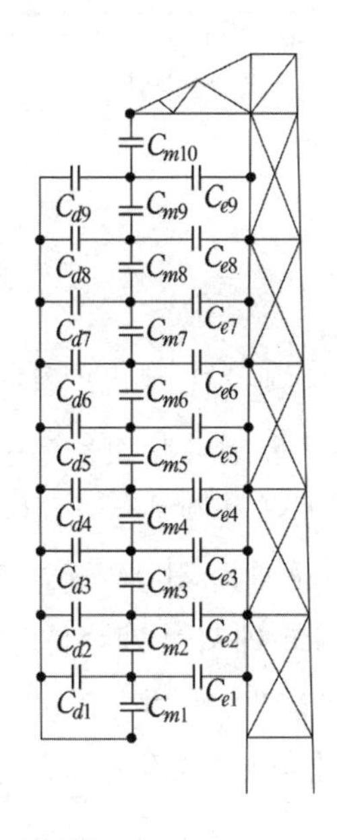

그림 2.13 애자련의 등가 회로

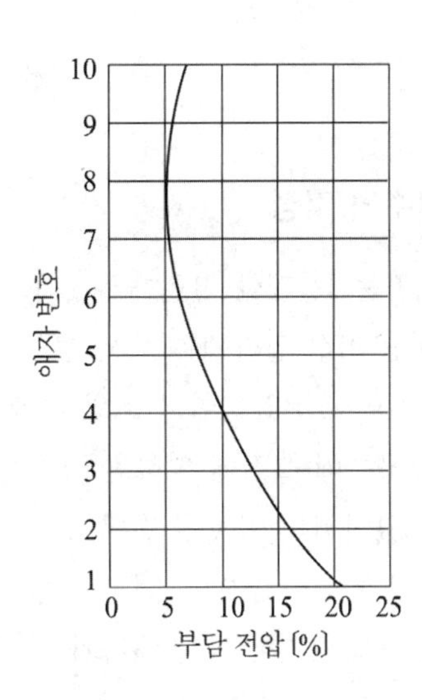

그림 2.14 애자련의 전압 분포

이러한 효과를 더 높이기 위해서 전선측에 이른바 **초호환**(arcing ring) 또는 **초호각**(arcing horn)을 붙여서 전선에 대한 정전 용량(C_d)을 늘리도록 하고 있다. 또, 이들은 위의 목적 외에 선로의 섬락시 애자가 열적으로 파괴되는 것을 막는 데에도 효과가 있다.

그림 2.15는 이들의 개요를 보인 것인데, 가령 전선이 낙뢰 등으로 애자련에 이상 전압이 생겨서 섬락이 발생하였을 경우 이들 초호환 또는 초호각 사이에서 아크가 직접 연결되어서 자기부에는 아무런 손상을 입히지 않도록 하고 있다.

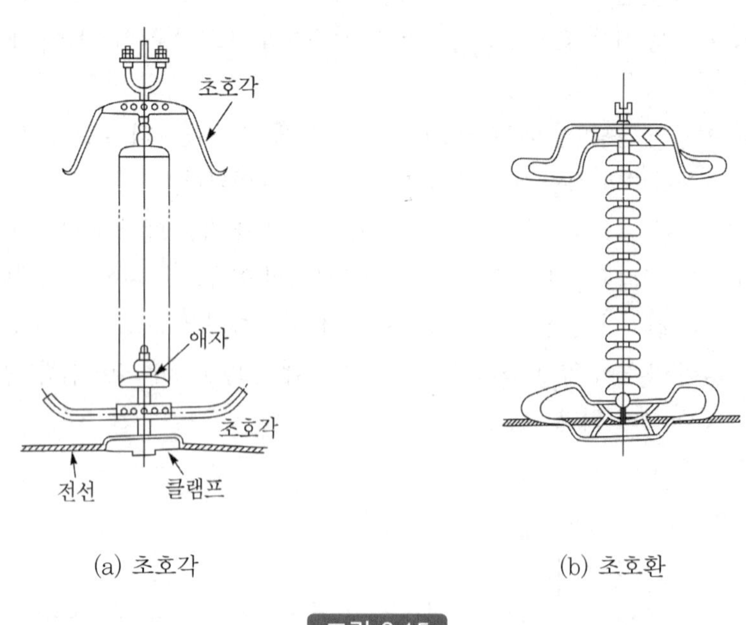

(a) 초호각 (b) 초호환

그림 2.15

(4) 애자련 개수의 결정

다음 현수 애자는 몇 개를 연결해서 1련으로 하느냐 하는 애자련 개수의 결정은 보통 내부적인 원인에 의한 이상 전압에 대해서 섬락을 일으키지 않도록 한다는 것을 기준으로 해서 정하고 있다. 내부 이상 전압이란 선로의 개폐시라든가 고장시에 발생하는 서지(surge)에 의한 이상 전압을 말하는데 실적에 의하면 이것은 대략 최대 상규 대지 전압(Y전압)의 4배 정도이므로 강우시에 있어서도 이것에 견딜 수 있는 개수를 가지고 **애자련 개수**를 선정하고 있다. 즉, 상용 주파 주수 섬락 전압이 선로의 상규 대지 최대 전압의 4배 이상으로 되게끔 하는 개수를 기준으로 해서 여기에 불량 애자가 한 두 개가 들어 있더라도 지장이 없도록 전체의 개수를 결정한다.

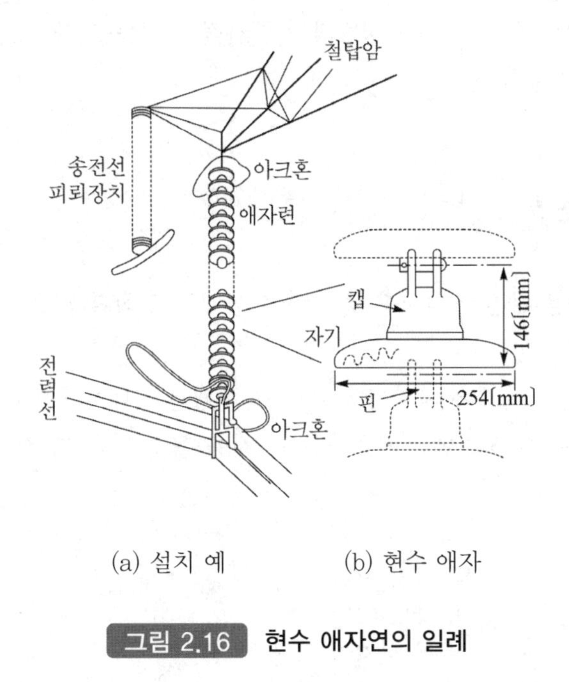

(a) 설치 예 (b) 현수 애자

그림 2.16 현수 애자연의 일례

그 밖에 특별히 염진해 대책을 고려할 경우에는 상술한 개수에 몇 개를 추가해서 애자 1련의 개수를 정하고 있다.

2.6 가공 전선로용 지지물

가공 전선로는 전선, 애자 및 그 지지물로 이루어진다. 지지물은 폭풍우, 지진, 눈, 뇌 등 자연의 장해에 대해서 언제나 안전하게 전선을 지지한다는 역할을 지니고 있다.

지지물은 크게 목주, 철근 콘크리트주, 철주, 철탑의 4종류로 나누어진다.

지지물은 전선을 지지하는 데 필요한 강도를 가져야 할 뿐 아니라 부식에 따른 강도의 저하를 막기 위하여 목재 구조물에서는 방부제를 주입하고 철강 구조물에서는 아연 도금을 시공해서 내용 연수의 증가를 도모하고 있다.

지지물을 선정할 경우에는 송전 전력, 송전 거리, 송전 전압, 회선수, 전선로의 중요도, 경과지의 지세, 기상 상황 및 사용 전선 등을 고려해서 신중히 다루어야 한다. 일반적으로는 66[kV] 이상의 송전 전압에서 2회전 이상의 회선수를 가지고 약 100[mm^2] 이상의 전선을 사용해서 장거리를 연결하는 계통상 중요한 전선로에는 철탑을 사용하고 66[kV] 미만의 비교적 중요도가 낮은 전선로 또는 일시적인 전선로에는 목주, 기타를 사용한다. 또, 철근 콘크리트주와 철주는 일반적으로 목주와 철탑과의 중간적인 성능을 가지는 것으로 보고 지지물 선정시 고려하면 될 것이다.

2.6.1 철탑의 종류

철탑은 상정된 하중을 완전히 지지할 수 있도록 설계한 **고정 철탑**을 말하며 성질, 형태, 사용 목적에 따라 분류된다.

철탑의 종류는 그 사용 목적에 따라 전선로의 표준 경간 이내에 사용하는 표준 철탑과 장경간 개소 또는 기타 특수한 장소에서 표준 철탑을 사용할 수 없을 때 적용하는 특수 철탑으로 구분하고 있다.

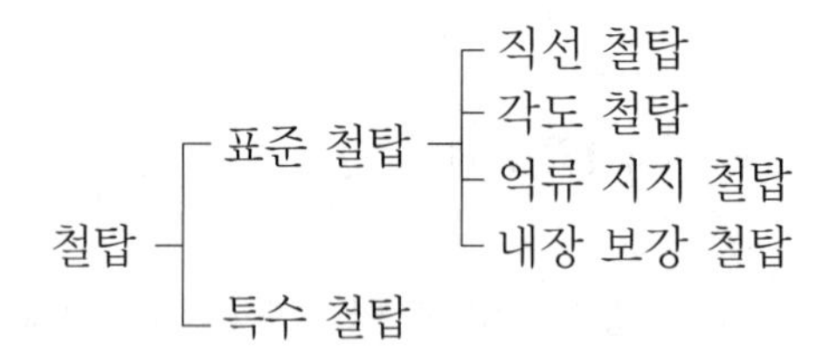

(1) 표준 철탑

이것은 전선로의 표준 경간에 대해서 세워지는 철탑이다. 표준 경간은 송전 선로의 표준이 되는 경간을 말한다. 여기서 **경간**(span)이라고 하는 것은 철탑과 철탑과의 사이의 전선의 지지점간의 거리를 말한다.

표준 철탑은 기술 기준의 규정에 따라 다음과 같이 구분되고 있다.

1) 성질상의 분

① **4각 철탑** – 철탑의 강도를 전선로의 방향과 직각 방향이 같게끔 설계한 철탑
② **방형 철탑** – 철탑의 강도를 전선로의 방향과 직각 방향이 각각 다르게끔 설계한 철탑

우리 나라에서는 거의 모두가 4각 철탑을 사용하고 있는데 이는 설계가 용이하고 안전도가 크기 때문이다.

2) 형태상의 분류

철탑을 형태면에서 분류하면 그림 2.17에 보인 바와 같이 4각 철탑, 방형 철탑, 문형 철탑, 우두(소머리)형 철탑, 회전형 철탑, MC 철탑 등으로 된다.

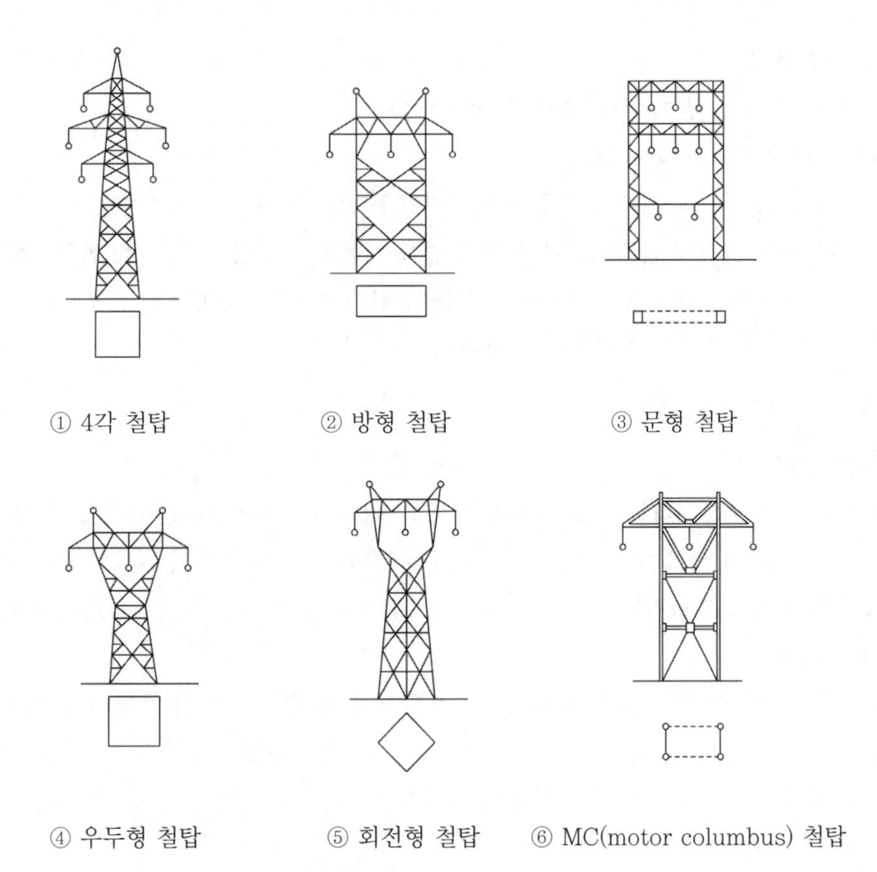

그림 2.17 철탑의 종류

① 4각 철탑

전선로 방향과 이의 직각 방향의 강도가 같게끔 단면을 정방향으로 설계한 구조의 것으로서 가장 일반적인 것이다. 2회선용으로는 주로 이 형태의 철탑을 사용한다.

② 방형 철탑

단면이 직사각형인 형태로 된 구조의 것으로서 주로 1회선 철탑에 사용되고 있다.

③ 문형 철탑

문 모양을 한 철탑으로서 전철, 송전 선로 인출 개소(철구와 다름) 같은데 사용하는 철탑으로서 간트리 철탑이라고도 한다.

④ 우두형 철탑

철탑의 중앙부를 좁게 하고 그 위 부분을 넓힌 형태의 것으로서 전압이 높은 1회선 철탑이나 산악 지대의 1회선 철탑 등에 사용된다. 철탑의 중앙부 이하는 4각 철탑으로 하는 수가 많다.

⑤ **회전형 철탑**

철탑을 암(arm) 밑에서 90° 회전한 철탑이다.

⑥ **MC(motor columbus) 철탑**

이것은 일명 콘크리트 충진 강관 철탑이라고도 하는데 이는 철탑을 구성하는 부재에 형강을 사용하는 대신에 콘크리트를 채운 강관을 사용해서 조립한 것이다. 이의 장점으로서는 강재료가 적게 들고, 원형 단면이기 때문에 설계 풍압이 적어도 되므로 철탑을 경량화할 수 있고, 운반 조립이 용이하다는 것이다.

3) 사용 목적에 의한 분류

① **직선 철탑**

선로의 직선 부분이라든가 또는 수평 각도 3° 이내의 장소에 사용되는 것으로서 현수 애자를 바로 현수 상태로 내려서 사용할 수 있는 철탑이다. 이 철탑의 기호를 A로 나타내어 **A형 철탑**이라고 부르기도 한다. 이 철탑에서의 애자련은 현수형을 사용하게 된다.

② **각도 철탑**

수평 각도가 3°를 넘는 장소에 세워지는 철탑으로서 20° 이하의 경각도로 설계한 것은 **B형 철탑**이라 하고 30° 이하의 중각도로 설계한 것은 **C형 철탑**이라고 부르고 있다. 이 철탑에서의 애자련은 모두 내장형을 사용하게 된다.

③ **억류 지지 철탑**

전부의 전선을 끌어당겨서 고정시킬 수 있도록 설계한 철탑으로서 **D형 철탑**이라고도 한다. 또 억류 지지 철탑은 선로가 구부러져서 수평 각도가 30° 이상으로 되어 각도 철탑으로는 충분한 강도를 얻을 수 없는 장소에 세워지는 경우도 있다. 애자련은 내장형을 사용한다.

④ **내장 보강 철탑**

선로의 보강용으로 세워지는 것으로서, 가령 직선 철탑이 다수 연속될 경우에는 약 10기마다 1기의 비율로 이 내장 보강 철탑을 세워 나간다. 또, 서로 인접하는 경간의 길이가 서로 크게 달라서 전선에 지나친 불평형 장력이 가해질 경우에는 그 철탑을 내장형으로 하게 되며, 또 장경간의 장소에 사용되는 특수 철탑이 직선 또는 경각도 철탑으로 될 경우, 그 부근에는 반드시 내장 철탑을 세워서 보강하지 않으면 안 된다. 이 철탑의 기호를 E로 나타내어 **E형 철탑**이라고 한다.

여기서 **장경간**이라고 하는 것은 표준 경간에 250[m]를 더한 경간을 넘는 것을 말한다. 가령 표준 경간이 300[m]일 때에는 550[m] 이상의 경간을 장경간이라고 한다. 물론 여기서는 내장형 애자련이 사용된다.

(2) 특수 철탑

이것은 강을 건너거나 골짜기를 넘게 되는 장경간의 장소라든가 기타 특수한 장소에 세워지는 특수 설계의 철탑이다. 장경간 철탑이나 연가용 철탑은 물론 이 종류에 속하는 것이다. 특수 철탑의 경우에도 A, B, C, D형의 각종의 것이 있다.

참고로 표 2.6에 이들 표준 경간 및 중량을 정리해서 나타내었다.

표 2.6 철탑의 중량과 표준 경간

전압 [kV]	사 용 전 선	표준 경간 [m]	전선 지상고 [m]	※ 철탑 중량[T]		
				A	B, C	D
66	95～240[mm^2] ACSR	250	6	3.8	5.9	7.6
154	160～520[mm^2] ACSR	300	7	7.5	9.7	12.2
345	480×2～480×4[mm^2] ACSR	400	9	7.4	9.0	13.0

※ 중량은 폭넓게 변화하고 있는데, 이 값은 2회선용에 대한 하나의 예이다.
초고압 철탑이 더 가벼운 이유는 특수 경금속을 사용하기 때문이다.

연습문제

1. 고전압 송전 선로용, 초고압 송전 선로용으로 사용되는 전선의 종류를 들고 그 특징을 설명하여라.

2. 경동선과 ACSR를 비교하여라.

3. 복도체에 대해서 설명하여라.

4. 38[mm^2]의 경동 연선을 사용해서 높이가 같고 경간이 300[m]인 철탑에 가선하는 경우 이도는 얼마인가? 단, 이 경동 연선의 인장 하중은 1,480[kg], 안전율은 2.2이고 전선 자체의 무게는 0.334[kg/m]라고 한다.

5. 경간이 250[m]인 가공 전선로에서 전선 1[m]의 무게가 0.4[kg], 전선의 수평 장력이 150[kg]이라고 한다. 이 전선로의 이도와 전선의 실제 길이를 구하여라.

6. 온도 20[℃]이고 맑은 날씨에 100[mm^2]의 경동선을 가선하려고 한다. 경간 230[m]에서 이도를 계산하니 5.25[m], 실측을 한 결과는 5[m]였다. 이도를 5.25[m]로 늘리기 위해서는 전선을 얼마나 더 늘려서 가선해야 하는가?

7. 그림 E 2.7과 같이 평탄한 곳에 같은 장력으로 가설된 두 경간의 이도가 각각 D_1 = 4[m], D_2 = 9[m]이다. 중앙의 지지점에서 전선이 떨어졌을 때 전선의 지표상의 높이는 최저 몇 [m]로 되는가? 단, h = 15[m]라 하고 전선의 늘어남은 무시한다.

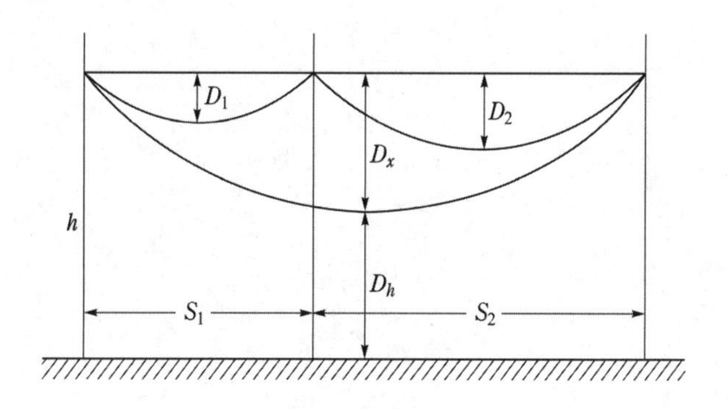

그림 E 2.7

8. 원판형 현수 애자련의 전위 분포가 균등하지 않는 이유를 설명하여라.

9. 송전 선로에 사용하는 현수 애자련의 애자 개수는 어떻게 해서 정해지는가를 설명하여라.

10. 애자의 건조 섬락 특성 및 주수 섬락 특성에 대해서 설명하고 각각의 특징을 비교하여라.

11. 50[%] 섬락 전압이란 무엇을 의미하는가?

12. 애자 열화의 원인과 대책을 설명하여라.

13. 초호환을 설치하는 이유를 설명하여라.

14. 철탑과 철주를 구별하여 설명하여라.

15. 철탑을 사용 목적에 따라 분류하고 간단히 설명하여라.

16. 특별 고압 송전 선로에서 선간 거리는 어떻게 정하는가?

17. 철탑에 걸리는 하중에 대해서 설명하여라.

최 · 신 · 송 · 배 · 전 · 공 · 학

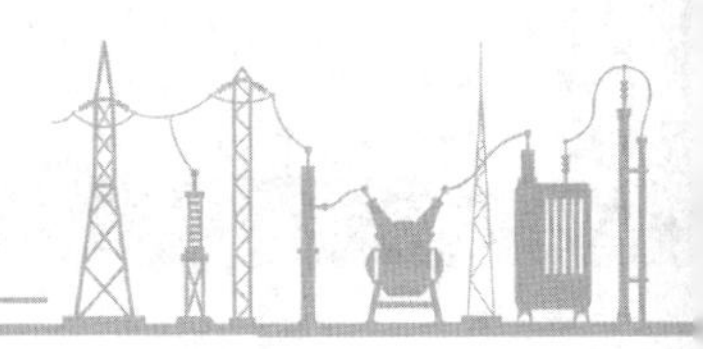

03장 지중 송전 선로

3.1 지중 송전 선로의 개요

지중 전선로는 지하에 **전력 케이블**(power cable)을 매설해서 송배전용으로 사용하는 것을 말한다.

송전 선로로서 지중 전선로가 채용된다는 것은 주로 다음과 같은 이유 때문이다.

① 도시의 미관을 중요시하는 경우
② 수용 밀도가 현저하게 높은 지역에 공급하는 경우
③ 뇌, 풍수해 등에 의한 사고에 대해서 높은 신뢰도가 요구되는 경우
④ 보안상의 제한 조건 등으로 가공 전선로를 건설할 수 없는 경우

그러나, 지중 전선로는 가공 전선로에 비해서 건설비가 훨씬 비싸고 사고가 났을 경우 고장 발생 지점의 발견이나 복구가 까다롭다는 이유 등으로 종래에는 대도시와 그 주변, 그리고 발·변전소와 가공선과의 연락용 지중선 이외에서는 별로 사용되지 않았다.

그러나, 최근에는 케이블 제작 기술의 진보와 가공선 건설상의 보상 문제라든가 유도 장해 등의 문제 때문에 지중 전선로에 대한 인식이 새로와져서 그 이용이 많이 늘어나고 있다.

우리 나라에서는 종래까지 주로 경제적인 이유 때문에 그 이용이 미미하였으나, 현재는 서울 시내의 22[kV] 배전망에 이어 154[kV] 지중 송전 계통을 확충하여 2016년 6월말 현재 3,220[c-km]에 이르고 있을 뿐만 아니라 이제는 더욱더 원활한 대전력의 공급을 위해서 345[kV] 초고압 지중 선로의 건설이 대도시 주변에서 추진되고 있다.

그동안 우리 나라에서의 345[kV] 지중 송전선의 건설 실적을 보면 1993년까지는 서울 시내에, 1995년까지는 부산 시내 345[kV]급 송변전 설비(변전소, 가공 및 지중 송전선)가 건설되었으며 1987년부터 초고압 지중 케이블 수용을 위한 전력구 건설이 활발하게 추진되고 있다(2016.6 현재, 335[c-km] 운전중임).

이밖에 이 지중 송전선과 관련해서 우리 나라에서 처음으로 육지와 제주도를 잇는 ±180[kV], 101[km]×2회선, 150[MW]×2의 직류 해저 케이블(제1 연계선)이 1997년 여름에 준공되었

으며, 이어서 2012년에는 새로이 진도와 제주도 사이에 ±250[kV], 400[MW](200[MW]×2 회선) 용량의 직류 해저 케이블(제2 연계선)을 건설해서 제주도 지역에의 전력공급을 크게 개선하게 되었다.

그 후에도 제주도에서의 수요가 계속 늘어남에 따라 새로이 완도와 제주도 사이에 99[km], ±150[kV], 200[MW] 용량의 제3 연계선이 2023년 운전 목표로 현재 건설 중에 있다.

구미에서는 일찍부터 지중 송전 선로가 보급되었으며, 특히 미국의 각 도시에서 발달한 네트워크 배전 방식은 대부분 지중 선로를 채택하고 있다. 또, 최근에는 지중 전선로에 의한 장거리 대전력의 수송도 늘어나는 경향을 보이고 있어 케이블 제작 기술의 진보와 더불어 지중 송전의 대용량화와 고전압화에의 방향으로 나가고 있다.

표 3.1 우리나라 직류송전 현황

구 분	송전선로 경로	준 공	DC 전압	용 량	길 이	목 적
운영 중	해남–제주(#1)	1998	±180[kV]	150[MW]×2	101[km]	제주–육지 전력계통 연계
	진도–제주(#2)	2013	±250[kV]	200[MW]×2	113[km]	〃
건설 예정	완도–제주(#3)	2023	±150[kV]	200[MW]	99[km]	〃
건설 중	북당진–고덕(#1)	2019	±500[kV]	1.5[GW]	34[km]	서해안 발전력 수도권 수송
	북당진–고덕(#2)	2021		1.5[GW]	34[km]	
건설 예정	신한울–신가평(#1)	2021	±500[kV]	2.0[GW]×2	226[km]	동해안 발전력 수도권 수송
	신한울–수도권(#2)	2022		2.0[GW]×2	258[km]	
	해상풍력–새만금	2023		2.0[GW]	80[km]	서남해 풍력 발전력 수송

예제 3.1 지중선의 가공선에 대한 장·단점을 기술하여라.

지중 전선로는 가공 전선로와 비교해서 몇 가지 장점을 지니고 있다. 우선 다수 회선을 같은 루트에 시설할 수 있고, 그 대부분은 지하에 매설되기 때문에 환경과의 조화가 용이하며, 비바람이나 뇌 등 기상 조건에 영향을 받지 않는 등 설비의 안전성이 높다는 것을 들 수 있다. 그러나 지중 전선로는 가공 전선로에 비해 같은 굵기의 도체로는 송전용량이 작고 건설비가 아주 비싸다는 결점이 있어, 그 건설은 특수한 경우에 한정되고 있다.

다음 표 3.2는 이들 양자를 비교해 보인 것이다.

표 3.2 가공선과 지중선의 비교

구분	지중 전선로	가공 전선로
계통 구성	• 환상(loop, open loop) 방식 • 망상(network) 방식 • 예비선 절체 방식	• 수지상 방식 • 연계(tie-line) 방식 • 예비선 절체 방식
공급 능력	• 동일 루트에 다회선이 가능하여 도심 지역에 적합	• 동일 루트에 4회선 이상 곤란하여 전력 공급에 한계
건 설 비	• 건설 비용 고가	• 지중 설비에 비해 저렴
건설 기간	• 장기간 소요	• 단기간 소요
외부 영향	• 외부 기상 여건 등의 영향이 거의 없음	• 전력선 접촉이나 기상 조건에 따라 정전 빈도가 높음
고장 형태	• 외상 사고, 접속 개소 시공 불량에 의한 영구 사고 발생	• 수목 접촉 등 순간 및 영구 사고 발생
고장 복구	• 고장점 발견이 어렵고 복구가 어렵다.	• 고장점 발견과 복구 용이
유지 보수	• 설비의 단순 고도화로 보수 업무가 비교적 적음	• 설비의 지상 노출로 보수 업무가 많은 편임
유도 장해	• 차폐 케이블 사용으로 유도 장해 경감	• 유도 장해 발생
송전 용량	• 발생열의 구조적 냉각 장해로 가공전선에 비해 낮음	• 발생열의 냉각이 수월해 송전 용량이 높은 편임
안 전 도	• 충전부의 절연으로 안전성 확보	• 충전부의 노출로 적정 이격 거리 확보
설비 보안	• 지하 시설로 설비 보안 유지 용이	• 지상 노출로 설비 보안 유지 곤란
환경 미화	• 쾌적한 도심 환경 조성	• 도심 환경 저해 요인
신규 수용	• 설비 구성상 신규수용 대응 탄력성 결여	• 신규 수요에 신속 대처 가능
이 미 지	• 전력 설비의 현대화 • 설비 안전성 이미지 제고	• 전통적 전력 설비 • 위험 설비

3.2 지중 선로의 전기 방식과 계통 구성

지중선은 가공선에 비해 일반적으로 사고 발생 빈도가 적은 편이지만 일단 사고가 발생하면 복구에 상당한 시간이 소요되는 경우가 많다. 따라서 계통 구성은 공급 신뢰도를 높이고 유지 보수 및 관리가 용이하고 경제적이 되게끔 유의하여야 한다.

일반적으로 지중선은 특수한 지역에서만 가공선의 일부를 대신하는 것으로서 사용되지만 대도시에서는 지중선만으로 계통 구성이 이루어지는 수가 많다. 지중 송전 계통의 구성 방법으로는 유닛식, 루프식, 방사식, 수지식 등이 있다.

(1) 유닛(unit) 방식

유닛 방식은 그림 3.1에 나타낸 바와 같이 변압기 고압측의 차단기 및 모선을 생략하여 선로와 변압기를 직접 또는 개폐기를 통하여 접속하는 방식으로서 다단자식이라고 부르기도 한다. 이 방식은 변전소의 소요 면적을 대폭 줄일 수 있어 건설비가 저감되고 용지 확보가 비교적 용이하다는 장점이 있다.

유닛 방식 계통에서는 송전선 또는 부하측 변압기에 사고가 발생할 경우 전원측과 변압기 2차측 차단기가 동작해서 사고 부분을 분리하게 된다.

따라서 변전소 운전율은 변압기 1대가 정지되어도 부하 공급에 지장이 없도록 여유를 두어야 한다(도심부 중요 변전소에서는 양측에 전원 변전소가 연결되도록 구성한다).

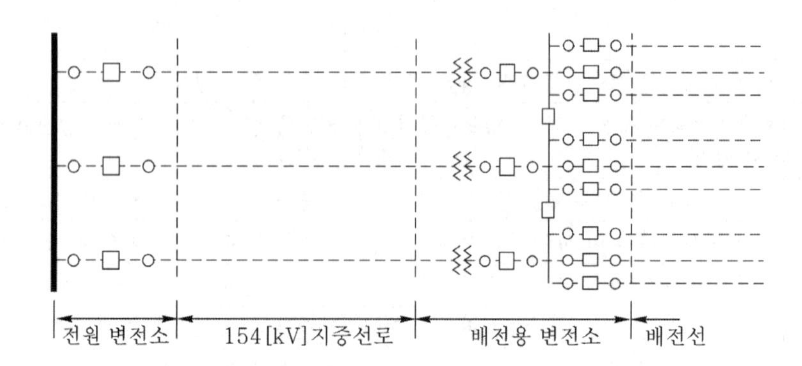

(a) 유닛 방식 송전 계통 구성

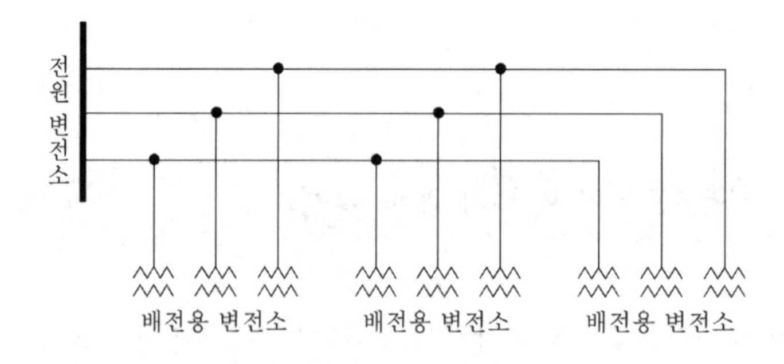

(b) 다단자 유닛식 계통 구성

그림 3.1 유닛 방식

(2) 루프 방식

루프 방식은 그림 3.2와 같이 선로를 루프상으로 구성하는 것으로서 유닛 방식보다 복잡하지만 송전선에 사고가 발생하면 사고 구간 양측의 차단기가 동작해서, 사고 장소를 자동으로 분리할 수 있다.

이렇게 하면 사고에 의한 급전상의 지장을 극히 좁은 범위로 억제할 수 있다는 효과가 있고, 또 특고 수용가가 근거리에 밀집해 있을 경우에는 설비의 합리화를 기할 수 있어서 경제적으로도 퍽 유리한 방식으로 된다.

이 형식은 이미 유럽이나 미국 같은 데에서는 널리 보급되고 있는 것인데 우리 나라에서도 1970년대부터 서울 시내 중심부에 22[kV] 케이블로 본격적인 환상 계통을 구성해서 좋은 운전 실적을 올리고 있다.

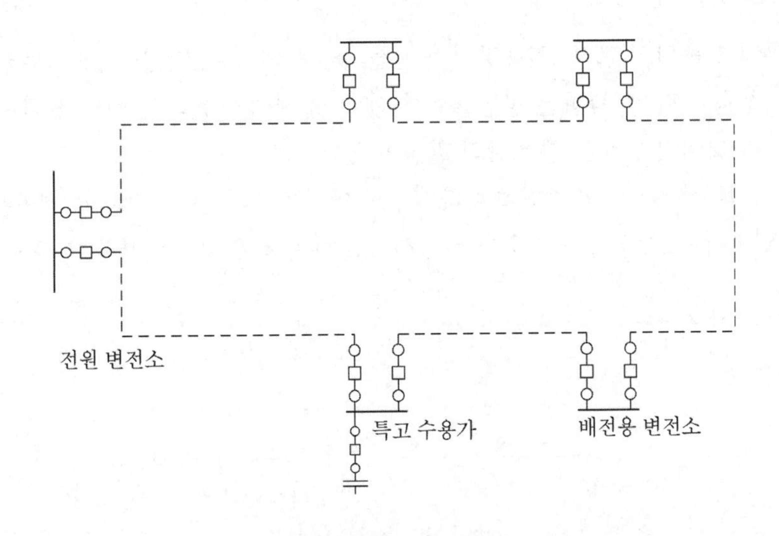

그림 3.2 루프 방식

(3) 방사상 방식

이 방식은 그림 3.3에 나타낸 바와 같이 1차 변전소로부터 복수 장소의 2차 변전소(배전용 변전소) 내지 특고 수용가의 각각에 방사상으로 선로를 연결해서 전력을 공급하는 방식이다. 이 경우 각 변전소 내의 설비는 간단하게 되지만 지중 선로의 경과지가 각각 별도로 되기 때문에 공사비가 비싸게 될 뿐만 아니라 운용과 보수면에서도 어려운 점이 많다.

이 방식은 고전압 지중 송전 계통에서 하나의 중요한 기본 형식으로 되어 있다.

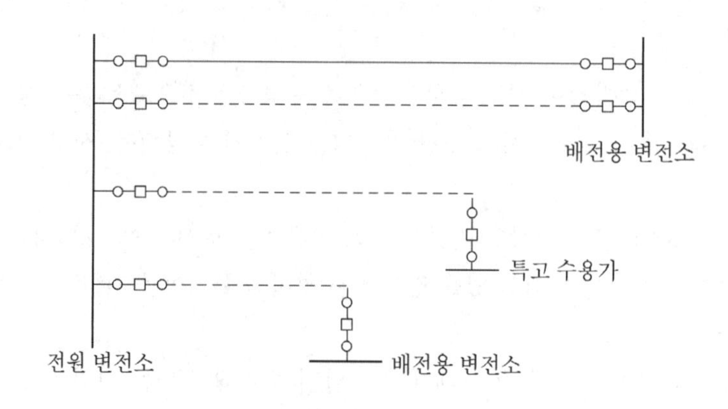

그림 3.3 방사상 방식

(4) 수지상 방식

변전소로부터 인출된 비교적 큰 용량의 송전선(가공선의 경우가 많다.)으로부터 부하 분포에 따라 분기선을 연결, 인출하는 방법으로서 선로 및 개폐기 등의 설비비가 적게 드나 사고 시 정전 범위가 넓어진다는 등 운용상의 결점이 있다.

그러나 이 방식에서는 부하의 증대에 따라 도중에 연결될 분기선이 늘어나서 계통은 점점 복잡해지고, 보호 방식도 그에 따라 더욱더 복잡해지기 때문에 현재에는 별로 사용되지 않는다.

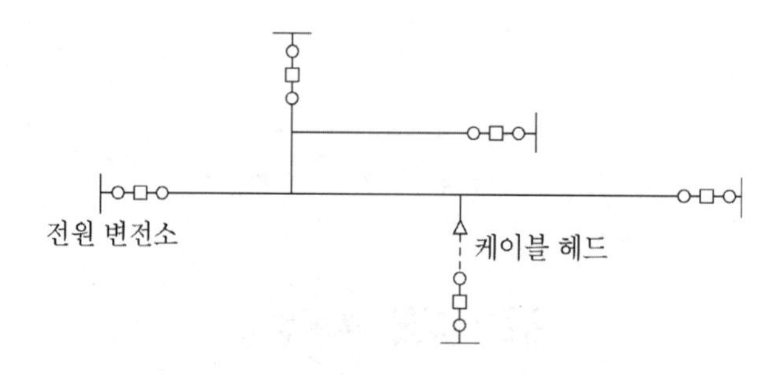

그림 3.4 수지상 방식

예제 3.2 전압 66[kV], 주파수 60[Hz], 길이 12[km]의 3상 3선식 1회선 지중 송전 선로가 있다. 케이블의 심선 1선당의 정전 용량이 0.4[μF/km]라고 할 때 이 선로의 3상 무부하 충전 전류[A] 및 충전 용량[kVA]을 구하여라.

풀이 케이블의 작용 정전 용량 $C[\mu\mathrm{F}]$는 선로 길이가 12[km]이므로

$$C = 0.4 \times 12 = 4.8[\mu\mathrm{F}]$$

구하고자 하는 충전 전류 I_c[A]는

$$I_c = \omega C \frac{V}{\sqrt{3}} \times 10^{-3} = 120\pi \times 4.8 \times \frac{66}{\sqrt{3}} \times 10^{-3} \fallingdotseq 68.9[\text{A}]$$

따라서 충전 용량 Q_c[kVA]는

$$Q_c = \sqrt{3}\, VI_c = \sqrt{3} \times 66 \times 68.9 = 7876.5[\text{kVA}]$$

3.3 전력 케이블의 종류

3.3.1 개 요

전력 케이블은 도체, 절연체 및 외장(보호 피복)에 의해서 구성되고 있다.

도체에는 전기용 연동선을 사용하고 단면적이 작은 것은 단선, 큰 것은 연선을 사용한다. 심선의 수에 따라 **단심 케이블, 2심 케이블, 3심 케이블**로 구분된다.

절연체로는 절연지, 고무, 플라스틱, 절연 컴파운드 및 절연유 등이 사용되며 외장으로서는 연피, 강대, 강선, 알루미늄피 및 주트(jute) 등이 사용되고 있다.

현재 지중 전선로용으로서 일반적으로 사용되고 있는 케이블은 그림 3.5에 보이는 바와 같다.

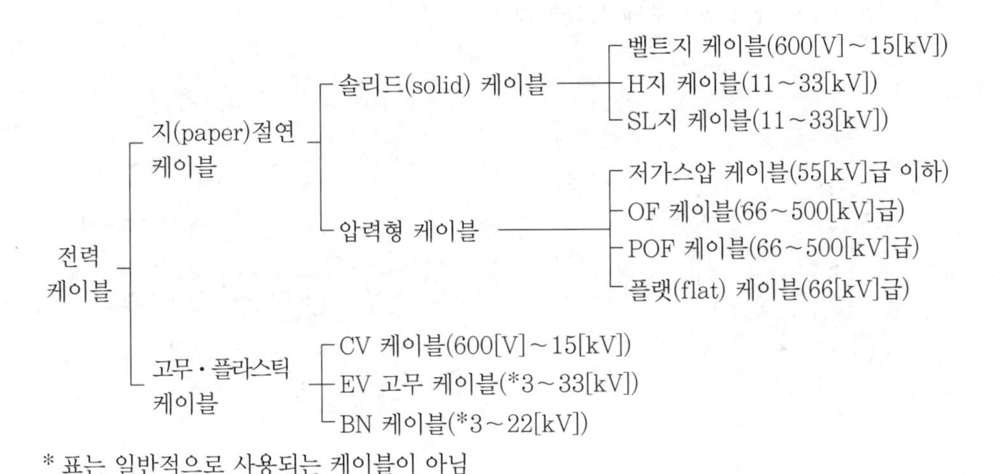

그림 3.5 전력 케이블의 종류

참고로 표 3.3에 우리 나라에서의 154[kV] 지중 케이블의 현황을 보인다.

표 3.3 154[kV] 지중 케이블의 현황

연도	1987	1997	2007	2017(6)
총154[kV] T/L(C-km)	8,991	15,097	19,917	22,704
지중 T/L(C-km)	281	943	2,261	3,343
지중화율[%]	3.1	6.2	11.4	14.7

● **참고 : 345[kV] 지중케이블 현황**
2017년 6월말 기준으로 345[kV] 송전선로가 총 9,220[c-km]인데 대하여 345[kV] 지중 케이블은 363[c-km]로서 약 4[%]의 지중화율[%]을 차지하고 있다.

3.3.2 지절연 케이블

(1) 벨트지 케이블

그림 3.6은 벨트지 케이블의 개요도로서 도체의 위에 절연지를 감고 있다. 이 절연을 심절연이라 하는데 3심의 경우에는 이들을 서로 꼬아서 빈 공간(갭) 부분에 개재 절연물을 채운 다음 다시 절연지를 감는다. 이 절연을 벨트 절연이라고 한다. 다시 그 위를 연피로 외장한다. 이것은 도체 및 절연물을 기계적, 화학적인 외상으로부터 보호하기 위한 것이다.

이 케이블은 바깥지름이 작아서 구조가 간단하고 경제적이긴 하지만 구조상 절연 내력이 낮아서 주로 22[kV] 이하의 전선로에 사용될 뿐이다.

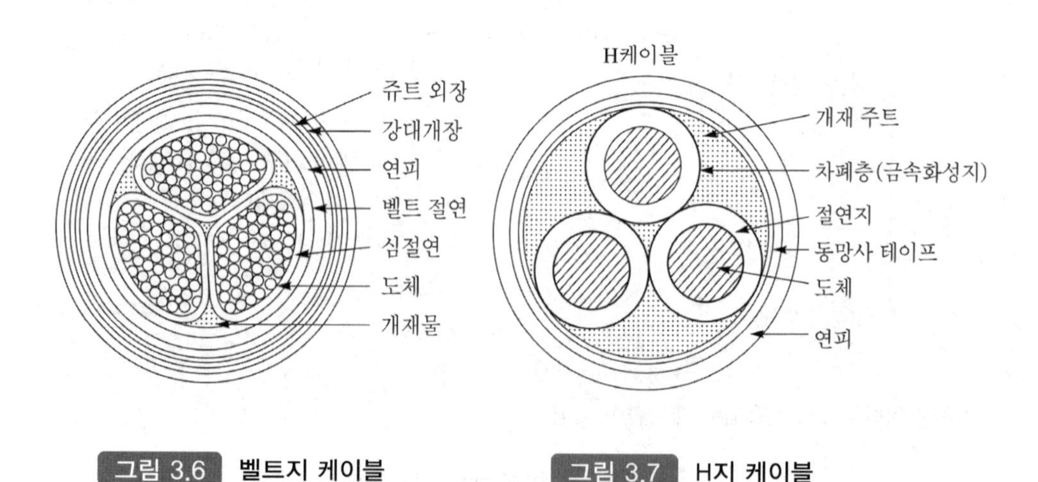

그림 3.6 벨트지 케이블

그림 3.7 H지 케이블

(2) H지 케이블

일반적으로 절연층은 그 표면에 수직으로 가해지는 전계에 대해서는 절연 내력이 크지만 그 면에 면한 접선 방향에 대해서는 약하기 때문에 이것이 원인이 되어 절연층의 열화를 가져온다. 이것을 방지하기 위해서 나온 것이 H지 케이블이다.

이것은 그림 3.7에 보인 바와 같이 벨트지 케이블에서의 벨트 절연을 없애고 각 도체를 심 절연한 후 그 위에 금속화성지 또는 동테이프를 감은 다음 3심을 꼬아서 다시 이것을 외장한 것이다.

(3) SL지 케이블

SL지 케이블은 도체를 유침지로 절연한 다음 그림 3.8에 보인 바와 같이 그 위에 연피를 시공한 3심을 꼬아서 이것에 외장을 시공한 케이블이다. 이것도 H지 케이블과 마찬가지로 각 선심을 절연한 다음 연피로 정전 차폐시키고 있기 때문에 전기력선은 절연층과 직교하게 된다. 또, 연피는 열용량이 커서 열의 양도체로 되기 때문에 열발산이 좋아 송전 용량의 증대가 기대된다. 이것은 11～33[kV]급의 도시 송배전용으로서 많이 사용되고 있다.

(4) OF 케이블

그림 3.9에 나타낸 바와 같은 구조로서 3심 케이블의 경우에는 개재 주트부에 개방형의 기름 통로가 설치되어 케이블축과 직각 방향에 기름이 출입해서 절연층 내에 유압이 항상 걸리게 되어 있다.

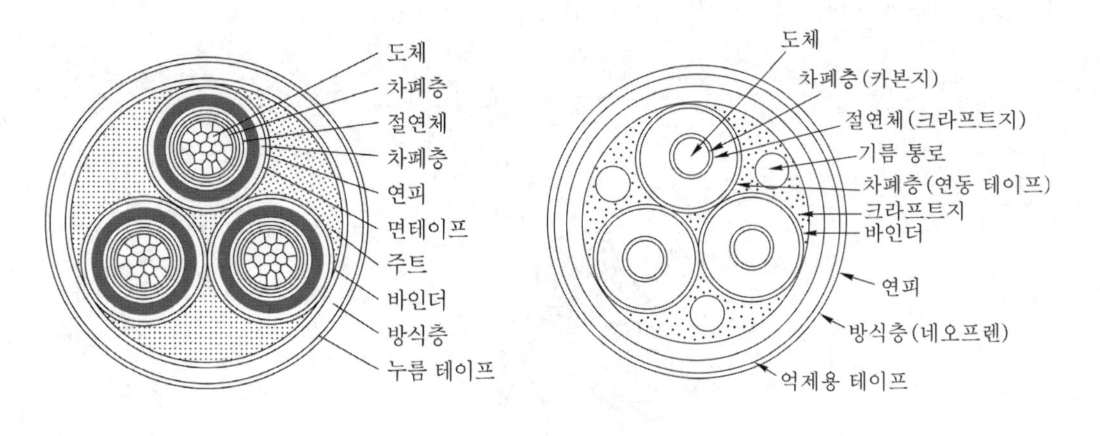

그림 3.8 3심 SL지 케이블

그림 3.9 OF 케이블

이 케이블의 특징으로서는

① 절연유 충전 후 공극이 발생하지 않음
② 온도 변화에 의한 팽창, 수축을 부설된 기름 탱크에서 흡수함
③ 외기의 침입이 방지되는 구조임
④ 절연체의 두께를 얇게 할 수 있음
⑤ 사용 온도가 높아 송전 용량이 증대됨

이러한 특성 때문에 OF 케이블은 압력형 케이블의 대표적인 것으로서 66[kV] 이상의 고전압 케이블로서 널리 사용되고 있다.

(5) 파이프형 케이블

이 케이블에는 가스를 충진한 파이프형 가스 케이블(PGF), 기름을 충진한 파이프형 기름 케이블(POF) 등이 있다.

그림 3.10은 POF의 개요도인데 이것은 케이블 외피에 해당하는 강관을 먼저 매설한 후 강관 내에 케이블과 절연유를 삽입한다. 여기서는 절연체가 항상 높은 유압으로 가압된 절연유로 충만되어서 가스가 들어갈 수 없기 때문에 초고압 케이블로서는 안정된 절연 성능을 지니고 있다.

이 케이블이 갖는 장점은

① 케이블 중량이 가볍다.
② 제조 과정이 용이하다.
③ OF 케이블에 비하여 접속 방법이 용이하다.

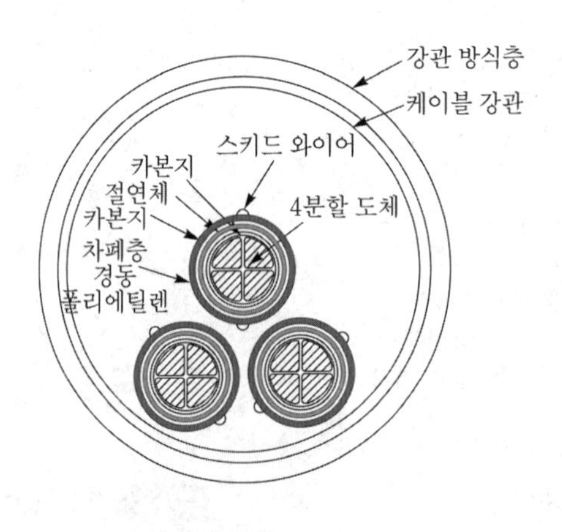

그림 3.10 POF 케이블

④ 기계적 강도가 크다.
⑤ 강관에 의한 차폐 효과로 통신선 유도 장해가 경감된다.

등을 들 수 있겠으나, 한편으로는 절연유를 대량으로 필요로 하고 특수한 급유 설비를 따로 설치하지 않으면 안된다는 결점도 있다.

오늘날 이 케이블은 특히 케이블 내에 채워진 절연유를 순환시킴으로써 케이블의 온도를 쉽게 제어할 수가 있고 강제 냉각 장치를 설치함으로써 송전 용량을 증대시킬 수 있다는 장점을 지니고 있어 66~500[kV]급 케이블로서 많이 쓰이고 있다.

3.3.3 새로운 전력 케이블

전력 수요의 증가와 더불어 전력의 대량 생산과 대량 수송이 필요하게 됨에 따라 수송 수단으로서 지중 케이블의 대용량화가 관심을 모으고 있다. 지중 케이블의 대용량화를 위한 방법으로서는 첫째 송전 전압의 고전압화와 둘째 전류 용량의 증대화가 있다.

전자의 고전압화에 대해서는 현재 154~345[kV]의 고전압 송전이 실시되고 있으며 외국에서는 500[kV]급 송전도 발전소 인출구 등에서 일부 채용되고 있다.

후자의 전류 용량 증대화에 대해서도 종래의 케이블을 가령 도체의 굵기를 늘린다거나 강제 냉각 방식의 도입, 절연체 재료의 개량에 의한 내열 성능의 향상 및 유전체손의 저감 등 여러 가지 개선책이 모색되고 있으나 한편 신형 케이블의 개발도 의욕적으로 추진되고 있다.

신형 케이블의 개발로서는

① 관로기중 케이블
② 극저온 케이블
③ 초전도 케이블

의 개발이 추진되고 있다.

(1) 관로기중 케이블(가스 절연 스페이서 케이블)

관로기중 케이블은 그림 3.11에서와 같이 도체로서 파이프(A1 또는 동)를 사용하고 이것을 에폭시 수지에 의한 절연 스페이서로 금속 시이스(강관, 알루미늄관, 스테인리스관) 내에 지지하고 SF_6 가스를 충만시킨 것이다.

이 선로는 절연 특성이 우수한 SF_6 가스를 사용하고 있기 때문에 다음과 같은 특징이 있다.

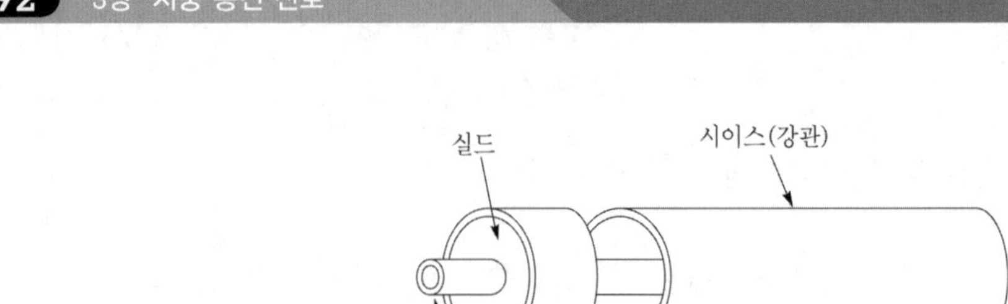

그림 3.11 관로기중 케이블

① 가공선과 거의 같을 정도의 송전 용량을 가질 수 있다.
② SF_6 가스는 비유전율이 거의 1로서 공기와 같기 때문에 OF 케이블에 비해 정전 용량이 1/10 이하로 되어 충전 전류가 작다.
③ 유전체손은 무시할 수 있을 정도로 작기 때문에 온도 상승에 따른 송전 용량은 제약받지 않는다.
④ 한편 이 케이블은 공장 제조 단위 길이가 짧기 때문에 현장에서의 접속 장소가 많아지고 또 용접시의 접속 방법이라든가 작업 환경에 특별한 주의가 요구된다.

현재 이 관로기중 케이블은 사이즈에 의한 가격차가 작아서 1회선당 3,000~6,000[A]로 대용량이 필요할 경우에는 경제적으로 유리한 선로이다.

또한, 여기에 강제 냉각을 부가함으로써 500[kV]에서 8,000[A]의 전류를 흘릴 수 있어서 600~1,000만[kW]의 송전 용량을 보낼 수 있다. 이 케이블에는 단심형과 3심형이 있는데 그림 3.11은 단심형의 예를 보인 것이다.

(2) 극저온 케이블

이 케이블은 도체에 고순도의 알루미늄 또는 동을 사용하고 이 도체를 20~80[K]의 극저온으로 냉각해서 도체 저항을 2자리 정도 이하로 낮춤으로써 대전류를 송전하려고 하는 것이다. 케이블의 구조는 종래의 파이프형 OF 케이블과 마찬가지로 파이프 내에 도체를 삽입하고 냉각 방법으로서는 도체의 중공 부분에 냉각 매체의 액체 수소를 흘려서 절연을 액체 수소 함침의 절연지를 사용하는 것과 종이와 같은 고체 절연물을 사용하지 않고 진공에서 열절연과 전기 절연을 겸해서 할 수 있게끔 중공 도체의 내부에 액체 질소를 흘려 주는 구조의 것이 고안되고 있다.

그림 3.12는 액체 질소를 사용한 극저온 케이블의 구조의 일례를 보인 것이다.

이 케이블은 전압 500~700[kV]에서 300~500만[kW]의 송전 용량을 목표로 하고 있다.

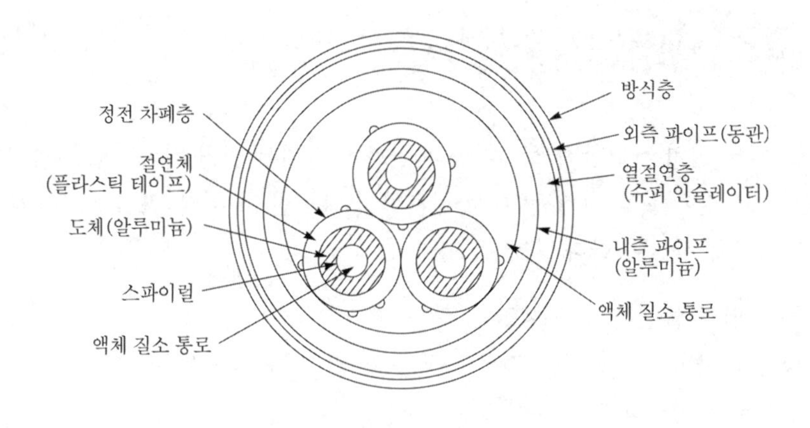

그림 3.12 극저온 케이블

(3) 초전도 케이블

최근 우리 나라에서도 초전도가 관심을 모으고 있다. 이 케이블은 절대 온도에서 저항이 0으로 된다는 초전도 현상을 이용해서 무손실 대용량 송전을 지향하고 있다.

액체 헬륨이라든가 액체 질소로 온도를 4~5[K]까지 낮추어 도체에 니옵, 니옵티탄 등의 초전도 재료를 사용함으로써 전기 저항을 0에 접근시키는 것이다.

그림 3.13에 초전도 케이블의 구조 예를 보인다. 현재 목표로 하고 있는 송전 용량은 500[kV]에서 1000만[kW] 정도이다.

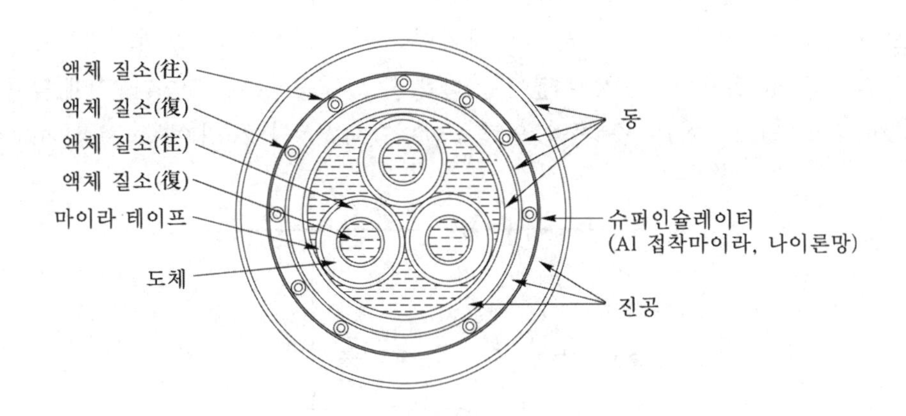

그림 3.13 초전도 케이블

3.4 전력 케이블의 시공 방식

지중 전선로의 건설비는 일반적으로 가공 전선로에 비해서 훨씬 비싸므로 경과지를 선정함에 있어서는 선로 길이를 될 수 있는 대로 단축하지 않으면 안 된다. 또, 다음과 같은 도로는 가능한 한 피하도록 하여야 한다.

① 건설 또는 보안상 불편하고 좁은 길
② 굴착에 많은 공사비가 소요되는 경질 포장 도로 및 지하수가 많은 도로
③ 교통이 빈번해서 작업하기 어려운 도로
④ 굴절 또는 고저의 차가 심한 도로
⑤ 전기적인 부식의 우려가 있는 도로

전력 케이블의 시공 방법으로는 **직접 매설식**(직매식), **관로 인입식**(관로식) 및 **암거식**의 세 가지가 주로 사용되고 있다. 또, 특수한 경우로서 하천을 횡단할 때 경과지 부근의 다리에 첨가하는 교량 첨가식, 케이블 전용으로 다리를 놓고 여기에 시공하는 전용교식, 수저(또는 해저)를 횡단하는 수저식 및 가공식 등이 있다.

(1) 직매식

이 방법은 외장 케이블에 간단한 보호 시설을 한 다음 직접 땅 속에 묻어 주는 것이다. 이것은 그림 3.14에 나타낸 바와 같이 시공 부분을 소정의 깊이까지 파서 토관 또는 철근 콘크리트제 **트로프**(trough) 등의 방호물을 깔아서 이 속에 케이블을 넣고 그 주위를 모래로 꽉채워서 철평석 또는 철근 콘크리트제의 뚜껑으로 덮어 준 다음 흙으로 묻어 주는 것이다. 이때 덮어 주는 흙의 깊이(토관이라고도 함)는 중량물의 압력을 받는 곳에서는 1.2[m] 이상으로 하여야 한다.

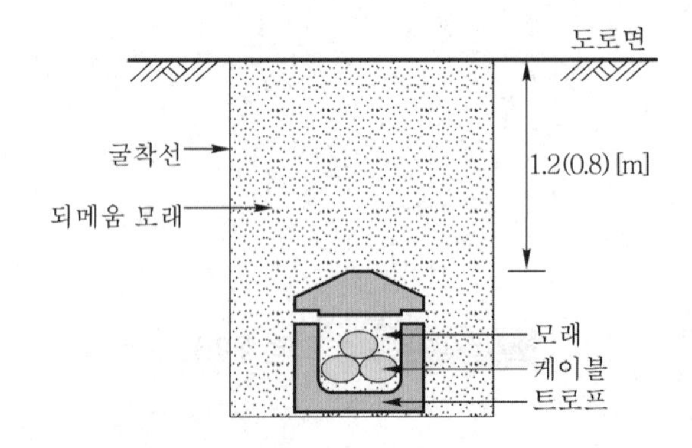

그림 3.14 직매식 케이블 설치도

이 방식의 특징은 관로식에 비해서 공사비가 싸고 케이블의 열발산이 좋아 허용 전류가 크며 케이블의 도중 접속이 가능하므로 케이블의 융통성이 있고 공사 기간도 짧다는 장점이 있으나, 그 반면 케이블이 손상을 받기 쉽고 케이블의 재시공이나 증설이 곤란하고 보수 점검이 불편하다는 결점이 있다.

우리 나라에서는 초기 지중화 공사시에 많이 이용했으나, 최근에는 여건상 그다지 이용하고 있지 않다.

(2) 관로식

이 방식은 그림 3.15처럼 강관, 흄관, 철근 콘크리트관 등을 사용해서 수가닥 내지 수십 가닥의 관로(duct)를 축조하고 적당한 간격(일반적으로는 100~200[m] 정도)으로 설치한 맨홀로부터 케이블을 집어 넣는 방식인데 케이블은 맨홀 내에서 접속한다.

관로식은 직매식과 비교해서 건설비가 많이 들고 공기도 길어지지만 사고가 적고, 또 사고가 나더라도 땅을 파낼 것 없이 그냥 맨홀에서 케이블을 관로로부터 뽑아내어 쉽게 복구할 수 있다는 장점이 있다. 이것은 주로 다음과 같은 곳에서 많이 채택되고 있다.

① 지중선 루트에서 케이블 회선수가 3회선 이상 9회선 미만일 경우
② 장래 회선 증설이 예상되는 경우
③ 도로가 경질 포장이거나 교통이 빈번해서 굴착 작업이 곤란한 경우

이 관로식은 최근 우리 나라에서 가장 많이 적용하는 공사 방식이다.

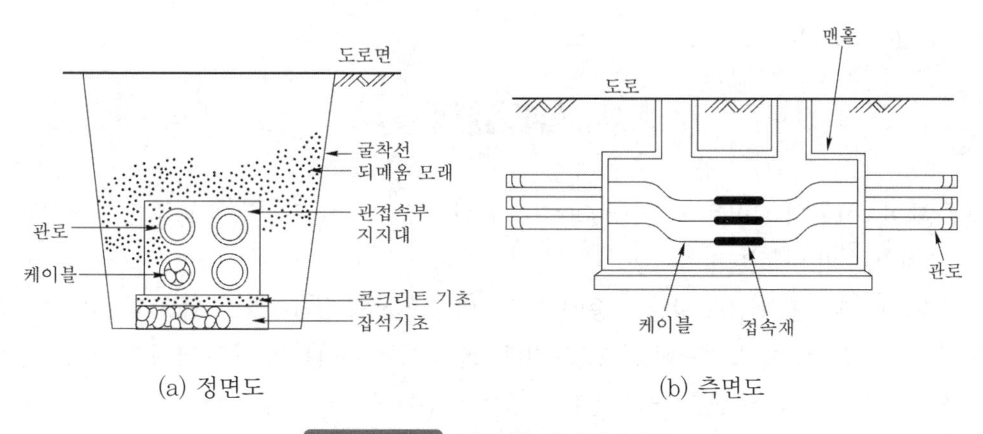

(a) 정면도　　(b) 측면도

그림 3.15 관로식 케이블 설치도

(3) 암거식(전력구식)

이 방식은 터널과 같은 구조물 내에 케이블을 시공하는 방법으로서 일반적으로 회선수가 많은 (가령 회선수 9회선 이상) 케이블을 수용할 경우에 사용되며 관로식과 마찬가지로 맨홀을 설치한다. 발변전소 등의 구내에서 케이블 핏트에 시공하는 경우도 이 방식의 일종이라고 할 수 있다.

또, 근년에 와서 많이 쓰이고 있는 **공동구식**도 암거식의 일종이다. 이것은 그림 3.16에 나타낸 바와 같이 같은 도로에 상・하수도, 가스, 전화, 전력 등의 지중 공작물을 시설할 경우에 공동의 지하구를 만들어서 시공하는 것으로서 도시 시설로서 중요한 의의를 갖는 것이다.

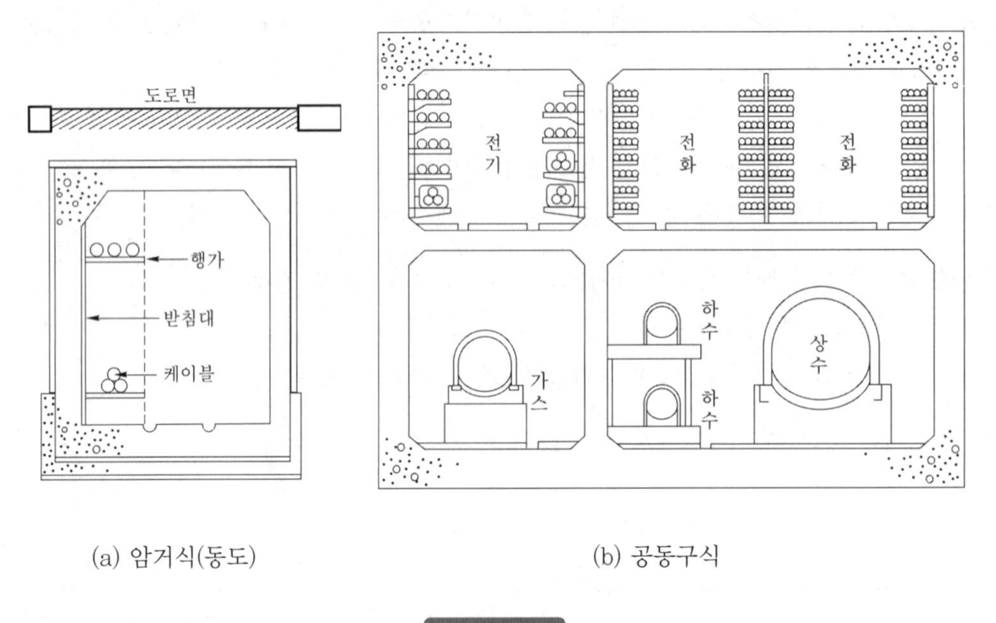

(a) 암거식(동도) (b) 공동구식

그림 3.16

보통 케이블 1권의 길이는 150~200[m]에 지나지 않으므로 전선로의 도중에서 이것을 접속해 주지 않으면 안 된다.

일반적으로 케이블의 접속 장소가 송배전 계통의 절연상의 취약점으로 되고 있으며, 여기서 절연 사고를 일으킨 예가 대단히 많다. 그러나, 한편 이들 케이블의 접속 작업은 주로 교통이 빈번한 도로라든지 좁은 맨홀 내의 현장 작업으로 수행되기 때문에 불완전해지기 쉬운 것이다. 따라서, 케이블의 접속 작업은 특히 세심한 주의와 충분한 기술을 필요로 한다.

표 3.4에 이들 각 시공 방법의 장・단점을 비교하였다.

표 3.4 케이블 시공 방법의 비교

시공 방법	장 점	단 점
직 매 식	• 공사비가 적다. • 열발산이 좋아 허용 전류가 크다. • 케이블의 융통성이 있다. • 공사 기간이 짧다.	• 외상을 받기 쉽다. • 케이블의 재시공, 증설이 곤란하다. • 보수 점검이 불편하다.
관 로 식	• 케이블의 재시공, 증설이 용이하다. • 외상을 잘 안 입는다. • 고장 복구가 비교적 용이하다. • 보수 점검이 편리하다.	• 공사비가 많이 든다. • 회선량이 많을수록 송전 용량이 감소한다. • 케이블의 융통성이 적다. • 공사 기간이 길다. • 신축, 진동에 의한 시스의 피로가 크다.
전력구식	• 열발산이 좋아 허용 전류가 크다. • 많은 가닥수를 시공하는 데 편리하다.	• 공사비가 아주 많이 든다. • 공사 기간이 길다. • 케이블 화재시 피해가 파급 확산된다.

3.5 지중 전선로의 방식 문제

금속의 부식은 습식과 건식으로 대별되는데 건식은 가스 등에 의한 부식으로 가공 케이블에서 문제가 되며, 지중 케이블과 같은 매설 금속체의 부식은 거의 습식으로서 **전식(電蝕)**과 **화학 부식**으로 구별된다. 이 중 전식은 토양 또는 바닷물 가운데 존재하는 누설 전류에 의하여 생긴다. 이 누설 전류는 일반적으로 전기 철도의 레일, 다른 전기 방식 장치, 직류기기의 접지 및 전기 용접기 등에 의해 생기며, 그 중 직류 전기 철도의 레일로부터 흐르는 전류가 가장 많다.

이러한 원인으로 만일 전류가 케이블 금속 외피에 유입하면, 유입점은 전기 방식을 실시한 상태가 되지만 전류가 토양 가운데로 유출하는 경우에는 금속이 양이온이 되어 유출해 가므로 급격히 부식된다(그림 3.17 참조).

케이블 금속 외피의 부식을 방지하기 위해서는 비닐로 방식층을 만드는 것 이외에 전기적인 방식을 채용하고 있다.

전기 방식법은 크게 유전 양극법, 외부 전원법 및 배류법 등으로 나눌 수 있다.

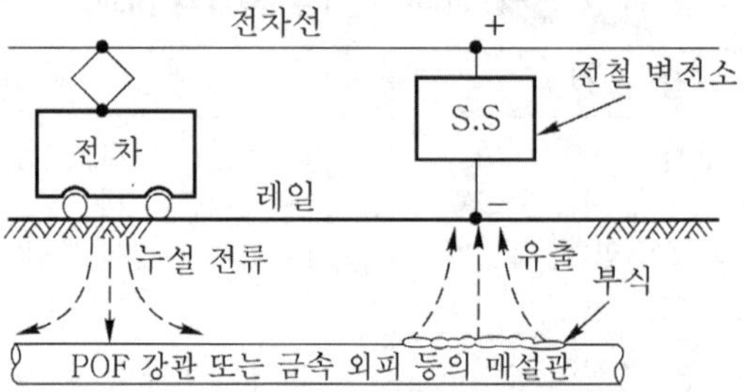

그림 3.17 누설 전류 유출에 의한 부식

(1) 유전 양극 방식

이 방식은 그림 3.18과 같이 이종 금속간의 전위차를 이용하여 방식 전류를 얻는 방법으로서, 피방식 금속보다 부식하기 쉬운 금속을 전해질 내에서 연결하면 부식하기 쉬운 금속이 양극, 피방식 금속이 음극이 되어 방식 전류가 양극에서 음극으로 흐르게 되어 방식 효과를 얻는 것이다.

이 방식은 전원이 없어도 되므로 분산 배치가 용이하고 공사비도 싸다는 장점이 있으나 방식 유효 범위가 좁아서 국부 방식에 쓰일 뿐이다.

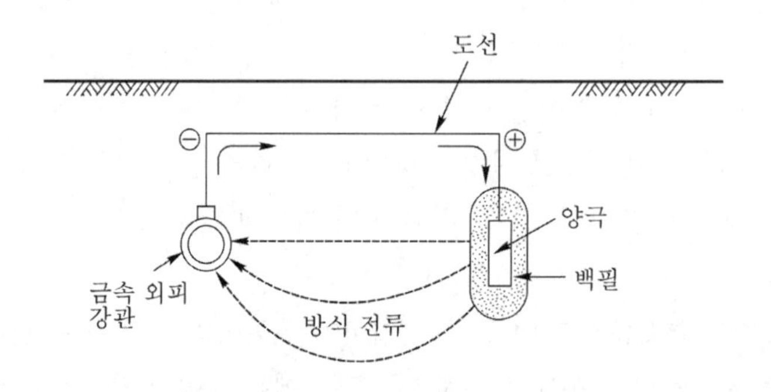

그림 3.18 유전 양극 방식의 개념도

(2) 외부 전원 방식

이 방식은 그림 3.19와 같이 직류 전원 장치의 양극을 전해질 내에 설치한 전극(희생 양극)에 접속하고, 음극을 피방식 금속에 접속한 후 전압을 가하여 방식 전류를 얻는 방법으로서 직류 전원 장치, 전극군 및 부속 배선으로 구성되어 있다.

이 방식은 직류 전원 설비가 소요되지만 방식 효과가 크고 유효 범위도 넓다는 장점이 있다. 그러나 한편으로는 주위의 다른 매설물에 간섭에 의한 전식을 일으킬 수 있으므로 도심 지역에서는 적용에 주의를 요한다.

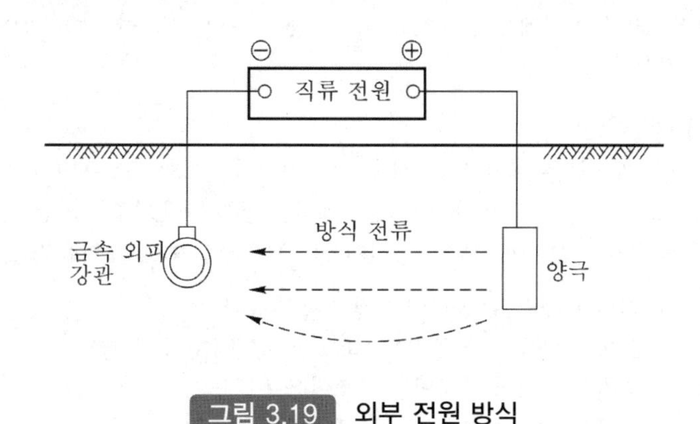

그림 3.19 **외부 전원 방식**

(3) 배류 방식

이 방식은 매설 금속에 유입한 전기 철도로부터의 누설 전류를 대지에 유출시키지 않고 직접 레일에 되돌려 주는 방식으로서 여기에는 직접, 선택, 강제 배류라는 3가지가 있으나 일반적으로는 **선택 배류법**을 많이 쓰고 있다.

선택 배류법은 그림 3.20에 나타낸 바와 같이 매설 금속과 전철 레일 사이에 선택 배류기를 접속한 것으로서 선택 배류기는 매설 금속의 전위가 전철 레일에 대해 가장 높게, 그리고 장시간에 걸쳐 정전위가 되는 장소에 설치하는 것이 효과적이다.

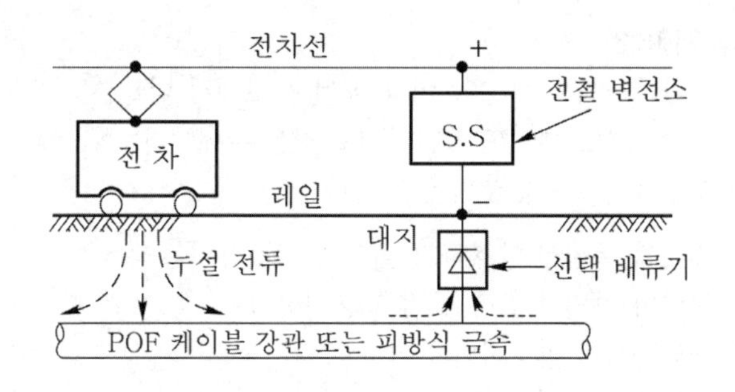

그림 3.20 **선택 배류법**

예제 3.3 발송배전 설비에서 가장 많이 사용되고 있는 케이블 3가지를 들고 이들의 특징을 설명하여라.

전력 케이블은 3.3절에서 설명한 바와 같이(그림 3.5 참조) 여러 가지 것이 있으나 실제로 발송배전 설비에서 많이 사용되고 있는 것은 OF 케이블, POF 케이블, CV 케이블의 3가지이다.

(1) OF 케이블

OF 케이블은 154[kV] 이상의 지중 송전선로나 발전소 구내의 특고압 이상의 전선로로서 사용되고 있다. 배전선로에서는 접속 등의 가공시 기름의 유출 등으로 유지보수가 곤란하여 거의 사용하지 않고 있다. 그 특징은 다음과 같다.

① 절연유 충진 후 공극이 발생하지 않는다.
② 온도 변화에 의한 팽창, 수축을 유조에서 흡수한다.
③ 외기의 침입이 방지되는 구조이다.
④ 기름의 누출 사고 감지 기능이 있다.
⑤ 절연체의 두께를 얇게 할 수 있다.
⑥ 사용 온도가 높아 송전 용량이 증대한다.

(2) POF 케이블

POF 케이블은 발전소의 인출 선로 등에서 사용되고 있는데, 그 특징은 다음과 같다.

① 케이블 중량이 가볍다.
② 제조 과정이 용이하다.
③ OF 케이블에 비해 접속 방법이 용이하다.
④ 기계적 강도가 강하다.
⑤ 가압 장치가 대규모로 된다.
⑥ 강관에 의한 전력 손실이 있고 방식 대책도 필요하다.

(3) CV 케이블

우리 나라에서는 특고압 이하 배전 선로에서 대부분 사용되고 있으며, 현재 154[kV] 송전 선로에서도 일반화되고 있는 추세이다. 최근에는 345[kV] 급에도 채용되고 있다. 그 특징은 다음과 같다.

① 전기적 특성이 양호하고 내열성도 좋다.
② 중량이 가볍고 접속 방법도 용이하다.
③ 내약품성이 양호하다.
④ 절연체의 두께가 두껍다.
⑤ 온도 특성이 지절연에 비하여 열등하다.
⑥ 내코로나성이 열등하다.
⑦ 물의 침투에 의한 트리(tree) 현상이 발생한다.

연 습 문 제

1. 아래의 고전압 지중 케이블에 대해서 그 구조 및 특징을 설명하여라.
   (1) SL 케이블
   (2) OF 케이블
   (3) 파이프형 케이블

2. 전력 케이블의 외장 방법에 의한 4종류를 들고 용도를 설명하여라.

3. 가교 폴리에틸렌 절연 전력 케이블이 OF 케이블에 비해 유리한 점에 대해 설명하여라.

4. 지중 케이블의 시공 방법 3가지를 들고 그 장・단점을 비교 설명하여라.

5. 케이블의 안전 전류에 대해서 설명하여라.

6. 지중 케이블의 전류 용량의 증대 방법에 대해서 설명하여라.

7. 지중 케이블의 허용 전류는 그 시공 방법에 따라 영향을 받게 되는데 그 영향을 미치는 요인을 들고 간단히 설명하여라.

8. 전력 케이블에 발생하는 손실의 종류와 그 개요를 설명하여라.

9. 전식의 원인과 대표적인 방호 대책을 열거하여라.

최·신·송·배·전·공·학

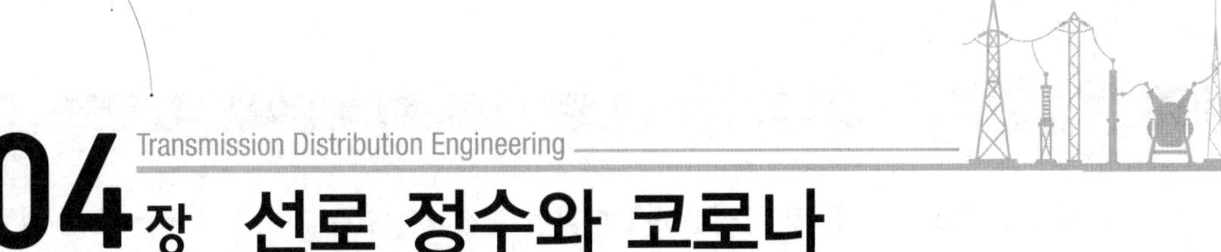

04장 선로 정수와 코로나

4.1 선로 정수의 개요

전장까지에서 가공이건 지중이건 간에 전력을 멀리 떨어진 장소까지 수송하는 송전 선로의 형태라던가 실제로 이들이 사용하고 있는 철탑(지지물), 애자(절연체) 및 선로(전선 및 케이블) 등의 시설물을 살펴보았다.

이 전선로가 전력을 보내는 요소로서 기능하는 이상, 이번에는 이것을 전기적인 특성을 갖는 일반 전기 회로에서의 구성 요소라는 측면에서 시점을 바꾸어서 살펴보기로 한다.

송배전 선로는 그림 4.1과 같이 저항 R, 인덕턴스 L, 정전 용량(커패시턴스) C, 누설 컨덕턴스 g 라는 4개의 정수로 이루어진 연속된 전기 회로이다.

송배전 선로의 전기적 특성, 가령 예를 든다면 전압 강하, 수전 전력, 송전 손실, 안정도 등을 계산하는 데에는 이 4개의 정수를 알아야만 한다. 이들 정수를 **선로 정수**라고 한다.

곧 통상의 상태에서는 도체에는 반드시 저항이 있고, 도체에 전류가 흐르면 이것에 따라 자속이 생겨서 도체와 쇄교하게 된다. 도체의 권수와 자속과의 곱을 자속 쇄교수라고 하는데 이것이 변화하면 유기 기전력이 발생하게 된다. 이것은 전류 변화가 원인으로 된 것인데 이때 이 기전력과 전류의 시간적 변화와를 관계짓는 비례 정수로서 도체는 일정한 인덕턴스를 갖게 되는 것이다.

또, 도체와 도체 사이 또는 도체와 대지와의 사이에는 정전 용량이 존재한다.

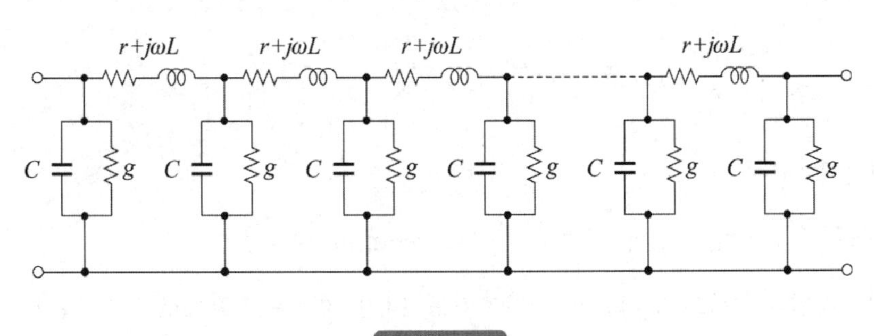

그림 4.1

이와 같은 선로 정수는 모든 전선로에 따라서 분포되고 있는 것이지만 짧은 송전 선로 또는 긴 송전 선로이더라도 개략 계산을 할 경우에는 계산을 간략화하기 위해서 선로 정수가 한 군데 또는 수 군데에 집중되어 있는 것으로 취급한다. 그러나, 장거리 송전 선로에 대해서 정밀한 계산을 할 경우에는 선로 정수가 전선로에 따라서 균일하게 분포하고 있는 이른바 분포 정수 회로로서 취급하지 않으면 안 된다.

선로 정수는 전선의 종류, 크기 및 전선의 배치에 따라 정해지는 것으로서 원칙적으로는 송전 전압, 전류 또는 역률 등에 의해서 아무런 영향을 받지 않는다. 다만, 전류 밀도가 증대하면 발열에 의한 온도 상승 때문에 저항이 증대하거나 고전압 송전 선로에서 코로나가 발생하면 정전 용량이 약간 증가하거나 누설 콘덕턴스가 커지는 경우가 있지만 이들은 아주 특수한 경우로서 이른바 특례로 취급되어야 할 것이다.

이하 본장에서는 각각의 선로 정수의 성질과 이들의 값을 계산하는 방법에 대해서 설명한다.

4.2 저 항

균일한 단면적을 갖는 직선상 도체의 저항 R는 그 길이 l[m]에 비례하고, 단면적 A[mm^2]에 반비례한다. 즉,

$$R = \rho \frac{l}{A} \tag{4.1}$$

로 표현된다.

여기서 비례 정수 ρ는 **고유 저항률** 또는 **비저항**이라고 불려지는 것으로서, 가령 표준 연동의 도전율을 100[%]로서 비교한 백분율의 **퍼센트 도전율**을 C[%]라고 하면

$$\rho = \frac{1}{58} \times \frac{100}{C} \, [\Omega/\text{m-mm}^2]$$

로 표시되는 것이다.

* **표준 연동의 저항율** : 20[℃]에서 $\frac{1}{58}$[Ω/m−mm^2]이다.

경동선 및 경알미늄선의 도전율은 각각 97[%] 및 61[%]를 표준으로 하고 있다.

위의 도전율 또는 고유 저항은 모두 20[℃]를 기준으로 하고 있는데 일반적인 전선용 금속 도체는 온도가 올라감에 따라 저항은 증가한다. 지금 기준 온도 t_0[℃]에서 R_{t0}[Ω]인 전선

저항은 온도가 t[℃] 상승하였을 경우에는

$$R_t = R_{t0}[1+\alpha(t-t_0)][\Omega] \tag{4.2}$$

로 된다. 단, α는 **저항의 온도 계수**로서 기준 온도에 따라 그 값이 조금씩 달라지는 것인데 일반적으로는 20[℃]의 값을 기준으로 삼고 있다.

도전율 97[%]의 경동선에서는 $\alpha_0 = 0.00413$, $\alpha_{20} = 0.00381$, $\alpha_{30} = 0.0037$정도이다.

송전선의 저항을 계산하는 데에는 식 (4.1)을 사용하면 되지만 일반적으로 송전선 도체는 연선을 사용하고 있기 때문에 실제의 도체는 송전선의 길이보다 약간 길어지는 것이 보통이므로 식 (4.1)로 단순히 계산한 값보다도 약간 더 큰 값을 지니게 된다.

이제까지 보인 전선 저항은 그 단면을 전류가 균등한 밀도로 흐르고 있을 경우의 저항, 바꾸어 말해서 직류에 대한 저항이다. 전선에 교류가 흐를 경우에는 전선 내의 전류 밀도의 분포는 균일하지 않고 중심부는 소하고 주변부에 가까워질수록 전류 밀도가 커지고 있다.

이것은 전선의 중앙부를 흐르는 전류는 전류가 만드는 전자속과 쇄교하므로 전선 단면 내의 중심부일수록 자력선 쇄교수가 커져서 인덕턴스가 커지기 때문이다. 그 결과 전선의 중심부일수록 리액턴스가 커져서 전류가 흐르기 어렵고 전선 표면으로 갈수록 전류가 많이 흐르게 되는 경향을 지니게 된다. 이것을 **표피 효과**라고 한다.

표피 효과는 주파수가 높을수록, 전선의 단면적이 클수록, 도전율이 클수록 그리고 비투자율이 클수록 커진다.

이 때문에 전선의 유효 면적은 줄고 저항값은 직류의 경우보다 약간 증대하게 된다. 지금 임의의 도체의 교류 저항 R_{AC}, 직류 저항 R_{DC}의 비를 ϕ[mr]라고 두면

$$\frac{R_{AC}}{R_{DC}} = \phi[\mathrm{mr}] \tag{4.3}$$

로 된다.

여기서, $m = 2\pi\sqrt{\dfrac{2f\mu}{\rho}}$

μ : 투자율

ρ : 고유 저항

f : 주파수

최근에는 계통 용량의 증대에 따라 송전 전압이 초고압화되고 있어서 400[kV] 이상의 송전선로에서는 단면적이 1,500[mm^2]를 넘는 전선을 사용하는 경우도 있다. 이러한 전선에서는 표피 효과로 저항은 30[%] 가까이 증대하고 있다.

지중 케이블에서도 단면적이 1000[mm^2]을 넘는 큰 도체에서는 25~30[%]까지 증대하고 있다. 따라서 이러한 경우에는 복도체 아니면 분할 도체를 사용해서 적당히 대처하지 않으면 안된다.

표 4.1은 표피 작용의 일례를 나타낸 것이다.

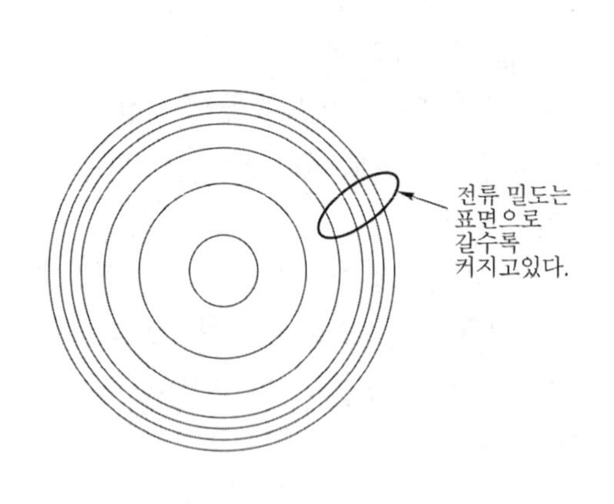

(a) 표피 효과의 개념도

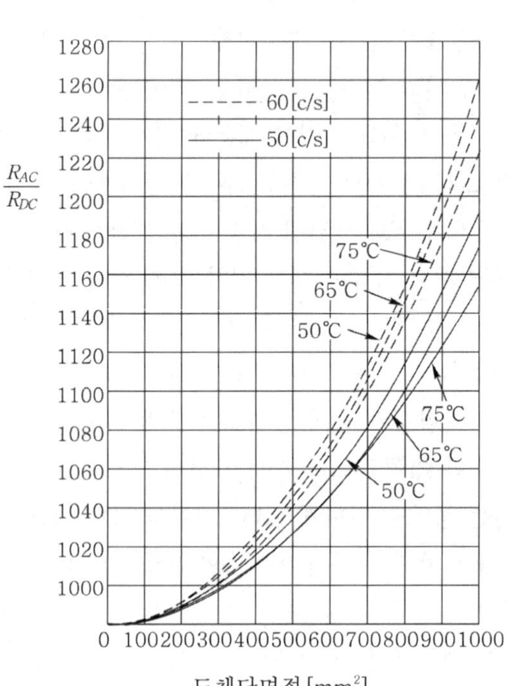

(b) R_{AC}/R_{DC} 의 비율

그림 4.2 표피 효과

표 4.1 경동선의 교류 저항 R_{AC}의 직류 저항 R_{DC}에 대한 비

경동선의 단면적 [mm^2]	$\frac{R_{AC}}{R_{DC}}$					
	50[Hz]			60[Hz]		
	50[℃]	65[℃]	75[℃]	50[℃]	65[℃]	75[℃]
500	1.055	–	–	1.073	–	–
1000	1.192	1.175	1.164	1.262	1.242	1.225

4.3 인덕턴스

4.3.1 인덕턴스의 정의와 단위

하나의 회로에 전류 i를 흘리면 전류의 주위에 자계가 발생해서 그 회로는 자체의 전류에 의해서 생긴 자속과 항상 쇄교하게 된다. 이때, 전류 i를 변화시키면 그 전류에 의한 자속과 회로와의 쇄교수가 변화하고 회로 내에 자속의 변화를 방해하려는 방향으로 기전력 e가 유도된다. 이 기전력 e는 전류 i의 시간적 변화의 비율에 비례해서

$$e = -L\frac{di}{dt} \tag{4.4}$$

로 표시된다. 역기전력 e는 쇄교 자속 ϕ의 시간적 변화의 비율로도 표현되므로

$$e = -\frac{d\phi}{dt} \tag{4.5}$$

로 된다. 따라서, 위의 두 식으로부터 L은

$$L = \frac{d\phi}{di} \tag{4.6}$$

로 된다. 또, 투자율이 일정하다면

$$L = \frac{\phi}{i} \quad \text{또는} \quad \phi = Li \tag{4.7}$$

의 관계가 성립한다.

자속 ϕ와 전류 i와의 비 L을 그 회로의 **자기 인덕턴스**라고 한다. 곧 자속 ϕ는 자기 인덕턴스 L와 전류 i와의 곱으로 표현된다. 또, 비투자율이 일정하다면 자기 인덕턴스 L은 회로에 단위 전류가 흘렀을 경우에 그 회로와 쇄교하는 총자속수로 표시된다.

다음에 A, B 두 개의 회로가 있고 여기에 각각 전류 i_a, i_b가 흐르고 있을 때 i_b에 의해서 A 회로에 유기되는 기전력 e_a는

$$e_a = -M\frac{di_b}{dt} \tag{4.8}$$

로 표시된다.

마찬가지로 i_a에 의한 B 회로의 유기 기전력 e_b는

$$e_b = -M\frac{di_a}{dt} \tag{4.9}$$

로 된다. 식 (4.8), (4.9)의 M의 값은 서로 같은 것이며, 이것을 A, B 양회로간의 **상호 인덕턴스**라고 부른다.

이 경우 자기 인덕턴스 L과 마찬가지로 비투자율이 일정하다고 하면 B 회로에 흐르는 단위 전류에 의해서 A회로와 쇄교하는 총자속수가 곧, A, B 양회로간의 상호 인덕턴스 M이라고 말할 수 있다.

인덕턴스의 단위는 MKS 유리계 및 실용 단위 공히 헨리[H] 또는 밀리 헨리[mH]를 사용한다. 1[H]란 매초 1[A]의 비율의 전류 변화가 있었을 경우에 1[V]의 역기전력을 유기하는 회로의 인덕턴스를 말하며 [mH]는 [H]의 1/1,000 이다.

보통 송전 선로에서는 편의상 다음에 설명하는 바와 같이 자기 인덕턴스와 상호 인덕턴스를 하나로 묶어서 전선 1가닥(1상)당의 값을 쓰도록 하고 있으며, 이것을 그 전선의 인덕턴스라고 부른다.

4.3.2 직선상 도선의 자속

먼저 도체 외부에 대해서 그림 4.3처럼 반지름 r[m]의 도선의 중심 O로부터 x[m]의 거리에 dx[m]의 두께로 도선에 따라서 길이 1[m]의 원통상의 자기 회로를 생각해 보자. 이 도체에 전류 I가 흐르고 있을 경우 도체 중심으로부터 x만큼 떨어져 있는 곳에서의 자계의 세기 H_{out}는 암페어의 주회 법칙으로부터

$$H_{out} = \frac{I}{2\pi x}\,[\text{AT/m}] \tag{4.10}$$

이고, 이때 자속 밀도 B_{out}은

$$B_{out} = \mu H_{out} = \frac{\mu I}{2\pi x}\,[\text{Wb/m}^2] \tag{4.11}$$

여기서, μ : 도체의 투자율 = $\mu_0 \mu_s$

μ_0 : 진공의 투자율 = $4\pi \times 10^{-7}$

μ_s : 비투자율 (진공의 경우 $\mu_s \fallingdotseq 1$)

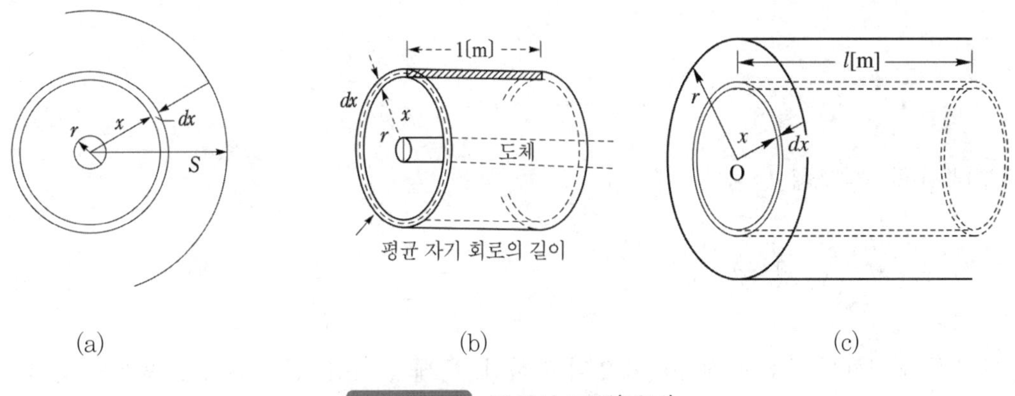

그림 4.3 직선상 도체(외부)

그러므로, 그림의 도선 외부의 단면의 미소 부분을 통과하는 자속 $d\phi$는

$$d\phi = B_{out} \times (1 \times dx) = \frac{\mu I}{2\pi x} dx \text{[Wb]} \tag{4.12}$$

가 되고, 도선의 권선 회수는 1이므로 dx 부분에 의한 쇄교 자속수 $d\psi$는 다음과 같다.

$$d\psi = d\phi \times 1 = \frac{\mu I}{2\pi x} dx \text{[Wb · T/m]} \tag{4.13}$$

그러므로 도체 표면인 반지름 r[m]부터 S[m]만큼 떨어져 있는 범위내의 쇄교 자속수 ψ_{out}는 위 식을 $x = r$에서부터 $x = S$까지 x에 대해서 적분한 값이 된다.

$$\psi_{out} = \int_r^S d\psi = \int_r^S \frac{\mu I}{2\pi x} dx = \frac{\mu I}{2\pi} \log_e \frac{S}{r} \text{[Wb · T/m]} \tag{4.14}$$

다음에 도체 내부를 생각한다. 도체 내부의 자속 쇄교수를 구할 경우에는 우선 기본적인 가정으로서 도체에 흐르고 있는 전류 i[A]는 반지름 r[m]의 단면을 균일하게 분포되고 있는 것으로 한다.

지금 그림 4.3(c)처럼 도체의 중심 O로부터 반지름 x[m]의 원을 그리고 외부 자속 쇄교수를 구했을 때와 마찬가지로 반지름$(x + dx)$[m]의 원을 그린다(곧 이것은 두께 dx[m]로 길이 l[m]인 동심 원통이 된다).

반지름 r[m]의 원의 단면적은 πr^2[m^2]이고 반지름 x[m]의 원의 단면적은 πx^2[m^2]이다. 앞서 전류 i[A]는 단면에 균일하게 분포해서 흐르고 있다고 가정하였으므로 반지름 r[m]의 단면에 흐르고 있는 전류 i[A]와 반지름 x[m]의 면적에 흐르고 있는 전류 i_x[A]와는 면적에

비례한 크기로 되므로

$$\frac{I_x}{I} = \frac{\pi x^2}{\pi r^2}$$

로부터 다음 식을 얻는다.

$$I_x = I\frac{x^2}{r^2}[\mathrm{A}] \tag{4.15}$$

이 전류가 도체의 중심에 집중되어 있다고 하면, 두께 dx [m], 길이 l [m]인 원통의 단면을 통과하는 자속은 식 (4.12)로부터

$$d\phi = \frac{\mu I_x}{2\pi x}dx = \frac{\mu I x}{2\pi r^2}dx[\mathrm{Wb}] \tag{4.16}$$

가 되고, 이 자속은 반지름 x [m]인 원통 내부의 도체 부분만을 쇄교한다. 따라서 전류 I_x 와 자속과의 쇄교수 $d\psi$는 다음과 같다.

$$d\psi = d\phi\frac{x^2}{r^2} = \frac{\mu I x^3}{2\pi r^4}dx[\mathrm{Wb\cdot T/m}] \tag{4.17}$$

그러므로 도체 내부의 단위 길이당 쇄교 자속수 ψ_{in}은 식 (4.17)을 $x=0$에서부터 $x=r$까지 x에 대해서 적분한 값이 된다.

$$\psi_{in} = \int_0^r d\psi = \int_0^r \frac{\mu I x^3}{2\pi r^4}dx = \frac{\mu I}{2\pi r^4}\left[\frac{x^4}{4}\right]_0^r = \frac{\mu I}{8\pi}[\mathrm{Wb\cdot T/m}] \tag{4.18}$$

이 결과 도선의 내·외부의 단위 길이당의 총 자속 쇄교수는 다음과 같다.

$$\begin{aligned}\psi_{total} &= \psi_{out} + \psi_{in} \\ &= \frac{\mu I}{2\pi}\log_e\frac{S}{r} + \frac{\mu I}{8\pi} = \frac{\mu I}{2\pi}\left(\log_e\frac{S}{r} + \frac{1}{4}\right)[\mathrm{Wb\cdot T/m}]\end{aligned} \tag{4.19}$$

이 식은 다음과 같이 간단하게 할 수 있다.

$$\psi_{total} = \frac{\mu I}{2\pi}\log_e\frac{S}{r'}[\mathrm{Wb\cdot T/m}] \tag{4.20}$$

여기서, $r' = re^{-(1/4)}$

즉, 전 쇄교 자속수는 새로운 반지름 r'[m]인 도체 외부의 쇄교 자속수와 같으며, 이때 r'를 **도체의 등가 반지름** 또는 **기하 평균 반지름**이라고 한다.

4.3.3 도선의 인덕턴스 일반식

다음 그림 4.4와 같이 n개의 도체가 평행으로 배치되어 있을 때 인덕턴스를 구하는 일반식을 유도해 보자.

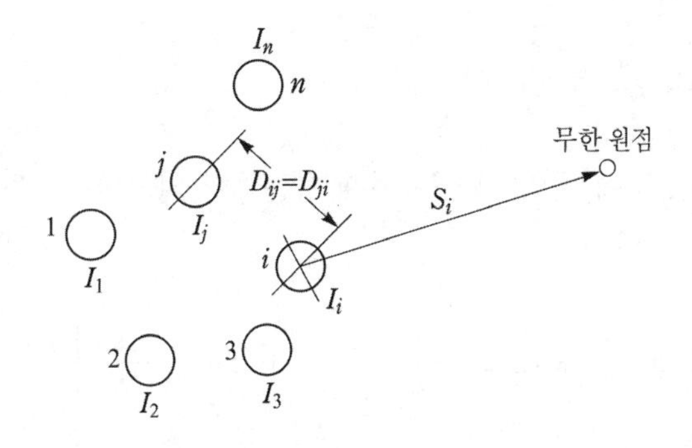

그림 4.4 n 도체계

여기서, $r_1,\ r_2,\ \cdots,\ r_n$: 도체의 반지름

$D_{i1},\ D_{i2},\ \cdots,\ D_{in}$: 각 도체간의 거리 (i 번째 도체 기준)

$S_1,\ S_2,\ \cdots,\ S_n$: 각 도체로부터 무한 원점까지의 거리

$I_1,\ I_2,\ \cdots,\ I_n$: 각 도체의 전류

n개의 도체계에서 도체 1의 자속 쇄교수는 도체 1의 전류 I_1과 그 자속과의 쇄교수와 다른 도체의 전류 $I_j\,(j \neq 1)$에 의한 자속과 I_1과의 쇄교수를 합하면 된다. 그러므로 식 (4.19)를 이용하여

$$\psi_1 = \frac{\mu}{2\pi}\left[I_1\left(\frac{1}{4}+\log_e\frac{S_1}{r_1}\right)+I_2\log_e\frac{S_2}{D_{12}}+\ \cdots\ +I_n\log_e\frac{S_n}{D_{1n}}\right] \tag{4.21}$$

와 같이 된다. 이 식의 두 번째 이후 항을 분자와 분모로 나누어 다시 쓰면

$$\psi_1 = \frac{\mu}{2\pi}\left[I_1\left(\frac{1}{4}+\log_e\frac{1}{r_1}\right)+I_2\log_e\frac{1}{D_{12}}+\ \cdots\ +I_n\log_e\frac{1}{D_{1n}}\right]$$
$$+\frac{\mu}{2\pi}\left[I_1\log_e S_1 + I_2\log_e S_2 +\ \cdots\ + I_n\log_e S_n\right] \quad (4.22)$$

이 된다. 여기서 각 도체로부터 무한 원점까지의 거리가 같다고 가정하면

$$S_1 = S_2 =\ \cdots\ = S_n = S(\infty) \quad (4.23)$$

이 성립하고, 또한 각 도체에 흐르는 전류 I_1, I_2, $\cdots$, I_n는 키르히호프의 전류 법칙에 따라 그 합이 0이 되어야 한다.

$$I_1 + I_2 +\ \cdots\ + I_n = 0$$

위의 두 가정을 식 (4.22)에 대입하면 두 번째 항은 0이 되고 식 (4.20)의 등가 반지름을 이용하면 다음과 같다.

$$\psi_1 = \frac{\mu}{2\pi}\left[I_1\log_e\frac{1}{r'_1}+I_2\log_e\frac{1}{D_{12}}+\ \cdots\ +I_n\log_e\frac{1}{D_{1n}}\right] \quad (4.24)$$

여기서, r'_1 : 도체 1의 등가 반지름($r'_1 = r_1 e^{-(1/4)}$)

이와 같이 주변 도체에 의한 영향까지 모두 고려한 1 상당의 인덕턴스를 **작용 인덕턴스**(working inductance)라고 한다. 이로부터 n개의 선로 중 1번 선로의 작용 인덕턴스를 구하면

$$L_1^{(n)} = \frac{\psi_1}{I_1} = \frac{\mu}{2\pi}\left[\log_e\frac{1}{r'_1}+\frac{I_2}{I_1}\log_e\frac{1}{D_{12}}+\ \cdots\ +\frac{I_n}{I_1}\log_e\frac{1}{D_{1n}}\right]\text{[H/m]}$$

또는,

$$L_1^{(n)} = \frac{\psi_1}{I_1}$$
$$= \frac{\mu}{2\pi}\left[\left(\frac{1}{4}+\log_e\frac{1}{r_1}\right)+\frac{I_2}{I_1}\log_e\frac{1}{D_{12}}+\ \cdots\ +\frac{I_n}{I_1}\log_e\frac{1}{D_{1n}}\right] \quad (4.25)$$

이 된다. 여기서 μ에 식 (4.11)의 값을 대입하고, 단위를 [mH/km]로 바꾼다. 또, 자연 log를 상용 log로 고치면($\log_e A = 2.3025\log_{10} A$) 다음과 같은 일반식을 얻는다. 2번, 3번 선

로의 작용 인덕턴스도 이와 같은 방법으로 구한다.

$$L_1^{(n)} = 0.05 + 0.4605\left[\log_e \frac{1}{r_1} + \frac{I_2}{I_1}\log_e \frac{1}{D_{12}} + \cdots + \frac{I_n}{I_1}\log_e \frac{1}{D_{1n}}\right] [\text{mH/km}] \quad (4.26)$$

4.3.4 왕복 2도선의 인덕턴스

그림 4.5와 같이 왕로 a, 복로 b의 직선상 2도선이 D[m]의 간격을 두고 평행으로 가선되고, 여기에 각각 $+I$[A]와 $-I$[A]의 전류가 흐르고 있다고 한다. 식 (4.26)의 일반식에 $I_1 = -I_2$[A], 반지름 $r_1 = r_2 = r$[m], 선간 거리 D를 대입하면

$$\begin{aligned} L_1^{(2)} &= 0.05 + 0.4605\left[\log_{10}\frac{1}{r} - \log_{10}\frac{1}{D}\right] \\ &= 0.05 + 0.4605\left[\log_{10}\frac{D}{r}\right] [\text{mH/km}] \end{aligned} \quad (4.27)$$

이 된다.

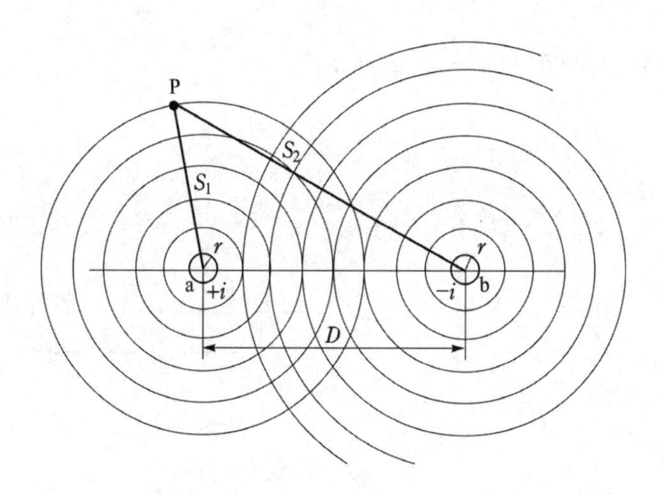

그림 4.5 왕복 2도선의 배치

4.3.5 3상 1회선 송전 선로의 인덕턴스

(1) 정삼각형 배치의 경우

그림 4.6 (a)에 나타낸 바와 같이 정삼각형으로 배치된 3상 선로의 자기 인덕턴스를 구하여 본다. 그림에 있어서 3개의 전선은 3상 회로를 이루고 있으므로 어떤 순간에 있어서도 항상 다음과 같은 관계가 성립한다.

$$\left.\begin{array}{l}\dot{I}_a + \dot{I}_b + \dot{I}_c = 0 \\ \text{또는 } (\dot{I}_b + \dot{I}_c) = -\dot{I}_a\end{array}\right\} \qquad (4.28)$$

또, 전선 b와 c는 다같이 전선 a로부터 D인 등거리에 있기 때문에 $\dot{I}_b$에 의해서 발생하는 자속과 $\dot{I}_a$와의 쇄교수와 $\dot{I}_c$에 의해서 발생하는 자속과 $\dot{I}_a$와의 쇄교수와의 합계는 $(\dot{I}_b + \dot{I}_c) = -\dot{I}_a$인 전류가 전선 b 또는 전선 c에 집중되어 이로 인해서 발생하는 자속과 $\dot{I}_a$와의 쇄교수와 같다고 볼 수 있다.

따라서, 전선 a의 단위 길이당의 인덕턴스는 그림 4.6 (b)에 보인 왕복 2도선의 경우와 마찬가지로 다음 식으로 계산할 수 있다.

$$\begin{aligned} L &= L_a = L_b = L_c \\ &= 0.05 + 0.4605 \log_{10} \frac{D}{r} \text{ [mH/km]} \end{aligned} \qquad (4.29)$$

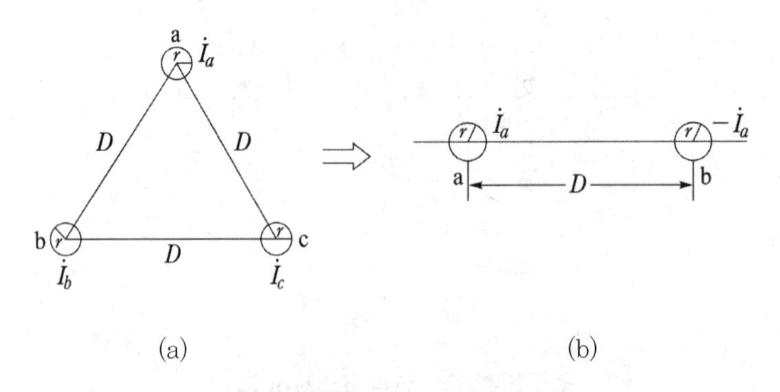

그림 4.6 정삼각형 배치

(2) 비정삼각형 배치의 경우

일반의 3상 3선식 선로에 있어서는 그림 4.7에 보인 바와 같이 각 전선의 선간 거리는 같지 않고, 또 지표상의 높이도 서로 틀리므로 이러한 경우에는 각 전선의 인덕턴스, 정전 용량도 각각 다르게 된다. 따라서, 이대로라면 송전단에서 대칭 전압을 인가하더라도 수전단에서는 전압이 비대칭으로 될 것이다. 이것을 방지하기 위해서 송전선에서는 전선의 배치를 그림 4.8에 보인 바와 같이 도중의 개폐소나 연가용 철탑 등으로 조정해 가지고 선로 전체로서 정수가 평형되도록 하고 있다. 이것을 **연가**(transposition)라고 한다.

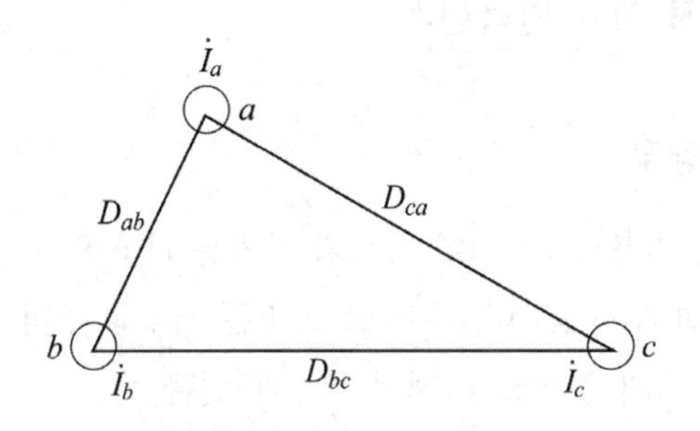

그림 4.7 **비정삼각형 배치**

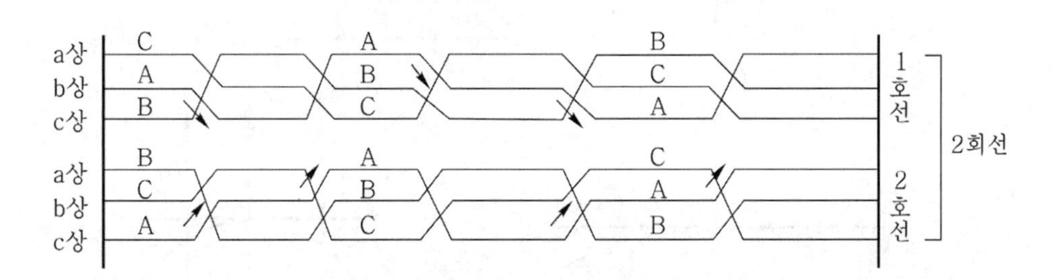

그림 4.8 **연가의 설명**

그러므로, 비정삼각형 배치의 경우에 있어서도 연가를 충분히 잘 취해 주면 선로 전체로서는 이들 정수가 각 전선에 대해서 같게 될 것이다. 그 값은 배치가 다른 각 전선의 정수의 평균값을 취한다고 하면 되지만 일반적으로는 각 전선간의 거리 및 지표상의 높이가 서로 같은 등가적인 선로를 대상으로 해서 계산하는 것이 더 편리하다.

한편 인덕턴스의 계산식에는 대수항이 포함되어 있기 때문에 이 경우의 거리 및 높이는 산술적 평균값이 아니고 기하평균거리를 취하지 않으면 안 된다.

비정삼각형 배치에서의 인덕턴스는 일반적으로 선간 거리로서

$$D = \sqrt[3]{D_{ab} D_{bc} D_{ca}}\,[\text{m}] \tag{4.30}$$

를 취해 가지고 식 (4.29)와 마찬가지로 1선의 중성점에 대한 이른바 **작용 인덕턴스**를 계산하고 있다.

3상 2회선의 경우에 있어서도 연가가 완전히 이루어지고 있다면 B 회선의 영향이 A 회선에 나타나지 않고, 또 A 회선의 영향도 B 회선에 나타나지 않을 것이므로 결국 그 1선의 인덕턴스는 3상 1회선의 경우와 마찬가지로 계산하면 된다.

4.3.6 대지를 귀로로 하는 인덕턴스

(1) 1선과 대지 귀로의 경우

그림 4.9에 보인 것처럼 지표상 h[m]에 가선된 반지름 r[m]의 전선을 왕로로 하고 대지를 귀로로 해서 전류를 흘리면 대지 중의 전류는 토질 또는 전류의 주파수 등의 영향을 받아 전선로에 따라서는 상당히 큰 폭과 깊이로 퍼져서 흐르게 된다.

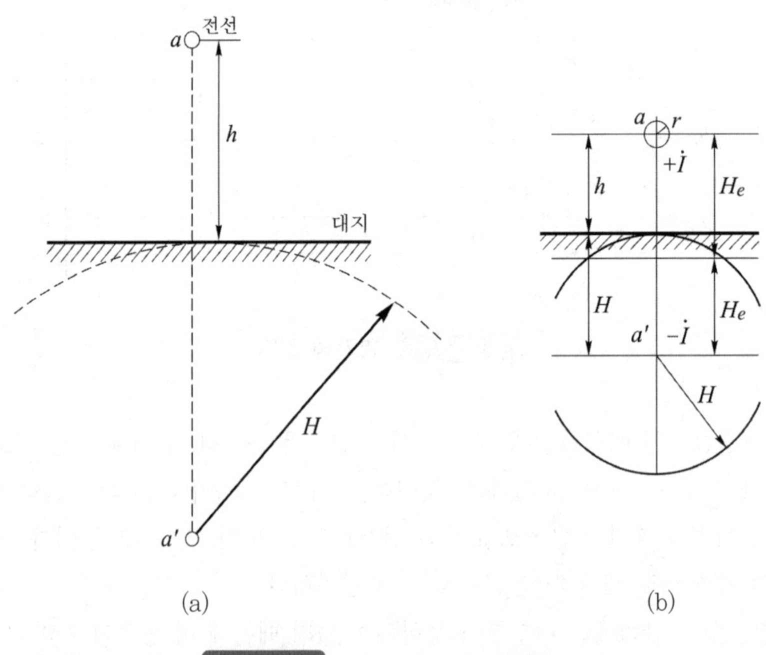

그림 4.9 대지 귀로의 인덕턴스

지금 편의상 대지중의 전류를 그림 4.9 (b)와 같이 등가적으로 지표면 밑으로 H[m]의 깊이에 있는 점 a'를 중심으로 해서 반지름 H[m]의 원주를 흐른다고 생각하면 왕복 전류간의 거리는 $(h+H)$[m]로 되므로 전선의 단위 길이당의 인덕턴스는 다음과 같이 될 것이다.

$$L_a = 0.05 + 0.4605 \log_{10} \frac{h+H}{r} \text{ [mH/km]} \tag{4.31}$$

H의 값은 일반적으로 h에 비해서 훨씬 크므로

$$H_e = \frac{h+H}{2} \text{ [m]} \tag{4.32}$$

여기서, $2H_e = 658.4\sqrt{\frac{\rho}{5}}$ [m]

ρ : [Ω・m]

로 표현되는 H_e의 위치를 가정하게 되는데 보통, 이 H_e를 **등가 대지면의 깊이**라고 말한다. 이 H_e의 값은 토질에 따라서 다르겠지만 상용 주파수에 대한 개략값은 산악 지대에서 900[m], 야산에서 600[m], 평지에서 300[m] 정도이다.

상술한 식 (4.31)은 왕로인 전선의 인덕턴스인데 왕복 회로의 전 인덕턴스로서는 귀로인 대지 통로의 인덕턴스도 함께 고려하지 않으면 안 된다. 지표면 아래 H[m]의 깊이에 귀로의 도선을 가정하였지만 실제의 전류 통로는 a'를 중심으로 반지름이 대략 H[m]에 이르는 커다란 원형 단면적을 갖는 것이다. 이 H[m]는 그 왕로가 되는 가공 전선의 지표면 상의 높이 h[m]에 비해 훨씬 커서 $h+H \fallingdotseq H$로 볼 수 있기 때문에 대지 귀로 자신의 인덕턴스 L_a'는

$$L_a' = 0.05 + 0.4605 \log_{10} \frac{h+H}{H} \fallingdotseq 0.05 \text{ [mH/km]} \tag{4.33}$$

로 된다. 따라서, 왕복 회로를 가산한 총 인덕턴스 L_e는 일반적으로

$$L_e = L_a + L_a' = 0.1 + 0.4605 \log_{10} \frac{2H_e}{r} \text{ [mH/km]} \tag{4.34}$$

의 계산식에 의해서 산출된다.

실제로는 식 (4.34)에서 H_e의 값을 정확하게 알 수 없기 때문에 L_e는 계산식만으로 구할 수 없는 것이다.

(2) 2선과 대지 귀로의 경우

그림 4.10에 보인 바와 같이 반지름 r[m]의 2가닥의 전선 a, b가 선간 거리 D[m]로 평행해서 지표상 h[m]의 높이에 가설되고 a, b 각 전선에 각각 $+I$[A] 및 $-I$[A]인 전류가 대지를 귀로로 해서 흐르고 있다고 한다.

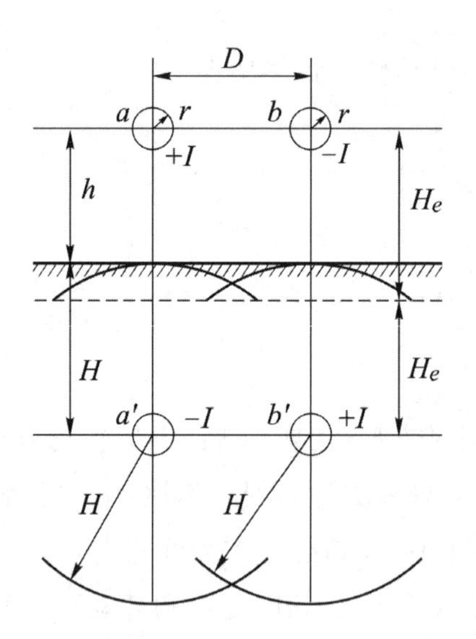

그림 4.10 2선과 대지 귀로

먼저 전선 a의 인덕턴스를 생각해 본다. 이 경우 $2H_e$에 비해서 D가 훨씬 작기 때문에 a'와 a와의 거리, b'와 a와의 거리는 서로 같다고 생각할 수 있다. 따라서, a에 대해서 a'의 전류 $-I$가 만드는 자속과 b'의 전류 $+I$가 만드는 자속은 서로 상쇄한다고 생각할 수 있다. 그러므로, 인덕턴스는 다음과 같이 단상 선로의 자기 인덕턴스와 일치해서 대지의 영향은 나타나지 않는다.

$$L = L_a = L_b = 0.05 + 0.4605\log_{10}\frac{D}{r}\text{[mH/km]} \qquad (4.35)$$

다음에 a, b와 대지를 귀로로 하는 회로간의 상호 인덕턴스를 생각해 본다. a의 전류 $+I$[A]에 대해서 b의 전류를 $-I$[A]라고 생각하면 쇄교수는 무한히 먼 거리 S[m]에 있는 점까지를 고려해 넣어서 단위 길이당으로 구하면 다음과 같다. 즉, b에 의한 a에 대한 것 $2\times10^{-7}\log_e\frac{S}{D}$, b에 의한 a'에 대한 것 $-2\times10^{-7}\log_e\frac{S}{2H_e}$, b'에 의한 a에 대한 것

$-2\times10^{-7}\log_e\dfrac{S}{2H_e}$, 다음에 b'에 의한 a'에 대한 것은 D가 H에 비해서 훨씬 작기 때문에 a', b' 양원이 일치된다고 생각할 수 있으므로 $10^{-7}\left(\dfrac{1}{2}+2\log_e\dfrac{S}{H}\right)$로 된다.

따라서, 상호 인덕턴스 L_e'는 이들을 합쳐서 다음과 같이 된다.

$$\begin{aligned}L_e' &= 10^{-7}\left\{2\log_e\frac{S}{D}-2\log_e\frac{S}{2H_e}-2\log_e\frac{S}{2H_e}+\left(\frac{1}{2}+2\log_e\frac{S}{H}\right)\right\}\\&=10^{-7}\left(\frac{1}{2}+2\log_e\frac{2H_e}{D}+2\log_e\frac{h+H}{H}\right)\\&\fallingdotseq 10^{-7}\left(\frac{1}{2}+2\log_e\frac{2H_e}{D}\right)[\mathrm{H/m}]\\&=0.05+0.4605\log_{10}\frac{2H_e}{D}\ [\mathrm{mH/km}]\end{aligned}\tag{4.36}$$

그러므로 L, L_e, L_e' 3자 간에는 다음 관계식이 성립한다.

$$\begin{aligned}L &= 0.05+0.4605\log_{10}\frac{D}{r}\\&=\left(0.1+0.4605\log_{10}\frac{2H_e}{r}\right)-\left(0.05+0.4605\log_{10}\frac{2H_e}{D}\right)\\&=L_e-L_e'\end{aligned}\tag{4.37}$$

이 L은 a, b 양 전선을 왕복선으로서 사용할 경우 1선의 인덕턴스를 나타내는 것으로서 **작용 인덕턴스**라고 불려지며 실용상으로는 대지의 영향을 받지 않고 결정되는 것이다. 이에 대해 L_e 및 L_e'는 각각 대지를 귀로로 하는 1선의 자기 인덕턴스 및 상호 인덕턴스이다.

다음에 2선을 병렬로 일괄하고 대지를 공통 귀로로 해서 단상 전류를 흘릴 경우 1선당의 인덕턴스는

$$\begin{aligned}L_{e2} &= L_e+L_e'\\&=\left(0.1+0.4605\log_{10}\frac{2H_e}{r}\right)+\left(0.05+0.4605\log_{10}\frac{2H_e}{D}\right)\\&=0.15+0.4605\log_{10}\frac{(2H_e)^2}{rD}\ [\mathrm{mH/km}]\end{aligned}\tag{4.38}$$

로 되며 2선 병렬 일괄한 값은 이것을 1/2하면 된다.

마찬가지로 해서 3상 3선식 송전선에서 3선을 일괄하고 대지를 공통 귀로로 해서 단상 전류

를 흘릴 경우 1선당의 인덕턴스 L_{e3}은

$$L_{e3} = L_e + 2L_e'$$
$$= 0.2 + 0.4605\log_{10}\frac{(2H_e)^3}{rD^2}[\text{mH/km}] \quad (4.39)$$

로 계산된다.

4.3.7 인덕턴스의 개략값

이상으로 인덕턴스에 관해서 여러 가지 경우의 것을 설명하였다. 그러나 송전 선로에서의 인덕턴스란 우선 송전 선로가 3상 3선식으로 구성되고 있기 때문에 그림 4.11에 보인 것처럼 어디까지나 3상 3선식 회로를 기초로 해서 정해야 할 것이다.

송전 선로의 인덕턴스에는 다음의 3가지가 있다.

① 대지 귀로의 자기 인덕턴스(L_e)
② 대지 귀로의 상호 인덕턴스(L_e')
③ 작용 인덕턴스(L)

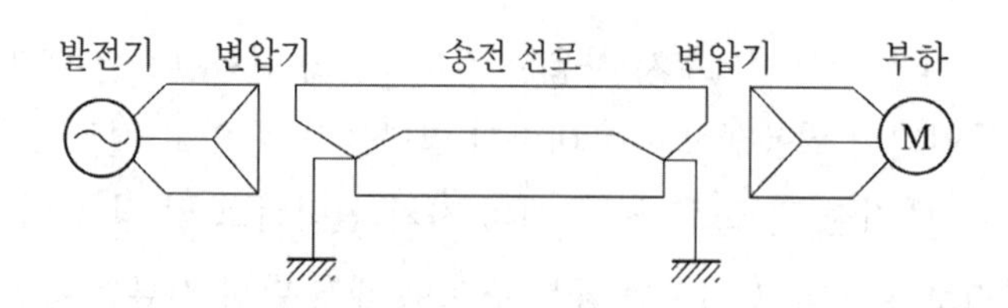

그림 4.11 송전 계통(3상 3선식)

(1) 대지 귀로의 자기 인덕턴스(L_e)

이것은 그림 4.12에 보인 것처럼 가령 a 선에만 전류를 흘렸을 경우의 자기 인덕턴스를 말한다.

이것은 앞서의 1선과 대지 귀로의 경우에 해당하는 것인데 대지를 통해서 돌아오게 될 전류가 실제로는 땅 속 몇 [m]의 깊이를 중심으로 흐르고 있는지 알 수 없기 때문에 편의상 등가 대지면의 깊이 $H_e\left(=\dfrac{h+H}{2}\right)$를 사용해서

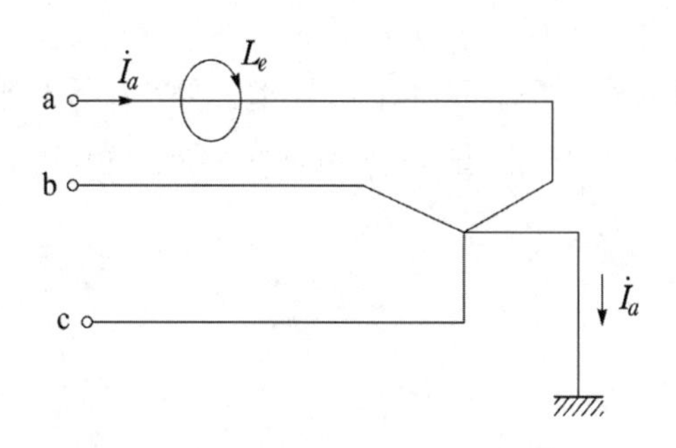

그림 4.12 대지 귀로의 인덕턴스

1) 왕로인 전선의 인덕턴스

$$L_e = 0.05 + 0.4605 \log_{10} \frac{2H_e}{r} \text{ [mH/km]} \tag{4.40}$$

2) 왕복 귀로를 가산한 총인덕턴스

$$L_e = 0.1 + 0.4605 \log_{10} \frac{2H_e}{r} \text{ [mH/km]} \tag{4.41}$$

로 구하게 된다. 단, 이 경우에는 상술한 바와 같이 대지 귀로 전류는 경과지의 토질, 전선의 지름, 주파수 등에 따라서 그 값에 차이가 있으므로 대지를 귀로로 하는 인덕턴스는 위의 계산식을 써서 정확하게 산출한다는 것은 불가능한 것이다. 그러므로 일반적으로는 다음과 같이 송전 선로가 완성되면 실측을 해서 이 L_e의 값을 구하도록하고 있다. 즉, 그림 4.13 (a)에서 우선 a 선의 수전단을 접지하고 a 선에만 전류 I_a를 흘려 주었을 경우 a 선의 주위에 얼마만한 자속 L_e가 발생하는가 하는 것은 실측 장소를 여러 군데로 옮겨 잡아서

$$E_a / I_a = 2\pi f L_e$$

$$\therefore \; L_e = \frac{E_a}{2\pi f I_a} \tag{4.42}$$

로 구하고 있다.

(2) 대지 귀로의 상호 인덕턴스(L_e')

이것은 그림 4.13 (b)에 보인 것처럼 가령 a선에만 전류를 흘렸을 경우 이 a선과 b선 및 c

선과의 상호 인덕턴스를 말한다.

이때 그림 4.13 (c)처럼 a선에 I_a를 흘려서 L_e를 실측하면서 동시에 b선의 유도 전압 V_m도 측정해서 2선간의 상호 인덕턴스 $L_e{}'$를 다음 식처럼 구하고 있다.

$$V_m / I_a = 2\pi f L_e{}'$$

$$\therefore \ L_e{}' = \frac{V_m}{2\pi f I_a} \tag{4.43}$$

이제까지의 실측에 따르면 이 L_e 및 $L_e{}'$의 평균값은 대략 2.4[mH/km] 및 1.1[mH/km] 정도로 된다고 한다. 그러므로, 송전선 계산에서는 무조건 이 값을 채용해서 그대로 쓰도록 하고 있다. 여기서 이 L_e는 대지 귀로의 인덕턴스 또는 자기 인덕턴스라고 부르고 있는 것이다.

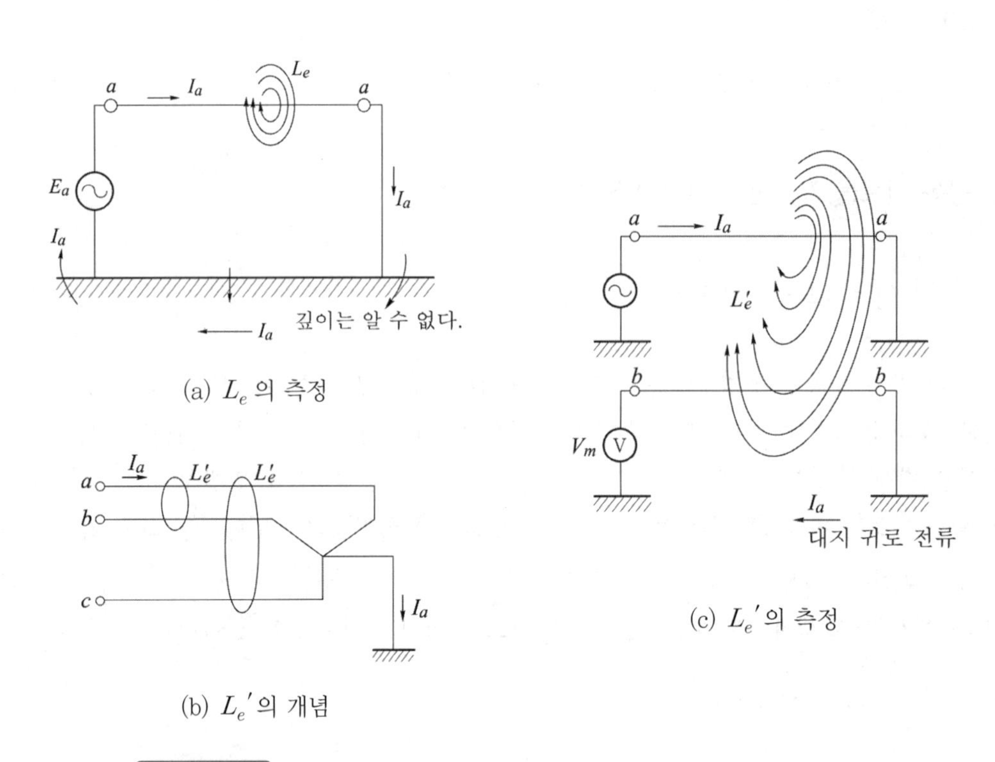

그림 4.13 대지 귀로의 인덕턴스와 상호 인덕턴스의 실측 개념도

(3) 작용 인덕턴스(L)

이것은 송전선에 대칭 3상 교류가 전선만을 흐르고 대지에는 흐르지 않는 경우의 1선당의 인덕턴스를 말한다. 송전선은 평형 3상 회로이기 때문에 임의로 1상을 택할 수 있다. 가령 그림 4.14에 보인 것처럼 a선의 작용 인덕턴스를 구해 보면

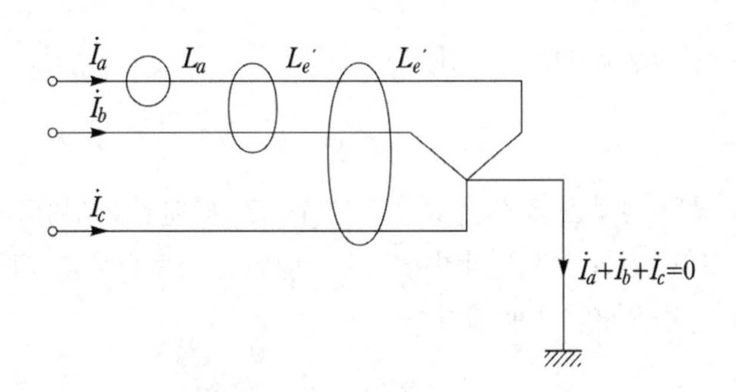

그림 4.14 a 선의 작용 인덕턴스

$$L = (\dot{I}_a\text{에 의한 } L_e) + (\dot{I}_b\text{에 의한 } L_e{}') + (\dot{I}_c\text{에 의한 } L_e{}') \tag{4.44}$$

이 L의 값이 3상 송전선의 1선의 총자속 쇄교수를 나타내고 이것에 의해서 선로에 전압 강하가 생기는 것이다.

이 전선 1가닥과 쇄교하는 인덕턴스 L은 앞서 작용 인덕턴스(working inductance)라고 불렀던 것이다. 이 때 선로에는 그림 4.14에 보인 것처럼 3상 평형 전류가 흐르고 있기 때문에 대지 전류는 0이다. 그러므로 L이라는 작용 인덕턴스는 어디까지나 전류가 전선에만 흐르고 대지에는 흐르지 않는 상태에서의 1상당의 인덕턴스인 것이다.

그런데 $\dot{I}_a$, $\dot{I}_b$, $\dot{I}_c$는 평형 3상 교류이므로

$$\dot{I}_a + \dot{I}_b + \dot{I}_c = 0$$

$$\therefore\ \dot{I}_a = -(\dot{I}_b + \dot{I}_c) \tag{4.45}$$

로 되어 그림 4.15에 보인 것처럼 이때의 작용 인덕턴스 L은

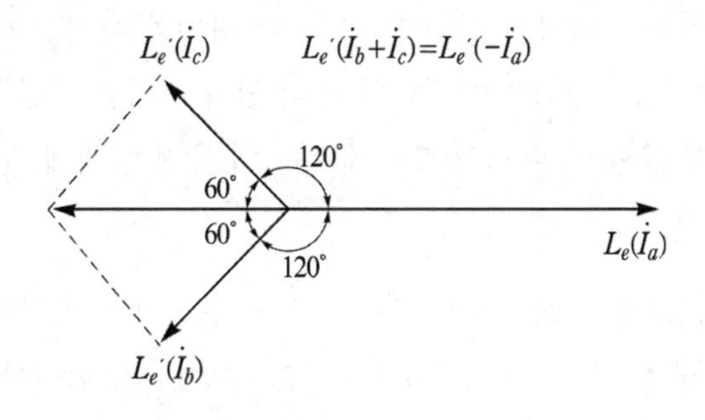

그림 4.15 작용 인덕턴스의 벡터도

$$L = L_e - L_e' = 2.4 - 1.1 = 1.3[\text{mH/km}] \tag{4.46}$$

로 된다.

한편 식 (4.45)를 보면 이것은 크기가 같으면서 부호가 반대인 2개의 전류가 어떤 간격(선간 거리)을 두고 흐르고 있다는 것을 의미하므로 이때의 인덕턴스는 곧 그림 4.16에 보인 것처럼 단상 2선식의 인덕턴스와 같게 된다.

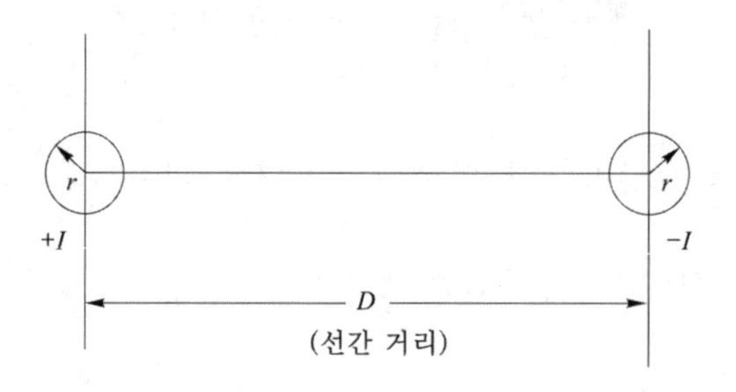

그림 4.16 단상 2선식의 인덕턴스

이 경우의 인덕턴스는 왕복 2도선의 인덕턴스에 관한 계산식을 써서 순계산으로 그 값을 얻을 수 있다. 즉, 앞서 나온 식 (4.27)을 써서 계산하면 되는 것이다.

$$L = 0.05 + 0.4605 \log_{10} \frac{D}{r} [\text{mH/km}] \tag{4.47}$$

여기서, r : 전선의 반지름[m]

D : 전선의 선간 거리[m]

식 (4.47)은 r와 D만 주어지면 직접 그 값을 계산할 수 있는 것이다. 만일 3상의 전류가 불평형으로 되었을 때에는 이 L이라는 인덕턴스는 존재하지 않는다.

이상으로 선로의 인덕턴스에는 3가지 종류의 것이 있다는 것을 알았다. 이들은 실제 계통에서 흐르는 전류에 따라서 그 값이 다르기 때문에 선로의 운전 상태에 따라 다음과 같이 취급을 달리해서 사용하여야 한다.

① 평상 운전시 및 단락 고장시에는 식 (4.47)로 계산되는 작용 인덕턴스 L을 사용한다. 단, 이 경우 전류는 평형 3상 교류로서 $\dot{I}_a + \dot{I}_b + \dot{I}_c = 0$이 전제되어야 하고 또 3선간의 선간 거리가 다를 경우에는 식 (4.30)의 등가 선간 거리를 사용해야 한다.

② 지락 고장시에는 식 (4.34)로 주어지는 대지 귀로의 인덕턴스 L_e를 사용한다.
단, 이 L_e는 H_e를 정확하게 알 수 없으므로 계산식에 의하지 않고 실측값을 사용하게 된다.

참고로 표 4.2에 대지를 귀로로 하는 전선의 인덕턴스[mH/km]에 관한 실측 결과의 일례를 보인다.

표 4.2 대지를 귀로로 하는 전선의 인덕턴스 실측값[mH/km]

	1선과 대지 (L_e)	2선 일괄과 대지 ($L_{e2}/2$)	3선 일괄과 대지 ($L_{e3}/3$)	6선 일괄과 대지 ($L_{e6}/6$)
최대값	2.66	2.01	1.73	1.45
최소값	2.22	1.64	1.32	1.08
평균값	2.44	1.73	1.48	1.25
계산값*	2.40	1.78	1.57	1.36

* 이 계산값은 $h+H=1000$[m], $2r=20$[mm] = 0.02[m], $D=4$[m]로 가정해서 식 (4.34) 및 식 (4.39) 등으로부터 산출한 것이다.

이밖에 만일 송전선에서 a, b, c 3선에 모두 같은 위상(동상)의 전류가 흘렀을 경우(이 전류를 영상 전류라고 한다)의 인덕턴스 L_0는 그림 4.17에 보인 것처럼 3개의 자속 L_e, L_e', L_e'가 모두 동상이므로

$$L_0 = L_e + 2L_e' = 2.4 + 2 \times 1.1 = 4.6\ [\text{mH/km}] \tag{4.48}$$

로 된다.

이 L_0를 **영상 인덕턴스**라고 한다.

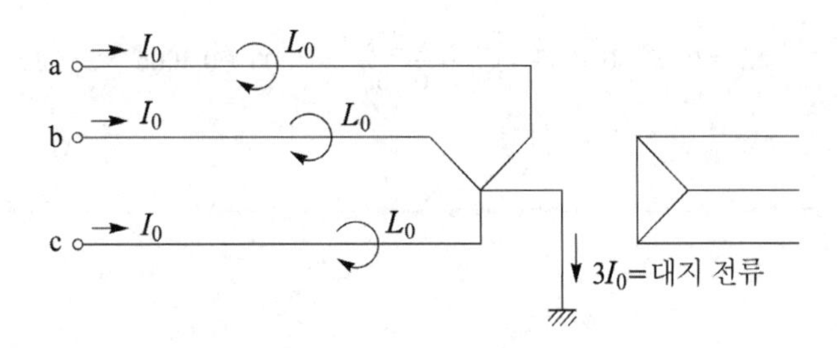

그림 4.17 영상 인덕턴스 L_0

예제 4.1 반지름 0.6[cm]인 경동선을 사용하는 3상 1회선 송전선을 그림 4.18 (a)에 나타낸 것처럼 선간 거리 2[m]로서 정삼각형으로 배치한 경우와 그림 4.8 (b)처럼 같은 2[m]의 간격으로 수평선상에 일직선으로 배치한 경우의 각 전선의 1[km]당의 작용 인덕턴스를 구하여라. 단, 수평 배치의 송전선은 완전 연가된 것으로 가정한다.

풀이 **(1) 정삼각형 배치의 경우**

선간 거리 D[m]는 2[m]의 등간격으로 주어지므로 각 전선의 작용 인덕턴스 L는 서로 같다. 식 (4.29)에 따라

$$L = 0.05 + 0.4605 \log_{10} \frac{2}{0.006} = 0.05 + 0.4605 \times 2.5229 = 1.212[\text{mH/km}]$$

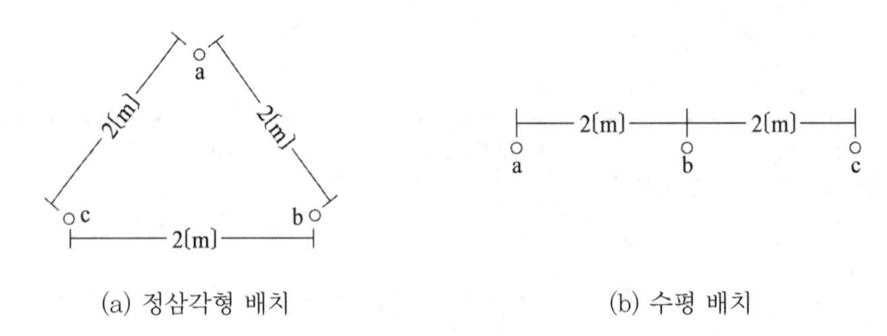

(a) 정삼각형 배치 (b) 수평 배치

그림 4.18

(2) 수평 배치의 경우

먼저 제의에 따라 완전 연가되어 있다고 하므로 등가 선간 거리 D는 식 (4.30)에 따라

$$D = \sqrt[3]{D_{ab} D_{bc} D_{ca}} = \sqrt[3]{2 \times 2 \times 4} = \sqrt[3]{2} \times 2$$

따라서

$$L = 0.05 + 0.4605 \log_{10} \frac{\sqrt[3]{2} \times 2}{0.006} = 0.05 + 0.4605 \times 2.6232$$
$$= 1.258[\text{mH/km}]$$

예제 4.2 3상 1회선의 송전 선로가 있다. 지금 그 중 2선을 일괄해서 대지를 귀로로 하는 인덕턴스를 측정하였더니 1.78[mH/km], 다음에 3선을 일괄해서 대지를 귀로로 하는 인덕턴스를 측정하였더니 1.57[mH/km]였다. 이 실측값으로부터 송전 선로의 대지를 귀로로 하는 1선 1[km]당의 자기 인덕턴스, 상호 인덕턴스 및 작용 인덕턴스를 구하여라.

풀이 1선과 대지 귀로 회로의 자기 인덕턴스를 L_e, 대지를 귀로로 하는 회로간의 상호 인덕턴스를 L_e'라고 하면 제의에 따라 다음 식이 성립한다.

$$\frac{1}{2}(L_e + L_e') = 1.78 \tag{1}$$

$$\frac{1}{3}(L_e + 2L_e') = 1.57 \tag{2}$$

식 (1), (2)를 함께 풀면

$$L_e = 2.41[\text{mH/km}]$$
$$L_e' = 1.15[\text{mH/km}]$$

를 얻는다. 한편 작용 인덕턴스 L은

$$L = L_e - L_e' = 2.41 - 1.15 = 1.26[\text{mH/km}]$$

4.4 정전 용량

4.4.1 정전 용량의 정의

다수의 도체가 존재할 경우 어느 한 개의 도체의 정전 용량이란 다른 모든 도체는 접지해서 영전위로 유지한 다음 그 도체에 전하 Q를 주었을 경우 나타나는 전위를 V라고 할 때 이 V로 전하 Q를 나눈 값, 곧, $C = Q/V$로 표현되는 값을 말한다.

또, 그 가운데에서 특정한 2개의 도체 1, 2 사이의 정전 용량이란 그 2개의 도체간의 구속 전하를 Q_{12}라 하고 양자간의 전위차를 V_{12}라고 할 때 $C_{12} = Q_{12}/V_{12}$로 표현된다.

지금 공간에 1, 2, 3,……, n인 n개의 도체가 존재할 경우 각 도체가 보유하는 전하를 Q_1,

Q_2, Q_3,……, Q_n 이라 하고 각각의 전위를 V_1, V_2, V_3,……, V_n 이라고 한다면 전위와 전하와의 사이에는 다음과 같은 관계가 성립한다.

$$\left.\begin{aligned} V_1 &= p_{11}Q_1 + p_{12}Q_2 + p_{13}Q_3 + \cdots\cdots + p_{1n}Q_n \\ V_2 &= p_{21}Q_1 + p_{22}Q_2 + p_{23}Q_3 + \cdots\cdots + p_{2n}Q_n \\ V_3 &= p_{31}Q_1 + p_{32}Q_2 + p_{33}Q_3 + \cdots\cdots + p_{3n}Q_n \\ &\vdots \quad \cdots\cdots\cdots\cdots\cdots\cdots\cdots\cdots \\ V_n &= p_{n1}Q_1 + p_{n2}Q_2 + p_{n3}Q_3 + \cdots\cdots + p_{nn}Q_n \end{aligned}\right\} \tag{4.49}$$

윗식에서의 p는 **전위 계수**라는 것이며 p_{mm}는 도체 m에만 단위 전하를 주었을 때의 m 자체의 전위를 나타내고, p_{mn}는 도체 n에만 단위 전하를 주었을 때의 도체 m의 전위를 나타내는 것이다. 전위 계수는 각 도체의 모양 및 그 상대적인 위치가 정해지면 그에 따라서 정해지는 정수로서 V나 Q와는 아무 관계가 없는 것이다. p는 모두 정의 부호를 가지며 또한 $p_{mn} = p_{nm}$의 관계가 있다.

이번에는 이 식 (4.49)를 전하 Q에 대해서 풀면 다음과 같이 된다.

$$\left.\begin{aligned} Q_1 &= k_{11}V_1 + k_{12}V_2 + k_{13}V_3 + \cdots\cdots + k_{1n}V_n \\ Q_2 &= k_{21}V_1 + k_{22}V_2 + k_{23}V_3 + \cdots\cdots + k_{2n}V_n \\ Q_3 &= k_{31}V_1 + k_{32}V_2 + k_{33}V_3 + \cdots\cdots + k_{3n}V_n \\ &\vdots \quad \cdots\cdots\cdots\cdots\cdots\cdots\cdots\cdots \\ Q_n &= k_{n1}V_1 + k_{n2}V_2 + k_{n3}V_3 + \cdots\cdots + k_{nn}V_n \end{aligned}\right\} \tag{4.50}$$

윗식의 k는 식 (4.49)의 p로부터 수학적으로 산출(역행렬 계산)할 수 있는 계수이며, $p_{mn} = p_{nm}$의 관계가 있으므로 당연히 $k_{mn} = k_{nm}$으로 된다.

지금 식 (4.50)에서 V_1만 남기고 $V_2 = V_3 = \cdots = V_n = 0$이라고 둔다. 즉, 도체 1 이외의 다른 도체를 모두 접지해서 그 전위를 0으로 하면 $Q_1 = k_{11}V_1$으로 되며 따라서 이때의 k_{11}은 앞서의 정의에 따라 도체 1의 정전 용량을 나타내게 된다(그 부호는 물론 정이다). 또, 이때 $Q_2 = k_{21}V_1$으로 되는데 이것은 도체 2에 V_1에 의한 정전 유도로 부의전하 Q_2가 나타난다는 것을 나타내며 따라서 이때의 k_{21}은 부로 된다.

일반적으로는 k_{nn}과 같이 동일한 첨자 기호를 갖는 계수(이것은 모두 정의 부호를 가진다)

를 **정전 용량 계수**라고 말하며 k_{mn}과 같이 서로 다른 첨자 기호를 갖는 계수(이것은 모두 부의 부호를 가진다)를 **정전 유도 계수**라고 부르고 있다.

간단한 일례로서 그림 4.19와 같이 2도체의 경우에 대해서 식 (4.50)을 적용해 보기로 한다.

$$\left.\begin{aligned} Q_1 &= k_{11}V_1 + k_{12}V_2 = -k_{12}(V_1 - V_2) + (k_{12} + k_{11})V_1 \\ Q_2 &= k_{21}V_1 + k_{22}V_2 = -k_{21}(V_2 - V_1) + (k_{21} + k_{22})V_2 \end{aligned}\right\} \tag{4.51}$$

위 식과 그림 4.19를 대비시켜서 볼 때 각 정전 용량은 다음과 같은 값을 가진다는 것을 알 수 있다. 즉,

$$\left.\begin{aligned} C_1 &= k_{12} + k_{11} \\ C_2 &= k_{21} + k_{22} \\ C_{12} &= -k_{12} = -k_{21} \end{aligned}\right\} \tag{4.52}$$

도체의 수가 더 많은 경우에 있어서도 이에 대응하는 계산식을 식 (4.51)의 요령으로 변형할 수 있기 때문에 결국 식 (4.52)와 같이 정전 용량은 k의 함수로서 나타낼 수가 있다.

앞서 k는 p의 함수로서 표시되었던 것이며, 또 p는 도체의 모양과 관계 위치를 알면 쉽게 산출할 수 있는 것이었으므로 결국 전위 계수로부터 시작해서 정전 용량 계수, 정전 유도 계수를 구한 다음 이것을 사용해서 정전 용량을 수학적으로 산출해 나갈 수 있는 것이다.

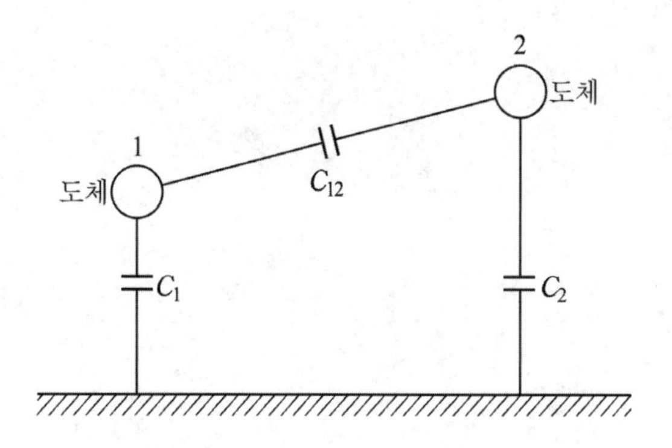

그림 4.19 **2도체의 정전 용량**

4.4.2 왕복 2도선의 정전 용량

반지름 r[m]의 무한히 긴 직선상 2도선 a, b가 그림 4.20처럼 D[m]의 간격을 두고 가설되고 있다고 한다. 지금 단위 길이마다에 각각 $+q$, $-q$[C/m]의 전하를 주었을 경우 양 도선으로부터 각각 S_1, S_2[m]의 수직 거리에 있는 점 P의 전위를 생각해 보자. 도선간의 거리 D가 도선의 반지름 r보다 훨씬 크다고 하고 양 도선의 전하가 각도선의 중심선상에 집중되어 있다고 하면, a, b 도선상의 전하에 의해 P점에 나타나는 전계의 세기 U_a, U_b를 MKS 유리 단위계로 나타내면 다음과 같이 된다.

$$\left.\begin{aligned} U_a &= \frac{2q}{S_1} \times 9 \times 10^9 [\text{V/m}] \\ U_b &= \frac{-2q}{S_2} \times 9 \times 10^9 [\text{V/m}] \end{aligned}\right\} \tag{4.53}$$

a, b의 중간점인 O의 전위는 a, b 양 도선으로부터 $S_1 = S_2 = D/2$ 위치에 있는 관계로 0이 되기 때문에 a, b양 도선상의 전하에 의해서 P점에 생기는 전위 V_p는

$$\begin{aligned} V_p &= \int_{S1}^{D/2} \frac{2q}{S_1} \times 9 \times 10^9 \, dS_1 + \int_{S2}^{D/2} \frac{-2q}{S_2} \times 9 \times 10^9 \, dS_2 \\ &= 2q \times 9 \times 10^9 \left(\log_e \frac{D}{2S_1} - \log_e \frac{D}{2S_2} \right) \\ &= 2q \times 9 \times 10^9 \log_e \frac{S_2}{S_1} [\text{V}] \end{aligned} \tag{4.54}$$

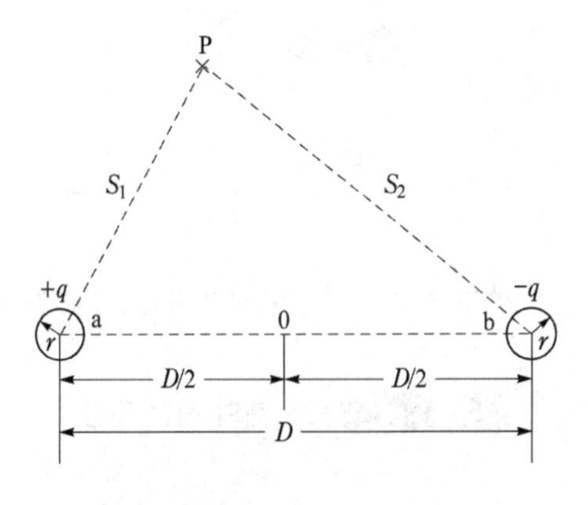

그림 4.20 왕복 2도선의 배열

로 된다.

즉, V_p는 P점에서 부전하에의 거리 S_2와 정전하에의 거리 S_1과의 비의 대수 및 q에 비례함을 알 수 있다. 그러므로, 도선 a의 전위는 상기 P점을 도선 a의 표면에 옮긴 경우라고 생각해서 다음 식처럼 나타낼 수 있다.

$$V_a = 2q \times 9 \times 10^9 \log_e \frac{D}{r} \tag{4.55}$$

따라서 전위가 0인 중간점 O, 즉 중성선에 대한 도선 a의 정전 용량 C_a는

$$\begin{aligned} C_a &= \frac{q}{V_a} = \frac{1}{2\left(\log_e \dfrac{D}{r}\right) \times 9 \times 10^9} [\text{F/m}] \\ &= \frac{1}{2\log_e \dfrac{D}{r}} \times \frac{1}{9} [\mu\text{F/km}] = \frac{0.02413}{\log_{10} \dfrac{D}{r}} [\mu\text{F/km}] \end{aligned} \tag{4.56}$$

로 된다.

도선 b에 대해서도 이와 마찬가지로 해서

$$V_b = 2q \times 9 \times 10^9 \log_e \frac{r}{D} = -2q \times 9 \times 10^9 \log_e \frac{D}{r} [\text{V}] \tag{4.57}$$

인 관계가 성립하고 그 중성선에 대한 정전 용량은 $C_b = -q/V_b$로부터 C_a와 같은 값으로 된다는 것을 알 수 있다.

따라서 1도선이 중성선에 대한 정전 용량은 $C_a = C_b = C_n$로서 다음 식으로 계산된다.

$$C_n = \frac{0.02413}{\log_{10} \dfrac{D}{r}} [\mu\text{F/km}] \tag{4.58}$$

여기서, 이것은 $D \gg r$인 경우에 성립되는 것이다.

4.4.3 단선과 대지간의 정전 용량

그림 4.21 (b)처럼 반지름 r[m]의 무한히 긴 직선상 도선 a가 지표면상 h[m]의 높이에 있다. 지금 이것이 $+q$[C/m]의 전하를 지니고 있다고 하면 도선 a와 대지와의 사이에서의 전기력선의 분포는 대지면이 영전위라고 할 수 있을 경우, 그림 4.21 (b)처럼 $-q$[C/m]의 전하를

가지는 반지름 r[m]의 도선 a'가 지표면 아래 h[m]의 깊이에 도선 a와 지표면에 대해서 대칭적으로 존재한다고 생각해서 aa'간에 발생되는 것 중 상반부를 취하면 된다. 즉, 지표면이 영전위면으로 되기 때문에 앞에서 얻은 식 (4.56)을 사용해서 도선 a의 대지 정전 용량 C를 계산할 수 있다.

$$C = \frac{1}{2\log_e \frac{2h}{r}} \times \frac{1}{9} [\mu\text{F/km}] = \frac{0.02413}{\log_{10} \frac{2h}{r}} [\mu\text{F/km}] \tag{4.59}$$

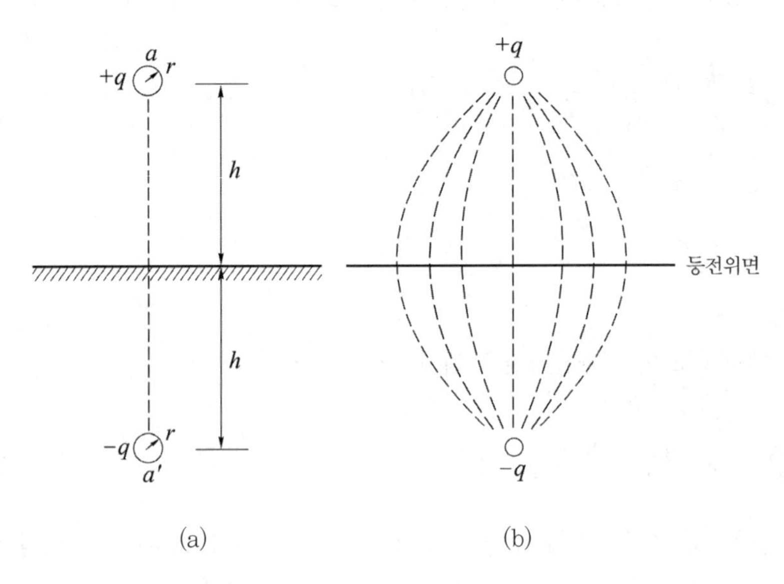

그림 4.21 직선상 도선의 대지 정전 용량

4.4.4 3상 1회선 송전 선로의 정전 용량

일반적으로 송전 선로는 3상 3선식을 취하고 있는데 그림 4.22에서와 같이 선로에는 전선과 대지와의 사이에 **대지 정전 용량**(자기 정전 용량이라고도 한다) C_s와 전선과 전선과의 사이에는 상호 정전 용량 C_m의 두 가지가 있다.

여기서 C_s는 Y로 연결되고 C_m는 △로 연결되어 있기 때문에 선로를 충전할 경우 C_s에 걸리는 충전 전압은 Y 전압이고 C_m에 걸리는 충전 전압은 △전압으로 되므로 이들 양자간에서는 그 크기 및 위상각이 각각 $\sqrt{3}$배 및 30°씩 서로 틀리게 되어 있다. 그러므로, C_s의 충전 전류를 계산하거나 C_m의 충전 전류를 계산할 경우에는 여기에 걸리는 전압에 대해서 주의할 필요가 있다.

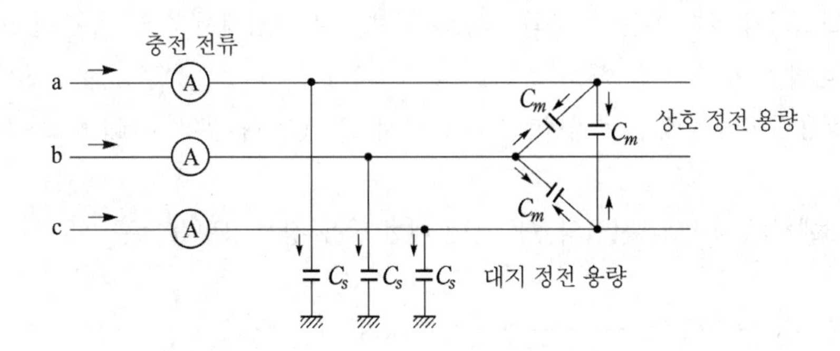

그림 4.22 3상 3선식 선로에서의 정전 용량

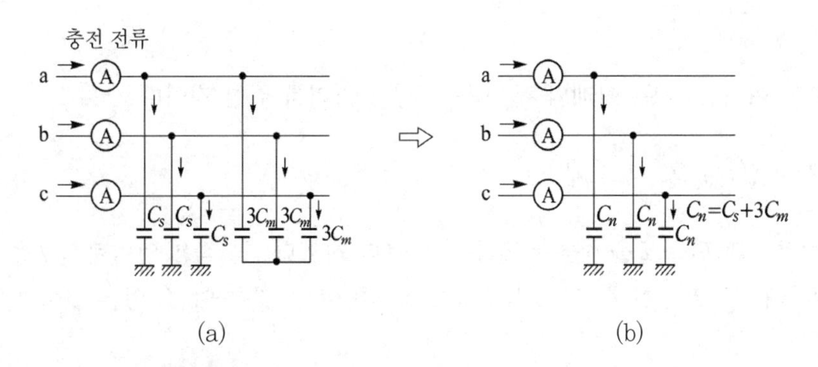

그림 4.23 상호 정전 용량 C_m의 △—Y 환산

일반적으로 3상 회로의 계산을 할 경우에는 △결선으로 연결된 것은 일단 Y결선으로 환산해서 계산하는 경우가 많다.

그림 4.23은 이것을 나타낸 것인데 여기서 각 선의 전압이 평형되어 있을 때에는 Y로 환산된 $3C_m$의 중성점의 전압이 0으로 되므로 이때 C_s를 충전하는 전압과 $3C_m$을 충전하는 전압은 다 같이 Y전압으로 된다. 따라서, 이러한 경우에는 C_s와 C_m을 나누어서 따로따로 나타낼 것 없이 그림 4.23 (b)에 보인 것처럼 $C_n = C_s + 3C_m$와 같이 병렬로 합성시킨 C_n으로 나타낼 수 있다.

이 C_n을 **작용 정전 용량**이라고 한다.

$$C_n = C_s + 3C_m \tag{4.60}$$

단, 이것은 어디까지나 송전 선로의 각 상전압이 평형되고 있을 경우에만 성립하는 관계식이다. 만일 각 상전압이 불평형일 경우에는 그림 4.23 (a)에서 Y로 연결한 $3C_m$의 중성점의 전압은 0으로 되지 않기 때문에 C_s와 $3C_m$과를 병렬로 합성해서 C_n라는 정전 용량은 만들 수 없는 것이다.

한편 정전 용량이라는 정수는 인덕턴스와 달라서 C_s, C_m 다 같이 순계산으로 구할 수 있는 것이다.

그림 4.23에서와 같이 각 전선의 중성선에 대한 작용 정전 용량 C_n은

$$C_n = C_s + 3C_m = \frac{1}{2\log_e \dfrac{D}{r}} \times \frac{1}{9} [\mu\text{F/km}]$$

$$= \frac{0.02413}{\log_{10} \dfrac{D}{r}} [\mu\text{F/km}] \tag{4.61}$$

로 계산된다. 여기서, D는 아래와 같은 등가 선간 거리를 취한 것이다.

$$D = \sqrt[3]{D_{ab} D_{bc} D_{ca}} [\text{m}] \tag{4.62}$$

이점이 작용 인덕턴스 L을 구하는 경우와 다르다 하겠다. 곧 작용 인덕턴스 L을 구성하는 L_e와 L_e'는 계산으로 구할 수 없고 실측을 통해서만이 그 값을 알 수 있는 것이다.

4.4.5 정전 용량의 개략값

154[kV] 실계통의 정전 용량을 계산해서 얻은 값을 표 4.3에 보인다.

여기서는 2회선의 경우라든지 가공 지선 유무에 따른 계산식을 생략하였지만 선로의 작용 용량은 표 4.3에 보는 바와 같이 사용하는 회선수나 가공 지선 유무에 관계없이 동일한 값을 나타내고 있다.

표 4.3 정전 용량[μF/km]

154[kV]	2 회 선 사 용		1 회 선 사 용	
	가공지선 유	가공지선 무	가공지선 유	가공지선 무
C_s	0.00392	0.00345	0.00520	0.00474
C_m	0.001748	0.001899	0.00132	0.00143
C_n	0.00916	0.00916	0.00916	0.00916

* 주 : $C_n = C_s + 3C_m$

이 결과 발전소로부터 선로에 흐르는 충전 전류는 각선 마다 동일하게 된다는 것을 알 수 있다.

마지막으로 단도체 방식 3상 선로에서의 작용 정전 용량(C_n)은 회선수에 관계없이 0.009[μF/km] 정도이고 대지 정전 용량(C_s)은 1회선의 경우에는 0.005[μF/km], 2회선의 경우는 0.004[μF/km] 정도이다.

가공 지선이 있을 경우에는 이것이 없는 경우보다 약간 커지기는 하지만 일반적으로는 위에 든 개략값을 사용하여도 별지장은 없다.

4.4.6 누설 콘덕턴스

애자의 누설 저항은 매우 크므로 그 역수인 누설 콘덕턴스는 대단히 작아서 선로 정수로서는 실용상 고려할 필요는 없다.

일반적으로 송전선 1선의 누설 콘덕턴스를 g[℧/km]라 하고 대지 정전 용량을 C[F/km], 주파수를 f[c/s]라고 하면 병렬 어드미턴스 $\dot{Y}$는 다음과 같이 표시된다.

$$\dot{Y} = g + j\,2\pi f\,C = g + j\omega C[℧/\mathrm{km}] \tag{4.63}$$

예제 4.3 7/3.7[mm]인 경동 연선(반지름 0.555[cm])을 그림 4.24처럼 배치한 완전 연가의 1회선 송전선이 있다. 이 선로의 1[km]당의 작용 인덕턴스, 작용 정전 용량 및 대지 정전 용량을 구하여라. 단, 지표 위의 높이는 이도(dip)의 영향을 고려한 것이다.

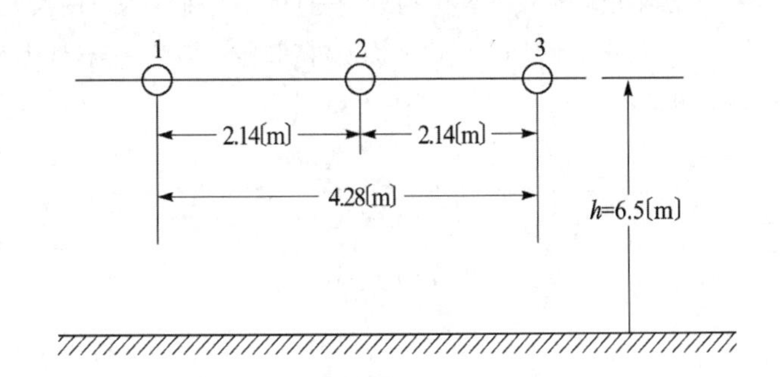

그림 4.24

 $D_{12} = D_{23} = 2.14[\text{m}]$, $D_{13} = 4.28[\text{m}]$이므로 전선간의 기하 평균 거리 D는

$$D = \sqrt[3]{2.14 \times 2.14 \times 4.28} = 2.7[\text{m}]$$
$$r = 0.555[\text{cm}]$$
$$h = 6.5[\text{m}]$$

이므로 작용 인덕턴스 L은

$$L = 0.05 + 0.4605 \log_{10} \frac{2.70}{0.00555} = 1.2874[\text{mH/km}]$$

작용 정전 용량 C_n은

$$C_n = \frac{0.02413}{\log_{10} \frac{2.70}{0.00555}} = \frac{0.02413}{2.6871} = 0.00898[\mu\text{F/km}]$$

대지 정전 용량 C_s는

$$C_s = \frac{0.02413}{\log_{10} \frac{8 \times 6.50^3}{0.00555 \times 2.70^2}} = \frac{0.02413}{4.7348} = 0.005096[\mu\text{F/km}]$$

예제 4.4 **3상 1회선의 송전 선로에 3상 전압을 인가해서 충전하였을 때 전선 1선에 흐르는 충전 전류는 32[A], 또 3선을 일괄해서 이것과 대지간에 위와 같은 선간 전압의 $\frac{1}{\sqrt{3}}$을 인가해서 충전하였을 때 전 충전 전류는 60[A]였다. 이때 전선 1선의 대지 정전 용량과 선간 정전용량과의 비를 구하여라.**

 3상 3선식 선로에서는 작용 정전 용량(C_n)과 대지 정전 용량(C_s) 및 선간 정전 용량(C_m)과의 사이에는 $C_n = C_s + 3C_m$의 관계가 있다. 지금 선간 전압을 V라고 하면 제의에 따라

$$\omega C_n \frac{V}{\sqrt{3}} = \omega(C_s + 3C_m) \frac{V}{\sqrt{3}} = 32 \quad (1)$$

$$3\omega C_s \frac{V}{\sqrt{3}} = \sqrt{3}\, \omega C_s V = 60 \quad (2)$$

식 (2)로부터

$$\omega V = \frac{60}{\sqrt{3}\, C_s}$$

이것을 식 (1)에 대입해서 정리하면

$$60\frac{C_m}{C_s}+20=32 \qquad \therefore\ \frac{C_m}{C_s}=\frac{1}{5}$$

예제 4.5 **3상 1회선의 송전선이 있다. 이 송전선의 수전단을 개방해서 3선 일괄한 것과 대지간의 정전 용량을 측정하였더니 그 값은 C_1[μF]였다. 또, 2선을 접지하고 나머지 1선과 대지간의 정전 용량을 측정하였더니 그 값은 C_2[μF]였다. 이 선로에 주파수 f[Hz], 선간 전압 V[kV]의 3상 전압을 인가하였을 때의 충전 전류 I_c를 구하여라. 단, 정전 용량 이외의 선로 정수(R, L 등)는 무시하는 것으로 한다.**

풀이 제의에 따라

$$1\text{선의 대지 용량 } C_s=\frac{C_1}{3}[\mu\text{F}]$$

또 C_2는 그림 4.25에 대한 것이므로

$$C_2=C_s+2C_m$$

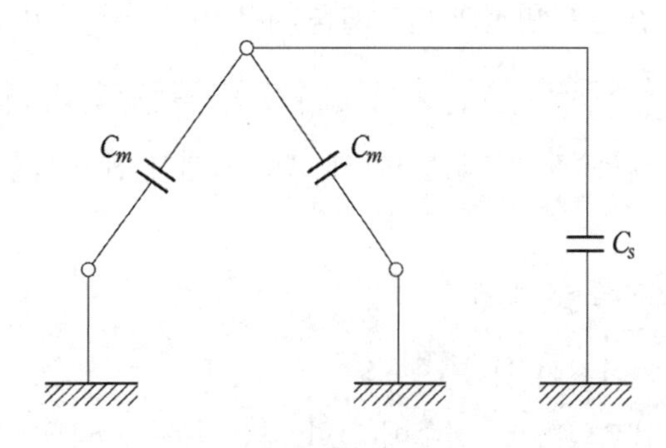

그림 4.25

그러므로

$$C_m=\frac{C_2-C_s}{2}=\frac{C_2-\dfrac{C_1}{3}}{2}=\frac{3C_2-C_1}{6}[\mu\text{F}]$$

따라서 작용 정전 용량 C_n은

$$C_n = C_s + 3C_m = \frac{C_1}{3} + 3\frac{3C_2 - C_1}{6} = \frac{9C_2 - C_1}{6}[\mu\text{F}]$$

그러므로 충전 전류 I_c는

$$\begin{aligned} I_c &= 2\pi f C_n \times 10^{-6} \times \frac{V}{\sqrt{3}} \times 10^3 \\ &= \frac{2\pi f (9C_2 - C_1)}{6} \times \frac{V}{\sqrt{3}} \times 10^{-3} \\ &= \frac{\pi f (9C_2 - C_1) V}{3\sqrt{3}} \times 10^{-3}[\text{A}] \end{aligned}$$

4.5 복도체 송전 선로의 선로 정수

근래에 와서 대전력 초고압 송전선 건설의 요망에 따라 **복도체 가공 송전 방식**을 널리 채택하게 되었다. 이것은 동상의 가공 전선을 복도체식으로 한 것인데 이렇게 함으로써 복도체에서의 총단면적과 같은 단면적의 단도체를 사용하는 경우와 비교해서

① 전선의 인덕턴스는 감소되고 정전 용량은 증가해서 송전 용량을 증대시킬 수 있다.
② 전선 표면의 전위 경도가 저감되어서 코로나 개시 전압이 높아지므로 코로나 손실을 줄일 수 있다.
③ 안정도를 증대시킬 수 있다.

는 등의 여러 가지 이점이 있다.

다음에 복도체 선로의 선로 정수에 관한 계산식을 들어본다.

(1) 인덕턴스

먼저 인덕턴스에 관해서는 소도체의 반지름을 r[m], 소도체수를 n, 소도체 간격을 S[m]라고 할 때 도선 내부의 자속 쇄교수에 의한 것은 단도체의 $1/n$로 되고 등가 반지름은

$$r_e = \sqrt[n]{r S^{n-1}}\,[\text{m}] \tag{4.64}$$

과 같이 증대한다.

지금 복도체의 도체소선 배치가 그림 4.26과 같다고 할 때 일반적으로 n 도체식의 작용 인덕턴스는 $\mu_s = 1$일 때

$$L_n = \frac{0.05}{n} + 0.4605\log_{10}\frac{D}{\sqrt[n]{r\,S^{n-1}}}\,[\mathrm{mH/km}] \tag{4.65}$$

로 계산된다. 즉,

$$\left.\begin{aligned} &2\text{도체에서는 } L_2 = 0.025 + 0.4605\log_{10}\frac{D}{\sqrt{rS}}\,[\mathrm{mH/km}] \\ &3\text{도체에서는 } L_3 = 0.0167 + 0.4605\log_{10}\frac{D}{\sqrt[3]{rS^2}}\,[\mathrm{mH/km}] \\ &4\text{도체에서는 } L_4 = 0.0125 + 0.4605\log_{10}\frac{D}{\sqrt[4]{rS^3}}\,[\mathrm{mH/km}] \end{aligned}\right\} \tag{4.66}$$

단, 4도체의 경우 소도체 상호간의 기하학적 평균 거리 S는

$$S = \sqrt[3]{S_0 \times \sqrt{2}\,S_0 \times S_0} = \sqrt[6]{2} \times S_0\,[\mathrm{m}] \tag{4.67}$$

이다.

마찬가지로 1선과 대지 귀로의 자기 인덕턴스 L_e 및 대지를 귀로로 하는 2선간의 상호 인덕턴스 L_e'는 다음과 같이 계산할 수 있다.

$$\left.\begin{aligned} L_e &= \frac{0.05(n+1)}{n} + 0.4605\log_{10}\frac{2H_e}{\sqrt[n]{r\,S^{n-1}}}\,[\mathrm{mH/km}] \\ L_e' &= 0.05 + 0.4605\log_{10}\frac{2H_e}{D}\,[\mathrm{mH/km}] \end{aligned}\right\} \tag{4.68}$$

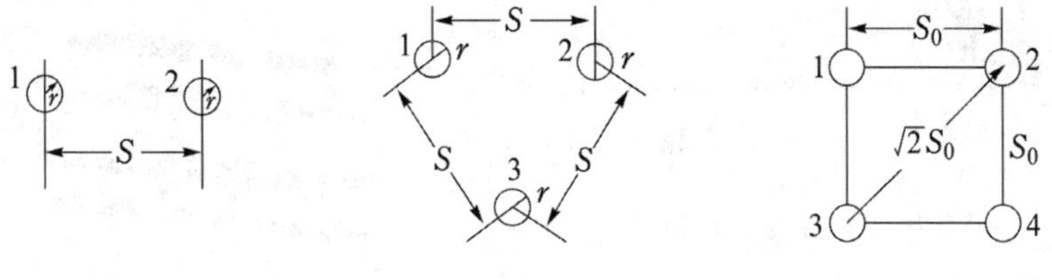

(a) 2도체　　(b) 3도체　　(c) 4도체

그림 4.26 복도체 소선의 배치

또, 3선 일괄 대지 귀로 경우의 1선당 자기 인덕턴스 L_{e3}은

$$L_{e3} = L_e + 2L_e'$$

로 계산하게 된다.

(2) 정전 용량

정전 용량 계산에 있어서도 등가 반지름 r_e 는 식 (4.64)처럼 구해 가지고 이를 대입해서 구하면 된다. 즉, 작용 정전 용량 C_n은

$$C_n = \frac{0.02413}{\log_{10}\dfrac{D}{\sqrt[n]{r\,S^{n-1}}}} [\mu\text{F/km}] \tag{4.69}$$

$$\left.\begin{aligned} &\text{따라서, 2도체에서는 } C_2 = \frac{0.02413}{\log_{10}\dfrac{D}{\sqrt{r\,S}}} [\mu\text{F/km}] \\ &\text{3도체에서는 } C_3 = \frac{0.02413}{\log_{10}\dfrac{D}{\sqrt[3]{r\,S^2}}} [\mu\text{F/km}] \\ &\text{4도체에서는 } C_4 = \frac{0.02413}{\log_{10}\dfrac{D}{\sqrt[4]{r\,S^3}}} [\mu\text{F/km}] \end{aligned}\right\} \tag{4.70}$$

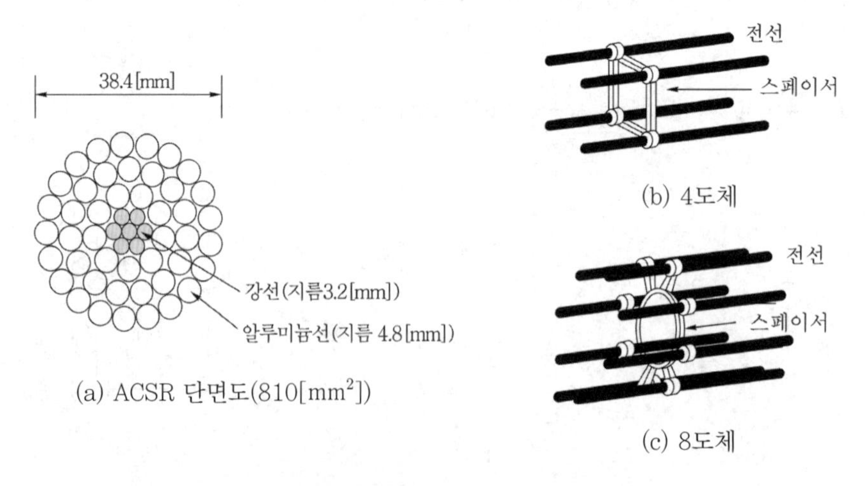

(a) ACSR 단면도(810[mm²])
(b) 4도체
(c) 8도체

그림 4.27 전력선과 복도체

예제 4.6 410[mm^2] ACSR(바깥 지름 28.5[mm])를 소도체로 하는 4도체 방식에서 가공 지선으로서 ACSR(바깥 지름 17.5[mm]) 2가닥을 공가한 완전 연가의 345[kV] 평행 2회선 3상 송전선이 있다. 전선 지지점의 위치, 소도체의 배열 간격은 그림 4.28과 같다고 한다. 이 송전선에서의 1[km]당의 작용 인덕턴스를 구하여라.

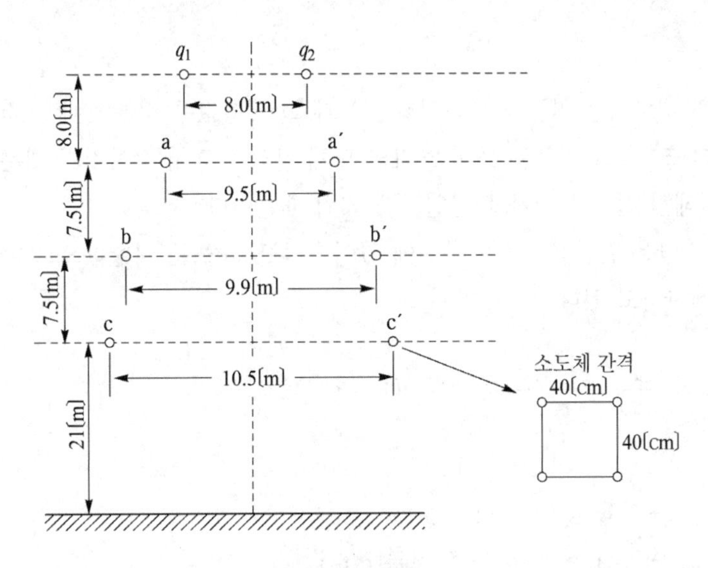

그림 4.28

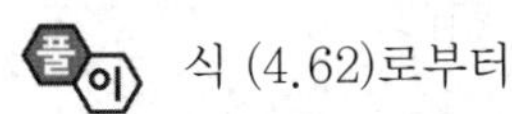

풀이 식 (4.62)로부터

$$D_{ab} = D_{a'b'} = \sqrt{0.2^2 + 7.5^2} = 7.5[\mathrm{m}]$$

$$D_{ac} = D_{a'c'} = \sqrt{0.5^2 + 15^2} = 15.01[\mathrm{m}]$$

$$D_{bc} = D_{b'c'} = \sqrt{0.3^2 + 7.5^2} = 7.51[\mathrm{m}]$$

그러므로 동일 회선 내 전선간의 기하 평균 거리 D는

$$D = \sqrt[3]{7.5 \times 15.01 \times 7.51} = 9.46\,[\mathrm{m}]$$

소도체간 기하 평균 거리 d는

$$d = \sqrt[3]{0.4 \times \sqrt{2} \times 0.4 \times 0.4} = \sqrt[6]{2} \times 0.4 = 0.449[\mathrm{m}]$$

따라서 식 (4.65)에 $n=4$, $D=9.46$, $r=0.01425$, $d=0.449$를 대입하면

$$L = \frac{0.05}{4} + 0.4605\log_{10}\frac{9.46}{0.01425^{1/4} \times 0.449^{(4-1)/4}}$$

$$= 0.0125 + 0.7821 = 0.7946[\mathrm{mH/km}]$$

4.6 전력 케이블의 선로 정수

4.6.1 선로 정수

(1) 저항

케이블의 도체로서는 연동이 사용되고 있는데 그 저항값은 직류에 대한 값보다 교류에 대한 값이 약간 더 크다. 그 이유는 표피 효과와 도체 간의 간격이 작아지기 때문에 일어나는 근접 효과에 기인해서 전류 분포가 불균일하게 되기 때문이다.

케이블의 저항은 일반적으로 20[℃]에 있어서의 직류 표준 저항값으로 나타내고 이것을 다음 식으로 계산하고 있다.

$$R_0 = \frac{1}{58\sigma} \times \frac{1}{\frac{\pi}{4}{d_0}^2 n}(1+k_2)(1+k_3)[\Omega/\mathrm{km}] \tag{4.71}$$

여기서, σ : 도전율 0.97~0.99

d_0 : 연동선(소선)의 표준 지름[mm]

n : 소선수

k_2 : 소선 연신율(60가닥 이하 2[%], 61가닥 이상 3[%])

k_3 : 다심 케이블일 경우 심선 연신율(2~4심 1[%], 5~7심 2[%])

(2) 인덕턴스

심선 1가닥당의 인덕턴스는 외장 및 연피를 무시하면 가공선의 경우와 마찬가지로 다음 식을 써서 계산할 수 있다.

$$L = 0.05 + 0.4605\log_{10}\frac{D}{r}[\mathrm{mH/km}] \tag{4.72}$$

여기서, D : 도체의 중심 거리[m]

r : 도체의 반지름[m]

케이블의 인덕턴스는 D가 작기 때문에 가공선에 비해서 그 값이 훨씬 작아서 대략 1/3 정도 밖에 되지 않는다.

(3) 정전 용량

단심 케이블의 정전 용량

$$C = \frac{0.02413\epsilon_s}{\log_{10}\dfrac{R}{r}}[\mu\text{F/km}] \tag{4.73}$$

여기서, r : 도체의 반지름[m]

R : 연피의 안반지름(절연 반지름)[m]

ϵ_s : 비유전율(유침지 절연층일 경우 3.4~3.9)

다심 케이블의 정전 용량

$$C = \frac{0.0556\,\epsilon_s n}{G}[\mu\text{F/km}] \tag{4.74}$$

여기서, n : 심선수(3심 케이블이면 $n=3$)

G : 형상 계수

정전 용량의 개략값은 $C = 0.3 \sim 1.7[\mu\text{F/km}]$의 범위이다.

케이블에서는 C의 계산식에서 가공 선로에서의 선간 거리 대신에 절연 반지름(연피 반지름)을 쓰고 있기 때문에 C의 값이 가공 송전선에 비해서 대략 30배 정도로 크게 나타나고 있다. 즉, 케이블은 가공 전선에 비해서 인덕턴스는 작고 정전 용량은 크다는 특징이 있다.

다음 3심 벨트 케이블의 정전 용량은 그림 4.29와 같다고 생각해서 대지 정전 용량 C_s와 상호 용량 C_m 및 작용 용량 C를 다음과 같이 구하고 있다.

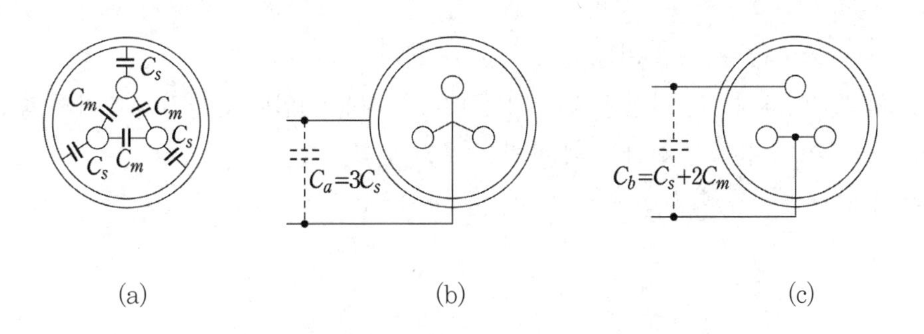

그림 4.29 3심 벨트 케이블의 정전 용량

먼저 (b)처럼 3심 일괄과 연피간의 정전 용량 C_a를 측정하면

$$C_a = 3C_s$$

$$\therefore\ C_s = \frac{C_a}{3} \tag{4.75}$$

다음에 (c)처럼 1심과 2심 및 연피를 연결한 것과의 사이에서 정전 용량 C_b를 측정하면

$$C_b = C_s + 2C_m$$

$$\therefore\ C_m = \frac{1}{2}(C_b - C_s) = \frac{1}{2}\left(C_b - \frac{C_a}{3}\right) \tag{4.76}$$

그러므로, 3상 전압을 인가하였을 경우의 1상당의 정전 용량, 즉, 작용 용량 C는 다음과 같이 계산된다.

$$C = C_s + 3C_m = \frac{9C_b - C_a}{6} \tag{4.77}$$

4.6.2 케이블의 충전 전류, 충전 용량

케이블의 충전 전류 I_c[A]는 정전 용량을 C[μF], 사용 전압(선간 전압)을 V[kV]라 하면 다음 식으로 표시된다.

$$I_c = \omega C \frac{V}{\sqrt{3}} \times 10^{-3}[\text{A}] \tag{4.78}$$

여기서, $\omega = 2\pi f$ (f는 주파수[Hz])

일반적으로 케이블에서는 정전 용량 C가 큰데다가 사용 전압이 높아짐에 따라서 충전 전류 I_c가 커져서 유효 전류를 송전하는 데 제약을 주고 있다.

케이블의 충전 용량 Q_c[kVA]는 다음 식으로 계산한다.

$$Q_c = \sqrt{3}\ VI_c = \omega CV^2 \times 10^{-3}[\text{kVA}] \tag{4.79}$$

4.6.3 절연 저항

단심 케이블, H지 케이블, SL지 케이블에서는 절연 저항 R_i를 다음과 같은 식을 써서 구하고 있다.

$$R_i = 0.3665\rho log_{10}\frac{R}{r}[\mathrm{M\Omega/km}] \quad (4.80)$$

여기서, r : 심선의 반지름[m]
R : 연피의 안지름[m]
ρ : 절연물의 저항률[Ω/cm] (유침지의 경우 $5\sim8\times10^{14}$)

다심 벨트 케이블의 경우에는

$$R_i = \frac{\rho G}{2\pi n}\times10^{-6}[\mathrm{M\Omega/km}] \quad (4.81)$$

G는 앞서 설명한 형상 계수이다.

예제 4.7 일정한 길이의 3심 벨트 케이블이 있다. 3심을 일괄한 것과 연피와의 사이에 60[c/s], 6,000[V]의 전압을 걸었더니 충전 전류는 6.792[A]였다. 또, 임의의 2심간에 60[c/s], 6,000[V]의 전압을 인가하였더니 충전 전류는 2.292[A]였다고 한다. 지금 60[c/s]의 정격 3상 전압 11,000[V]를 인가하면 충전 전류는 얼마로 되겠는가?

풀이 3심 벨트 케이블의 대지 정전 용량 C_s 및 상호 정전 용량 C_m의 분포는 다음 그림 4.30 (a)에 나타낸 바와 같다.

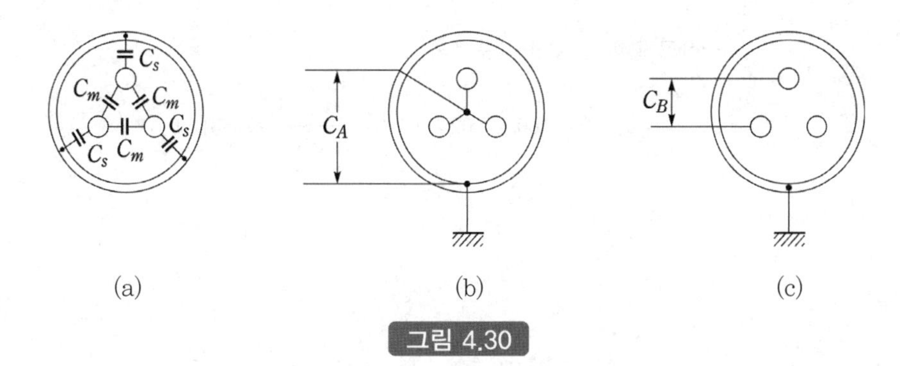

그림 4.30

제의에 따른 2회의 측정에서의 인가 전압은 각각 (b), (c)에 도시한 정전 용량 C_A, C_B에 인가된 것으로서 이들과 C_s, C_m과의 관계는 다음 식으로 표시된다.

$$\left.\begin{aligned} C_A &= 3C_s \\ C_B &= \frac{1}{2}(C_s+3C_m) \end{aligned}\right\} \quad (1)$$

식 (1)로부터

$$\left.\begin{aligned} C_s &= \frac{1}{3}C_A \\ C_m &= \frac{2}{3}\left(C_B-\frac{C_s}{2}\right) \end{aligned}\right\} \quad (2)$$

제1회의 측정으로부터

$$I_A = 2\pi f C_A E \times 10^{-6} = 2\times 3.14\times 60\times C_A\times 6{,}000\times 10^{-6} = 6.792[\text{A}]$$

$$\therefore\ C_A \fallingdotseq 3.00[\mu\text{F}]$$

그러므로 1심선의 대지 정전 용량 $C_s = \dfrac{C_A}{3} = 1.0[\mu\text{F}]$

제2회의 측정으로부터

$$\begin{aligned} I_B &= 2\pi f C_B E\times 10^{-6} \\ &= 2\times 3.14\times 60\times C_B\times 6{,}000\times 10^{-6} = 2.292[\text{A}] \end{aligned}$$

$$\therefore\ C_B \fallingdotseq 1.01[\mu\text{F}]$$

그러므로,

$$C_m = \frac{2}{3}\left(C_B-\frac{C_s}{2}\right) = \frac{2}{3}(1.01-0.5) = 0.34[\mu\text{F}]$$

따라서, 1상의 전정전 용량(작용 정전 용량) C_n는

$$C_n = C_s+3C_m = 1.00+3\times 0.34 = 2.02[\mu\text{F}]$$

구하고자 하는 충전 전류 I_c는

$$I_c = 2\pi\times 60\times 2.02\times 10^{-6}\times \frac{11{,}000}{\sqrt{3}} = 4.83[\text{A}]$$

예제 4.8 전압 33,000[V], 주파수 60[c/s], 선로 길이 7[km] 1회선의 3상 지중 송전 선로가 있다. 이의 3상 무부하 충전 전류 및 충전 용량을 구하여라. 단, 케이블의 심선 1선당의 정전 용량은 0.4[μF/km]라고 한다.

풀이 무부하 충전 회로는 아래 그림과 같이 되고 3상 무부하 충전 전류 I_c 는

$$I_c = 2\pi f C \frac{V}{\sqrt{3}} = 2 \times 3.14 \times 60 \times (0.4 \times 7 \times 10^{-6}) \times \frac{33,000}{\sqrt{3}} \doteqdot 20.1[\mathrm{A}]$$

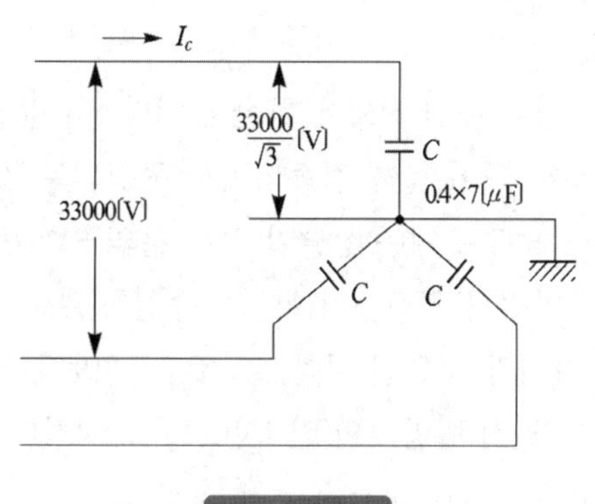

그림 4.31

이때의 충전 용량 Q_c 는

$$Q_c = \sqrt{3}\, V I_c \times 10^{-3}$$
$$= \sqrt{3} \times 33,000 \times 20.1 \times 10^{-3} \doteqdot 1148.8[\mathrm{kVA}]$$

4.7 송전 계통의 임피던스

4.7.1 옴[Ω] 임피던스

앞 절까지에서 선로 정수의 정의 및 실제로 이들 값을 계산하는 방법을 설명하였다. 한편 송전 계통이란 이러한 선로가 다수 연결되어서 이루어지고 있는 것이므로 실제의 계통 문제를 다룰 경우에는 선로 정수인 R, L, C, g 의 각 값을 토대로 해서 본래 3상 3선식으로 된 회로를 하나로 묶은 1회선 회로의 값으로 환산해서 사용하는 것이 보통이다.

즉, 선로의 1회선당 임피던스 $\dot{z}$ 및 어드미턴스 $\dot{y}$는

$$\left.\begin{aligned} \dot{z} &= R + j\omega L = R + jX\,[\Omega/\text{km}] \\ \dot{y} &= g + j\omega C = g + jY\,[\mho/\text{km}] \end{aligned}\right\} \tag{4.82}$$

단, 일반적으로 누설 콘덕턴스 g 는 무시할 수 있으므로

$$\dot{y} = j\omega C = jY\,[\mho/\text{km}] \tag{4.83}$$

로 되는 경우가 많다.

한편 이들은 어느 것이나 송전 선로에 한한 값이다. 더 말할 것 없이 송전 계통은 발전기, 변압기, 송전 선로 및 부하 등이 함께 접속되어서 구성되는 것이므로 송전 계통 전체로서의 전기적 특성을 다루고자 할 경우에는 상술한 각 부분의 임피던스값(Ω값)을 집계해서 사용하지 않으면 안 된다. 이때 발전기나 전동기(부하), 송전 선로는 전기 회로로서는 단일한 것이므로 그 임피던스값은 한 가지만 있으면 된다. 그러나, 변압기만은 약간 사정이 다르다.

주지하는 바와 같이 2권선 변압기의 임피던스를 측정하였을 경우 1차측에서 측정한 값(Z_1)과 2차측에서 측정한 값(Z_2)은 변압비 n 의 제곱배($Z_2 = n^2 Z_1$)만큼 틀린 것이다.

그러므로, 만일 6,000/100[V]인 변압비 $n = \dfrac{6,000}{100} = 60$이기 때문에 6,000[V]측에서 측정한 임피던스는 100[V]측에서 측정한 임피던스의 $n^2 = 3,600$배만큼 큰 값으로 된다. 따라서, 변압기의 임피던스는 이것을 Ω값으로 나타낼 경우에는 고압, 저압 어느 쪽에서 측정한 값인가 하는 것을 명시해 줄 필요가 있다.

여기서 알기 쉬운 예를 하나 들어보기로 한다.

가령 그림 4.32에서 선로의 임의의 점 P로부터 전원측을 본 전체 임피던스 Z를 구해 본다.

발전기는 E_g 라는 회로 전압 하에 X_g [Ω]이라는 리액턴스를 가지고 있다. 그러나 주어진 계통은 발전기 전압 E_g 가 변압기를 거쳐 송전 전압 E로 승압되고 있기 때문에 발전기 전압 하에서의 X_g 를 그대로 송전 전압 하에서의 선로 임피던스 $R + jX$에 더할 수 없는 것이다.

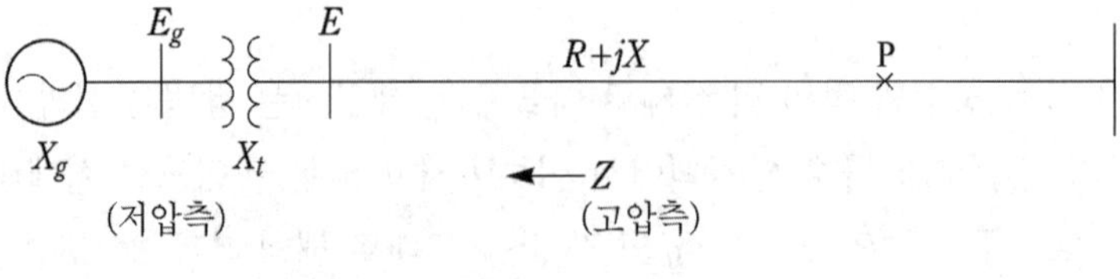

그림 4.32 옴(Ω) 임피던스의 집계

따라서 이러한 경우에는 X_g 를 일단 선로측 회로에서의 값으로 고쳐 주어야만 한다. 즉, 발전기의 전압(E_g)이 선로측의 전압(E)과 같게 된다면 이 X_g 는 얼마만한 리액턴스로 바뀌게 되느냐 하는 식으로 환산을 해 주어야 하는 것이다.

한편 발전기의 권선은 Y결선이므로 X_g 의 값을 선로측의 값으로 환산하기 위해서는 변압기의 결선과는 관계 없이 양측의 회로 전압비인 $n = \dfrac{E}{E_g}$ 제곱을 곱해 주면 된다. 그러므로, X_t [Ω]를 고압측에서 본 변압기의 임피던스라고 한다면 P점에서 본 전체 임피던스 $\dot{Z}$는

$$\dot{Z} = jX_g\left(\frac{E}{E_g}\right)^2 + jX_t + R + jX \tag{4.84}$$

로 계산되어야 한다. 만일 이때 변압기의 접속이 △△ 결선일 경우에는 선로측에서 본 변압기의 리액턴스는 △의 값이므로 우선 이것을 △ → Y 변환 공식에 따라(X_t 를 3으로 나누면 된다.) Y의 값으로 환산해서

$$\dot{Z} = jX_g\left(\frac{E}{E_g}\right)^2 + j\frac{X_t}{3} + R + jX \tag{4.85}$$

로 계산하여야 한다. 이와 같이 전압이 다른 각 부분에 걸친 회로의 임피던스는 반드시 사전에 그 전압을 어느 한쪽의 값으로 통일하고 각 부분의 임피던스를 이 통일된 전압에 맞추어서 환산한 다음에 집계해 나가야만 하는 것이다.

4.7.2 % 임피던스

어떤 양을 나타내는 데 그 절대량이 아니고 기준량에 대한 비로서 나타내는 방법을 **단위법**(PU)이라고 한다. 또, 이것을 100배 한 값으로 나타내는 방법이 백분율법, 즉 **퍼센트(%)법**이다. 이미 우리가 알고 있는 전압 변동률이라든지 속도 변동률 등 %로 나타내고 있는 양은 어느 것이나 %법인 것이며, 이때의 기준량이 각각 「정격 전압」, 「정격 속도」라는 것은 새삼스럽게 설명할 필요가 없다. %법 그 자체는 본래 기준양으로서 무엇을 취할 것인가 하는 것은 자유이지만 송전선이나 동기기 등에서는 전압, 전류, 주파수의 기준량으로서 각각이 지니고 있는 「정격 전압」, 「정격 전류」, 「정격 주파수」를 사용하고 있다.

이 %법이나 단위법을 사용할 때의 이점으로서는 다음과 같은 점을 들 수 있다.

① 값이 단위를 가지지 않는 무명수로 표시되므로 계산하는 도중에서 단위를 환산할 필요가 없다.
② 식 중의 정수 등이 생략되어서 식이 간단해진다.
③ 기기 용량의 대소에 관계없어 그 값이 일정한 범위 내에 들어가기 때문에 기억하기 쉽다.

따라서, 송배전 계통에서는 임피던스값을 Ω으로 나타내는 대신에 %로 나타내는 경우가 많다. Ω 임피던스는 전술한 바와 같이 사용하는 전압에 따라 그 값이 각각 달라지고 있기 때문에 하나의 계통이 전압이 서로 다른 여러 개의 부분으로 이루어질 경우에는 반드시 사전에 계통 전압의 기준값을 정하고 각 부분의 임피던스를 기준으로 잡아준 전압값에 맞추어서 환산해 준 다음에 집계하여야 한다. 이에 대해서 %임피던스는 이러한 번거로움이 없이 각 부분의 값을 그대로 집계해 갈 수 있다는 특징이 있다.

여기서 먼저 %임피던스의 정의부터 내려본다. %임피던스는 변압기나 동기기의 내부임피던스라든지 전선로의 임피던스를 %법으로 나타낸 값이다.

지금 그림 4.33에 나타낸 바와 같이 임피던스 $Z[\Omega]$이 접속되고 $E[\mathrm{V}]$의 정격 전압이 인가되어 있는 회로에 정격 전류 $I[\mathrm{A}]$가 흐르면 $ZI[\mathrm{V}]$의 전압 강하가 생기게 된다.

이 전압 강하분 $ZI[\mathrm{V}]$가 회로의 정격 전압 $E[\mathrm{V}]$에 대해서 몇 [%]에 해당되는가 하는 관점에서 $E[\mathrm{V}]$에 대한 $ZI[\mathrm{V}]$의 비를 %로 나타낸 것이 % 임피던스인 것이며, 여기서는 이것을 $\%Z$로 나타낸다. 즉,

$$\%Z = \frac{Z[\Omega] \cdot I[\mathrm{A}]}{E[\mathrm{V}]} \times 100[\%] \tag{4.86}$$

여기서 $I[\mathrm{A}]$는 정격 전류라는 데 유의하여야 한다. 이것을 사용하면 Ω 임피던스처럼 전압에 대한 환산이 필요없게 되어 아주 편리하다.

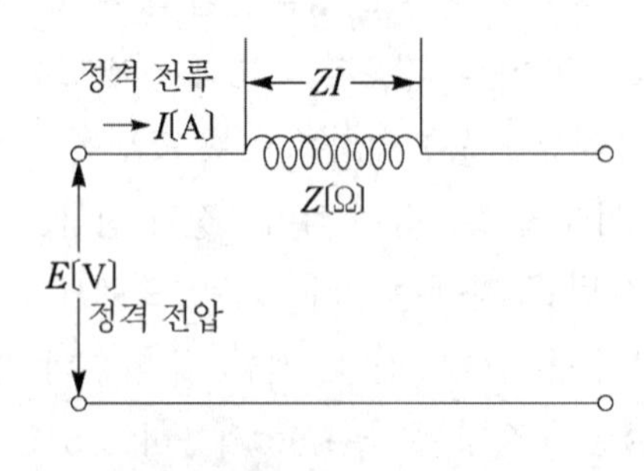

그림 4.33 %임피던스

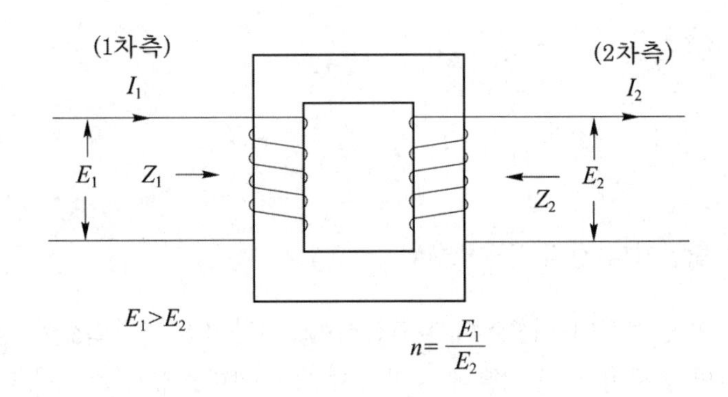

그림 4.34 변압기 임피던스

가령 그림 4.34에서 $E_2 > E_1$이라 두고 $n = \dfrac{E_2}{E_1}$라고 하자.

1차측에서 본 임피던스를 $Z_1[\Omega]$, 2차측에서 본 임피던스를 $Z_2[\Omega]$이라고 하면

$$\%Z_1 = \frac{Z_1 I_1}{E_1} \times 100[\%] = \frac{n^2 Z_2 \times \frac{1}{n} I_2}{n E_2} \times 100[\%]$$

$$= \frac{Z_2 I_2}{E_2} \times 100[\%] = \%Z_2 \tag{4.87}$$

로 되어 변압기의 임피던스를 $\%Z$로 나타내면 고압측에서 보거나 저압측에서 보더라도 언제나 그 값이 같기 때문에 ΩZ처럼 전압에 대해서 신경을 쓸 필요가 없다. 실제로 발전소나 변전소에 설치되어 있는 변압기의 명판을 보면 임피던스는 모두 $\%Z$로 그 크기를 나타내고 있으며 ΩZ로 나타내고 있는 것은 한 대도 없다.

4.7.3 Ω 임피던스와 % 임피던스의 관계

$\%Z$의 정의식인 식 (4.86)의 E를 [kV] 단위로 나타낼 경우에는

$$\%Z = \frac{ZI}{1000E} \times 100 = \frac{ZI}{10E}[\%] \tag{4.88}$$

로 된다. 여기서 분모, 분자에 다시 E[kV]를 곱해 주면

$$\%Z = \frac{Z \times EI}{10E^2} = \frac{Z \times \mathrm{kVA}}{10E^2}[\%] \tag{4.89}$$

$$\therefore \ \Omega Z = \frac{\%\mathrm{Z} \times 10\mathrm{E}^2}{\mathrm{kVA}}[\Omega] \tag{4.90}$$

여기서, kVA : 변압기의 정격 용량[kVA]

앞서 본 바와 같이 송전선에서는 어디까지나 전선 1선당의 임피던스값이 기본이 되고 있으므로 가령 변압기의 결선이 △일 경우에는 반드시 그 임피던스값을 △ → Y로 환산해서 사용하지 않으면 안 된다.

한편 식 (4.90)는 단상 변압기 1대일 경우의 계산식인데 만일 여기서 kVA_3가 3상 용량을 나타내고 V가 변압기의 접속법에 관계 없이 선간 전압[kV]을 나타내는 것으로 하면, 식 (4.90)을 그대로 3상 접속시의 1선당의 변압기 임피던스의 계산식으로 쓸 수 있다. 즉,

$$Z[\Omega] = \frac{\%\mathrm{Z} \times 10\mathrm{V}^2}{\mathrm{kVA}_3}[\Omega] \tag{4.91}$$

여기서, kVA_3 : 3상 용량[kVA]

V : 선간 전압[kV]

또, 발전기, 조상기도 3상 회로이고 3상 용량을 가지고 있기 때문에 이들 기계의 임피던스도 모두 위의 식 (4.91)을 써서 계산하게 된다.

표 4.4에 변압기의 %리액턴스의 개략값을 보인다. 일반적으로 리액턴스값은 고저압 권선의 절연층의 두께, 즉 전압에 따라 정해지고 용량에는 별로 영향을 받지 않는다.

표 4.4 변압기의 %리액턴스

전압[kV]	%리액턴스
3~6	3
10~20	5
30	5.5
60~70	7.5
100	9
140~170	11
250	12

이처럼 임피던스는 %로 나타내는 것이 Ω으로 나타낸 경우보다 더 편리하다. 그것은 임피던스를 Ω으로 나타내었을 경우에는 그 Ω이 과연 큰 것인지 아니면 작은 것인지를 쉽게 판단할 수가 없기 때문이다.

따라서 송전 계통에서의 일반적인 기술 계산에서는 임피던스를 ΩZ 대신에 $\%Z$로 나타내어서 이 $\%Z$를 기초로 해서 계산을 실시하는 경우가 많다.

예제 4.9 66[kV], 1회선 송전 선로에서 1선의 리액턴스가 22[Ω], 전류가 300[A]일 때 % 리액턴스는 얼마인가?

먼저 주어진 데이터로부터 기준 용량 P_B를 구하면

$$P_B = \sqrt{3}\,VI = \sqrt{3} \times 66 \times 300 = 34{,}293.6[\text{kVA}]$$

따라서,

$$\%Z = \frac{Z \cdot P_B}{10\,V^2} = \frac{22 \times 34{,}293.6}{10 \times (66)^2} = 17.32[\%]$$

예제 4.10 송전단에서는 발전기 전압 6.6[kV]를 66[kV]로 승압하고 수전단에서는 66[kV]를 3.3[kV]의 부하 전압으로 강압하는 송전선이 있다.

각 부분의 임피던스는 도시한 바와 같다. 단, 변압기의 리액턴스는 고압측에서 본 값이다. 지금 선로의 임피던스를 $0.19 + j0.36$[Ω/km]라 하고 송전단에서 40[km], 수전단에서 30[km]인 점 P에서 본 전계통의 임피던스를 산출하여라.

P점에서 본 전원측의 임피던스 Z_A는

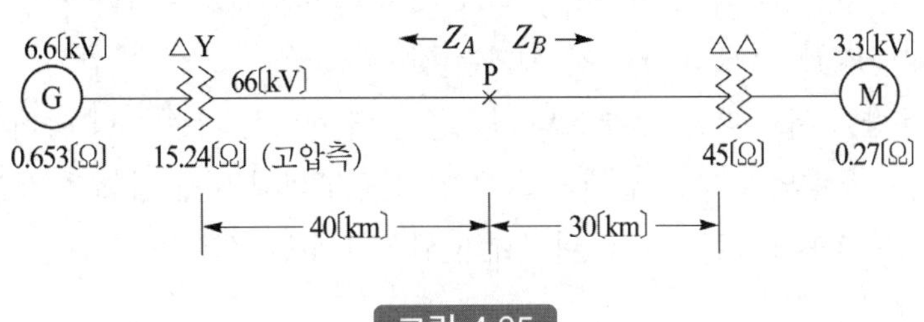

그림 4.35

$$Z_A = j0.653\left(\frac{66}{6.6}\right)^2 + j15.24 + (0.19 + j0.36) \times 40$$
$$= 7.6 + j94.94[\Omega]$$

P점에서 본 부하측의 임피던스 Z_B는

$$Z_B = j0.27\left(\frac{66}{3.3}\right)^2 + j\frac{45}{3} + (0.19 + j0.36) \times 30$$
$$= 5.7 + j133.8[\Omega]$$

그러므로, P점에서 본 전 계통의 임피던스 Z는 Z_A와 Z_B를 병렬로 연결해서

$$Z = \frac{Z_A Z_B}{Z_A + Z_B} = 3.58 + j55.55[\Omega]$$

로 구해진다.

4.7.4 % 임피던스의 집계

어떤 회로에서의 % 임피던스를 집계한다는 것은 바꾸어 말해서 그 회로에 정격 전류를 흘렸을 경우의 임피던스 강하를 집계한다는 것이다. 이것은 %임피던스의 정의식으로부터 쉽게 알 수 있는 일이다. 그러므로, 이 임피던스 강하를 집계하기 위해서는 우선 계통의 각 부분을 흐르는 전류값이 같지 않으면 안 된다. 식 (4.89)의 $\%Z$의 정의식에서 알 수 있듯이 $\%Z$는 kVA에 비례하고 있다. 그러므로, 전류값을 같게 한다는 것은 kVA를 같게 한다는 것과 같다. 가령 kVA를 배로 크게 잡으면 $\%Z$도 배로 커진다(이때 Z의 Ω값에는 아무런 변화가 없다).

그러므로, $\%Z$를 집계할 경우에는 먼저 **기준 용량**으로서 어떤 크기의 kVA 용량을 가정하고 그 기준 용량 하에서 각 부분의 $\%Z$를 환산해 준 다음 각 부분의 임피던스 강하를 집계해 나간다. 이것이 $\%Z$의 집계이며, 이렇게 해서 얻어진 $\%Z$는 어디까지나 그때 채택된 기준 용량 하에서의 값으로서 의미를 갖게 되는 것이다.

kVA 용량이 서로 다른 각 부분의 $\%Z$를 그때 채택한 기준 용량 아래에서 환산하기 위해서는 그 기준 용량의 kVA와 실제의 그 기기의 kVA와의 비를 곱해 주기만 하면 된다.

가령 기준 용량을 kVA_b라고 나타내면 환산하게 될 $\%Z_b$는

$$\%Z_b = \%Z \times \frac{\text{kVA}_b}{\text{kVA}} \tag{4.92}$$

로 된다.

지금 5,000[kVA]의 변압기가 8[%]라는 임피던스를 가지고 있다고 할 때 기준 용량으로서 10,000[kVA]를 채택하였을 경우에는 이 새로운 기준 용량 하에서의 $\%Z$는 다음과 같이 계산된다.

$$\%Z = 8 \times \frac{10,000}{5,000} = 16[\%]$$

이와 같이 해서 계통 전체의 $\%Z$를 집계하기 위해서는 일반적으로 계통 내 각 부분의 $\%Z$를 미리 정한 기준 용량 하에서 환산한 다음 차례로 이것을 합계해 나가도록 한다.

보통 송전 선로의 전압이 154[kV] 이하의 계통에서는 이 기준 용량으로서 10,000[kVA]를 채용하고 200[kV] 이상의 초고압 계통에서는 100,000[kVA]을 기준 용량으로 잡아서 기기라든지 선로의 $\%Z$를 선로도에 그려 넣고 있다. 이와 같은 선로도를 보통 **임피던스도**라고 부른다. 그림 4.36에 실계통에서의 임피던스도의 일례를 보인다.

이 임피던스도가 있으면 이것으로부터 쉽게 계통의 접속 관계(계통 구성)를 알 수 있고, 또 여기에 실린 각 부분의 임피던스값은 모두 일정한 기준 용량 하에서 환산된 것이기 때문에(보통은 $\%Z$ 대신에 그 값을 $\times \frac{1}{100}$배로 단위화한 PU Z값으로 나타내고 있다.) 이것을 사용해서 직접 계통의 임의의 점에서 본 임피던스의 집계를 쉽게 할 수 있다.

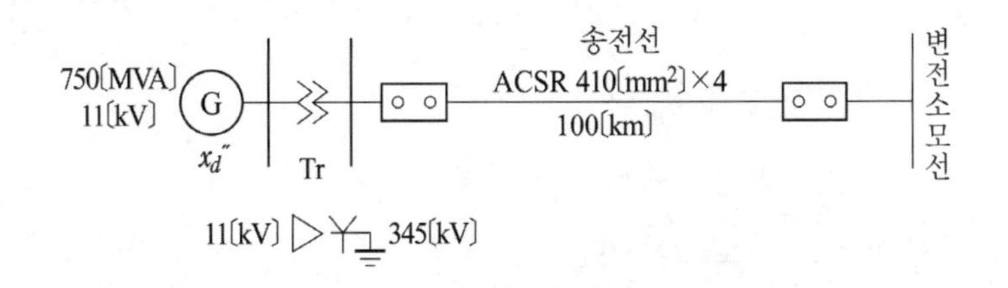

(a) 간단한 전력 계통의 예

$x_d''=j0.403$ $x_t=j0.227$ $x_L=j0.452$
G
$y_{L/2}=j0.0098$ $y_{L/2}=j0.0098$
100〔MVA〕, 345〔kV〕 기준

(b) 계통 (a)의 임피던스도

그림 4.36 간단한 모델 계통과 임피던스도

예제 4.11 그림 4.37에 나타낸 바와 같은 345[kV]의 초고압 송전선이 있다. 발전기로부터 선로의 1점 P까지의 전$\%Z$를 구하여라.

단, $P_g = 360,000$[kVA], $\% X_g = 95$[%],

$P_t = 400,000$[kVA], $\% X_t = 15$ [%]

$\%R = 2$[%] (400,000[kVA] 기준)

$\%X = 20$[%] (400,000[kVA] 기준)

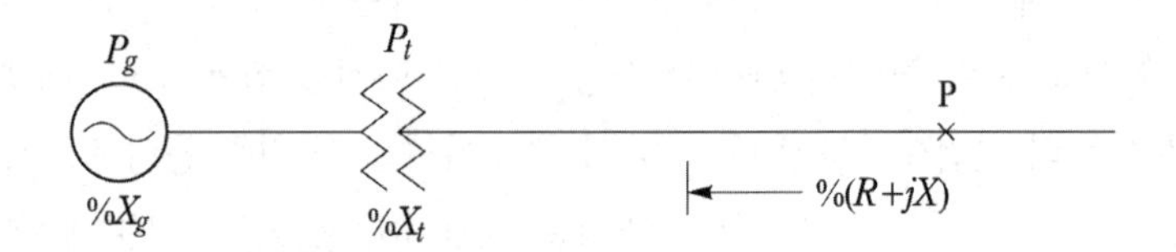

그림 4.37

지금 기준 용량으로서 100,000[kVA]를 잡으면 각 부분의 $\%Z$는 다음과 같이 된다.

$$\%X_{gb} = 95 \times \frac{100,000}{360,000} = 26.4[\%]$$

$$\%X_{tb} = 15 \times \frac{100,000}{400,000} = 3.75[\%]$$

$$(R + jX)_b = (2 + j20) \times \frac{100,000}{400,000} = 0.5 + j5.0[\%]$$

그러므로, 이때의 합성 $\%Z$는

$$\%Z = 0.5 + j5.0 + j3.75 + j26.4 = 0.5 + j35.15[\%]$$

만일 이것을 ΩZ로 고치려면

$$Z = \frac{(0.5 + j35.15) \times 10 \times 345^2}{100,000}$$
$$= 5.95 + j418.65\,[\Omega]$$

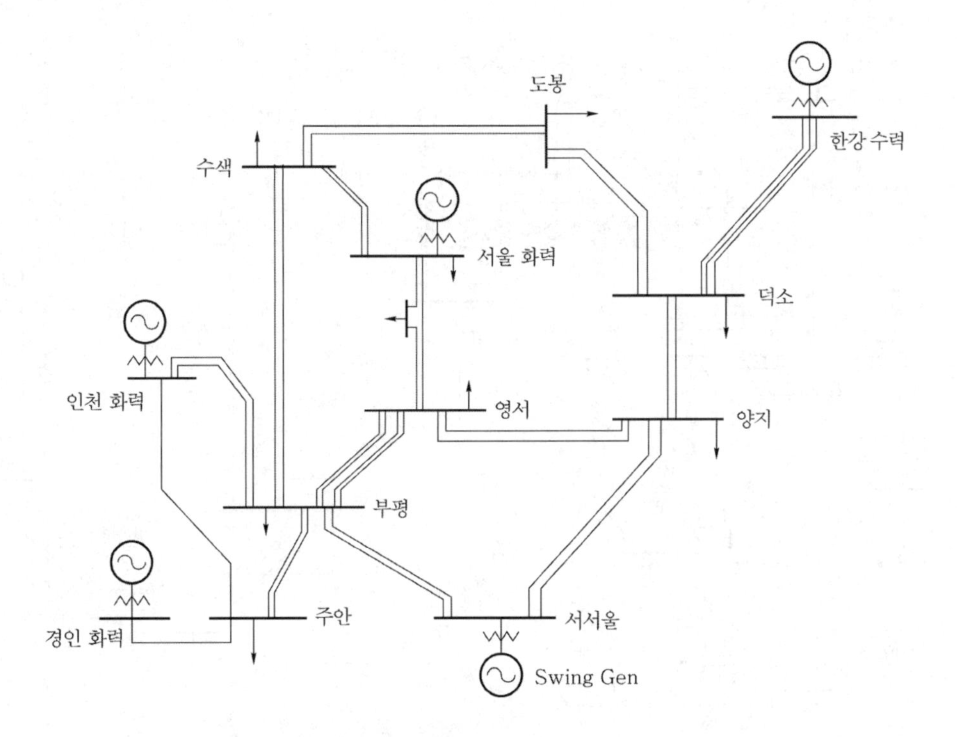

그림 4.38 실계통의 일례

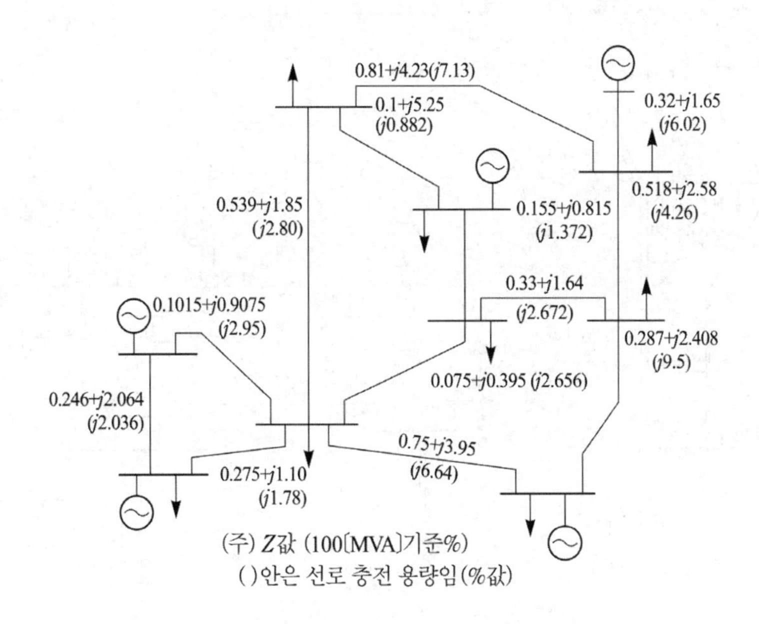

그림 4.39 임피던스도

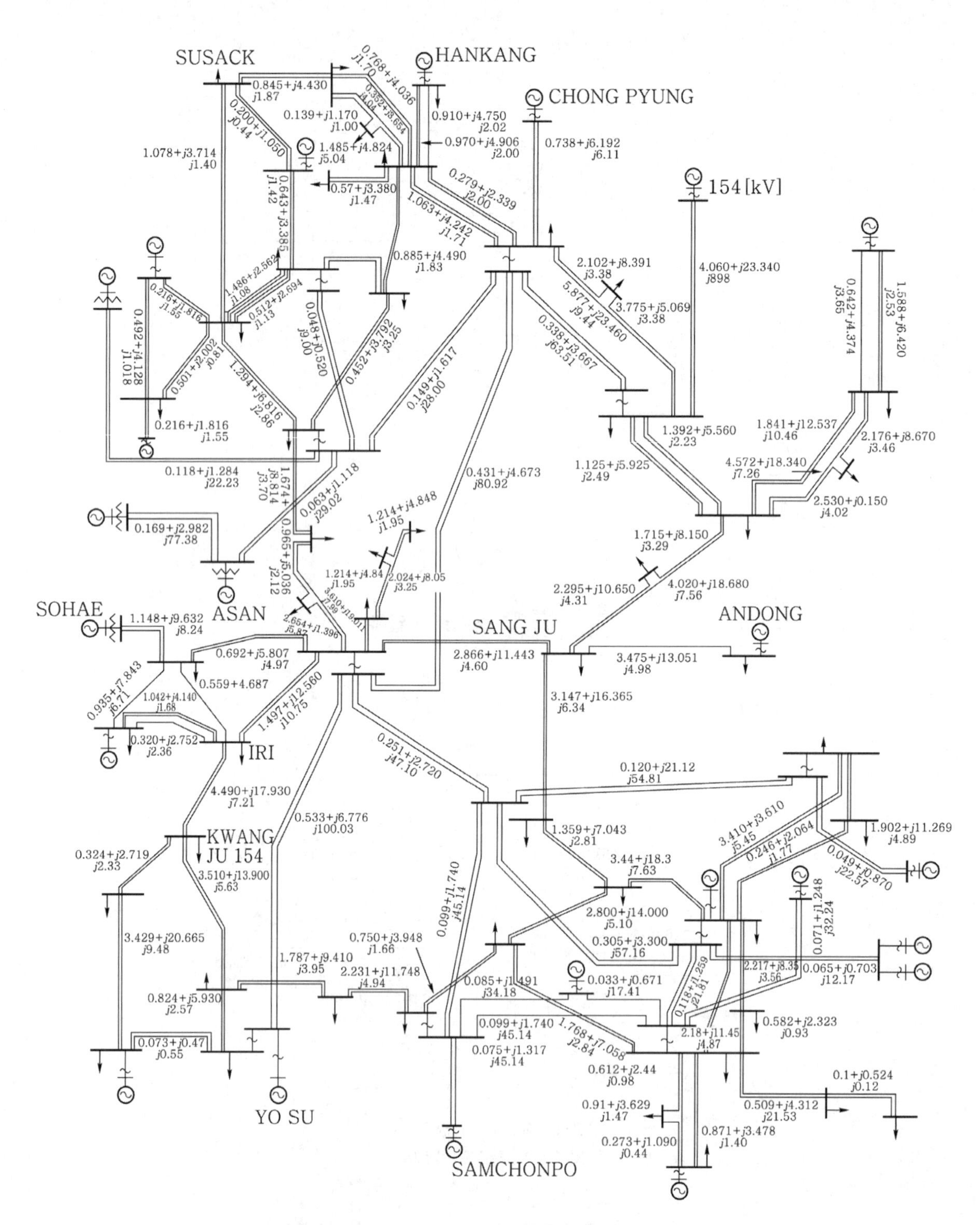

그림 4.40 임피던스도(1997년말 현재의 계통도임)

예제 **4.12** 그림 4.41과 같은 154[kV] 계통이 있다. 각 기기 및 선로의 용량[kVA]별 %임피던스 값은 그림에 기입한 값과 같다고 할 때 10,000[kVA] 기준으로 환산한 P점에서 본 합성 임피던스를 구하여라.

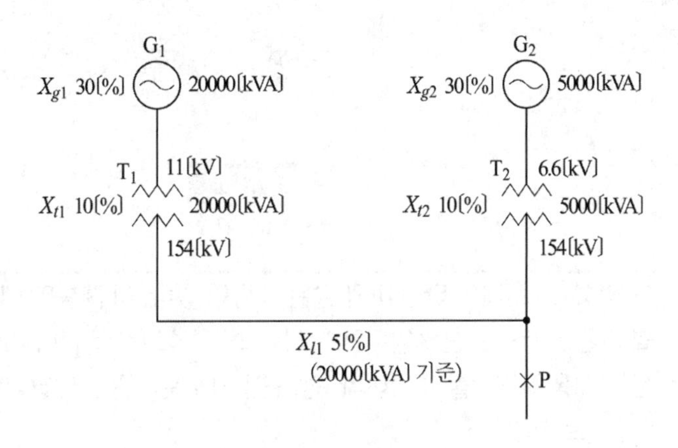

그림 4.41

그림에서 각 기기 및 선로의 $\%Z$가 자기 용량[kVA] 기준으로 주어져 있으므로 먼저 이를 10,000[kVA] 기준으로 환산하면

$$\%X_{g1b} = 30 \times \frac{10,000}{20,000} = 15[\%]$$

$$\%X_{t1b} = 10 \times \frac{10,000}{20,000} = 5[\%]$$

$$\%X_{g2b} = 30 \times \frac{10,000}{5,000} = 60[\%]$$

$$\%X_{t2b} = 10 \times \frac{10,000}{5000} = 20[\%]$$

$$\%X_{l1b} = 5 \times \frac{10,000}{20,000} = 2.5[\%]$$

이들로부터 10,000[kVA]를 기준으로 한 임피던스도는 그림 4.42처럼 된다. 따라서 P점에서 본 $\%Z$는

$$\%Z = \frac{(15+5+2.5) \cdot (60+20)}{(15+5+2.5)+(60+20)} = 17.6[\%]$$

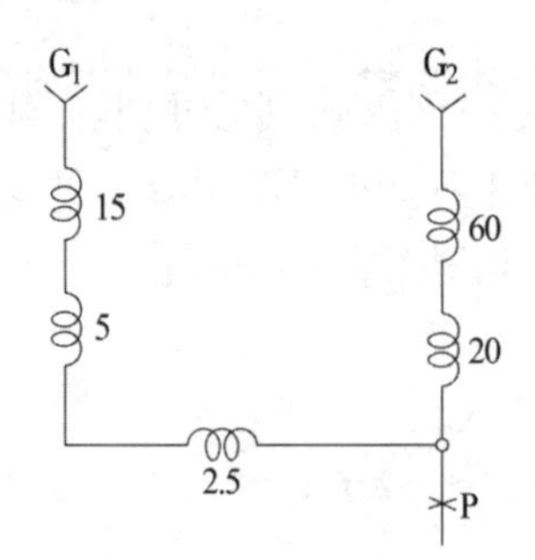

그림 4.42

예제 4.13 그림 4.43 (a)에 나타낸 바와 같은 계통이 있다. 이 계통에 대해서 100,000[kVA]를 기준 용량으로 한 %임피던스도는 그림 4.43 (b)와 같다고 한다. 선로의 P점에서 본 전계통의 $\%Z$를 구하여라. 단, 변압기 T는 3권선 변압기로서 100,000[kVA] 기준으로 했을 때

$$x_6 = X_{ps} = X_p + X_s = 4.0\,[\%]$$
$$x_7 = X_{st} = X_s + X_t = 1.56\,[\%]$$
$$x_8 = X_{pt} = X_p + X_t = 6.0\,[\%]$$

라고 한다.

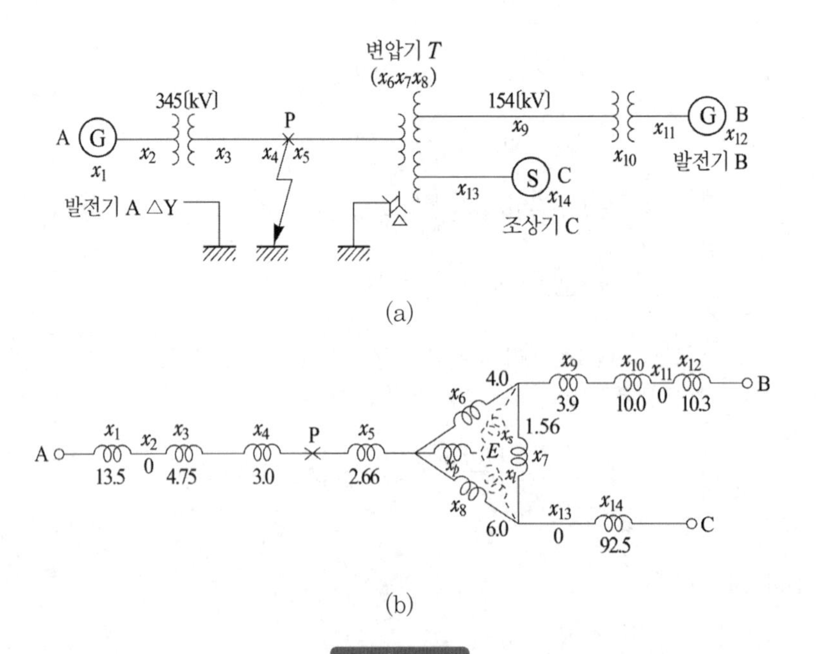

그림 4.43

풀이 먼저 △로 결선된 3권선 변압기 T의 % 리액턴스를 다음 식에 의해 Y로 환산한다.

$$X_p = \frac{X_{ps} + X_{pt} - X_{st}}{2} = \frac{4+6-1.56}{2} = 4.22\,[\%]$$

$$X_s = \frac{X_{ps} + X_{st} - X_{pt}}{2} = \frac{4+1.56-6}{2} = -0.22\,[\%]$$

$$X_t = \frac{X_{st} + X_{pt} - X_{ps}}{2} = \frac{1.56+6-4}{2} = 1.78\,[\%]$$

(이들의 값을 그림의 (b)에 점선으로 삽입하였다.)
P점에서 발전기 A측을 본 $\%X_A$는

$$\begin{aligned}\%X_A &= x_1 + x_2 + x_3 + x_4 \\ &= 13.5 + 0 + 4.75 + 3.0 = 21.25[\%]\end{aligned}$$

변압기 T의 가상 중성점 E로부터 발전기 B측을 본 $\%X_{EB}$는

$$\begin{aligned}\%X_{EB} &= x_s + x_9 + x_{10} + x_{11} + x_{12} \\ &= -0.22 + 3.9 + 10 + 0 + 10.3 = 23.98[\%]\end{aligned}$$

E점으로부터 조상기 C측을 본 $\%X_{EC}$는

$$\%X_{EC} = x_t + x_{13} + x_{14} = 1.78 + 0 + 92.5 = 94.28\,[\%]$$

EB간과 EC간을 병렬 합성하면

$$\frac{23.98 \times 94.28}{23.98 + 94.28} = 19.1\,[\%]$$

따라서, P점으로부터 우측을 본 $\%X_B$는

$$19.1 + x_5 + x_p = 25.98\,[\%]$$

그러므로, P점으로부터 본 전계통의 $\%Z$는

$$\%Z = \frac{21.25 \times 25.98}{21.25 + 25.98} = 11.68\,[\%]$$

만일 이 값을 옴값으로 환산하려면 식 (4.90)으로부터

$$Z[\Omega] = \frac{11.68 \times 10 \times 345^2}{100{,}000} = 139.2\,[\Omega]$$

으로 쉽게 계산할 수 있다.

4.8 코로나

4.8.1 초고압 송전과 코로나

오늘날 송전 용량이 늘어남에 따라 송전 전압은 계속 높아져가고 있다.

초고압 계통에서의 송전 전압 선정은 그 나라에서의 계통 사정에 따라 각각 다르겠지만 현재 대략적인 추세를 본다면 아래와 같은 두 가지 계열로 나가고 있는 것 같다.

(1) 유럽계의 단계

$$230 \rightarrow 280\ (275) \rightarrow 400(380) \rightarrow 765\ (690)[\mathrm{kV}]$$

송전 전력의 증가는 복도체를 사용할 때 상기의 1단계 올라설 때마다 약 4배 정도로 된다.

(2) 미국계의 단계

$$230 \rightarrow 345 \rightarrow 500 \rightarrow 700\ (735)[\mathrm{kV}] \rightarrow 1,200[\mathrm{kV}]$$

역시 여기에서의 송전 전력의 증가도 1단계 올라갈 때마다 약 4~5.5배로 된다. 우리 나라에 있어서도 그동안 전력 수요의 급격한 증가에 대응해서 지난 1970년대 중반부터 주간선 계통의 송전 전압을 154[kV]에서 345[kV]로 승압하여 전력 계통의 확충에 주력하여 왔으며, 2000년부터는 다시 이것을 765[kV]급의 초고압 계통으로 승압, 운전할 계획으로 현재 영동지역과 서해안 지역에서 765[kV] 송전 선로의 건설을 서두르고 있다.

송전 선로에서는 송전 전압을 높이기만 하면 전선을 굵게 하지 않더라도 그만큼 많은 전력을 전송할 수 있다. 그러나, 한편 송전 전압이 높아질 경우에 생기게 되는 문제점으로서는

① 전선 주위의 전위 경도가 커지기 때문에 코로나손, 코로나 잡음을 발생하기 쉽다.
② 변압기, 차단기, 단로기 등의 절연 레벨이 높아지기 때문에 기기가 비싸진다.
③ 철탑, 애자 등의 절연 레벨도 높아지므로 선로 건설비가 많이 든다.
④ 태풍, 뇌해 및 염해 등의 대책이 요구된다.

여기서는 이중에서도 ①항의 코로나에 대해서 살펴보기로 한다.

공기는 보통 절연물이라고 취급하고 있지만 실제에는 그 절연 내력에 한도가 있다. 즉, 기온, 기압의 표준 상태(20[℃], 760[mmHg])에 있어서는 직류에서 약 30[kV/cm], 교류(실효값)에서는 그 $1/\sqrt{2}$ 인 약 21[kV/cm]의 전위 경도를 가하면 절연이 파괴되는데 이것을 **파열 극한 전위 경도** g_0 라고 말하고 있다.

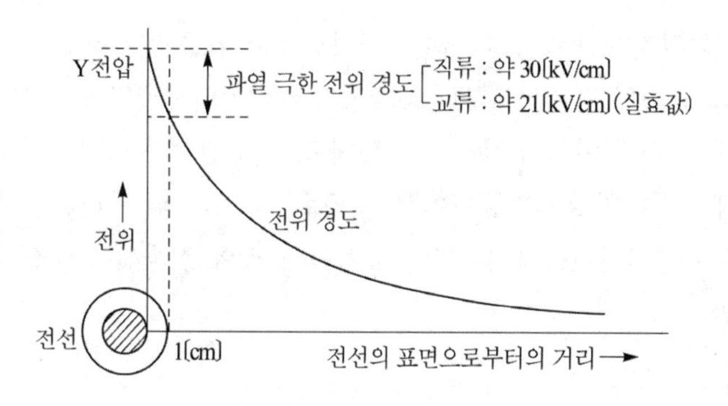

그림 4.44 전위 경도

가령 평면 전극간에 전압을 인가할 경우에는 평면 전극이기 때문에 양극간의 전위 경도가 균일하므로 인가 전압이 상기의 한도를 초과하면 그 공간 내의 절연성이 상실되어 불꽃 방전이 발생한다. 한편 송전 선로의 전선 표면의 근방에서처럼 전극간의 일부분에서만 전위의 경도가 위의 한계값을 넘을 때에는 그 부분에서만의 공기의 절연이 파괴되어 전체로서는 섬락에까지 이르지 않는다. 이와 같이 공기의 절연성이 부분적으로 파괴되어서 낮은 소리나 엷은 빛을 내면서 방전하게 되는 현상을 **코로나**(corona) 또는 **코로나 방전**이라고 한다.

즉, 코로나는 불꽃 방전의 일보직전의 국부적인 방전 현상이다. 변전소에서나 고압 송전선 아래에 서서 귀를 기울이고 서 있으면 코로나 방전의 소리를 들을 수 있다. 특히 안개가 많이 낀 날이면 이 코로나 방전이 심해져서 야간이면 전선이 청백색으로 빛나는 것을 목격할 수 있다. 송전 선로에 이와 같은 코로나가 발생하면 코로나 손실, 즉 전력 손실이 생기고 전파 장애 등의 코로나 잡음, 통신선에의 유도 장해 등을 발생하게 되므로 코로나의 발생은 될 수 있는 대로 일어나지 않도록 억제하여야 한다.

지금 그림 4.45처럼 바깥반지름 R[m]와 안반지름 r [m]의 두 개의 동심 금속 원통을 양전

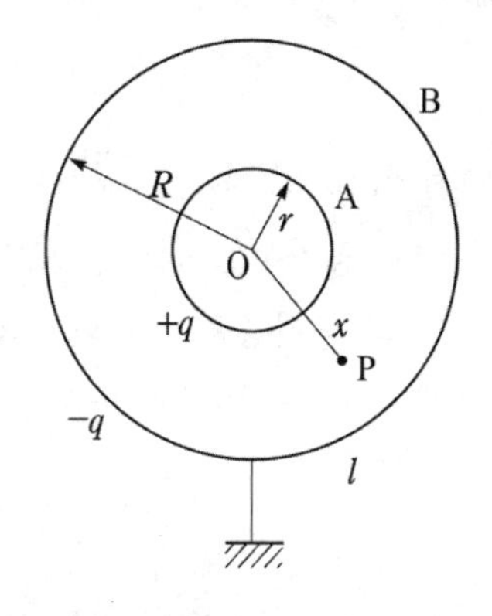

그림 4.45 동심 원통 전극

극 A, B로 하고 B를 접지해서 A, B의 사이에 V[V]의 전압을 인가하면 그 사이에 생기는 정전 전계는 정극성의 안쪽의 원통 A로부터 부극성의 바깥쪽의 원통 B를 향해서 방사상으로 된다. 그 결과 A, B의 단위 길이마다 각각 균등하게 정부의 전하가 나타나게 된다. 이것을 $+q$ [C/m], $-q$[C/m]라고 하면 AB의 공간에서 축 O로부터 임의의 거리 x[m]인 1점 P의 전계의 세기 F는 원통의 단위길이마다의 전하 $+q$가 축 O상에 집중한다고 생각해서 MKS 유리 단위계로 나타내면

$$F = \frac{2q}{x} \times 9 \times 10^9 [\text{V/m}] \tag{4.93}$$

로 된다. 따라서, A, B간의 전위차 V는

$$V = \int_r^R \frac{2q}{x} \times 9 \times 10^9 dx = 2q \times 9 \times 10^9 \times \log_e \frac{R}{r} [\text{V}] \tag{4.94}$$

$$\therefore\ q = \frac{V}{2\log_e \frac{R}{r} \times 9 \times 10^9} [\text{C/m}] \tag{4.95}$$

P점의 반지름 방향의 전위 경도는 식 (4.95)를 식 (4.93)에 대입해서

$$g = F = \frac{V}{x \log_e \frac{R}{r}} [\text{V/m}] \tag{4.96}$$

로 된다. 따라서, 최대의 전위 경도 $g_{\max}$는 위 식에서 x의 최소점, 즉 $x = r$(안쪽 전극의 표면)에서 발생하고 그 값은 다음과 같이 된다.

$$g_{\max} = \frac{V}{r \log_e \frac{R}{r}} [\text{V/m}] \tag{4.97}$$

여기서 전압[V]의 값을 점점 높여서 식 (4.97)의 $g_{\max}$가 30[kV/cm]을 넘게 되면 안쪽 전극의 표면이 이온화해서 전리가 시작된다. 공기는 전리되면 도전성을 띠게 되어 마치 안쪽 전극의 반지름이 커진 것처럼 작용해서 전리 공기층의 표면에서의 전위의 기울기가 파열 극한값을 넘을 때까지 전리층의 두께가 증가하고 드디어는 불꽃 방전을 발생하기에 이른다.

4.8.2 코로나 발생의 임계 전압

반지름이 r[m]인 전선의 표면에 q[C/m]인 전하가 실렸을 때 그 전선 표면의 전위 경도는 식 (4.93)에서 $x=r$라고 하면

$$g=\frac{2q}{r}\times 9\times 10^9 [\text{V/m}] \tag{4.98}$$

로 되고, 이 값이 코로나의 파열 극한값 g_0를 넘으면 코로나가 발생한다.

그러나, 실제의 송전선은 전선이 평행하고 있고, 또 그 반지름 r는 선간의 절연 거리 D에 비해서 훨씬 작기 때문에 앞서 그림 4.45에 보인 동심 2원통 전극의 바깥지름이 아주 큰 경우에 해당한다. 여기서 전선의 중성점에 대한 정전 용량, 즉 작용 용량을 단위 길이당 C_n[F/m]라고 나타내면 전하 q는 C_nE[C/m]로 표시되므로 이것을 식 (4.98)에 대입하면 실효값으로 나타낸 전선 표면의 전위 경도 g[V/m]는

$$g=\frac{2q}{r}\times 9\times 10^9=\frac{2C_nE}{r}\times 9\times 10^9 [\text{V/m}] \tag{4.99}$$

여기서, D는 송전선 3가닥의 등가 선간 거리로 된다.

여기에 C_n로서는 식 (4.61)의 값을 대입하고 또 여기서 식 (4.99)의 E[V], r[m], D[m], g[V/m]를 각각 E[kV], r[cm], D[cm], g[kV/cm]의 단위로 바꾸어 주면 전위의 기울기 g는 다음과 같이 된다.

$$g=\frac{E}{r}\times\frac{0.4343}{\log_{10}\dfrac{D}{r}} [\text{kV/cm}] \tag{4.100}$$

중성점에 대한 **코로나의 임계 전압 E_0[kV]**는 위 식의 g를 $g_0=21.1$[kV/cm]로 두어서 정리하면

$$21.1=\frac{0.4343}{r\log_{10}\dfrac{D}{r}}E_0 \tag{4.101}$$

$$\therefore\ E_0=24.3\times 2r\times\log_{10}\frac{D}{r}=24.3\,d\log_{10}\frac{D}{r} [\text{kV}] \tag{4.102}$$

여기서, $d=2r$: 전선의 지름[cm]

위 식에서 알 수 있듯이 전선의 굵기가 커지면 코로나의 임계 전압이 높아져서 코로나의 발생은 억제된다. 반대로 전선이 가늘어지면 코로나의 임계 전압이 내려가서 코로나가 일어나기 쉬워진다. 실제로는 위 식 대신에 전선의 표면의 상태라든지 일기 등에 관계하는 여러 가지 계수를 고려해서 E_0는 보통 다음과 같이 나타내고 있다.

$$E_0 = 24.3 m_0 m_1 \delta d \log_{10} \frac{D}{r} [\mathrm{kV}] \tag{4.103}$$

여기서, m_0 : 전선의 표면 상태에 의해서 정해지는 계수로서 표 4.5의 값을 취한다.

m_1 : 일기에 관계하는 계수로서 공기의 절연 내력의 저하도를 나타내고 맑은 날은 1.0, 우천시(비, 눈, 안개 등)는 0.8로 잡고 있다.

δ : 상대 공기 밀도로서 기온 t[℃]에서의 기압을 b[mmHg]로 하면

표 4.5 전선의 표면 계수

전선의 표면 상태	m_0
잘 다듬어진 단선	1
표면이 거친 단선	0.98~0.93
7개 연선	0.87~0.83
19~61개 연선	0.85~0.80

$$\delta = \frac{0.386b}{273 + t} \tag{4.104}$$

로 표시된다. 표준 기압 $b = 760$ [mmHg], 표준 기온 $t = 20$ [℃]의 경우 $\delta = 1$로 된다. b의 값은 토지의 높이에 따라 달라지는데 그 개략값은 표 4.6과 같다.

표 4.6 표고와 대기압과의 관계

표 고[m]	0	500	1000	1500	2000	2500	3000	3500
기압 b[mmHg]	760	711	668	627	590	555	521	489

송전 선로의 설계에서 임계 전압을 좌우하는 것은 선간 거리 D[m]와 전선의 반지름 r[m]인데, 그 중에서도 전선의 반지름이 큰 영향을 미친다. 345[kV]를 넘는 송전 선로에서 중공동선이나 ACSR선이 채택되는 것도 바로 이 때문인 것이다.

4.8.3 코로나 장해 및 방지 대책

(1) 코로나 장해

송전 선로에 코로나가 발생하면 다음과 같은 여러 가지 장해가 일어난다.

1) 코로나 손실

코로나가 발생하면 우선 코로나 손실이 발생해서 송전 효율을 저하시킨다.

송전선의 코로나에 관한 연구자로서 유명한 F. W. Peek는 3상 3선식 정3각형 배치의 송전선에서의 코로나손 계산식으로서 다음과 같은 **Peek의 실험식**을 제시하였다.

$$P = \frac{241}{\delta}(f+25)\sqrt{\frac{d}{2D}}\,(E-E_0)^2 \times 10^{-5}[\text{kW/km/line}] \tag{4.105}$$

여기서, E : 전선의 대지 전압[kV]

E_0 : 코로나 임계 전압[kV]

f : 주파수[Hz]

d : 전선의 지름[cm]

D : 선간 거리[cm]

δ : 상대 공기 밀도이다.

전선비를 절약하기 위해서 가는 전선을 사용하면 코로나가 발생해서 항상 코로나 손실을 발생한다. 그렇다고 굵은 전선을 사용하면 건설비가 비싸지므로 보통 이 양자를 고려해서 경제적인 전선의 굵기를 결정하고 있다.

2) 코로나 잡음

코로나 방전은 전선의 표면에서 전위 경도가 30[kV/cm]를 넘을 때에만 일어나는 것이므로 그림 4.46에 보인 것처럼 코로나는 교류 전압의 반파마다 간헐적으로 일어나게 된다.

이와 같이 과도적으로 발생하는 코로나 펄스는 선로에 따라서 전파되어 송전 선로 근방에 있는 라디오라든가 텔레비전의 수신 또는 송전 선로의 보호, 보수용으로 사용되고 있는 반송 계전기나 반송 통신 설비에 잡음 방해를 주게 된다.

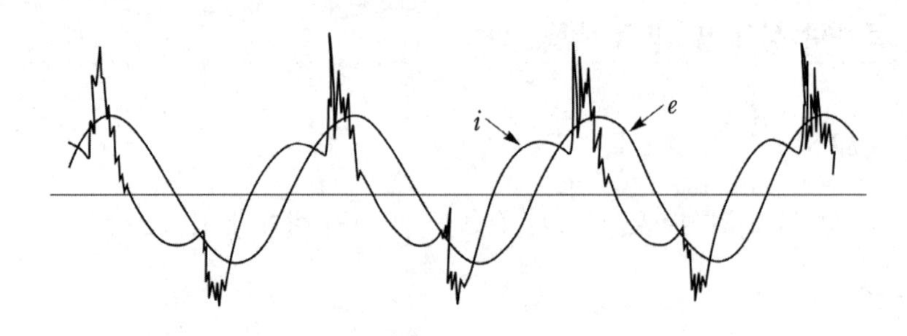

그림 4.46 코로나 방전의 일례

3) 통신선에의 유도 장해

코로나에 의한 고조파 전류 중 제3조파 성분은 중성점 전류로서 나타나고 중성점 직접 접지 방식의 송전 선로에서는 부근의 통신선에 유도 장해를 일으킬 우려가 있다.

4) 소호 리액터의 소호 능력 저하

1선 지락시에 있어서 건전상의 대지 전압 상승에 의한 코로나 발생은 고장점의 잔류 전류의 유효분을 증가해서 소호 능력을 저하시키기 때문에 소호 리액터 접지 방식에서는 이것이 문제로 된다.

5) 전선의 부식 촉진

코로나에 의한 화학 작용으로 전선 지지점 등에서 전선의 부식이 일어나게 된다.

한편 코로나는 송전 선로에서의 이상 전압 진행파를 이 코로나의 저항 작용으로 감소시킬 수 있다는 이점도 없지 않으나 코로나는 특히 1), 2)항의 나쁜 영향이 크므로 코로나의 발생은 가능한 한 피하도록 하지 않으면 안 된다.

(2) 코로나 방지 대책

코로나의 발생을 방지하기 위해서는 무엇보다도 코로나 발생의 임계 전압을 상규 전압 이상으로 높여 주도록 하면 되는 것이므로 이를 위한 방지 대책으로서는

1) 굵은 전선을 사용한다.

전선을 굵게 하면 표면의 전위의 기울기는 완만하게 되어 코로나의 임계 전압은 올라가서 공기의 절연은 튼튼하게 된다. 만일 가는 전선을 사용하면 반대로 전위의 기울기가 급해져서 주위의 공기의 절연은 약해진다.

2) 복도체를 사용한다.

복도체라는 것은 각 상의 전선을 2가닥 이상으로 나누어서 비교적 가는 전선을 사용하면서 코로나의 임계 전압을 높이고자 하는 것이다.

이 밖에도 복도체는 단선의 경우와 비교해서 선로의 작용 인덕턴스는 줄어들고 정전 용량은 증대되기 때문에 송전 전력을 증대시킬 수 있다는 장점도 지니고 있다. 현장에서의 실험에 의하면 전선을 2도체로 분할해서 25~50[cm]의 간격을 두었을 경우 임계 전압이 15~25[%] 높아졌다는 예도 있다.

3) 가선 금구를 개량한다.

등의 여러 가지 대책을 채택하고 있다.

예제 4.14 가공 송전선의 코로나 임계 전압에 영향을 미치는 여러 가지 인자에 대해서 설명하여라.

Peek의 식은 다음과 같다.

$$E_0 = 24.3 m_0' m_1 d\, \delta \log_{10}\frac{D}{r} [\text{kV}]$$

E_0가 임계 전압이며, 우변의 여러 인자에 의해서 영향을 받는다.

m_0 : 전선의 표면 상태에 관계되는 계수 ; 매끈한 단선일 때 1이고, 표면이 거친 단선, 연선 등의 순으로 1보다 작아진다. 즉, 표면의 국부 돌출부에 의해서 코로나 임계 전압은 낮아진다.

m_1 : 기후에 관계되는 계수 ; 맑은 날이면 1이고 비, 눈, 안개 등이 있는 날은 0.8로 한다. 이런 날에는 코로나가 발생하기 쉽다.

δ : 상대 공기 밀도 ; 이 값이 낮을수록 임계 전압은 낮아지며, 이 값은 760[mmHg], 20[℃]일 때 $\delta=1$로서, $\delta = \frac{b}{760} \times \frac{273+20}{273+t} = \frac{0.386 \cdot b}{273+t}$로 교정되므로($b$=기압), 기압이 낮을수록, 온도가 높을수록 임계 전압은 낮아진다.

r : 전선의 반지름[cm] ; r의 값이 클수록 임계 전압은 높아진다. 즉, 코로나 발생이 어려워진다.

$\log_{10}\frac{D}{r}$: 선간 거리 D[cm]와 전선의 반지름 r[cm]와의 관계는 그 영향이 대수적이어서 그림 4.47과 같이 변하므로, D가 일정하고 r이 변하든지, r이 일정하고 D가 변하든지 간에, 그 영향은 r 자체에 의해 직선적으로 변하는 부분보다는 작다.

이상의 결과에서 보아 코로나 임계 전압을 인위적으로 제어할 수 있는 부분은 전선의 반지름 r이며, 따라서 초고압 선로에서 굵은 전선을 사용하게 되는 이유가 바로 여기에 있다고 할 수 있다.

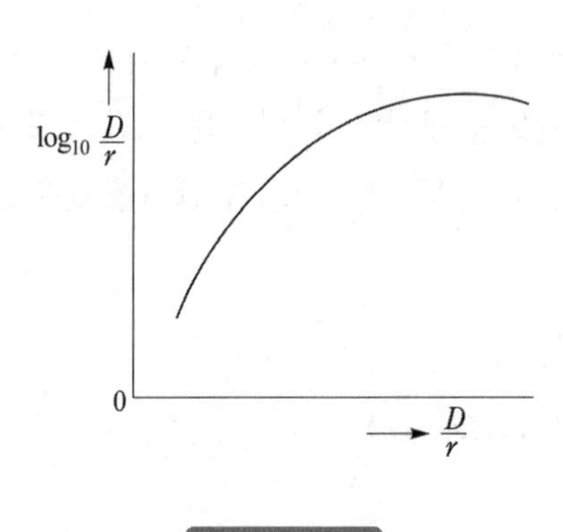

그림 4.47

예제 4.15 154[kV], 60[Hz]의 3상 송전선이 있다. 전선으로서는 37/2.6[mm], 강심 알루미늄선(지름 1.82[cm])을 쓰고 $D=430$[cm]의 정3각형 배치로 되어 있다. 기압 $b=721$[mmHg], 기온 $t=30$[℃], 우천의 경우 코로나 임계 전압 및 1[km] 당의 코로나 손실을 구하여라. 단, 전선의 표면계수 m_0는 0.83이라고 한다.

풀이 Peek의 공식을 사용한다. 동식에 있어서 계수 $m_0=0.83$, $m_1=0.8$, 그리고 상대 공기 밀도 δ는

$$\delta=\frac{0.386\times 721}{273+30}=0.919$$

따라서, 코로나 임계 전압은 다음과 같이 된다.

$$E_0=24.3\times 0.83\times 0.8\times 0.919\times 1.82\log_{10}\frac{2\times 430}{1.82}$$
$$=72.175[\mathrm{kV}]$$

이것을 선간 전압으로 환산하면

$$V_0=\sqrt{3}\,E_0=125[\mathrm{kV}]$$

다음 코로나 손실은 Peek의 실험식으로부터

$$P_c = \frac{241}{0.919}(60+25)\sqrt{\frac{1.82}{2\times 430}}\left(\frac{154}{\sqrt{3}}-72.125\right)^2\times 10^{-5}$$
$$= 2.874[\text{kW/km/line}]$$

그러므로, 3선에서는

$$P = 2.874\times 3 \fallingdotseq 8.62[\text{kW/km}]$$

154[kV], 60[Hz]의 3상 송전 선로에서 경동 연선 19/3.2[mm]이 4[m]의 간격으로 정3각형 배치되어 있다. 기압 720[mmHg], 기온 30[℃]의 맑은 날 이론적인 코로나 임계 전압과 코로나 손실을 구하라.

풀이 상대 공기 밀도 δ는 식 (4.104)에 의해

$$\delta = \frac{0.386\times 720}{273+30} = 0.917$$

19가닥 연선이므로 전선의 표면 계수는 표 4.5에서 m_0는 0.85, 맑은날이므로 m_1은 1, 전선의 외경 $d = 0.32\times 5 = 1.6[\text{cm}]$가 된다.
따라서 코로나 임계 전압은 식 (4.102)에 의해

$$E_0 = 24.3\times 0.85\times 1\times 0.917\times 1.6\times log_{10}\frac{2\times 400}{1.6}$$
$$= 81.8[\text{kV}]$$

즉, 선간 전압 $V_0 = \sqrt{3}\times 81.8 = 141.7[\text{kV}]$에서 코로나가 발생하기 시작한다.
또한 코로나 손실은 식 (4.105)에 의해

$$p = \frac{241}{0.917}(60+25)\sqrt{\frac{1.6}{2\times 400}}\left(\frac{154}{\sqrt{3}}-81.8\right)^2\times 10^{-5}$$
$$= 0.5058[\text{kW/km/선}]$$

이므로, 전선 3가닥에서는 1[km]당 $3\times 0.5058 = 1.52[\text{kW}]$의 코로나 손실이 발생한다.

연 습 문 제

1. 선로의 작용 인덕턴스란 어떤 것인지 간단히 설명하여라.

2. 선로의 작용 용량이란 무엇인가? 또, 이것은 회선수와 어떤 관계가 있는가?

3. 최근 고압 송전 선로에서는 복도체를 많이 쓰고 있다. 복도체가 단도체에 비해 선로 정수면에서 어떤 특징이 있는지 그 차이점을 설명하여라.

4. 3상 1회선 전송 선로에서 7/3.7[mm]인 경동 연선을 선간 거리 2.14[m]로 정3각형으로 배치하였을 경우와, 지상에서 6.5[m] 높이에 수평으로 일직선 배치하였을 경우의 도체당 작용 인덕턴스를 구하여라. 단, 선로는 완전 연가되어 있다고 한다.

5. 430[mm^2]의 ACSR(반지름 $r = 14.6$[mm])이 그림 E 4.5와 같이 배치되어 완전 연가된 345[kV] 선로가 있다. 이 선로의 인덕턴스 L, 작용 용량 C_n 및 대지 용량 C_s를 구하여라.

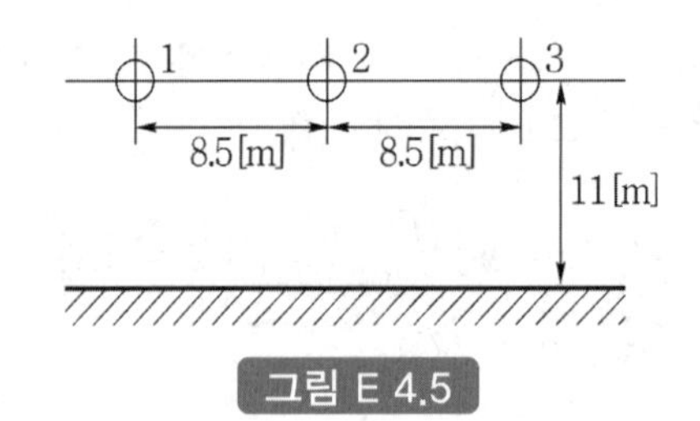

그림 E 4.5

6. 3상 1회선의 송전 선로가 있다. 지금 그 중 2선을 일괄해서 대지를 귀로로 하는 인덕턴스를 측정하였더니 1.78[mH/km], 다음에 3선을 일괄해서 대지를 귀로로 하는 인덕턴스를 측정하였더니 1.57[mH/km]였다. 이 실측값으로부터 송전 선로의 대지를 귀로로 하는 1선 1[km]당의 자기 인덕턴스, 상호 인덕턴스 및 작용 인덕턴스를 구하여라.

7. 아래의 3상 1회선 송전 선로의 작용 임피던스, $\dot{Z} = r + j\omega L[\Omega/\text{km}]$를 구하여라. 단, 주파수는 60[Hz], 저항은 20[℃]라고 한다.

(1) 154[kV] 선로 410[mm^2] ACSR, 알루미늄(26/4.5[mm]), 강선(7/3.5[mm])

(2) 154[kV] 선로 200[mm^2] 19/3.7[mm] (HDCC) $D=5$[m]

(3) 66[kV] 선로 100[mm^2] 7/4.3[mm] (HDCC) $D=3$[m]

(4) 66[kV] 선로 55[mm^2] 7/3.2[mm] (HDCC) $D=3$[m]

8. 소도체 두 개로 된 복도체 방식의 3상 3선식 송전 선로가 있다. 소도체의 지름 2[cm], 소도체 간격 16[cm], 등가 선간 거리 200[cm]일 경우 1상당의 작용 정전 용량[μF/km]은 얼마인가?

9. 3상 3선식 3각형 배치의 송전 선로가 있다. 선로가 연가되어 각 선간의 정전 용량은 0.009[μF/km], 각 선의 대지 정전 용량은 0.003[μF/km]라고 하면 1선의 작용 정전 용량[μF/km]은?

10. 어느 발전소의 발전기는 전압이 13.2[kV], 용량이 93,000[kVA]이고 동기 임피던스 Z_s는 95[%]라고 한다. 이 발전기의 Z_s는 몇 [Ω]에 해당하는가?

11. 단상 변압기의 용량 20,000[kVA] 9대, 전압 11/154[kV], △-Y 결선, 저항 0.6[%], 리액턴스 12[%]의 3뱅크의 설비가 있다. 고압측에서 본 전 뱅크의 임피던스[Ω]을 구하여라.

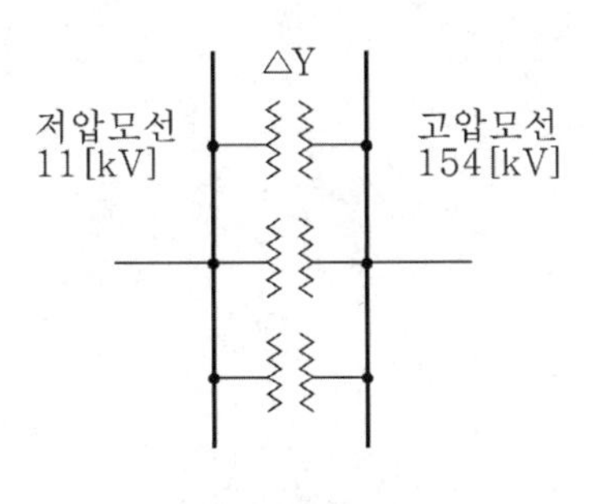

그림 E 4.11

12. 다음 경우의 임피던스를 %임피던스로 나타내어라.

(1) 선간 전압이 154[kV], 전 부하 전류 100[A]의 기기가 있다. 1상당의 임피던스는 $j8$ [Ω]이다.

(2) 어느 기기의 3상 단락 전류를 측정하였더니 그 값은 전 부하 전류의 3.5배였다.

(3) (1)의 경우를 기준 용량 100[MVA]로 환산하여라.

13. 정격 전압 154/66/6.6[kV], 정격 용량 100/100/30[MVA]의 3권선 변압기가 있다. 지금 이 변압기의 리액턴스가 표 E4.13처럼 기재되어 있을 경우 이 변압기의 PU임피던스도(100[MVA] 기준)를 그려라.

표 E 4.13

	용 량	%Z
1~2차간	100	11
2~3차간	30	4
3~1차간	30	10

14. 154[kV] 60사이클의 3상 송전선이 있다. 전선은 $D = 430$[cm]의 정3각형 배치이다. 기압 $b = 710$[mmHg], 기온 $t = 30$[℃], 맑은 날일 경우 코로나가 발생하지 않게 하려고 한다. 사용 전선의 최소 바깥지름을 구하여라. 단, 전선은 연선이라 하고 전선의 표면계수 $m_0 = 0.83$으로 가정한다.

15. 반지름이 1.0[cm]이고, 선간 거리가 $D = 380$[cm]인 154[kV] 3상 1회선 선로가 운전 중에 있다. 온도는 16[℃], $b = 740$[mmHg], $m_0 = 0.8$, $m_1 = 0.9$라고 할 경우 이 송전 선로에서의 코로나 발생 유무를 검토하여라.

Transmission Distribution Engineering

05장 송전 특성

5.1 개 요

송전 선로는 송전단에서 수전단에 이르기까지 경우에 따라서는 수십 [km]에서 수백 [km]에 이르는 구간에 걸쳐 연결되고 있다. 한편 송전 선로는 각 전선마다 선로 정수, 곧 저항 R, 인덕턴스 L, 누설 콘덕턴스 g 및 정전 용량 C가 선로에 따라서 균일하게 분포되어 있는 3상 교류 회로이다.

따라서 이것을 정확하게 취급하려면 **분포 정수 회로**로서 다루어야 하겠지만 송전 선로의 길이가 짧을 경우에는 굳이 분포 정수 회로로서 복잡하게 다루지 않고 선로 정수가 한 군데 내지 몇 군데에 집중하고 있다고 보는 이른바 **집중 정수 회로**로서 취급하여도 별지장이 없다.

이것은 곧 송전 특성은 송전 선로의 길이에 따라 그 취급을 달리해도 된다는 것인데 일반적으로는 아래와 같이 수 [km] 정도의 단거리, 수십 [km] 정도의 중거리, 그리고 100 [km] 이상의 장거리로 대략 3 가지로 나누고 각각에 알맞은 등가 회로를 사용해서 다음과 같이 전기적 특성을 해석하고 있다.

① 단거리 송전 선로의 경우에는 저항과 인덕턴스만의 직렬 회로로 나타내고 누설 콘덕턴스 및 정전 용량은 무시한다.

② 중거리 송전 선로에서는 누설 콘덕턴스는 무시하고 선로는 직렬 임피던스와 병렬 어드미턴스(정전 용량)로 구성되고 있는 T형 회로 또는 π형 회로의 두 종류의 등가 회로를 생각한다. 이상은 어느 것이나 집중 정수 회로로서 취급한다.

③ 장거리 송전 선로에서는 선로의 길이가 길어지므로 누설 콘덕턴스까지 포함시킨 분포 정수 회로로써 취급하지 않으면 안 된다.

5.2 집중 정수 회로

5.2.1 단거리 송전 선로

단거리 송전 선로에서는 선로 정수로서 저항과 인덕턴스만을 생각하면 되므로 단상의 등가 회로는 그림 5.1처럼 단일(집중) 임피던스 회로가 된다.

그림에서 $\dot{E}_s$ 와 $\dot{E}_r$ 는 각각 송전단과 수전단의 중성점에 대한 대지 전압이다. 지금 $\dot{E}_r$ 를 기준 벡터로 잡아 주면 그림 5.2 (b)의 벡터도로부터 송전단 전압은 다음 식으로 구해진다.

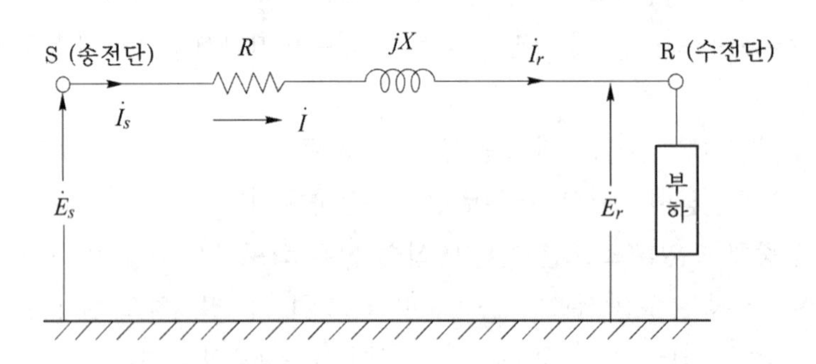

그림 5.1 단거리 송전 선로의 등가 회로

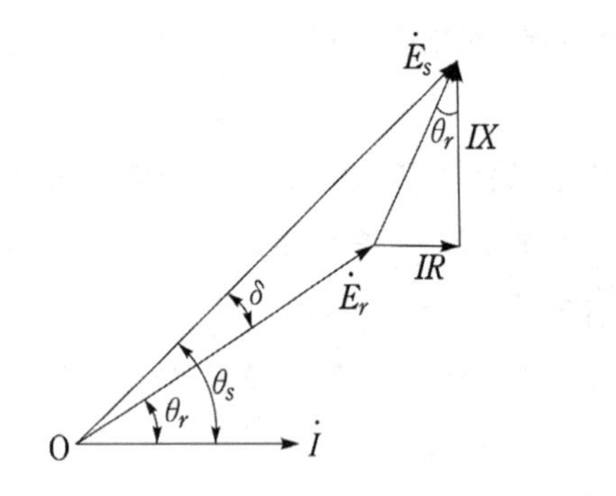

(a) $\dot{I}$ 를 기준 벡터로 취한 경우

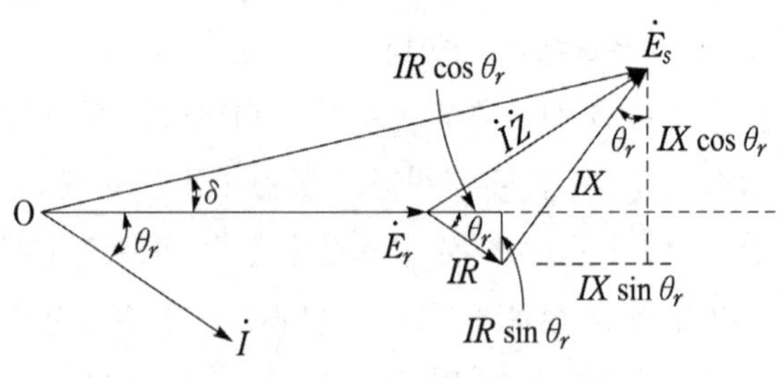

(b) $\dot{E}_r$ 를 기준 벡터로 취한 경우

그림 5.2 단거리 송전 선로의 벡터도

$$\dot{E}_s = \dot{E}_r + \dot{I}\dot{Z} = E_r + I(\cos\theta_r - j\sin\theta_r)(R + jX)$$
$$= (\dot{E}_r + IR\cos\theta_r + IX\sin\theta_r) + j(IX\cos\theta_r - IR\sin\theta_r) \tag{5.1}$$
$$E_s = \sqrt{(E_r + IR\cos\theta_r + IX\sin\theta_r)^2 + (IX\cos\theta_r - IR\sin\theta_r)^2} \tag{5.2}$$

한편, $\sqrt{\ }$ 내의 제2항은 제1항에 비해 훨씬 작기 때문에 이 항을 무시하면

$$E_s \fallingdotseq E_r + I(R\cos\theta_r + X\sin\theta_r) \tag{5.3}$$

로 된다.

따라서 선로 임피던스에 의한 전압 강하는 다음과 같이 된다.

$$\text{전압 강하} = E_s - E_r = I(R\cos\theta_r + X\sin\theta_r) \tag{5.4}$$

일반적으로는 송전단 전압의 크기 E_s 와 수전단 전압의 크기 E_r 의 관계를 나타내는데 아래와 같은 **전압 강하율**(ε)을 많이 쓰고 있다.

$$\text{전압 강하율 } \varepsilon = \frac{E_s - E_r}{E_r} \times 100\,[\%]$$
$$= \frac{I(R\cos\theta_r + X\sin\theta_r)}{E_r} \times 100\,[\%] \tag{5.5}$$

단거리 송전선이나 배전선에서의 전압 강하는 식 (5.4)를 쓰면 된다.

여기서 E_s, E_r 는 각각 송・수전단의 대지 전압(상전압)이다. 따라서 만일 선간 전압 (V_s, V_r)으로 식을 세우고 싶으면 식 (5.4)의 양변을 $\sqrt{3}$ 배해 주면 된다. 즉,

$$V_s = V_r + \sqrt{3}\, I(R\cos\theta_r + X\sin\theta_r) \tag{5.6}$$

이다.

또, 이때의 수전단 전력 (3상) P_r, 송전단 전력 (3상) P_s 는 각각

$$P_r = \sqrt{3}\, V_r I\cos\theta_r \tag{5.7}$$
$$P_s = \sqrt{3}\, V_r I\cos\theta_r + 3I^2R \tag{5.8}$$

로 된다.

예제 5.1 수전단 전압 60[kV], 전류 200[A], 선로의 저항 및 리액턴스가 각각 7.61[Ω], 11.85[Ω]일 때 송전단전압과 전압 강하율을 구하여라. 단, 수전단 역률은 0.8(지상)이라고 한다.

풀이 송전단의 상전압은 식 (5.3)에서

$$E_s = \frac{60,000}{\sqrt{3}} + 200(7.61 \times 0.8 + 11.85 \times 0.6) = 37,280[\mathrm{V}]$$

$$\therefore\ V_s = \sqrt{3}\,E_s = 64,570[\mathrm{V}]$$

전압 강하율은 식 (5.5)로부터

$$\varepsilon = \frac{64,570 - 60,000}{60,000} \times 100 = 7.62[\%]$$

5.2.2 중거리 송전 선로

길이가 수십[km] 정도인 중거리 선로에서는 정전 용량의 영향은 무시할 수 없으므로 저항, 리액턴스 및 어드미턴스의 집중 정수 회로로써 취급한다. 이 경우의 등가 회로로서는 어드미턴스 $\dot{Y}$를 중앙에 일괄 집중시킨 T형 회로로 하든지 또는 어드미턴스를 2등분 해서 선로 양단에 집중시킨 π형 회로로 하는 두 가지가 있다.

(1) T형 회로

T형 회로는 그림 5.3에 나타낸 바와 같이 정전 용량(어드미턴스 $\dot{Y}$를)을 선로의 중앙에 집중시키고 임피던스 $\dot{Z}$를 2등분 해서 그 양측에 나누어 준 것이다.

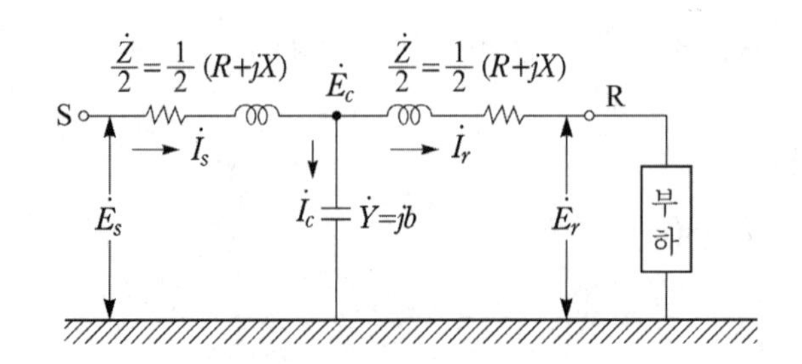

그림 5.3 T형 회로

이 경우 각 부분의 전압, 전류 및 각 정수를 그림 5.3과 같이 나타낸다면, 먼저

$$\dot{E}_c = \dot{E}_r + \frac{1}{2}\dot{Z}\dot{I}_r \tag{5.9}$$

$$\dot{I}_c = \dot{Y}\dot{E}_c \tag{5.10}$$

로 되므로 송전단의 전압 및 전류는 다음과 같이 된다.

$$\left.\begin{aligned} \dot{I}_s &= \dot{I}_r + \dot{I}_c = \dot{I}_r + \dot{Y}\left(\dot{E}_r + \frac{1}{2}\dot{Z}\dot{I}_r\right) = \dot{Y}\dot{E}_r + \left(1 + \frac{\dot{Z}\dot{Y}}{2}\right)\dot{I}_r \\ \dot{E}_s &= \dot{E}_c + \frac{1}{2}\dot{Z}\dot{I}_s = \left(1 + \frac{\dot{Z}\dot{Y}}{2}\right)\dot{E}_r + \dot{Z}\left(1 + \frac{\dot{Z}\dot{Y}}{4}\right)\dot{I}_r \end{aligned}\right\} \tag{5.11}$$

이것을 벡터도로 나타내면 그림 5.4와 같이 된다.

일반적으로 어드미턴스 $\dot{Y}$는

$$\dot{Y} = g + jb = g + j2\pi f C \tag{5.12}$$

로 표현되지만 누설 전류라든지 코로나가 무시된다면 컨덕턴스 $g = 0$으로 되고 어드미턴스는 정전 용량 C만으로 표현된다.

또 여기서의 C는 선로 정수에서 설명한 중성점에 대한 1상당의 정전 용량으로서 이른바 **작용 용량**이라고 불리고 있다는 것은 더 말할 것 없다.

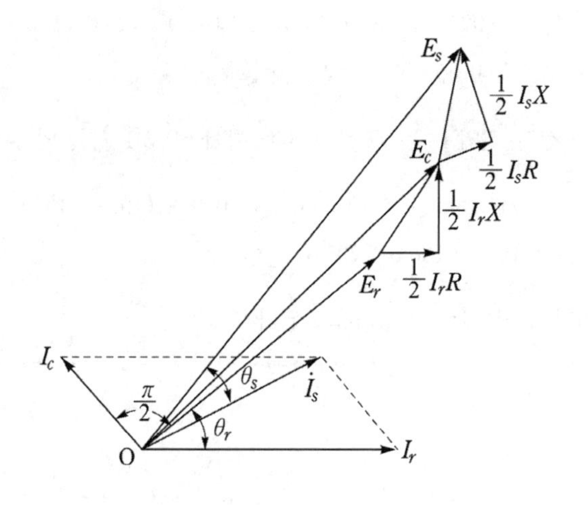

그림 5.4 T형 회로의 벡터도

예제 5.2 1[km]당의 선로 정수로서 $r=0.12[\Omega]$, $L=1.3$[mH], $C=0.0095[\mu$F], 송전 선로의 길이 58.3[km], 주파수 60[Hz]인 1회선 송전선이 있다. 이때 수전단의 부하는 60[kV], 20,000[kW], 역률은 0.8(지상)이라 할 때 송전단의 전압과 전류는 T회로로 계산하면 얼마로 되겠는가?

풀이

$$\dot{Z}=(0.12+j2\pi\times60\times1.3\times10^{-3})\times58.3=7+j28.6[\Omega]$$

$$\dot{Y}=(j2\pi\times60\times0.0095\times10^{-6})\times58.3=j0.209\times10^{-3}[\mho]$$

$$1+\frac{\dot{Z}\dot{Y}}{2}=0.997+j0.00073$$

$$\dot{Z}\left(1+\frac{\dot{Z}\dot{Y}}{4}\right)=6.99+j28.6[\Omega]$$

수전단에서의 선간 전압(V_r)이 60[kV]이기 때문에 이의 Y 전압을 기준 벡터로 취하기로 한다.

$$E_r=\frac{60}{\sqrt{3}}=34.8[\text{kV}]$$

$$I_r=\frac{20,000}{\sqrt{3}\times60\times0.8}=241[\text{A}]$$

한편 제의에 따라 부하 역률은 지상의 0.8로 주어졌으므로

$$\therefore\ \dot{I}_r=241(0.8-j0.6)=192-j144[\text{A}]$$

따라서 식 (5.11)로부터

$$\dot{E}_s=(0.997+j0.00073)\times34.8+(6.99+j28.6)(192-j144)\times10^{-3}$$
$$=40.0+j4.52=40.2\angle 6.0°[\text{kV}]$$

송전단의 선간 전압 V_s는 E_s를 $\sqrt{3}$배 해서 69.5[kV]를 얻게 된다. 다음에

$$\dot{I}_s=j\,0.209\times34.8+(0.997+j\,0.00073)(192-j144)$$
$$=192-j136.6=235.6\angle -35°[\text{A}]$$

즉, 송전단의 전류는 235.6[A]가 된다.

(2) π형 회로

π형 회로는 그림 5.5에 나타낸 바와 같이 $\dot{Z}$를 전부 송전 선로의 중앙에 집중시키고, 어드미턴스 $\dot{Y}$는 $\frac{1}{2}\dot{Y}$씩 2등분 해서 선로의 양단에 나누어 준 것이다.

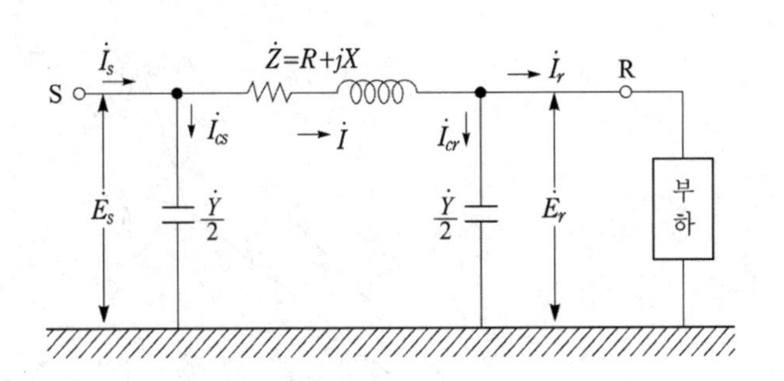

그림 5.5 π 형 회로

이 경우 각 부분의 전압, 전류 및 각 정수를 그림과 같이 나타낸다면

$$\left.\begin{aligned}
\dot{I}_{cr} &= \dot{E}_r \frac{\dot{Y}}{2} \\
\dot{I} &= \dot{I}_{cr} + \dot{I}_r = \dot{E}_r \frac{\dot{Y}}{2} + \dot{I}_r \\
\dot{E}_s &= \dot{E}_r + \dot{Z}\dot{I} = \dot{E}_r + \dot{Z}\left(\frac{\dot{Y}}{2}\dot{E}_r + \dot{I}_r\right) \\
\dot{I}_{cs} &= \dot{E}_s \frac{\dot{Y}}{2} \\
\dot{I}_s &= \dot{I}_{cs} + \dot{I}
\end{aligned}\right\} \tag{5.13}$$

이므로 윗식을 정리하면 송전단의 전압 및 전류는 다음과 같이 된다.

$$\left.\begin{aligned}
\dot{E}_s &= \left(1 + \frac{\dot{Z}\dot{Y}}{2}\right)\dot{E}_r + \dot{Z}\dot{I}_r \\
\dot{I}_s &= \dot{Y}\left(1 + \frac{\dot{Z}\dot{Y}}{4}\right)\dot{E}_r + \left(1 + \frac{\dot{Z}\dot{Y}}{2}\right)\dot{I}_r
\end{aligned}\right\} \tag{5.14}$$

이것을 벡터도로 나타내면 그림 5.6과 같이 표현된다.

우리 나라의 송전선은 100[km] 정도 미만의 것이 대부분인데, 일반적으로 이러한 경우 등가 회로로서는 T형 회로보다 π 형 회로를 사용하는 것이 보다 실용적이라고 할 수 있다(T형 회로를 취하면 송・수전단의 중간에 모선이 하나 더 늘어나게 되기 때문이다).

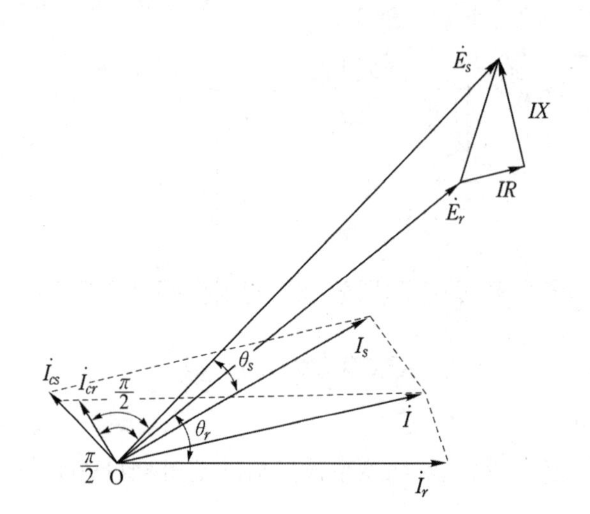

그림 5.6 π형 회로의 벡터도

예제 5.3 송전 선로의 길이 100[km], 공칭 전압 66[kV]의 3상 1회선 송전선이 있다. 1선의 저항이 0.239[Ω/km], 리액턴스가 0.4853[Ω/km], 어드미턴스는 3.3855 $\times 10^{-6}$[℧/km]이라고 한다. 수전단 전압(V_r)이 60[kV], 수전단 전력(P_r)이 6,000[kW], 그리고 역률이 0.8(지상)일 경우의 송전단 전압, 역률, 전력 및 송전 손실을 π회로로 계산하여라.

$$\dot{Z} = (0.239 + j0.4853) \times 100 = 23.9 + j48.53[\Omega]$$
$$\dot{Y} = j3.3855 \times 10^{-6} \times 100 = j3.3855 \times 10^{-4}[℧]$$

수전단 전류

$$\dot{I}_r = \frac{6{,}000 \times 10^3}{\sqrt{3} \times 60{,}000 \times 0.8}(0.8 - j0.6) = 57.76 - j43.32[\text{A}]$$

따라서, 송전단 전압 및 전류는 식 (5.14)에 의해서

$$\dot{E}_s = \left\{1 + \frac{(23.9 + j48.53)(j3.3855 \times 10^{-4})}{2}\right\} \times \frac{60{,}000}{\sqrt{3}}$$
$$+ (23.9 + j48.53)(57.76 - j43.32)$$
$$= 37{,}840 + j1{,}908 = 37{,}888\underline{/2°53'}\,[\text{V}]$$
$$\therefore\ V_s = \sqrt{3} \times 37{,}888 = 65{,}622\,[\text{V}]$$

$$\dot{I}_s = (j3.3855\times10^{-4})\left\{1+\frac{(23.9+j48.53)(j3.3855\times10^{-4})}{4}\right\}\times\frac{60,000}{\sqrt{3}}$$
$$+\left\{1+\frac{(23.9+j48.53)(j3.3855\times10^{-4})}{2}\right\}(57.76-j43.32)$$
$$=57.5-j31.1=65.4\angle-28°24'\,[\mathrm{A}]$$

송전단 역률 : $\cos(2°53'+28°24') = \cos 31°17' = 0.855$(지상 역률)

송전단 전력 : $P_s = \sqrt{3}\times 65,622\times 65.4\times 0.855\times 10^{-3} = 6,355[\mathrm{kW}]$

송 전 손 : $P_l = P_s - P_r = 6,355 - 6,000 = 355[\mathrm{kW}]$

예제 5.4 140[kV]의 3상 1회선 송전 선로가 있다. 지금 수전단 전압이 138[kV]에서 역률(지상) 0.85인 49[MW]의 부하가 접속되어 있다고 한다. 이 선로의 길이는 84[km]로서 선로 임피던스는 $\dot{Z}=95\angle78°[\Omega]$, $\dot{Y}=0.001\angle90°[\mho]$이라고 한다. 이 송전 선로의 송전 특성을 각각 T형 회로 및 π 형 회로로 나누어서 다음 각 사항을 계산하여라.

(1) 송전단 전압
(2) 송전단 전류
(3) 송전단에서의 역률
(4) 송전 효율

풀이 (가) T형 회로 계산

먼저 수전단 전압 $E_r = \dfrac{138\times10^3}{\sqrt{3}} = 79,768.8\,[\mathrm{V}]$

이 E_r를 기준 벡터로 취하기로 하면

$$\dot{E}_r = 79,768.8\angle0°\,[\mathrm{V}]$$

다음 수전단 전류 I_r는

$$I_r = \frac{P_r}{\sqrt{3}\,V_r\cos\theta_r} = \frac{49\times10^6}{\sqrt{3}\times138\times10^3\times0.85} = 241.46[\mathrm{A}]$$

따라서

$$\dot{I}_r = I_r(\cos\theta_r - j\sin\theta_r) = 241.46(0.85 - j\,0.527)$$
$$= 241.46\angle-31.80°\,[\mathrm{A}]$$

주어진 선로 정수를 사용해서

$$1+\frac{1}{2}\dot{Y}\dot{Z}=1+\frac{(0.001\angle 90°)(95\angle 78°)}{2}$$

$$=0.9535+j\,0.0099=0.9536\angle 0.6°$$

$$Z+\frac{1}{4}YZ^2=95\angle 78°+\frac{(0.001\angle 90°)(95\angle 78°)^2}{4}$$

$$=18.83+j\,90.86=92.79\angle 78.3°\,[\Omega]$$

(1) 송전단 전압 $\dot{E}_s$

$$\dot{E}_s=\left(1+\frac{\dot{Z}\dot{Y}}{2}\right)\dot{E}_r+\left(\dot{Z}+\frac{1}{4}\dot{Y}\dot{Z}^2\right)\dot{I}_r$$

$$=0.9536\angle 0.6°\times 79{,}768.8\angle 0°+92.79\angle 78.3°\times 241.46\angle -31.8°$$

$$=91{,}486+j\,17{,}048.6$$

$$=93{,}060.9\angle 10.4°\,[\mathrm{V}]$$

$$\dot{V}_s=\sqrt{3}\,\dot{E}_s=160{,}995.4\angle 10.4°\,[\mathrm{V}]$$

(2) 송전단 전류 $\dot{I}_s$

$$I_s=\left(1+\frac{\dot{Z}\dot{Y}}{2}\right)\dot{I}_r+\dot{Y}\dot{E}_r$$

$$=0.9536\angle 0.6°\times 241.46\angle -31.8°+0.001\angle 90°\times 79{,}768\angle 0°$$

$$=196.95-j\,39.5=200.88\angle -11.3°\,[\mathrm{A}]$$

(3) 송전단에서의 역률

$$\phi_s=10.4°+11.3°=21.7°$$

$$\therefore\ \cos\phi_s=0.929$$

(4) 송전 효율

$$\eta=\frac{\text{수전단 전력}}{\text{송전단 전력}}=\frac{\sqrt{3}\,V_r\,I_r\cos\phi_r}{\sqrt{3}\,V_s\,I_s\cos\phi_s}\times 100$$

$$=\frac{138{,}000\times 241.46\times 0.85}{160{,}995.4\times 200.88\times 0.929}\times 100$$

$$=94.27\,[\%]$$

(나) π형 회로 계산

$$\dot{Y}+\frac{1}{4}\dot{Z}\dot{Y}^2=0.001\angle 90°+\frac{(95\angle 78°)(0.001\angle 90°)^2}{4}$$

$$=-4.9379\times 10^{-6}+j\,102.375\times 10^{-6}$$

$$\fallingdotseq 0.001\angle 90.3°\,[\Omega]$$

(1) 송전단 전압 $\dot{E}_s$

$$\dot{E}_s = \left(1+\frac{\dot{Z}\dot{Y}}{2}\right)\dot{E}_r + \dot{Z}\dot{I}_r$$
$$= 0.9536\underline{/0.6°} \times 79,768.8\underline{/0°} + 95\underline{/78°} \times 241.46\underline{/-31.8°}$$
$$= 91,940.2 + j17,352.8 = 93,563.5\underline{/10.7°}[\text{V}]$$

또는, $\dot{V}_s = 161,864.9\underline{/10.7°}[\text{V}]$

(2) 송전단 전류 $\dot{I}_s$

$$\dot{I}_s = \left(1+\frac{\dot{Z}\dot{Y}}{2}\right)\dot{I}_r + \left(\dot{Y}+\frac{\dot{Z}\dot{Y}^2}{4}\right)\dot{E}_r$$
$$= 0.9536\underline{/0.6°} \times 241.46\underline{/-31.8°} + 0.001\underline{/90.3°} \times 79,768.8\underline{/0°}$$
$$= 196.53 - j39.51 = 200.46\underline{/-11.37°}[\text{A}]$$

(3) 송전단 전류 $\dot{I}_s$에서의 역률

$$\phi_s = 10.7° + 11.37° = 22.07°$$
$$\therefore \cos\phi_s = 0.927$$

(4) 송전 효율 η

$$\eta = \frac{\sqrt{3}\,V_r\,I_r\cos\phi_r}{\sqrt{3}\,V_s\,I_s\cos\phi_s} \times 100 = \frac{138,000 \times 241.46 \times 0.85}{161,864.9 \times 200.46 \times 0.927} \times 100 = 94.16[\%]$$

*주) 이상에서 본 바와 같이 중거리 선로를 T형 또는 π형의 등가 회로로 표현해서 계산하면 결과에 있어서 약간의 차이가 나타난다. 이것은 어느 것이나 본래의 회로를 정확하게 나타낸 것이 아니고 근사적인 등가 회로로 표현하였기 때문이다.

예제 5.5 100[mm^2] 경동 연선(7/4.3[mm])을 전선으로 사용한 3상 60[Hz], 길이 100[km], 등가 선간 거리 3[m]의 1회선 송전 선로가 있다. 전선의 사용 온도를 40[℃]라고 가정해서

(1) 이 송전 선로를

(가) 집중 임피던스 회로

(나) T형 회로

(다) π형 회로

로 하였을 때의 등가 회로

(2) 수전단 전압이 60[kV]에서 수전 전력이 9,000[kW], 역률 0.85(지상)일 경우의 송전단 전압을 전항의 각 등가 회로에 대해서 계산하여라.

풀이 100[mm^2], 경동 연선의 저항을 전선표에서 찾아보면 20[℃]에서 0.1770[Ω/km]이다. 구리의 저항 온도 계수는 0.00381/deg이므로 40[℃]에서의 저항 r_{40}은 다음과 같다.

$$r_{40} = 0.1770\{1+0.00381\times(40-20)\} = 0.1905[\Omega/\text{km}]$$

또, 100[mm^2], 경동 연선의 바깥지름은 12.9[mm]이므로 반지름은 6.45[mm]이다. 따라서, 인덕턴스 L은 식 (4.29)로부터

$$L = 0.4605\log_{10}\frac{D}{r}+0.05$$
$$= 0.4605\log_{10}\frac{3,000}{6.45}+0.05 = 1.279[\text{mH/km}]$$

정전 용량은 식 (4.58)로부터

$$C = \frac{0.02413}{\log_{10}\frac{D}{r}} = \frac{0.02413}{\log_{10}\frac{3,000}{6.45}} = 0.009044\,[\mu\text{F/km}]$$

따라서,

$$\text{리액턴스} : x = 2\pi fL = 2\times3.14\times60\times1.279\times10^{-3} = 0.4821[\Omega/\text{km}]$$
$$\text{서셉턴스} : b = 2\pi fC = 2\times3.14\times60\times0.009044\times10^{-6}$$
$$= 3.410\times10^{-6}[\mho/\text{km}]$$

먼저, 단위 길이당의

$$\text{임피던스} : \dot{z} = 0.1905+j\,0.4821[\Omega/\text{km}]$$
$$\text{어드미턴스} : \dot{y} = j3.410\times10^{-6}[\mho/\text{km}]$$

한편, 선로 길이가 100[km]이므로 전선로의

$$\text{임피던스} : \dot{Z} = 19.05+j48.21[\Omega]$$
$$\text{어드미턴스} : \dot{Y} = j0.341\times10^{-3}[\mho]$$

(가) 집중 임피던스 회로, T회로 및 π회로의 등가 회로는 각각 다음 그림 5.7 (a), (b), (c)와 같이 된다.

(나) 전선 1선당에 대해서 계산한다(곧, 단상 회로로 계산함).

$19.05 + j48.21[\Omega]$

(a) 집중 임피던스 회로

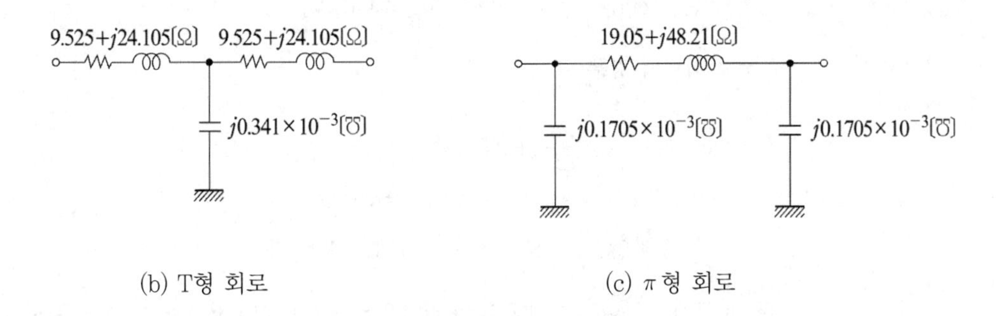

(b) T형 회로

(c) π형 회로

그림 5.7 등가 회로

전압으로서 상전압을 취하면

수전단 전압 : $E_r = 60/\sqrt{3} = 34.64\,[\text{kV}]$

전선 1선당의 수전 전력 : $P_r = 9{,}000/3 = 3{,}000\,[\text{kW}]$

역률 $\cos\varphi$은 0.85(지상)이므로 전선 1선당의 전류는

$$I = \frac{P_r}{E_r \cos\varphi} = \frac{3{,}000}{34.64 \times 0.85} = 101.8[\text{A}]$$

이것은 피상 전류이다. 그러므로

유효 전류 $= 101.8 \times 0.85 = 86.6[\text{A}]$

무효 전류 $= 101.8 \times \sqrt{1 - 0.85^2} = 53.6[\text{A}]$

따라서 수전단 전류 I_r는 수전단 전압을 기준 벡터로 취하면

$$\dot{I_r} = 86.6 - j53.6 = 0.0866 - j0.0536[\text{kA}]$$

이상의 데이터를 기초로 해서

(1) 집중 임피던스의 경우

$$\dot{E_s} = \dot{E_r} + \dot{I_r}\dot{Z} = 34.64 + (0.0866 - j0.0536)(19.05 + j48.21)$$
$$= 38.87 + j3.514 = 39.0\underline{/4°38'}\,[\text{kV}]$$

선간 전압 $V_s = \sqrt{3} \times E_s = 67.55\,[\text{kV}]$

(2) T형 회로의 경우

$$\dot{E}_s = \dot{E}_r\left(1+\frac{\dot{Z}\dot{Y}}{2}\right)+\dot{Z}\dot{I}_r\left(1+\frac{\dot{Z}\dot{Y}}{4}\right)$$
$$= 38.57+j3.148=38.70\underline{/4°41'}\,[\text{kV}]$$

선간 전압 $V_s = 38.70\times\sqrt{3}=67.03[\text{kV}]$

(3) π형 회로의 경우

$$\dot{E}_s=\dot{E}_r\left(1+\frac{\dot{Z}\dot{Y}}{2}\right)+\dot{Z}\dot{I}_r$$
$$= 38.59+j3.267=38.75\underline{/4°50'}\,[\text{kV}]$$

선간 전압 $V_s = 38.75\times\sqrt{3}=67.12[\text{kV}]$

*주) 이 문제의 풀이는 이상과 같이 전압은 상전압을 취하고 전류 및 전력은 전선 1선당의 값을 사용해서 계산하였지만 처음부터 전압은 선간 전압, 전력은 3상 전력, 전류는 실제의 선전류의 $\sqrt{3}$배를 취해서 계산하여도 똑같은 결과가 얻어진다.

5.3 장거리 송전 선로

5.3.1 분포 정수 회로

송전선의 길이가 100[km] 정도 이상으로 되면 송전 선로는 이제까지의 집중 정수 회로로 취급할 수 없게 된다. 장거리 송전 선로에서는 선로 정수가 선로에 따라서 균일하게 분포되어 있기 때문에 이것을 집중 정수로 취급한다면 실제의 전압, 전류 분포를 정확하게 표현할 수 없기 때문이다.

여기서는 선로 정수가 균일하게 분포하고 있는 분포 정수 회로에 대해서 설명하고 이를 기초로 해서 장거리 송전선의 전압, 전류 특성을 살펴보기로 한다.

지금 송전 선로의 단위 길이당의 직렬 임피던스 $\dot{z}$ 및 병렬 어드미턴스 $\dot{y}$를

$$\dot{z} = r+j\omega L=r+jx\,[\Omega/\text{km}]$$
$$\dot{y} = g+j\omega C=g+jb[\mho/\text{km}] \tag{5.15}$$

라고 한다.

이 $\dot{z}$와 $\dot{y}$는 선로의 전체 길이 l[km]에 걸쳐서 균등하게 분포하고 있어서 가령 선로의 어느 미소 부분을 떼어내어 보더라도 그림 5.8과 같은 회로의 연속이 될 것이다. 따라서 장거리 송전 선로의 등가 회로는 이와 같은 미소 부분의 등가 회로 성분이 그림 5.9와 같이 수 없이 연결된 전기 회로로 나타낼 수 있다.

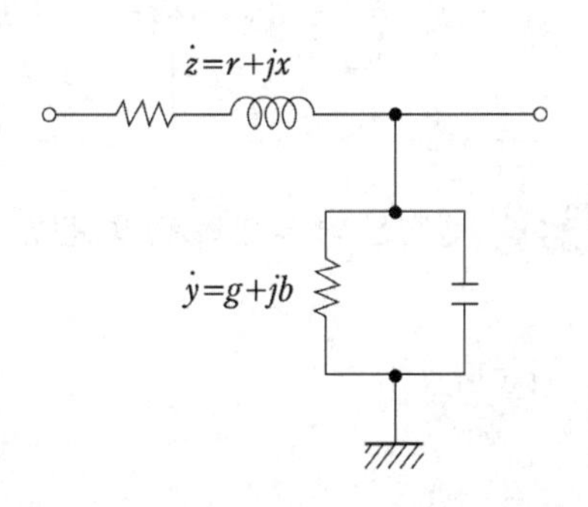

그림 5.8 송전 선로 미소 부분의 등가 회로

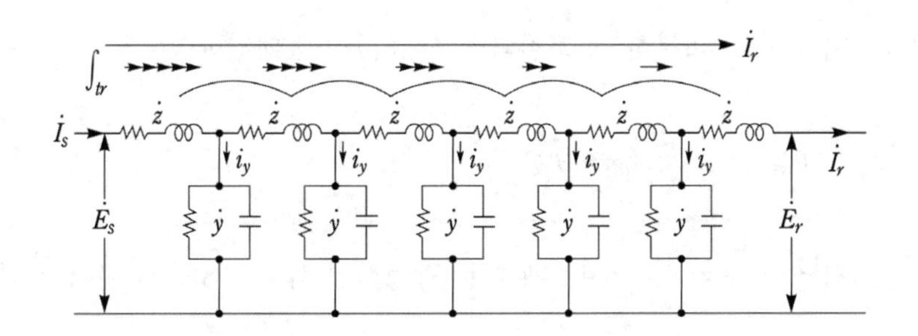

그림 5.9 장거리 송전 선로의 등가 회로

그림 5.10에 나타낸 바와 같이 전류의 정방향을 x가 증가하는 방향, 즉 왼편으로부터 오른편으로 취하는 것으로 한다. 여기서 송전단에서부터 x의 거리만큼 떨어진 곳에 미소한 전선의 부분 dx를 생각하고 그 입구의 전압, 전류의 값을 각각 $\dot{E}$, $\dot{I}$, 출구의 그것을 각각 $\dot{E}+d\dot{E}$, $\dot{I}+d\dot{I}$ 라고 한다.

이때 이 부분의 직렬 임피던스 $\dot{z}dx$에 의해서 전압은 저하되고 병렬 어드미턴스 $\dot{y}dx$에 의해서 전류는 분류되어 감소된다. 이 전압 강하와 전류의 감소량을 각각 $d\dot{E}$, $d\dot{I}$라고 두면

$$\begin{aligned} d\dot{E} &= -\dot{I}\dot{z}dx \\ d\dot{I} &= -\dot{E}\dot{y}dx \end{aligned} \qquad (5.16)$$

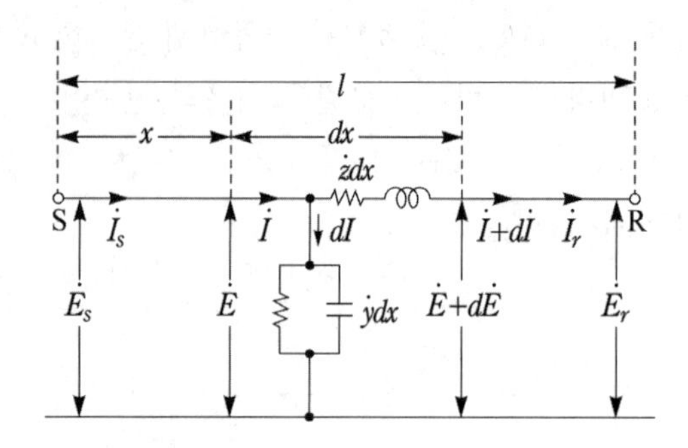

그림 5.10 송전선 각 부분의 전압, 전류의 관계

이것을 변형하면(곧 $-dx$ 로 나눈다)

$$-\frac{d\dot{E}}{dx}=\dot{I}\dot{z} \qquad -\frac{d\dot{I}}{dx}=\dot{E}\dot{y} \tag{5.17}$$

를 얻게 된다.

식 (5.17)을 x 에 대해서 미분하고 그 결과를 식 (5.16)에 대입하면

$$\frac{d^2\dot{E}}{dx^2}=\dot{z}\dot{y}\dot{E} \qquad \frac{d^2\dot{I}}{dx^2}=\dot{z}\dot{y}\dot{I} \tag{5.18}$$

를 얻는다. 여기서 $\dot{\gamma}=\sqrt{\dot{z}\dot{y}}$ 라 두고 2계 미분 방정식인 식 (5.18)에서 먼저 $\dot{I}$ 의 일반해를 구하면

$$\dot{I}=\dot{A}_1\epsilon^{-\dot{\gamma}x}-\dot{A}_2\epsilon^{\dot{\gamma}x} \tag{5.19}$$

로 된다.

다음에 $\dot{E}$ 의 일반해에 대해서는 식 (5.19)를 미분함으로써

$$\frac{d\dot{I}}{dx}=-\dot{\gamma}A_1\epsilon^{-\gamma x}-\dot{\gamma}A_2\epsilon^{\dot{\gamma}x} \tag{5.20}$$

를 얻고 이것과 식 (5.17), 즉 $-\frac{d\dot{I}}{dx}=\dot{E}\dot{y}$로부터 다음 식을 얻는다.

$$\dot{E}=\frac{\dot{\gamma}}{\dot{y}}(\dot{A}_1\epsilon^{-\dot{\gamma}x}+A_2\epsilon^{\dot{\gamma}x}) \tag{5.21}$$

여기서, $\dot{A}_1$, $\dot{A}_2$는 적분 정수이다.

적분 정수 $\dot{A}_1$, $\dot{A}_2$는 경계 조건에 따라 정해진다. 즉, 송전단 및 수전단의 전압, 전류 중 어느 편이건 2개의 값이 주어지면 $\dot{A}_1$, $\dot{A}_2$는 결정된다. 여기서는 수전단$(x=l)$의 전압 $\dot{E}_r$, 전류 $\dot{I}_r$가 주어진 경우를 생각해 본다.

식 (5.19) (5.21)에서 $x=l$로 두면

$$\left.\begin{aligned} \dot{I} &= \dot{I}_r = \dot{A}_1\epsilon^{-\dot{\gamma}l} - \dot{A}_2\epsilon^{\dot{\gamma}l} \\ \dot{E} &= \dot{E}_r = \dot{\gamma}/\dot{y}\,(A_1\epsilon^{-\dot{\gamma}l} + A_2\epsilon^{\dot{\gamma}l}) \end{aligned}\right\} \tag{5.22}$$

로 되므로 $\dot{A}_1$, $\dot{A}_2$는 다음과 같이 정해진다.

$$\left.\begin{aligned} \dot{A}_1 &= \frac{1}{2}\left(\dot{I}_r + \frac{\dot{y}}{\dot{\gamma}}\dot{E}_r\right)\epsilon^{\dot{\gamma}l} \\ \dot{A}_2 &= \frac{-1}{2}\left(\dot{I}_r - \frac{\dot{y}}{\dot{\gamma}}\dot{E}_r\right)\epsilon^{-\dot{\gamma}l} \end{aligned}\right\} \tag{5.23}$$

이 값을 식 (5.19), (5.21)에 대입해서 정리하면

$$\begin{aligned} \dot{I} &= \frac{1}{2}\left(\dot{I}_r + \frac{\dot{y}}{\dot{\gamma}}\dot{E}_r\right)\epsilon^{\dot{\gamma}l}\epsilon^{-\gamma x} + \frac{1}{2}\left(\dot{I}_r - \frac{\dot{y}}{\dot{\gamma}}\dot{E}_r\right)\epsilon^{-\dot{\gamma}l}\epsilon^{\dot{\gamma}x} \\ &= \dot{I}_r\frac{\epsilon^{\dot{\gamma}(l-x)} + \epsilon^{-\dot{\gamma}(l-x)}}{2} + \frac{\dot{y}}{\dot{\gamma}}\dot{E}_r\frac{\epsilon^{\dot{\gamma}(l-x)} - \epsilon^{-\dot{\gamma}(l-x)}}{2} \end{aligned} \tag{5.24}$$

$$\begin{aligned} \dot{E} &= \frac{\dot{\gamma}}{\dot{y}}\left\{\frac{1}{2}\left(\dot{I}_r + \frac{\dot{y}}{\dot{\gamma}}\dot{E}_r\right)\epsilon^{\dot{\gamma}l}\epsilon^{-\dot{\gamma}x} - \frac{1}{2}\left(\dot{I}_r - \frac{\dot{y}}{\dot{\gamma}}\dot{E}_r\right)\epsilon^{-\dot{\gamma}l}\epsilon^{\dot{\gamma}x}\right\} \\ &= \dot{E}_r\frac{\epsilon^{\dot{\gamma}(l-x)} + \epsilon^{-\dot{\gamma}(l-x)}}{2} + \frac{\dot{\gamma}}{\dot{y}}\dot{I}_r\frac{\epsilon^{\dot{\gamma}(l-x)} - \epsilon^{-\dot{\gamma}(l-x)}}{2} \end{aligned} \tag{5.25}$$

로 된다. 여기서, $\dot{I}$, $\dot{E}$는 송전단으로부터 x라는 임의의 거리에 있는 전압, 전류이므로 이것을 $\dot{I}_x$, $\dot{E}_x$라 하고 동시에 아래와 같은 쌍곡선 함수의 관계식

$$\left.\begin{aligned} \sinh x &= \frac{\epsilon^{x} - \epsilon^{-x}}{2} \\ \cosh x &= \frac{\epsilon^{x} + \epsilon^{-x}}{2} \end{aligned}\right\} \tag{5.26}$$

을 도입해서 양식을 나타내면

$$\left.\begin{aligned} \dot{I}_x &= \dot{I}_r \cosh\dot{\gamma}(l-x) + \frac{\dot{y}}{\dot{\gamma}}\dot{E}_r \sinh\dot{\gamma}(l-x) \\ \dot{E}_x &= \dot{E}_r \cosh\dot{\gamma}(l-x) + \frac{\dot{\gamma}}{\dot{y}}\dot{I}_r \sinh\dot{\gamma}(l-x) \end{aligned}\right\} \tag{5.27}$$

이 얻어진다. 이것으로부터 수전단의 전압, 전류가 주어졌을 경우 송전선의 임의의 위치 x 에서의 전압 $\dot{E}_x$, 전류 $\dot{I}_x$ 를 구할 수 있다.

마찬가지로 이번에는 경계 조건으로서 송전단($x=0$)의 전압($\dot{E}_s$) 전류($\dot{I}_s$)가 주어진 경우에는 다음 식과 같이 된다.

$$\left.\begin{aligned} \dot{E}_x &= \dot{E}_s \cosh\dot{\gamma}x - \frac{\dot{\gamma}}{\dot{y}}\dot{I}_s \sinh\dot{\gamma}x \\ \dot{I}_x &= -\frac{\dot{y}}{\dot{\gamma}}\dot{E}_s \sinh\dot{\gamma}x + \dot{I}_s \cosh\dot{\gamma}x \end{aligned}\right\} \tag{5.28}$$

식 (5.27)에서 $x=0$ 일 경우가 곧 송전단의 전압 $\dot{E}_s$ 및 전류 $\dot{I}_s$ 가 되므로

$$\left.\begin{aligned} \dot{E}_s &= \dot{E}_r \cosh\dot{\gamma}l + \dot{I}_r \dot{Z}_w \sinh\dot{\gamma}l \\ \dot{I}_s &= \dot{E}_r \frac{1}{\dot{Z}_w} \sinh\dot{\gamma}l + \dot{I}_r \cosh\dot{\gamma}l \end{aligned}\right\} \tag{5.29}$$

로 된다.

여기서

$$\left.\begin{aligned} \dot{Z}_w &= \sqrt{\dot{z}/\dot{y}} \\ \dot{\gamma} &= \sqrt{\dot{z}\dot{y}} \end{aligned}\right\} \tag{5.30}$$

이다.

장거리 송전 선로에서의 송·수전단 전압 및 전류의 관계는 윗식으로 표현된다.

식 (5.29)는 **전파 방정식**이라고 불려지는 것으로서 송전선이나 통신선에서 전선로에 전해지는 교류 전압 및 전류의 성질을 나타내는 기본식이다.

5.3.2 특성 임피던스와 전파 정수

이 식 (5.30)의 전파 방정식에서 나타난 정수 중

$$\dot{Z}_w = \sqrt{\dot{z}/\dot{y}} = \sqrt{\frac{r+jx}{g+jb}} \fallingdotseq \sqrt{\frac{j\omega L}{j\omega C}} = \sqrt{\frac{L}{C}}\,[\Omega] \tag{5.31}$$

를 송전선의 **특성 임피던스** 또는 **파동 임피던스**라고 부른다.

이 $\dot{Z}_w$는 송전선을 이동하는 진행파에 대한 전압과 전류의 비로서 그 송전선 특유의 것이다. 또, 이것은 [Ω]의 차원을 가지는 것으로서 저항 및 누설 콘덕턴스를 무시하면 $\sqrt{L/C}$로 두어지는데, 이것은 순저항으로서 가공 송전선에서는 300~500[Ω]의 값을 갖는다.

한편,

$$\begin{aligned}\dot{\gamma} &= \sqrt{\dot{z}\dot{y}} = \sqrt{(r+jx)(g+jb)} \\ &\fallingdotseq \sqrt{j\omega L \cdot j\omega C} = j\omega\sqrt{LC}\,[\text{rad}]\end{aligned} \tag{5.32}$$

는 **전파 정수**라고 불려지는데 이것은 전압, 전류가 선로의 시작단인 송전단에서부터 멀어져 감에 따라서 그 진폭이라든지 위상이 변해가는 특성과 관계가 있는 것이다.

지금 $\dot{\gamma} = \alpha + j\beta$로 두면 $\epsilon^{-\dot{\gamma}x} = \epsilon^{-\alpha x} \cdot \epsilon^{-j\beta x}$로 되며 이중 $\epsilon^{-\alpha x}$는 송전단으로부터 멀어져 감에 따라서 진폭이 저하해가는 특성을, $\epsilon^{-j\beta x}$는 위상이 늦어져가는 특성을 나타내게 되어 이로부터 α를 **감쇠 정수**, β를 **위상 정수**라고 부르기도 한다.

참고로 표 5.1에 송전 선로 및 여기에 사용되는 각종 기기의 파동 임피던스의 개략값을 보인다.

표 5.1 파동 임피던스의 개략값

종 류	파동 임피던스[Ω]
가공선 단도체	300~500
가공선 2도체	230~380
케 이 블	20~60
변 압 기	800~8,000
회 전 기	600~1,000

예제 5.6 길이 300[km]의 3상 1회선 송전선이 있다. 지금 단위 길이당의 임피던스 및 어드미턴스가 각각

$$\dot{z} = r + jx = 0.09475 + j\,0.4932[\Omega/\text{km}]$$
$$\dot{y} = j\omega C = j\,3.325 \times 10^{-6}[\mho/\text{km}]$$

라고 한다. 저항을 무시한 경우의 이 송전선의 특성 임피던스 $\dot{Z}_w$ 및 전파 정수 $\dot{\gamma}$를 구하여라.

풀이 저항분을 무시할 경우 $\dot{z} = j\,0.4932$이므로

$$\dot{Z}_w = \sqrt{\dot{z}/\dot{y}} = \sqrt{\frac{j0.4932}{j3.325 \times 10^{-6}}} = 385[\Omega]$$
$$\dot{\gamma} = \sqrt{\dot{z}\dot{y}} = \sqrt{(j0.4932)(j3.325 \times 10^{-6})} = j1.281 \times 10^{-3}$$

* 주) 저항과 누설 컨덕턴스를 무시한 개략 계산에서는 전술한 바와 같이 송전선의 임피던스값은 대략 300~500[Ω] 정도이고 전파 정수는 $j(1.2 \sim 1.44) \times 10^{-3}$ 정도이다.

예제 5.7 임의의 송전선에 대해서 다음과 같은

(1) 무부하 시험
(2) 단락 시험

을 실시함으로써 이 송전선의 특성 임피던스 $\dot{Z}_w$와 전파 정수 $\dot{\gamma}$를 구할 수 있음을 보여라.

(1) 무부하 시험

수전단을 개방해서 송전단에 전압을 인가하면 송전단의 전압, 전류는 식 (5.29)에서 $\dot{I}_r = 0$이 되므로

$$\dot{E}_{so} = \dot{E}_{ro}\cosh\dot{\gamma}l$$
$$\dot{I}_{so} = \dot{E}_{ro}\frac{1}{\dot{Z}_w}\sinh\dot{\gamma}l$$

이때 송전단에서 본 무부하 어드미턴스 Y_0는

$$Y_0 = \frac{\dot{I}_{so}}{\dot{E}_{so}} = \frac{1}{\dot{Z}_w}\tanh\dot{\gamma}l \tag{1}$$

로 된다.

(2) 단락 시험

다음 수전단을 단락해서 송전단에 전압을 인가하면 송전단의 전압, 전류는 식 (5.29)에서 $\dot{E}_r = 0$이 되므로

$$\dot{E}_{ss} = \dot{I}_{rs}\,\dot{Z}_w\,\sinh\dot{\gamma}l$$
$$\dot{I}_{ss} = \dot{I}_{rs}\cosh\dot{\gamma}l$$

이때 송전단에서 본 단락 임피던스 $\dot{Z}_s$는

$$\dot{Z}_s = \frac{\dot{E}_{ss}}{\dot{I}_{ss}} = \dot{Z}_w\,\tanh\dot{\gamma}l \qquad (2)$$

로 된다. 위의 식 (1), (2)로부터

$$\dot{Z}_w = \sqrt{\dot{Z}_s / \dot{Y}_0} \qquad (3)$$
$$\dot{\gamma}l = \tanh^{-1}\sqrt{\dot{Z}_s\dot{Y}_0} \qquad (4)$$

로 되어 이 두 식으로부터 $\dot{Z}_w$와 $\dot{\gamma}$를 쉽게 계산할 수 있음을 알 수 있다.

예제 5.8 가공선과 케이블의 파동 임피던스(특성 임피던스)를 나타내는 식을 써라.

그림 5.11 (a)에서

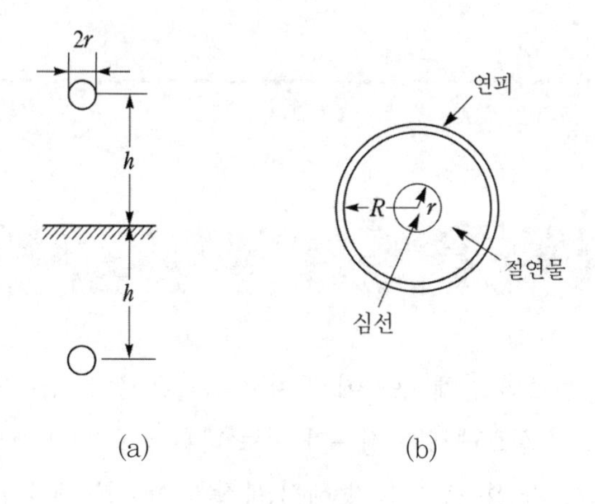

그림 5.11

$$L = 0.4605\log_{10}\frac{2h}{r}\,[\text{mH/km}]$$

$$C = \frac{0.02413}{\log_{10}\frac{2h}{r}}\,[\mu\text{F/km}]$$

따라서,

특성임피던스 :

$$\dot{Z}_w = \sqrt{\frac{L}{C}} = \sqrt{\frac{0.4605\times 10^{-3}}{0.02413\times 10^{-6}}}\cdot\log_{10}\frac{2h}{r} = 138\cdot log_{10}\frac{2h}{r}\,[\Omega]$$

전파속도 :

$$V = \frac{1}{\sqrt{LC}} = \frac{1}{\sqrt{0.4605\times 0.02413\times 10^{-9}}} = 3\times 10^5\,[\text{km/sec}]$$

그림 5.11 (b)에서

$$L = 0.4605\log_{10}\frac{R}{r}\,[\text{mH/km}]$$

$$C = \frac{0.02413\cdot\epsilon_s}{\log_{10}\frac{R}{r}}\,[\mu\text{F/km}]$$

단, ϵ_s : 비유전율(공기의 경우는 1일)

따라서,

$$\dot{Z}_w = \sqrt{\frac{L}{C}} = \frac{138}{\sqrt{\epsilon_s}}\log_{10}\frac{R}{r}\,[\Omega]$$

$$V = \frac{1}{\sqrt{\epsilon_s}}\times 3\times 10^5\,[\text{km/sec}]$$

5.4 4단자 정수

이제까지는 송전 선로의 전체 구간에 걸쳐서 똑같은 선로 정수가 균일하게 분포된 것으로 보았으나 실제의 송전 선로에서는 정수가 서로 다른 선로가 연결되거나 분기선이 있고 또한 선로의 중간에 변압기가 접속된다든가 해서 복잡한 회로를 구성하게 된다. 이와 같은 일반적인 회로를 취급할 경우에는 회로의 특성을 전기회로에서의 **4단자 정수**로 나타내는 것이 실용적이다.

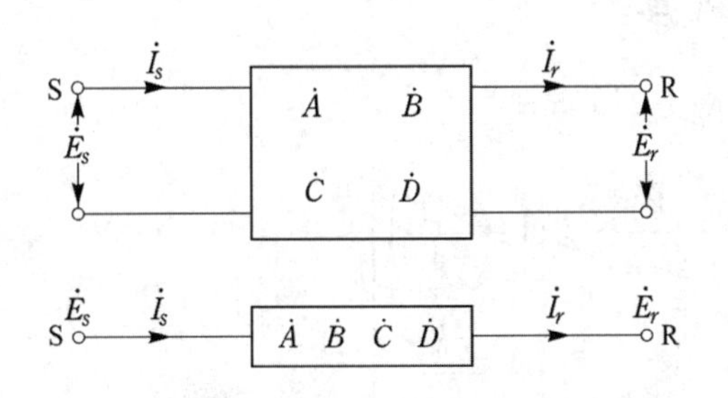

그림 5.12 **4단자 정수 회로**

곧 그림 5.12에 보는 바와 같이 송전 선로는 송・수전단에 2개의 단자를 가지고 선로 정수는 양단자의 어느 쪽에서 보더라도 대칭이고 또한 회로 내에 기전력을 갖지 않기 때문에 이것을 4단자 회로로 취급하는 것이 보다 편리한 경우가 많다.

일반적으로 송・수전단의 전압, 전류의 관계는 다음과 같이 표현된다.

$$\left.\begin{aligned}\dot{E}_s &= \dot{A}\dot{E}_r + \dot{B}\dot{I}_r \\ \dot{I}_s &= \dot{C}\dot{E}_r + \dot{D}\dot{I}_r\end{aligned}\right\} \tag{5.33}$$

또는

$$\begin{pmatrix}\dot{E}_s \\ \dot{I}_s\end{pmatrix} = \begin{pmatrix}\dot{A} & \dot{B} \\ \dot{C} & \dot{D}\end{pmatrix}\begin{pmatrix}\dot{E}_r \\ \dot{I}_r\end{pmatrix} \tag{5.34}$$

단, $\dot{A}$, $\dot{B}$, $\dot{C}$, $\dot{D}$는 4단자 정수이며 이들 사이에는 $\dot{A}\dot{D} - \dot{B}\dot{C} = 1$의 관계가 있다.

단거리, 중거리 및 장거리 송전 선로의 송・수전단 전압, 전류의 관계를 이 4단자 정수로 나타내면 다음과 같이 된다.

(1) 단거리 송전 선로의 경우

그림 5.1에서

$$\begin{aligned}\dot{E}_s &= \dot{E}_r + \dot{Z}\dot{I}_r \\ \dot{I}_s &= \dot{I}_r\end{aligned} \tag{5.35}$$

이므로

$$\begin{bmatrix}\dot{A} & \dot{B} \\ \dot{C} & \dot{D}\end{bmatrix} = \begin{bmatrix}1 & \dot{Z} \\ 0 & 1\end{bmatrix} \tag{5.36}$$

(2) 중거리 송전 선로의 경우

① T형 회로일 경우는 식 (5.11)로부터

$$\begin{bmatrix} \dot{A} & \dot{B} \\ \dot{C} & \dot{D} \end{bmatrix} = \begin{bmatrix} 1+\dfrac{\dot{Z}\dot{Y}}{2} & \dot{Z}\left(1+\dfrac{\dot{Z}\dot{Y}}{4}\right) \\ \dot{Y} & 1+\dfrac{\dot{Z}\dot{Y}}{2} \end{bmatrix} \tag{5.37}$$

② π 형 회로일 경우는 식 (5.14)로부터

$$\begin{bmatrix} \dot{A} & \dot{B} \\ \dot{C} & \dot{D} \end{bmatrix} = \begin{bmatrix} 1+\dfrac{\dot{Z}\dot{Y}}{2} & \dot{Z} \\ \dot{Y}\left(1+\dfrac{\dot{Z}\dot{Y}}{4}\right) & 1+\dfrac{\dot{Z}\dot{Y}}{2} \end{bmatrix} \tag{5.38}$$

(3) 장거리 송전 선로의 경우

식 (5.29)의

$$\dot{E}_s = \cosh\dot{\gamma}l\,\dot{E}_r + \dot{Z}_w \sinh\dot{\gamma}l\,\dot{I}_r$$

$$\dot{I}_s = \frac{1}{\dot{Z}_w}\sinh\dot{\gamma}l\,\dot{E}_r + \cosh\dot{\gamma}l\,\dot{I}_r$$

로부터

$$\begin{bmatrix} \dot{A} & \dot{B} \\ \dot{C} & \dot{D} \end{bmatrix} = \begin{bmatrix} \cosh\dot{\gamma}l & \dot{Z}_w \sinh\dot{\gamma}l \\ \dfrac{1}{\dot{Z}_w}\sinh\dot{\gamma}l & \cosh\dot{\gamma}l \end{bmatrix} \tag{5.39}$$

로 된다.

이들을 실제로 계산하기 위해서는

$$\left.\begin{aligned} \cosh\dot{\gamma}l &= \cosh(\alpha+j\beta) = \cosh\alpha\cos\beta + j\sinh\alpha\sin\beta \\ \sinh\dot{\gamma}l &= \sinh(\alpha+j\beta) = \sinh\alpha\cos\beta + j\cosh\alpha\sin\beta \end{aligned}\right\} \tag{5.40}$$

의 관계로부터 삼각 함수표와 쌍곡선 함수표를 사용해서 정확하게 계산할 수 있지만, 60[Hz]의 송전선에서는 선로의 길이가 수 100[km]가 되더라도 $\dot{\gamma}l$은 1에 비해서 상당히 작기 때문에 쌍곡선 함수에 관한 다음의 전개식에서 최초의 3항까지만 취해서 근사적으로 계산하여도 충분하다.

$$\left.\begin{aligned}\dot{A} &= \dot{D} = \cosh\dot{\gamma}l = 1+\frac{\dot{Z}\dot{Y}}{2}+\frac{(\dot{Z}\dot{Y})^2}{24}+\cdots\cdots \\ \dot{B} &= \dot{Z}_w\sinh\dot{\gamma}l = \dot{Z}\left\{1+\frac{\dot{Z}\dot{Y}}{6}+\frac{(\dot{Z}\dot{Y})^2}{120}+\cdots\right\} \\ \dot{C} &= \frac{1}{\dot{Z}_w}\sinh\dot{\gamma}l = \dot{Y}\left\{1+\frac{\dot{Z}\dot{Y}}{6}+\frac{(\dot{Z}\dot{Y})^2}{120}+\cdots\right\}\end{aligned}\right\} \tag{5.41}$$

곧, $$\begin{bmatrix}\dot{A} & \dot{B} \\ \dot{C} & \dot{D}\end{bmatrix} = \begin{bmatrix} 1+\dfrac{\dot{Z}\dot{Y}}{2}+\dfrac{(\dot{Z}\dot{Y})^2}{24} & Z\left(1+\dfrac{\dot{Z}\dot{Y}}{6}+\dfrac{(\dot{Z}\dot{Y})^2}{120}\right) \\ \dot{Y}\left(1+\dfrac{\dot{Z}\dot{Y}}{6}+\dfrac{(\dot{Z}\dot{Y})^2}{120}\right) & 1+\dfrac{\dot{Z}\dot{Y}}{2}+\dfrac{(\dot{Z}\dot{Y})^2}{24}\end{bmatrix} \tag{5.42}$$

150[km] 정도 이하의 송전선이라면 최초의 2항만 취해도 충분하다.

곧, $$\begin{bmatrix}\dot{A} & \dot{B} \\ \dot{C} & \dot{D}\end{bmatrix} = \begin{bmatrix} 1+\dfrac{\dot{Z}\dot{Y}}{2} & Z\left(1+\dfrac{\dot{Z}\dot{Y}}{6}\right) \\ \dot{Y}\left(1+\dfrac{\dot{Z}\dot{Y}}{6}\right) & 1+\dfrac{\dot{Z}\dot{Y}}{2}\end{bmatrix} \tag{5.43}$$

여기서, $\dot{z}l=\dot{Z}$, $\dot{y}l=\dot{Y}$, $\dot{\gamma}l=\sqrt{\dot{Z}\dot{Y}}$, $Z_w=\sqrt{\dfrac{\dot{Z}}{\dot{Y}}}$

을 사용해도 무방하다.

이 4단자 정수를 사용하면 선로에 기기가 접속된 경우 또는 정수가 서로 다른 선로가 접속된 경우 등의 취급이 아주 편리해진다.

가령, 그림 5.13처럼 2개의 회로가 직렬로 접속되었을 경우 이의 합성 4단자 정수인 $\dot{A}$, $\dot{B}$, $\dot{C}$, $\dot{D}$는 다음과 같이 산출된다.

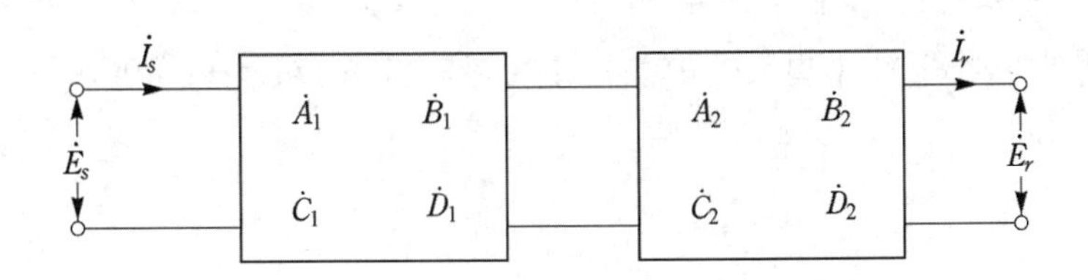

그림 5.13

$$\begin{bmatrix} \dot{A} & \dot{B} \\ \dot{C} & \dot{D} \end{bmatrix} = \begin{bmatrix} \dot{A}_1 & \dot{B}_1 \\ \dot{C}_1 & \dot{D}_1 \end{bmatrix} \cdot \begin{bmatrix} \dot{A}_2 & \dot{B}_2 \\ \dot{C}_2 & \dot{D}_2 \end{bmatrix} = \begin{bmatrix} \dot{A}_1\dot{A}_2 + \dot{B}_1\dot{C}_2 & \dot{A}_1\dot{B}_2 + \dot{B}_1\dot{D}_2 \\ \dot{A}_2\dot{C}_1 + \dot{C}_2\dot{D}_1 & \dot{B}_2\dot{C}_1 + \dot{D}_1\dot{D}_2 \end{bmatrix} \tag{5.44}$$

이번에는 그림 5.14에 나타낸 것처럼 송전선의 수전단에 변압기 $\dot{Z}_{tr}$가 접속된 경우를 보자.

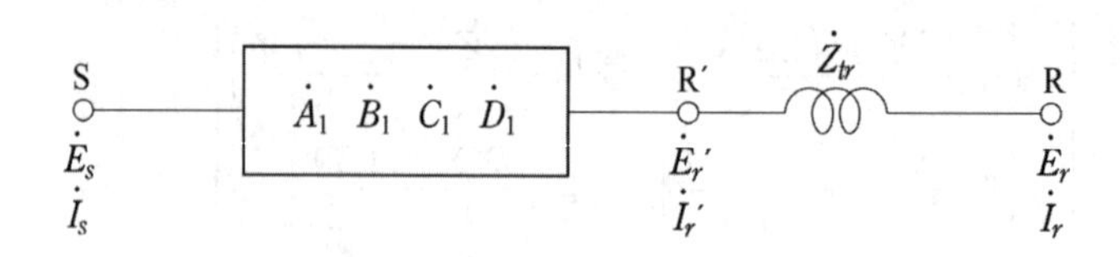

그림 5.14

먼저 $R'-R$ 사이의 $\dot{Z}_{tr}$에 관한 4단자 정수는

$$\dot{E}_r' = \dot{E}_r + \dot{I}_r \dot{Z}_{tr}$$
$$\dot{I}_r' = \dot{I}_r$$

의 관계로부터 $\begin{pmatrix} 1 & \dot{Z}_{tr} \\ 0 & 1 \end{pmatrix}$로 구해지므로 이때 $S-R$ 사이의 합성 4단자 정수 $\dot{A}$, $\dot{B}$, $\dot{C}$, $\dot{D}$는

$$\begin{bmatrix} \dot{A} & \dot{B} \\ \dot{C} & \dot{D} \end{bmatrix} = \begin{bmatrix} \dot{A}_1 & \dot{B}_1 \\ \dot{C}_1 & \dot{D}_1 \end{bmatrix} \cdot \begin{bmatrix} 1 & \dot{Z}_{tr} \\ 0 & 1 \end{bmatrix} = \begin{bmatrix} \dot{A}_1 & \dot{A}_1\dot{Z}_{tr} + \dot{B}_1 \\ \dot{C}_1 & \dot{C}_1\dot{Z}_{tr} + \dot{D}_1 \end{bmatrix} \tag{5.45}$$

처럼 행렬 계산을 통해서 쉽게 구할 수 있다.

송전 계통에서의 여러 가지 회로의 4단자 정수 예를 표 5.2에 나타내었다.

표 5.2 4단자 정수 예

회 로 의 종 류 (좌측송전단 · 우측수전단)	4 단 자 정 수			
	$\dot{A}_0$	$\dot{B}_0$	$\dot{C}_0$	$\dot{D}_0$
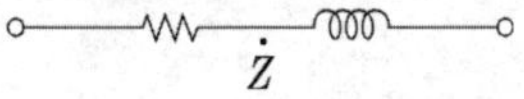 $\dot{Z}$	1	$\dot{Z}$	0	1
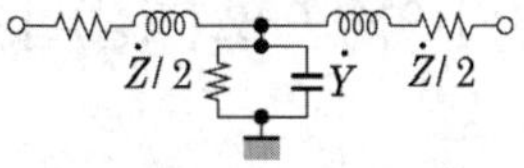 $\dot{Z}/2$, $\dot{Y}$, $\dot{Z}/2$	$1+\frac{\dot{Z}\dot{Y}}{2}$	$\dot{Z}\left(1+\frac{\dot{Z}\dot{Y}}{4}\right)$	$\dot{Y}$	$1+\frac{\dot{Z}\dot{Y}}{2}$
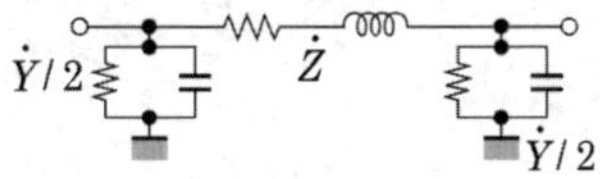 $\dot{Y}/2$, $\dot{Z}$, $\dot{Y}/2$	$1+\frac{\dot{Z}\dot{Y}}{2}$	$\dot{Z}$	$\dot{Y}\left(1+\frac{\dot{Z}\dot{Y}}{4}\right)$	$1+\frac{\dot{Z}\dot{Y}}{2}$
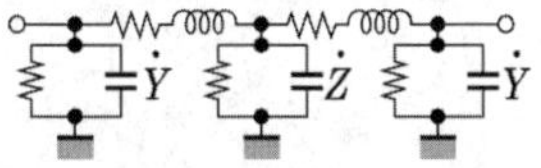 $\dot{Y}$, $\dot{Z}$, $\dot{Y}$	$\cosh\sqrt{\dot{Z}\dot{Y}}$	$\sqrt{\frac{\dot{Z}}{\dot{Y}}}\sinh\sqrt{\dot{Z}\dot{Y}}$	$\sqrt{\frac{\dot{Z}}{\dot{Y}}}\cosh\sqrt{\dot{Z}\dot{Y}}$	$\cosh\sqrt{\dot{Z}\dot{Y}}$
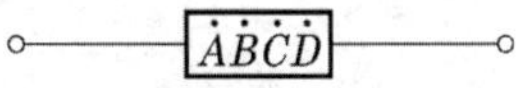 $\dot{A}\dot{B}\dot{C}\dot{D}$	$\dot{A}$	$\dot{B}$	$\dot{C}$	$\dot{D}$
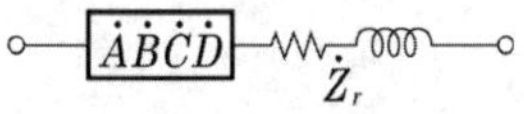 $\dot{A}\dot{B}\dot{C}\dot{D}$, $\dot{Z}_r$	$\dot{A}$	$\dot{B}+\dot{A}\dot{Z}_r$	$\dot{C}$	$\dot{D}+\dot{C}\dot{Z}_r$
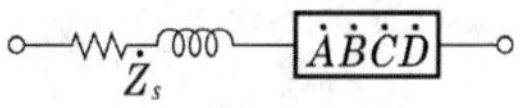 $\dot{Z}_s$, $\dot{A}\dot{B}\dot{C}\dot{D}$	$\dot{A}+\dot{C}\dot{Z}_s$	$\dot{B}+\dot{D}\dot{Z}_s$	$\dot{C}$	$\dot{D}$
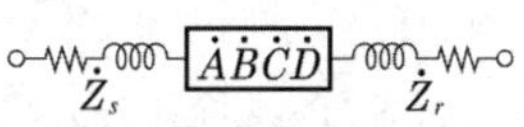 $\dot{Z}_s$, $\dot{A}\dot{B}\dot{C}\dot{D}$, $\dot{Z}_r$	$\dot{A}+\dot{C}\dot{Z}_s$	$\dot{B}+\dot{A}\dot{Z}_r+\dot{D}\dot{Z}_s$ $+\dot{C}\dot{Z}_s\dot{Z}_r$	$\dot{C}$	$\dot{D}+\dot{C}\dot{Z}_r$
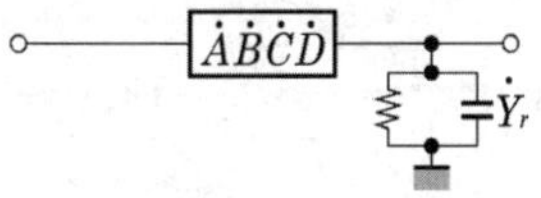 $\dot{A}\dot{B}\dot{C}\dot{D}$, $\dot{Y}_r$	$\dot{A}+\dot{B}\dot{Y}_r$	$\dot{B}$	$\dot{C}+\dot{D}\dot{Y}_r$	$\dot{D}$
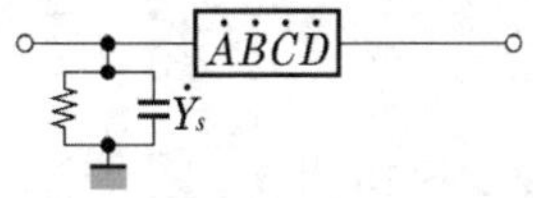 $\dot{Y}_s$, $\dot{A}\dot{B}\dot{C}\dot{D}$	$\dot{A}$	$\dot{B}$	$\dot{C}+\dot{A}\dot{Y}_s$	$\dot{D}+\dot{B}\dot{Y}_s$
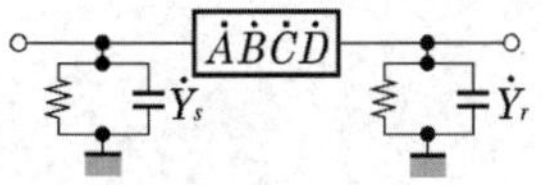 $\dot{Y}_s$, $\dot{A}\dot{B}\dot{C}\dot{D}$, $\dot{Y}_r$	$\dot{A}+\dot{B}\dot{Y}_r$	$\dot{B}$	$\dot{C}+\dot{A}\dot{Y}_s+\dot{D}\dot{Y}_r$ $+\dot{B}\dot{Y}_s\dot{Y}_r$	$\dot{D}+\dot{B}\dot{Y}_s$
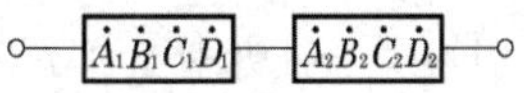 $\dot{A}_1\dot{B}_1\dot{C}_1\dot{D}_1$, $\dot{A}_2\dot{B}_2\dot{C}_2\dot{D}_2$	$\dot{A}_1\dot{A}_2+\dot{B}_1\dot{C}_2$	$\dot{A}_1\dot{B}_2+\dot{B}_1\dot{D}_2$	$\dot{C}_1\dot{A}_2+\dot{D}_1\dot{C}_2$	$\dot{C}_1\dot{B}_2+\dot{D}_1\dot{D}_2$
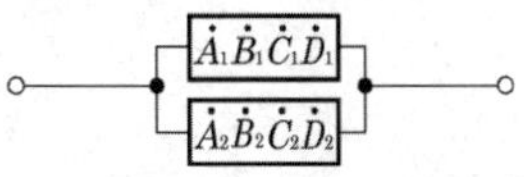 $\dot{A}_1\dot{B}_1\dot{C}_1\dot{D}_1$ / $\dot{A}_2\dot{B}_2\dot{C}_2\dot{D}_2$	$\frac{\dot{A}_1\dot{B}_2+\dot{B}_1\dot{A}_2}{\dot{B}_1+\dot{B}_2}$	$\frac{\dot{B}_1\dot{B}_2}{\dot{B}_1+\dot{B}_2}$	$\dot{C}_1+\dot{C}_2+\frac{(\dot{A}_1-\dot{A}_2)(\dot{D}_2-\dot{D}_1)}{\dot{B}_1+\dot{B}_2}$	$\frac{\dot{B}_1\dot{D}_2+\dot{D}_1\dot{B}_2}{\dot{B}_1+\dot{B}_2}$
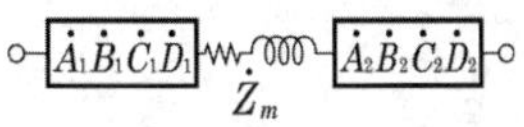 $\dot{A}_1\dot{B}_1\dot{C}_1\dot{D}_1$, $\dot{Z}_m$, $\dot{A}_2\dot{B}_2\dot{C}_2\dot{D}_2$	$\dot{A}_1\dot{A}_2+\dot{B}_1\dot{C}_2$ $+\dot{A}_1\dot{C}_2\dot{Z}_m$	$\dot{A}_1\dot{B}_2+\dot{B}_1\dot{D}_2$ $+\dot{A}_1\dot{D}_2\dot{Z}_m$	$\dot{C}_1\dot{B}_2+\dot{D}_1\dot{D}_2$ $+\dot{C}_1\dot{D}_2\dot{Z}_m$	$\dot{C}_1\dot{B}_2+\dot{D}_1\dot{D}_2$ $+\dot{C}_1\dot{D}_2\dot{Z}_m$
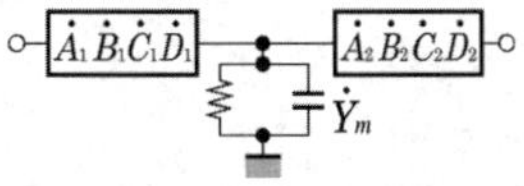 $\dot{A}_1\dot{B}_1\dot{C}_1\dot{D}_1$, $\dot{Y}_m$, $\dot{A}_2\dot{B}_2\dot{C}_2\dot{D}_2$	$\dot{A}_1\dot{A}_2+\dot{B}_1\dot{C}_2$ $+\dot{B}_1\dot{A}_2\dot{Y}_m$	$\dot{A}_1\dot{B}_2+\dot{B}_1\dot{D}_2$ $+\dot{B}_1\dot{B}_2\dot{Y}_m$	$\dot{C}_1\dot{A}_2+\dot{D}_1\dot{C}_2$ $+\dot{D}_1\dot{A}_2\dot{Y}_m$	$\dot{C}_1\dot{B}_2+\dot{D}_1\dot{D}_2$ $+\dot{D}_1\dot{B}_2\dot{Y}_m$

예제 5.9 길이 100[km]의 3상 3선식 1회선 송전 선로가 있다.
이 선로의 저항 $r=0.1905[\Omega/\text{km}]$, 리액턴스 $x=0.4821[\Omega/\text{km}]$,
서셉턴스 $b=3.410\times10^{-6}[\mho/\text{km}]$라 할 때 이 선로의

(1) 4단자 정수 $\dot{A}$, $\dot{B}$, $\dot{C}$, $\dot{D}$를 구하여라.

(2) 수전단 전압이 60[kV]에서 수전 전력이 9,000[kW], 역률 0.85(지상)일 경우 송전단 전압을 구하여라.

먼저 이 송전 선로의 [km]당의 임피던스 $\dot{z}$ 및 어드미턴스 $\dot{y}$가

$$\dot{z}=0.1905+j0.4821[\Omega/\text{km}]$$
$$\dot{y}=j3.410\times10^{-6}[\mho/\text{km}]$$

로 주어졌으므로 길이 100[km]인 전선로의 $\dot{Z}$, $\dot{Y}$는

$$\dot{Z}=19.05+j48.21[\Omega]$$
$$\dot{Y}=j0.341\times10^{-3}[\mho]$$

임을 알 수 있다.

(1) 4단자 정수 $\dot{A}\sim\dot{D}$는 전체 길이가 100[km]이므로 식 (5.41)에서 3항까지 계산하면

$$\dot{A}=\dot{D}=1+\frac{\dot{Z}\dot{Y}}{2}+\frac{(\dot{Z}\dot{Y})^2}{24}=0.9919+j0.003239$$
$$\dot{B}=\dot{Z}\left\{1+\frac{\dot{Z}\dot{Y}}{6}+\frac{(\dot{Z}\dot{Y})^2}{120}\right\}=18.95+j48.10[\Omega]$$
$$\dot{C}=\dot{Y}\left\{1+\frac{\dot{Z}\dot{Y}}{6}+\frac{(\dot{Z}\dot{Y})^2}{120}\right\}=(-0.003686+j0.3401)\times10^{-3}[\mho]$$

검산 : $\dot{A}\dot{D}-\dot{B}\dot{C}\fallingdotseq1.0$

(2) 단상 회로로 취급해서 전선 1선당에 대해서 계산한다. 먼저 수전단의 상전압 E_r 및 수전단 전력 P_r는

$$E_r=V_r/\sqrt{3}=60/\sqrt{3}=34.64[\text{kV}]$$
$$P_r=9{,}000/3=3{,}000[\text{kW}]$$

한편 역률은 지상 0.85이므로 전선 1가닥당의 전류 I_r은

$$I_r=\frac{P_r}{E_r\cos\varphi_r}=\frac{3{,}000}{34.64\times0.85}=101.8[\text{A}]$$

여기서 $\cos\varphi_r = 0.85$ 이므로

$$\sin\varphi_r = \sqrt{1-\cos^2\varphi_r} = 0.527$$

따라서

$$\dot{I_r} = 101.8\cos\varphi_r - j101.8\sin\varphi_r = 86.6 - j53.6[\text{A}]$$

이상의 데이터를 기초로 해서

$$\begin{aligned}\dot{E_s} &= \dot{A}\dot{E_r} + \dot{B}\dot{I_r} \\ &= (0.9919 + j0.003239)(34.64) + (18.95 + j48.10)(0.0866 - j0.0536) \\ &= 38.76 + j3.187 = 38.89\underline{/4°42'}[\text{kV}]\end{aligned}$$

따라서

$$\text{선간 전압 } V_s = \sqrt{3} \times 38.89 = 67.36[\text{kV}]$$

예제 5.10 길이 128[km], 수전단 전압 140[kV], 선로 정수가 다음과 같은 송전선이 있다.

$r = 0.09393\,[\Omega/\text{km}]$
$L = 1.2424\,[\text{mH/km}]$
$C = 9.0797 \times 10^{-3}[\mu\text{F/km}]$

쌍곡선 함수를 써서 이 송전 선로의 4단자 정수 $\dot{A}$, $\dot{B}$, $\dot{C}$, $\dot{D}$를 구한 다음 수전단 부하가 90,000[kW], 역률 0.9(지상)일 때의 송전단 전압, 전류, 역률, 손실, 효율 및 전압 강하율을 구하여라.

주어진 상수에서

$$\dot{z} = (0.09393 + j2\pi \times 60 \times 1.2424 \times 10^{-3}) = 0.4777\underline{/78.67°}[\Omega/\text{km}]$$

$$\dot{y} = j2\pi \times 60 \times 9.0797 \times 10^{-9} = j3.423 \times 10^{-6}\underline{/90°}[\mho/\text{km}]$$

특성 임피던스

$$\begin{aligned}\dot{Z_w} &= \sqrt{\frac{\dot{z}}{\dot{y}}} = \sqrt{\frac{0.4777}{3.423 \times 10^{-6}}}\underline{\Big/\frac{78.67° - 90°}{2}} \\ &= 373.5872\underline{/-5.77°} = 371.7541 - j36.9072[\Omega]\end{aligned}$$

전파 정수

$$\dot{\gamma} = \sqrt{\dot{z}\dot{y}} = 1.27877 \times 10^{-3}\underline{/84.33°} = (0.12633 + j1.27252) \times 10^{-3}$$

$$\begin{aligned}\dot{A} = \dot{D} &= \cosh\dot{\gamma}l = \cosh\{(0.12633 + j1.27252) \times 10^{-3} \times 128\} \\ &= \cosh(0.01617 + j0.1629) \\ &= \cosh(0.01617)\cos(0.1629) + j\sinh(0.01617)\sin(0.1629) \\ &= 0.9869 + j0.002595 \fallingdotseq 0.9869\underline{/0.15^\circ}\end{aligned}$$

여기서 0.01617, 0.1629 등은 radian으로 표현된 값이므로 이것을 도로 고치려면 $180/\pi$ 을 곱해 주어야 한다.

$$\begin{aligned}\dot{B} &= \dot{Z}_w \sinh\dot{\gamma}l \\ &= (371.7541 - j36.9072)\sinh\{(0.12633 + j1.27252) \times 10^{-3} \times 128\} \\ &= 11.84 + j59.577 = 60.85\underline{/-78.76^\circ}\end{aligned}$$

$$\begin{aligned}\dot{C} &= \frac{1}{\dot{Z}_w}\sinh\gamma l \\ &= \frac{1}{371.7541 - j36.9072}\{\sinh(0.12633 + j1.27252) \times 10^{-3} \times 128\} \\ &= 0.00003785 + j0.0004327 = 0.4346 \times 10^{-3}\underline{/85^\circ}\end{aligned}$$

실제의 선로는 2회선이므로 합성된 회로 정수를 구하면 $\dot{A}$ 와 $\dot{D}$는 같으나 $\dot{B}$는 1/2, $\dot{C}$는 2 배로 된다.

곧, $\dot{A} = \dot{D} = 0.9869 + j0.002595 = 0.9869\underline{/9^\circ}$

$\dot{B} = 5.92 + j29.788 = 30.42\underline{/78.76^\circ}$

$\dot{C} = 0.00007570 + j0.008654 = 0.8692 \times 10^{-3}\underline{/85^\circ}$

검산 : $\dot{A}\dot{D} - \dot{B}\dot{C}$를 계산해 보면 아래와 같이 거의 $1 + j0$으로 됨을 알 수 있다.

$$\begin{aligned}\dot{A}\dot{D} - \dot{B}\dot{C} &= (0.97379 + j0.0053) - (-0.025386 + j0.007396) \\ &= 0.99936 - j0.002096\ (\fallingdotseq 1.0)\end{aligned}$$

다음에 전압, 전류간의 관계를 구하기 위하여 수전단 전압($\dot{E}_r$)을 기준으로 잡는다.

수전단 전압 $\dot{E}_r = \dfrac{140{,}000}{\sqrt{3}} = 80{,}830\underline{/0^\circ}$[V]

수전단 전류 $\dot{I}_r = \dfrac{90{,}000}{\sqrt{3} \times 140 \times 0.9}\underline{/-\cos^{-1}0.9} = 412\underline{/-25.16^\circ}$[A]

따라서,

$$\begin{aligned}\dot{E}_s &= \dot{A}\dot{E}_r + \dot{B}\dot{I}_r \\ &= (0.9869 + 0.002595)(80{,}830 + j0) \\ &\quad + (5.92 + j29.788)(372.888 - j175.203) \\ &= 87{,}196 + j10{,}282 = 87{,}790\underline{/6.77^\circ}\text{[V]}\end{aligned}$$

$$\dot{I}_s = \dot{C}\dot{E}_r + \dot{D}\dot{I}_r$$
$$= (0.0007570 + j0.0008452)(80{,}830 + j0) + (0.9869 + j0.002595)(372.888 - j175.203)$$
$$= 368.463 + j171.009 = 406.202\underline{/-24.92°}\,[\mathrm{A}]$$

송전단 역률 $\cos\theta_s$는

$$\cos\theta_s = \cos(\dot{E}_s\dot{I}_s) = \cos(6°77' + 24°92') = \cos(31°69') = 0.85096$$

송전단 전력은

$$P_s = E_s I_s \cos\theta_s = 87{,}790 \times 406.2 \times 0.85096 = 30{,}345.49\,[\mathrm{kW}]$$

따라서 손실은

$$P_l = P_s - P_r = 30{,}345.49 - 30{,}000 = 345.49\,[\mathrm{kW}]$$

한편, 전압 강하율은

$$\varepsilon = \frac{E_s - E_r}{E_r} \times 100 = \frac{87{,}790 - 80{,}830}{80{,}830} \times 100 = 8.36\,[\%]$$

$$\text{효율 } \eta = \frac{30{,}000}{30{,}345.49} \times 100 = 98.86\,[\%]$$

지금까지는 한 상분에 대하여 계산하였는데 3상 전체를 생각하면

선간 전압 $V_s = \sqrt{3}\,E_s = 152{,}052.3\,[\mathrm{V}]$
3상 전송 전력 $3P_s = 91{,}036.47\,[\mathrm{kW}]$
총 전력 손실 $3P_l = 1{,}036.47\,[\mathrm{kW}]$

예제 5.11 그림 5.15처럼 송전단 및 수전단 변압기의 임피던스를 각각 $\dot{Z}_{ts}$, $\dot{Z}_{tr}$라 하고 선로의 4단자 정수를 $\dot{A}$, $\dot{B}$, $\dot{C}$, $\dot{D}$라고 할 때 이 회로의 합성 4단자 정수 $\dot{A}_0$, $\dot{B}_0$, $\dot{C}_0$, $\dot{D}_0$를 구하여라.

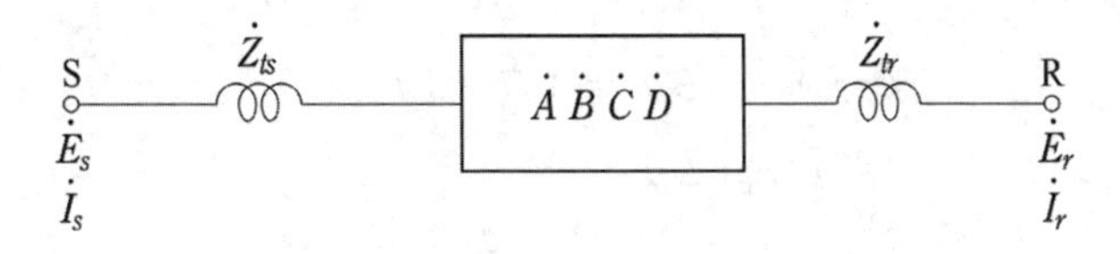

그림 5.15

풀이 식 (5.44)를 적용하면

$$\begin{bmatrix} \dot{A}_0 & \dot{B}_0 \\ \dot{C}_0 & \dot{D}_0 \end{bmatrix} = \begin{bmatrix} 1 & \dot{Z}_{ts} \\ 0 & 1 \end{bmatrix} \cdot \begin{bmatrix} \dot{A} & \dot{B} \\ \dot{C} & \dot{D} \end{bmatrix} \cdot \begin{bmatrix} 1 & \dot{Z}_{tr} \\ 0 & 1 \end{bmatrix}$$

$$= \begin{bmatrix} \dot{A}+\dot{C}\dot{Z}_{ts} & \dot{B}+\dot{A}\dot{Z}_{tr}+\dot{D}\dot{Z}_{ts}+\dot{C}\dot{Z}_{ts}\dot{Z}_{tr} \\ \dot{C} & \dot{D}+\dot{C}\dot{Z}_{tr} \end{bmatrix}$$

로 되어 그림 5.16처럼 치환된다.

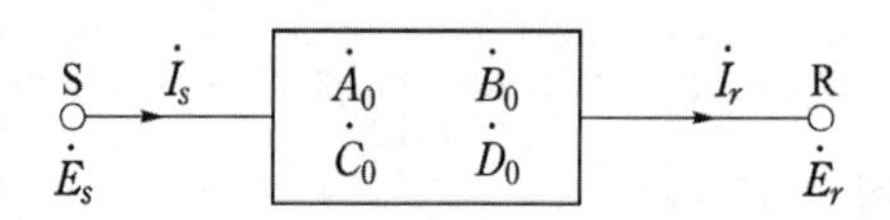

그림 5.16

예제 5.12 그림 5.17처럼 정수가 다른 선로가 병렬로 접속되어 있을 경우 이들을 종합한 합성 4단자 정수 $\dot{A}_0$, $\dot{B}_0$, $\dot{C}_0$, $\dot{D}_0$를 구하여라.

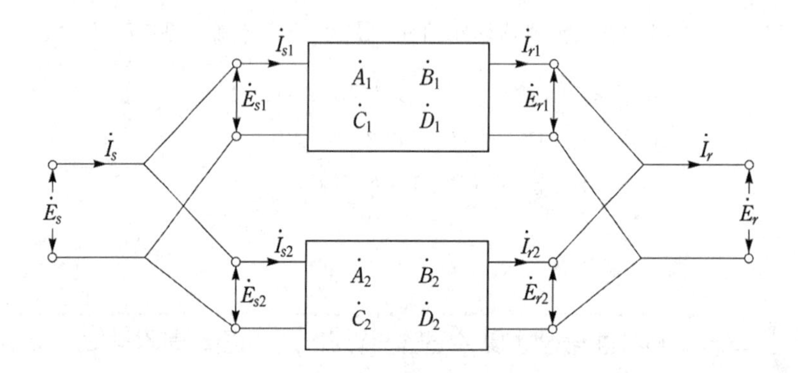

그림 5.17

 먼저 그림 5.17의 관계로부터

$$\dot{E}_s = \dot{A}_1\dot{E}_r + \dot{B}_1\dot{I}_{r1} = \dot{A}_2\dot{E}_r + \dot{B}_2\dot{I}_{r2}$$

$$\dot{I}_{s1} = \dot{C}_1\dot{E}_r + \dot{D}_1\dot{I}_{r1}$$

$$\dot{I}_{s2} = \dot{C}_2\dot{E}_r + \dot{D}_2\dot{I}_{r2}$$

임을 알 수 있다. 한편,

$$\dot{I}_r = \dot{I}_{r1} + \dot{I}_{r2}$$
$$\dot{I}_s = \dot{I}_{s1} + \dot{I}_{s2}$$

이므로 이들 식으로부터 $\dot{I}_{s1}$, $\dot{I}_{s2}$, $\dot{I}_{r1}$, $\dot{I}_{r2}$를 소거하면 다음 식이 구해진다.

$$\begin{aligned}\dot{E}_s &= \dot{A}_1\dot{E}_r + \dot{B}_1\frac{\dot{I}_r\dot{B}_2 - \dot{E}_r(\dot{A}_1 - \dot{A}_2)}{\dot{B}_1 + \dot{B}_2}\\ &= \frac{\dot{A}_1\dot{B}_2 + \dot{B}_1\dot{A}_2}{\dot{B}_1 + \dot{B}_2}\dot{E}_r + \frac{\dot{B}_1\dot{B}_2}{\dot{B}_1 + \dot{B}_2}\dot{I}_r\\ &= \dot{A}_0\dot{E}_r + \dot{B}_0\dot{I}_r\end{aligned}$$

$$\begin{aligned}\dot{I}_s &= \left\{\dot{C}_1 + \dot{C}_2 + \frac{(\dot{A}_1 - \dot{A}_2)(\dot{D}_2 - \dot{D}_1)}{\dot{B}_1 + \dot{B}_2}\right\}\dot{E}_r + \frac{\dot{B}_1\dot{D}_2 + \dot{D}_1\dot{B}_2}{\dot{B}_1 + \dot{B}_2}\dot{I}_r\\ &= \dot{C}_0\dot{E}_r + \dot{D}_0\dot{I}_r\end{aligned}$$

따라서

$$A_0 = \frac{\dot{A}_1\dot{B}_2 + \dot{B}_1\dot{A}_2}{\dot{B}_1 + \dot{B}_2}$$

$$B_0 = \frac{\dot{B}_1\dot{B}_2}{\dot{B}_1 + \dot{B}_2}$$

$$C_0 = \dot{C}_1 + \dot{C}_2 + \frac{(\dot{A}_1 - \dot{A}_2)(\dot{D}_2 - \dot{D}_1)}{\dot{B}_1 + \dot{B}_2}$$

$$D_0 = \frac{\dot{B}_1\dot{D}_2 + \dot{D}_1\dot{B}_2}{\dot{B}_1 + \dot{B}_2}$$

만일 병렬 접속된 양회선의 정수가 같을 경우에는

$$\dot{A}_1 = \dot{A}_2 = \dot{A} \quad \dot{B}_1 = \dot{B}_2 = \dot{B} \quad \dot{C}_1 = \dot{C}_2 = \dot{C} \quad \dot{D}_1 = \dot{D}_2 = \dot{D}$$

로서

$$\dot{A}_0 = \dot{A} \qquad \dot{B}_0 = \frac{\dot{B}}{2} \qquad \dot{C}_0 = 2\dot{C} \qquad \dot{D}_0 = \dot{D}$$

로 된다. 이것은 가령 그림 5.18처럼 2 회선 송전선을 1회선 선로로 등가화할 때 그림의 (a)에서 (b)로 바꾸어 주면 된다는 것을 의미한다.

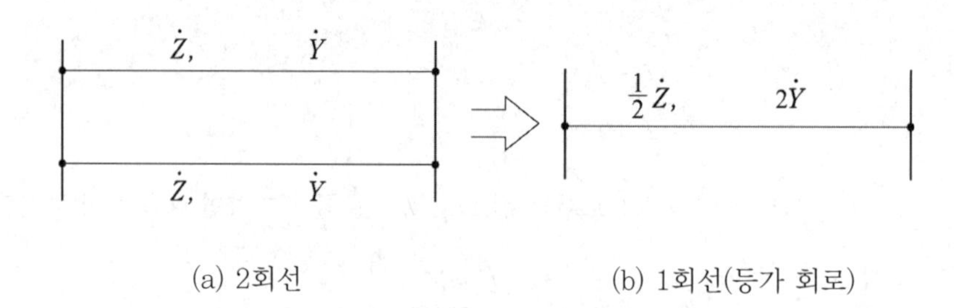

(a) 2회선 (b) 1회선(등가 회로)

그림 5.18

5.5 송 · 수전 전력 계산식

교류 전력의 벡터적 표시 방법은 전압 또는 전류 중에서 어느 한쪽의 공액을 취한 양자의 곱으로 표시된다.

지금 그림 5.19에 나타낸 것처럼

$$\dot{E} = E\underline{/\varphi_1}$$
$$\dot{I} = I\underline{/\varphi_2} \quad (5.46)$$
$$\varphi = \varphi_1 - \varphi_2$$

라 하고, 가령 전압 벡터 $\dot{E}$의 공액 $\dot{E}^*$을 취하면 전력 $\dot{W}$는

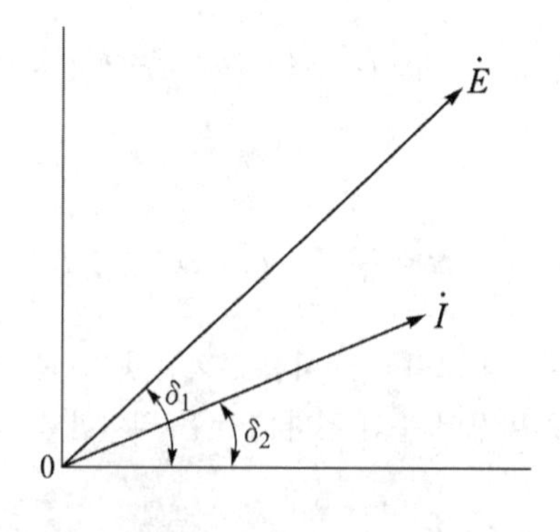

그림 5.19 전압, 전류의 벡터도

$$\begin{aligned}\dot{W} &= \dot{E}^*\dot{I} = EI\cos(\varphi_2-\varphi_1)+jEI\sin(\varphi_2-\varphi_1)\\ &= EI\cos(-\varphi)+jEI\sin(-\varphi)\\ &= EI\cos\varphi - EI\sin\varphi = P-jQ\end{aligned} \tag{5.47}$$

로 되고 반대로 $\dot{I}$의 공액 $\dot{I}^*$를 취하면

$$\begin{aligned}\dot{W} &= \dot{E}\dot{I}^* = EI\cos(\varphi_1-\varphi_2)+jEI\sin(\varphi_1-\varphi_2)\\ &= EI\cos\varphi + jEI\sin\varphi = P+jQ\end{aligned} \tag{5.48}$$

로 된다. 상술한 바와 같이 $\varphi_1 < \varphi_2$, 즉 전류가 전압보다 위상이 앞선 경우의 무효 전력은 진상 무효 전력으로 되고 반대로 $\varphi_1 > \varphi_2$, 즉 전류가 전압보다 위상이 뒤질 경우의 무효 전력은 지상 무효 전력으로 된다.

일반적으로 부하는 유도 전동기 등의 동력 부하로 대표되며 또한 이들은 지상 무효 전력을 소비하기 때문에 지상 무효 전력을 정으로 규약하는 표현 방법을 쓰고 있다. 곧,

$$\begin{aligned}\dot{W} &= \dot{E}\dot{I}^* = EI\cos\varphi + jE\sin\varphi\\ &= P+jQ\ (\text{지상 무효 전력을 정으로 함})\end{aligned} \tag{5.49}$$

이다.

통상 전력 계통은 송 · 수전단의 전압을 일정하게 유지해서 운용하는 이른바 **정전압 송전 방식**을 쓰고 있다.

먼저 일반적인 4단자 정수 표현식으로부터

$$\left.\begin{aligned}\dot{E}_s &= \dot{A}\dot{E}_r+\dot{B}\dot{I}_r\\ \dot{I}_s &= \dot{C}\dot{E}_r+\dot{D}\dot{I}_r\end{aligned}\right\} \tag{5.50}$$

이 식을 전류 $\dot{I}_s$, $\dot{I}_r$에 대해서 풀면

$$\left.\begin{aligned}\dot{I}_s &= \frac{\dot{D}}{\dot{B}}\dot{E}_s-\frac{1}{\dot{B}}\dot{E}_r\\ \dot{I}_r &= \frac{1}{\dot{B}}\dot{E}_s-\frac{\dot{A}}{\dot{B}}\dot{E}_r\end{aligned}\right\} \tag{5.51}$$

로 된다.

더 말할 것 없이 여기서의 $\dot{E}_s$, $\dot{E}_r$ 는 각각 송전단 및 수전단에서의 대지 전압(상전압)이다. 지금 수전단 전압 $\dot{E}_r$ 을 기준 벡터로 취하면 $\dot{E}_s$ 는 $\dot{E}_r$ 보다 위상이 θ만큼 앞서게 된다. 곧,

$$\dot{E}_r = E_r \underline{/0} \qquad (5.52)$$

$$\dot{E}_s = E_s \underline{/\theta}$$

다음에 $\dot{B}$는 4단자 회로에서의 직렬 임피던스를 나타내므로

$$\dot{B} = b \underline{/\beta} \qquad (5.53)$$

라 하고

$$\frac{\dot{A}}{\dot{B}} = m - jn$$

$$\frac{\dot{D}}{\dot{B}} = m' - jn' \qquad (5.54)$$

$$\frac{1}{\dot{B}} = \frac{1}{b} \underline{/-\beta}$$

라고 둔다. 이것을 식 (5.51)에 대입하면

$$\dot{I}_s = (m' - jn') E_s \underline{/\theta} - \frac{E_r}{b} \underline{/-\beta} \qquad (5.55)$$

$$\dot{I}_r = \frac{1}{b} E_s \underline{/\theta - \beta} - (m - jn) E_r$$

로 된다.

전력은 전압 벡터에 전류의 공액 벡터를 곱한 것이므로, 가령 송전단 전력 $\dot{W}_s$ 는

$$\dot{W}_s = \dot{E}_s \dot{I}_s^* = E_s \underline{/\theta} \left\{ (m' + jn') E_s \underline{/-\theta} - \frac{E_r}{b} \underline{/\beta} \right\}$$

$$= (m' + jn') E_s^2 - \frac{E_s E_r}{b} \underline{/\theta + \beta}$$

$$= (m' + jn') E_s^2 - \rho \underline{/\theta + \beta} \qquad (5.56)$$

여기서, $\rho = \dfrac{E_s E_r}{b}$ 로 된다.

한편 $\dot{W}_s = P_s + jQ_s$이므로 윗식을 풀어서 실수 부분과 허수 부분으로 나누어주면

$$P_s = m'E_s{}^2 - \rho\cos(\theta+\beta)$$
$$= m'E_s{}^2 - \rho\sin(90° - \theta - \beta)$$
$$= \rho\sin(\theta - 90° + \beta) + m'E_s{}^2 \quad (5.57)$$

$$Q_s = n'E_s^2 - \rho\sin(\theta+\beta)$$
$$= n'E_s{}^2 - \rho\cos(90° - \theta - \beta)$$
$$= -\rho\cos(\theta - 90° + \beta) + n'E_s^2 \quad (5.58)$$

로 된다.

마찬가지로 수전단 전력 $\dot{W}_r$도

$$\dot{W}_r = \dot{E}_r\dot{I}_r^* = E_r\underline{/0}\left\{\frac{1}{b}E_s\underline{/\beta-\theta} - (m+jn)E_r\right\}$$
$$= \frac{E_sE_r}{b}\underline{/\beta-\theta} - (m+jn)E_r{}^2$$
$$= \rho\underline{/\beta-\theta} - (m+jn)E_r{}^2 \quad (5.59)$$

따라서

$$P_r = \rho\cos(\theta-\beta) - mE_r{}^2$$
$$= \rho\cos(\beta-\theta) - mE_r{}^2$$
$$= \rho\sin(\theta + 90° - \beta) - mE_r{}^2 \quad (5.60)$$

$$Q_r = -\rho\sin(\theta-\beta) - nE_r{}^2$$
$$= \rho\sin(\beta-\theta) - nE_r{}^2$$
$$= \rho\cos(\theta + 90° - \beta) - nE_r{}^2 \quad (5.61)$$

이상은 송 · 수전단에서의 전력 P_s, Q_s, P_r, Q_r를 구하는 계산식으로서 송전 용량, 송전 특성 등을 계산하는데 중요한 식이다.

또한, 위의 각 식을 유도하기까지에는 대칭 3상 송전선의 1상분을 사용하였으므로 위 식의

3배가 곧 3상 전력을 나타낸다. 한편 위 식의 E_s, E_r는 상전압이므로 선간 전압 V_s, V_r을 쓰고자 할 경우에는

$$V_s = \sqrt{3}E_s$$
$$V_r = \sqrt{3}\ E_r$$

로 하면 된다. 이 경우에는 전력 계산식이 각각 E_s, E_r의 2차식으로 되어 있기 때문에 V_s, V_r로 계산한 전력값은 모두 E_s, E_r로 계산한 값의 3배가 되어 자동적으로 3상 전력을 나타낸다. 또, V_s, V_r를 [kV]의 단위로 나타내면 P_s, P_r 및 Q_s, Q_r는 각각 [MW], [MVar]의 단위로 되어 아주 편리해진다.

5.6 전력 원선도

앞에서 설명한 바와 같이 정전압 송전 방식의 채택에 따라 송・수전단 전력은 전압의 크기가 각각 일정하다고 하면, 송・수전단 전압간의 상차각 θ의 변화에 따라서 움직이게 된다. 따라서 정전압 송전에서의 $\dot{W}_s$와 $\dot{W}_r$의 변화를 그리면 그 궤적은 원으로 된다.

앞에서 본 바와 같이 식 (5.56), (5.59)에서

$$\dot{W}_s = P_s + jQ_s = (m' + jn')E_s^{\ 2} - \rho\underline{/\theta+\beta}$$
$$\dot{W}_r = P_r + jQ_r = -(m+jn)E_r^{\ 2} + \rho\underline{/\beta-\theta}$$

이므로 이것을 변형하면 다음과 같이 된다.

$$(P_s - m'E_s^{\ 2}) + j(Q_s - n'E_s^{\ 2}) = -\rho\underline{/\theta+\beta} \tag{5.62}$$
$$(P_r + mE_r^{\ 2}) + j(Q_r + nE_r^{\ 2}) = \rho\underline{/\beta-\theta}$$

양변의 거리(절대값)을 구하고 이를 제곱하면

$$(P_s - m'E_s^{\ 2})^2 + (Q_s - n'E_s^{\ 2})^2 = \rho^2 \tag{5.63}$$
$$(P_r + mE_r^{\ 2})^2 + (Q_r + nE_r^{\ 2})^2 = \rho^2$$

로 되는데, 이것은 곧 중심이 $(m'E_s{}^2,\ n'E_s{}^2)$ 및 $(-mE_r{}^2,\ -nE_r{}^2)$이고 반지름이 $\rho = \dfrac{E_s E_r}{b}$ 인 원을 나타내는 것이다.[1)]

$$
\begin{aligned}
&\text{송전원의 중 \ 심} : E_s{}^2(m' + jn') \\
&\text{송전원의 반지름} : \frac{E_s E_r}{b} \\
&\text{수전원의 중 \ 심} : -E_r{}^2(m + jn) \qquad (5.64) \\
&\text{수전원의 반지름} : \frac{E_s E_r}{b}
\end{aligned}
$$

그림 5.20은 이 관계식을 그려 보인 것인데 통상 이것을 **전력 원선도**라고 부르고 있다. 이중 그림의 위쪽의 원이 송전단 전력 원선도를, 아래쪽의 원이 수전단 전력 원선도를 나타낸다.

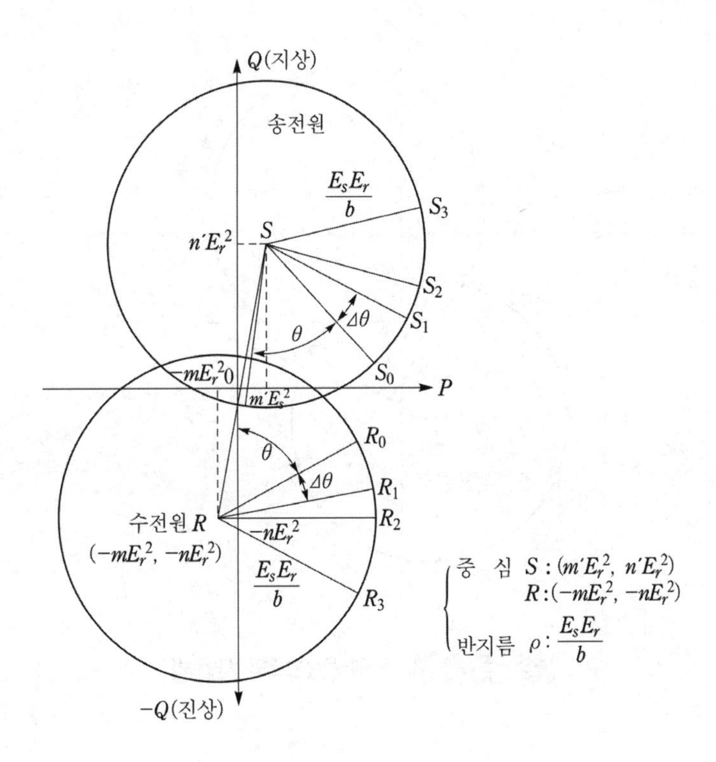

그림 5.20 **전력 원선도**

1) 정전압 송전 방식에서는 항상 E_s, E_r의 크기를 일정하게 유지하므로 ρ는 일정한 값을 갖게 된다.

정전압 송전 방식에서는 항상 ρ가 일정하므로 송 · 수전단 전력은 언제나 이 원선도의 원주상에 존재하지 않으면 안 된다. 앞서 보였던 송 · 수전 전력 계산식을 사용해서 각 전력을 정밀하게 계산하는 대신에 이 원선도를 그려 가지고 직접 그 크기를 알 수 있다는 것이 전력 원선도법의 장점이라고 하겠으나 단, 여기에는 오차가 일부 포함된다는 것은 불가피한 일이다.

원선도를 사용해서 송전 특성을 개략 계산하려면 다음과 같이 한다. 즉, 그림 5.21에 나타낸 바와 같이 송전원과 수전원의 원주상에 기준선으로부터 일정 각도마다 눈금을 매겨 두면 수전원상의 점 (G)으로부터 그에 상당하는 송전원상의 점 (C)을 구하기 위해서는 그저 그 각도의 눈금이 같은 점을 읽기만 하면 되고 이와같이 해서 임의의 상차각에서 운전할 때의 송 · 수전단 전력의 움직임을 쉽게 알아볼 수 있다. P_s, Q_s, P_r, Q_r를 알게 되면 이들로부터 손실 $P_s - P_r$, 송전선의 역률(P와 Q로부터 구해진다), 기타의 제특성도 쉽게 계산해 낼 수 있다.

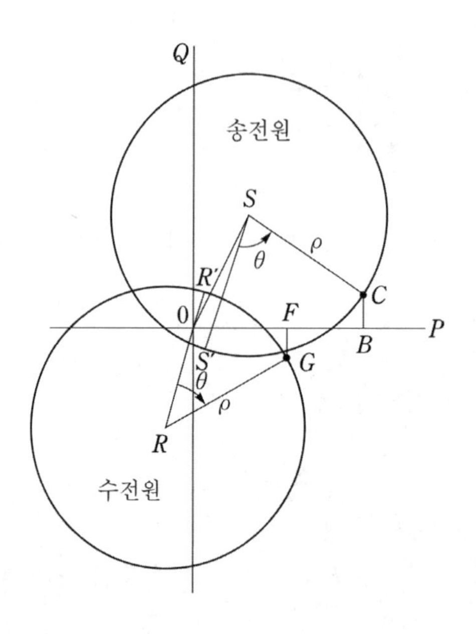

그림 5.21 전력 원선도의 사용법

5.7 전압 조정

5.7.1 전력 원선도와 전압 유지

전력 원선도로부터 알 수 있는 바와 같이 정전압 송전에서는 P_s, Q_s, P_r, Q_r 중에서 어느 것이건 하나가 정해지면 그에 따라서 나머지가 전부 정해져 버린다. 예를 들어 지금 수전단에서 일정한 역률 하에서 임의의 전력 P_r를 받고 있다고 하면, 그에 따라서 수전단 무효 전력 Q_r이 정해지고, 또 이때의 값에 따라 송전단 전력 P_s, Q_s도 정해진다. 이 경우 송전단에서는 발전기가 계통이 요구하는 무효 전력을 공급할 수 있으므로 별 문제가 없지만, 수전단에서는 부하가 요구하는 무효 전력과 원선도(수전원)상에서 정해지는 무효 전력간에 차가 생기면 이 차에 해당하는 무효 전력을 따로 공급해 주어야 한다.

이것을 그림 5.22의 수전 원선도를 빌려 설명하면 다음과 같다. 먼저 OL을 부하 역률 직선이라고 한다.[2)]

앞에서 설명한 바와 같이 전력 원선도에서는 지상 무효 전력을 정으로 취하고 있으며 일반적으로 부하는 유도 전동기처럼 지상분이 많기 때문에 지상 부하의 경우에 대해서 설명한다.

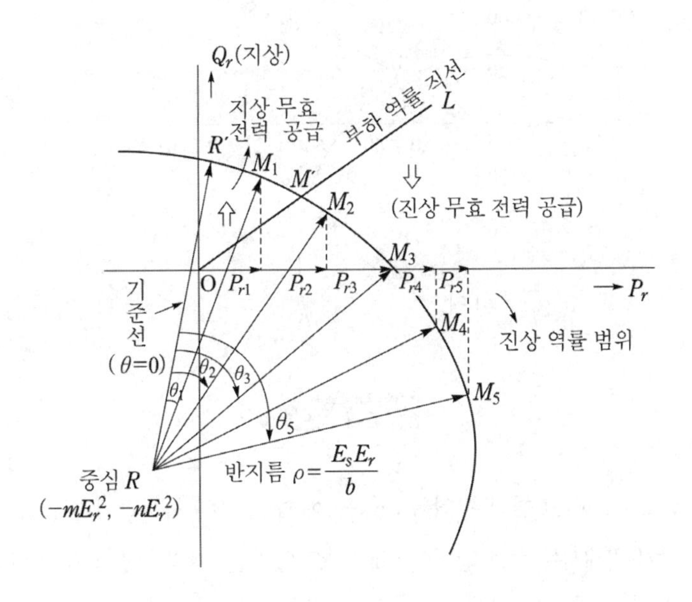

그림 5.22 수전 전력 원선도와 부하 곡선

2) 부하의 역률이 일정하면 $\tan^{-1}\theta = Q_r/P_r$로서 θ의 값이 일정하기 때문에 이때의 부하는 직선으로 표시된다.

그림에서 보는 바와 같이 부하가 커짐에 따라($P_{r1} \rightarrow P_{r2} \rightarrow P_{r3} \rightarrow \cdots$) 이를 수전하기 위한 수전원에서의 점도 $M_1 \rightarrow M_2 \rightarrow M_3 \rightarrow \cdots$와 같이 원주상을 이동해 간다.

원점 O와 원주상의 이들 점을 연결한 것이 이때의 수전 전력 벡터가 되는데 그림에서 곧 알 수 있는 바와 같이 부하가 커짐에 따라 수전단의 역률은 지상 역률의 낮은데로부터 점점 좋아져서($M_1 \rightarrow M_2 \rightarrow \cdots$), 드디어 역률 1($M_3$점)을 넘어서 진상 역률 범위($M_3 \rightarrow M_4 \rightarrow M_5 \rightarrow \cdots$)로 들어가게 된다.

이것은 어디까지나 정전압 송전 방식에서 송·수전단 전압값이 일정하게 유지되고 있어서 전력은 양단 전압간의 위상차의 변화에만 의해서 이루어지기 때문이다.

한편 부하의 역률은 보통 지상의 0.8~0.9 부근에서 일정한 경우가 많다. 따라서 이 부하 직선(OL)과 원선도는 M점에서만 서로 만나게 된다. 교점 M에 상당하는 부하 전력을 받고 있을 경우에는 아무 문제가 없지만 이 이외의 부하 전력을 공급받기 위해서는 수전단에서 별도로 무효 전력을 공급해서 조정해 주지 않으면 안 된다.

이들 관계를 그림 5.23을 빌려서 설명하면 다음과 같다.

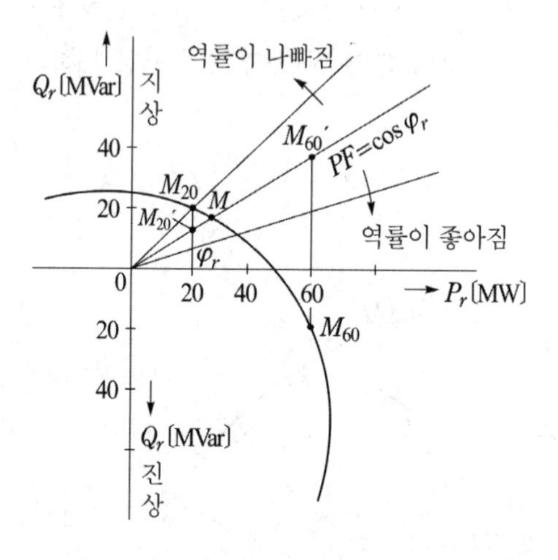

그림 5.23

지금 부하 역률을 $\cos\varphi_r$ 라고 한다면 역률 $\cos\varphi_r$ 에 대한 부하 직선과 수전원과의 교점 M에 해당하는 수전 전력을 받기 위해서는 무효 전력이 따로 필요 없지만, 가령 수전 전력 60[MW]를 필요로 할 경우에는 이에 상당하는 부하 전력은 M_{60}'의 점으로 되는데 원선도상에서 $P_r = 60$[MW]에 해당하는 점은 M_{60}이므로 결국 $\overline{\mathrm{M}_{60}\mathrm{M}_{60}'}$의 길이에 해당하는 진상 무효 전력($\mathrm{M}_{60}\mathrm{M}_{60}' \fallingdotseq 40$[MVar])을 수전단에서 따로 공급해 주어야만 수전 전력을 수전 원선도상에 실을 수가 있다. 마찬가지로 M점보다 작은 수전 전력, 가령 이것이 20[MW]일 경우에는 이에 상당하는 부하 전력은 M_{20}'점인데 원선도 상에서 $P_r = 20$[MW]에 상당하는 점은 M_{20}으로 되기 때문에 이 경우에는 $\overline{M_{20}'M_{20}}$에 해당하는 지상 무효 전력(≒ 10[MVar])을 수전단에서 따로 공급해 주어야만 수전 전력을 원선도 상에 실을 수 있다.

이상에서 알 수 있는 바와 같이 부하가 M점을 초과할 경우에는(중부하시) 수전단에서 진상 무효 전력을 공급하고 부하가 M점보다 줄어들었을 경우에는(경부하시) 반대로 지상 무효 전력을 공급해 주어야만 송・수전단 전압을 일정하게 유지할 수 있다(M′→ M점으로 옮김).

이때, 필요한 조상 용량, 즉 무효 전력 소요량은 부하를 나타내는 부하 직선과 이에 해당하는 전력 원선도상의 점과의 간격(수직 거리)으로 구해진다. 임의의 역률의 부하에 대해서도 그에 해당하는 부하 직선을 그려 줌으로써 이때 소요될 조상 용량의 크기를 쉽게 구할 수 있다.

그림 5.25는 전력 원선도 이용의 일례로서 송전 선로의 유효 전력 손실과 무효 전력 손실을 도식적으로 구할 수 있다는 것을 보인 것이다.

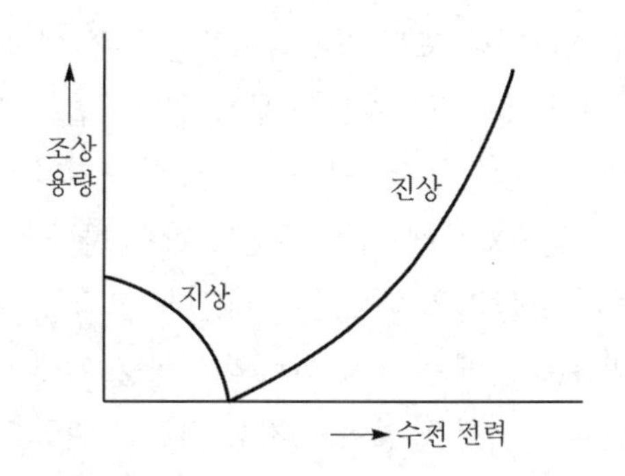

그림 5.24 부하 전력과 조상 용량과의 관계

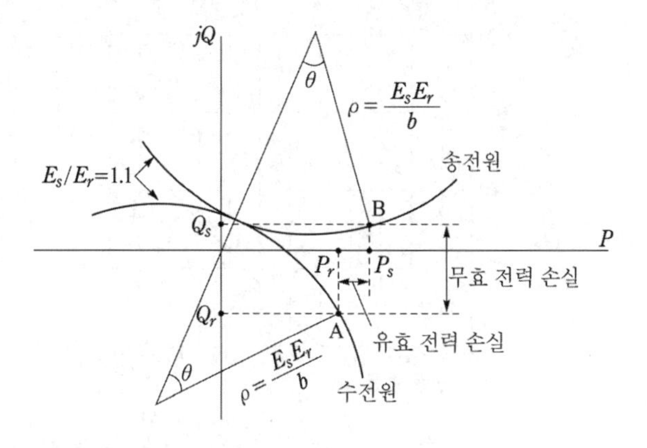

그림 5.25 전력 원선도상의 P 손실과 Q 손실

이상으로부터 전력 원선도를 사용함으로써 다음과 같은 사항을 알 수 있다.

① 필요한 전력을 보내기 위한 송・수전단 전압간의 상차각
② 송・수전할 수 있는 최대 전력
③ 선로 손실과 송전 효율
④ 수전단의 역률(조상 용량의 공급에 의해 조정된 후의 값)
⑤ 요구하는 부하 전력을 수전단에서 받기 위해서 필요로 하는 조상 용량

5.7.2 동기 조상기

송전선을 일정한 전압으로 운전하기 위해서는 부하단에서 무효 전력을 공급할 수 있는 조상 설비가 꼭 필요하다. 이중 **동기 조상기**(synchronous condenser)는 동기 전동기를 영역률(기계적으로 무부하)로 운전해서 그 전기자 반작용에 기인하는 V 특성을 이용해서 중부하시에는 과여자로 진상 전류를 취하거나 또는 경부하시에는 부족 여자로 지상 전류를 취해서 송전선의 역률을 조정하는 것이다. 즉, 조상기는 무부하 운전하면서 직류의 계자 회로의 저항을 가감함으로써 전기자에 흐르는 전류의 위상을 90° 앞서게 하거나 90° 뒤지게 해서 송전 선로에 송전되는 P와 Q를 전력 원선도상에 실어 주는 역할을 한다.

이 관계를 나타낸 것을 **동기 조상기의 V곡선**이라 한다. 그림 5.26의 V곡선에서 알 수 있는 바와 같이 부하가 많이 걸리는 주간에는 계자 회로의 저항을 빼내어 진상 전류를 취하고 부하가 적게 걸리는 심야에는 반대로 저항을 넣어서 지상 전류를 취함으로써 부하 변동에 관계 없이 항상 부하의 단자 전압을 일정하게 유지하고 있다.

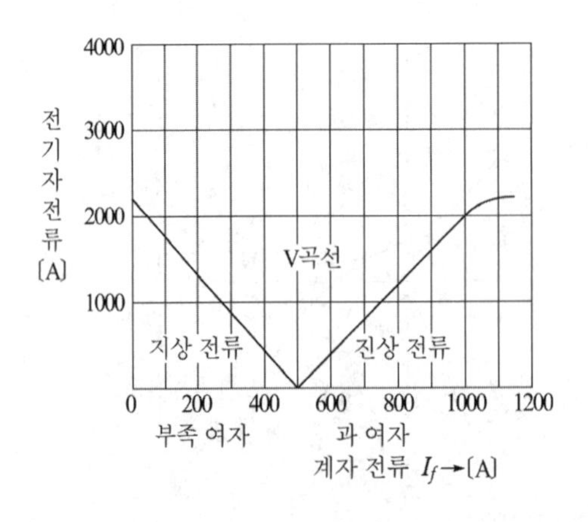

그림 5.26 동기 조상기의 V곡선

5.7.3 전력용 콘덴서

동기 조상기는 지상으로부터 진상까지 연속적인 조정이 가능하지만 회전기이기 때문에 가격이 비싸므로 최근에는 전력용 콘덴서가 중부하시의 전압 조정용으로 사용되는 경우가 많다. 전력용 콘덴서는 정지 기기이기 때문에 가격이 싸고 손실도 적고, 또 소음도 없다는 장점이 있다. 다만 콘덴서는 조상기처럼 원활한 조정이 안 되고 단계적으로 투입, 조정되기 때문에 일반적으로는 콘덴서의 설비 용량을 적당한 용량군(이것을 보통 **뱅크 용량**이라고 한다)으로 나누고 각 군마다 차단기를 두어 가지고 부하의 증감에 맞추어 이것을 개폐하고 있다. 표 5.3은 동기 조상기와 전력용 콘덴서・분로 리액터와의 비교를 보인 것이다.

표 5.3 조상 설비의 비교

비교 대상 항목	동기 조상기	전력용 콘덴서	분로 리액터
가격 및 연경비	비싸다	싸다	싸다
무효 전력 흡수 능력	진상・지상	진상뿐	지상뿐
조정의 형태	연속적	단계적(뱅크용량의 ON-OFF)	단계적
전압 유지 능력	크다	작다	작다
출력에 대한 전력 손실의 비율	1.5～2.5[%]	0.3[%] 이하	0.6[%] 이하
보수의 난이도	번잡하다	쉽다	쉽다

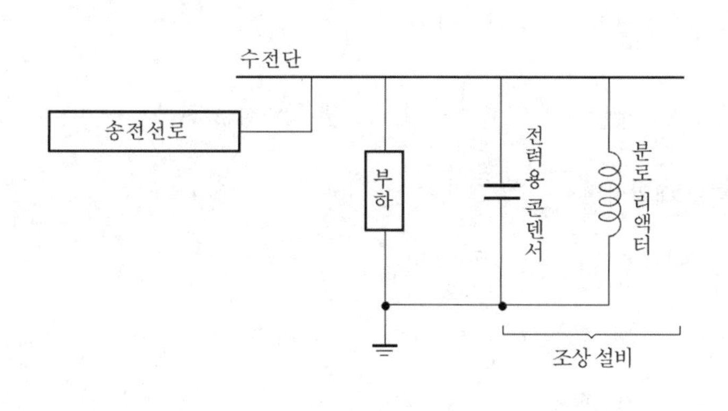

(a) 조상 설비의 설치 예

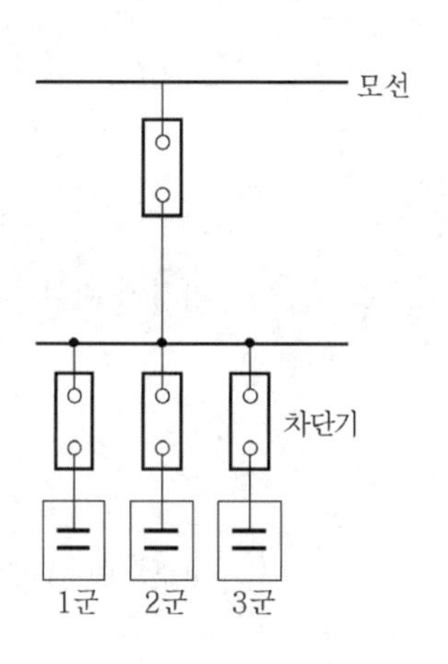

(b) 뱅크 용량의 일례

그림 5.27 조상 설비의 구성

최근에는 사이리스터를 이용하여 병렬콘덴서와 리액터를 신속하게 접속제어(0.004초)하여 무효전력 및 전압을 제어하는 SVC(정지형 무효전력장치)가 많이 사용되고 있다. SVC의 특징은 응답 특성이 빠르며 조작에 제한이 거의 없고 신뢰성이 높으며 유지보수가 간단하고 조작성이 뛰어나다는 점에 있다.

예제 5.13 **어떤 3상 3선식 송전 선로의 일반 정수 회로가 $\dot{A} = \dot{D} = 0.96,\ \dot{B} = j52[\Omega]$, $\dot{C} = j1.51 \times 10^{-3}[\mho]$라고 한다. 다음 조건을 만족시켜 주기 위하여 설치해야 할 조상 설비의 용량을 구하여라.**

(1) 수전단에 300[MW], 역률 90[%](지상)의 부하를 공급하고 송전단 전압을 147[kV], 수전단 전압을 140[kV]로 유지하고자 할 경우

(2) 위와 같은 조건에서 부하가 50[MW]로 낮추어졌을 경우

먼저 식 (5.54)에 따라 원선도를 그리기 위한 정수를 구한다.

$$m - jn = \frac{\dot{A}}{\dot{B}} = \frac{0.96}{j52} = -j\frac{0.24}{13} \qquad \therefore\ m = 0,\ n = \frac{0.24}{13}$$

$$m' - jn' = \frac{\dot{D}}{\dot{B}} = \frac{\dot{A}}{\dot{B}} \qquad \therefore\ m' = 0,\ n' = \frac{0.24}{13}$$

$$\frac{1}{b} = \frac{1}{\dot{B}} = \frac{1}{j52} = \left|\frac{1}{52}\right| \angle -90°$$

식 (5.63)의 송·수전단 전력 계산식으로부터

$$(P_r + mV_r^2)^2 + (Q_r + nV_r^2)^2 = \left(\frac{V_s V_r}{b}\right)^2 \qquad \text{(*주) 3상분 전력}$$

여기에 위의 각 정수를 대입하면

$$P_r^2 + \left(Q_r + \frac{0.24}{13} \times 140^2\right)^2 = \left(\frac{147 \times 140}{52}\right)^2$$

$$= P_r^2 + (Q_r + 361.8)^2 = (395.8)^2$$

이로부터 그림 5.28에 보는 바와 같이

중 심 : (0, −361.8)
반지름 : 395.8

의 수전단 전력 원선도를 그릴 수 있다.

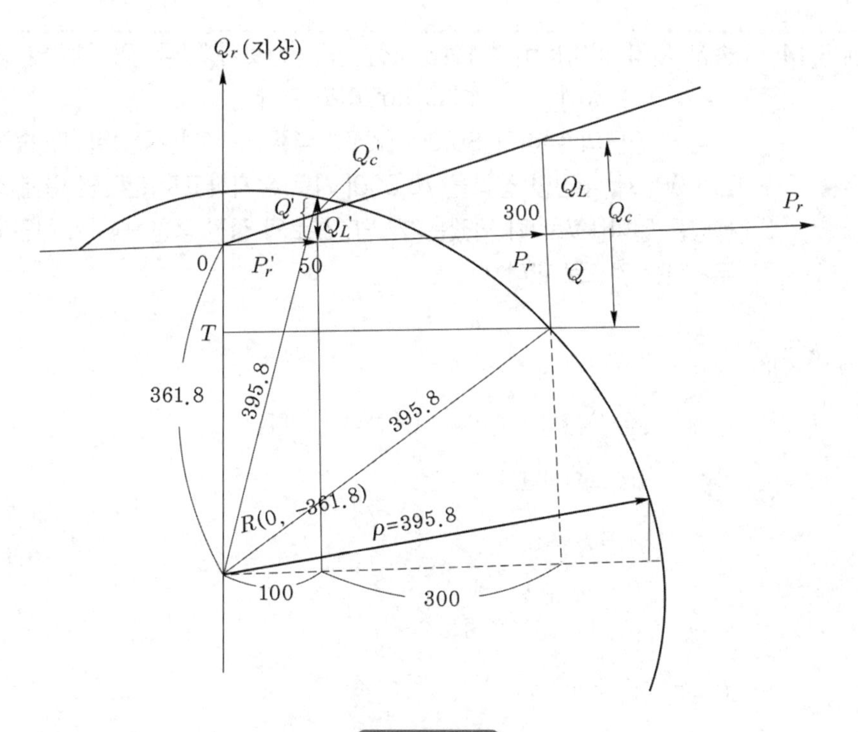

그림 5.28

(1) $P_r = 300$[MW]일 경우

부하의 무효 전력 Q_L는

$$Q_L = P_r \tan\varphi_r = P_r \frac{\sin\varphi_r}{\cos\varphi_r} = 300 \times \frac{\sqrt{1-0.9^2}}{0.9} = 145.3[\text{MVar}]$$

수전단 원선도의 원주상에 실릴(곧 이때 공급될) 무효 전력 Q는 그림에서 $\overline{OR} - \overline{RT}$이므로

$$Q = 361.8 - \sqrt{395.8^2 - 300^2} = 103.6[\text{MVar}] \text{ (진상 무효 전력)}$$

따라서 이때 필요한 조상 용량 Q_c는 진상 무효 전력으로서

$$Q_c = Q_L + Q = 248.9[\text{MVar}]$$

(2) $P_r = 50$[MW]일 경우

$$Q_L' = P_r' \tan\varphi = 50 \times \frac{\sqrt{1-0.9^2}}{0.9} = 24.2[\text{MVar}]$$

$$Q' = \sqrt{395.8^2 - 50^2} - 361.8 = 30.8\,[\text{MVar}]$$

$$\therefore\ Q_c' = Q' - Q_L' = 6.6[\text{MVar}] \text{ (지상 무효 전력임)}$$

예제 5.14 송전 거리 100[km]의 1회선 3상 송전 선로가 있다. 이 선로의 선로 정수는 $r=0.2[\Omega/\text{km}]$, $x=0.5[\Omega/\text{km}]$라고 한다.
지금 수전단의 부하가 30,000[kW], 역률 80[%](지상)일 때 송전단 전압을 77,000[V], 수전단 전압을 70,000[V]로 유지하고자 한다면 이때 소요될 조상 용량은 얼마[kVar]가 되겠는가? 단, 선로의 정전 용량, 송・수전단의 변압기는 무시하는 것으로 한다.

풀이 송전단 전 구간의 임피던스 $\dot{Z}$는

$$Z=0.2\times 100+j0.5\times 100=20+j50[\Omega]$$

따라서 이 선로의 4단자 정수는

$$\dot{A}=\dot{D}=1$$
$$\dot{B}=\dot{Z}=20+j50$$
$$C=0\ (\because \text{ 정전 용량 무시})$$

원선도 정수를 구하면

$$\frac{\dot{A}}{\dot{B}}=m-jn=\frac{1}{20+j50}=0.0069-j0.0017=m'-jn'$$
$$\left(\because\ \frac{\dot{A}}{\dot{B}}=\frac{\dot{D}}{\dot{B}}\right)$$

따라서

$$m=m'=0.0069$$
$$n=n'=0.0017$$
$$\frac{1}{\dot{B}}=\frac{1}{b}=\frac{1}{20+j50}=\frac{1}{53.85}\angle -68.2°$$

곧, $\frac{1}{b}=\frac{1}{53.85}$, $\beta=68.2°$

따라서

$$\rho=\frac{E_s E_r}{b}=\frac{77{,}000/\sqrt{3}\times 70{,}000/\sqrt{3}}{53.85}=33{,}364.284$$

한편 제의에 따라 1상당의 수전 전력 P_r은

$$30{,}000/3=10{,}000[\text{kW}]$$

이다.

이들 각 데이터를 식 (5.60)에 대입하면

$$P_r = \rho \sin(\theta + 90° - \beta) - mE_r^{\ 2}$$

$$10{,}000 \times 10^3 = 33{,}364.284 \sin(\theta + 90 - 68.2) - 0.0069 \cdot \left(\frac{70{,}000}{\sqrt{3}}\right)^2$$

$$10{,}000{,}000 = 33{,}364.284 \sin(\theta + 21.8) - 11{,}270.661$$

$$\sin(\theta + 21.8) = 0.6375$$

$$\therefore\ \theta = 17.8°$$

마찬가지로 $Q_r = \rho\cos(\theta + 90 - \beta) - nE_r^{\ 2}$에 위에서 얻은 θ를 대입하면

$$Q_r = 33{,}364.284\cos(17.8 + 90 - 68.2) - 0.0017 \times \left(\frac{70{,}000}{\sqrt{3}}\right)^2$$

$$= 33{,}644.284\cos 39.6° - 27{,}768.296$$

$$= 25{,}707.181 - 27{,}768.296$$

$$= -2{,}061.1[\text{Var}]\ (\text{진상 무효 전력})$$

이상은 1상분이므로 3상분 Q_{3r} 은

$$Q_{3r} = -6{,}183.3[\text{kVar}]\ (\text{진상})$$

한편 부하 자체가 필요로 하는 무효 전력 Q_L은

$$Q_L = P_L \tan\varphi = 30{,}000 \times \frac{\sin\varphi}{\cos\varphi} = 30{,}000 \times \frac{0.6}{0.8}$$

$$= 22{,}500\,[\text{kVar}]\ (\text{지상})$$

따라서 이때 소요될 조상 용량 Q_c는

$$1\text{상분}:\ Q_c = -2{,}061.1 - \frac{22{,}500}{3} = 9{,}561.1[\text{kVar}]\ (\text{진상})$$

$$3\text{상분}:\ Q_{3c} = -6{,}183.3 - 22{,}500 = 28{,}683.3[\text{kVar}]\ (\text{진상})$$

5.8 선로의 충전에 의한 장해

5.8.1 페란티 현상

장거리 송전 선로에서는 정전 용량의 영향이 크게 나타난다. 특히 무부하의 송전선을 충전할 경우에는 문제가 많다.

일반적으로 부하의 역률은 지상 역률이기 때문에 비교적 큰 부하가 걸려 있을 때에는 전류가 전압보다 위상이 뒤져 있는 것이 보통이다. 그림 5.29 (a)처럼 지상 전류가 송전선이나 변압기를 흐르게 되면 송전단 전압은 수전단 전압보다도 높아진다.

그런데, 부하가 아주 작을 경우, 특히 무부하의 경우에는 선로의 정전 용량 때문에 전압보다 위상이 90° 앞선 충전 전류의 영향이 커져서 선로를 흐르는 전류가 진상으로 되는 수가 있다.

이러한 경우에는 그림 5.29 (b)에 보인 것처럼 이 진상 전류 I_c와 선로의 자기 인덕턴스에 의한 기전력 때문에 수전단의 전압은 송전단의 전압보다도 높아진다. 이러한 현상을 **페란티 현상**(또는 **페란티 효과**)이라고 부른다.

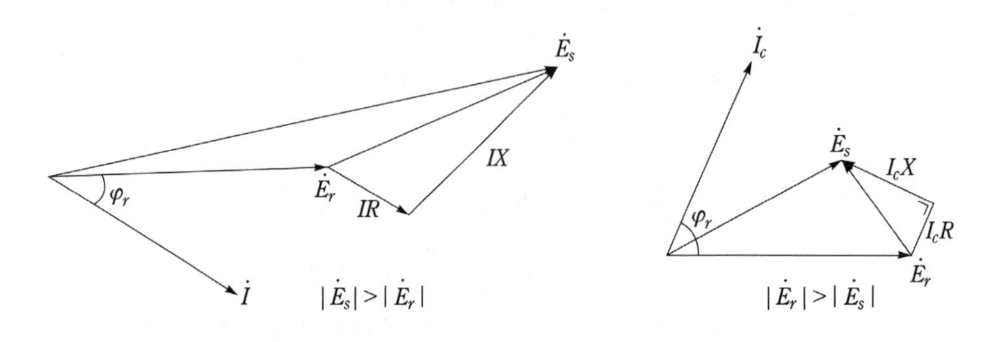

(a) 지상 전류가 흐를 경우의 벡터도 (b) 진상 전류가 흐를 경우의 벡터도

그림 5.29

일반적으로 이러한 현상은 송전선의 단위 길이당의 정전 용량이 클수록, 또 송전 선로의 길이가 길수록 현저해진다. 그 결과 선로 내의 전압은 송전단이 제일 낮고 송전단으로부터 멀리 떨어질수록 점점 높아지며 수전단의 개방단에서 최고값을 보이게 된다.

또, 장거리 무부하 송전선을 시충전할 경우에는 E_r가 정격 전압에 같게 되게끔 E_s로 충전하는 것이 보통이다. 이때 1상당의 충전 용량은 $\dot{W}_s = \dot{E}_s \dot{I}_s^*$로 되는데 이때 선로는 무부하로 수전단 R이 개방되고 있기 때문에($\dot{I}_r = 0$) 송전단 전류 $\dot{I}_s$는 $\dot{I}_s = \dot{C}\dot{E}_r$ 로 된다. 한편 같은 관계에서 $\dot{E}_s = \dot{A}\dot{E}_r$ 이기 때문에 $\dot{E}_r = \frac{1}{\dot{A}}\dot{E}_s$ 이다.

따라서 이들 관계로부터 1상당의 충전 용량 $\dot{W}_s$는

$$\dot{W}_s = \dot{E}_s \dot{I}_s^{\ *} = \dot{E}_s \cdot \dot{C}^* \dot{E}_r^{\ *}$$

$$= \dot{E}_s C^* \cdot \frac{1}{\dot{A}} \dot{E}_s^{\ *} = \dot{E}_s^{\ 2} \frac{\dot{C}^*}{\dot{A}}$$

$$\therefore \left| \dot{W}_s \right| = E_s^{\ 2} \left| \frac{\dot{C}^*}{\dot{A}} \right| \tag{5.65}$$

로 계산할 수 있다.

예제 5.15 1상분의 등가 회로가 그림 5.30과 같이 표현되는 무부하의 지중 송전 선로가 있다. 지금 $L = 30$[mH], $C = 40[\mu$F]이고 전원의 주파수가 60[Hz]일 때 이 선로에서는 페란티 현상으로 수전단 전압은 송전단 전압에 비해 몇 [%] 상승하겠는가?

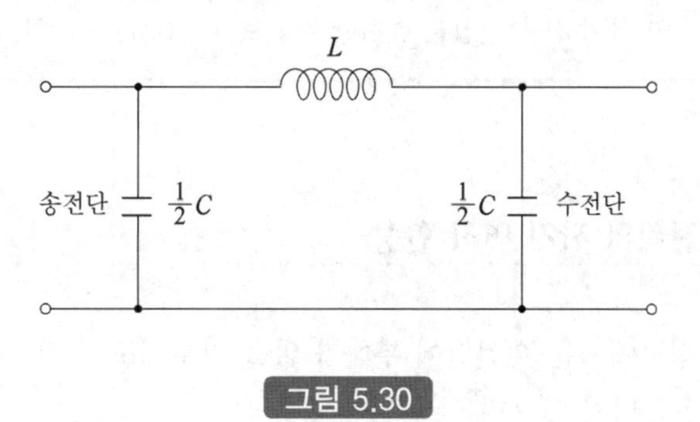

그림 5.30

수전단 전압을 E_r[V]라고 하면 수전단측의 정전 용량$\left(\frac{1}{2}C\right)$에 흐르는 전류(=충전 전류) I는

$$I = j2\pi \times 60 \times 40 \times \frac{1}{2} \times 10^{-6} \times E_r \fallingdotseq j7.536 E_r \times 10^{-3} [\text{A}]$$

선로의 L 부분에 발생하는 전압은

$$I \cdot \dot{Z}_L = j7.536E_r \times 10^{-3} \times j(2\pi \times 60 \times 30 \times 10^{-3}) \fallingdotseq -0.085E_r \text{[V]}$$

이것은 전압 강하인데 전압 강하가 (−)라고 하는 것은 송전단 전압 E_s가

$$E_s = E_r(1-0.085) \fallingdotseq 0.915E_r \text{[V]}$$

로 되어 수전단 전압은 송전단 전압에 대해

$$\frac{E_r}{E_s} = \frac{1.00}{0.915} = 1.093$$

즉, 9.3[%]만큼 상승하게 된다.
이 문제는 아래와 같이 전기 회로 계산식을 써서 직접 구할 수도 있다.
지금 송전단 전압을 $\dot{E}_s$, 수전단 전압을 $\dot{E}_r$라고 하면

$$\dot{E}_r = \dot{E}_s \times \frac{\dfrac{1}{j\omega\dfrac{C}{2}}}{j\omega L + \dfrac{1}{j\omega\dfrac{C}{2}}} = \dot{E}_s \frac{1}{1-\omega^2\dfrac{LC}{2}}$$

$$\therefore \frac{\dot{E}_r}{\dot{E}_s} = \frac{1}{1-\omega^2\dfrac{LC}{2}} = \frac{1}{1-(120\pi)^2\dfrac{30\times 10^{-3}\times 40\times 10^{-6}}{2}} \fallingdotseq 1.093$$

따라서 수전단 전압은 송전단 전압보다 9.3[%] 상승한다.

5.8.2 발전기의 자기 여자 현상

장거리 송전 선로에서는 수전단에 부하가 없을 경우에도 정전 용량에 의한 충전 전류가 송전단으로부터 공급되지 않으면 안 된다.

이 충전 전류는 발전기 전압보다 위상이 약 90° 앞서 있기 때문에 교류 발전기의 전기자 반작용에 의해 지상 전류의 경우와는 반대로 발전기의 단자 전압은 오히려 상승한다. 따라서 만일 용량이 작은 발전기로 장거리 송전 선로를 충전할 경우(곧, 무부하 송전선에 발전기를 투입해서 운전할 경우)에는 발전기의 여자 회로를 개방한채로 발전기를 송전 선로에 접속하더라도 순식간에 발전기의 전압이 이상 상승할 수가 있다. 이 현상을 **발전기의 자기 여자 현상**이라고 하는데, 송전 선로를 시충전할 경우에는 이 자기 여자 현상이 일어나지 않도록 충분히 검토해서 임해야 한다.

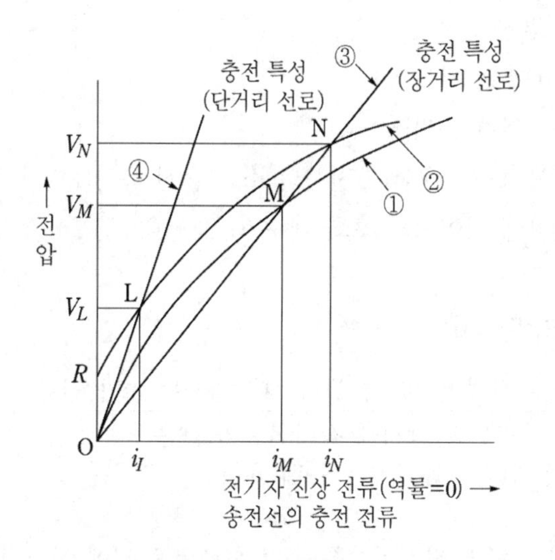

그림 5.31 **발전기의 자기 여자 현상**

이 현상을 설명하면 그림 5.31에 보이는 바와 같다.

그림에서 ①, ②는 발전기의 진상 전기자 전류(역률 = 0)에 의한 포화 특성으로서 ①은 무여자의 경우 ②는 여자 전류가 있는 경우(계자 전류로 무부하에서 $\overline{OR}$의 유기 전압을 내고 있을 경우)이다. ③, ④는 송전선의 충전 특성으로서 ③은 장거리 송전선으로서 정전 용량이 클 경우, ④는 단거리 송전 선로의 경우이다.

그림으로부터 정전 용량이 큰 ③의 장거리 송전 선로의 경우에는 무여자일지라도 전압은 V_M까지 상승하고, 여자 전류가 있을 경우에는 V_N까지 상승한다. 한편 단거리 송전 선로에서는 이와 같은 현상은 생기지 않는다.

즉, 송전 선로가 길 경우(곡선 ③)는 여자하지 않더라도 순식간에 전압이 M점까지 상승하지만 송전 선로가 짧을 경우(곡선 ④)에는 자기 여자가 일어나지 않고 무부하에서 OR의 유기 전압을 발생하는 여자를 걸었을 때에도 L점에서 멈추게 된다. 전압을 더 올리고 싶을 경우에는 계자 전류를 증가시키면 되고 이에 따라 전압은 곡선 ④에 따라서 상승하게 된다.

곡선 ①은 통상의 무부하 포화 곡선과 3상 단락 곡선으로부터 계자 전류를 파라미터로 해서 쉽게 얻을 수 있다.

한 대의 발전기로 자기 여자를 일으키지 않고 V'의 전압으로 충전할 수 있는가 어떤가를 조사하기 위해서는 발전기의 단락비가 아래 식의 K_s보다 큰가 어떤가를 알아보면 된다.

$$K_s \geq \frac{Q'}{Q}\left(\frac{V}{V'}\right)^2(1+\sigma) \tag{5.66}$$

여기서, V' : 충전 전압[kV]

V : 발전기의 정격 전압[V]

Q : 발전기의 정격 출력[MVA]

Q' : 충전 전압 V'에 대한 송전선의 소요 충전 용량[MVA]

σ : 정격 전압에 있어서의 포화 계수 (0.05~0.15)

K_s = **발전기의 단락비**

$$= \frac{\text{무부하로 정격전압을 발생하는데 요하는 여자 전류}}{\begin{matrix}\text{3상 단락시에 정격전류와 같은} \\ \text{지속 단락전류를 흘리는데 요하는 여자전류}\end{matrix}}$$

위 식으로부터 단락비가 큰 발전기일수록 송전 선로의 충전에 적합하다는 것을 알 수 있다. 그러나 발전기의 단락비는 1정도일 경우가 가장 경제적으로 되며 이것을 더 크게 한다는 것은 발전기가 대형으로 되어 값이 비싸져서 경제적이 못 된다.

다음 자기 여자의 방지 대책은 식 (5.66)에 나타낸 바와 같이 단락비가 큰 발전기로 충전하면 된다고 하고 있는데 이것은 간단히 말해서 아래와 같이 충전용의 발전기 용량이 선로의 충전 용량보다 커야 한다는 것을 뜻하는 것이다.

발전기 용량 > 선로의 충전 용량

곧, 식 (5.66)으로부터

$$Q \geq \frac{Q'}{K_s}\left(\frac{V}{V'}\right)^2 (1+\sigma) \tag{5.67}$$

다음 이 조건이 만족되지 않을 경우에는 수전단에 병렬 리액터를 접속한다. 즉, 병렬 리액터의 지상 용량으로 진상인 충전 용량의 일부를 상쇄해서 선로의 길이를 전기적으로 짧게 하는 것과 같은 효과를 얻을 수 있기 때문이다.

이상은 주로 장거리 송전 선로에서의 정전 용량의 영향에 대해서, 특히 무부하시에 미치게 되는 나쁜 영향에 대해서 설명하였다. 그러나, 이 정전 용량은 중부하시에는 반대로 부하의 무효 전력(지상)을 상쇄해서 송전선의 역률을 개선함으로써 전압을 향상시키고, 또 손실을 경감시킨다는 등 좋은 영향도 미치는 것이다.

예제 5.16 345[kV] 2회선 선로가 있다. 선로 길이가 250[km]이고 선로의 작용 용량이 0.01[μF/km]라고 한다. 이것을 자기 여자를 일으키지 않고 충전하기 위해서는 최소한 몇 [kVA] 이상의 발전기를 사용하여야 하는가? 단, 발전기의 단락비는 1.1, 포화율은 0.12라고 한다.

풀이 선로의 충전 용량을 구하기 위해서는 먼저 1선을 흐르는 충전 전류 I_c를 계산하여야 한다.

$$I_c = 2\pi f Cl \frac{V}{\sqrt{3}} = 2\pi \times 60 \times 0.01 \times 10^{-6} \times 250 \times \frac{345,000}{\sqrt{3}} = 187.2[\text{A}]$$

따라서, 2회선 선로의 충전 용량은

$$2 \times \sqrt{3}\, VI_c = 2 \times \sqrt{3} \times 345 \times 187.2 = 223,725[\text{kVA}]$$

따라서, 필요한 최소의 발전기 용량(정격 출력)은 식 (5.67)로부터

$$Q = \frac{223,725}{1.1} \times (1 + 0.12) = 227,793[\text{kVA}]$$

5.9 전력 조류 계산

이제까지 송전 선로에서의 송전 특성을 전력 원선도를 사용해서 설명하였다. 그러나, 이 전력 원선도라는 것은 어디까지나 송전단(발전기)과 수전단(부하, 즉 전동기)이 1대 1로 대응하는 간단한 2기 계통에 한해서만 그릴 수 있는 것이고[3], 또한 송・수전단 전압도 정전압 송전 방식을 채택해서 양단 전압을 일정하게 유지할 수 있다는 전제에서 가능하다.

그러나 실제의 송전 계통이란 이처럼 간단한 2기 계통으로 되어 있는 것이 아니다. 그야말로 수많은 발전기와 송전 선로가 복잡하게 연결되어서 분산된 부하에 전력을 공급하는 다기 계통으로 구성되고, 또 각 지점의 전압도 언제나 일정값으로 유지되는 것이 아니라 적당한 허

3) 전력 원선도는 원칙적으로는 2기 계통을 대상으로 하지만 특수한 경우 3기 계통에까지 확장해서 그릴 수 있다. 한편 정전압 송전 방식을 채용함으로써 각각 송수전단 전압이 일정한 값을 가질 경우 송・수전 전력 원선도는 각각 단일원을 그리게 되지만, 만일 이때 전압이 변화하게 되면 원선도의 반지름이 변화해서 동심원을 그리거나 또는 중심이 이동해서 여러 개의 원군을 그리게 되며 그 원군은 하나의 포락선으로 둘러싸이게 된다.

용 범위를 가지고 운전 상태에 따라 수시로 변화하고 있는 것이 보통이다. 따라서 이러한 일반 송전 계통의 송전 특성을 알아보기 위해서는 전력 원선도를 사용하는 도식해법은 쓸 수 없고 실제로는 이하 설명하고자 하는 전력 조류 계산에 의해서만 가능하다고 하겠다.

전력 조류 계산이란 그림 5.32에 보인 것처럼 수많은 발전기에서 발전된 유효 전력, 무효 전력 등이 어떠한 상태로 전력 계통 내를 흐르게 될 것인가, 또 이때 전력 계통 내의 각 모선이나 선로에서의 전압과 전류는 어떤 분포를 하게 될 것인가를 조사하기 위한 계산으로서 통상 전력 에너지의 흐름을 나타내는 요소로서 전압과 전력을 사용하고 있다. 발전기라든가 송전선, 변압기 등 계통을 구성하는 설비의 전기적 특성과 그 운용 상태 및 각 설비 상호간의 접속 상태가 주어지면 전압의 크기나 전력의 흐름은 그 어떤 방정식으로 기술된다. 이 방정식은 일반적으로 비선형의 연립 방정식이라는 형태로 표현되며 전력 방정식이라고 불려지고 있다. 따라서, 조류 계산이란 주어진 계통 조건으로부터 **전력 방정식**을 정식화하고 이것을 풀어서 계통 내의 각 점의 전압 분포라든가 각 선로를 흐르는 전력 조류, 기타 전력 손실 등을 구하는 계산이라고 말할 수 있다.

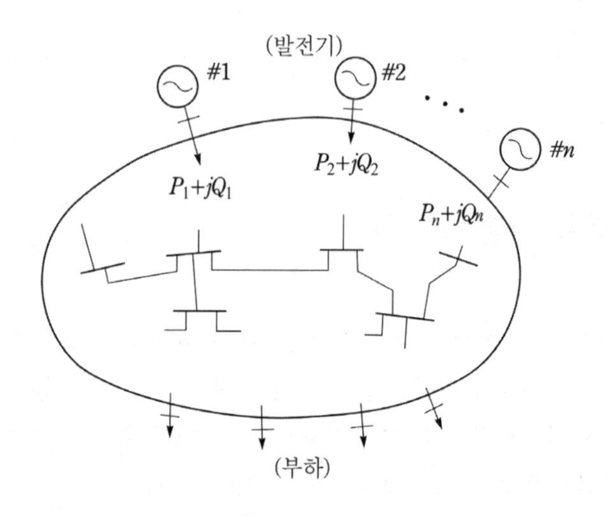

그림 5.32 전력 계통의 모델

지금 그림 5.33과 같은 전력 회로에서 모선 1에 위에서부터 유입하는 전류(이것을 모선 1의 모선 전류라 한다)를 $\dot{I}_1$ 이라 하면, $\dot{I}_1$ 은 모선 1로부터 흘러나가는 세 개의 전류 $\dot{I}_{11}$, $\dot{I}_{12}$, $\dot{I}_{13}$의 합과 같아야 된다(이것은 키르히호프의 제1법칙을 의미하는 것이다).

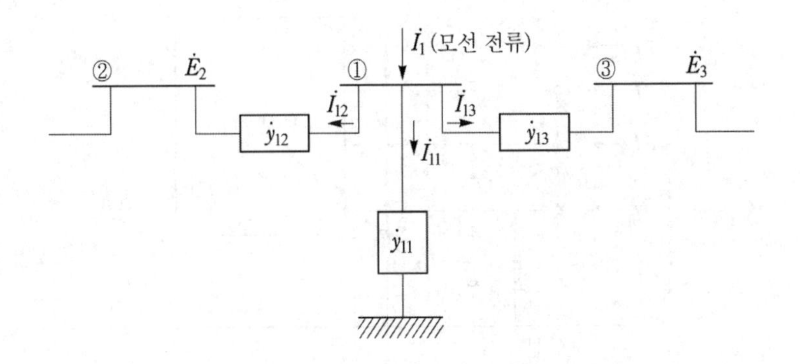

그림 5.33 전력 회로의 일례

$$\dot{I}_1 = \dot{I}_{11} + \dot{I}_{12} + \dot{I}_{13} = \dot{E}_1\dot{y}_{11} + (\dot{E}_1 - \dot{E}_2)\dot{y}_{12} + (\dot{E}_1 - \dot{E}_3)\dot{y}_{13} \tag{5.68}$$

위 식을 다음과 같이 변형하여 본다.

$$\dot{I}_1 = \dot{E}_1(\dot{y}_{11} + \dot{y}_{12} + \dot{y}_{13}) + \dot{E}_2(-\dot{y}_{12}) + \dot{E}_3(-\dot{y}_{13}) \tag{5.69}$$

여기서

$$\left.\begin{aligned} \dot{Y}_{11} &= \dot{y}_{11} + \dot{y}_{12} + \dot{y}_{13} \\ \dot{Y}_{12} &= -\dot{y}_{12} \\ \dot{Y}_{13} &= -\dot{y}_{13} \end{aligned}\right\} \tag{5.70}$$

이라고 쓰면

$$\dot{I}_1 = \dot{E}_1\dot{Y}_{11} + \dot{E}_2\dot{Y}_{12} + \dot{E}_3\dot{Y}_{13} \tag{5.71}$$

으로 될 것이다.

이상의 관계로부터 그림 5.34와 같이 보다 일반화한 n 모선 계통에서 각 모선으로부터 계통에 유입하는 전류를 $\dot{I}_1$, $\dot{I}_2$, ⋯ , $\dot{I}_n$ 각 모선의 전압을 $\dot{E}_1$, $\dot{E}_2$,⋯ , $\dot{E}_n$이라고 하면 다음의 회로 방정식이 성립한다.

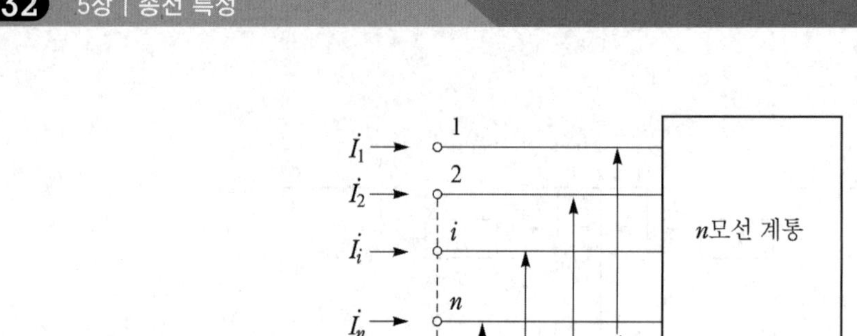

그림 5.34 **다모선 계통**

$$\left.\begin{aligned} \dot{I}_1 &= \dot{Y}_{11}\dot{E}_1 + \dot{Y}_{12}\dot{E}_2 + \cdots + \dot{Y}_{1n}\dot{E}_n \\ \dot{I}_2 &= \dot{Y}_{21}\dot{E}_1 + \dot{Y}_{22}\dot{E}_2 + \cdots + \dot{Y}_{2n}\dot{E}_n \\ &\vdots \qquad\qquad \vdots \\ \dot{I}_n &= \dot{Y}_{n1}\dot{E}_1 + \dot{Y}_{n2}\dot{E}_2 + \cdots + \dot{Y}_{nn}\dot{E}_n \end{aligned}\right\} \tag{5.72}$$

여기서 $\dot{Y}_{11}$은 모선 1의 **자기 어드미턴스**(또는 **구동점 어드미턴스**라고도 함)로서 모선 1에만 단위 전압을 인가하고 다른 모선 전압은 전부 단락해서, 즉 $\dot{E}_1 = 1$, $\dot{E}_2 = \dot{E}_3 = \cdots = \dot{E}_n = 0$으로 했을 때 모선 1에 유입하는 전류와 같다. 이 $\dot{Y}_{11}$은 모선 1에 접속된 모든 지로의 어드미턴스($\dot{y}_{1j}$; $j = 1, 2, \cdots\cdots, n$)의 대수합$\left(Y_{11} = \sum_{j=1}^{n} y_{1j}\right)$으로 구해진다.

$\dot{Y}_{22}$, $\dot{Y}_{33}$, $\cdots\cdots$, $\dot{Y}_{nn}$도 마찬가지이다.

이에 대하여 $\dot{Y}_{21}$은 모선 1과 2와의 사이의 **상호 어드미턴스**(또는 **전달 어드미턴스**)로서 모선 1에 단위 전압을 인가하고 다른 모선 전압을 모두 0으로 하였을 때(즉 $\dot{E}_1 = 1$, $\dot{E}_2 = \dot{E}_3 = \cdots = \dot{E}_n = 0$으로 하였을 때) 모선 2에 유입하는 전류와 같다. 이 $\dot{Y}_{21}$은 모선 1과 2를 연결하는 지로의 어드미턴스($\dot{y}_{12}$)에 $(-)$부호를 붙여서 구할 수 있다($\dot{Y}_{21} = \dot{Y}_{12} = -\dot{y}_{21}$). $\dot{Y}_{31}$, $\dot{Y}_{41}$, $\cdots$, $\dot{Y}_{13}$, $\dot{Y}_{14}$, $\cdots$ 도 마찬가지로 모선 3–1, 4–1, ⋯, 1–3, 1–4, ⋯ 사이의 상호 어드미턴스이다.

식 (5.72)를 묶어서 쓰면

$$\dot{I}_i = \sum_{j=1}^{n} \dot{Y}_{ij}\dot{E}_j (i = 1,\ 2,\ \cdots\cdots,\ n) \tag{5.73}$$

또는 행렬 표현을 쓰면

$$\begin{bmatrix} \dot{I}_1 \\ \dot{I}_2 \\ \vdots \\ \dot{I}_n \end{bmatrix} = \begin{bmatrix} \dot{Y}_{11} \dot{Y}_{12} \cdots\cdots & \dot{Y}_{1n} \\ \dot{Y}_{21} \dot{Y}_{22} \cdots\cdots & \dot{Y}_{2n} \\ \vdots & \vdots \\ \dot{Y}_{n1} \dot{Y}_{n2} \cdots\cdots & \dot{Y}_{nn} \end{bmatrix} \begin{bmatrix} \dot{E}_1 \\ \dot{E}_2 \\ \vdots \\ \dot{E}_n \end{bmatrix} \tag{5.74}$$

따라서

$$I = YE \tag{5.75}$$

로 나타낼 수 있다.

여기서 Y를 **어드미턴스 행렬**(Y_{BUS})이라 부르고 있는데 이 어드미턴스 행렬 Y는 대칭 행렬로 되어 다음과 같은 관계가 성립한다.

$$\dot{Y}_{ij} = \dot{Y}_{ji} \tag{5.76}$$

일반적으로 k모선의 전력은 이 Y 행렬과 모선 전압 $\dot{E}_k$, 모선 전류 I_k를 사용해서 다음과 같이 나타낼 수 있다.

$$\begin{aligned} \dot{W}_k &= P_k + jQ_k = \dot{E}_k \dot{I}_k^{\ *} \\ &= \sum_{m=1}^{n} \dot{E}_k \dot{Y}_{km}^{*}\ \dot{E}_m^{*}\ \ (k = 1,\ 2,\ \cdots,\ n) \end{aligned} \tag{5.77}$$

여기서, *표시는 벡터의 공액을 나타낸다.

그러나 여기에 사용된 $\dot{Y}$, $\dot{E}$, $\dot{I}$의 제량은 모두 벡터(복소수) 값이다. 따라서 위 식을 실제로 계산할 경우에는 이들 제량을 실수값으로 표현해 주어야 하는데, 여기에는 다음과 같이 (1) 직각 좌표 변환, (2) 극좌표 변환의 두 가지 표현법이 있다.

(1) 직각 좌표 변환

어드미턴스 $\dot{Y}$는 실수분인 콘덕턴스 G와 허수분인 서셉턴스 B로, 그리고 전압도 각각 실수분과 허수분으로 나누어서

$$\dot{Y}_{km} = G_{km} + jB_{km} \tag{5.78}$$

$$\dot{E}_m = e_m + jf_m \tag{5.79}$$

으로 표현되므로

$$\begin{aligned}\dot{I}_k &= \sum_{m=1}^{n}(G_{km} + jB_{km})(e_m + if_m) \\ &= \sum_{m=1}^{n}(G_{km}e_m - B_{km}f_m) + j\sum_{m=1}^{n}(G_{km}f_m + B_{km}e_m)\end{aligned} \tag{5.80}$$

한편 $\dot{I}_k = a_k + jb_k$ 라고도 쓸 수 있으므로

$$\left.\begin{aligned}a_k &= \sum_{m=1}^{n}(G_{km}e_m - B_{km}f_m) \\ b_k &= \sum_{m=1}^{n}(G_{km}f_m + B_{km}e_m)\end{aligned}\right\} \tag{5.81}$$

로 된다.

이때 모선 k에 유입하는 전력 $\dot{W}_k$ 는

$$\dot{W}_k = P_k + jQ_k = \dot{E}_k\dot{I}_k^* = (e_k + jf_k)(a_k - jb_k) \tag{5.82}$$

로부터

$$\left.\begin{aligned}P_k &= a_ke_k + b_kf_k \\ &= e_k\sum_{m=1}^{n}(G_{km}e_m - B_{km}f_m) + f_k\sum_{m=1}^{n}(G_{km}f_m + B_{km}e_m) \\ Q_k &= a_kf_k - b_ke_k \\ &= f_k\sum_{m=1}^{n}(G_{km}e_m + B_{km}f_m) - e_k\sum_{m=1}^{n}(G_{km}f_m - B_{km}e_m)\end{aligned}\right\} \tag{5.83}$$

를 얻는다.

(2) 극좌표 변환

이것은 모선 전압과 어드미턴스 행렬 요소를 극좌표 표시로 변환하는 것이다. 즉,

$$\dot{Y}_{km} = Y_{km}\, e^{j\theta km}$$
$$\dot{E}_k = E_k\, e^{j\delta k} \quad (k = 1,\ 2,\ \cdots,\ n) \tag{5.84}$$
$$\dot{E}_m = E_m\, e^{j\delta m}$$

로 나타내면

$$\dot{W}_k = \dot{E}_k \dot{I}_k^* = \sum Y_{km} E_k E_m\, e^{j(\delta_k - \delta_m - \theta_{km})} \tag{5.85}$$

으로부터

$$\left.\begin{aligned} P_k &= \sum_{m=1}^{n} E_k E_m\, Y_{km} \cos(\delta_{km} - \theta_{km}) \\ Q_k &= \sum_{m=1}^{n} E_k E_m\, Y_{km} \sin(\delta_{km} - \theta_{km}) \end{aligned}\right\} \tag{5.86}$$

또는

$$\left.\begin{aligned} P_k &= \sum_{m=1}^{n} E_k E_m\, Y_{km} \sin(\delta_{km} + \alpha_{km}) \\ Q_k &= \sum_{m=1}^{n} E_k E_m\, Y_{km} \cos(\delta_{km} + \alpha_{km}) \end{aligned}\right\} \tag{5.87}$$

여기서, $\delta_{km} = \delta_k - \delta_m$, $\alpha_{km} = \frac{\pi}{2} - \delta_m$

경우에 따라서는 위 식에서 어드미턴스 $\dot{Y}_{km}$만을 직각 좌표 표시로 해서 다음과 같이 표현하는 수도 있다. 일반적으로 이러한 변환을 **하이브리드 변환**이라고 한다.

$$\begin{aligned} P_k &= E_k \sum_{m=1}^{n} E_m \left[G_{km} \cos\delta_{km} + B_{km} \sin\delta_{km} \right] \\ Q_k &= E_k \sum_{m=1}^{n} E_m \left[G_{km} \sin\delta_{km} - B_{km} \cos\delta_{km} \right] \end{aligned} \tag{5.88}$$

일반적으로 전력 계통에서는 발전기라든지 부하가 접속된 모선에서는 모선 나름대로의 운전 조건을 지니고 있다. 보통 우리가 알게 되는 것은 발전기 모선에서는 발전기 출력 P_g와 발전기 단자 전압의 크기 E_g이며 부하 모선에서는 부하가 실제로 소비하고 있는 유효 전력(P_L)

과 무효 전력(Q_L)이다. 따라서 조류 계산의 목적은 이들 기지량을 써서 지정된 운전 조건을 기초로 해서 전력 계통 내의 여러 가지 미지의 전기량을 구하는 데 있는 것이다. 우선 기지량과 미지량을 일괄 정리해 보이면 표 5.4와 같다.

표 5.4 조류 계산에서의 기지량과 미지량

모선의 종류	기지량	미지량
발전기 모선	유효 전력 P_{gs} 전압의 크기 E_{gs}	무효 전력 Q_g 단, $Q_{g\min} \leqq Q_g \leqq Q_{g\max}$ 전압의 위상각 δ_g
부하 모선	유효 전력 P_{ls} 무효 전력 Q_{ls}	전압의 크기 E_l 전압의 위상각 δ_l
중간 모선*	유출입 전력 $P_s=0$ 유출입 무효 전력 $Q_s=0$	전압의 크기 E_s 전압의 위상각 δ_s

* 보통 중간 모선은 $P_s=0$, $Q_s=0$을 지정하는 부하 모선으로 취급한다.

조류 계산은 상술한 전력 방정식을 수치 계산으로 풀어야 하는데 구체적인 조류 계산의 수치 해법으로서는 현재 여러 가지 방법이 개발, 적용되고 있으나[4] 여기서는 간단히 그 기본이 되는 전압 반복 수정에 관한 알고리즘만을 설명해 보기로 한다.

① 모든 모선 전압을 적당한 값으로 가정한다(일반적으로 $\dot{E}_k = 1.0 + j0$ 또는 $\dot{E}_k = 1.0\underline{/0}$로 둔다).

② 이 가정된 $\dot{E}_k$의 초기값과 계통에서 주어진 $\dot{Y}_{km}$의 값을 사용해서 식 (5.73)으로부터 모선 전류 $\dot{I}_k$를 구한다.

③ 이 전류 $\dot{I}_k$와 가정한 전압 $\dot{E}_k$로부터 유효 전력 P_k, 무효 전력 Q_k 및 전압의 크기 $|\dot{E}_k|$를 구한 다음, 이들과 표 5.4에 보인 것처럼 각 모선에 주어진 운전 조건에 따른 각 지정값과 비교해서 그 편차를 계산한다.

가령

$$\left.\begin{aligned} \Delta P_k &= P_{ks} - P_k \\ \Delta Q_k &= Q_{ks} - Q_k \\ |\Delta E_k| &= \big|\,|E_{ks}|^2 - |E_k|\,\big| \end{aligned}\right\} \tag{5.89}$$

4) 대표적인 수치 해법으로서는 Gauss-Seidel 반복법과 뉴턴-랩슨법을 들 수 있다.

④ 이 편차가 0(또는 허용 오차 범위 내)이 되도록 앞에서 가정한 모선 전압의 수정값을 계산하는 방정식을 풀어서 전압을 수정한다. $(\dot{E}_{knew} = \dot{E}_{kold} + \Delta\dot{E}_{k})$

⑤ 수정된 새로운 전압값 $\dot{E}_{knew}$를 사용해서 ②~④까지의 절차를 되풀이하여 각 모선의 지정값과 계산값과의 편차가 허용 범위 내에 들어갈 때까지 반복 계산한다.

다음 그림 5.35는 이러한 조류 계산의 일례로서 앞에서 보인 전력 계통의 조류 계산 결과를 도시한 것이다(그림 1.8 참조).

일반적으로 이러한 조류 계산을 통해서 우리는 주어진 운전 조건에 따른 전력 계통의 모든 운전 상태, 곧

- 각 모선의 전압 분포
- 각 모선의 전력
- 각 선로의 전력 조류
- 각 선로의 송전 손실
- 각 모선간의 상차각

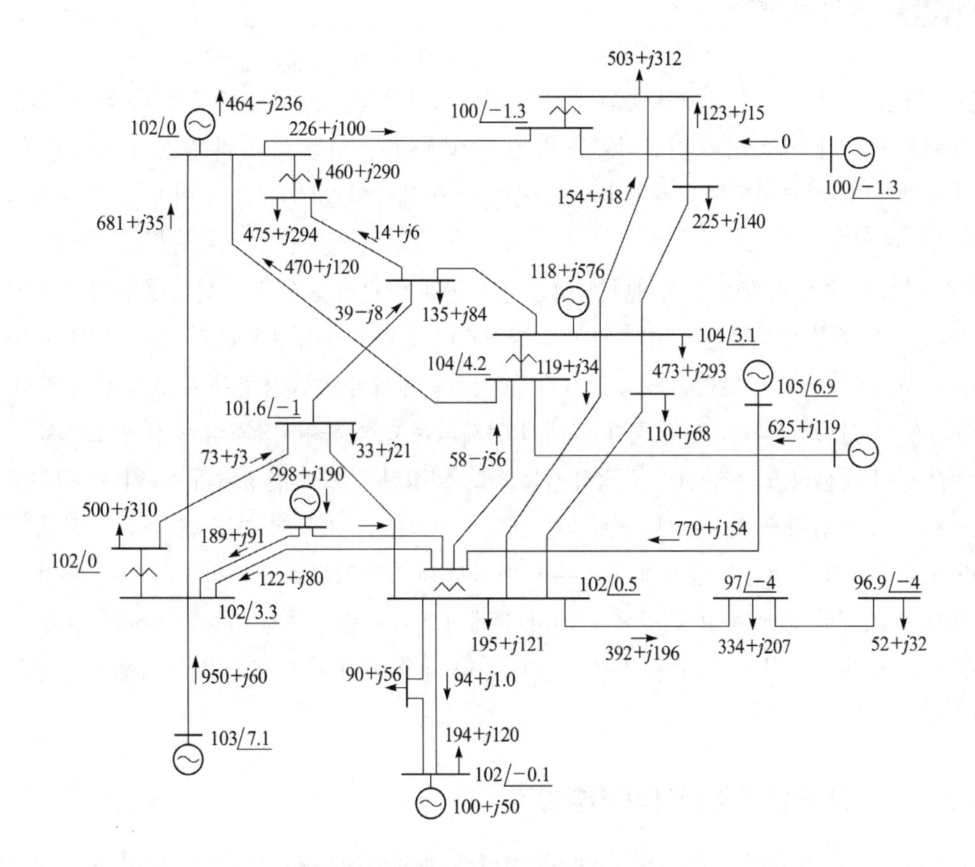

그림 5.35 조류 계산 결과의 일례

등 송전 특성에 관한 제반 상황을 쉽게 파악할 수 있게 된다.

송전 계통 전반에 걸친 전기적 특성은 이와 같은 조류 계산을 통해서 알 수 있을 뿐만 아니라 동시에

① 계통의 사고 예방 제어
② 계통의 운용 계획 입안
③ 계통의 확충 계획 입안

등 계통의 운용과 계획을 위해서도 이 조류 계산은 빼놓을 수 없는 수단으로 되고 있다.

5.10 송전 용량

5.10.1 송전 용량의 의의

송전 용량은 한 마디로 말해서 송전 선로에 얼마까지의 전력을 보낼 수 있느냐 하는 최대 송전 전력을 말한다. 송전선이 건설되었을 경우 여기에 될 수 있는 대로 많은 전력을 보낼 수 있으면 좋겠지만, 기술적으로나 경제적으로 여러 가지 제약이 있기 때문에 이에 알맞는 전력밖에 보낼 수 없다.

송전 선로의 송전 용량을 결정한다는 것은 중요한데 여기에는 사용 전선의 종류라든가 거리 등 여러 가지 조건이 복잡하게 얽혀 있어서 발전기나 변압기의 용량처럼 이것을 정격화한다는 것은 쉬운 일이 아니다. 일반적으로 단거리 송전 선로에서의 송전 용량은 주로 전선의 안전 전류라든지 그 선로에서의 전압 강하에 의해서 억제되는 데 반하여, 장거리 송전 선로에서는 송·수전 전력 계산식 또는 원선도로 정해지는 어느 일정한 값으로 결정된다. 그러나, 원선도의 어느 점을 송전 용량으로 하는가 하는 것은 대단히 어려운 문제로서 가령 최대 수전 전력을 취한다면 송·수전단 전압의 상차각이 너무 벌어져서 과도 안정도를 초과하거나 또는 수전 전력에 비해서 과대한 조상 용량을 필요로 해서 실제적으로는 송·수전이 불가능하게 된다.

따라서, 장거리 송전 선로의 송전 용량은 다음과 같은 여러 가지 조건을 고려해서 결정하는 것이 보통이다.

(1) 송·수전단 전압의 상차각이 적당할 것

여기서 말하는 상차각이란 그림 5.36에 나타낸 바와 같은 구간의 것을 말하는데 대체로 100[kV] 이상의 장거리 선로에서는 30～40°로 잡는 것이 적당하다고 한다.

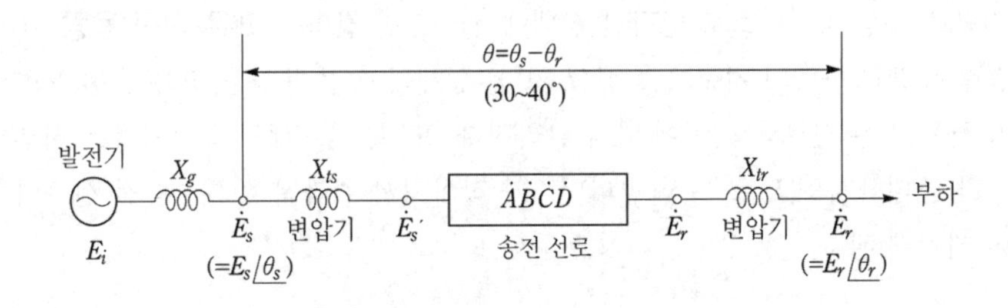

그림 5.36 상차각의 관계

(2) 조상기 용량이 적당할 것

이것은 원선도에서 알 수 있듯이 송・수전 전력이 증가해서 상차각 θ가 크게 벌어지면 소요 조상 용량이 과대해져서 조상 설비의 경비가 막대해진다. 일반적으로는 경제적인 측면에서 조상 설비 용량은 수전 전력의 75[%]정도로 잡고 있다.

(3) 송전 효율이 적당할 것(가령 90[%] 이상)

상술한 조건이 갖추어졌을 경우에는 이것을 이른바 **적정 송전 용량**이라고 부르고 있다.

5.10.2 송전 용량의 개략 계산법

송전 선로를 계획함에 있어서는 우선 개략적인 송전 용량의 크기를 알아둘 필요가 있다. 이에는 여러 가지 방법이 제안되어 있지만 여기서는 간단히 두 가지만 소개해 둔다.

(1) 고유 부하법

송전 선로 본래의 목적상 수전단 부하가 어떤 값이면 가장 이상적인 송전을 할 수 있는가 하는 관점에서 다음과 같은 근사식을 쓰고 있다.

$$P=\frac{{V_r}^2}{Z_w}=\frac{{V_r}^2}{\sqrt{\frac{L}{C}}}\text{[MW/회선]} \tag{5.90}$$

여기서, P : 고유 송전 용량

Z_w : 선로의 특성 임피던스[Ω]

V_r : 수전단 선간 전압[kV]

즉, 수전단을 특성 임피던스로 단락한 상태에서의 수전 전력을 **고유 송전 용량**이라 부르고 이것을 송전 용량의 하나의 기준으로 삼고 있다. 실제의 송전 용량을 고유 송전 용량의 몇 배로 잡는가 하는 것은 선로의 길이에 따라 달라진다. 또한, 단도체보다 복도체로 하면 L은 감소하고 C가 증대하게 되므로 특성 임피던스가 작아져서 결과적으로는 송전 선로의 고유 송전 용량이 커지게 된다.

(2) 송전 용량 계수법

위의 고유 부하법에서는 송전 용량이 선로의 길이에 관계 없이 전압의 크기만으로 정해지기 때문에 여기에 선로의 길이를 고려한 것이 **송전 용량 계수법**이다. 가령 수전 전력 P_r[kW], 수전단 선간 전압 V_r[kV], 송전 거리 l[km]라고 할 때 이들과의 사이에는 대략 다음과 같은 관계가 있다.

$$P_r = k\frac{{V_r}^2}{l}\,[\mathrm{kW}] \tag{5.91}$$

이 식의 k를 송전 용량 계수라고 하는데 그 값은 전압 계급에 따라서 달라진다. 참고로 표 5.5에 그 개략값을 보인다.

표 5.5 송전 용량 계수의 개략값

전압 계급	송전 용량 계수
60[kV]	600
100[kV]	800
140[kV]	1,200

이밖에도 송전 전압[V]의 경제적인 개략값을 구하기 위한 실험식으로서 다음과 같은 **Still의 공식**이 제안되고 있다.

$$V = 5.5\sqrt{0.6\,l\,[\mathrm{km}] + \frac{P_r\,[\mathrm{kW}]}{100}} \tag{5.92}$$

연 습 문 제

1. 송전 선로는 선로 길이에 따라 그 취급을 달리할 수 있다. 이것을 단거리, 중거리, 장거리로 나누어서 그 개요를 설명하여라.

2. 길이 20[km], 저항 0.3[Ω/km], 리액턴스 0.4[Ω/km]인 3상 3선식 단거리 송전 선로가 있다. 수전단 전압이 60,000[V], 부하 역률 0.8(지상), 선로 손실을 10[%]라 할 때 송전단 전력 P_s 및 송전단 전압 V_s는 각각 얼마로 되겠는가?

3. 저항이 8[Ω], 리액턴스가 14[Ω]인 22.9[kVA] 선로에서, 수전단의 피상 전력이 10,000[kVA], 송전단 전압이 22.9[kV], 수전단 전압이 20.6[kV]라고 할 경우 이 선로의 수전단 역률은 얼마인가?

4. 3상 송전 선로가 있다. 전선 1가닥당의 $r=15[\Omega]$, $x=20[\Omega]$이고, 수전단 전압이 30[kV], 부하의 역률이 80[%]일 경우 전압 강하율이 8[%]였다고 한다.
   (1) 이 송전 선로는 몇 [kW]까지 수전할 수 있겠는가?
   (2) 이 때의 전력 손실 및 전력 손실률은 얼마인가?

5. 송전선의 특성 임피던스 및 전파 정수에 대해서 설명하여라.

6. 전력 원선도로부터 무엇을 알 수 있는가?

7. 송 · 수전 양단의 전압을 각각 $\dot{E}_s$, $\dot{E}_r$라 하고 일반 회로 정수를 $\dot{A}$, $\dot{B}$, $\dot{C}$, $\dot{D}$라 할 경우 수전단 전력원의 중심과 반지름을 결정하여라.

8. 그림 E 5.8과 같은 3상 송전 선로가 있다. 수전단 전압 30,000[V], 부하 전류 60[A], 역률 0.8일 때 발전소 1차 모선의 전압을 구하여라. 단, 전선 1가닥의 저항은 15[Ω], 리액턴스는 20[Ω]이라 하고 발전소에는 단상 1,500[kVA], 전압 3,300/33,000[V]의 변압기 3대를 가지고 있다. 변압기는 전부하에서 0.5[%]의 저항 강하 및 5[%]의 리액턴스 강하를 갖는다고 한다.

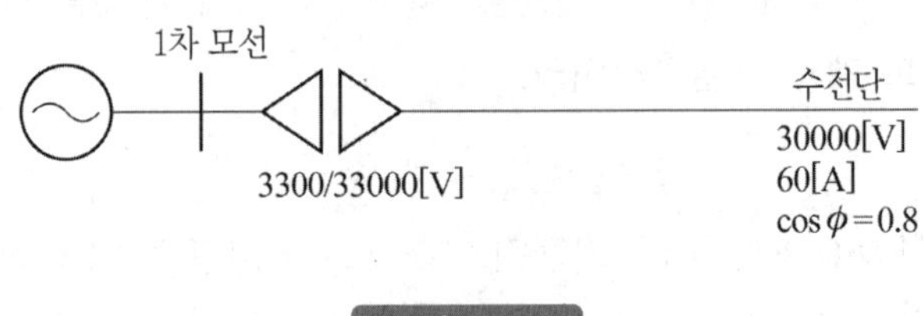

그림 E 5.8

9. 파동 임피던스가 500[Ω]인 가공 송전선의 1[km]당의 정전 용량, 인덕턴스를 구하여라.

10. 공칭 전압이 345[kV]인 3상 송전 선로가 있다. 이 선로는 대칭 4단자 회로로서 4단자 정수 중 $\dot{B}$는 $j49[\Omega]$, $\dot{C}$는 $j0.0016[℧]$이다. 이 송전선의 무부하시의 수전단 선간 전압이 350[kV]일 때 송전단의 전압과 전류는 얼마로 되겠는가?

11. 154[kV] 1회선 선로가 있다. 선로 길이가 200[km]이고 선로의 작용 용량이 0.01[μF/km]라고 한다. 이것을 자기 여자를 일으키지 않고 충전하기 위해서는 최소한 몇 [kVA] 이상의 발전기 용량이 있어야 하는가? 단, 발전기의 단락비는 1.15, 포화율은 0.1이라고 한다.

12. 전력 계통에 조상 설비가 필요한 이유를 설명하여라.

13. 장거리 송전 선로의 준공 후 이것을 운전 상태에 넣음에 있어서 전기적으로 특히 주의하여야 할 점을 들어라.

14. 동기 조상기의 V곡선에 대해서 설명하여라.

15. 전력 계통의 전압 조정을 하는 시설을 열거하고 이들 각각의 작용을 설명하여라.

16. 송전선의 4단자 정수가 다음과 같이 주어져 있다.

$$\dot{A} = \dot{D} = 0.95$$
$$\dot{B} = j65[\Omega]$$
$$\dot{C} = j1.5 \times 10^{-3}[\mho]$$

(1) 무부하시에 송전단 전압을 154[kV]로 유지하려고 한다. 이때 수전단에서 필요로 하는 조상 용량을 구하여라.

(2) 부하 150[MW], 역률 0.8(지상)일 때 송전단 전압을 159[kV], 수전단 전압을 147[kV]로 운전하는 데 소요될 조상 용량 및 송전 전력을 구하여라.

17. 길이 500[km]의 송전 선로가 있다. 그 수전단을 단락하였을 경우 송전단에서 본 임피던스가 $j\,275[\Omega]$, 또 수전단을 개방하였을 경우 송전단에서 본 어드미턴스가 $j\,1.72 \times 10^{-3}[\mho]$였다고 한다. 이 송전 선로의 특성 임피던스 및 전파 정수를 구하여라. 단, $\tanh j\,0.6025 = j\,0.683$이라고 한다.

18. 그림 E 5.18과 같은 22[kV] 3상 60 사이클, 길이 30[km]의 송전선이 있다. 전선 1가닥의 $r = 0.32[\Omega/\text{km}]$, $x = 0.47[\Omega/\text{km}]$, T_s, T_r는 다같이 25[MVA] × 3대, 3,300/22,000[V], $X_{ts} = X_{tr} = 2.5[\%]$이다. 송전단 1차 전압 3,300[V], 수전단 2차 전류 270[A], 그 역률이 0.8(지상)일 경우의 수전단 2차 전압, 송전단 1차 역률, 송전단 전력 및 송전 손실을 구하여라.

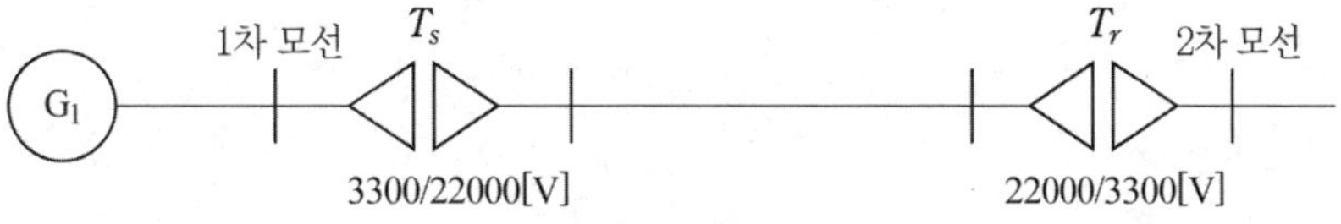

그림 E 5.18

19. 문제 18의 선로에서 수전단 2차 전압 3,000[V], 송전단 전력 1,200[kW], 역률 0.8(지상)일 경우의 송전단 1차 전압 및 수전단 전력을 구하여라.

20. 220[kV], 100[km]의 3상 송전 선로에서 변압기를 포함한 일반 회로 정수는 다음과 같다고 한다(저항은 무시되었음).

$$\dot{A} = 0.7000$$
$$\dot{B} = j300$$
$$\dot{C} = j1.70 \times 10^{-3}$$
$$D = 0.700$$

이 송전 선로에서 다음 값을 구하여라.

(1) 무부하시 송전단에 220[kV]를 인가하였을 때의 수전단 전압 $\dot{E}_r$[kV]

(2) 이 때의 송전단 전류 $\dot{I}_s$[A]

(3) 무부하시 송・수전단 전압을 220[kV]로 유지하는 데 필요한 수전단의 조상기 용량 [kVA]

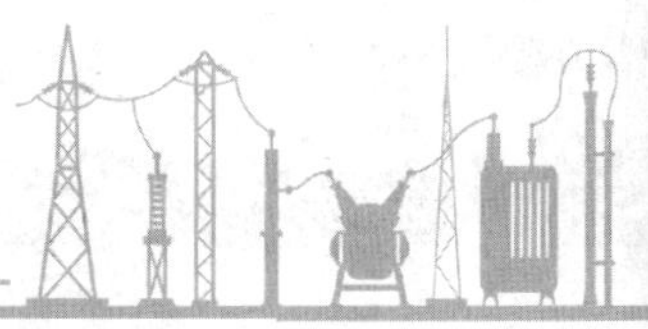

Transmission Distribution Engineering

06장 중성점 접지 방식과 유도 장해

6.1 개 요

송전 계통은 3상 3선식을 채택해서 3상 변압기로 전압을 높여 주기도 하고 또는 이를 적당한 값으로 낮추어서 수용가에게 안전하게 전력을 공급하고 있다. 이처럼 송전 계통은 송전 방식으로서 3상 3선식을 채택하고 있는 이상 변압기의 Y결선의 3상 접속점인 중성점을 어떻게 처리하는가 하는 중성점의 접지 문제는 송전선 및 기기의 절연 설계, 송전선으로부터 통신선에의 유도 장해, 고장 구간의 검출을 위한 보호 계전기의 동작 및 계통의 안정도 등에 커다란 영향을 미친다.

변압기의 결선으로서는 우선 2권선 변압기일 경우만 해도 1-2차 간에 △-△, △-Y, Y-△, Y-Y 등 여러 가지의 결선법이 있고 3권선 변압기를 사용할 경우에는 더 많은 조합의 결선법이 존재하게 된다.

저전압 단거리 송전 선로에서는 중성점을 접지하지 않더라도 별지장이 없으나 고전압 장거리 송전 선로에서는 비접지일 경우 여러 가지 장해가 생기므로 중성점은 가능한 한 접지하도록 하고 있다.

우선 중성점을 접지하는 목적을 열거하면 다음과 같다.

① 지락 고장시 건전상의 대지 전위 상승을 억제해서 전선로 및 기기의 절연 레벨을 경감시킨다.
② 뇌, 아크 지락, 기타에 의한 이상 전압의 경감 및 발생을 방지한다.
③ 지락 고장시 접지 계전기의 동작을 확실하게 한다.
④ 소호 리액터 접지 방식에서는 1선 지락시의 아크 지락을 재빨리 소멸시켜 그대로 송전을 계속할 수 있게 한다.

송전선의 고장은 거의 대부분이 1선 지락으로부터 시작된다. 이 때, 이것을 빨리 제거해 주지 않으면 고장은 다시 2선 지락이라든지 3상 단락으로 진전될 경우가 많다. 같은 전압의 송전선일지라도 1선 지락 고장시에 건전상에 발생하는 전압 상승값은 중성점의 접지 임피던스 값의 크기에 따라 달라진다. 이 때, 건전상의 전압 상승이 평상시의 Y전압의 1.3배를 넘지 않도록 접지 임피던스를 조절해서 접지하는 것을 특히 **유효 접지**(effective grounding)라고 부르고 있다.

6.2 중성점 접지 방식의 종류

중성점 접지 방식은 그림 6.1에 보는 바와 같이 중성점을 접지하는 접지 임피던스 Z_n의 종류와 그 크기에 따라 다음과 같은 여러 가지 방식으로 나누어진다.

① 비접지 방식($Z_n = \infty$)
② 직접 접지 방식($Z_n = 0$)
③ 저항 접지 방식($Z_n = R$)
④ 리액터 접지 방식($Z_n = jX_L$)

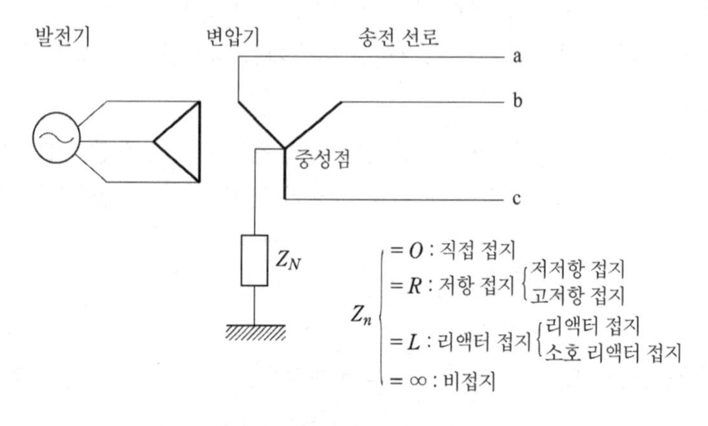

그림 6.1 중성점 접지 방식

6.2.1 비접지 방식

그림 6.2에 보인 것처럼 △-△ 결선된 3상 변압기를 사용할 경우에는 변압기의 중성점이 없기 때문에 이대로는 접지할 수 없다. 이것은 앞서 설명한 것처럼 주로 선로의 길이가 짧거나 전압이 낮은 계통(33[kV] 정도 이하)에 한해서 채용되고 있다.

이러한 선로에서는 대지 정전 용량이 작기 때문에 대지 충전 전류는 별로 크지 않은 것이 보통이다. 이런 경우에는 그림 6.2에 보인 바와 같이 가령 1선 지락 고장이 발생하면 고장점으로부터 건전상의 대지 정전 용량에 의해 고장 전류가 분류하지만 대지 정전 용량에 의한 용량 리액턴스가 아주 큰 값이기 때문에 지락 전류는 아주 작아서 지락 전류 영점 통과의 순간에 자연 소멸되어서 그대로 송전을 계속할 수 있다.

또 비접지 방식은 접지를 위하여 중성점을 뽑을 필요가 없기 때문에 주요 변압기를 △-△ 결선으로 연결할 수 있으므로 변압기의 고장 또는 이의 점검 수리 작업시에는 변압기(단상) 1대를 들어내고 V결선으로 전환해서 송전을 계속할 수 있다는 장점이 있다.

그러나 이 방식을 전압이 높고 선로의 길이가 긴 계통에 채용하면 전압이 높다는 것과 선로 길이가 길기 때문에 대지 정전 용량이 증가하게 되어 1선 지락 고장시 충전 전류에 의한 간헐 아크 지락을 일으켜서 이상 전압을 발생하게 된다.

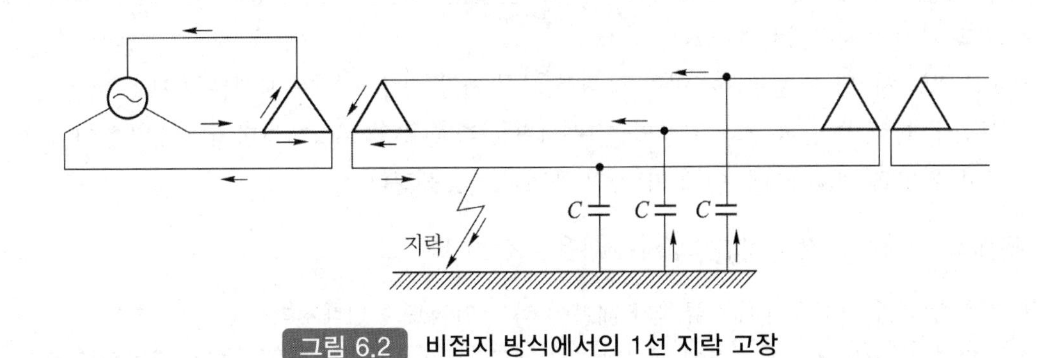

그림 6.2 비접지 방식에서의 1선 지락 고장

6.2.2 직접 접지 방식

직접 접지 방식은 계통에 접속된 변압기의 중성점을 금속선으로 직접 접지하는 방식이다. 그림 6.3은 이 방식의 1선 지락시 고장 전류 분포의 개념을 보인 것이다.

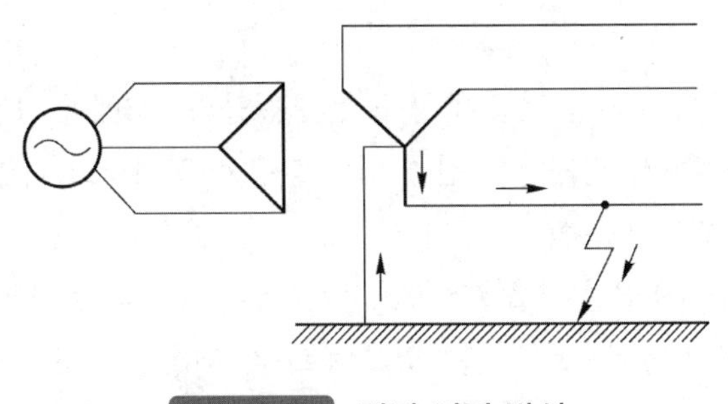

그림 6.3 직접 접지 방식

직접 접지 방식의 이점을 들면 다음과 같다.

① 1선 지락 사고시 건전상의 대지 전압은 거의 상승하지 않고, 또 아크 지락에 의한 이상 전압이라든가 차단기의 개폐 동요시 등의 값도 다른 접지 방식과 비교해서 낮기 때문에 선로의 애자 개수를 줄이고 기기의 절연 수준을 저하시킬 수 있다. 이 효과는 전압이 높아질수록 현저해져서 매우 경제적이다.
② 개폐 동요(서지)의 값을 저감시킬 수 있으므로 피뢰기의 책무를 경감시키고 그 효과를 증대시킬 수 있다. 즉, 선로의 전압 상승이 작기 때문에 정격 전압이 낮은 피뢰기를 사용할 수 있다.
③ 변압기의 중성점은 항상 영 전위 부근에 유지되기 때문에 선로측으로부터 중성점에 이르는 전위 분포를 직선적으로 설계해서 변압기 권선의 절연을 선로측으로부터 중성점까지로 접근함에 따라 점차적으로 낮출 수 있는 **단절연**이 가능하고, 변압기 및 부속 설비의 중량과 가격을 저하시킬 수 있다.
④ 1선 지락 사고시에는 1상이 단락 상태로 되어 지락 전류가 커지기 때문에 보호 계전기의 동작이 확실하다. 이 결과 고장의 선택 차단도 확실해져서 고속 차단기와의 조합에 의한 고속 차단 방식(6사이클 이내 차단)의 채택이 가능해진다.

반대로 이 방식이 갖는 결점으로서는 다음과 같은 것이 있다.

① 지락 전류가 저역률의 대전류이기 때문에 과도 안정도가 나빠진다.
② 지락 고장시에 병행 통신선에 전자유도 장해를 크게 미치게 된다(단, 직접 접지 계통에서는 고속 차단을 실현할 수 있으므로 큰 영향은 주지 않는다). 그 밖에 평상시에 있어서도 불평형 전류 및 변압기의 제 3고조파로 유도 장해를 줄 위험성이 있다.
③ 지락 전류의 기기에 대한 기계적 충격이 커서 손상을 주기 쉽다.
④ 계통 사고의 70~80[%]는 1선 지락 사고이므로 차단기가 대전류를 차단할 기회가 많아진다.

이상과 같은 장・단점이 있으나 직접 접지 방식의 이점은 뭐니뭐니해도 절연 레벨의 저감에 있으므로 절연비가 커지는 초고압 송전 선로에서는 이것이 가장 알맞는 접지 방식이라고 할 수 있다.

앞에서 1선 지락 고장시 건전상 전압이 상규 대지 전압의 1.3배를 넘지 않는 범위에 들도록 중성점 임피던스를 조절해서 접지하는 접지 방식을 유효 접지라고 하였는데 직접 접지 방식은 이 유효 접지의 대표 예라고 할 수 있다.

우리 나라에서는 지난 1968년 가을부터 154[kV] 송전 계통을 당시의 소호 리액터 접지 방식으로부터 이 직접 접지 방식으로 전환하였으며 그 후 건설된 345[kV] 그리고 765[kV] 초고압 송전 계통도 중성점 접지 방식으로서 모두 이 직접 접지 방식을 채택하고 있다.

예제 6.1 변압기의 단절연 또는 저감 절연이란 무엇인가?

풀이 유효 접지계에서는, 1선 지락시의 건전상 전압 상승이 최대 선간 전압의 80[%] 이하로 억제되기 때문에, 정격 전압이 낮고 충격 전압 보호 능력이 높은 피뢰기를 사용할 수 있고, 따라서 계통에 연결되는 BIL(Basic Impulse Insulation Level = 충격 전압 절연 강도)을 비유효 접지계인 경우보다 낮출 수 있다. BIL이 낮아지면 중량이 가벼워지고 가격도 저하한다. 또, 변압기인 경우에는 임피던스가 줄어서 계통 안정도의 향상에도 기여한다.

기준 BIL은 대략 다음 식으로 주어진다.

$$\mathrm{BIL} = 5 \cdot \mathrm{E} + 50[\mathrm{kV}]$$

여기서, E=최저 전압[kV]

표 6.1에 저감 절연의 예를 표시하였다.

표 6.1 우리 나라의 저감 절연 예

계통 전압[kV]	기준 충격 절연 강도[kV]	현재 사용 BIL[kV]	신형 피뢰기에 의한 가능한 보호 BIL[kV]
154	750	650 (1단 저감)	550 (2단 저감)
345	1550	1050 (2단 저감)	950 (3단 저감)

6.2.3 저항 접지 방식

이것은 중성점을 그림 6.4와 같이 저항으로 접지하는 방식인데 이때의 저항값에 따라 다음의 두 가지로 나누어진다.

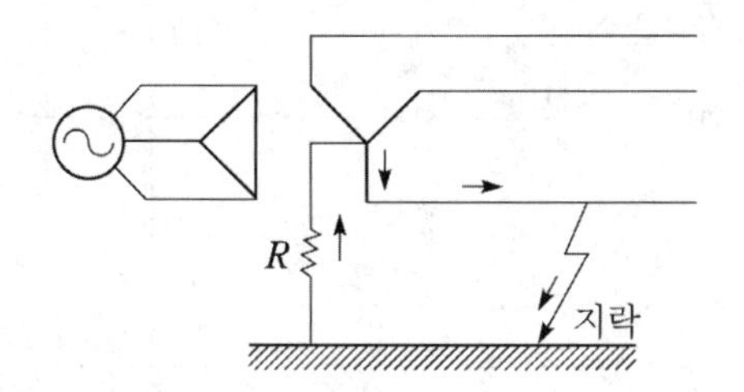

그림 6.4 저항 접지 계통의 지락 고장

① 저저항 접지 방식 : $R = 30[\Omega]$ 정도
② 고저항 접지 방식 : $R = 100 \sim 1{,}000[\Omega]$ 정도

접지 저항 R의 값이 너무 낮으면 고장 발생시 통신선에의 유도 장해가 커지고 반대로 너무 높으면 지락 계전기의 동작이 곤란해짐과 동시에 건전상의 대지 전압 상승을 초래하게 된다.

접지 개소의 수는 한 군데에서만 하는 단일 저항 접지보다도 2개소 이상의 중성점을 동시에 접지하는 복저항 접지가 지락 전류를 2개소 이상으로 분산시켜서 유도 전압을 감소시키고, 또 접지 계전기의 병행 2회선 선택을 쉽게 할 수 있다는 이점이 있어 채택되는 경우가 많다. 그러나 경제성 추구라는 측면에서 현재 이 저항 방식은 대부분이 직접 방식으로 전환되는 추세에 있다.

6.2.4 소호 리액터 접지 방식

이 방식은 계통에 접속된 변압기의 중성점을 송전 선로의 대지 정전 용량과 공진하는 리액터를 통해서 접지하는 방식이다. 보통 이 리액터는 발명자인 독일의 페터센씨의 이름을 붙여 **페터센 코일**(Petersen coil) 또는 **소호 리액터**라고 부르고 있다.

이 방식의 원리는 교류 이론의 L, C 병렬 공진을 응용한 것으로서 1선과 대지간의 정전 용량의 3배, 곧 $3C$와 리액터 L에 의한 공진 조건 $1/3\omega C = \omega L$이 만족되면 고장점에서 본 합성 리액턴스가 이상적으로는 무한대로 되어 1선 지락 고장이 발생하더라도 지락 전류(고장 전류)는 0(실제에는 최소)으로 된다는 것을 이용하고 있다.

따라서 고장점의 아크는 지락 전류의 영점 통과로 자연히 소멸되어 1선 지락 고장 발생에도 불구하고 정전없이 송전을 계속할 수 있다는 특징이 있다.

지금 그림 6.5에 나타낸 바와 같이 1선당의 대지 정전 용량 C를 집중적으로 생각한 등가 회로를 사용해서 소호 원리를 살펴보기로 한다.

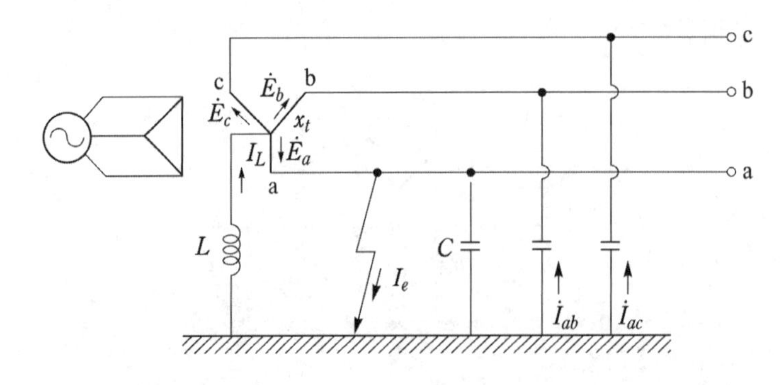

그림 6.5 소호 리액터 접지 계통의 지락 고장

여기서 상전압을 $\dot{E}_a$, $\dot{E}_b$, $\dot{E}_c$ 라고 하면 지락 전류 I_e 는 L을 흐르는 지상 전류 $\dot{I}_L = \dot{E}_a/j\omega L$과 b상 및 c상의 대지 정전 용량 C를 흐르는 진상 전류 $\dot{I}_{bc} = j\omega C(\dot{E}_b - \dot{E}_c)$ 및 $\dot{I}_{ac} = j\omega C(\dot{E}_a - \dot{E}_c)$로 분류된다. 이들의 합성값이 0으로 되면 지락 전류는 0으로 되어 소호 작용을 얻게 된다. 즉,

$$\frac{\dot{E}_a}{j\omega L} + j\omega C(\dot{E}_b - \dot{E}_c) + j\omega C(\dot{E}_a - \dot{E}_c) = 0 \tag{6.1}$$

여기서,

$$\dot{E}_a = E$$

$$\dot{E}_b = E\epsilon^{-j120} = \left(-\frac{1}{2} - j\frac{\sqrt{3}}{2}\right)E$$

$$\dot{E}_c = E\epsilon^{-j240} = \left(-\frac{1}{2} + j\frac{\sqrt{3}}{2}\right)E$$

의 관계를 식 (6.1)에 대입해서 정리하면

$$\omega L = \frac{1}{3\omega C} \tag{6.2}$$

로 된다.

이것이 곧 소호 리액터에서의 공진 조건이다. 이로부터 L의 값은 $1/3\omega^2 C$로 구할 수 있다. 만일 이때 변압기의 임피던스 x_t 까지 포함시켜서 L의 값을 구하고자 한다면

$$\omega L = \frac{1}{3\omega C} - \frac{x_t}{3} \tag{6.3}$$

으로 된다. 결국 위의 식 (6.2) 또는 (6.3)의 관계를 만족하는 L의 값을 설정해서 이것을 중성점에 접속하면 송전선의 고장 중에서도 가장 많이 발생하는 1선 지락 고장시의 지락 전류를 0으로 할 수 있게 되어서 고장이 1선 지락에 관한 한 고장 회선을 차단하지 않고 그대로 전력 공급을 계속할 수 있게 되는 것이다.

여기서, C는 순커패시턴스, L은 순인덕턴스로 가정하였으나 실제에는 변압기 및 소호 리액터에 철손이라든가 저항손이 있고, 또 선로에도 선로 저항 및 누설 콘덕턴스, 코로나손 등이 있기 때문에 고장점 전류는 완전히 0으로는 되지 않고 약간의 잔류 전류가 흐르게 된다. 또, 계통을 부분적으로 개폐하였을 경우라든지 우천의 경우에서는 선로의 C가 그때마다 달

라지기 때문에 일반적으로는 소호 리액터에는 여러 개의 탭을 설치해서 선로의 상황에 따라서 탭(수[%]~10[%] 범위 내에서 설치)을 변경하면서 언제나 정전 용량과 공진할 수 있도록 하고 있다.

그림 6.6은 이때의 접속도를 보인 것이다.

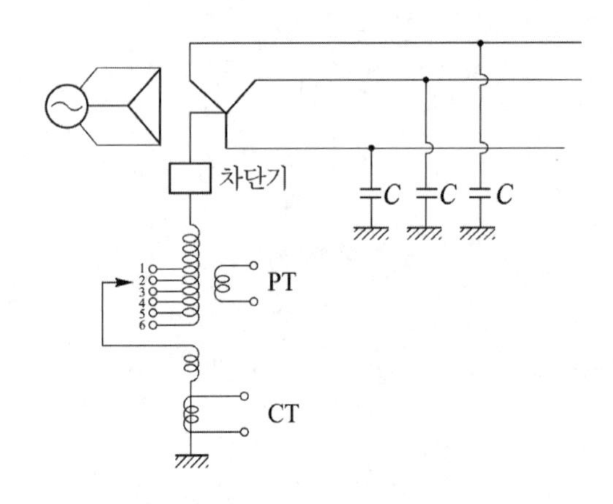

그림 6.6 소호 리액터의 탭

다음 소호 리액터의 탭이 공진점을 벗어나고 있는 정도를 나타내는 데 **합조도**라는 용어를 사용한다. 지금 이 합조도를 P, 사용 탭 전류를 I, 전 대지 충전 전류를 I_c라고 한다면 P는 다음과 같이 표시된다.

$$P = \frac{I - I_c}{I_c} \times 100[\%] \tag{6.4}$$

즉, 공진 상태의 탭을 사용할 경우$\left(\omega L = \frac{1}{3\omega C}\right)$에는 합조도는 0, I가 I_c보다 클 경우 $\left(\omega L < \frac{1}{3\omega C}\right)$에는 합조도는 정이 되는데 이것을 **과보상의 상태**라고 부른다. 반대로 I가 I_c 보다 작을 경우 $\left(\omega L > \frac{1}{3\omega C}\right)$에는 합조도는 부로 되고 이것을 **부족 보상의 상태**라고 말하고 있다. 여기서 운용상 꼭 주의하여야 할 점은 소호 리액터의 탭은 절대로 부족 보상의 탭 $\left(\omega L > \frac{1}{3\omega C}\right)$의 상태에서 사용해서는 안 된다는 것이다. 그 이유는 부족 보상 탭으로 운전하면 지락 사고시 과대한 이상 전압 발생의 위험이 있기 때문이다.

다음 공진 탭을 사용하였을 때의 소호 리액터의 용량은 선간 전압이 V일 경우

$$상전압 = \frac{V}{\sqrt{3}}$$

$$전\ \ 류 = 3\omega C\frac{V}{\sqrt{3}}$$

이므로

$$리액터\ 용량\ W_L = \frac{V}{\sqrt{3}} \times 3\omega C\frac{V}{\sqrt{3}} = \omega C V^2 \tag{6.5}$$

로 계산된다.

이제까지 설명한 4가지 중성점 접지 방식을 정리하면 표 6.2처럼 된다.

표 6.2 중성점 접지 방식의 비교

항 목	비접지	직접 접지	고저항 접지	소호 리액터 접지
1. 지락 사고시의 건전상의 전압 상승	크다. 장거리 송전선의 경우 이상 전압을 발생함	작다. 평상시와 거의 차이가 없다.	약간 크다. 비접지의 경우보다 약간 작은 편이다.	크다. 적어도 $\sqrt{3}$ 배까지 올라간다.
2. 절연 레벨, 애자 개수, 변압기	감소 불능 최고 전절연	감소시킬 수 있다. 최저 단절연 가능	감소불능 전절연, 비접지 보다 낮은 편이다.	감소 불능 전절연, 비접지 보다 낮다.
3. 지락 전류	적다. 송전 거리가 길어지면 상당히 큼	최대	중간 정도 중성점 접지 저항으로 달라진다. (100~300[A])	최소
4. 보호 계전기 동작	지락계전기 적용 곤란	가장 확실 (신뢰도 최대)	확실	선택지락계전기 적용 곤란
5. 1선 지락시 통신선에의 유도장해	작다.	최대. 단, 고속 차단으로 고장 계속 시간의 최소화 가능(0.1초 차단)	중간 정도	최소
6. 과도안정도	크다.	최소, 단, 고속도 차단, 고속도 재폐로 방식으로 향상 가능	크다.	크다.
7. 다중고장에의 확대 가능성	최대	최소	보통	보통

일반적으로 송전 선로에 발생하는 이상 전압의 억제, 전선로라든지 기기의 절연 경감, 피뢰기 및 차단기 동작의 신뢰성 및 확실성 등의 관점에서는 될 수 있는 대로 저임피던스로 중성점을 접지해서 고장시 중성점을 통해서 흐르는 전류값을 크게 하는 것이 바람직하다. 그러나 과도 안정도의 증대나 통신선에의 유도 장해의 경감, 고장점의 손상 저감 및 기기에의 기계적인 충격 완화라는 관점에서는 될 수 있는 대로 고임피던스로 중성점을 접지해서 고장시 중성점을 통해서 흐르는 전류값을 작게 할 필요가 있다.

이와 같이 저임피던스와 고임피던스의 접지 방식에서는 서로 상반되는 내용을 포함하고 있기 때문에 중성점 접지 방식의 선정에 있어서는 이들의 사항을 충분히 검토해서 대상으로 하는 계통의 실정에 가장 알맞는 방식을 채택하지 않으면 안 된다.

참고로 그림 6.7에 전력 계통에서의 변압기의 표준 접속 예를 보인다.

통상 고압측은 Y결선, 저압측은 △결선으로 하고 있으며, 1차 변전소에서는 1차측도, 2차측도 송전선이므로 이들을 Y결선으로 해서 중성점을 접지하고 3차측만 △결선으로 해서 여기서 제 3 고조파의 순환 전류를 흘려주도록 한다. 이처럼 변압기에서는 어느 한쪽만 △결선으로 하고 나머지는 Y결선해서 중성점을 자유롭게 접지할 수 있도록 하고 있다.

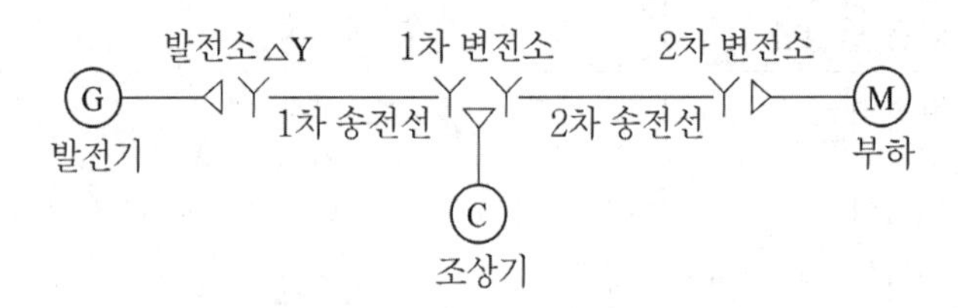

그림 6.7 **변압기의 표준 접속 예**

예제 6.2 선로 길이 50[km]인 66[kV] 3상 3선식 1회선 송전선이 있다. 이 선로에서 소호 리액터 접지 방식을 채용한다고 가정할 때 소요될 리액터 용량은 얼마 정도면 적당하겠는가? 단, 이 선로의 대지 정전 용량은 1선당 0.0048[μF/km]라 한다.

풀이 식 (6.5)에 따라 공진 탭 사용시 소요될 소호 리액터 용량 W_L는

$$W_L = \omega CV^2 = 2\pi f C V^2$$
$$= 2\times\pi\times 60\times 0.0048\times 10^{-6}\times 50\times 66^2$$
$$= 395[\text{kVA}]$$

보통 소호 리액터의 탭은 20[%] 정도의 여유를 보아 과보상 상태로 한다고 가정하면

$$W_L = 1.2 \times 395 = 474[\text{kVA}]$$

참고로 이때의 L의 값은 식 (6.2)를 사용해서

$$L = \frac{1}{3\omega^2 C} = \frac{1}{3 \times (2\pi 60)^2 \times 0.0048 \times 10^{-6} \times 50} = 9.77[\text{H}]$$

6.3 중성점의 잔류 전압

3상 대칭 송전선에서는 보통의 운전 상태에서 중성점의 전위는 이론대로 한다면 항상 0 으로 되어 있어야 하기 때문에 중성점을 접지하더라도 중성점으로부터 대지에는 전류가 흐르지 않는다. 그러나 실제의 선로에 있어서는 각 선의 정전 용량에 약간씩의 차이가 있기 때문에 그 중성점은 다소의 전위를 가지게 된다. 이 때문에 중성점을 접지하면 보통의 운전 상태에서도 다소간의 전류가 흐르게 된다. 이것은 물론 기본 주파의 단상 전류인데 이것이 커지면 근접한 통신선에 유도 장해를 일으키는 등 나쁜 영향을 미치게 된다. 저항 접지 계통에서는 이것이 별 문제가 안 되지만 소호 리액터 접지 방식에 있어서는 특히 이것이 큰 문제로 된다. 이처럼 보통의 운전 상태에서 중성점을 접지하지 않을 경우 중성점에 나타나게 될 전위를 **잔류 전압**이라고 한다. 잔류 전압의 발생 원인으로서는 여러 가지가 있겠지만 그 중 가장 주된 것은 정상 상태에서 송전선의 연가가 불충분해서 3상 각 상의 대지 정전 용량이 불평형이라는 것과 과도 상태에서는 차단기의 개폐가 3상 동시에 이루어지지 않아서 3상간에 불평형 상태가 일어나든지 단선 사고 등이 발생한다는 것들이다.

다음 그림 6.8에서 대지 어드미턴스로는 정전 용량만을 고려해서(누설 저항은 무시) 중성점에 나타나는 잔류 전압을 계산해 본다.

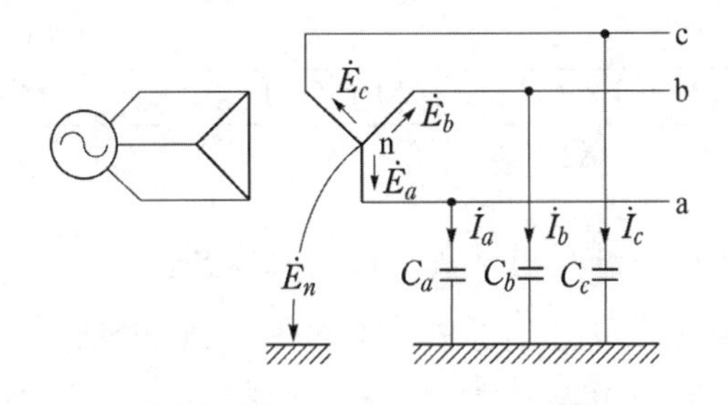

그림 6.8 중성점 잔류 전압

지금 이 잔류 전압을 $\dot{E}_n$라 하고, 또 전원의 기전력 $\dot{E}_a$, $\dot{E}_b$, $\dot{E}_c$는 대칭 3상 기전력이고, 그 상회전 방향은 a, b, c의 순서로 되어 있다고 한다.

여기서 $\dot{E}_a$를 기준 벡터로 잡으면

$$\dot{E}_a = E_a,\ \dot{E}_b = a^2 E_a,\ \dot{E}_c = aE_a$$

$$\text{여기서, } a = -\frac{1}{2} + j\frac{\sqrt{3}}{2},\ a^2 = -\frac{1}{2} - j\frac{\sqrt{3}}{2} \tag{6.6}$$

로 된다.

각 선로의 대지 전위는 각각 $(\dot{E}_n + \dot{E}_a)$, $(\dot{E}_n + \dot{E}_b)$, $(\dot{E}_n + \dot{E}_c)$로 되므로 각 선로의 충전 전류는

$$\left.\begin{aligned} \dot{I}_a &= j\omega C_a(\dot{E}_n + \dot{E}_a) \\ \dot{I}_b &= j\omega C_b(\dot{E}_n + \dot{E}_b) \\ \dot{I}_c &= j\omega C_c(\dot{E}_n + \dot{E}_c) \end{aligned}\right\} \tag{6.7}$$

로 되는데 이때 중성점은 비접지이므로

$$\dot{I}_a + \dot{I}_b + \dot{I}_c = 0 \tag{6.8}$$

이다. 따라서

$$\dot{E}_n = -\frac{C_a\dot{E}_a + C_b\dot{E}_b + C_c\dot{E}_c}{C_a + C_b + C_c} \tag{6.9}$$

로 된다.

$\dot{E}_n$의 절대값을 알고 싶을 경우에는 위 식에 $\dot{E}_a = E$, $\dot{E}_b = a^2 E$, $\dot{E}_c = aE$ 라 두고 다시 선간 전압 $V = \sqrt{3}E$라고 둔다면

$$E_n = \frac{\sqrt{C_a(C_a - C_b) + C_b(C_b - C_c) + C_c(C_c - C_a)}}{C_a + C_b + C_c} \times \frac{V}{\sqrt{3}} \tag{6.10}$$

로 계산된다. $C_a = C_b = C_c$이면 당연히 $E_n = 0$으로 된다.

이 잔류 전압은 고조파를 포함한 전압으로서 실측 예에 의하면 66[kV] 계통에서는 50~600[V] 정도로 상시 나타나서 변동하고 있다.

잔류 전압은 특히 소호 리액터 접지 계통에서는 직렬 공진의 원인이 되므로 전선의 연가를

충분히 취해서 이의 발생을 방지하도록 주의하지 않으면 안 된다.

전술한 바와 같이 잔류 전압의 발생은 주로 각 상 대지 정전 용량의 불평형에 기인한다. 이와 같이 각 상의 정전 용량에 불평형이 있을 경우에는 소호 리액터의 공진 탭은 각 상의 정전 용량의 합계와 병렬 공진하면 되므로

$$\omega L = \frac{1}{\omega(C_a + C_b + C_c)} \tag{6.11}$$

로 구해 놓으면 될 것이다.

예제 6.3 154[kV]의 송전선이 그림과 같이 연가되어 있을 경우 중성점과 대지간에 나타나는 잔류 전압을 계산하여라. 단, 전선 1[km]당의 대지 정전 용량은 맨 윗선 0.004[μF], 가운데선 0.0045[μF], 맨 아래선 0.005[μF]라 하고 다른 선로 정수는 무시한다.

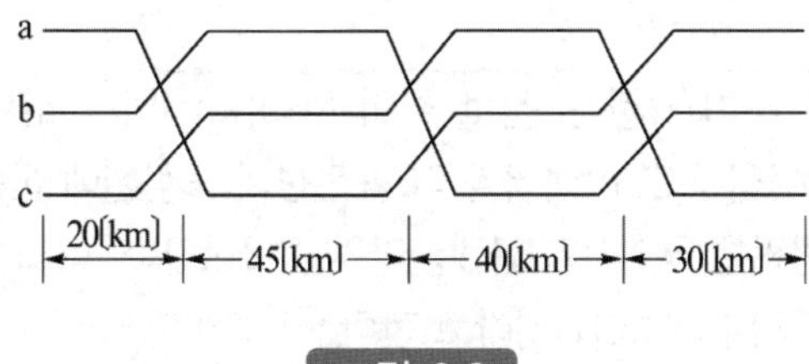

그림 6.9

$$C_a = 0.004 \times (20+30) + 0.0045 \times 40 + 0.005 \times 45 = 0.605[\mu F]$$

$$C_b = 0.004 \times 45 + 0.0045 \times (20+30) + 0.005 \times 40 = 0.605[\mu F]$$

$$C_c = 0.004 \times 40 + 0.0045 \times 45 + 0.005 \times (20+30) = 0.6125[\mu F]$$

$$E_n = \frac{\sqrt{0.605(0.605-0.605) + 0.605(0.605-0.6125) + 0.6125(0.6125-0.605)}}{0.605+0.605+0.6125} \times \frac{154,000}{\sqrt{3}} = 366[V]$$

예제 6.4 66[kV]의 소호 리액터 접지 계통에서 각 선의 대지 정전 용량이 각각 0.6[μF], 0.7[μF] 및 0.5[μF]이다. 소호 리액터가 완전 공진 상태에 있을 때 중성점에는 평상시 몇 [A]의 전류가 흐르고 있겠는가? 또 이때의 소호 리액터의 인덕턴스 L은 몇 [H]인가? 단, 소호 리액터를 포함한 영상 회로의 등가 저항은 200[Ω], 주파수는 60[Hz]라고 한다.

식 (6.10)으로부터

$$E_n = \frac{\sqrt{0.6\times(0.6-0.7)\times10^{-12}+0.7\times(0.7-0.5)\times10^{-12}+0.5\times(0.5-0.6)\times10^{-12}}}{(0.6+0.7+0.5)\times10^{-6}}$$

$$\times\frac{66{,}000}{\sqrt{3}}$$

$$=0.0962\times\frac{66{,}000}{\sqrt{3}} \fallingdotseq \frac{6{,}349}{\sqrt{3}}=3{,}666[\mathrm{V}]$$

제의에 따라 완전 공진이므로 흐르는 전류를 제어하는 것은 등가 회로 저항 R뿐이다.

$$\therefore\ I_L=\frac{E_n}{R}=\frac{6{,}349}{200\sqrt{3}}=18.3[\mathrm{A}]$$

다음 $\omega L=\dfrac{1}{\omega(C_a+C_b+C_c)}$ 로부터

$$L=\frac{1}{(2\pi\times60)^2(1.8\times10^{-6})}=3.91[\mathrm{H}]$$

예제 6.5 그림 6.10과 같은 선로 길이 200[km]의 154[kV] 송전 선로가 있다. 과보상 10[%]의 소호 리액터를 이 송전선의 중성점에 접속하였을 경우 중성점에 나타나는 전압은 몇 [V]가 되겠는가? 단, 소호 리액터의 저항은 리액턴스의 10[%]라 하고 주파수는 60[Hz]라고 한다.

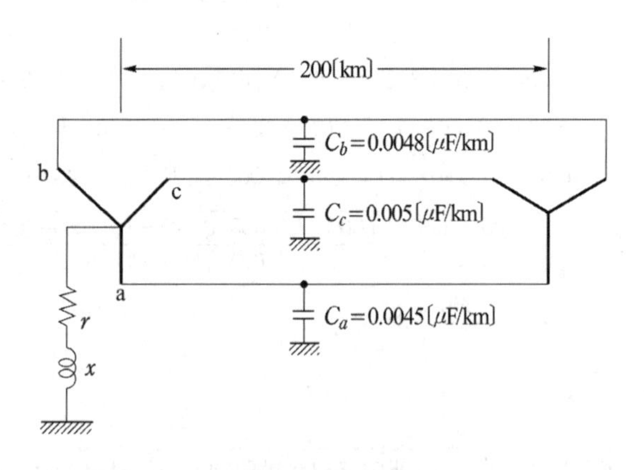

그림 6.10

먼저 선로의 대지 정전 용량을 구하면

$$C_a=0.0045\times200=0.9[\mu\mathrm{F}]$$

$$C_b = 0.0048 \times 200 = 0.96[\mu F]$$
$$C_c = 0.0050 \times 200 = 1.00[\mu F]$$

따라서 대지 충전 전류 I_c[A]는

$$I_c = \frac{V}{\sqrt{3}}\omega(C_a + C_b + C_c)$$
$$= \frac{154 \times 10^3}{\sqrt{3}} \times 2\pi \times 60 \times (0.9 + 0.96 + 1.0) \times 10^{-6} \fallingdotseq 95.8[A]$$

이것을 10[%]의 과보상, 곧 110[%] 보상하기 위한 리액턴스 $x[\Omega]$는

$$x = \frac{V/\sqrt{3}}{1.1 \times I_c} = \frac{154 \times 10^3}{\sqrt{3} \times 1.1 \times 95.8} \fallingdotseq 843.7[\Omega]$$

따라서 소호 리액터의 임피던스 Z_L은

$$Z_L = r + jx = 84.4 + j843.7[\Omega]$$

이때 정전 용량의 불평형으로 생기는 잔류 전압 $\dot{E}_n$은

$$\dot{E}_n = -\frac{C_a\dot{E}_a + C_b\dot{E}_b + C_c\dot{E}_c}{C_a + C_b + C_c}$$

한편

$$\dot{E}_a = E_a$$
$$\dot{E}_b = \left(-\frac{1}{2} - j\frac{\sqrt{3}}{2}\right)E_a$$
$$\dot{E}_c = \left(-\frac{1}{2} + j\frac{\sqrt{3}}{2}\right)E_a$$

이므로

$$\dot{E}_n = -\frac{\left(C_a - \frac{C_b}{2} - \frac{C_c}{2}\right) - j\frac{\sqrt{3}}{2}(C_b - C_c)}{C_a + C_b + C_c}E_a$$

이다. 여기에 앞서 구한 C_a, C_b, C_c의 값과 $E_a = \frac{154 \times 10^3}{\sqrt{3}}$[V]를 대입하면

$$\dot{E}_n = \frac{-0.08 - j\frac{\sqrt{3}}{2} \times 0.04}{2.86 \times 10^{-6}} \times \frac{154}{\sqrt{3}} \times 10^3$$
$$|\dot{E}_n| = \frac{\sqrt{(0.08)^2 + (0.0346)^2}}{2.86 \times 10^{-6}} \times \frac{154}{\sqrt{3}} \times 10^3 \fallingdotseq 2,710[V]$$

다음 소호 리액터에 흐르는 전류를 I_L라 하면

$$I_L = \frac{|\dot{E}_n|}{r + jx - j\frac{1}{\omega C}} = \frac{2{,}710}{84.4 + j843.7 - j927.9}$$

$$= \frac{2{,}710}{84.4 - j84.4} = 16.05(1 + j1)$$

따라서 중성점에 나타나는 전압 $\dot{E}_n$은

$$\dot{E}_n = \dot{Z}_L \dot{I}_L = (84.4 + j843.7) \times 16.05(1 + j1) = -12.186 + j\,14.896$$

$$|\dot{E}_n| = \sqrt{(12.186)^2 + (14.896)^2} \fallingdotseq 19.245[\mathrm{kV}]$$

6.4 유도 장해

6.4.1 유도 장해의 개요

우리 나라에서는 지형의 관계상 송전선과 통신선이 근접해서 건설될 경우가 많다. 전력선이 통신선에 근접해 있을 경우에는 통신선에 전압 및 전류를 유도해서 다음과 같은 여러 가지 장해를 주게 된다.

① **정전 유도** : 전력선과 통신선과의 상호 정전 용량에 의해 발생하는 것
② **전자 유도** : 전력선과 통신선과의 상호 인덕턴스에 의해 발생하는 것
③ **고조파 유도** : 양자의 영향에 의하지만 상용 주파수보다 고조파의 유도에 의한 잡음 장해로 되는 것

이중 주로 문제가 되는 것은 **정전 유도**와 **전자 유도**의 두 가지인데 이 중 평상 운전시에는 전자가 문제로 되고 지락 고장시에는 후자가 문제로 된다.

정확히 말하면 이들이 동시에 일어나는 것이겠지만 편의상 양자로 구분해서 그 내용을 살펴볼 수 있다. 아무튼 전력선과 통신선이 근접될 수밖에 없는 우리 나라에서는 송전선 루트의 선정, 중성점의 접지 방식의 결정 등에 있어서는 이 유도 장해 문제를 반드시 고려하지 않으면 안 된다.

6.4.2 정전 유도

정전 유도 전압은 송전 선로의 영상 전압과 통신선과의 상호 커패시턴스의 불평형에 의해서 통신선에 정전적으로 유도되는 전압으로서 이는 고장시뿐만 아니라 평상시에도 발생하는 것이다. 특히 정전 유도 전압이 클 경우에는 수화기에 유도 전류가 흐르고, 상용 주파수의 잡음이 들어가는 등의 통신 장해를 일으키므로 주의해야 한다.

지금 그림 6.11에 나타낸 바와 같이 3상 각 전선의 전위를 $\dot{E}_a$, $\dot{E}_b$, $\dot{E}_c$, 통신선의 유도 전압을 $\dot{E}_s$, 정전 용량을 C_a, C_b, C_c 및 C_s 라고 하면

$$\dot{I}_a + \dot{I}_b + \dot{I}_c = \dot{I}_{cs}$$

즉,

$$\omega C_a(\dot{E}_a - \dot{E}_s) + \omega C_b(\dot{E}_b - \dot{E}_s) + \omega C_c(\dot{E}_c - \dot{E}_s) = \omega C_s E_s \tag{6.12}$$

$$\dot{E}_s = \frac{C_a\dot{E}_a + C_b\dot{E}_b + C_c\dot{E}_c}{C_a + C_b + C_c + C_s} \tag{6.13}$$

로 된다.

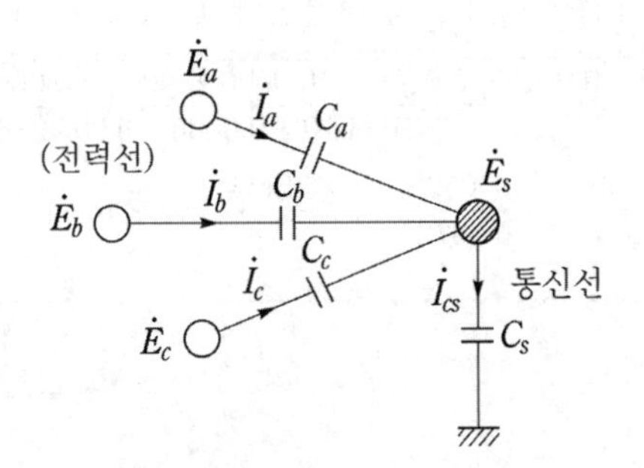

그림 6.11 정전 유도

송전선 전압은 3상이 평형되고 있을 경우에는($\dot{E}_a = E$, $\dot{E}_b = a^2E$, $\dot{E}_c = aE$), $\dot{E}_s$의 절대값은 식 (6.14)과 같이 계산된다.

$$|\dot{E}_s| = \frac{\sqrt{C_a(C_a - C_b) + C_b(C_b - C_c) + C_c(C_c - C_a)}}{C_a + C_b + C_c + C_s} \times E \tag{6.14}$$

여기서, $E = V/\sqrt{3}$, V는 전력선의 선간 전압이다.

식 (6.14)에서 알 수 있는 바와 같이 정전 유도 전압은 주파수 및 양 선로의 평행 길이와는 관계가 없고 다만 전력선의 대지 전압($V/\sqrt{3}$)에만 비례하고 있다. 또, 위 식에서 $C_a = C_b = C_c$이면 $\dot{E}_s = 0$, 즉 연가가 완전하다면 각 상의 정전 용량이 평형하게 되므로 정전 유도 전압을 0으로 할 수 있다. 이로부터 연가는 송전선 자체의 평형뿐만 아니라 통신선에의 유도 장해를 없앤다는 의미에서도 꼭 필요하다는 것을 알 수 있다.

원래 정전 유도에 의한 통신 장해라는 것은 어디까지나 평상시 통신선에 상용 주파수의 잡음을 주게 되는 것이므로 뒤에 설명하는 전자 유도처럼 고장 발생시 통신 기기나 인명에 위험을 줄 정도로 큰 것은 아니다. 그러나 이러한 유도 장해를 방지하기 위해서는 양 선로의 간격을 넓히거나 송전선의 연가를 완전히 해서 그 피해를 줄여야 할 것이다.

154[kV]의 병행 2회선 송전선이 있는데 현재 1회선만이 송전 중에 있다고 할 때, 휴전 회선의 전선에 대한 정전 유도 전압을 구하여라. 단, 송전 중인 회선의 전선과 이들 전선간의 상호 정전 용량은 $C_a = 0.0010[\mu F/km]$, $C_b = 0.0006[\mu F/km]$, $C_c = 0.0004[\mu F/km]$ 그 선의 대지 정전 용량은 $C_s = 0.0052[\mu F/km]$라고 한다.

풀이 본문의 식 (6.14)에 위의 값을 대입하면

$$E_s = \frac{\sqrt{0.0010(0.0010-0.0006)+0.0006(0.0006-0.0004)+0.0004(0.0004-0.0010)}}{0.0010+0.0006+0.0004+0.0052}$$

$$\times \frac{154,000}{\sqrt{3}} = \frac{0.0005292}{0.0072} \times \frac{154,000}{\sqrt{3}} = 6,535[V]$$

6.4.3 전자 유도

송전선에 1선 지락 사고 등이 발생해서 영상 전류가 흐르면 통신선과의 전자적인 결합에 의해서 통신선에 커다란 전압, 전류를 유도하게 되어 통신용 기기나 통신 종사자에게 손상 및 위해를 끼치거나 또는 통신이나 통화를 불가능하게 하는 유도 장해를 일으킨다.

그림 6.12에 나타낸 것처럼 지금 송전선의 각 선에 $\dot{I}_a$, $\dot{I}_b$, $\dot{I}_c$라는 전류가 흐르고 있을 때 이와 병행해서 가설된 통신선이 받는 **전자 유도 전압** E_m은 송전선의 각 선과 통신선과의 상호 인덕턴스를 M[H/km](완전 연가라고 가정함)라고 하면

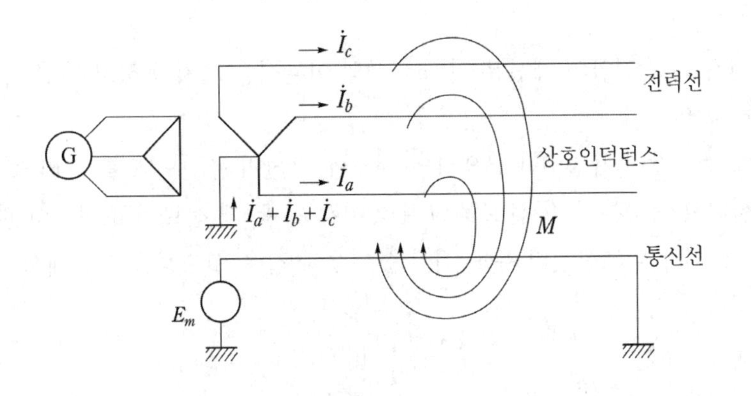

그림 6.12 **전자 유도**

$$E_m = -j\omega Ml(\dot{I}_a + \dot{I}_b + \dot{I}_c) = -j\omega Ml(3\dot{I}_0) \tag{6.15}$$

여기서, l : 양선의 병행 길이[km]

$3\dot{I}_0$: 3 × 영상 전류 = 지락 전류 = **기유도 전류**[A]

로 계산할 수 있다.

위 식에서도 알 수 있듯이 평상시의 운전에서는 3상 전력선의 각 상전류가 대체로 평형되고 있기 때문에 $\dot{I}_0$는 극히 작은 값이 되어 전력선으로부터의 유도 장해는 거의 없을 정도이다. 그러나, 송전선에 고장이 발생하였을 때, 특히 그 중에서도 지락 고장이 일어나면 상당히 큰 $\dot{I}_0$가 대지 전류로서 흐르게 되고 이것이 통신 장해를 일으키게 된다. 그러므로 전력 회사에서 송전선을 건설할 때에는 반드시 사전에 그 선로에 지락 고장이 일어났을 경우의 고장 전류(대지 전류)를 계산하고 이것을 사용해서 그 경과 예정지 부근의 통신선에 대한 전자 유도 전압을 산출하여 그 값이 정해진 제한값(현재 우리 나라에서는 650[V])을 넘지 않도록 필요한 조치를 취하여야만 하게 되어 있다.

그런데 여기에 어려운 문제가 있다. 모처럼 식 (6.15)에 따라 이론적으로 유도 전압을 구할 수 있다고 썼지만 실제로는 이대로 계산한다는 것은 불가능한 것이다. 그것은 다름이 아니고 식 중에 있는 M을 직접 구할 수 없기 때문이다.

앞에서 선로 정수에서 송전선의 각 상(선)간의 상호 인덕턴스 L_m은 산출해 낼 수 없다고 설명하였다. 송전선은 각 선이 발전소로부터 변전소까지 평행해서 배열되어 있으면서도 각 선간의 L_m을 계산할 수 없는데 하물며 송전선과 통신선의 경우는 서로가 아무 관계없이 제나름대로 건설되고 또 대지 전류의 깊이도 같지 않기 때문에 상호 인덕턴스 M의 계산은 도저히 불가능한 것이다.

이 때문에 전자 유도 전압의 계산은 식 (6.15)의 이론식을 쓰지 못하고 대신 다음과 같은 실험식을 사용하고 있다.

그림 6.13에서와 같이 가령 5만 분의 1의 지도에 기설의 통신 선로를 그려 놓는다. 다음에 이제부터 건설하고자 하는 송전 선로를 그려 넣어서 이 두 개 선로의 도면상의 관계 위치로부터 유도 전류 1[A]당의 통신선의 유도 전압을 다음과 같은 실험식을 사용해서 구한다.

$$e_m = Kf\left\{\sum\frac{l_{12}}{\frac{1}{2}(b_1+b_2)} + \sum\frac{l}{100}\right\}[\text{V/A}] \tag{6.16}$$

여기서, K : 지질 계수 (산악 : 0.0002 ~ 0.0008, 평지 : 0.0004)

f : 지락 전류의 주파수

l_{12}, l, b_1, b_2 등은 그림 6.13 참조

e_m : 기유도 전류 1[A]당의 유도 전압

따라서

$$E_m = e_m I \tag{6.17}$$

앞의 식 (6.15)에서 나타낸 바와 같이 전자 유도 전압은 전력선과 통신선과의 병행 길이 l에 비례하므로 상당히 떨어진 통신선이더라도 b의 값은 5[km]까지 계산해 주어야 한다.

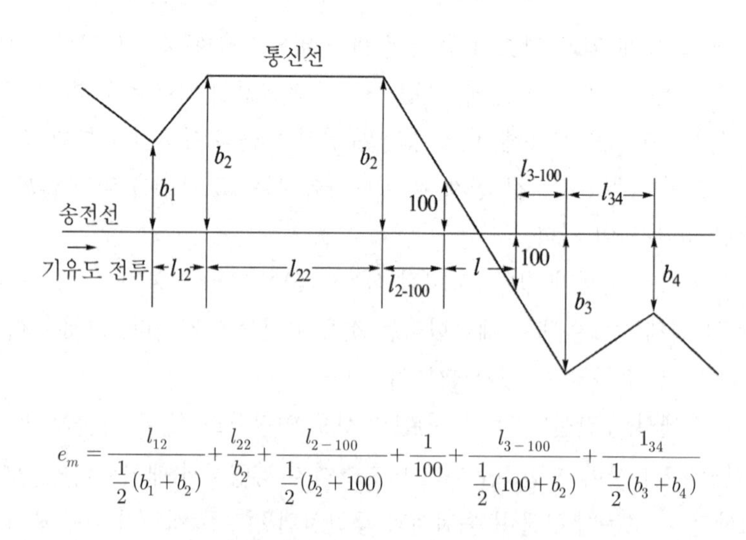

그림 6.13 전자 유도 계산의 일례

위의 계산에서 고장점의 위치를 바꾸고 양 선로의 병행 길이를 바꾸어서 어떤 장소에서 지락 고장이 일어나더라도 통신선의 어느 교환국에서도 650[V]를 넘는 제한 전압이 발생하지 않는다는 것을 확인하여야만 한다. 만일 650[V]를 넘는 전압이 발생할 경우에는 송전선의 루트를 변경하거나 필요한 경감 대책을 강구해서 어느 경우이건 전자 유도 전압이 제한 전압 이하로 억제되도록 하여야 한다.

참고로 표 6.3에 유도 장해 제반 현상을 요약해서 보인다.

표 6.3 유도 장해 제반 현상 요약

<table>
<tr><th colspan="2">구분 / 전압별</th><th>제한값</th><th>유도 발생 설비</th><th>장해 내용</th></tr>
<tr><td colspan="2">정전 유도</td><td>국내 기준 없음
* 일본의 경우:150[V]</td><td>① 전력선
② 전기 철도
③ 방송 고주파 발생</td><td>① 통신 설비의 절연 파괴
② 통화 잡음 및 기기 오동작
③ 통신측 피뢰기 동작</td></tr>
<tr><td rowspan="3">전자유도</td><td>사고시 유도 위험 전압</td><td>배전선 : 430[V]
송전선 : 650[V]</td><td rowspan="3">① 접지 방식의 전력선
· 345, 154[kV] T/L
· 66[kV] 저항 접지 T/L
· 22.9[kV]-Y D/L
② 교류 전기 철도</td><td>① 통신 설비의 절연 파괴
② 인명 감전 위험
③ 통신측 피뢰기 동작</td></tr>
<tr><td>상시 유도 전 압</td><td>인체 위험 : 60[V]
기기 오동작 : 15[V]</td><td>① 인명 감전 위험
② 통신 기기의 오동작</td></tr>
<tr><td>상시 유도 잡음 전압</td><td>통신 케이블 : 1.0[mV]</td><td>① 통화 잡음 발생
② 통화 품질 저하</td></tr>
<tr><td colspan="2">대지 전위 상 승</td><td>650[V]</td><td></td><td>① 통신 설비의 절연 파괴
② 인명 감전 위험
③ 통신측 피뢰기 동작</td></tr>
</table>

예제 6.7 통신선에 병행해서 3상 1회선 송전선이 있는데 마침 1선 지락 사고가 나서 80[A]의 영상 전류가 흐르게 되었다고 한다. 이때, 통신선에 유기되는 전자 유도 전압을 구하여라. 단, 영상 전류는 전선에 걸쳐 같은 크기이고 송전선과 통신선과의 상호 인덕턴스 M은 0.06[mH/km], 양 선로의 병행 길이는 40[km]이라고 한다.

먼저 기유도 전류를 구하면

$$3I_0 = 3 \times 80 = 240[\mathrm{A}]$$

한편 전자 유도 전압 E_m은 식 (6.15)과 같이

$$E_m = -j\omega Ml(\dot{I}_a + \dot{I}_b + \dot{I}_c) = -j\omega Ml(3\dot{I}_0)$$

여기서, l : 양선의 병행 길이[km]

$3I_0$: 3×영상 전류 = 지락 전류 = 기유도 전류[A]

로 된다. 여기에 주어진 데이터 $f=60$, $M=0.06\times10^{-3}$, $l=40$을 대입하면

$$E_m = 2\pi\times60\times0.06\times10^{-3}\times40\times240 = 217[\mathrm{V}]$$

예제 6.8 그림 6.14에 보인 바와 같이 상호 관계에 있는 송전선과 통신선이 있다. 송전선에 대지를 귀로로 해서 40[A]의 전류가 흘렀을 경우 통신선에 유기되는 전자 유도 전압을 구하여라. 단, 지질 계수는 평지에서 $K=0.4\times10^{-3}$, 야산에서 $K=0.8\times10^{-3}$이라 하고 주파수는 60[Hz]라고 한다.

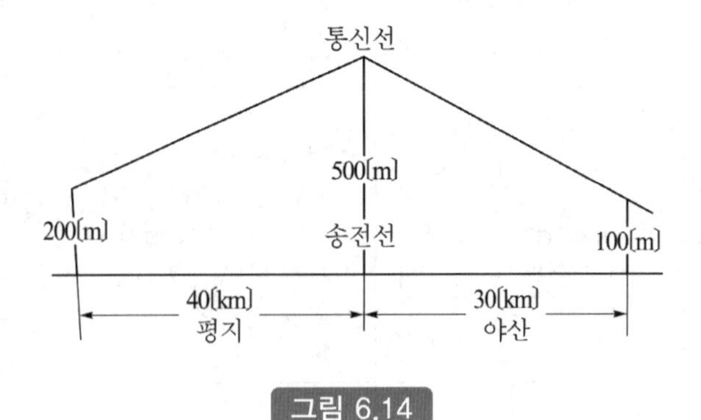

그림 6.14

식 (6.16)를 사용한다.

제의에 따라

$$K\text{평지} = 0.4\times10^{-3}$$
$$K\text{야산} = 0.8\times10^{-3}$$

이므로 1[A] 당의 유도 전압 e_m은

$$e_m = 0.4\times10^{-3}\times60\left\{\frac{40\times10^3}{\frac{1}{2}(200+500)}\right\}+0.8\times10^{-3}\times60\left\{\frac{30\times10^3}{\frac{1}{2}(500+100)}\right\}$$
$$=7.45[\mathrm{V/A}]$$

한편 전류가 40[A]이므로 이때 유도되는 전자 유도 전압 E_m은

$$E_m = I\cdot e_m = 40\times7.54 = 302[\mathrm{V}]$$

6.4.4 유도 장해 경감 대책

전자 유도 전압을 억제하기 위해서는 식 (6.15)에서도 알 수 있듯이 기유도 전류(대지전류 I_0)를 줄이든지 송전선과 통신선과의 사이의 상호 인덕턴스(M)를 줄이든지 또는 양 선로의 병행 길이(l)를 줄일 필요가 있고, 또 유도 장해를 받게 되는 시간을 줄여 주는 길밖에 없다.

우선 전력선측에서 취하여야 할 유도 장해 방지 대책을 열거하면 다음과 같다.

① 송전 선로는 될 수 있는 대로 통신 선로로부터 멀리 떨어져서 건설한다(M의 저감).
② 중성점을 저항 접지할 경우에는 저항값을 가능한 한 큰 값으로 한다(기유도 전류의 억제). 한편 경제상의 이유 때문에 직접 접지 방식을 취하였다 하더라도 접지 장소를 적당히 선정해서 기유도 전류의 분포를 조절한다.
③ 고속도 지락 보호 계전 방식을 채택해서 고장선을 신속하게 차단하도록 한다(고장 지속 시간의 단축)
④ 송전선과 통신선 사이에 차폐선을 가설한다(M의 저감).

한편 통신 선로측에서의 방지 대책은 다음과 같다.

① 통신선의 도중에 중계 코일(절연 변압기)을 넣어서 구간을 분할한다(병행 길이의 단축).
② 연피 통신 케이블을 사용한다(M의 저감).
③ 통신선에 우수한 피뢰기를 설치한다(유도 전압을 강제적으로 저감시킨다).
④ 배류 코일, 중화 코일 등으로 통신선을 접지해서 저주파수의 유도 전류를 대지로 흘려 주도록 한다(통신 잡음의 저감).

유도 장해 경감 대책으로서 차폐선의 설치가 유효하다고 하였는데, 먼저 차폐선(shielding wire)이란 그림 6.15에 보인 것처럼 전력선과 통신선 사이에 대지와 단락시킨 전선을 전력선에 근접해서 설치한 것이다.

차폐선은 그림처럼 양단에서 단락되어 있으므로 여기에 단락 전류(I_s)가 흐르게 되면 이 단락 전류에 의해 통신선에 자속 M'가 발생한다.

이 자속 M'와 송전선 전류(I_e)에 의해 발생되었던 자속 M과는 위상이 180° 반대(곧 I_e와 I_s는 반대 방향으로 흐르고 있음)이므로 M의 값을 줄이게 되어 결국 통신선에 생기는 유도 전압 V_m은 반정도로 줄어들게 된다.

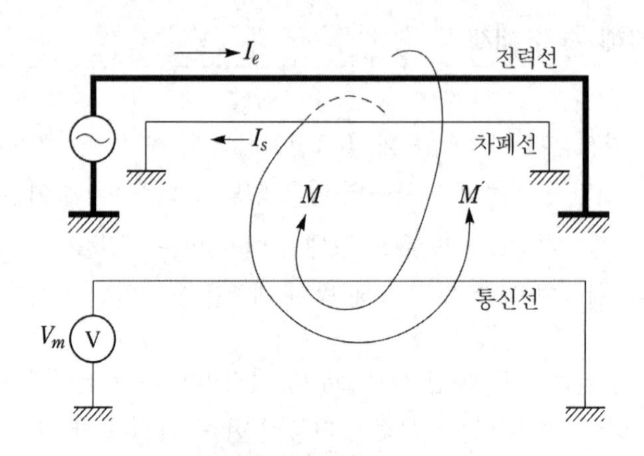

그림 6.15 **차폐선**

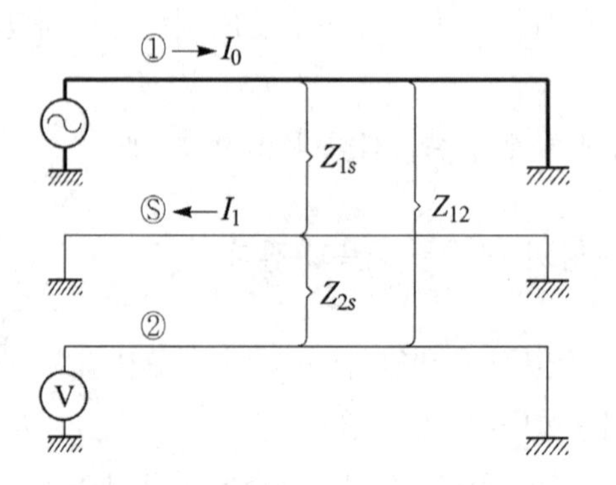

그림 6.16 **차폐선의 차폐 효과**

이하 이 차폐선의 이론을 소개한다.

그림 6.16에서 ①을 전력선, ②를 통신선, Ⓢ를 차폐선이라 하고

Z_{12} : 전력선과 통신선간의 상호 임피던스

Z_{1s} : 전력선과 차폐선간의 상호 임피던스

Z_{2s} : 통신선과 차폐선간의 상호 임피던스

Z_s : 차폐선의 자기 임피던스

라고 한다.

차폐선의 양단이 완전히 접지되어 있다고 하면 통신선에 유도되는 전압 V_2는 다음 식으로 계산된다.

$$V_2 = -Z_{12}I_0 + Z_{2s}I_1$$
$$= -Z_{12}I_0 + Z_{2s}\frac{Z_{1s}I_0}{Z_s}$$
$$= -Z_{12}I_0\left(1 - \frac{Z_{1s}Z_{2s}}{Z_sZ_{12}}\right) \tag{6.18}$$

여기서, I_0 : 전력선의 영상 전류

I_1 : 차폐선의 유도 전류

식 (6.18)에 있어서 $(-Z_{12}I_0)$는 차폐선이 없을 경우의 유도 전압이기 때문에 $\left(1 - \frac{Z_{1s}Z_{2s}}{Z_sZ_{12}}\right)$는 차폐선을 설치함으로써 유도 전압이 이만큼 줄게 된다는 저감 비율을 나타내는 것으로서 **차폐선의 차폐 계수**라고 볼 수 있다. 이것을 λ라고 한다면

$$\lambda = \left|1 - \frac{Z_{1s}Z_{2s}}{Z_sZ_{12}}\right| \tag{6.19}$$

로 표시된다.

만일 차폐선을 전력선에 접근해서 설치할 경우에는 $Z_{12} \fallingdotseq Z_{2s}$로 되므로 식 (6.18)은

$$V_2' = -Z_{12}I_0\left(1 - \frac{Z_{1s}}{Z_s}\right) \tag{6.20}$$

로 되고 이때의 차폐선의 차폐 계수 λ'는 다음과 같이 된다.

$$\lambda' = \left|1 - \frac{Z_{1s}}{Z_s}\right| \tag{6.21}$$

이번에는 차폐선을 통신선에 접근해서 설치할 경우에는 $Z_{1s} \fallingdotseq Z_{12}$로 되므로

$$V_2'' = -Z_{12}I_0\left(1 - \frac{Z_{2s}}{Z_s}\right) \tag{6.22}$$

로 되며, 이때의 차폐 계수 λ''는

$$\lambda'' = \left|1 - \frac{Z_{2s}}{Z_s}\right| \tag{6.23}$$

로 된다.

가령 식 (6.20)에서 알 수 있듯이 상호 임피던스 Z_{1s} 에 대해서 차폐선의 자기 임피던스 Z_s 를 접근시켜 줄수록($Z_s \rightarrow Z_{1s}$) 차폐 효과가 점점 커지게 된다. 다시 말해서 차폐선의 자기 임피던스를 될 수 있는 대로 작게 해서 차폐선에 흐르는 전류를 크게 해 주면 그만큼 차폐 효과를 더 올릴 수 있게 된다는 것을 알 수 있다.

다음 차폐선의 가설 장소는 그림 6.17에 나타낸 것처럼 송전 철탑 정상부의 가공 지선을 가설하는 장소를 택하고 있다. 차폐선은 전술한 바와 같이 단락 전류를 흘려야 하는 것이므로 철선 대신에 송전선과 똑같은 알루미늄선이라든지 동선을 사용해서 유도 전압 경감과 가공 지선으로서의 역할을 동시에 수행하도록 하고 있다.

마지막으로 유도 전압의 제한값인데 최근에는 보호 계전기의 성능이 향상되어서 1 사이클 (1/60초) 동작도 가능해졌고 그에 따라 차단기도 3사이클 차단이 가능하게 되었다. 따라서 100[kV] 이상의 송전선에서는 0.1초의 고속도 차단을 할 수 있다는 전제하에서 이 제한값을 종전의 300[V]로부터 보다 높은 650[V] 수준으로 끌어올려서 이 한도 내에서 여러 가지 대책을 강구하고 있다.

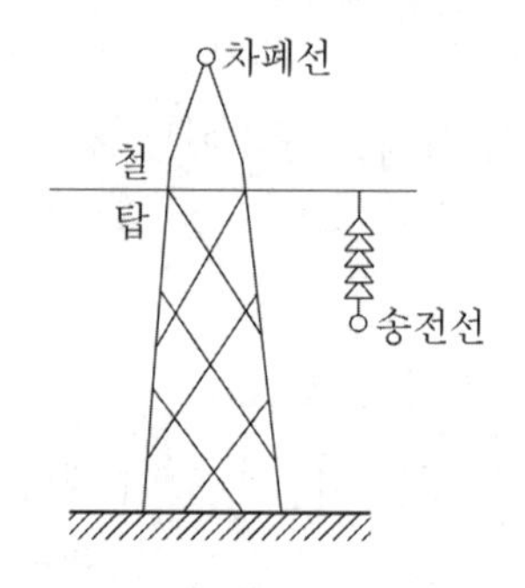

그림 6.17 차폐선의 가설

예제 6.9 **최근 전력 설비 특히 그 중에서도 고압 송배전 선로와 관련해서 관심이 높아지고 있는 전자파 문제에 대해 설명하여라.**

흔히 전자파 문제로 불리워지고 있는데 정확하게는 전자계(EMF) 문제로서 이것은 전력 설비(주로 송배전선)로부터 발생하는 전자계가 그 주변 주민의 건강에 나쁜 영향을 미치고 있는 것이 아닌가해서 최근 국내외적으로도 많은 논의가 이루어지고 있다.

세계보건기구(WHO)의 환경보건 기준에 의하면 전계는 10[kV/m], 자계는 50[가우스] 이하이면 건강에 별영향을 주지 않는다고 하고 있다.

현재로서는 송전선 등으로부터 발생하는 전계, 자계는 각각 3[kV/m] 이하, 0.2[가우스] 이하로서 별문제가 없는 것으로 평가되고 있다. 그러나 일부에서는 WHO 기준은 공인된 정식 기준이 아니고 실제로도 여러 가지 전자파에 의한 피해를 입고 있다는 주장도 늘어나고 있어서 앞으로 우리 나라에서도 보다 정확한 전자계 영향 조사가 있어야 할 것이다.

연 습 문 제

1. 송전 선로의 중성점을 접지하는 목적은 무엇인가?

2. 중성점 접지 방식의 종류를 들고 각각의 장・단점을 설명하여라.

3. 유효 접지란 어떤 접지를 말하는가?

4. 우리 나라의 초고압 계통에서 채택되고 있는 접지 방식에 대해서 설명하여라.

5. 직접 접지 방식의 장・단점을 설명하여라.

6. 소호 리액터 접지 방식에서의 리액터값은 어떻게 결정되고 있는가?

7. 154[kV], 60사이클, 선로 길이 200[km]의 병행 2회선 송전선에 설치하는 소호 리액터의 공진 탭 용량을 계산하여라. 단, 1선의 대지 정전 용량은 0.0043[μF/km]라고 한다.

8. 소호 리액터의 사용 탭에 대하여 설명하여라.

9. 154[kV], 60[Hz]의 3상 3선식 송전선에서 전선 1선당의 대지 정전 용량은 각각 다음과 같다고 한다.

$$C_a = 0.935[\mu\text{F}], \quad C_b = 0.95[\mu\text{F}], \quad C_c = 0.95[\mu\text{F}]$$

이때 중성점이 개방되어 있을 경우 중성점에 나타나는 잔류 전압은 얼마로 되겠는가?

10. 그림 E 6.10과 같은 선로에서

$$b_1 = 500[\text{m}],\ b_2 = 700[\text{m}],\ b_3 = 600[\text{m}],\ b_4 = 500[\text{m}],\ l_{12} = 5[\text{km}],$$
$$l_{22} = 4[\text{km}],\ l_{2-100} = 3[\text{km}],\ l_{100} = 1[\text{km}],\ l_{100-3} = 2.5[\text{km}],\ l_{34} = 5[\text{km}]$$

이다. 배전선은 60[Hz], 3상 1회선인데 지락 사고 때문에 영상 전류 50[A]가 전선에 걸쳐 균등하게 흐른다고 할 때 통신선에 유기될 전자 유도 전압을 구하여라. 단, 지질 계수는 0.00025라고 한다.

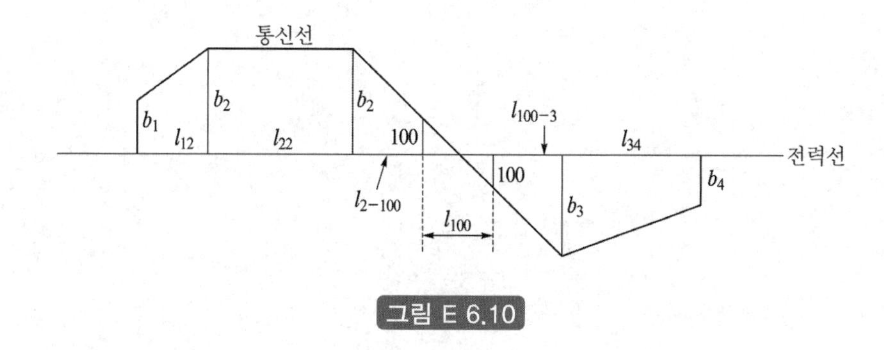

그림 E 6.10

11. 중성점 직접 접지 계통에서는 다른 접지 방법과 비교해서 내부 이상 전압은 저감되지만 1선 지락시의 지락 전류는 일반적으로 매우 크다. 이 지락 전류가 기기 및 인간에 대해서 줄 우려가 있는 장해 3가지에 대해서 그 개요를 설명하고 또한 이것에 대한 주된 대책을 열거하여라.

12. 직접 접지 계통의 송전선이 통신선에 미치는 유도 장해 및 그 방지 대책에 대해서 설명하여라.

13. 중성점 접지 방식과 전자 유도 장해와의 관계를 설명하여라.

14. 전력선과 통신선 사이에 가설하는 차폐선의 차폐 효과에 대해서 설명하여라. 또, 차폐선은 전력선, 통신선의 어느 쪽에 가까이 가설하는 것이 더 효과적인가를 설명하여라.

최 · 신 · 송 · 배 · 전 · 공 · 학

07장 고장 계산

Transmission Distribution Engineering

7.1 개 요

가공 송전 선로이건 지중 송전 선로이건 간에 사고를 전혀 일으키지 않고 운전한다는 것은 불가능한 일이다. 특히 가공 송전 선로는 직접 자연에 노출되어 모든 기상 조건의 영향을 받게 되므로 뇌해, 풍수해, 설해, 염진해, 기타 등등으로 사고를 일으킬 기회가 많다.

송전 선로에서 발생하는 사고 중 가장 많은 것은 1선 지락이지만 이밖에 선간 단락, 2선 지락, 심할 경우에는 3선 지락(단락)으로까지 진전되는 사고가 있을 뿐만 아니라 때에 따라서는 단선 사고까지 발생하는 경우도 있다.

송전선에 지락이라든지 단락 사고가 발생하면 얼마만한 크기의 지락 전류 또는 단락 전류가 흐를 것인가 하는 것을 미리 알아둔다는 것은 매우 중요한 일이다. 왜냐하면 고장에 대비한 차단기의 용량 결정 또는 차단기를 동작시키기 위한 보호 계전기의 정정 등에 이들 전류값이 사용되기 때문이다.

또, 지락 전류가 대지에 흐르게 되면 이 전류에 의해서 전력선 부근을 통과하고 있는 통신선에 유도 장해를 일으키기 때문에 사전에 그 영향이 어느 정도에 달할 것인가도 알아둘 필요가 있다.

이런 의미에서 고장 계산은 송전 계통에서의 고장시의 상태를 해석하여 지락 전류라든지 건전상의 전압 상승 등을 수치 계산으로 구함으로써 고장시의 상황에 대처할 수 있게 하는 것이라고 하겠다.

이 장에서는 주로 이러한 사고가 발생하였을 때 얼마만한 고장 전류가 흐르게 되는가 하는 것을 설명하게 되는데 일반적으로 송전 선로에서는 3상 단락과 같은 평형 고장이 일어나는 경우는 극히 드물고 거의 대부분이 1선 지락과 2선 지락, 선간 단락과 같은 불평형 고장으로 되기 때문에 각 송전선에는 비대칭 전류가 흐르게 된다. 따라서 이러한 불평형 고장에 대한 해석법으로서 많이 쓰이고 있는 대칭 좌표법을 중점적으로 소개하기로 한다.

7.2 3상 단락 고장

7.2.1 옴(Ω)법에 의한 계산

3상 단락 고장은 극히 드문 고장이지만 일단 3상 단락 고장이 발생하면 아주 큰 고장 전류가 흐르기 때문에 사전에 이들 값을 알아둔다는 것은 매우 중요하다.

특히 이 전류값은 차단기 용량의 결정, 보호 계전기의 정정, 기기에 가해지는 전자력을 추정하는 데 필요한 것이다.

3상 단락 고장은 평형 고장이므로 이때의 단락 전류는 고장점의 대지 전압을 고장점에서 본 전계통의 임피던스 $Z[\Omega]$로 나누어서 구할 수 있다.

가령 전압을 고압측의 전압으로 나타내고, E를 고장점에서의 고장 직전의 상전압[V], 각 기기라든가 계통 각 부분의 임피던스를 이 E를 기준으로 환산해서 집계한 것을 $Z[\Omega]$이라고 하면 3상 단락 전류 I_s 및 3상 단락용량 P_s 는

$$I_s = \frac{E}{Z}[\text{A}] = \frac{E}{\sqrt{R^2 + X^2}}[\text{A}] \tag{7.1}$$

$$P_s = 3EI_s[\text{kVA}] = \sqrt{3}\, VI_s[\text{kVA}] \tag{7.2}$$

여기서, V : 단락점의 선간 전압 [kV]$(=\sqrt{3}E)$

Z : 단락 지점에서 전원측을 본 계통 임피던스[Ω]

로 산출된다.

이와 같이 [V]를 [Ω]로 나누어서 단락 전류[A]를 구하는 계산 방법을 **옴법**이라고 한다.

이 계산법에서는 고장점에서 본 전계통의 임피던스 $Z[\Omega]$를 구한다는 것이 핵심이 된다. 임피던스는 옴값이기 때문에 고장점의 회로 전압과 다른 전압의 회로에 있는 임피던스를 고장 회로의 전압 하에서 환산(등가 합성)하려면 우선 변압기의 접속법에 주의해서 권수비(곧 전압비)의 제곱을 곱해야 하고 △-△ 결선일 경우에는 이를 △→Y로 고쳐 주어야 한다.

이처럼 이 방법은 이러한 임피던스의 환산이 불편하기 때문에 별로 쓰이지 않고 있다.

예제 7.1 그림에 나타낸 바와 같은 고압 송전선의 S점에 있어서의 3상 단락 전류 및 3상 단락 용량을 계산하여라. 단, G_1, G_2는 각각 30,000[kVA], 22[kV], 리액턴스 30[%], 변압기 T는 60,000[kVA], 22/154[kV], 리액턴스 11[%], 송전선 TS간은 100[km]로 하고 선로 임피던스는 $Z = 0 + j0.5$[Ω/km]라고 한다.

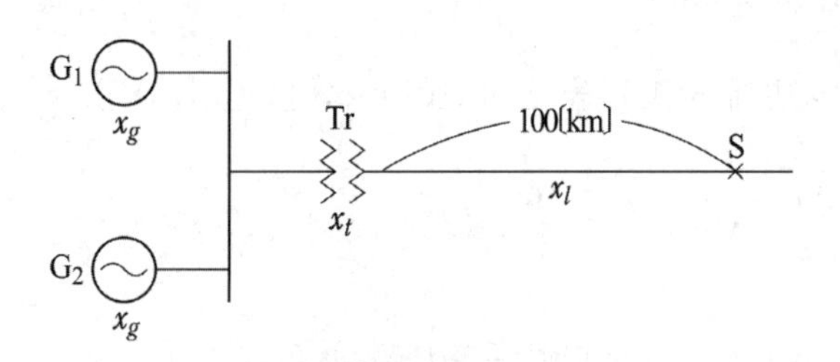

그림 7.1

풀이 먼저 선로측 전압(154[kV])에 맞추어서 발전기 및 변압기 리액턴스를 환산해 준다.

$$x_g = \frac{\%x \times 10V^2}{kVA} = \frac{30 \times 10 \times 154^2}{60,000} = 118.58[\Omega]$$

$$x_t = \frac{11 \times 10 \times 154^2}{60,000} = 43.48[\Omega]$$

$$x_l = 0.5 \times 100 = 50[\Omega]$$

$$\therefore\ I_s = \frac{154,000}{\sqrt{3}} \Big/ (118.58 + 43.48 + 50) = 419.3[A]$$

$$P_s = \sqrt{3}\,VI_s = \sqrt{3} \times 154 \times 419.3 = 111,840[kVA]$$

7.2.2 %법에 의한 계산

일반적으로 송전 계통에서는 임피던스의 크기를 옴값 대신에 %값으로 나타내는 경우가 많다. 지금 정격 전류를 I_n[A], 정격 대지 전압을 E[V]라고 하면 우선 $\%Z$의 정의식에서

$$\left.\begin{aligned} \%Z &= \frac{Z[\Omega]\,I_n}{E} \times 100[\%] \\ \therefore\ Z[\Omega] &= \frac{\%Z \times E}{100 I_n}[\Omega] \end{aligned}\right\} \qquad (7.3)$$

이므로, 여기서 나온 $Z[\Omega]$을 앞서 나온 식 (7.1)에 대입하면

$$I_s = \frac{E}{Z[\Omega]} = \frac{E}{\frac{\%Z \times E}{100 \times I_n}} = \frac{100}{\%Z} \times I_n[\text{A}] \tag{7.4}$$

로 I_s를 쉽게 계산할 수 있다.

또, 식 (7.4)의 양변에 $\sqrt{3}\,V$을 곱하면(V = 선간 전압[kV])

$$P_s = \frac{100}{\%Z} \times \sqrt{3}\,VI_n = \frac{100}{\%Z} \times P_n[\text{kVA}] \tag{7.5}$$

여기서, $P_s = \sqrt{3}\,VI_s$: 3상 단락 용량[kVA]

$P_n = \sqrt{3}\,VI_n$: 정격 용량[kVA]

이 계산 방법을 **%법**이라고 하는데 이 계산식에서 곧 알 수 있듯이 3상 단락 전류 I_s의 크기는 정격 전류 I_n의 100/%Z배, 즉 100을 %Z로 나누어 주기만 하면 정격 전류의 몇 배가 단락 전류로서 흐르게 되는가 하는 것을 쉽게 알 수 있다. 만일 이때 정격 전류의 크기가 얼마인지 모르더라도 고장점에서 본 전계통의 %Z가 얻어지면 이것을 써서 바로 단락 전류가 정격 전류의 몇 배인가 하는 배율은 쉽게 알 수 있으므로 실용상 아주 편리한 경우가 많다.

%법에는 정격 전류 $0.19 + \text{j}\,0.36I_n$이 식 속에 들어 있으므로 발전소나 변전소에서의 발전기, 변압기, 조상기 그리고 선로 등 각 부분의 kVA 용량이 서로 다를 경우에는 앞서 %Z의 집계에서 설명한 것처럼 우선 먼저 %Z를 모두 같은 kVA 용량(기준 용량)에 대해서 환산해 준 다음 고장점에서 집계하여야 한다.

예제 7.2 예제 7.1의 문제를 %법으로 풀어라.

먼저 기준 용량으로서 $P_0 = 100{,}000$[kVA]를 잡으면 정격 전류 I_n은 $P_0 = \sqrt{3}\,VI_n$으로부터

$$I_n = \frac{100{,}000}{\sqrt{3} \times 154} = 374.9[\text{A}]$$

$$\%x_l = \frac{50 \times 374.9}{154{,}000/\sqrt{3}} \times 100 = 21.08[\%]$$

$$\%x_t = 11 \times \frac{100{,}000}{60{,}000} = 18.33[\%]$$

$$\%x_g = 30 \times \frac{100,000}{30,000} = 100.0[\%]$$

한편, 고장점에서 본 전계통의 $\%x$는 발전기가 2대 병렬이므로

$$\%x = 21.08 + 18.33 + \frac{100}{2} = 89.41[\%]$$

$$\therefore \ I_s = \frac{100}{\%x} \times I_n = \frac{100}{89.41} \times 374.9 = 419.3[\mathrm{A}]$$

$$P_s = \sqrt{3}\,VI_s = 111,840[\mathrm{kVA}]$$

예제 7.3 그림 7.2에 보인 3상 송전 계통에서 발전기 G_1, G_2는 어느 것이나 용량 20[MVA], 전압 6.6[kV], 리액턴스 20[%], 변압기 T는 용량 40[MVA], 전압 6.6/66[kV], 리액턴스 8[%], 송전 선로는 길이 20[km], 리액턴스 0.6[Ω/km]이다.

지금 무부하 운전 중에 수전단 F점에서 3상 단락 고장이 발생하였을 경우의 고장 전류(단락 전류)를 구하여라.

풀이 (1) 옴법에 의한 경우

발전기 1대의 고압측 환산 리액턴스는

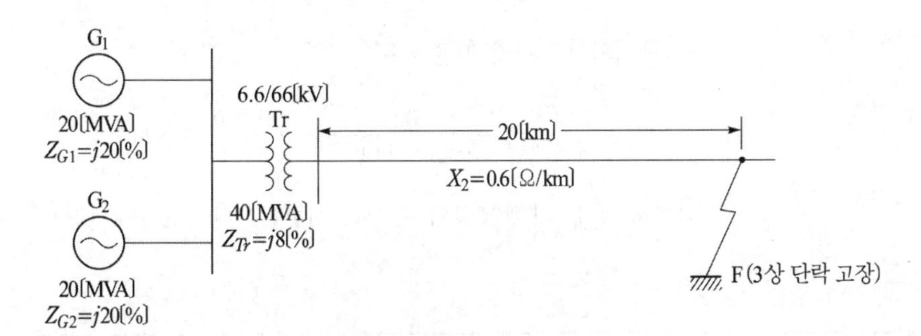

그림 7.2 모델 계통

$$Z_G = \frac{10\,V^2 \times \%Z_T}{P} = \frac{10 \times 66^2 \times 20}{20,000} = 43.56[\Omega]$$

발전기는 2대 병렬이므로 등가 1대 발전기 리액턴스는

$$43.56/2 = 21.78[\Omega]$$

다음, 변압기의 고압측 환산 리액턴스는

$$Z_T = \frac{10\,V^2 \times \%Z_G}{P} = \frac{10 \times 66^2 \times 8}{40{,}000} = 8.71\,[\Omega]$$

선로의 리액턴스는

$$Z_l = 0.6 \times 20 = 12\,[\Omega]$$

따라서 F점에서의 3상 단락 전류 I_s는

$$I_s = \frac{66{,}000}{\sqrt{3}\,(21.78 + 8.71 + 12)} \fallingdotseq 896.8\,[\mathrm{A}]$$

(2) %임피던스법에 의한 경우

기준 용량을 40[MVA]로 잡고 각부의 %리액턴스를 구하면

발전기 : $\%X_G = 20 \times \left(\frac{40}{20}\right) = 40\,[\%]$

2대 병렬이므로

$\%X_G = 40/2 = 20\,[\%]$

변압기 : $\%X_T = 8\,[\%]$

선 로 : $\%X_l = 0.6 \times 20 \times \frac{40{,}000}{66^2 \times 10} = 11.02\,[\%]$

F점에서의 3상 단락 전류 I_s는

$$I_s = \frac{100}{\%Z} I_n = \frac{100}{(20 + 8 + 11.02)} \times \frac{40{,}000}{\sqrt{3} \times 66} \fallingdotseq 896.7\,[\mathrm{A}]$$

여기서, I_n은 기준 용량의 전 부하 전류값이다.

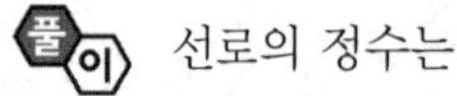

예제 7.4 154[kV]/22.9[kV], 12,000[kVA]의 3상 변압기 1대를 갖는 변전소로부터 길이 3[km]의 1회선 고압 배전 선로로 공급되는 수용가 인입구에서의 3상 단락 전류를 구하여라. 또, 이 수용가에 사용하는 차단기로서는 몇 [MVA]인 것이 적당하겠는가? 단, 변압기 1 상당의 리액턴스는 0.8[Ω], 배전선 1선당의 저항은 0.45[Ω/km], 리액턴스는 0.4[Ω/km]라 하고 기타의 정수는 무시하는 것으로 한다.

풀이 선로의 정수는

$$r = 0.45 \times 3 = 1.35\,[\Omega]\,, \quad x = 0.4 \times 3 = 1.2\,[\Omega]$$

변압기의 리액턴스

$$x_t = 0.8\,[\Omega]$$

1상분의 단락 회로는 그림 7.3과 같이 된다.
따라서 단락 전류 I_s는

$$I_s = \frac{E}{\sqrt{r^2+(x_t+x)^2}} = \frac{\dfrac{22.9\times 10^3}{\sqrt{3}}}{\sqrt{1.35^2+(0.8+1.2)^2}} \fallingdotseq 5{,}480[\mathrm{A}]$$

3상 단락 용량

$$P_s = \sqrt{3}\,VI_s = 217{,}352[\mathrm{kVA}] \fallingdotseq 217[\mathrm{MVA}]$$

따라서 수용가에서의 차단기는 250[MVA]의 것을 설치하는 것이 좋다.

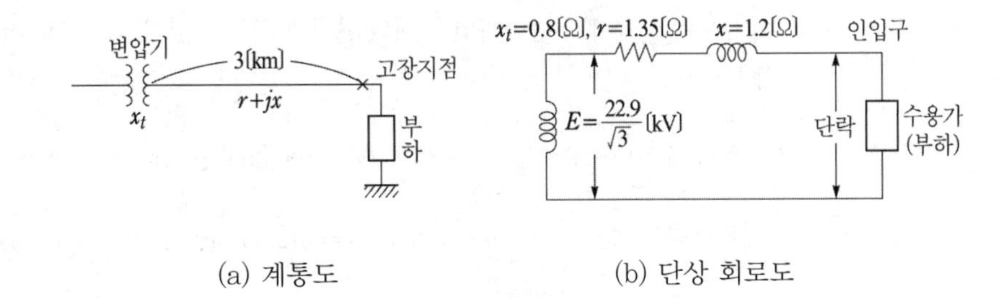

(a) 계통도 (b) 단상 회로도

그림 7.3

예제 7.5 그림 7.4와 같은 발전소에서 각 유입 차단기(OCB)의 차단 용량을 계산하여라.
단, 발전기 G_1 : 용량 10,000[kVA], x_{G1} 10[%]
발전기 G_2 : 용량 20,000[kVA], x_{G2} 14[%]
변압기 T : 용량 30,000[kVA], x_{Tr} 12[%]
이라 하고 선로측으로부터의 단락 전류는 고려하지 않는 것으로 한다.

먼저 각 리액턴스를 30,000[kVA] 용량으로 환산한다.

$$x_{G1} = 10\times\frac{30{,}000}{10{,}000} = 30[\%]$$

$$x_{G2} = 14\times\frac{30{,}000}{20{,}000} = 21[\%]$$

$$x_{Tr} = 12[\%]$$

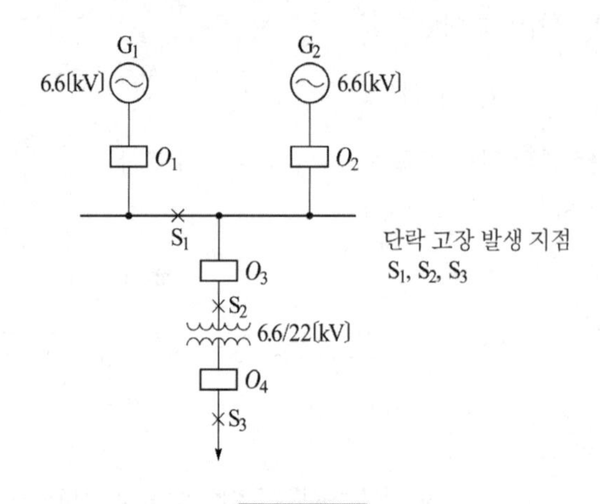

그림 7.4

(1) O_1, O_2의 차단 용량

여기서는 S_1점에서 단락하였을 때의 단락 전류를 차단하면 되므로 식 (7.5)를 사용해서

$$O_1\text{의 차단 용량} = \frac{100}{30} \times 30{,}000 = 100{,}000[\text{kVA}]$$

$$O_2\text{의 차단 용량} = \frac{100}{21} \times 30{,}000 = 142{,}857[\text{kVA}]$$

따라서 차단 용량은 143,000[kVA] 이상으로서 표준값의 차단기를 설치하면 된다.

(2) O_3 의 차단 용량

S_2점에서의 단락을 생각하면 이점에는 G_1과 G_2의 합산된 단락 전류가 유입하기 때문에 위의 (1)로부터

$$O_3\text{의 차단 용량} = 100{,}000 + 143{,}000 = 243{,}000[\text{kVA}]$$

곧, 차단 용량은 243,000[kVA] 이상의 표준값의 차단기를 설치하면 된다.

(3) O_4의 차단 용량

S_3점에서 단락하였다고 가정해서 먼저 이점에서 본 전원측의 합성 %임피던스 x_{03}를 구하면

$$x_{03} = \frac{30 \times 21}{30 + 21} + 12 = 24.3[\%]$$

$$\therefore\ O_4\text{의 차단 용량} = \frac{100}{24.3} \times 30{,}000 = 123{,}457[\text{kVA}]$$

곧, O_4의 차단 용량은 124,000[kVA] 이상의 것으로서 표준값의 차단기를 선정해서 설치하면 된다.

7.3 대칭 좌표법에 의한 고장 계산

3상 단락 고장처럼 각 상이 평형된 고장에서는 고장점을 중심으로 여기에 인가된 전압과 임피던스를 구해서 쉽게 해석할 수 있다. 그러나, 각 상이 불평형되는 1선 지락과 같은 불평형 고장에서는 각 상에 걸리는 전압을 따로따로 구해야 하는데 실제적으로는 이것이 그렇게 쉬운 일이 아니어서 다음에 설명하는 대칭 좌표법을 빌리지 않고서는 3상 회로의 불평형 문제를 다룰 수 없다.

대칭 좌표법이란 한 마디로 말해서 3상 회로의 불평형 문제를 푸는 데 사용되는 계산법이다. 이것은 불평형인 전류나 전압을 그대로 취급하지 않고 일단 그것을 대칭적인 3개의 성분으로 나누어서 각각의 대칭분이 단독으로 존재하는 경우의 계산을 실시한 다음 마지막으로 그들 각 성분의 계산 결과를 중첩시켜서 실제의 불평형인 값을 알고자 하는 방법이다.

그러므로, 계산 도중에는 언제나 평형 회로의 계산만 하게 되고 각 성분의 계산이 끝난 다음 이들을 중첩함으로써 비로소 불평형 문제의 해가 얻어지게 되는 것이다. 위의 그림 7.5는 이 대칭 좌표법을 사용해서 불평형 고장 문제를 푸는 개념도를 보인 것이다.

여기서는 먼저 대칭 좌표법을 설명한 다음에 전력 계통의 고장 계산법에 대해서 설명하기로 한다.

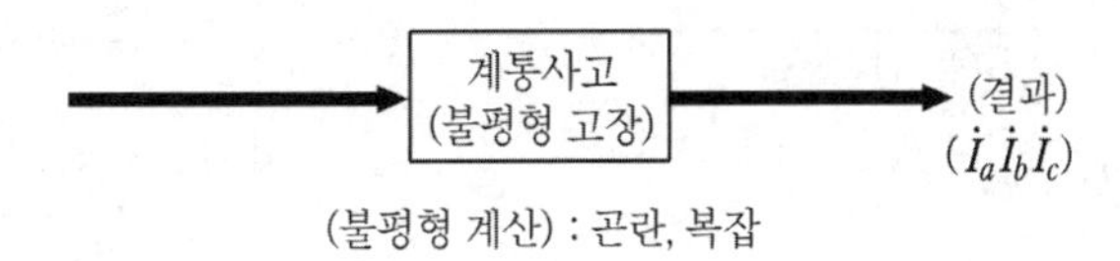

(a) 불평형 고장을 직접 계산하는 방법

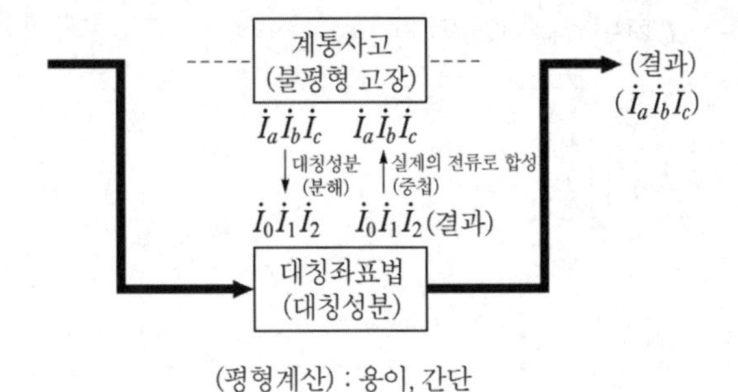

(b) 불평형 고장을 간접적으로 푸는 방법

그림 7.5 대칭 좌표법을 이용한 계산법의 개념도

7.3.1 대칭분 전류

지금 그림 7.6과 같이 선로 정수가 평형된 3상 회로에 임의의 불평형 3상 교류 $\dot{I}_a$, $\dot{I}_b$, $\dot{I}_c$가 흐르고 있다고 한다.

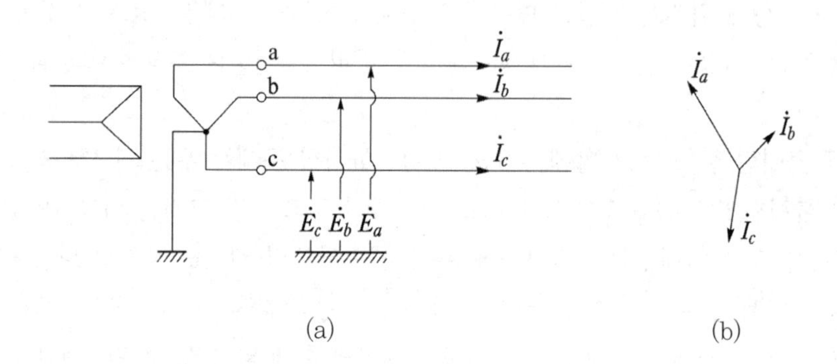

그림 7.6 불평형 전류의 개념도

이때 a상의 전류 $\dot{I}_a$를 기준으로 해서 다음과 같은 전류를 만들어 본다.

$$\left.\begin{aligned} \dot{I}_0 &= \frac{1}{3}(\dot{I}_a + \dot{I}_b + \dot{I}_c) \\ \dot{I}_1 &= \frac{1}{3}(\dot{I}_a + a\dot{I}_b + a^2\dot{I}_c) \\ \dot{I}_2 &= \frac{1}{3}(\dot{I}_a + a^2\dot{I}_b + a\dot{I}_c) \end{aligned}\right\} \tag{7.6}$$

이것을 행렬 표현으로 고치면 다음과 같다.

$$\begin{bmatrix} \dot{I}_0 \\ \dot{I}_1 \\ \dot{I}_2 \end{bmatrix} = \frac{1}{3}\begin{bmatrix} 1 & 1 & 1 \\ 1 & a & a^2 \\ 1 & a^2 & a \end{bmatrix}\begin{bmatrix} \dot{I}_a \\ \dot{I}_b \\ \dot{I}_c \end{bmatrix} \tag{7.7}$$

여기서, $a = 1\underline{/120°} = -\frac{1}{2} + j\frac{\sqrt{3}}{2}$

$$a^2 = a \cdot a = 1\underline{/240°} = -\frac{1}{2} - j\frac{\sqrt{3}}{2}$$

$$a^3 = a \cdot a^2 = 1\underline{/360°} = 1$$

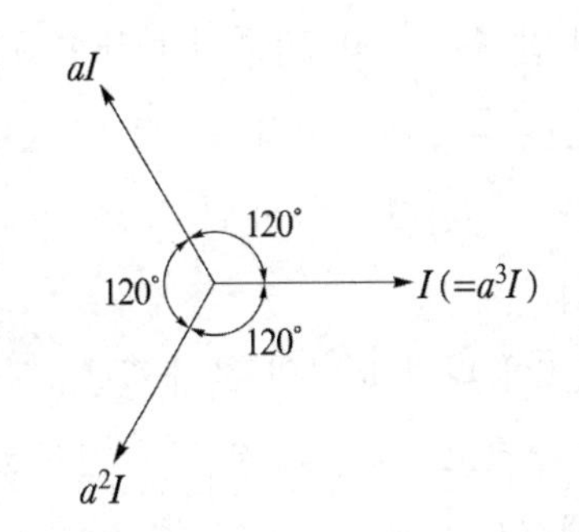

그림 7.7 전류 벡터 오퍼레이터

이상의 관계를 나타내면 그림 7.7처럼 된다.

여기서 a, a^2은 각각 벡터이기 때문에 가령 $a\dot{I}_b$ 처럼 $\dot{I}_b$에 a를 곱한다는 것은 $\dot{I}_b$ 라는 전류의 위상을 120°만큼 앞서게 한다는 것이고 a^2을 곱하면 그 전류를 240°만큼 앞서게 한다는 것이다.

그러므로 $\dot{I}_a$, $\dot{I}_b$, $\dot{I}_c$가 제아무리 불평형된 전류라 하여도 이것이 주어지면 여기에 a, a^2 등을 곱해서 식 (7.6)에 따라 $\dot{I}_0$, $\dot{I}_1$, $\dot{I}_2$라는 전류를 쉽게 구할 수 있다.

이번에는 식 (7.6)과는 반대로 만일 $\dot{I}_0$, $\dot{I}_1$, $\dot{I}_2$라는 가상적인 전류가 주어졌을 경우 실제로 회로에 흐르고 있는 전류 $\dot{I}_a$, $\dot{I}_b$, $\dot{I}_c$는 어떻게 될 것인가 하는 것은 식 (7.6)의 연립 방정식을

$$\left.\begin{aligned} &1+a+a^2=0 \\ &a^3=1 \end{aligned}\right\} \tag{7.8}$$

이라는 관계를 적용해서 풀면

$$\left.\begin{aligned} \dot{I}_a &= \dot{I}_0+\dot{I}_1+\dot{I}_2 \\ \dot{I}_b &= \dot{I}_0+a^2\dot{I}_1+a\dot{I}_2 \\ \dot{I}_c &= \dot{I}_0+a\dot{I}_1+a^2\dot{I}_2 \end{aligned}\right\} \tag{7.9}$$

또는

$$\begin{bmatrix} \dot{I}_a \\ \dot{I}_b \\ \dot{I}_c \end{bmatrix} = \begin{bmatrix} 1 & 1 & 1 \\ 1 & a^2 & a \\ 1 & a & a^2 \end{bmatrix} \begin{bmatrix} \dot{I}_0 \\ \dot{I}_1 \\ \dot{I}_2 \end{bmatrix} \tag{7.10}$$

로 산출된다. 즉, 이 결과로부터 알 수 있듯이 당초의 불평형 3상 전류 $\dot{I}_a$, $\dot{I}_b$, $\dot{I}_c$는 각각 평형된 3개의 성분 $\dot{I}_0$, $\dot{I}_1$, $\dot{I}_2$의 합으로 구성되고 있다.

그림 7.8은 1선 지락 고장과 같은 불평형 고장이 발생하였을 때 흐르는 불평형 전류를 각 대칭분 전류로 분해해서 보인 것이다.

이 중 제 1성분인 I_0는 그림 7.8에 나타낸 바와 같이 같은 크기와 같은 위상각을 가진 평형 단상 전류이므로 **영상 전류**라고 부르고 있다. 이 전류는 지락 고장시 접지 계전기를 동작시키는 전류이지만 한편 통신선에 대해서는 전자 유도 장해를 일으키는 전류이기도 한 것이다.

제2성분인 $\dot{I}_1$은 각 상 가운데 $\dot{I}_1$, $a^2\dot{I}_1$, $a\dot{I}_1$이라는 형태로 된 평형 3상 교류로서 전원과 동일한 상회전 방향으로 포함되어 있기 때문에 **정상 전류**라고 부른다. 이 전류가 전동기에 흐르면 회전 토크를 준다.

제3성분인 $\dot{I}_2$는 $\dot{I}_1$과 상회전이 반대인 3상 평형 전류로서 **역상 전류**라고 부른다. 이 전류가 가령 전동기에 흐르면 제동 작용을 해서 그 만큼 전동기의 출력을 감소시키게 된다. 이처럼 3상 회로의 전류는 그것이 제아무리 불평형인 것이더라도 각각은 3개의 평형된 대칭 성분으로 이루어지고 있다는데 바탕을 두고 있는 것이 바로 대칭 좌표법의 기본이다. 이들 각 대칭분의 관계를 그림 7.9에 보인다.

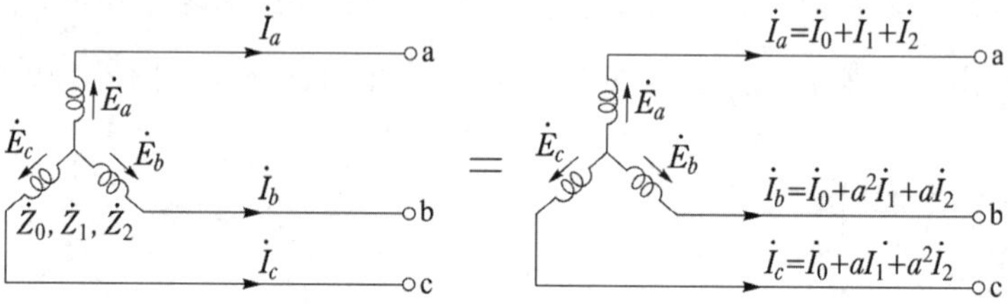

$\dot{I}_a$
$\dot{E}_a$
$\dot{E}_c$
$\dot{E}_b$
$\dot{I}_b$
$\dot{Z}_0, \dot{Z}_1, \dot{Z}_2$
$\dot{I}_c$
a
b
c
=
$\dot{I}_a=\dot{I}_0+\dot{I}_1+\dot{I}_2$
$\dot{I}_b=\dot{I}_0+a^2\dot{I}_1+a\dot{I}_2$
$\dot{I}_c=\dot{I}_0+a\dot{I}_1+a^2\dot{I}_2$

(a) 고장시의 전류

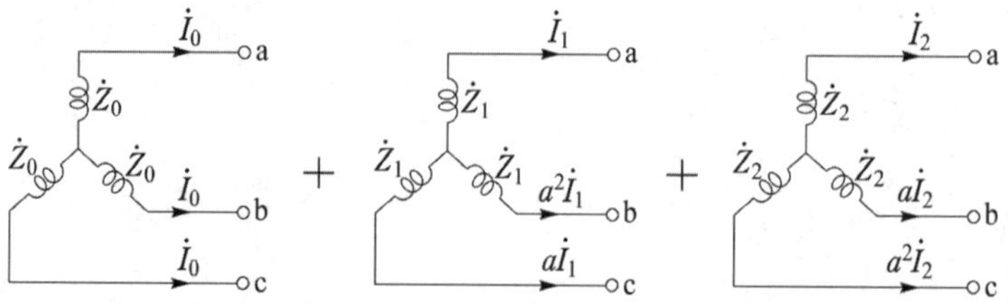

$\dot{I}_0$
$\dot{Z}_0$
$\dot{I}_0$
$\dot{I}_0$
+
$\dot{I}_1$
$\dot{Z}_1$
$a^2\dot{I}_1$
$a\dot{I}_1$
+
$\dot{I}_2$
$\dot{Z}_2$
$a\dot{I}_2$
$a^2\dot{I}_2$
a
b
c

(b) 영상 전류 (c) 정상 전류 (d) 역상 전류

그림 7.8 **각 상전류의 분해**

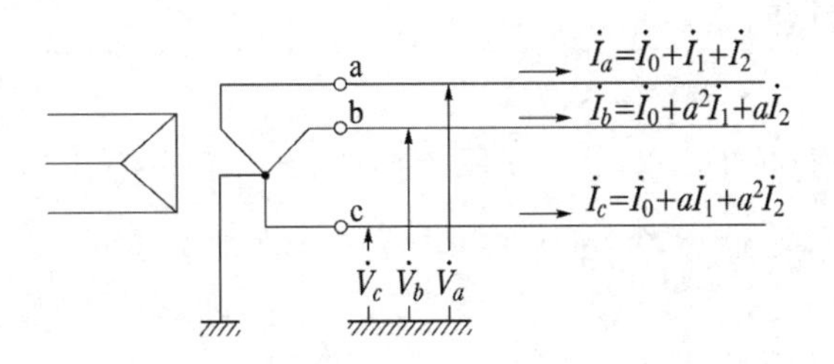

(a) 고장시의 전류

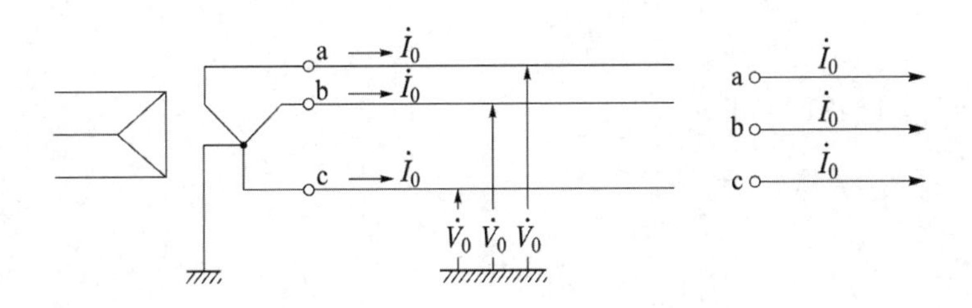

(b) 영상 전류

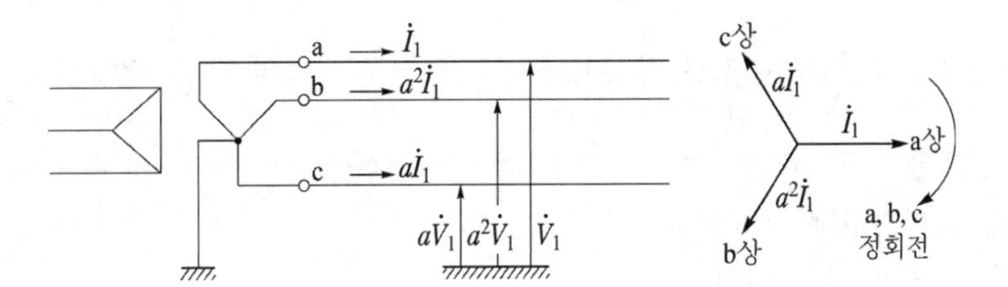

(c) 정상 전류

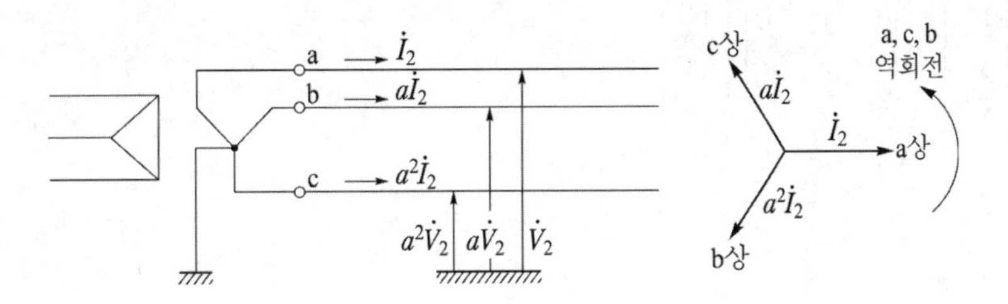

(d) 역상 전류

그림 7.9 각 상을 흐르는 대칭분 전류

7.3.2 대칭분 전압

전압에 대해서도 마찬가지로 앞 항의 $\dot{I}$를 전부 $\dot{V}$로 바꾸어 주면 그대로 전압의 대칭분을 얻을 수 있다.

$$\left.\begin{aligned}\dot{V}_0 &= \frac{1}{3}(\dot{V}_a + \dot{V}_b + \dot{V}_c) \\ \dot{V}_1 &= \frac{1}{3}(\dot{V}_a + a\dot{V}_b + a^2\dot{V}_c) \\ \dot{V}_2 &= \frac{1}{3}(\dot{V}_a + a^2\dot{V}_b + a\dot{V}_c)\end{aligned}\right\} \tag{7.11}$$

또는

$$\begin{bmatrix}\dot{V}_0 \\ \dot{V}_1 \\ \dot{V}_2\end{bmatrix} = \frac{1}{3}\begin{bmatrix}1 & 1 & 1 \\ 1 & a & a^2 \\ 1 & a^2 & a\end{bmatrix}\begin{bmatrix}\dot{V}_a \\ \dot{V}_b \\ \dot{V}_c\end{bmatrix} \tag{7.12}$$

반대로 $\dot{V}_0$, $\dot{V}_1$, $\dot{V}_2$라는 대칭분 전압이 주어졌을 경우 실제의 각 상 전압 $\dot{V}_a$, $\dot{V}_b$, $\dot{V}_c$는

$$\left.\begin{aligned}\dot{V}_a &= \dot{V}_0 + \dot{V}_1 + \dot{V}_2 \\ \dot{V}_b &= \dot{V}_0 + a^2\dot{V}_1 + a\dot{V}_2 \\ \dot{V}_c &= \dot{V}_0 + a\dot{V}_1 + a^2\dot{V}_2\end{aligned}\right\} \tag{7.13}$$

또는

$$\begin{bmatrix}\dot{V}_a \\ \dot{V}_b \\ \dot{V}_c\end{bmatrix} = \begin{bmatrix}1 & 1 & 1 \\ 1 & a^2 & a \\ 1 & a & a^2\end{bmatrix}\begin{bmatrix}\dot{V}_0 \\ \dot{V}_1 \\ \dot{V}_2\end{bmatrix} \tag{7.14}$$

로 구해진다.

예제 7.6 지금 3상 전압이 불평형으로 되어 각각 $\dot{V}_a = 7.3\underline{/12.5°}$, $\dot{V}_b = 0.4\ \underline{/-100°}$, $\dot{V}_c = 4.4\underline{/154°}$로 주어져 있다고 할 경우 이들의 대칭 성분 $\dot{V}_0$, $\dot{V}_1$, $\dot{V}_2$를 구하여라.

풀이 식 (7.11)에 따라

$$\dot{V}_0 = \frac{1}{3}(\dot{V}_a + \dot{V}_b + \dot{V}_c)$$
$$= \frac{1}{3}(7.3\,\underline{/12.5°} + 0.4\,\underline{/-100°} + 4.4\,\underline{/154°})$$
$$= 1.47\,\underline{/45.1°}$$

$$\dot{V}_1 = \frac{1}{3}(\dot{V}_a + a\dot{V}_b + a^2\dot{V}_c)$$
$$= \frac{1}{3}(7.3\,\underline{/12.5°} + (1\underline{/120°})(0.4\underline{/-100°}) + (1\underline{/240°})(4.4\underline{/154°}))$$
$$= 3.97\underline{/20.5°}$$

$$\dot{V}_2 = \frac{1}{3}(\dot{V}_a + a^2\dot{V}_b + a\dot{V}_c)$$

$$= \frac{1}{3}(7.3\underline{/12.5°} + (1\underline{/240°})(0.4\underline{/-100°}) + (1\underline{/120°})(4.4\underline{/154°}))$$
$$= 2.52\underline{/-19.7°}$$

7.4 발전기의 기본식

그림 7.10과 같은 3상 발전기에서 발전기가 임의의 불평형 전류를 흘리고 있을 경우 그 단자 전압과 전류와의 관계를 구해 본다. 단, 발전기는 대칭이고 무부하 유도 전압은 3상이 평형되고 있다고 한다.

지금 $\dot{E}_a$, $\dot{E}_b$, $\dot{E}_c$를 각 상의 무부하 유도 전압, $\dot{v}_a$, $\dot{v}_b$, $\dot{v}_c$를 각 상의 전압 강하라고 하면 a, b, c 각 상의 단자 전압 $\dot{V}_a$, $\dot{V}_b$, $\dot{V}_c$는

$$\left.\begin{aligned} \dot{V}_a &= \dot{E}_a - \dot{v}_a \\ \dot{V}_b &= \dot{E}_b - \dot{v}_b = a^2\dot{E}_a - \dot{v}_b \\ \dot{V}_c &= \dot{E}_c - \dot{v}_c = a\dot{E}_a - \dot{v}_c \end{aligned}\right\} \qquad (7.15)$$

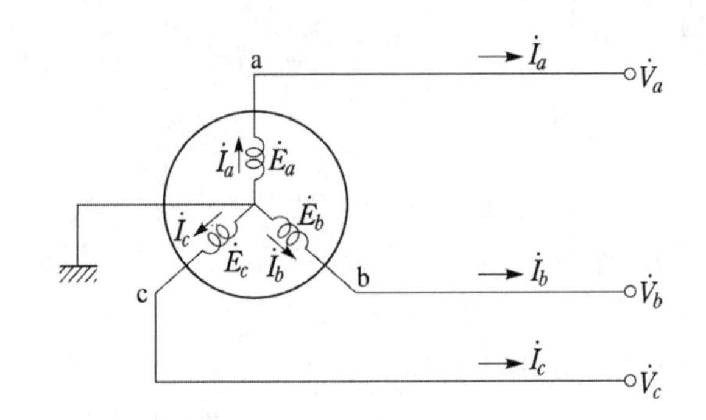

그림 7.10 **발전기에 불평형 전류가 흘렀을 경우**

로 기술된다.

따라서, 이들의 대칭분은 식 (7.11) 및 $1+a+a^2=0$, $a^3=1$이라는 관계를 이용하면

$$\left.\begin{aligned}\dot{V}_0 &= -\frac{1}{3}(\dot{v}_a+\dot{v}_b+\dot{v}_c)\\ \dot{V}_1 &= E_a-\frac{1}{3}(\dot{v}_a+a\dot{v}_b+a^2\dot{v}_c)\\ \dot{V}_2 &= -\frac{1}{3}(\dot{v}_a+a^2\dot{v}_b+a\dot{v}_c)\end{aligned}\right\} \tag{7.16}$$

로 된다.

여기서 전기자의 전압 강하를 계산하기 위하여 먼저 영상 전류 $\dot{I}_0$만을 흘렸을 경우를 생각하면 각 상의 전압 강하는 동일해서 $\dot{Z}_0\dot{I}_0$로 된다. 이처럼 $\dot{Z}_0$는 발전기에 $\dot{I}_0$인 동상의 전류가 각 상에 흘렀을 때의 임피던스로서 이것을 발전기의 **영상 임피던스**라고 말한다. 단, 여기서 $\dot{Z}_0$ 이외의 임피던스는 $\dot{I}_0$에 의해서 전압 강하를 발생하지 않는 것으로 하고 있다.

다음에 각 상에 $\dot{I}_1$, $a^2\dot{I}_1$, $a\dot{I}_1$인 정상의 3상 평형 전류를 흘렸을 경우 전압 강하는 $\dot{Z}_1\dot{I}_1$, $a^2\dot{Z}_1\dot{I}_1$, $a\dot{Z}_1\dot{I}_1$으로 된다. 여기서, $\dot{Z}_1$은 정상의 3상 평형 전류를 흘렸을 경우의 임피던스로서 이것을 발전기의 **정상 임피던스**라고 부른다(이것이, 발전기의 명판에 적혀 있는 **동기 임피던스**이다).

마지막으로 각 상에 $\dot{I}_2$, $a\dot{I}_2$, $a^2\dot{I}_2$인 역상의 3상 평형 전류를 흘렸을 경우 임피던스 강하는 각각 $\dot{Z}_2\dot{I}_2$, $a\dot{Z}_2\dot{I}_2$, $a^2\dot{Z}_2\dot{I}_2$로 된다. 여기서 $\dot{Z}_2$는 역상의 3상 평형 전류가 흘렀을 경우의 임피던스로서 이것을 발전기의 **역상 임피던스**라고 부른다.

실제의 전기자 전압 강하는 이들의 대칭분 전류가 흘렀을 경우 각 상분의 전압 강하를 중첩

시켜서 구할 수 있다. 즉,

$$\left.\begin{aligned}\dot{v}_a &= \dot{Z}_0\dot{I}_0 + \dot{Z}_1\dot{I}_1 + \dot{Z}_2\dot{I}_2 \\ \dot{v}_b &= \dot{Z}_0\dot{I}_0 + a^2\dot{Z}_1\dot{I}_1 + a\dot{Z}_2\dot{I}_2 \\ \dot{v}_c &= \dot{Z}_0\dot{I}_0 + a\dot{Z}_1\dot{I}_1 + a^2\dot{Z}_2\dot{I}_2\end{aligned}\right\} \tag{7.17}$$

로 된다. 이것으로부터 다음 식을 얻는다.

$$\left.\begin{aligned}\frac{1}{3}(\dot{v}_a + \dot{v}_b + \dot{v}_c) &= \dot{Z}_0\dot{I}_0 \\ \frac{1}{3}(\dot{v}_a + a\dot{v}_b + a^2\dot{v}_c) &= \dot{Z}_1\dot{I}_1 \\ \frac{1}{3}(\dot{v}_a + a^2\dot{v}_b + a\dot{v}_c) &= \dot{Z}_2\dot{I}_2\end{aligned}\right\} \tag{7.18}$$

따라서, 위의 식 (7.18)을 식 (7.16)에 대입하면

$$\left.\begin{aligned}\dot{V}_0 &= -\dot{Z}_0\dot{I}_0 \\ \dot{V}_1 &= \dot{E}_a - \dot{Z}_1\dot{I}_1 \\ \dot{V}_2 &= -\dot{Z}_2\dot{I}_2\end{aligned}\right\} \tag{7.19}$$

로 정리되는데 이것을 **발전기의 기본식**이라고 한다.

이 발전기의 기본식을 사용함으로써 우리는 그 어떤 불평형 전류가 주어지더라도 쉽게 이때의 회로 계산을 해나갈 수 있다.

가령 그 어떤 불평형 전류가 주어지면 먼저 그것으로부터 $\dot{I}_0$, $\dot{I}_1$, $\dot{I}_2$의 각 대칭분을 만들 수 있을 것이며, 이것을 위의 발전기의 기본식에 대입해 줌으로써 이때 발전기의 단자에 나타나는 전압의 대칭분 $\dot{V}_0$, $\dot{V}_1$, $\dot{V}_2$를 구할 수 있다. 이렇게 해서 대칭분 전압이 구해지면 그 뒤는 식 (7.13)을 사용해서 실제로 알고자 하는 각 단자에서의 전압 $\dot{V}_a$, $\dot{V}_b$, $\dot{V}_c$의 값을 알 수 있게 되는 것이다.

반대로 발전기의 단자에 불평형 전압이 주어졌을 경우 발전기에 어떠한 불평형 전류가 흐르게 되는가 하는 것도 위의 발전기의 기본식을 써서 쉽게 구할 수 있다.

이처럼 종래까지는 불가능했던 불평형 고장시의 단자 전압 계산이 대칭 좌표법을 사용함으로써 아주 간단하게 풀 수 있게 된 것이다.

예제 7.7 정격 10[MVA], 무부하 단자 전압 6.6[kV]의 동기 발전기가 있다. 이 발전기의 대칭분 임피던스는 다음과 같다.

$$\dot{Z}_1 = 0.08 + j4.38[\Omega]$$

$$\dot{Z}_2 = 0.49 + j1.34[\Omega]$$

$$\dot{Z}_0 = 0.16 + j0.54[\Omega]$$

지금 이 발전기의 a, b, c상의 전기자 권선에 다음과 같은 불평형 전류

$$\dot{I}_a = 338 - j516[\text{A}]$$

$$\dot{I}_b = -146 - j474[\text{A}]$$

$$\dot{I}_c = -108 + j352[\text{A}]$$

가 흐를 때 이 발전기의 단자 전압(상전압 및 선간 전압)을 구하여라.

$\dot{Z}_1 \neq \dot{Z}_2$이므로 대칭 좌표법을 사용한다. 먼저 대칭분 전류는 식 (7.7)로부터

$$\begin{bmatrix} \dot{I}_0 \\ \dot{I}_1 \\ \dot{I}_2 \end{bmatrix} = \frac{1}{3}\begin{bmatrix} 1 & 1 & 1 \\ 1 & -\frac{1}{2}+j\frac{\sqrt{3}}{2} & -\frac{1}{2}-j\frac{\sqrt{3}}{2} \\ 1 & -\frac{1}{2}-j\frac{\sqrt{3}}{2} & -\frac{1}{2}+j\frac{\sqrt{3}}{2} \end{bmatrix}\begin{bmatrix} 338-j516 \\ -146-j474 \\ -108+j352 \end{bmatrix}$$

$$= \begin{bmatrix} 28-j213 \\ 393-j163 \\ -83-j141 \end{bmatrix}[\text{A}]$$

이다. 다음 대칭분 전압은 발전기의 기본식인 식 (7.19)를 사용하면

$$\begin{bmatrix} \dot{V}_0 \\ \dot{V}_1 \\ \dot{V}_2 \end{bmatrix} = \begin{bmatrix} -\dot{Z}_0\dot{I}_0 \\ \frac{6,600}{\sqrt{3}} - \dot{Z}_1\dot{I}_1 \\ -\dot{Z}_2\dot{I}_2 \end{bmatrix} = \begin{bmatrix} -(0.16+j0.54)\times(28-j213) \\ 3,811-(0.08+j4.38)\times(393-j163) \\ -(0.49+j1.34)\times(-83-j141) \end{bmatrix}$$

$$= \begin{bmatrix} -120+j19 \\ 3,066-j1,708 \\ -148+j180 \end{bmatrix}[\text{V}]$$

로 계산된다. 다음 발전기 각 상의 단자 전압(상전압)을 $\dot{V}_a$, $\dot{V}_b$, $\dot{V}_c$ 라고 하면 식 (7.14)로부터

$$\begin{bmatrix} \dot{V}_a \\ \dot{V}_b \\ \dot{V}_c \end{bmatrix} = \begin{bmatrix} 1 & 1 & 1 \\ 1 & -\frac{1}{2}-j\frac{\sqrt{3}}{2} & -\frac{1}{2}+j\frac{\sqrt{3}}{2} \\ 1 & -\frac{1}{2}+j\frac{\sqrt{3}}{2} & -\frac{1}{2}-j\frac{\sqrt{3}}{2} \end{bmatrix}\begin{bmatrix} -120+j19 \\ 3,066-j1,708 \\ -148+j180 \end{bmatrix}$$

$$= \begin{bmatrix} 2{,}798 - j1{,}509 \\ -3{,}214 - j2{,}000 \\ 56 + j3{,}566 \end{bmatrix} = \begin{bmatrix} 3{,}179 \angle -28.3° \\ 3{,}785 \angle -148.1° \\ 3{,}566 \angle 89.1° \end{bmatrix} [\text{V}]$$

로 구해진다. 다음 발전기 단자의 선간 전압을 $\dot{V}_{ab}$, $\dot{V}_{bc}$, $\dot{V}_{ca}$라고 하면

$$\begin{bmatrix} \dot{V}_{ab} \\ \dot{V}_{bc} \\ \dot{V}_{ca} \end{bmatrix} = \begin{bmatrix} \dot{V}_a - \dot{V}_b \\ \dot{V}_b - \dot{V}_c \\ \dot{V}_c - \dot{V}_a \end{bmatrix} = \begin{bmatrix} 6{,}012 + j491 \\ -3{,}270 - j5{,}566 \\ -2{,}742 + j5{,}075 \end{bmatrix} = \begin{bmatrix} 6{,}032 \angle 4.7° \\ 6{,}455 \angle -120.4° \\ 5{,}768 \angle 118.4° \end{bmatrix} [\text{V}]$$

로 되어, 단자 전압의 크기는 무부하 전압보다 작지만 각 상간의 불평형은 상당히 커진다는 것을 알 수 있다.

7.5 무부하 발전기의 고장 계산

대칭 좌표법에 의한 고장 계산은 고장 종류에 따라 설정되는 고장 조건식과 식 (7.19)의 발전기의 기본식을 사용해서 수행된다. 곧 이것은 고장점의 각상 전압, 전류와의 사이에서 3개의 고장 조건식으로 형성되는 합계 6개의 1차 연립 방정식으로부터 $\dot{V}_0$, $\dot{V}_1$, $\dot{V}_2$ 및 $\dot{I}_0$, $\dot{I}_1$, $\dot{I}_2$라는 6개의 미지수를 구하는 문제로 된다.

그림 7.11은 이러한 대칭 좌표법을 사용한 고장 계산법의 흐름도를 보인 것이다.

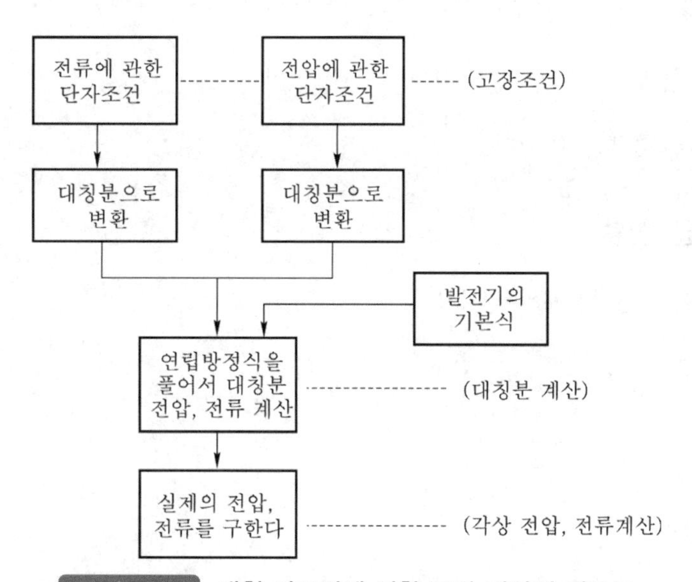

그림 7.11 대칭 좌표법에 의한 고장 계산의 개요도

가령 일례로서 1선 지락 고장의 계산식을 유도하면 다음과 같다.

지금 그림 7.12에 나타낸 바와 같이 무부하 상태에 있는 발전기의 1단자(a상)가 접지되었을 경우 얼마만한 고장전류(지락 전류 $\dot{I}_a$)가 흐르는가, 또 이때의 개방 단자 b, c상의 단자 전압은 어떻게 되는가를 구하여 본다.

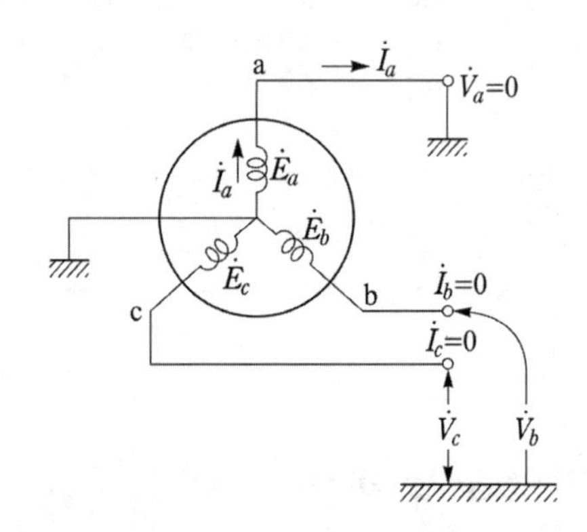

그림 7.12 1선 지락 고장시의 표현

(1) 고장 조건

먼저 그림 7.12의 고장 발생시 주어진 계통 상태로부터 알 수 있는 조건, 즉 기지량은

$$\left.\begin{aligned} \dot{I}_b &= \dot{I}_c = 0 \\ \dot{V}_a &= 0 \end{aligned}\right\} \tag{7.20}$$

이고 미지량은 $\dot{I}_a$ 및 $\dot{V}_b$, $\dot{V}_c$이다.

(2) 대칭분 전압, 전류

지금 $\dot{I}_b$ 및 $\dot{I}_c$를 대칭분으로 나타내면

$$\left.\begin{aligned} \dot{I}_b &= \dot{I}_0 + a^2\dot{I}_1 + a\dot{I}_2 = 0 \\ \dot{I}_c &= \dot{I}_0 + a\dot{I}_1 + a^2\dot{I}_2 = 0 \end{aligned}\right\} \tag{7.21}$$

로 된다. 이로부터

$$\dot{I}_b - \dot{I}_c = (a^2 - a)\dot{I}_1 + (a - a^2)\dot{I}_2 = (a^2 - a)(\dot{I}_1 - \dot{I}_2) = 0 \tag{7.22}$$

한편 $a^2 - a \neq 0$이므로

$$\dot{I}_1 - \dot{I}_2 = 0 \qquad \therefore \ \dot{I}_1 = \dot{I}_2 \tag{7.23}$$

이 관계를 $\dot{I}_b$의 식에 대입하면

$$\dot{I}_b = \dot{I}_0 + (a^2 + a)\dot{I}_1 = \dot{I}_0 - \dot{I}_1 = 0$$
$$\therefore \ \dot{I}_0 = \dot{I}_1 = \dot{I}_2 \tag{7.24}$$

이것으로 3개의 대칭분 전류의 관계가 밝혀졌다. 즉, 1선 지락 고장일 경우에는 3개의 대칭분 전류의 크기와 위상각은 모두 같다는 것을 알 수 있다.

다음에 a상이 접지되고 있으므로($\dot{V}_a = 0$)

$$\dot{V}_a = \dot{V}_0 + \dot{V}_1 + \dot{V}_2 = 0 \tag{7.25}$$

발전기의 기본식을 여기에 대입하면

$$\begin{aligned}\dot{V}_a &= -\dot{Z}_0\dot{I}_0 + \dot{E}_a - \dot{Z}_1\dot{I}_1 - \dot{Z}_2\dot{I}_2 \\ &= \dot{E}_a - (\dot{Z}_0 + \dot{Z}_1 + \dot{Z}_2)\dot{I}_0 = 0\end{aligned} \tag{7.26}$$

$$\therefore \ \dot{I}_0 = \frac{\dot{E}_a}{\dot{Z}_0 + \dot{Z}_1 + \dot{Z}_2} = \dot{I}_1 = \dot{I}_2 \tag{7.27}$$

로 되어 고장 직전의 고장점 전압 E_a만 알면 I_0, I_1, I_2의 크기를 계산할 수 있다.

다음에 건전상의 전압 $\dot{V}_b$, $\dot{V}_c$는 위의 대칭분 전류를 발전기의 기본식에 대입해서

$$\left.\begin{aligned}\dot{V}_0 &= -\dot{Z}_0\dot{I}_0 = -\frac{\dot{Z}_0\dot{E}_a}{\dot{Z}_0 + \dot{Z}_1 + \dot{Z}_2} \\ \dot{V}_1 &= \dot{E}_a - \dot{Z}_1\dot{I}_1 = \dot{E}_a - \frac{\dot{Z}_1\dot{E}_a}{\dot{Z}_0 + \dot{Z}_1 + \dot{Z}_2} = \frac{(\dot{Z}_0 + \dot{Z}_2)}{\dot{Z}_0 + \dot{Z}_1 + \dot{Z}_2}\dot{E}_a \\ \dot{V}_2 &= -\dot{Z}_2\dot{I}_2 = -\frac{\dot{Z}_2\dot{E}_a}{\dot{Z}_0 + \dot{Z}_1 + \dot{Z}_2}\end{aligned}\right\} \tag{7.28}$$

를 얻는다.

(3) 각상 전압, 전류

각상의 전압과 전류는 이상으로 구해진 각 상의 대칭 성분을 사용해서 다음과 같이 계산한다. 먼저 a상의 접지전류 $\dot{I}_a$는

$$\dot{I}_a = \dot{I}_0 + \dot{I}_1 + \dot{I}_2 = \frac{3\dot{E}_a}{\dot{Z}_0 + \dot{Z}_1 + \dot{Z}_2} \tag{7.29}$$

로 되고 건전상의 전압 $\dot{V}_b$, $\dot{V}_c$는

$$\left.\begin{aligned} \dot{V}_b &= \dot{V}_0 + a^2\dot{V}_1 + a\dot{V}_2 = \frac{(a^2-1)\dot{Z}_0 + (a^2-a)\dot{Z}_2}{\dot{Z}_0 + \dot{Z}_1 + \dot{Z}_2}\dot{E}_a \\ \dot{V}_c &= \dot{V}_0 + a\dot{V}_1 + a^2\dot{V}_2 = \frac{(a-1)\dot{Z}_0 + (a-a^2)\dot{Z}_2}{\dot{Z}_0 + \dot{Z}_1 + \dot{Z}_2}\dot{E}_a \end{aligned}\right\} \tag{7.30}$$

로 구할 수 있다.

표 7.1은 이러한 계산 절차에 따라 얻어진 대표적인 고장 종류에서의 고장 조건식과 이때 구하고자 하는 제량의 계산 공식을 정리해서 보인 것이다.

표 7.1 대표적인 고장 종류와 계산 공식

고장 종류	고장 조건(기지량)	계산식(미지량)
1선 지락 고장	* 1단자 (a상) 지락시 $\dot{V}_a = 0$ $\dot{I}_b = \dot{I}_c = 0$	$\dot{I}_a = \frac{3\dot{E}_a}{\dot{Z}_0+\dot{Z}_1+\dot{Z}_2}$ $\dot{V}_b = \frac{(a^2-1)\dot{Z}_0+(a^2-a)\dot{Z}_2}{\dot{Z}_0+\dot{Z}_1+\dot{Z}_2}\dot{E}_a$ $\dot{V}_c = \frac{(a-1)\dot{Z}_0+(a-a^2)\dot{Z}_2}{\dot{Z}_0+\dot{Z}_1+\dot{Z}_2}\dot{E}_a$
2선 지락 고장	* 2단자 b, c상 지락시 $\dot{I}_a = 0$ $\dot{V}_b = \dot{V}_c = 0$	$\dot{I}_b = \frac{(a^2-a)\dot{Z}_0+(a^2-1)\dot{Z}_2}{\dot{Z}_0(\dot{Z}_1+\dot{Z}_2)+\dot{Z}_1\dot{Z}_2}\dot{E}_a$ $\dot{I}_c = \frac{(a-a^2)\dot{Z}_0+(a-1)\dot{Z}_2}{\dot{Z}_0(\dot{Z}_1+\dot{Z}_2)+\dot{Z}_1\dot{Z}_2}\dot{E}_a$ $\dot{V}_a = \frac{3\dot{Z}_0\dot{Z}_2}{\dot{Z}_0(\dot{Z}_1+\dot{Z}_2)+\dot{Z}_1\dot{Z}_2}\dot{E}_a$

고장 종류	고장 조건(기지량)	계산식(미지량)
선간 단락 고장	* 2단자 b, c상 단락시 $\dot{I}_a = 0$ $\dot{I}_b + \dot{I}_c = 0$ $\dot{V}_b = \dot{V}_c$	$\dot{I}_b = \dfrac{(a^2 - a)\dot{E}_a}{\dot{Z}_1 + \dot{Z}_2} = \dfrac{\dot{E}_{bc}}{\dot{Z}_1 + \dot{Z}_2}$ $\dot{V}_a = \dfrac{2\dot{Z}_2\dot{E}_a}{\dot{Z}_1 + \dot{Z}_2}$ $\dot{V}_b = \dot{V}_c = -\dfrac{\dot{Z}_2\dot{E}_a}{\dot{Z}_1 + \dot{Z}_2}$
3상 단락 고장	* 3단자 단락시 $\dot{V}_a = \dot{V}_b = \dot{V}_c = 0$ $\dot{I}_a + \dot{I}_b + \dot{I}_c = 0$	$\dot{I}_a = \dfrac{\dot{E}_a}{\dot{Z}_1}$ $\dot{I}_b = \dfrac{a^2\dot{E}_a}{\dot{Z}_1}$ $\dot{I}_c = \dfrac{a\dot{E}_a}{\dot{Z}_1}$

예제 7.8 선간 전압 154[kV]의 3상 송전 선로에서 a상에 1선 지락이 발생하였을 경우 건전 상의 대지 전압은 몇 [kV]로 되는가? 단, 각 상의 회전 순서는 a, b, c라 하고 고장점에서 본 각 대칭분 임피던스는 모두 유도 임피던스 분만으로서 영상 임피던스 Z_0 의 크기는 정상 임피던스 Z_1 의 2배이고 역상 임피던스 Z_2 의 크기는 Z_1 과 같다고 한다. 그 밖의 지락점의 저항, 기타의 정수는 무시하는 것으로 한다.

풀이 제의에 따라

$$Z_0 = jX_0$$
$$X_0 = 2X_1,\ X_2 = X_1 \text{이므로}$$
$$Z_0 = j2X_1,\ Z_1 = jX_1,\ Z_2 = jX_1$$

이들 값을 식 (7.30)에 대입하면

$$V_b = \frac{(a^2-1)(j2X_1) + (a^2-a)(jX_1)}{j4X_1} \cdot E_a$$
$$= \frac{\left(-\frac{3}{2} - j\frac{\sqrt{3}}{2}\right) \times j2X_1 + (-j\sqrt{3}) \times jX_1}{j4X_1} \cdot E_a$$
$$= \frac{-3 - j2\sqrt{3}}{4} E_a$$

절대값을 구하면

$$|V_b| = \frac{\sqrt{9+12}}{4}|E_a| = \frac{\sqrt{21}}{4}|E_a|$$

여기에 $E_a = \frac{154}{\sqrt{3}}$ 를 대입하면

$$|V_b| = \frac{\sqrt{21}}{4} \cdot \frac{154}{\sqrt{3}} = 102[\text{kV}]$$

마찬가지로

$$V_c = \frac{(a-1)(j2X_1) + (a-a^2)(jX_1)}{j4X_1} \cdot E_a = \frac{-3 + j2\sqrt{3}}{4} \cdot E_a$$

$$|V_c| = \frac{\sqrt{21}}{4} \cdot \frac{154}{\sqrt{3}} = 102[\text{kV}]$$

건전상인 b상, c상 공히 102[kV]로 된다.

예제 7.9 그림 7.13과 같이 3상 교류 발전기의 b, c상이 단락했을 경우 흐르게 될 고장 전류 및 각 상에 나타나는 전압을 구하여라.

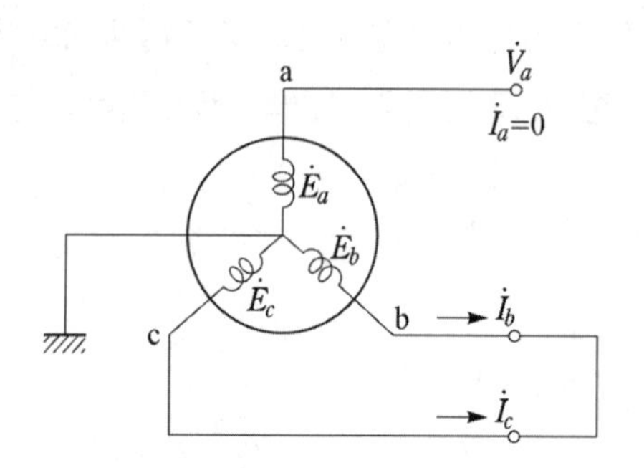

그림 7.13 선간 단락 고장

풀이

(1) 고장 조건

그림 7.13에 나타낸 바와 같이 3상 교류 발전기의 2상이 단락했을 경우 우선 주어진 고장 조건은 다음과 같다.

$$\dot{I}_a = 0,\ \dot{I}_b = -\dot{I}_c,\ \dot{V}_b = \dot{V}_c$$

(2) 대칭분 전압, 전류

여기서 먼저 전류 조건으로부터 $\dot{I}_a + \dot{I}_b + \dot{I}_c = 0$, 즉,

$$\frac{1}{3}(\dot{I}_a + \dot{I}_b + \dot{I}_c) = \dot{I}_0 = 0$$

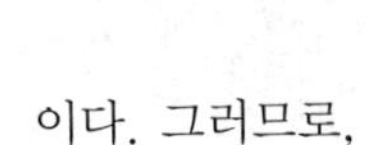

이다. 그러므로,

$$\dot{I}_b = a^2\dot{I}_1 + a\dot{I}_2$$
$$\dot{I}_c = a\dot{I}_1 + a^2\dot{I}_2$$

를 얻을 수 있다. 이로부터

$$\dot{I}_b + \dot{I}_c = (a^2 + a)(\dot{I}_1 + \dot{I}_2) = 0$$
$$\therefore\ \dot{I}_1 = -\dot{I}_2$$

또 $\dot{I}_0 = 0$이므로

$$\dot{V}_0 = -\dot{Z}_0\dot{I}_0 = 0$$

따라서,

$$\dot{V}_b = a^2\dot{V}_1 + a\dot{V}_2$$
$$\dot{V}_c = a\dot{V}_1 + a^2\dot{V}_2$$

이므로 $\dot{V}_b - \dot{V}_c = (a^2 - a)(\dot{V}_1 - \dot{V}_2) = 0$

$$\therefore\ \dot{V}_1 = \dot{V}_2$$

이다. 이것을 발전기의 기본식에 대입하면

$$\dot{E}_a - \dot{Z}_1\dot{I}_1 = -\dot{Z}_2\dot{I}_2 = \dot{Z}_2\dot{I}_1$$
$$\therefore\ \dot{I}_1 = \frac{\dot{E}_a}{\dot{Z}_1 + \dot{Z}_2} = -\dot{I}_2$$

로 된다.

(3) 각상 전압, 전류

이상의 관계로부터 단락 전류(고장 전류) $\dot{I}_b$는

$$\dot{I}_b = a^2\dot{I}_1 + a\dot{I}_2 = (a^2 - a)\dot{I}_1 = \frac{(a^2 - a)\dot{E}_a}{\dot{Z}_1 + \dot{Z}_2} = \frac{\dot{E}_{bc}}{\dot{Z}_1 + \dot{Z}_2}$$

여기서,

$$a^2\dot{E}_a - a\dot{E}_a = \dot{E}_b - \dot{E}_c = \dot{E}_{bc} = \text{무부하 선간 전압}$$

다음에 a상 전압은

$$\left.\begin{aligned}\dot{V}_a &= \dot{V}_1 + \dot{V}_2 = 2\dot{V}_2 = \frac{2\dot{Z}_2\dot{E}_a}{\dot{Z}_1+\dot{Z}_2}\\ \dot{V}_b &= \dot{V}_c = (a^2+a)\dot{V}_1 = -\dot{V}_1 = -\dot{V}_2 = -\frac{\dot{Z}_2\dot{E}_a}{\dot{Z}_1+\dot{Z}_2}\end{aligned}\right\}$$

즉, 단락 단자(b, c상)의 전압은 개방 단자(a상) 전압의 1/2로 된다는 것을 알 수 있다.

예제 7.10 그림 7.14와 같은 발전기에 대해서 b, c상의 2단자가 접지하였을 경우(2선 접지 사고)의 지락 전류를 계산하여라. 또, 이때 개방 단자 a상의 전압도 구하여라.

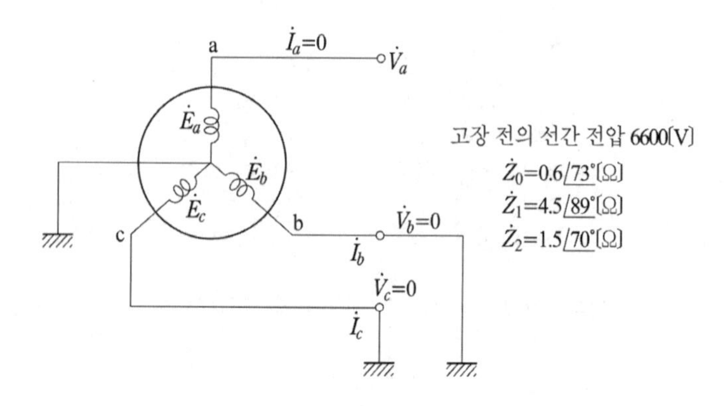

그림 7.14

풀이 먼저 표 7.1의 2선 지락시의 계산 공식에 나오는 분모를 계산한다.

$$\begin{aligned}\Delta &= Z_0(Z_1+Z_2)+Z_1Z_2\\ &= (0.175+j0.574)(0.5917+j5.91)+(0.0787+j4.5)(0.513+j1.41)\\ &= -9.596+j3.795\end{aligned}$$

$$I_b = \frac{(-j1.732)(0.175+j0.574)+(-1.5-j0.866)(0.513+j1.41)}{-9.596+j3.795}\times 3{,}810$$

$$=-884+j784 = 1{,}182\angle 138.5[\text{A}]$$

$$I_c = \frac{(j1.732)(0.175+j0.574)+(-1.5+j0.866)(0.513+j1.41)}{-9.596+j3.795}\times 3{,}810$$

$$=838+j872 = 1{,}209\angle 46.2[\text{A}]$$

I_b와 I_c의 상차각은 92.3°이다.

역시 개방 단자 a상의 전압은 표 7.1의 계산식으로부터

$$V_a = \frac{3(0.175+j0.574)(0.513+j1.41)}{-9.596+j3.795} \times 3{,}810$$
$$= 961 - j265 = 997\,\underline{/15.3}\,[\mathrm{V}]$$

이 결과 a상에는 전류가 흐르지 않고 단자 전압은 무부하시의 1/4 정도로 저하하고 있음을 알 수 있다.

7.6 계통 임피던스의 개략값

송전 계통의 송전단에는 전원 발전기, 즉 동기기와 변압기를 거쳐서 송전 선로가 있고 수전단에는 변압기, 동기 조상기, 그리고 부하인 전동기 등이 있다.

이 중 동기기 및 변압기의 %리액턴스의 개략값은 표 7.2, 7.3에 나타낸 바와 같다.

표 7.2 동기기의 표준 리액턴스

정수 / 기종	리액턴스값[%]					시정수[초]		
	x_d	x_d'	x_d''	x_2	x_0	T_d''	T_d'	T_d
수차 발전기(제동 권선 유)	100	30	20	20	2~20	0.036	1.8	0.15
수차 발전기(제동 권선 무)	100	35	35	45	4~25	2	2	0.3
터빈 발전기(수소 냉각)	120	22	13	13	5~15	0.045	0.86	0.1
조상기(공기 냉각)	110	31	19	21	2~15	0.045	1.8	0.17

표 7.3 2권선 변압기의 %리액턴스

고압측 전압[kV]	% 리액턴스
3~6	3
10~20	5
30	5.5
60~70	7.5
100	9
140~170	11
250	12

동기기는 단락 직후는 내부 임피던스가 작기 때문에 단락 순시의 전류는 동기 리액턴스 x_d 에 비해서 상당히 작은 값인 초기 과도 리액턴스 x_d''에 의해서, 이어서 과도 리액턴스 x_d'에 의해서 제한된다. 이것은 전류가 갑자기 변하는 상태에서는 제동 권선이라든지 계자 권선에 직류가 유기되어 전기자 권선이 이들 권선에 의해서 단락된 상태에 놓여지기 때문이다. 그리고 나서 어느 정도의 시간이 경과하면 정상 상태로 안정되어서 이후부터는 정상 단락 전류는 동기 리액턴스 x_d에 의해서 제한된다. 그림 7.15는 이러한 단락 전류의 변화 과정을 보인 것이다.

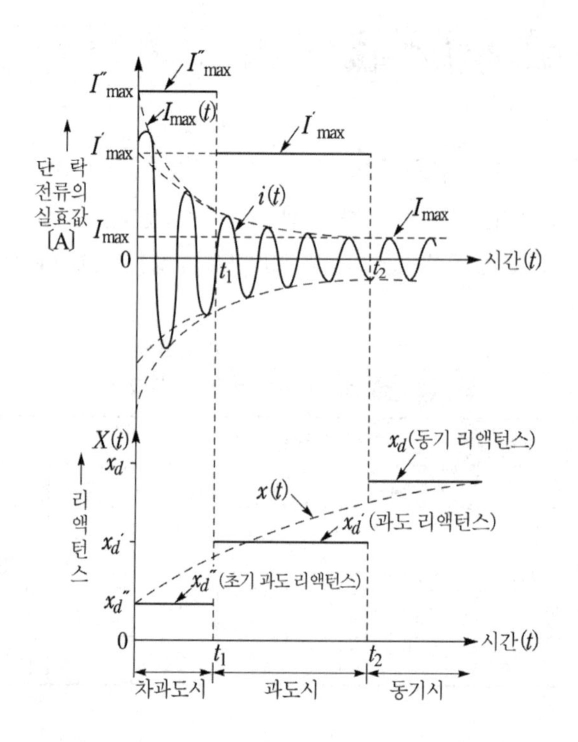

그림 7.15 **동기기의 단락 전류의 시간적 변화 상황**

이와 같이 단락 전류는 시간의 경과와 더불어 그 값이 달라지는 회전기의 리액턴스에 의해서 제한되지만 여기에는 과도시에 발생하는 직류분도 포함된다.

가공 선로이건 지중 선로이건 간에 선로는 정상, 역상 및 영상 임피던스를 가지고 있다. 다만 선로는 정지물이기 때문에 임피던스는 정상과 역상의 값이 서로 같아서 보통 우리가 써 온 임피던스를 그대로 쓰면 된다. 즉, 인덕턴스로서는 작용 인덕턴스 L을, 또 정전용량으로서는 작용 정전 용량 C를 사용한다.

한편 선로의 영상 임피던스는 그림 7.16처럼 대지 전류가 흐를 때의 값이므로 인덕턴스는 앞에서의 대지를 귀로로 하는 인덕턴스 L_e의 값을, 그리고 정전 용량으로서는 역시 대지 정전 용량 C_s의 값을 사용하여야 한다. 실계통에서는 일반적으로 이들 값(Z_{l0}, Z_{l1}, Z_{l2})은 주어지는 것이 보통이다.

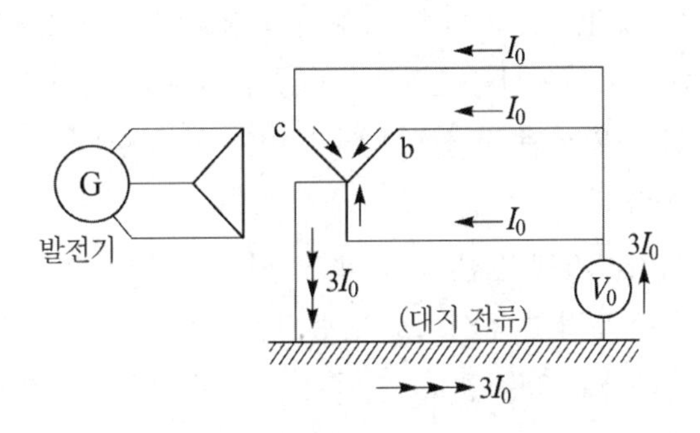

그림 7.16 **영상 회로**

7.7 송전선의 고장 계산과 대칭분 회로

7.7.1 송전선의 고장 계산

이제까지는 주로 발전기의 기본식을 중심으로 고장 계산법을 소개하였는데 이것은 어디까지나 계통을 하나의 등가 발전기로 가정하였던 것이다. 이번에는 보다 일반적인 전력 계통의 고장 계산 예로서 그림 7.17과 같은 송전 계통에서 고장이 일어났을 경우에 고장점에 흐르는 전류라든지 건전상의 전위 상승이 어떻게 될 것인가 하는 이른바 **송전망의 고장 계산** 문제에 대해서 생각하여 본다.

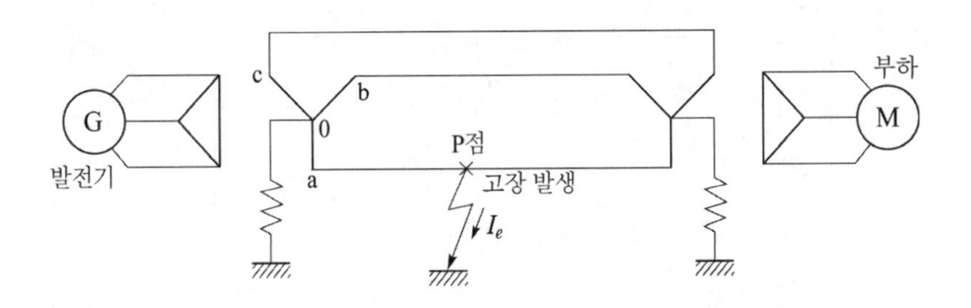

그림 7.17 **송전 계통의 고장 계산**

운전 중인 송전선에는 발전기, 변압기, 부하 등이 접속되어 있다. 또, 선로에는 임피던스가 있고 더 나아가 중성점의 접지 방식까지 고려할 필요가 있어서 송전선의 고장 계산은 앞에서의 등가 발전기 1대의 경우처럼 그렇게 간단하게 계산할 수 없다.

그러나 송전 선로가 아무리 복잡한 계통으로 구성되고 있더라도 고장 계산은 다음과 같이 생각함으로써 쉽게 풀 수 있다. 즉, 그림 7.18에서 고장점에 있어서의 3상의 전선상에 3개의 단자를 생각하고 거기서부터 인출선을 뽑아서 그 끝에 단자 a, b, c를 만들고 그 단자의 뒤편에 점선과 같은 칸막이를 세워서 송전 선로측이 보이지 않게 한다. 그림 7.18은 이것을 알기 쉽게 간추려서 보인 것이다.

이 경우 송전 계통은 여기저기에 발전기, 조상기, 변압기 등이 접속되어 있고, 또 이들을 연결하는 선로도 있어서 아주 복잡한 구성으로 되겠지만 그림 7.18에 보인 것처럼 단자 a, b, c에는 3상 평형 전압이 나타나고 있을 뿐 그 단자로부터 전류가 흐르지 않기 때문에 실제의 회로와는 아무런 변경이 없다.

일단 고장이 발생하였을 경우에는 그 단자가 고장 지점이 되므로 그 단자로부터 이 때의 고장에 상당하는 회로를 만들어 주면 된다. 가령 a상만이 지락하였을 경우의 1선 지락 고장일 것 같으면 a단자로부터 대지까지 전선을 연결해서 접지시켜 주면 되고 b, c상의 2선 지락 고장이면 b 및 c 단자를 함께 접지해 주면 실제의 고장 상태와 일치하게 된다.

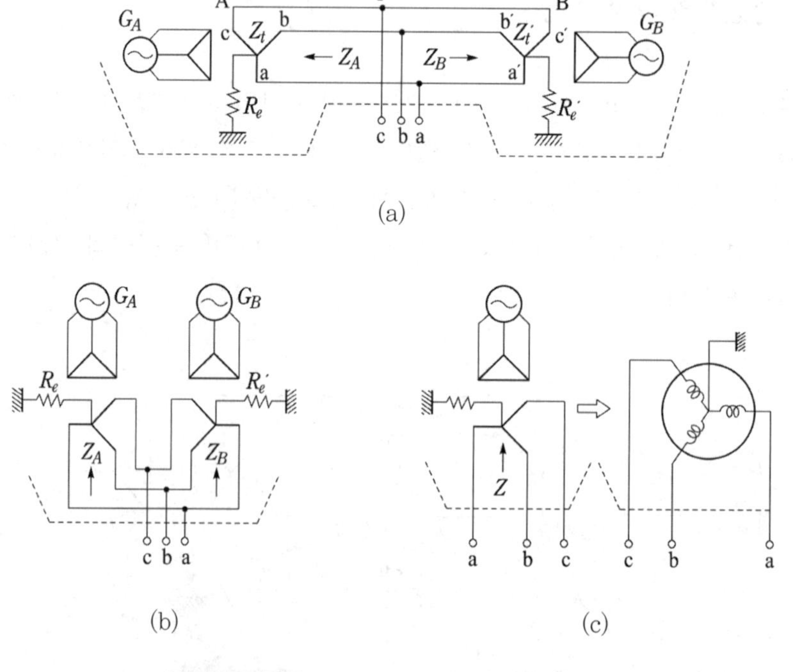

그림 7.18 3상 송전망에서의 고장 계산

한편 칸막이 뒤편의 계통 부분은 하나의 회로망으로서 고장 단자에서 볼 때 등가로 되어있으면 되기 때문에 그림 7.18의 (b) → (c)처럼 변환해서 등가 발전기로 바꾸어 주면 결국 복잡한 송전망도 하나의 대칭 3상 교류 발전기로 생각할 수 있을 것이다.

지금 a, b, c 단자로부터 본 영상, 정상 및 역상 임피던스를 각각 $\dot{Z}_0$, $\dot{Z}_1$, $\dot{Z}_2$라 하고 그 Y 전압, 즉 P점의 고장 발생 직전의 대지 전압(상전압)을 $\dot{E}_a$라고 한다면 앞에서 얻은 발전기의 기본식이 그대로 송전망의 고장 계산에도 적용된다. 가령 송전 선로의 P점에서 1선 지락 고장이 발생하였다면, 이때의 1선 지락 고장 전류 I_g는 식 (7.29)로부터

$$\dot{I}_g = \frac{3\dot{E}_a}{\dot{Z}_0 + \dot{Z}_1 + \dot{Z}_2}$$

로서 쉽게 계산할 수 있다. 따라서 이제 필요한 것은 이 고장점에서 바라본 이들 대칭분 임피던스를 어떻게 산정하느냐 하는 문제뿐이다. 고장점의 단자로부터 본 계통 전체의 영상, 정상 및 역상 임피던스를 구하기 위해서는 먼저 송전 계통을 영상 전류가 흐르는 영상 회로, 정상 전류가 흐르는 정상 회로, 그리고 역상 전류가 흐르는 역상 회로의 3개의 대칭분 회로로 분해해서 계산해 주지 않으면 안 된다.

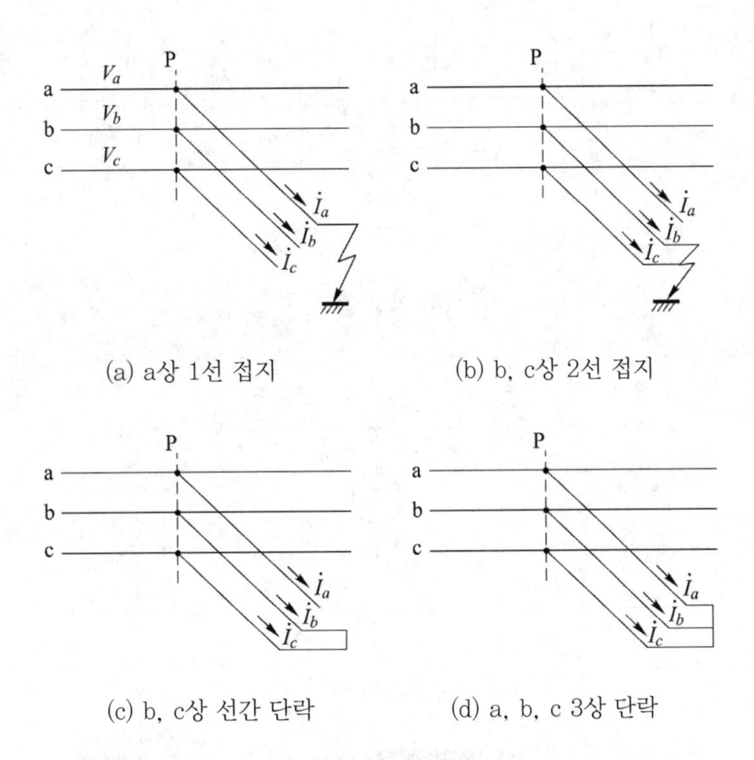

그림 7.19 고장점에서 끄집어 낸 가상 단자에서의 고장

이 대칭분 회로로부터 고장점에서 본 대칭분 임피던스가 산출되면 발생한 고장의 종류별로 앞에서의 요령에 따라 고장점의 대칭분 전압과 전류를 계산할 수 있다. 다음에 고장 발생에 따라 실제로 나타나는 계통 각 점의 전압 전류를 구하기 위해서는 각 대칭분 회로의 사고점에 각 대칭분 전압을 인가해서 대칭분 전류의 분포를 구하고 난 다음 이들을 중첩시켜 줌으로써 최종적인 결과를 얻을 수 있다.

7.7.2 대칭분 회로

(1) 영상 회로

그림 7.18의 3상 1회선 송전선에서 단자 a, b, c를 일괄하고 이것과 대지와의 사이에 단상 전원을 넣어 이 회로망에 단상 교류를 흘려 준다. 이때 이 단상 교류가 흘러가는 범위의 회로가 **영상 회로**로 된다.

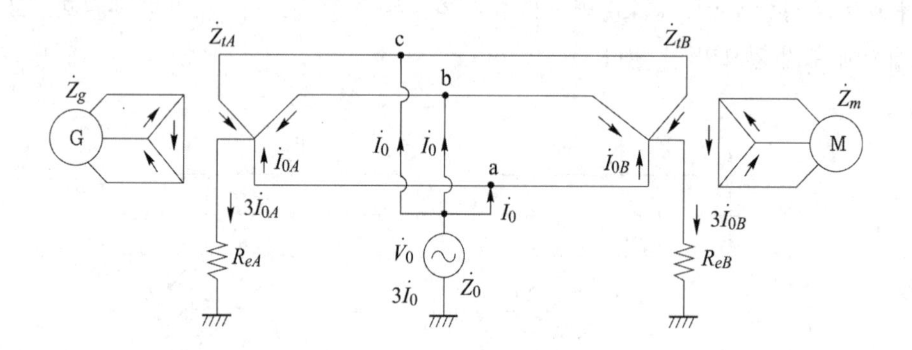

(a) 영상 회로

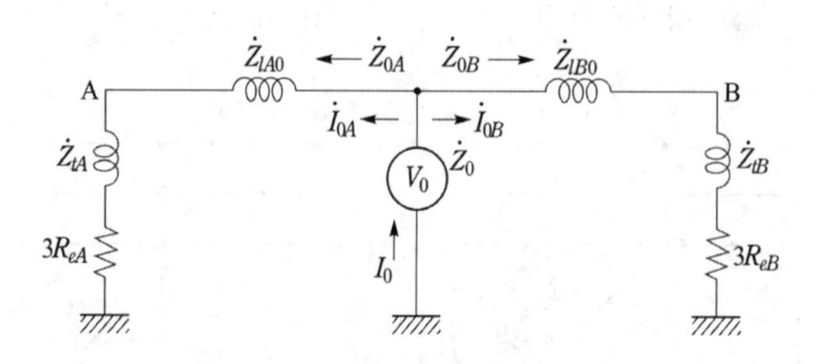

(b) 영상 회로의 등가 회로

그림 7.20 영상 회로

그림 7.20은 이때의 영상 회로를 나타낸 것이다. 즉, 영상 전류는 변압기의 저압측의 접속이 △ 결선이기 때문에 △ 결선의 내부를 순환해서 흐를 뿐 그 외부로는 흘러나가지 않으므로 영상 회로에는 발전기라든지 부하의 정수는 포함되지 않고 변압기의 임피던스 Z_t 까지만으로 구성된다. 다만, 이때 중성점의 접지 저항에는 1상의 영상 전류(I_0)의 3배($3I_0$)가 흐르므로 1상분의 영상 전류를 취급하는 영상 회로에서는 이 저항값을 3배로 잡아 주어야 한다(즉, $R_e \rightarrow 3R_e$로 바꾸어 준다).

지락 고장시에는 선로의 인덕턴스로서는 그 성질상 통상의 작용 인덕턴스가 아니고 대지를 귀로로 하는 인덕턴스를 사용하지 않으면 안 되는데(선로 정수 4.3.5항 참조) 실용상으로는 1회선 송전 선로에서의 영상 인덕턴스는 작용 인덕턴스(정상 인덕턴스)의 약 4배, 2회선 송전 선로에서는 약 7배 정도의 값을 가지는 것으로 가정하고 사용하여도 별 문제는 없다.

지금 고장점에서 전원측을 본 영상 임피던스를 $\dot{Z}_{0A}$, 부하측을 본 영상 임피던스를 $\dot{Z}_{0B}$라고 하면 고장점에서 본 회로망 전체의 영상 임피던스 $\dot{Z}_0$는 $\dot{Z}_{0A}$와 $\dot{Z}_{0B}$가 병렬로 접속되고 있기 때문에

$$\dot{Z}_0 = \frac{\dot{Z}_{0A}\dot{Z}_{0B}}{\dot{Z}_{0A} + \dot{Z}_{0B}} \tag{7.31}$$

여기서, $\dot{Z}_{0A} = \dot{Z}_{lA0} + \dot{Z}_{tA} + 3R_{eA}$

$\dot{Z}_{0B} = \dot{Z}_{lB0} + \dot{Z}_{tB} + 3R_{eB}$

로 계산된다.

또, 이때 선로 각 부의 영상 전류는 $\dot{V}_0$의 값을 사용해서

$$\left.\begin{aligned} \dot{I}_{0A} &= \dot{V}_0/\dot{Z}_{0A} \\ \dot{I}_{0B} &= \dot{V}_0/\dot{Z}_{0B} \end{aligned}\right\} \tag{7.32}$$

로 구할 수 있다.

(2) 정상 회로

고장점으로부터 본 회로망 전체의 정상 임피던스를 구하기 위해서는 먼저 그림 7.18의 단자 a, b, c에 상회전 방향이 정상인 3상 평형 전압을 인가해서 각각 $\dot{I}_1$, $a^2\dot{I}_1$, $a\dot{I}_1$이라는 평형된 3상 교류를 흘려 주면 된다. 이때 이 3상 교류가 흐르는 범위가 **정상 회로**로 되는 것이다. 그림 7.21은 그림 7.18에 대응하는 정상 회로이다.

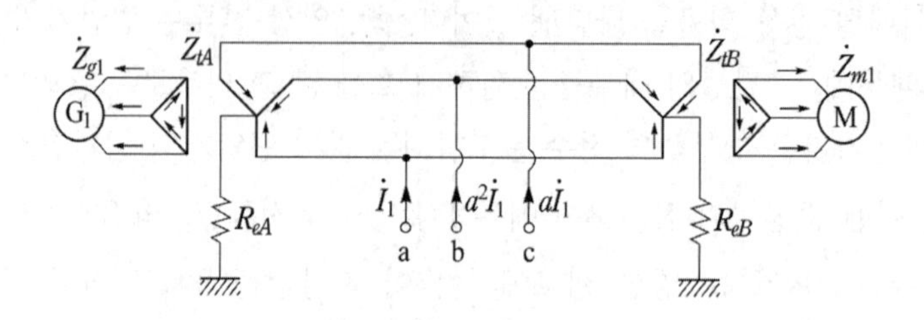

(a) 정상 회로

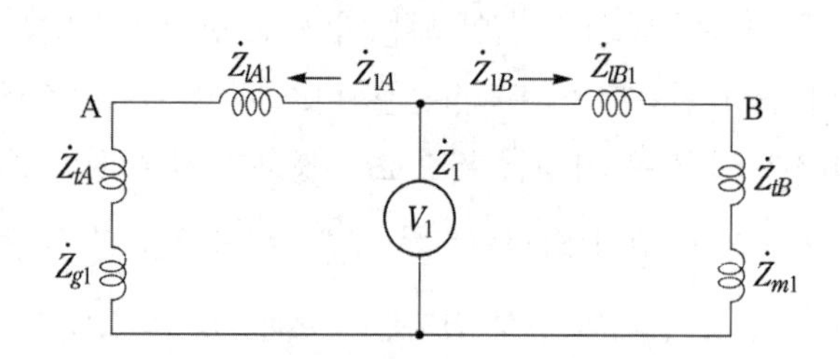

(b) 정상 회로의 등가 회로

그림 7.21 **정상 회로**

이때의 전류는 대칭 3상 교류이기 때문에 중성점에는 전류가 흐르지 않으므로($I_1 + a^2 I_1 + aI_1 = 0$) 이 회로에는 중성점의 접지 저항은 포함되지 않는다.

반면에 전원측의 발전기나 부하측의 전동기에는 변압기의 △회로를 통해서 전류가 흐르고 있기 때문에 발전기 정상 임피던스 $\dot{Z}_{g1}$, 부하의 정상 임피던스 $\dot{Z}_{m1}$이 변압기 임피던스 $\dot{Z}_t$와 같이 포함된다.

선로의 정수는 3상 전류가 흘렀을 경우의 값이므로 평상시의 작용 인덕턴스 및 작용 정전용량을 사용하면 된다.

지금 고장점으로부터 전원측을 본 정상 임피던스가 $\dot{Z}_{1A}$, 부하측을 본 정상 임피던스가 $\dot{Z}_{1B}$라고 하면 고장점에서 본 회로망 전체의 정상 임피던스 $\dot{Z}_1$은

$$\dot{Z}_1 = \frac{\dot{Z}_{1A}\dot{Z}_{1B}}{\dot{Z}_{1A} + \dot{Z}_{1B}} \tag{7.33}$$

여기서, $\dot{Z}_{1A} = \dot{Z}_{lA1} + \dot{Z}_{tA} + \dot{Z}_{g1}$

$\dot{Z}_{1B} = \dot{Z}_{lB1} + \dot{Z}_{tB} + \dot{Z}_{m1}$

로 된다.

(3) 역상 회로

그림 7.18에서 단자 a, b, c에 상회전 방향이 정상의 경우와는 반대인 역상 3상 평형 전압을 인가해서 3상 전류를 흘려 줄 경우, 이 3상 전류가 흐르는 범위가 **역상 회로**로 된다. 그림 7.22는 그림 7.18에 대한 역상 회로를 그린 것인데, 이것으로도 곧 알 수 있듯이 이때 전류가 흐르는 범위는 정상 회로와 똑같다. 회로 중의 개개의 임피던스에 대해서도 정상 회로의 경우와 다른 것은 발전기, 전동기 등의 회전기의 정수뿐이다(변압기나 선로의 임피던스는 정상, 역상의 값이 같다).

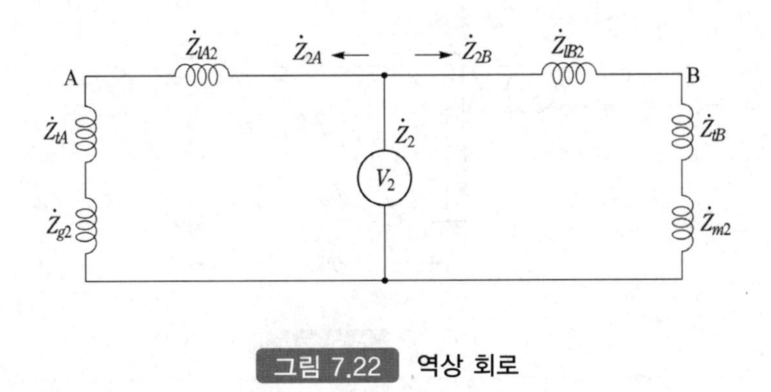

그림 7.22 역상 회로

이 경우에도 $\dot{Z}_1$의 계산 때와 마찬가지로 고장점에서 본 회로망 전체의 역상 임피던스 $\dot{Z}_2$는

$$\dot{Z}_2 = \frac{\dot{Z}_{2A}\dot{Z}_{2B}}{\dot{Z}_{2A} + \dot{Z}_{2B}} \tag{7.34}$$

여기서, $\dot{Z}_{2A} = \dot{Z}_{lA2} + \dot{Z}_{tA} + \dot{Z}_{g2}$

$\dot{Z}_{2B} = \dot{Z}_{lB2} + \dot{Z}_{tB} + \dot{Z}_{m2}$

로 된다. 한편 고장 전류의 순시값 계산을 할 경우에는 과도 임피던스를 써야 하는데 이러한 경우에는 $\dot{Z}_1 = \dot{Z}_2$로 두어도 별 지장이 없다.

예제 7.11 그림 7.23과 같은 154[kV] 1회선 송전선이 있다. 선로의 중앙에서 1선 지락 고장이 발생하였을 경우 지락 전류의 크기를 구하여라. 단, 각 부분의 정수는 다음과 같다고 한다.

발전기 300[MVA], $X_{1G} = X_{2G} = 30[\%]$
변압기 300[MVA], $X_T = 12[\%]$
전동기 300[MVA], $X_{1M} = X_{2M} = 40[\%]$

선로 작용 인덕턴스 = 1.3[mH/km], 선로의 영상 임피던스는 Z_1 의 4배, 그밖의 저항, 정전 용량 등 다른 모든 정수는 무시한다.

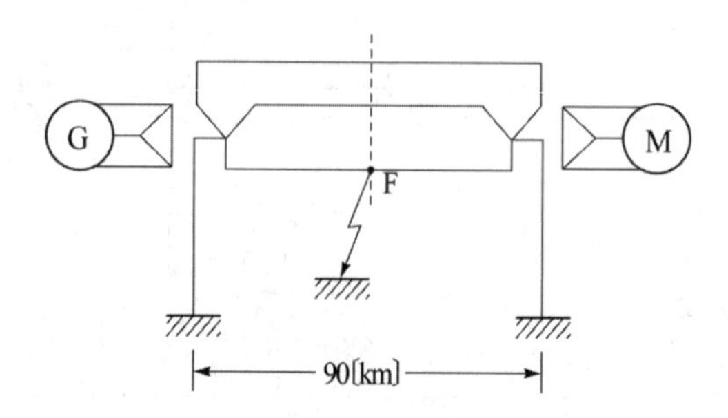

그림 7.23

 선로의 리액턴스 : $jX_l = j2\pi \times 60 \times 1.3 \times 10^{-3} \times 90 = j44.1[\Omega]$
이것을 154[kV], 300[MVA] 기준하에서의 %로 고치면

$$X_l = \frac{44.1 \times 300 \times 10^3}{10 \times 154^2} = 55.8\,[\%]$$

따라서,

$$X_{l1} = X_{l2} = 55.8[\%]$$
$$X_{l0} = 4 \times X_{l1} = 223.2[\%]$$

고장점 F에서 전원측을 A로, 부하측을 B로 나타내어서 합성 리액턴스를 구하면,

$$X_{1A} = 30 + 12 + \frac{55.8}{2} = 69.9[\%]$$
$$X_{2A} = X_{1A} = 69.9\,[\%]$$
$$X_{0A} = 12 + \frac{223.2}{2} = 123.6[\%]$$

$$X_{1B} = \frac{55.8}{2} + 12 + 40 = 79.9[\%],\ \ X_{2B} = X_{1B}$$

$$X_{0B} = \frac{223.2}{2} + 12 = 123.6[\%]$$

고장점에서 본 각 대칭분의 합성 리액턴스는

$$X_1 = X_2 = \frac{X_{1A} \times X_{1B}}{X_{1A} + X_{1B}} = \frac{69.9 \times 79.9}{69.9 + 79.9} = 37.3\,[\%]$$

$$X_0 = \frac{X_{0A} \times X_{0B}}{X_{0A} + X_{0B}} = \frac{123.6}{2} = 61.8[\%]$$

따라서,

$$I_0 = I_1 = I_2 = \frac{100 I_n}{X_0 + X_1 + X_2} = \frac{100 \times \dfrac{300,000}{\sqrt{3} \times 154}}{61.8 + 2 \times 37.3} = 825[\mathrm{A}]$$

지락 전류는

$$I_g = 3I_0 = 3 \times 825 = 2,475[\mathrm{A}]$$

예제 7.12 그림과 같은 고저항 접지의 송전 계통에 있어서 C점에서 1선 지락 고장이 발생하였을 경우의 지락 전류를 계산하여라. 단, 기기의 정수는 도시한 바와 같이 송전 선로의 정상 임피던스는 $\dot{Z}_1 = 0.07 + j0.408$[Ω/km], 영상 임피던스는 Z_1의 4배, 대지의 저항은 0.1[Ω/km]라 하고, 수전단 3권선 변압기는 100[MVA] 기준에서 $X_{ps} = 12.9$[%], $X_{pt} = 7$[%], $X_{st} = 8.3$[%]라고 한다.

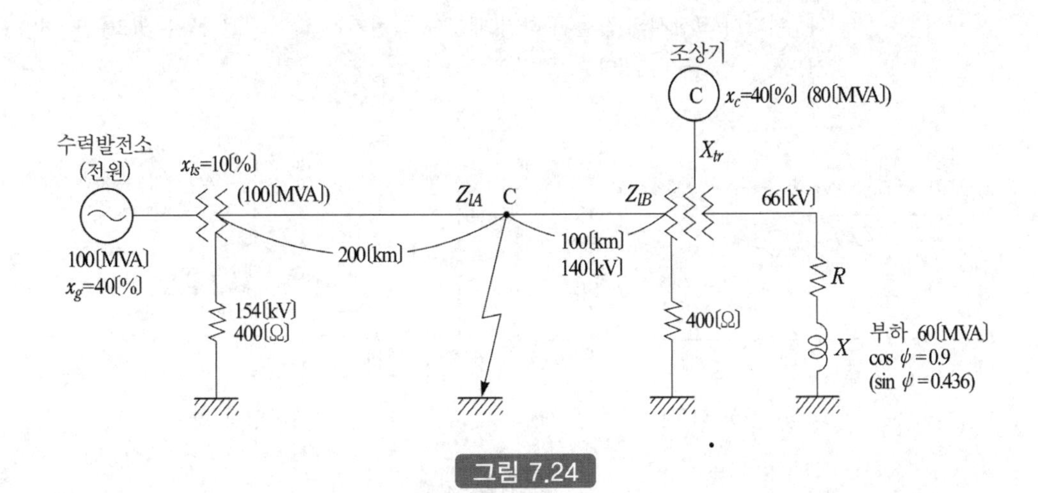

그림 7.24

풀이 먼저 고장 계통의 임피던스를 154[kV] 기준으로 환산해 주면

$$x_g(j40[\%]) = \frac{40 \times 10 \times (154)^2}{100 \times 10^3} = j\,94.9[\Omega]$$

$$x_{ts}(j10[\%]) = \frac{10 \times 10 \times (154)^2}{100 \times 10^3} = j23.7[\Omega]$$

선로 임피던스

$$Z_{l1} = (0.07 + j0.408) \times 200 = 14 + j81.6\,[\Omega]$$
$$Z_{l2} = (0.07 + j0.408) \times 100 = 7 + j40.8[\Omega]$$

3권선 변압기의 각 권선의 리액턴스는 $x_{ps} = x_p + x_s$, $x_{pt} = x_p + x_t$, $x_{st} = x_s + x_t$의 3원 연립 방정식을 풂으로써

$$x_p = \frac{12.9 + 7 - 8.3}{2} = 5.8[\%] \rightarrow j13.8[\Omega]$$

$$x_s = \frac{2.9 + 8.3 - 7}{2} = 7.1[\%] \rightarrow j16.8[\Omega]$$

$$x_t = \frac{7 + 8.3 - 12.9}{2} = 1.2[\%] \rightarrow j2.8[\Omega]$$

조상기

$$x_c(j40[\%]) = \frac{40 \times 10 \times (154)^2}{80 \times 10^3} \rightarrow -j\,118.6[\Omega]$$

부하

$$Z_1 = \frac{V^2}{P - jQ} = \frac{140^2 \times 10^6}{60(0.9 - j0.436) \times 10^6} = 294 + j\,142.1[\Omega]$$

고장점에서 본 정상(역상) 회로와 영상 회로를 그리면 각각 그림 7.25 (a), (b)처럼 된다. 여기서 고장시의 값을 구하기 때문에 회전기는 $x_1 = x_2$로 볼 수 있고, 또 변압기에서도 $x_0 = x_1 = x_2$로 되고 있다.

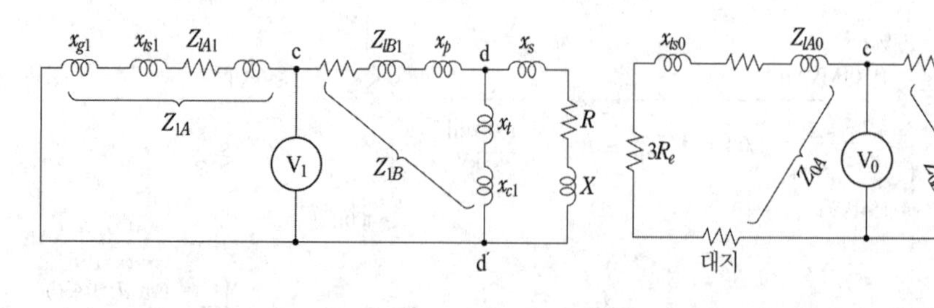

(a) 정(역)상 회로 (b) 영상 회로

그림 7.25

먼저 고장점으로부터 전원측의 정상 임피던스는

$$\begin{aligned} Z_{1A} &= x_{g1} + x_{ts1} + Z_{lA1} \\ &= j94.9 + j23.7 + 14 + j81.6 \\ &= 14 + j200.2 \end{aligned}$$

부하측에서는 먼저 dd′간의 합성 임피던스가

$$Z_{dd}' = \frac{(x_{t1} + x_{c1})(x_s + R + jX)}{(x_{t1} + x_{c1}) + (x_s + R + jX)} = 18.8 + j97.5\,[\Omega]$$

로 되므로 고장점으로부터 부하측의 정상 임피던스는

$$Z_{1B} = Z_{lB1} + x_p + Z_{dd}' = 25.8 + j152.1[\Omega]$$

로 되어 결국

$$\begin{aligned} Z_1(=Z_2) &= \frac{Z_{1A} \cdot Z_{1B}}{Z_{1A} + Z_{1B}} \\ &= \frac{(14 + j200.2)(25.8 + j152.1)}{39.8 + j352.3} \\ &= 19.3 + j87.6[\Omega] \end{aligned}$$

마찬가지로 영상 회로에서는

$$\begin{aligned} Z_{0A} &= 3 \times 400 + j23.7 + 14 + j(4 \times 81.6) + 3 \times 0.1 \times 200 \\ &= 1{,}274 + j350.1[\Omega] \\ Z_{0B} &= 3 \times 400 + j2.8 + j13.8 + 7 + j(4 \times 40.8) + 3 \times 0.1 \times 100 \\ &= 1{,}237 + j179.8[\Omega] \end{aligned}$$

$$\therefore\ Z_0 = \frac{Z_{0A} \cdot Z_{0B}}{Z_{0A} + Z_{0B}} = 630 + j130.7[\Omega]$$

따라서 1선 지락 고장 전류는

$$\begin{aligned} I_e = 3I_0 &= \frac{3E_a}{Z_0 + Z_1 + Z_2} \\ &= \frac{3 \times \frac{1}{\sqrt{3}} 154{,}000}{(630 + j130.7) + 2(19.3 + j87.6)} \\ &= 314.9 - j144 = 346\underline{/24°35'}\,[\mathrm{A}] \end{aligned}$$

(참고로 $I_0 = 115$[A])

이때 전원측에의 영상 전류는 임피던스에 역비례해서 분류하게 되므로

$$I_{0A} = I_0 \frac{Z_{0B}}{Z_{0A} + Z_{0B}}$$
$$= 115 \times \frac{1{,}237 + j179.8}{2{,}511 + j529.9}$$
$$= 56.36 - j3.45 = |56.6|\,[\mathrm{A}]$$

이상과 같이 고저항 접지 계통에서는 좌우의 분류가 거의 없다. 한편 직접 접지 계통에서는 고장 전류도 크지만 좌우에의 분류는 거의 거리에 반비례하고 있다.

연 습 문 제

1. 3상 불평형 전류를 $\dot{I}_a$, $\dot{I}_b$, $\dot{I}_c$ 라고 하였을 경우 대칭분 전류를 구하는 계산식을 보이고 그 물리적 의의에 대해서 설명하여라.

2. 평형 고장과 불평형 고장이란 무엇을 기준으로 해서 구별하고 있는가를 설명하고 다음 이들에 대한 해법을 요약해서 설명하여라.

3. 대칭 좌표법이란 무엇인가? 간단히 그 내용을 설명하여라.

4. 그림 E 7.4와 같은 22[kV] 3상 1회선 선로의 F점에서 3상 단락 고장이 발생하였다면 고장 전류[A]는 얼마로 되겠는가?

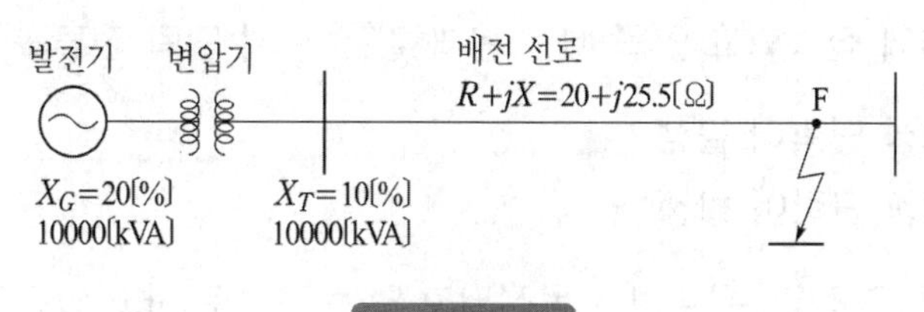

그림 E 7.4

5. 그림 E 7.5와 같은 무부하의 송전선의 S점에서의 3상 단락 전류를 계산하여라. 단, 발전기 G_1, G_2는 각각 150,000[kVA], 11[kV], 리액턴스 30[%], 변압기 T는 300,000[kVA], 11/154[kV], 리액턴스 8[%], 송전선 TS간은 50[km], 리액턴스는 0.5[Ω/km]라고 한다.

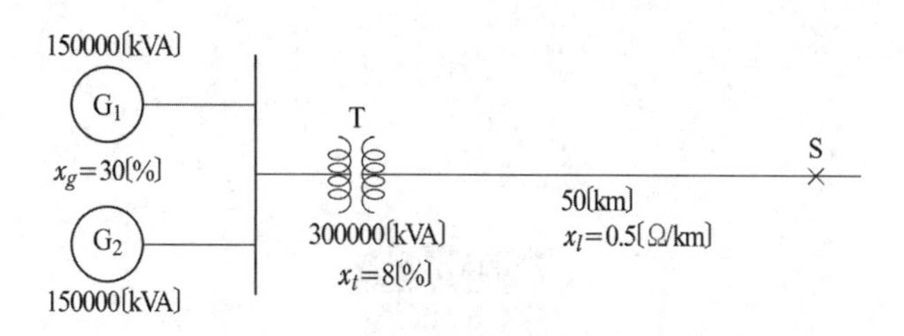

그림 E 7.5

6. 그림 E 7.6과 같은 3상 송전 계통에서 G_2, G_2는 공히 20,000[kVA], 11[kV], 과도 리액턴스 $x_d' = 0.25$[PU], 송전단 변압기 T_s는 40,000[kVA], 11/154[kV], 리액턴스 $x_{ts} = 0.08$ [PU], 수전단 변압기 T_r는 40,000[kVA], 154/66[kV], 리액턴스 $x_{tr} = 0.07$[PU], 또 선로 L은 리액턴스가 1선당 0.5[Ω/km], 긍장 50[km]이다. 지금 발전기의 무부하 유도기전력이 12[kV]일 때 점 P에서 3상 단락 사고가 발생하였다면 이때의 발전기 전류는 얼마로 되겠는가?

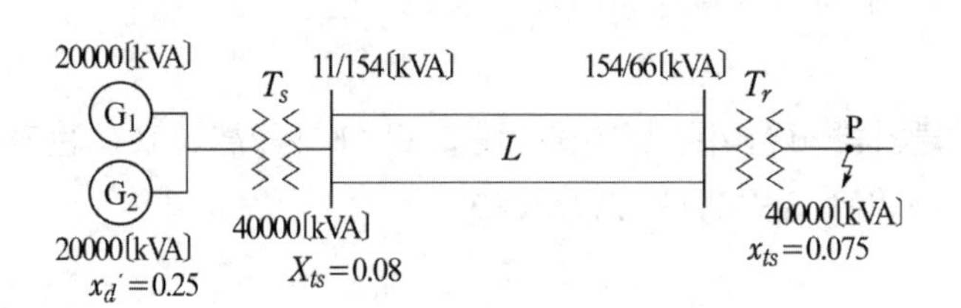

그림 E 7.6

7. 그림 E 7.7과 같이 병렬 운전하고 있는 전압 11,000[V], 용량 11,000[kVA]의 발전기 3대가 있다. 1차 전압 11,000[V], 2차 전압 66,000[V], 용량 33,000[kVA]의 변압기를 통해서 송전선에 접속되고 있을 때 다음과 같은 순시 단락 전류를 구하여라.

(1) A점에서 3상 단락이 발생

(2) B점에서 3상 단락이 발생

단, 발전기는 정격 전압, 무부하로 운전되고 있는 것으로 하고 발전기의 과도 리액턴스는 21[%], 변압기의 리액턴스는 15[%]라고 가정한다.

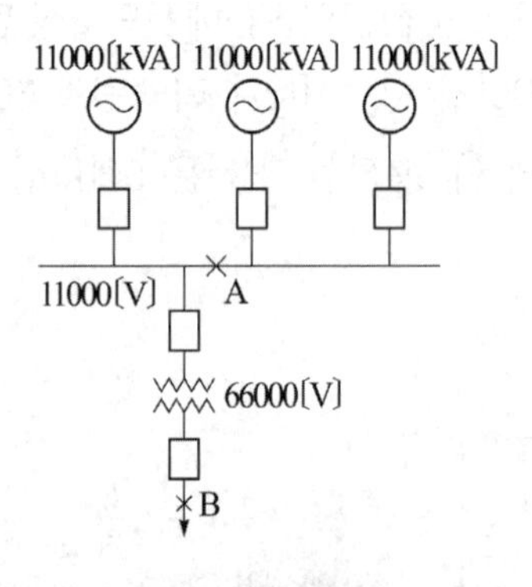

그림 E 7.7

8. 그림 E 7.8과 같은 발전기에서 b, c상 사이가 단락되었을 경우의 단락 전류와 각 선의 전압을 계산하여라.

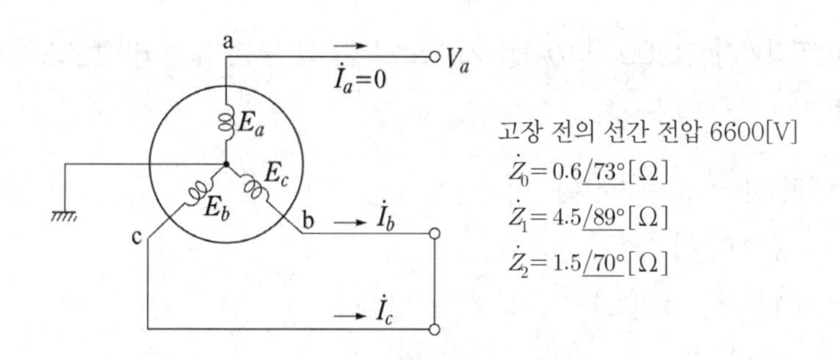

그림 E 7.8

9. 그림 E 7.9와 같이 A, B 양 발전소를 연결하는 154[kV]의 3상 송전선이 있다. 무부하 상태에서 송전선의 중앙 지점에서 b, c 상의 2선이 동시에 접지되었을 때 건전상인 a상의 고장 전과 고장 후의 전위를 비교하여라. 단, 회로 정수로서는 저항과 정전 용량을 무시하고 154[kV], 45[MVA]로 환산한 다음의 유도 리액턴스만을 고려하는 것으로 한다.

발전기 A의 정상 및 역상 임피던스 : 35[%]
발전기 B의 정상 및 역상 임피던스 : 28[%]
변압기 T_1의 리액턴스 : 10[%]
변압기 T_2의 리액턴스 : 8[%]
송전선의 정상 및 역상 리액턴스 : 2[%] (송전단에서 본 값임)
송전선의 영상 리액턴스 : 8[%] (송전단에서 본 값임)
중성점 접지 리액터의 리액턴스(x_e) : 15[%]

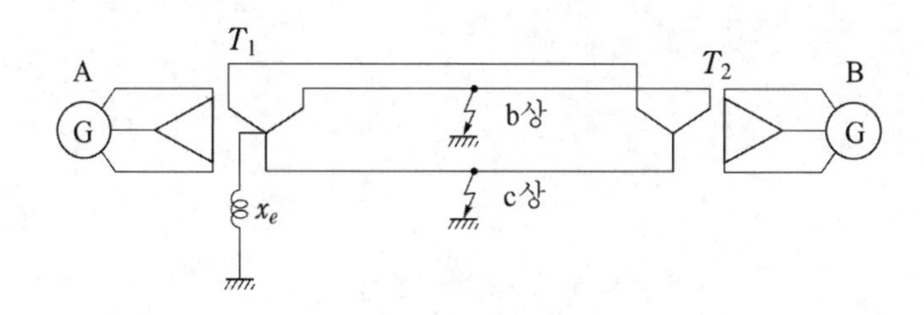

그림 E 7.9

10. 그림 E 7.10과 같은 송전 계통에서 1선 접지 사고가 발생하였을 경우, 사고 발생 직후의 지락 전류의 크기를 구하여라. 단, 저항 및 정전 용량은 무시하고 유도 리액턴스만을 생각한다.

또, 이때 154[kV], 50,000[kVA]를 기준으로 한 각 부분의 % 리액턴스값은 다음과 같다고 한다.

$x_{g1} = 25[\%]$, $x_{m1} = 35[\%]$

$x_{tA} = x_{tB} = 6[\%]$

$X_A = 5[\%]$, $X_B = 4[\%]$

$X_{0A} = 20[\%]$, $X_{0B} = 16\,[\%]$

$X_e = 10[\%]$ (중성점의 접지 리액턴스)

또한, 변압기의 변압비(선간 전압)는 양 변압기 모두 154/11[kV]로 하고 사고점에서의 사고 직전의 선간 전압은 151[kV]이라고 한다.

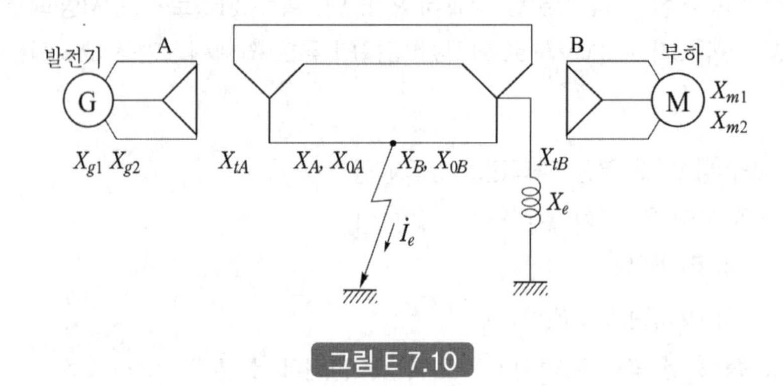

그림 E 7.10

Transmission Distribution Engineering

08장 안정도

8.1 안정도의 개요

송전 선로로 전력을 전송할 경우 실제로 전송될 수 있는 전력은 송전 선로의 임피던스라든지 송수전 양단에 설치된 기기의 임피던스 등에 의해서 그 어떤 한계(극한 전력)가 가해지기 마련이다. 이것은 전송 전력의 증대와 더불어 양단에 접속된 동기기(발전기와 전동기)의 유도기전력간의 위상차각이 점점 벌어져서 90° 이상으로 되었을 경우에는 양기간의 동기를 유지할 수 없게 되기 때문이다.

보통 이와 같이 동기기간의 위상차가 너무 벌어져서 동기를 유지할 수 없게 되는 현상을 **탈조**(step out)라고 부른다. 한편 이와 같은 극한 전력까지 이르지 않더라도 이에 가까운 상태에서 운전한다는 것은 가령 전압 강하가 심해진다는 등의 여러 가지 무리가 따른다. 또한, 선로의 손실이 막대해질 뿐만 아니라, 그와 같은 운전은 매우 불안정해서 부하가 조금만 변동하거나 외란이 생기면 그 때문에 안정 운전을 지속하지 못하고 탈조를 일으키게 된다. 전력 계통에서의 **안정도**(stability)란 계통이 주어진 운전 조건 하에서 안정하게 운전을 계속할 수 있는가 어떤가 하는 능력을 가리키는 것으로서 이것은 크게

(1) 정태 안정도
(2) 동태 안정도
(3) 과도 안정도

의 3가지로 나누어진다.

일반적으로 정상적인 운전 상태에서 서서히 부하를 조금씩 증가했을 경우 안정 운전을 지속할 수 있는가 어떤가 하는 능력을 **정태 안정도**(steady state stability)라 하고, 이때의 극한 전력을 **정태 안정 극한 전력**이라고 한다.

한편 부하가 갑자기 크게 변동한다든지 사고가 발생해서 계통에 커다란 충격을 주었을 경우에도 계통에 연결된 각 동기기가 동기를 유지하면서 계속 안정적으로 운전할 수 있는가 어떤가 하는 능력을 **과도 안정도**(transient stability)라 하고, 이때의 극한 전력을 **과도 안정 극한 전력**이라고 한다.

일반적으로 계통에서는 언제 어떠한 부하 변동이나 사고가 일어날지 모른다. 그렇기 때문에 실제로 계통을 운전할 경우에는 이러한 돌발 사고나 급격한 부하 변동이 일어나더라도 송전을 안정하게 계속할 수 있게끔 운전 상태를 극한 전력값 이하로 낮추어서 운전해야 한다. 즉, 전력 상차각은 어느 정도 여유를 가지게 해서 가령 30~40° 범위 이하에서(이것은 바꾸어 말해서 정태 안정 극한 전력의 약 50[%] 범위가 된다) 운전하는 것이 보통이다.

따라서 그 계통에 맞는 적정 송전 용량을 결정함에 있어서는 어디까지나 이 과도 안정도를 기준으로 해서 정하는 것이 보다 실제적이라고 할 수 있다. 종래에는 각 발전기마다 가령 **자동 전압 조정기**(AVR)가 설치되고 있다고 하더라도 그 응답 속도가 상당히 느렸고, 또 응답 불감대도 컸기 때문에 과도기에 미치는 그 효과란 별로 크지 않았으므로 통상 계자 전압은 일정하다고 가정해서 안정도 문제를 취급하여 왔었다.

그러나, 최근에 와서는 고성능의 AVR이 개발 이용되면서 정태시 및 과도시에 이 AVR이 안정도에 미치는 제어 효과를 무시할 수 없게 되었다. 그 결과 최근의 추세로서는 전술한 정태 및 과도 안정도뿐만 아니라 다시 여기에 이들 고성능의 AVR이라든지 조속기 등이 갖는 제어 효과까지도 고려에 넣은 이른바 **동태 안정도**(dynamic stability)를 추가해서 계통의 안정도 문제를 취급하고 있다. **동태 안정 극한 전력**은 고속 AVR 등으로 동기기의 여자 전류를 신속하게 제어해서 발전기 유기 전압을 최대값까지 올렸을 때의 한계 전력으로서 고속 AVR이 없는 경우와 비교하면 극한 전력은 상당히 커진다.

이상에서 본 바와 같이 결국 계통의 안정도는 다음 그림 8.1처럼 분류된다.

그림 8.1 안정도의 분류

8.2 정태 안정도

8.2.1 안정 극한 전력

정태 안정도란 정상 운전 상태에서 완만하게 발전기 출력을 증가시켰을 경우 어디까지 그 출력을 증가시킬 수 있는가 하는 것을 논하는 것이다. 엄밀하게는 이때 AVR라든가 조속기의 동작 특성(즉, 이들의 제어 효과)까지 고려해야 하겠지만 편의상 이들을 일체 무시하고 정태 안정도라면 가령 계자 전류 등이 일정하게 유지되고 있는 것으로 보았을 경우의 송전 능력 여하를 따지는 것으로서 보통 이것을 **고유 정태 안정도**라고 부르고 있다.

앞서 제5장에서 설명한 바와 같이 송전 계통이 4단자 정수($\dot{A}$, $\dot{B}$, $\dot{C}$, $\dot{D}$) 로 표현될 경우의 송수전 전력 계산식은 식 (5.56) 및 식 (5.59)로 표시되었던 것이며, 또 이들 식의 내용을 전력 원선도로 보인 것이 각각 그림 5.20, 5.21이었다. 따라서, 이들로부터 알 수 있듯이 송수전 전력은 양단간의 위상차각 θ가 증가하면 그에 따라 증대되어 나가지만 그것도 어느 한도까지이고 θ가 어느 크기에 이르면 송수전 전력은 극대값으로 되어서 더 이상의 전력을 주고받을 수 없게 된다.

여기서 구체적으로 송수전 전력 계산식에서 유효 전력분만을 추려서 적어 보면

$$P_s = \rho \sin(\theta - 90 + \beta) + m' E_s^2 \tag{8.1}$$

$$P_r = \rho \sin(\theta + 90 - \beta) - m E_r^2 \tag{8.2}$$

로 되는데 이 식에서 알 수 있듯이 P_s는 $\theta = 180° - \beta$에서 P_r는 $\theta = \beta$에서 각각 극대값을 취하게 된다. 더 말할 것 없이 이것이 바로 이 경우의 정태 안정 극한 전력인 것이다.

그림 8.2는 이때의 송수전 전력 원선도를 그린 것이다.

다만 여기서 주의하여야 할 점은 일반적으로 안정도 문제를 다룰 때 사용하는 전압은 전력 원선도를 그릴 때 사용했던 송・수전단의 단자 전압 $\dot{E}_s$, $\dot{E}_r$가 아니고 그 송전 선로에 접속된 양단의 동기기(발전기 및 전동기)의 내부 유기 전압을 취하여야 한다는 것이다.

지금 이러한 정태 안정도의 개념을 이해하기 위해서 그림 8.3에 나타낸 바와 같이 한 대의 발전기가 무한대 모선에 연결된 간단한 **1기 무한대 모선 계통**을 생각하여 본다.

무한대 모선이란 내부 임피던스가 0이고 전압 $\dot{E}_r$는 그 크기와 위상이 부하의 증감에 관계없이 전혀 변화하지 않고, 또 극히 큰 관성 정수를 가지고 있다고 생각되는 용량 무한대의 전원을 말한다.

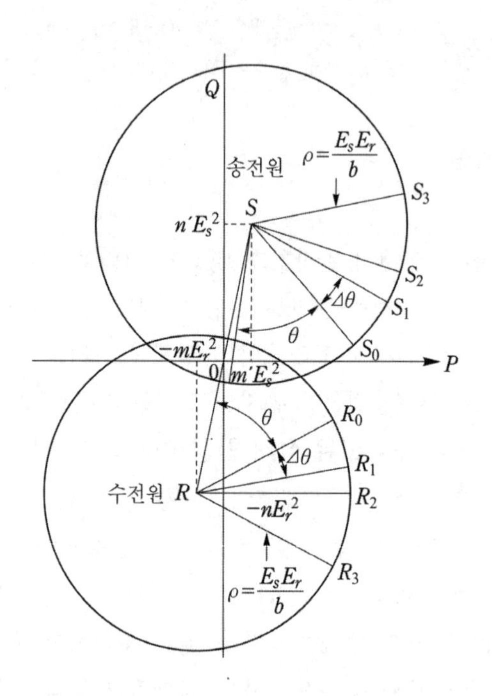

그림 8.2 송수전 전력 원선도

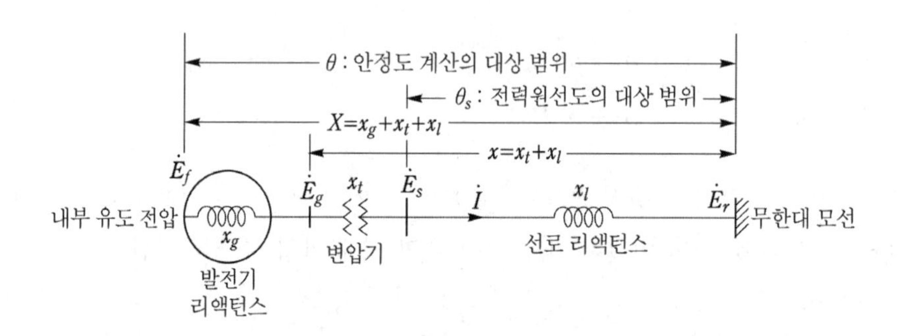

그림 8.3 1기 무한대 계통

여기서, $\dot{E}_f$는 발전기 리액턴스 배후의 내부 유도 전압으로서 발전기의 단자 전압 $\dot{E}_g$에 발전기 리액턴스 x_g에 의한 전압 강하를 벡터적으로 더해 준 것이다.

지금 부하 전류를 $\dot{I}$, 그 역률각을 φ라고 하면, 이때의 벡터도는 그림 8.4처럼 그려진다. 또, θ는 송수전 양단의 동기기의 내부 유도 전압의 상차각을 나타낸다.

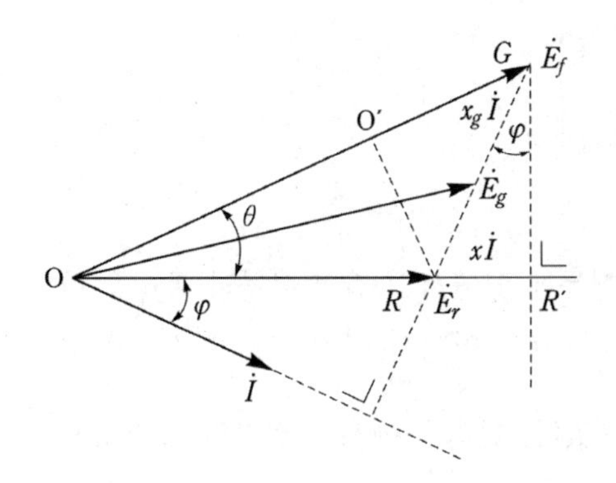

그림 8.4 1기 무한대 모선 계통의 벡터도

수전 전력 P는 정의에 따라

$$P = E_r I \cos\varphi \tag{8.3}$$

로 되지만 이것은 다음과 같이 쓸 수 있다.

$$P = \frac{1}{x_g + x} E_r I (x_g + x) \cos\varphi \tag{8.4}$$

$(x_g + x)I$는 그림에서 알 수 있는 바와 같이 $\overline{RG}$ 이므로 $(x_g + x)I\cos\varphi$는 $\overline{GR'}$ 로 된다. 따라서, $E_r I(x_g + x)\cos\varphi$는 $\overline{OR} \times \overline{GR'}$ 로 되어서 ΔORG의 면적의 2배로 된다. 즉,

$$P = \frac{1}{x_g + x}(\Delta ORG\text{의 면적}) \times 2 \tag{8.5}$$

이다.

한편, ΔORG의 면적인데 이것은 그림 8.4에 나타낸 바와 같이 R에서 $\overline{OG}$에 내린 수직선의 교차점을 O'라고 하면

$$\Delta ORG = \frac{1}{2} \times \overline{OR} \times \overline{GR'} = \frac{1}{2}\overline{OG} \times \overline{RO'} = \frac{1}{2}E_f E_r \sin\theta \tag{8.6}$$

로 된다. 다시 이것을 식 (8.5)에 대입하면

$$P = \frac{E_f E_r}{x_g + x}\sin\theta = \frac{E_f E_r}{X}\sin\theta = P_m \sin\theta \tag{8.7}$$

여기서, $P_m = \dfrac{E_f E_r}{X}$

$$X = x_g + x = x_g + x_t + x_l$$

로 표시된다.

식 (8.7)이 1기 무한대 계통에 있어서의 전력 상차각 특성을 나타내는 기본식이며, 이 관계를 그려 보인 것이 그림 8.5이다. 여기서 $\theta = 0°$일 때 $P = 0$, $\theta = 90°$일때 P는 최대 전력, $P_m = \dfrac{E_f E_r}{X}$를 송전할 수 있다. 한편 앞에서 발전기의 내부 유도 전압 $\dot{E}_f$ 및 수전단 전압 $\dot{E}_r$의 값은 일정하다고 가정하였고, 또 분모의 $X(= x_g + x)$는 각각 발전기 및 변압기와 송전선의 직렬 리액턴스의 합계로서 일정값이기 때문에 결국 송전 전력은 $\dot{E}_f$와 $\dot{E}_r$의 상차각 θ만의 함수로서 $\sin\theta$에 비례한다는 것을 알 수 있다.

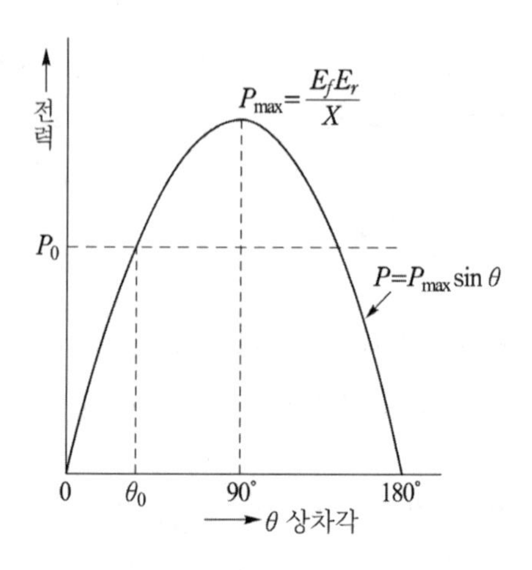

그림 8.5 **전력 상차각 곡선**

8.2.2 동기화력

전력 계통에 접속된 발전기가 동기 운전을 하기 위해서는 모든 발전기가 동기 속도로 회전하여야 한다. 그러기 위해서는 가령 하나의 발전기가 그 어떤 원인으로 가속해서 그 상차각 θ가 원래의 위치보다 앞섰을(진상) 경우에는 이것을 원래의 위치로 되돌려 주려는 힘이 작용하지 않으면 안 된다.

곧, 발전기에의 기계적인 입력이 일정하면, θ가 증가한 경우에 발전기의 전기적 출력 P_G가 증가해서 이 증가분에 상당하는 만큼의 운동 에너지를 방출해서 발전기를 감속시킬 필요가 있다. 이것은 곧, 동기 운전을 하기 위해서는 $\frac{dP_G}{d\theta} > 0$이 되어야만 한다는 것을 뜻한다. 이와 같이 θ의 변화에 의해 생기는 출력 증가분 ΔP_G 또는 그 미분계수 $\frac{dP_G}{d\theta}$를 발전기의 **동기화력**(synchronizing power)이라고 한다.

일반적으로 동기화력이 큰 경우에는 계통에 외란이 발생하더라도 신속하게 평형 상태를 회복하지만, 외란이 크거나 동기화력이 부족한 상태일 경우에는 발전기의 상차각 θ가 점점 커져서 드디어는 동기를 유지할 수 없게 되어 탈조하게 되는 것이다.

8.2.3 다기 계통의 정태 안정도

이상은 어디까지나 1기 무한대 모선 계통에 관한 경우의 설명이었다. 실제의 계통은 수많은 발전기가 연결되어서 운전되는 **다기 계통**이다. 따라서 이러한 n기 계통의 경우에는 아래와 같은 각 발전기간의 동기화력 계수 행렬이 해석의 대상이 된다.

$$A = \begin{bmatrix} K_{11} & -K_{12} & \cdots\cdots & -K_{1n} \\ -K_{21} & K_{21} & \cdots\cdots & -K_{2n} \\ \vdots & \vdots & & \vdots \\ -K_{n1} & -K_{n2} & \cdots\cdots & K_{nn} \end{bmatrix} \tag{8.8}$$

$$K_{ij} = -\frac{\partial P_{Gi}}{\partial \theta_j} \tag{8.9}$$

$$K_{ii} = \frac{\partial P_{Gi}}{\partial \theta_i} = \sum_{j \neq i} K_{ij}$$

이 경우에는 각 발전기의 관성 정수 등이 안정성에 영향을 미치기 때문에 1기 무한대 모선 계통처럼 간단하게 판정할 수 없고 식 (8.8)의 행렬식(특성 방정식, $f(x) = 0$)을 사용해서 판정하거나 연립미분 방정식을 풀어서 해석하는 수밖에 없다.

그 동안 이 문제에 관해서는 다음과 같은 여러 가지 방법이 제안되고 있다.

1) 고유값법

동기화력 계수 행렬의 고유값으로 안정성을 판별하는 방법

2) Clarke법

다기 계통 내에서 차례로 돌아가면서 2기를 선정하고 양 기간의 동기화력을 가지고 안정성을 판별하는 방법

3) Wagner법

$f(x)=0$이 서로 다른 $(n-1)$개의 부(-)실근을 갖는가 어떤가를 판별식을 써서 판별하는 방법

(4) ρ법

특성 방정식의 근을 $x_1,\ x_2,\ \cdots,\ x_{n-1}$이라 할 때 $\rho=f(0)=f(-x_1)(-x_2)\cdots(-x_{n-1})>0$으로 판별하는 방법

(5) 직접법

다기계의 운동 방정식에 발전기 위상각의 미소 변화량을 대입해서 직접 수치 계산으로 구하는 방법 등이 있다.

예제 8.1 **송전단 전압 345[kV], 수전단 전압 330[kV], 송수전 양단의 변압기의 리액턴스는 어느 것이나 10[Ω]이고 선로의 리액턴스는 80[Ω]인 계통이 있다. 이 선로에서는 최대 얼마까지의 전력을 보낼 수 있는가?**

식 (8.7)로부터 보낼 수 있는 최대 전력 P_m은

$$P_m=\frac{E_s E_r}{X}=\frac{345\times 330}{(10\times 2)+80}=1{,}138.5[\text{MW}]$$

여기서는 송전단에서의 송전 전력을 대상으로 하였는데 만일 발전기 자체의 송전 전력을 구하고자 하면 발전기 내부 전압 E_f, 발전기 리액턴스 x_g를 여기에 포함시켜야 한다. 가령 $x_g=20[\Omega]$, $E_f=369[\text{kV}]$였다면

$$P_m{}'=\frac{E_f E_r}{X}=\frac{369\times 330}{20+(10\times 2)+80}=1{,}014.75[\text{MW}]$$

로 된다.

예제 8.2 그림 8.6과 같이 700[MW]의 발전기가 전압이 345[kV]인 무한대 모선에 연결되어 550[MW], 역률 0.9(지상)로 전력을 공급하고 있을 때 이 계통의 정태 안정 극한 전력은 얼마로 되겠는가? 단, 그림에 표시되지 않는 다른 정수는 무시하는 것으로 한다.

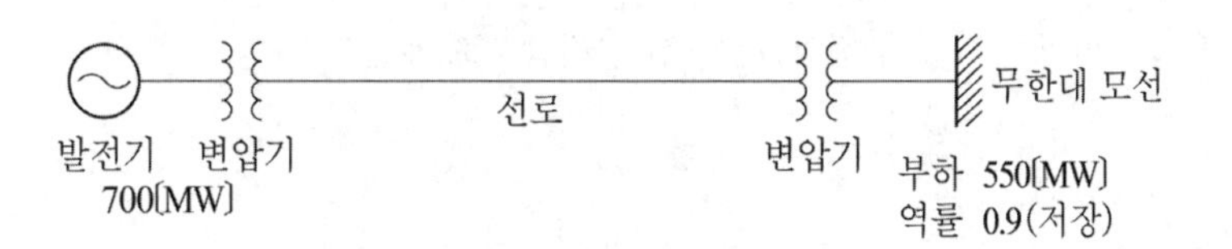

(a) 계통도

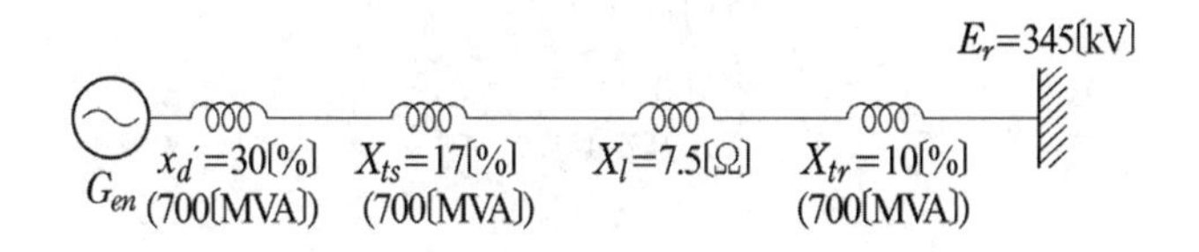

(b) 임피던스도

그림 8.6

(1) Ω값에 의한 계산

먼저 이 계통의 임피던스를 345[kV], 700[MVA] 기준에서 Ω값으로 고치면

$$X_d' = \frac{30 \times 10 \times (345)^2}{700 \times 10^3} = 51.0[\Omega]$$

$$X_{ts} = \frac{17 \times 10 \times (345)^2}{700 \times 10^3} = 28.9[\Omega]$$

$$X_l = 7.5[\Omega]$$

$$X_{tr} = \frac{10 \times 10 \times (345)^2}{700 \times 10^3} = 17[\Omega]$$

따라서 계통 전체의 리액턴스 X는

$$X = X_d' + X_{ts} + X_l + X_{tr} = 51.0 + 28.9 + 7.5 + 17 = 104.4[\Omega]$$

다음 부하단에서의 전류 $\dot{I}_r$은

$$\dot{I}_r = \frac{P_r}{\sqrt{3}\,E_r\cos\theta_r}(\cos\theta_r - j\sin\theta_r)$$
$$= \frac{550\times 10^3}{\sqrt{3}\times 345\times 0.9}(0.9 - j\sqrt{1-0.9^2})$$
$$= 1{,}022.7(0.9 - j0.436)[\text{A}]$$

따라서 발전기 전압 $\dot{E}_g$는(선간 전압으로 계산함)

$$\dot{E}_g = \dot{E}_r + \sqrt{3}\,\dot{I}_r\dot{Z}$$
$$= 345 + \sqrt{3}\times(919.8 - j445.9)(j104.4)\times\frac{1}{1{,}000}$$
$$= 425.6 + j166.3[\text{kV}]$$
$$\therefore |\dot{E}_g| \fallingdotseq 456.0[\text{kV}]$$
$$P_m = \frac{E_g E_r}{X} = \frac{456\times 345}{104.4} = 1{,}507[\text{MW}]$$

(2) $\%Z$값에 의한 계산

먼저 선로의 리액턴스를 [%]값으로 고치면

$$X_l = \frac{7.5\times 700{,}000}{10\times 345^2} = 4.41[\%]$$

따라서 계통 전체의 리액턴스 X는

$$X = X_d' + X_{ts} + X_l + X_{tr} = 30 + 17 + 4.4 + 10 = 61.4[\%]$$

345[kV] 전압을 100[%]로 하고 발전기 전압을 구하기 위해서 선로 전류를 %값으로 고친다.

$$\dot{I}_r = \left(\frac{550\times 10^3}{\sqrt{3}\times 345\times 0.9}(0.9 - j\sqrt{1-0.9^2})\times 100\right) \bigg/ \frac{700\times 10^3}{\sqrt{3}\times 345}$$
$$= \frac{550}{700\times 0.9}\left(0.9 - j\sqrt{1-0.9^2}\right)\times 100 = 78.6 - j38.1[\%]$$
$$\dot{E}_g = 100 + \dot{I}_r\times jX = 100 + (78.6 - j38.1)\times j(61.4)\times\frac{1}{100}$$
$$= 123.4 + j48.2[\%] \fallingdotseq 132\underline{/21.4°}[\%](\fallingdotseq 455.4[\text{kV}])$$

정태 안정 극한 전력 P_m은

$$P_m = \frac{E_g E_r}{X} = \frac{132\times 100}{61.4} = 215.0[\%] = 700\times 2.15 = 1{,}505[\text{MW}]$$

예제 8.3 그림 8.7과 같은 1기 무한대 모선 계통의 정태 안정도를 해석하여라. 단, 모든 값은 1,000[MVA] 기준의 단위값이라고 한다.

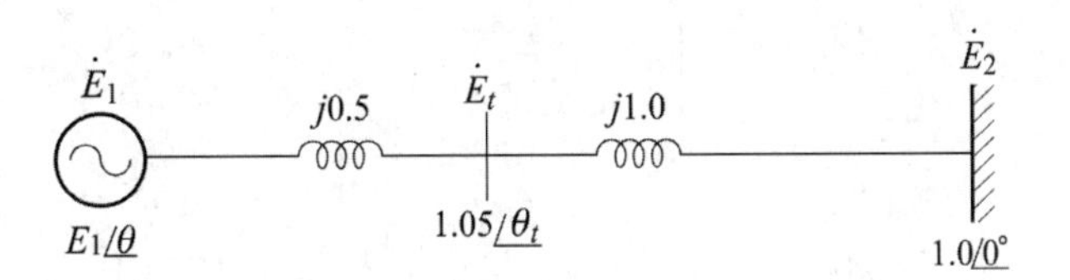

그림 8.7 모델 계통

발전기의 전류 $\dot{I}_g$는

$$\dot{I}_g = \frac{E_t \angle\theta_t - E_2 \angle 0°}{x_e \angle 90°}$$

발전기의 내부 전압 $\dot{E}_1$은

$$\begin{aligned} \dot{E}_1 &= E_t \angle\theta_t + \dot{I}_g x_d \\ &= E_t \angle\theta_t + x_d \angle 90° \left(\frac{E_t \angle\theta_t - E_2 \angle 0°}{x_e \angle 90°} \right) \\ &= E_t \angle\theta_t \left(1 + \frac{x_d}{x_e} \right) - E_2 \angle 0° \left(\frac{x_d}{x_e} \right) = 1.575 \angle\theta_t - 0.5 \end{aligned}$$

한편, 송전 전력 P는

$$P = \frac{E_1 E_2}{x_d + x_e} \sin\theta = 0.667 E_1 \sin\theta$$

여기서 θ는 발전기 내부 전압($\dot{E}_1$)과 무한대 모선 전압($\dot{E}_2$)간의 상차각인데 θ_t의 변화에 따라 E_1, θ, P 등은 표 8.1과 같이 된다.

표 8.1 θ_t에 의한 제량의 변화

θ_t[°]	E_1[PU]	θ[°]	P[PU]
0	1.075	0	0
20	1.1183	28.79	0.3591
40	1.2345	55.09	0.6749
60	1.3940	78.10	0.9094
71.5	1.4936	90	0.9957
80	1.5676	98.31	1.0341
90	1.6525	107.61	1.0500
100	1.7333	116.50	1.0341
120	1.8757	133.35	0.9094
150	2.0235	157.10	0.5250
180	2.0750	180	0

이것을 전력–상차각 곡선으로 나타내면 그림 8.8처럼 될 것이다. 이 곡선을 사용하면 임의의 상차각에 대한 송전 전력의 크기를 알 수 있고 이때의 정태 안정도도 쉽게 해석할 수 있다.

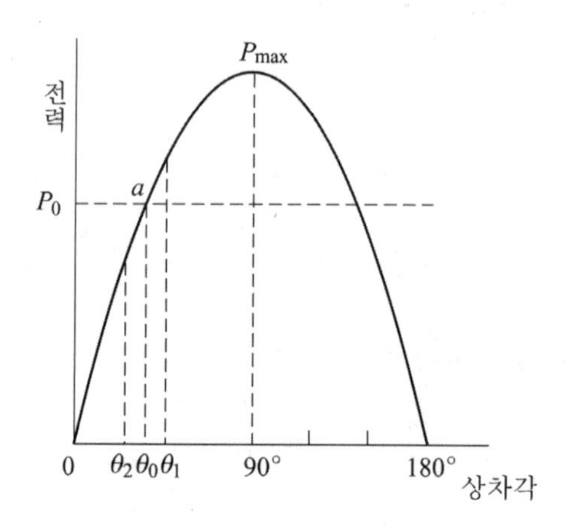

그림 8.8 전력–상차각 곡선

8.3 과도 안정도

과도 안정도는 부하가 급격하게 변동한다거나 계통에 사고가 일어났을 때의 과도적인 상태에서의 전력-상차각 특성을 시간적인 요소까지 고려하면서 논하는 것이다. 정상시의 운전 상태에서는 발전기나 전동기의 입·출력은 서로 같고 양기의 내부 전압간의 상차각은 이때의 송전 전력과 계통 임피던스에 의해서 정해진 값을 유지하면서 운전되고 있다. 이때 부하가 급변하거나 송전선에서 그 어떤 고장이 일어나서 계통의 평형 상태가 깨어지게 되면 그로 인해서 발전기와 전동기간의 입·출력에 차가 생기고 이 차에 비례해서 회전자가 가속 또는 감속하게 된다. 그 결과 운전 상태는 변화가 일어나기 전의 평형 상태로부터 변화 후의 새로운 평형 상태로 옮겨가서 안정하게 된다. 그러나, 실제는 각각의 발전기나 전동기는 관성을 지니고 있기 때문에 새로운 평형점에 이동한 순간 즉시 그 점에서 안정되는 것이 아니고 한동안은 평형점을 중심으로 해서 상차각이 동요하게 되는 것이 보통이다. 만일 이때 상차각의 크기가 이 동요 중에 과도 안정 극한 전력 이상의 불안정 범위로 벗어나면 발전기나 전동기는 곧 탈조하게 된다. 따라서, 과도 안정 극한 전력은 정태 안정 극한 전력에 비해서 상당히 작은 값으로 되는 것이 보통이며, 또 과도 안정도에는 고장 전의 부하 상태라든지 계통에서의 외란의 종류, 회전자의 관성 모멘트 외에 고장 차단 시간 및 원동기의 조속기 동작 특성 등의 여러 가지 요소가 영향을 미치게 되어 그 현상은 아주 복잡하게 된다.

종래 과도 안정 극한 전력은 정태 안정 극한 전력의 40~50[%] 정도로 잡고 왔었으나 최근에는 고속 계전기라든지 고속도 차단기가 많이 보급됨으로써 과도 안정 극한 전력은 정태시의 70~80[%]까지 높게 잡을 수 있게 되었다. 그 밖에 최대 상차각도 조건에 따라 다르겠지만 130~140°에 달하여도 안정하게 운전되는 경우도 있다.

과도 안정도에서 계통이 안정한가 불안정한가의 판별은 보통 외란 발생 후 약 1초 이내에 결정된다. 이것은 실제의 기기에서 제1차의 동요(이것을 **1차 동요**라고 한다.)가 안정될 때까지의 주기가 대체로 1초 정도로 되어 있기 때문이다.[5)]

따라서, 가령 사고가 발생했을 때 계통이 안정한가 불안정할 것인가의 판정은 1차 동요시의 특성만 살펴보면 된다.

---

5) 실제에는 1차적인 동요에 이어서 AVR 및 조속기의 동작, 부하의 일부 탈락, 계통 분리 등의 2차적인 동요가 일어남으로써 사고 발생 후 수 초 내지 10초 가량 후에 탈조가 일어나는 경우도 있다.

8.3.1 과도 안정도 검토를 위한 모델 계통

과도 안정도의 개념은 역시 1기 무한대 모선 계통을 사용해서 쉽게 설명할 수 있다. 다만 이 경우에는 사고 발생등으로 외부 임피던스가 변화하는 그림 8.9와 같은 모선 계통을 생각하여야 한다.

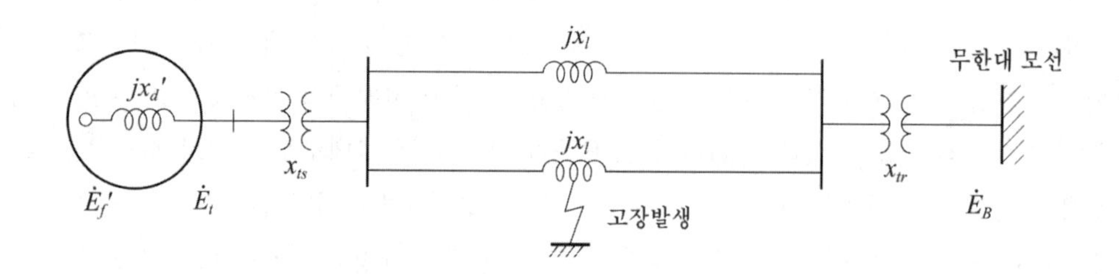

그림 8.9 2회선 송전 계통의 모델 계통

과도 안정도가 문제로 되는 1~2초 정도의 짧은 시간에서는 일반적으로

- AVR, 조속기 등의 효과는 무시한다.
- 발전기의 과도 내부 전압은 일정하다.

라고 하는 전제 조건 하에서 과도 안정도를 다루게 된다.

여기서 과도 내부 전압 $\dot{E}_f'$이란 그림 8.9에 나타낸 바와 같이 단자 전압 $\dot{E}_t$에 과도 임피던스 강하 $(r+jx_d')\dot{I}$를 벡터적으로 더한 것을 말한다. 즉,

$$\dot{E}_f' = \dot{E}_t + (r+jx_d')\dot{I} \tag{8.10}$$

이다.

동기기의 과도 임피던스 x_d'에 관해서는 엄밀하게는 돌극성까지 고려해서 직축분과 횡축분과를 별도로 도입하여 이른바 **2반작용**(2反作用) 이론에 입각해서 해석하지 않으면 안 된다. 그러나, 보통은 x_d'와 x_q를 별개로 생각하지 않고 이들을 적당한 방법으로 조합시킨 대표값, 예를 든다면 x_d', $\frac{1}{2}(x_d'+x_q)$, $\sqrt{x_d'+x_q}$ 와 같은 한 개의 등가 임피던스를 채택하고 있다.

8.3.2 고장 중의 송전 전력

송전 선로에서 고장이 발생하면 송전 전력은 고장 전에 비해서 저하한다. 이 때문에 발전기의 입·출력의 균형이 무너져서 고장점에 가까운 발전기는 일제히 가속하게 된다. 이때 각 발전기가 어느 정도 가속하게 되는가 하는 것은 계통 구성 및 고장 전의 운전 상태 외에 고장 종류 및 고장 발생점에 따라 크게 달라진다.

이번에는 고장시에 전달 임피던스가 어떻게 변화하는가를 조사하고 이것이 안정도에 어떻게 영향을 미치는가를 함께 검토해 본다.

고장 계산은 앞서 설명했던 바와 같이 대칭 좌표법을 사용해서 풀고 있다. 구체적으로는 먼저 정상분 등가 회로를 만들고 고장의 종류에 따라 정해지는 등가 고장점 임피던스 ($\dot{Z}_F$)를 그 정상 회로의 고장점에 병렬로 연결하거나 또는 직렬로 연결해서 마치 이것을 평형 부하와 같이 취급함으로써 송전 전력을 계산하게 된다.

이번에는 고장의 종류에 따라 안정도가 어떻게 되는가를 보기로 한다. 계산을 간단히 하기 위해서 그림 8.10 (a)의 송전선에서 고장(단, 단선 고장은 제외)이 일어났다고 하자. 그러면 고장 중의 등가 정상 회로는 그림 8.10 (b)처럼 되는데 이것을 Y-△ 변환하면 그림 8.10 (c)과 같이 된다.

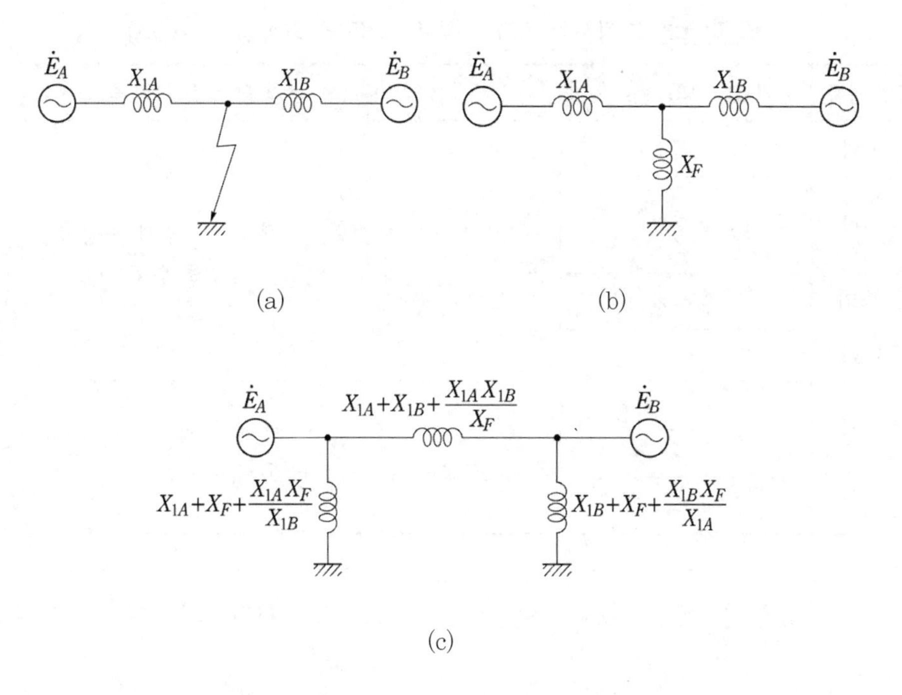

그림 8.10 선로 고장시의 등가 정상 회로

이 결과 고장 중의 전달 임피던스 X는

$$X = X_{1A} + X_{1B} + \frac{X_{1A} X_{1B}}{X_F} \tag{8.11}$$

로 되어 이때의 송전 전력 P'는

$$P' = \frac{E_A E_B \sin\theta}{X_{1A} + X_{1B} + \dfrac{X_{1A} X_{1B}}{X_F}} \tag{8.12}$$

로 된다. 식 (8.12)로부터 곧 알 수 있듯이 고장 중의 송전 전력은 X_F의 크기가 작은 고장일수록 작아진다. 3상 단락 고장일 경우에는 $X_F = 0$이므로 이론상 전달 임피던스 X는 무한대로 되어 식 (8.12)로부터 송전 전력 P'는 0으로 된다.

이 결과 3상 단락 사고가 발생하면 발전기의 출력이 P로부터 0으로 급변하기 때문에 안정도 측면에서는 가장 가혹한 사고가 된다는 것을 알 수 있다.

표 8.2에 각종 고장시에 어떤 고장점 임피던스($= \dot{Z}_F$)를 고장점에 어떻게 접속하면 될 것인가를 보인다.

표 8.2 고장시의 등가 대칭분 임피던스(고장점 임피던스)

<table>
<tr><th>고장의 종류</th><th>등가 고장 임피던스 $\dot{Z}_F$</th><th>임피던스의 삽입 장소 및 삽입 방법</th></tr>
<tr><td>1선 지락</td><td>$\dot{Z}_F = \dot{Z}_0 + \dot{Z}_2$</td><td rowspan="4">고장점과 중성점에 $\dot{Z}_F$를 병렬로 삽입한다.</td></tr>
<tr><td>2선 지락</td><td>$\dot{Z}_F = \dfrac{\dot{Z}_0 \dot{Z}_2}{\dot{Z}_0 + \dot{Z}_2}$</td></tr>
<tr><td>선간 단락</td><td>$\dot{Z}_F = \dot{Z}_2$</td></tr>
<tr><td>3선 단락</td><td>$Z_F = 0$</td></tr>
<tr><td>1선 단선</td><td>$\dot{Z}_F = \dfrac{\dot{Z}_0 \dot{Z}_2}{\dot{Z}_0 + \dot{Z}_2}$</td><td rowspan="2">고장점에 $\dot{Z}_F$를 직렬로 삽입한다.</td></tr>
<tr><td>2선 단선</td><td>$\dot{Z}_F = Z_0 + Z_2$</td></tr>
</table>

참고로 표 8.3에 실계통(220[kV] 송전망)에서의 고장점 임피던스의 일례를 보인다.

표 8.3 고장점 임피던스의 일례

(1000[MVA] 기준 P.U)

	$\dot{Z}_0$	$\dot{Z}_2$	1선 지락 $\dot{Z}_F = \dot{Z}_0 + \dot{Z}_2$	2선 지락 $\dot{Z}_F = \frac{\dot{Z}_0 \dot{Z}_2}{\dot{Z}_0 + \dot{Z}_2}$	3상 단락 $\dot{Z}_F = 0$
A 모선	$0.0238 + j0.1638$	$0.0044 + j0.1291$	$0.0327 + j0.2929$	$0.0063 + j0.0637$	0
B 모선	$0.0189 + j0.1757$	$0.0122 + j0.1401$	$0.0310 + j0.3561$	$0.0072 + j0.0721$	0

이러한 값을 통해서 안정도는 고장이 1선 지락 → 2선 지락 → 3상 단락으로 되면서 점점 더 가혹하게 된다는 것을 알 수 있다.

이때, 사용될 계통의 역상 임피던스($\dot{Z}_2$)라든가 영상 임피던스($\dot{Z}_0$)는 고장점에서 각각전원측을 본 값 $\dot{Z}_{2A}$, $\dot{Z}_{0A}$ 및 고장점에서 부하측을 본 값 $\dot{Z}_{2B}$, $\dot{Z}_{0B}$를 $\dot{Z}_2 = \frac{\dot{Z}_{2A} \cdot \dot{Z}_{2B}}{\dot{Z}_{2A} + \dot{Z}_{2B}}$, $\dot{Z}_0 = \frac{\dot{Z}_{0A} \cdot \dot{Z}_{0B}}{\dot{Z}_{0A} + \dot{Z}_{0B}}$처럼 병렬로 묶어서 산정해야 한다는 것은 앞서 제7장에서 설명한 그대로이다.

예제 8.4 그림 8.11과 같은 평행 2회선 송전 선로의 F점에서 1선 지락 사고가 발생하였을 때의 고장시 등가 정상 회로를 구하여라. 단, 각 기기 및 선로의 정수는 다음과 같다고 한다.

$\dot{E}_A$, $\dot{E}_B$: 양단 동기기의 과도 임피던스 배후 전압
X_{g1A}, X_{g1B} : 양단 동기기의 과도 정상 리액턴스
X_{tA}, X_{tB} : 양단 변압기의 리액턴스
X_A, X_B : 고장점에서 양측으로 본 정상 리액턴스
X_0, X_2 : 고장점에서 본 영상, 역상 리액턴스

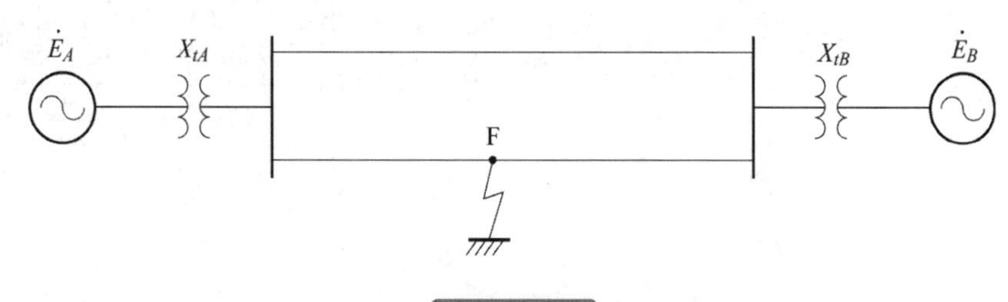

그림 8.11

풀이 먼저 주어진 데이터를 사용해서 주어진 계통도를 그리면 그림 8.12처럼 될 것이다.

그림 8.12

1선 지락 중의 송전 전력을 구하기 위해서는 우선 양단 동기기간의 전달 임피던스를 알아야 한다. 정상 회로의 선로 정수에는 회선간의 상호 임피던스가 없으므로 Y-△변환으로 전달 임피던스를 쉽게 구할 수 있다.

먼저 그림 8.12의 고장 선로측에서는 X_A, X_B, X_F가 Y로 되어 있으므로 이것을 △변환하면 그림 8.13 (a)처럼 된다.

다음에 리액턴스가 다른 2선로를 병렬 합성해서 이것을 X라 한다. 이 조작으로 선로를 중앙에 두고 송전측에서도 수전측에서도 다같이 Y로 된다. 여기서는 편이상 송전측의 Y를 △변환해서 그림 8.13 (b)를 그림 8.13 (c)와 같이 나타낸다.

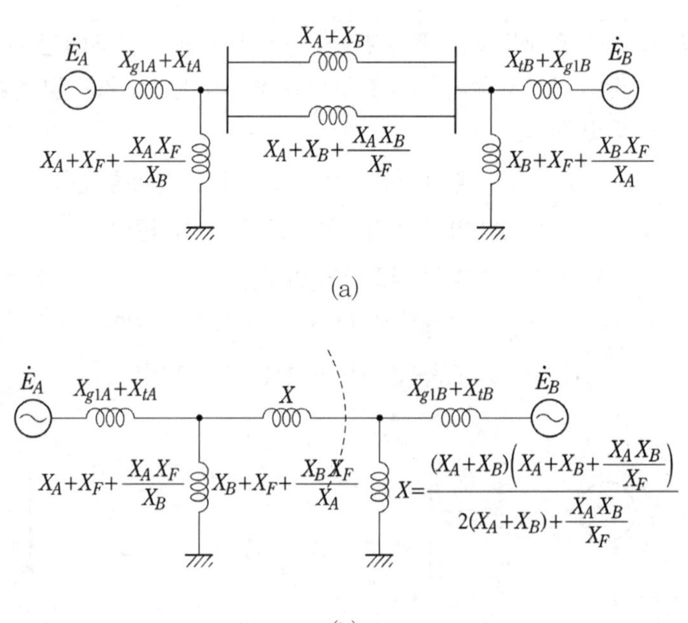

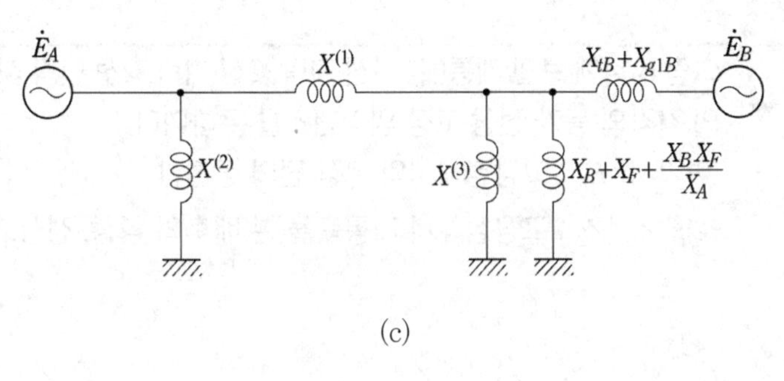

(c)

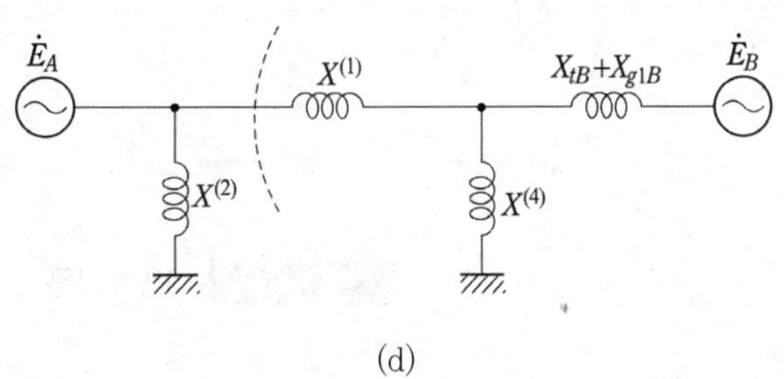

(d)

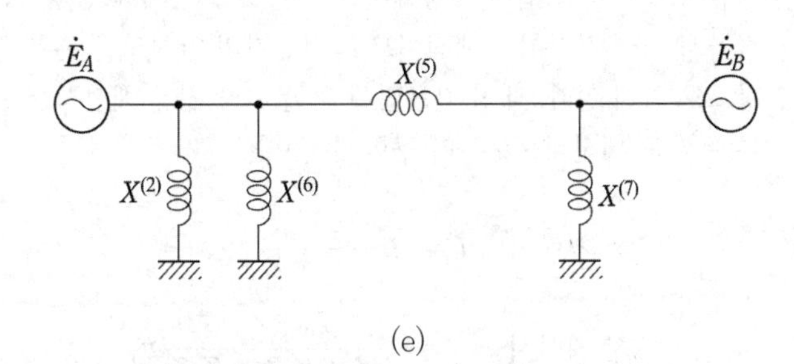

(e)

그림 8.13 1선 지락시의 등가 정상 회로

$X^{(3)}$과 $\left(X_B+X_F+\dfrac{X_BX_F}{X_A}\right)$를 병렬 합성해서 이것을 $X^{(4)}$라고 한다(그림 (c)). 이 결과 수전측은 $X^{(1)}$, $X^{(4)}$ 및 $(X_{tB}+X_{g1B})$가 Y로 되므로 다시 이것을 △로 변환한다(그림 (e)). 결국 고장 중의 전달 임피던스는 이 △의 양기간의 리액턴스이므로

$$X^{(5)}=X^{(1)}+(X_{tB}+X_{g1B})+\frac{X^{(1)}(X_{tB}+X_{g1B})}{X^{(4)}}$$

로 된다. 참고로 1선 지락 중의 송전 전력 P'는

$$P'=\frac{E_AE_B}{X^{(5)}}\sin\theta$$

로 된다.

예제 8.5 그림 8.14에 보인 계통에서 1선 지락, 2선 지락, 2선 단락 사고가 발생하였을 경우의 각각의 등가 정상 고장 임피던스를 구하여라.

여기서, E_a : 고장점에서의 고장 전의 상전압

$Z_0,\ Z_1,\ Z_2$: 고장점에서 계통측을 본 배후의 영상, 정상, 역상 임피던스

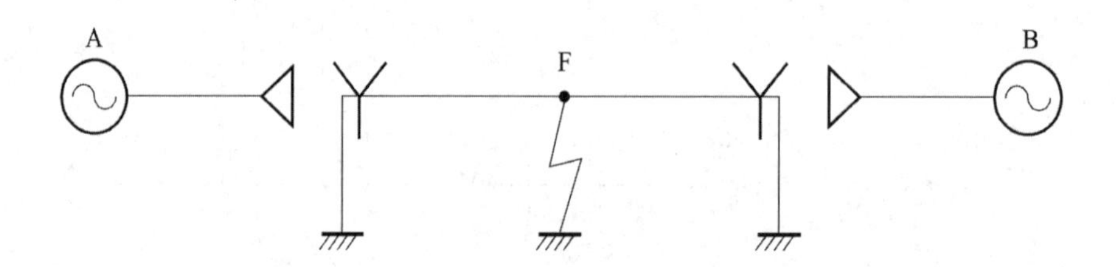

그림 8.14 모델 계통

일반적으로 직접 접지 계통에서는 불평형 고장시에 발생하는 영상 전력, 역상 전력은 작아서 정상 전력이 지배적이므로 회전기의 안정도를 논할 경우에는 정상 전력만을 대상으로 하게 된다. 대칭 좌표법에 의한 고장 전류 계산식으로부터 각 고장시의 고장 전류는 다음 계산식으로부터 구할 수 있다.

$$\text{1선 지락시} : I_1 = \frac{E_a}{Z_0 + Z_1 + Z_2}$$

$$\text{2선 지락시} : I_1 = \frac{Z_0 + Z_2}{Z_0 Z_1 + Z_1 Z_2 + Z_2 Z_0} E_a$$

$$\text{2선 단락시} : I_1 = \frac{E_a}{Z_1 + Z_2}$$

따라서 등가 정상 고장 임피던스는

$$\text{1선 지락시} : I_1 = \frac{E_a}{Z_1 + (Z_0 + Z_2)} = \frac{E_a}{Z_1 + Z_f}$$

$$\text{2선 지락시} : I_1 = \frac{E_a}{Z_1 + \dfrac{Z_0 Z_2}{Z_0 + Z_2}} = \frac{E_a}{Z_1 + Z_f}$$

$$\text{2선 단락시} : I_1 = \frac{E_a}{Z_1 + Z_2} = \frac{E_a}{Z_1 + Z_f}$$

이상으로 등가 정상 고장 임피던스 Z_f는 다음과 같이 고장점에 병렬로 삽입한 것과 같다는 것을 알 수 있다.

표 8.4 등가 고장 임피던스

고장 종류	고장 임피던스 Z_f	
1선 지락	고장점에 병렬로 $Z_f = Z_0 + Z_2$	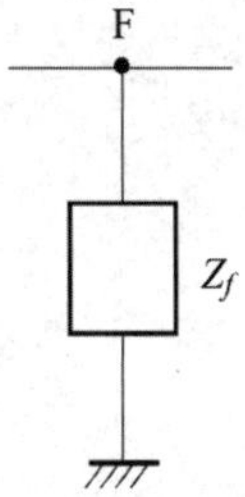
2선 지락	고장점에 병렬로 $Z_f = \dfrac{Z_0 Z_2}{Z_0 + Z_2}$	
2선 단락	고장점에 병렬로 $Z_f = Z_2$	

예제 8.6 그림 8.15와 같은 송전 계통에서 발전기 A로부터 전동기 B에 송전하고 있다. 선로의 도중에서 선간 단락 고장이 일어났을 때 고장 직후의 송전 전력은 고장 전의 정상적인 송전 전력에 비해 얼마로 줄어들겠는가? 단, 회로의 저항분 및 정전 용량은 무시하고 각 부의 동일 용량으로 환산한 % 리액턴스는 다음과 같은 값을 갖는다고 한다.

A기의 정상 리액턴스 $x_{A1} = 25[\%]$
A기의 역상 리액턴스 $x_{A2} = 20[\%]$
B기의 정상 리액턴스 $x_{B1} = 35[\%]$
B기의 역상 리액턴스 $x_{B2} = 30[\%]$
변압기 $\mathrm{T_A}$의 리액턴스 $x_{TA} = 8[\%]$
변압기 $\mathrm{T_B}$의 리액턴스 $x_{TB} = 10[\%]$
고장점으로부터 전원측의 선로 리액턴스 $x_A = 4[\%]$
고장점으로부터 부하측의 선로 리액턴스 $x_B = 6[\%]$

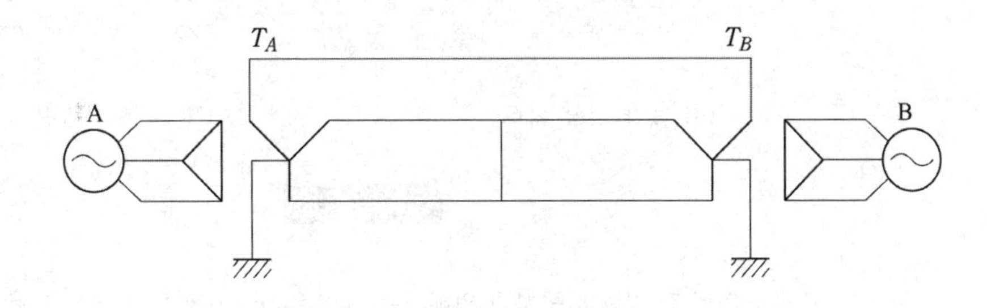

그림 8.15

고장 상태에서의 송전 전력은 우선 고장이 선간 단락이므로 영상분 전력을 생각 필요가 없고, 또 역상분 전력쪽도 역률이 0이므로 이것을 고려할 필요가 없다. 결국 이 경우에는 정상분만 생각하면 된다.

먼저 고장이 일어나기 전의 송전 전력을 P라고 하면

$$P = \frac{E_A E_B}{X_{AB}} \sin\theta$$

여기서, $X_{AB} = x_{A1} + x_{TA} + x_A + x_B + x_{TB} + x_{B1}$

다음에 고장 상태에서의 송전 전력 P'을 구하기 위해서는 우선 고장시의 전달 임피던스를 계산하지 않으면 안된다. 고장이 선간 단락이므로 고장점에 병렬로 삽입해 줄 $\dot{Z}_F$는 표 8.2에 나타낸 바와 같이 Z_2를 취하면 된다. 그림 8.16 (a)는 고장 상태의 등가 정상 회로를 나타낸 것이다.

여기서

$$X_A = x_{A1} + x_{TA} + x_A$$
$$X_B = x_{B1} + x_{TB} + x_B$$
$$\therefore\ X_1 = \frac{X_A X_B}{X_A + X_B}$$

마찬가지로 X_2에 대해서도 양기기의 역상 임피던스를 사용해서(변압기, 선로 임피던스는 정상 임피던스값과 동일) 구하면

$$X_2 = \frac{(x_{A2} + x_{TA} + x_A)(x_{B2} + x_{TB} + x_B)}{(x_{A2} + x_{TA} + x_A) + (x_{B2} + x_{TB} + x_B)}$$

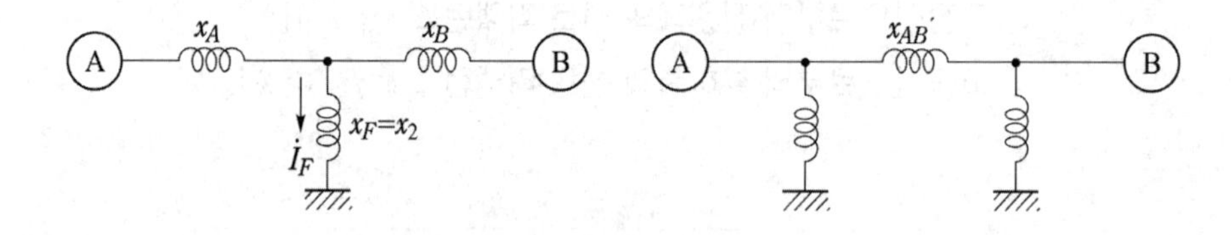

(a) 등가 정상 회로 (b) 전달 임피던스

그림 8.16

고장 중의 송전 전력을 구하기 위해서는 그림 8.16 (a)의 등가 정상 회로를 그림 8.16 (b)처럼 △변환해서 이때의 AB간의 전달 함수 X_{AB}'를 구하면 된다. 즉,

$$X_{AB}' = \frac{x_A x_2 + x_B x_2 + x_A x_B}{x_2} = x_A + x_B + \frac{x_A x_B}{x_2}$$

$$P' = \frac{E_A E_B}{X_{AB}{}'} \sin\theta$$

따라서

$$\frac{P'}{P} = \frac{X_{AB}}{X_{AB}{}'}$$

소요의 송전 전력의 비는 전달 임피던스의 역비로 된다. 구체적으로 주어진 값을 넣어서 계산하면 다음과 같다.

$$X_{AB} = X_A + X_B = (25+8+4)+(35+10+6) = 88[\%]$$
$$X_2 = \frac{(20+8+4)(30+10+6)}{20+8+4+30+10+6} = 18.86[\%]$$
$$X_{AB}{}' = 88 + \frac{37\times 51}{18.86} = 188[\%]$$
$$\therefore\ \frac{P'}{P} = \frac{X_{AB}}{X_{AB}{}'} = \frac{88}{188}\times 100 = 46.9[\%]$$

즉, 고장 중의 송전 전력은 고장 이전의 정상적인 송전 전력의 약 47[%]로 줄어들고 있음을 알 수 있다.

8.4 회전체의 운동 방정식

지금 그림 8.17과 같이 과도 내부 전압이 $\dot{E}_a$, 관성 정수 M인 발전기가 X인 리액턴스를 통해서 무한대 모선에 접속되어 있는 경우를 생각한다.

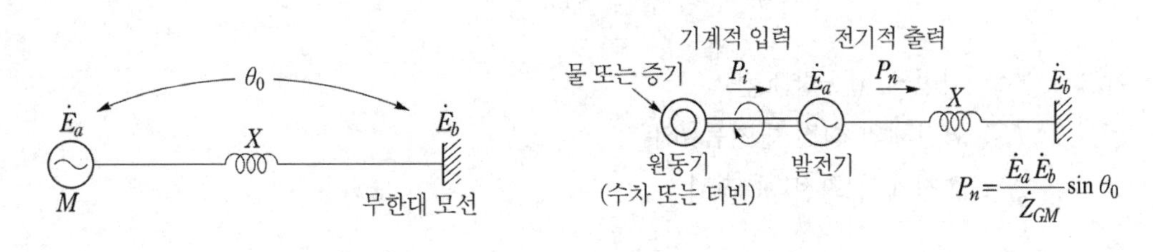

(a) 모델 계통　　(b) 입・출력 관계

그림 8.17 1기 무한대 모선 계통

여기서, I : 관성 모멘트

ω : 회전체의 각속도$\left(=\dfrac{d\theta}{dt}\right)$

θ : 회전체의 변위각(ωt)

ΔT : 회전체의 각속도를 변화하기 위해서 필요한 토크

라고 한다면 동기기의 운동 방정식은

$$I\frac{d\omega}{dt}=I\frac{d^2\theta}{dt^2}=\Delta T \tag{8.13}$$

$$\therefore \frac{d^2\theta}{dt^2}=\frac{d\omega}{dt}=\frac{\Delta T}{I}=\frac{\Delta T\cdot\omega\cdot\omega}{I\omega^2}=\frac{\omega}{M}\Delta P\,[\mathrm{rad/s^2}] \tag{8.14}$$

또는,

$$\frac{d\omega}{\omega}=\frac{\Delta P}{M}dt \tag{8.15}$$

여기서, $M=I\omega^2$, $\Delta P=\Delta T\cdot\omega$

한편 동기기의 회전자의 기계적 각속도는 원동기의 회전력과 동기기의 회전자에 작용하는 전기적 회전력의 차에 비례하고 회전자의 기계적 관성에 반비례하고 있기 때문에 회전 기계에 대해서는 아래 식과 같은 **단위 관성 정수**(물리적 의미는 회전체를 단위 회전력을 가지고 정지상태부터 단위속도까지 가속하는데 요하는 시간에 상당하는 것임)를 정의하고 있다.

$$\text{단위 관성 정수}=\frac{I\omega^2}{\text{기준 정격 출력 [kW]}}$$

$$=\frac{10.59\,\mathrm{GR}^2\left(\dfrac{\mathrm{N}}{1000}\right)^2}{\text{기준 정격 출력 [kW]}}\,[\mathrm{s}] \tag{8.16}$$

여기서, G : 회전체의 중량[kg]

R : 회전체의 회전 반지름[m]

N : 회전체의 회전수[rpm]

다음에

ω_0 =회전체의 동기 각속도

$\theta_0=\omega_0$일 때의 변위각

$$\omega = \omega_0 + \Delta\omega \tag{8.17}$$

$$\theta = \theta_0 + \Delta\theta$$

라고 하면

$$\frac{d\omega}{dt} = \frac{d(\Delta\omega)}{dt}, \quad \frac{d\theta}{dt} = \frac{d(\Delta\theta)}{dt} \tag{8.18}$$

로 되어서 식 (8.14)는 다음과 같이 바꾸어 쓸 수 있다.

$$\frac{d^2\theta}{dt^2} = \frac{d^2(\Delta\theta)}{dt^2} = \frac{\Delta T}{I} = \frac{\Delta T \cdot \omega_0 \cdot \omega_0}{I\omega_0^2} \fallingdotseq \frac{\omega_0}{M}\Delta P[\mathrm{rad/s^2}] \tag{8.19}$$

여기서, $\Delta\omega \ll \omega_0$이므로 $\Delta T \cdot \omega_0 \fallingdotseq \Delta T \cdot \omega = \Delta P$

$$I\omega_0^2 \fallingdotseq I\omega^2 = M \tag{8.20}$$

이들 식의 전력 변화량인 ΔP는 더 말할 것 없이 원동기(수차 또는 터빈)로부터 입력되는 기계적 입력 P_i와 발전기에서 발생되는 전기적 출력 P_n와의 차로서

$$\Delta P = P_i - P_n \tag{8.21}$$

이다. 식 (8.19)와 식 (8.21)로부터

$$\frac{d^2\theta}{dt^2} = \frac{d^2(\Delta\theta)}{dt^2} \fallingdotseq \frac{\omega}{M}(P_i - P_n)[\mathrm{rad/s^2}] \tag{8.22}$$

를 얻는다.

이것은 전력 계통에서 회전기에 우변과 같은 입·출력의 차가 생겼을 경우에는 회전자가 좌변과 같은 속도 변화를 받는다는 것을 나타내는 것으로서 과도 안정도란 결국 이 식으로부터 θ와 ΔP 및 이들의 시간적인 관계를 구한다는 것으로 요약된다.

고장 발생 전($t \leq 0$)의 정상 상태에서는 입·출력이 평형을 유지하고 있으므로 $\Delta P = 0$이고 $\omega = \omega_0$인 동기 각속도에서 회전하므로 상차각 $\theta = \theta_0$(일정값)로 되어

$$P_i = P_n = P_0 \tag{8.23}$$

$$P_0 = \frac{\dot{E}_a \dot{E}_b}{X}\sin\theta_0 \tag{8.24}$$

인 일정값으로 평형 운전을 계속한다.

여기서, 고장이 발생하면($t \geq 0$) 우선 전기적 출력인 P_n가 움직이게 되어서($\theta_0 \rightarrow \theta$로 이동)

$$P_n = \frac{\dot{E}_a \dot{E}_b}{X} \sin\theta = P_m \sin\theta \tag{8.25}$$

로 변화하지만 한편 기계적인 입력 P_i는 이 짧은 시간에 즉응할 수 없으므로 $P_i = P_0$로 일정한 크기를 유지한다.

따라서, 1기 무한대 모선 계통에서의 과도 안정도의 동요 방정식은

$$\frac{d^2\theta}{dt^2} = \frac{\omega_0}{M}(P_0 - P_m \sin\theta)[\text{rad/s}^2] \tag{8.26}$$

로 된다.

8.5 등면적법에 의한 과도 안정도 계산

과도 안정도에서 계통이 안정한가 불안정한가를 조사하기 위해서는 고장 발생 후의 상차각 시간 곡선, 즉 동요 곡선을 그려 보면 되고 만일 시간이 경과함에 따라서 상차각이 계속 벌어져 간다면 그 계통은 불안정한 것이다. 한편 이때 상차각이 일단 그 어떤 최대값에 도달한 후에 다시 감소되어 갈 경우에는 일반적으로 계통은 안정하다고 볼 수 있다. 다기 계통에 있어서는 때로는 1기가 최초의 제1차 동요에서는 동기를 유지하지만 제 2차 동요에서 탈조하는 수가 있다. 그러나 2기 계통에 있어서는 (1) 기계적 입력 일정 (2) 과도 내부 전압 일정 (3) 제동 계수 영이라는 통상적인 가정 하에서는 상차각은 제한 없이 증대하거나 아니면 일정한 진폭으로 진동하든지 하는 어느 한쪽을 나타내는 것이 보통이므로 최초의 1차 동요만을 조사해서 안정 판별을 할 수 있다.

등면적법은 주로 2기 계통 문제에 대해서 적용되는 방법으로서 계통의 안정도 판별을 간단한 도면을 써서 쉽게 할 수 있다는 장점은 있으나, 이 방법으로는 위상각 변동의 시간적 관계까지는 알 수 없다는 한계가 있다.

지금 그림 8.18과 같은 간단한 모델 계통의 F점에서 고장이 일어났다고 할 경우 고장 전, 고장 중, 고장 후(고장 구간 제거)의 전력-상차각 곡선은 그림 8.19에 보인 바와 같이 그릴 수 있다.

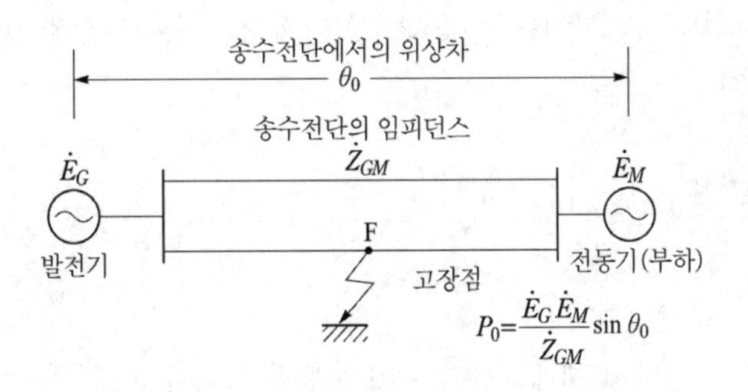

그림 8.18 모델 계통

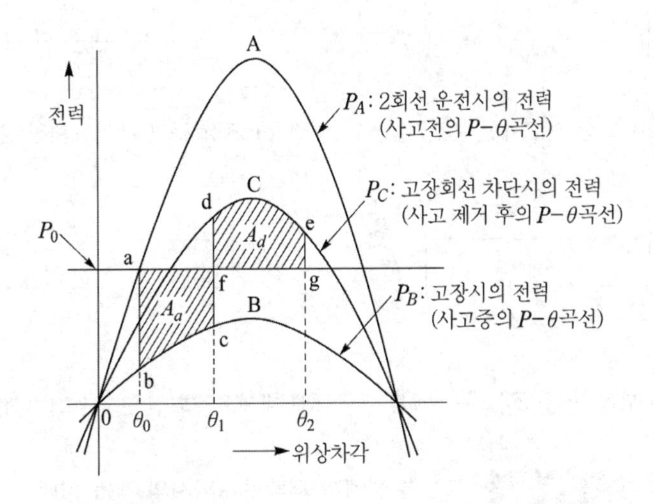

그림 8.19 고장시의 전력−위상차각 특성

이때, 양기간의 전력−위상차각은 고장에 따른 계통 상태의 변화에 따라 3단계로 변화한다. 즉, 그림 8.19에서 곡선 A는 고장 전, 곡선 B는 고장 중, 곡선 C는 고장 구간이 선택 차단된 특성을 나타낸 것이다.

이것은 당초 송전 전력 P_0가

$$P_0 = \frac{E_G E_M}{Z_{GM}} \sin\theta_0 \tag{8.27}$$

로 계산되던 것이 고장 상태에서는 $Z_{GM} \to Z_F$로 바뀌어서

$$P_F = \frac{E_G E_M}{Z_F} \sin\theta_F \quad (\theta_F = \theta_0 \sim \theta_1) \tag{8.28}$$

로, 다시 고장 구간 선택 차단시에는 $Z_F \rightarrow Z_{GM}'$(이때 Z_{GM}'는 1회선의 값이므로 Z_{GM}의 2배로 된다)로 바뀌어서

$$P' = \frac{E_G E_M}{Z_{GM}'} \sin\theta' \quad (\theta' = \theta_1 \sim \theta_2) \tag{8.29}$$

로 계산해서 쉽게 그릴 수 있다.

그림 8.20은 고장 발생에서 재폐로까지의 계통 변화 상태를 보인 것이다.

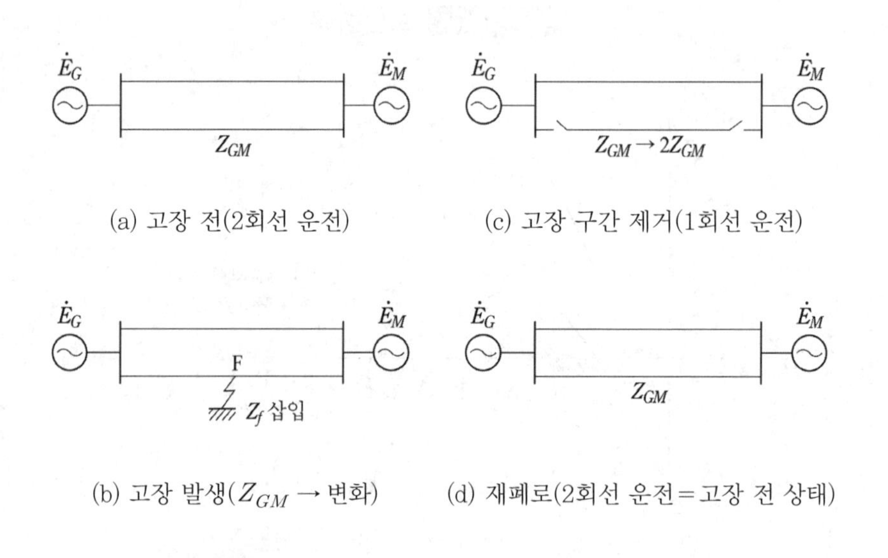

그림 8.20 고장 발생에서 재폐로시까지의 계통 상태

이번에는 그림 8.19의 고장시의 전력-위상차각 변동 곡선을 빌려서 고장시의 계통 동요 상태를 설명하면 다음과 같다. 처음 a점, 즉 P_0, θ_0에서 운전하고 있던 것이 고장 발생과 더불어 동작점은 b점으로 옮기게 된다. 이때, 발전기쪽은 $P_0 - P_B \sin\theta_0$만큼 입력이 초과되어서 회전자는 가속하게 되는데, 이와 반대로 부하측의 전동기는 그 만큼 입력이 부족해서 회전자는 감속한다. 이러한 관계를 유지하면서 고장이 계속되는 동안 시간의 경과와 더불어 발전기와 전동기의 상차각은 곡선 B를 따라서 이동해 간다.

가령 동작점이 b로부터 c에 달했을 때 차단기가 동작해서 고장 회선을 차단하였다고 하면, 이번에는 회로 상태가 1회선의 정상 상태로 변경되면서 동작점은 곡선 C의 d점으로 옮기게 된다. d점에서는 발전기 출력이 입력 이상의 것을 요구하므로 감속되고 전동기쪽은 입력이 출력보다 커지므로 가속한다.

즉, b → c점까지는 발전기는 입력 과잉, 전동기는 입력 부족으로 양기간의 위상차각을 증대시키는 방향으로 가속되고 있던 것이 d점 이후에서는 반대로 양기간의 위상차각을 감소시키는 방향으로 감속된다. 다만 위상차각은 회전체의 관성 때문에 다음의 조건이 만족되는 θ_2까지 벌어진다.

$$\left.\begin{aligned}&\int_{\theta_0}^{\theta_1}(P_0 - P_B\sin\theta)d\theta = \int_{\theta_1}^{\theta_2}(P_c\sin\theta - P_0)d\theta \\ &\text{또는 면적}\quad abcf = fdeg\end{aligned}\right\} \tag{8.30}$$

이와 같이 일단 d점을 지나쳐서 위의 조건을 만족하는 θ_2까지 증대되었다가 다시 되돌아가는 왕복 진동을 되풀이하는 동안에 제동 작용(저항 기타의 손실분에 의함)에 의해서 동요가 점차 감쇠되어 안정한 운전 상태로 낙착하게 된다. 이때 고장 차단 시간이 늦어져서 가령 그림 8.21에 나타낸 바와 같이

$$\text{면적 } abc'f' > f'd'h$$

로 되면 이때는 회복력이 부족될 뿐만 아니라 h점 통과 후는 위상차각의 증가와 더불어 더욱더 회복력이 마이너스로 되므로 드디어는 탈조하게 된다. 따라서, 과도 안정 극한이란 차단 시간을 파라미터로 해서 면적 $abc'f'$ = 면적 $f'd'h$의 상태로 될 때까지 고장 구간 선택 차단을 조정함으로써 얻을 수 있고, 또 이러한 검토로부터 계통의 안정도 여부도 판별할 수 있음을 알 수 있다.

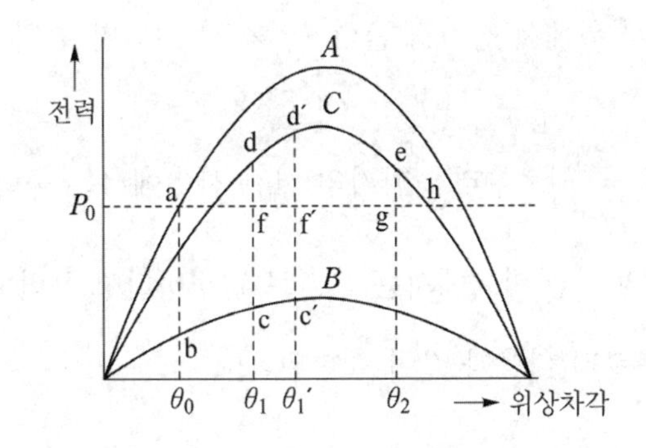

그림 8.21 고장 차단 시간이 늦어졌을 경우

8.6 단단법에 의한 과도 안정도 계산

앞 항에서 설명한 등면적법은 2기 계통이나 2기 계통으로 등가화 할 수 있는 간단한 계통에 대해서만 적용할 수 있는 방법이다. 이에 대해서 이하 설명하고자 하는 **단단법**(step by step method)은 다기 계통에 대해서 사용할 수 있는 방법으로서 보다 구체적이며 또한 실용적인 계산 방법이라고 할 수 있다.

이 방법은 계통에 외란이 발생하였을 때에 연속적으로 변동하는 입・출력, 전압, 각속도 등의 제량이 아주 짧은 기간(시간 구간)에서는 계단적으로 변화하는 것으로 가정하고 각 계단마다의 미소 변화를 차례로 계산해서 그 결과를 축차적으로 연결해 나가고 있다.

지금 운전 중인 임의의 동기기가 계통에 외란이 발생해서 입・출력의 평형이 깨어지게 되면 각속도, 위상각이 이에 따라서 변동하게 되는데 이때의 변동 상황은 다음의 동요 방정식을 풂으로써 구할 수 있다.

$$\frac{d^2\theta}{dt^2} = \frac{\omega}{M}(P_i - P_n) \tag{8.31}$$

이 식의 의미는 앞에서 설명한 바와 같이 과도시에 우변과 같은 입・출력의 차가 생겼을 경우 회전체는 좌변처럼 속도 변화를 하게 된다는 것이다. 따라서, 과도 안정도 문제는 위의 식으로부터 θ와 ΔP의 시간적 관계를 구하는 것으로 귀착된다.

요컨대 단단법은 두 가지 계산 절차를 반복해 주면 된다. 그 하나는 각 단계 기간의 최초의 θ와 ω로부터 그 단계 기간의 θ와 ω의 최종값을 구하는 것이고, 또 하나는 계통내의 각 동기기의 가속력 P_a를 구하기 위해서 전기적 출력 P_n을 각 기간마다 위에서 얻어진 θ를 사용해서 계산하는 것이다.

지금 그림 8.22에서 $\left(n-\frac{1}{2}\right)$로부터 n까지의 시간 사이에서는 출력은 $P_n{}'$로 일정하며, 또 n으로부터 $\left(n+\frac{1}{2}\right)$까지의 시간 사이에서는 $P_n{}''$로 일정하다고 하면 이들 시간중의 각속도의 변화는 각각 식 (8.22)로부터 다음과 같이 표현된다.

$$\left.\begin{aligned} \Delta\omega_{\left(n-\frac{1}{4}\right)} &= \frac{\omega}{M}(P_i - P_n{}')\frac{\Delta t}{2} \\ \Delta\omega_{\left(n+\frac{1}{4}\right)} &= \frac{\omega}{M}(P_i - P_n{}'')\frac{\Delta t}{2} \end{aligned}\right\} \tag{8.32}$$

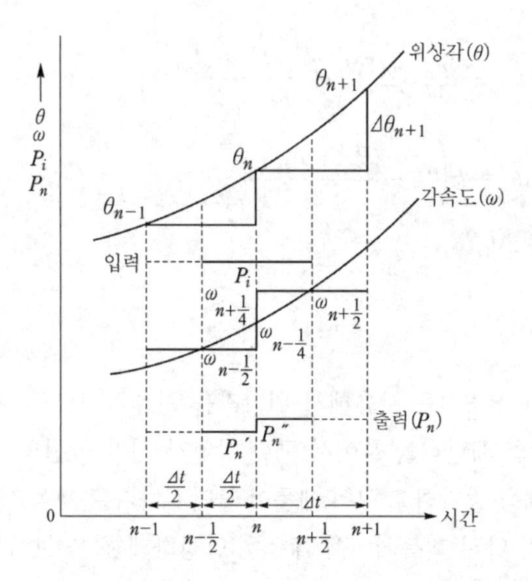

그림 8.22 단단법의 설명도

그러므로, $\left(n+\dfrac{1}{2}\right)$ 순시의 각속도 $\omega_{\left(n+\frac{1}{2}\right)}$는 다음과 같이 된다.

$$\left.\begin{aligned} \omega_{\left(n+\frac{1}{2}\right)} &= \omega_{\left(n-\frac{1}{2}\right)} + \Delta\omega_{\left(n-\frac{1}{4}\right)} + \Delta\omega_{\left(n+\frac{1}{4}\right)} \\ &= \omega_{\left(n-\frac{1}{2}\right)} + \frac{\omega}{M}\Delta t\left(P_i - \frac{P_n{}' + P_n{}''}{2}\right) \end{aligned}\right\} \tag{8.33}$$

한편 위상각이 $(n-1)$에서 n까지, 또 n으로부터 $(n+1)$까지의 각 시간 중에 변화한 값을 각각 $\Delta\theta_n$ 및 $\Delta\theta_{(n+1)}$로 나타내면 그 사이의 평균 각속도 $\omega_{\left(n-\frac{1}{2}\right)}$와 $\omega_{\left(n+\frac{1}{2}\right)}$은 다음과 같다.

$$\left.\begin{aligned} \omega_{\left(n-\frac{1}{2}\right)} &= \frac{\Delta\theta_n}{\Delta t} \\ \omega_{\left(n+\frac{1}{2}\right)} &= \frac{\Delta\theta_{(n+1)}}{\Delta t} \end{aligned}\right\} \tag{8.34}$$

이것을 식 (8.33)에 대입해서

$$\left.\begin{aligned}\Delta\theta_{(n+1)} &= \Delta\theta_n + \frac{2\pi f}{M}(\Delta t)^2\left(P_i - \frac{P_n{}' + P_n{}''}{2}\right)\\ &= \Delta\theta_n + k\left(P_i - \frac{P_n{}' + P_n{}''}{2}\right)\end{aligned}\right\} \tag{8.35}$$

$$\theta_{(n+1)} = \theta_n + \Delta\theta_{(n+1)} \tag{8.36}$$

여기서, $k = \frac{2\pi f}{M}(\Delta t)^2$

단단법에서는 위의 식 (8.36)을 사용해서 위상각을 차례차례로 구해 나가고 있는 것이다. 그림 8.23에 위의 단단법 계산식을 풀어서 구한 상차각 시간 곡선의 일례를 보인다.

곡선 A는 상차각이 계속 증가하고 있어 계통이 불안정하다는 것을 가리키고 있고 곡선 B는 일단 벌어졌던 상차각이 다시 회복되어서 계통은 안정하게 됨을 보이고 있다.

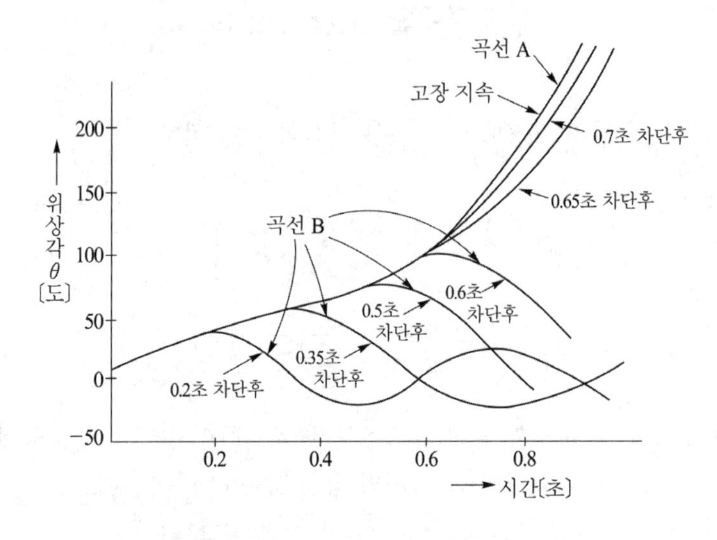

그림 8.23 단단법에 의한 고장 계산

예제 8.7 송전 계통에서 사용되고 있는 재폐로 보호 방식에 대해서 설명하여라.

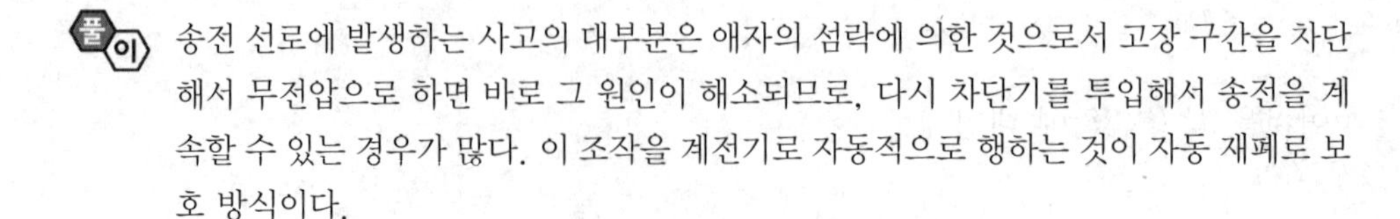

풀이 송전 선로에 발생하는 사고의 대부분은 애자의 섬락에 의한 것으로서 고장 구간을 차단해서 무전압으로 하면 바로 그 원인이 해소되므로, 다시 차단기를 투입해서 송전을 계속할 수 있는 경우가 많다. 이 조작을 계전기로 자동적으로 행하는 것이 자동 재폐로 보호 방식이다.

재폐로는 반송파 계전 방식에 의해 고속으로 실행되는데, 전체 고장의 60~70[%]는 실질상 무정전으로 제거되기 때문에 송전 선로의 안정도 유지에 효과가 커서 중요한 선로에서 널리 채용되고 있다. 우리 나라에서도 345[kV]는 물론 154[kV] 주요 선로에서는 모두 0.1초((6[Hz]) 차단의 고속도 재폐로 방식을 채택하고 있다. 이에는 **3상 재폐로 방식**과 **단상 재폐로 방식**의 두 가지가 있다. 3상 재폐로는 가령 1선 접지 고장이 나더라도 고장난 쪽의 회선(3선)을 동시에 차단하고 또 동시에 재폐로하는 방식(주로 2회선의 1회선 고장에 대해 적용됨)인 데 대해서 단상 재폐로는 고장상의 1선만을 선택해서 차단, 재폐로 하는 방식이다. 따라서 단상 재폐로 방식이 안정도를 더 향상시킬 수 있다고 할 수 있지만 그 대신 차단기쪽의 비용이 많이 든다는 결점이 있다.

재폐로에 요하는 시간은 보통 계전기 동작에서 1[Hz], 차단기 동작에서 3~5[Hz]이기 때문에 고장 차단은 고장 발생 후 4~6[Hz]에서 실시되고 무전압 시간은 15~20[Hz] 전후로 잡고 있다. 안정도의 견지에서는 무전압 시간이 가능한 한 짧은 것이 바람직하겠지만, 한편 고장점의 이온 소멸에 의한 절연 내력 회복 시간은 10~15[Hz] 정도 소요되기 때문에 너무 빠르게 할 수는 없는 것이다.

8.7 안정도 향상 대책

이제까지의 설명으로부터 알 수 있는 바와 같이 일반적으로 사고가 발생하면 발전기는 가속해서 드디어는 탈조에까지 이르게 되는 것이므로 과도 안정도 향상을 위해서는 우선 무엇보다도 발전기의 가속을 억제하는 대책을 취하지 않으면 안 된다.

지금 그림 8.24와 같은 1기 무한대 계통을 사용해서 이 문제를 설명해 본다.

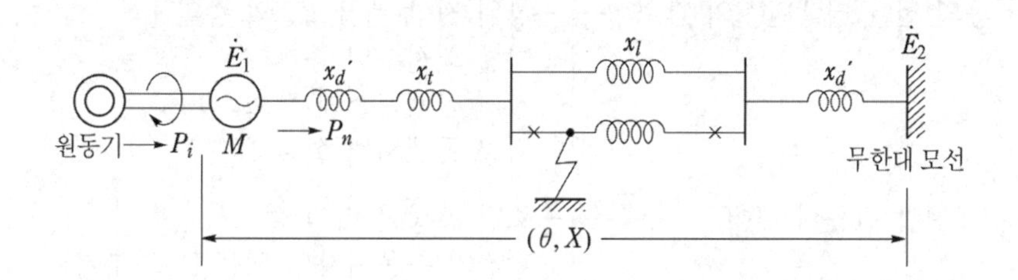

P_i : 원동기로부터의 입력　　X : 발전기, 변압기, 송전 선로의 각 리액턴스의 합계

P_n : 전기적 출력　　$\dot{E}_1$: 발전기 내부 전압　　θ : $\dot{E}_1 \sim \dot{E}_2$간의 상차각

$\dot{E}_2$: 무한대 모선 전압　　M : 관성 정수

그림 8.24 1기 무한대 계통

앞서 식 (8.22)에서 보인 바와 같이 발전기의 운동 방정식은 다음과 같다.

$$\frac{d^2\theta}{dt^2} = \frac{\omega}{M}(P_i - P_n) = \frac{\omega}{M}\left(P_i - \frac{\dot{E}_1 \dot{E}_2}{X}\sin\theta\right) \tag{8.37}$$

발전기가 가속 탈조하게 된다는 것은 식 (8.37)의 우변이 고장 중에 급격히 커지든지 또는 고장 제거 후(가령 1회선 차단 후)에서도 상당한 시간 동안 정(正)의 값을 계속해서 취하기 때문에 일어난다. 곧,

① 고장 계속 중 …… $P_i \gg \frac{E_1 E_2}{X'}\sin\theta$ (X'는 고장 중의 전달 임피던스)

② 고장 제거 후 …… $P_i \gg \frac{E_1 E_2}{X''}\sin\theta$ (X''는 고장 제거 후의 전달 임피던스)

의 시간이 지속될 경우에는 가속 탈조하기 쉽다.

이 때문에 발전기의 가속을 억제하기 위해서는 강제적으로 전기적 출력(P_n)을 증대시키거나 원동기로부터 공급되는 기계적 입력(P_i)을 경감시켜 주면 된다는 것을 알 수 있다. 이밖에 관성 정수 M을 크게 하는 것도 $\left(\frac{d^2\theta}{dt^2}\right)$를 작게 해서 발전기 가속(감속)의 억제책이 될 수 있다.

이처럼 계통의 안정도에는 수많은 요소가 영향을 미치기 때문에 안정도의 향상 대책으로서도 여러 가지 것을 생각할 수 있겠으나 일반적으로는 다음과 같이 크게 4가지로 나누어 볼 수 있다.

<u>안정도 향상 대책</u>

1. 계통의 전달 리액턴스의 감소
   - 상위 전압 계급으로의 승압
   - 병렬 회선수의 증가
   - 기기 리액턴스의 감소
   - 직렬 콘덴서의 설치
2. 계통 전압 변동의 제어
   - 중간 조상 설비의 설치
   - 발전기 속응여자의 채용(PSS 부가)
3. 계통에 주는 충격의 경감
   - 보호 계전기, 차단기의 고속도화
   - 중간 개폐소 설치
   - 고속 재폐로 방식 채용
4. 발전기 입・출력 평형화 (전력 변동의 억제)
   - 제동 저항(SDR) 설치
   - 터빈 고속 밸브 제어(EVA)의 채용

그 밖에 최근에는 교류 송전의 상차각에 기인하는 안정도 문제 해소를 위해 직류 송전의 도입이 검토되고 있다.

최근 전력 계통의 안정도 문제와 관련해서 전압의 안정성 문제 또는 전압의 불안정 현상이 많은 관심을 모으고 있는데, 이에 대하여 간단히 설명하여라.

풀이 이제까지 검토해 온 전력 계통의 안정도는 발전기 입・출력간의 불균형에 기인하는 송전 선로의 송・수전단 전압 상차각의 동요에 의거한 불안정 현상을 대상으로 한 것이었다. 근래 전력 수요의 증대라든지 전원의 원격화, 편재화, 대용량화에 따라 송전 선로는 장거리화, 고전압화, 대용량화의 양상을 보이고 있다.

이와같이 계통이 거대해지면서 실제로 송전 선로로 전송되는 전력이 늘어나면서 장거리 송전선의 수전단 전압의 이상 저하라든지 무효 전력 부족에 의한 전압 저하라는 이른바 전력 계통의 전압 안정성에 관한 문제가 국내외의 관심을 모으고 있다.

특히 장거리 송전선을 통해서 일정 토크의 유도 전동기라든지 일정 전력 특성을 지닌 에어컨과 같은 부하가 많이 사용되고 주로 전력용 콘덴서의 개폐로 전압 조정을 하고 있는 전력 계통에서는 이러한 현상이 일어나기 쉬워서 이것을 전압 안정도 문제라고 따로 부르고 있다.

전압 불안정 현상의 실태에 대해서는 아직까지 완전히 해명되고 있지 않지만, 이 현상은 전력 계통으로서의 전송 능력의 저하에 의한 것이기 때문에 설령 공급력이 충분하고 또한 사고가 나지 않은 상황에서도 넓은 지역에 정전이 발생하게 된다는 것이 그 특징이다.

특히 우리 나라 계통처럼 전압 조정을 전력용 콘덴서만 가지고 하는 곳에서는 콘덴서 뱅크의 개폐에 따른 과도 현상과 전력용 콘덴서의 발생 무효 전력이 전압 저하에 따라 급격히 감소되기 때문에 전압 안정성이 취약한 편이다.

이 때문에 최근에는 무효 전력을 연속적으로 제어할 수 있는 동기 조상기라든지 정지형 무효 전력 보상 장치(SVC)의 도입 등과 같은 대책이 요망되고 있다.

연습문제

1. 정태 안정도, 동태 안정도 및 과도 안정도의 정의 내지 차이점을 설명하여라.

2. 탈조란 어떤 현상인가?

3. 초고압 송전 선로의 건설, 지중 선로의 도입 등에 의해서 새로운 문제로 대두되고 있는 화력 발전소(터빈 발전기)에서의 진상 운전 문제에 대하여 논하여라.

4. 송전 계통의 안정도 향상 대책으로서 생각할 수 있는 방법을 열거하고 이들을 간단히 설명하여라.

5. 전력 계통에서의 고속도 재폐로 방식에 대해서 설명하여라.

6. 3상 재폐로 방식과 단상 재폐로 방식의 우열을 비교 설명하여라.

7. 송전 선로의 중성점의 각종 접지 방식이 송전 계통의 안정도에 미치는 영향을 논하여라.

8. 송전 선로의 송전 용량을 결정함에 있어서 고려할 사항을 설명하여라.

9. 그림 E 8.9와 같은 동기 발전기가 2회선의 송전선을 거쳐 무한대 모선에 접속되어 있다고 할 때 이 계통이 최대 가능 송전 전력은 몇 [MW]로 되겠는가? 단, 이때의 기준 용량은 1,000[MVA]를 취하는 것으로 한다.

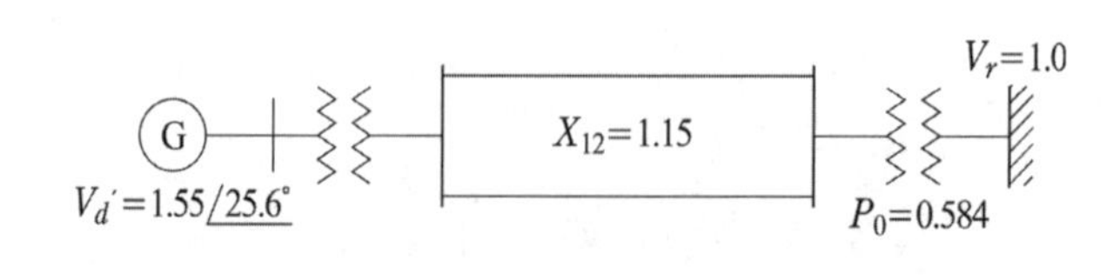

그림 E 8.9

10. 그림 E 8.10과 같이 발전기와 전동기가 송전 선로를 통해서 연결된 2기 시스템이 정상 상태로 운전하고 있다. 다음 두 가지 경우에 대한 정태 안정도를 해석하여라. 단, 수전 전력은 1.2[PU], 전동기의 역률은 1.0이라고 한다.

(1) 송전 선로가 평행 2회선인 경우

(2) 송전 선로가 1회선인 경우

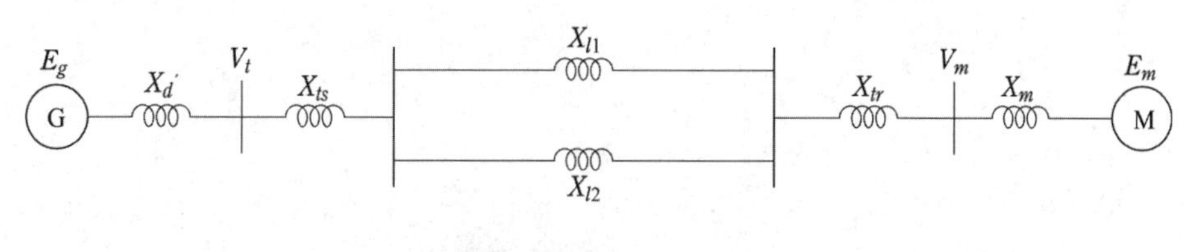

그림 E 8.10 2기 계통

11. 그림 E 8.11과 같은 1기 무한대 모선 계통의 과도 안정도를 등면적법을 사용해서 설명하여라.

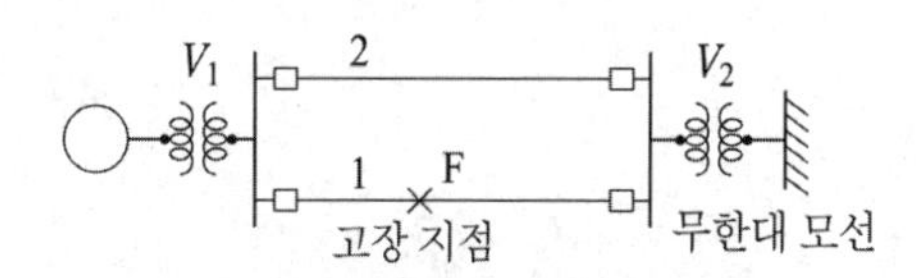

그림 E 8.11

12. 그림 E 8.12와 같은 2기 계통의 중간점 F에서 고장이 발생하면 고장 임피던스 Z_f를 통해 I_f의 고장 전류가 흐른다고 한다. 이 경우 이 계통에서의 고장 중의 전송 전력은 어떻게 되겠는가?

또, 이때 $E_A = E_B = 1.0$[PU], $Z_A = Z_B = 0.2$[PU], $Z_f = 0.1$[PU]라고 할 때 고장 중 전송 전력 P_{AB}'는 고장 전 전송 전력 P_{AB}의 몇 배가 되겠는가?

단, 고장 전후에서 E_A, E_B 및 양기간의 상차각 θ_{AB}는 변하지 않는 것으로 한다.

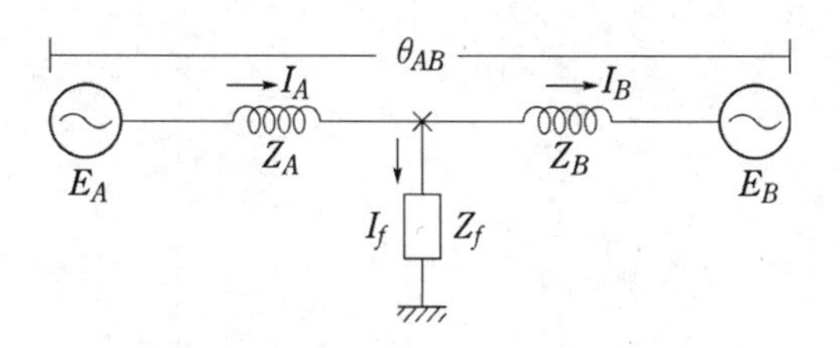

그림 E 8.12 고장 임피던스의 삽입

최 · 신 · 송 · 배 · 전 · 공 · 학

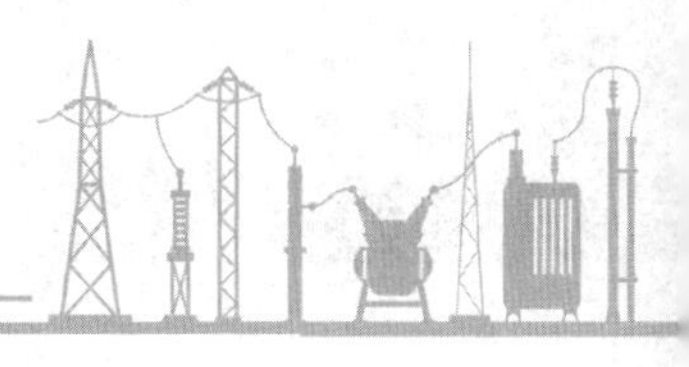

09장 이상 전압

Transmission Distribution Engineering

9.1 이상 전압의 개요

송전 선로는 넓은 지역을 경과하게 되며 특히 가공 송전 선로는 직접 자연에 노출되므로 모든 기상 조건에 견디어야 한다. 따라서 뇌 방전에 의한 이상 전압이라든지 염진해, 설해, 새들에 의한 섬락 사고가 자주 발생하고, 또 송전 계통이 복잡화됨에 따라 여러 가지 이상 현상이 발생해서 선로 절연 및 기기 절연을 위협하게 된다.

송전 계통에 나타나는 이상 전압은 크게 두 가지로 나누어지는데, 첫째는 그 원인이 계통 내부에 있는 경우이고 둘째는 그 원인이 외부로부터 주어지는 경우이다. 전자는 계통 조작시, 즉 차단기의 투입이나 개방시에 나타나는 과도 전압으로서 **개폐 서지**라고 불리기도 한다.

이와 같이 계통 내부의 원인에 의해서 생긴 이상 전압을 **내부 이상 전압** 또는 **내뢰**라고 한다. 내부 이상 전압의 크기를 될 수 있는 대로 작게 한다는 것은 계통의 절연 설계상 중요하며 피뢰기 동작 책무를 경감시키는 데에도 효과가 있다.

한편 후자는 뇌가 송전선 또는 가공 지선을 직격할 때 발생하는 이상 전압과 뇌운 바로 밑에 있는 송전선에 유도된 구속 전하가 뇌운간 또는 뇌운과 대지간의 방전을 통해서 자유 전하로 되고 이것이 송전 선로를 진행파로 되어서 전파하는 이상 전압이 있다. 전자를 **직격뢰**, 후자를 **유도뢰**라고 한다.

직격뢰는 그 파고값이 매우 높기 때문에 계통 절연에 위협을 준다. 한편 유도뢰는 직격뢰에 비해서 그 발생 빈도는 높지만 파고값 자체는 그다지 높지 않기 때문에 110[kV] 이상의 송전 선로에 대해서는 절연상 별 문제가 되지 않는다.

송전 선로의 절연을 결정하는 데에는 우선 계통에 발생하는 이상 전압의 종류라든지 성질을 파악함과 동시에 이들의 이상 전압에 대한 절연물의 절연 특성을 조사하고, 또한 이상 전압의 합리적인 억제 대책과 보호 장치의 설치 등 가장 경제적이고 종합적인 절연 방식을 결정해야 할 것이다.

본 장에서는 먼저 계통에 나타나는 이상 전압에 대해서 설명하고, 이들 이상 전압에 대한 송전 선로의 보호와 계통에 연결된 주요 기기의 절연을 보호하기 위한 목적으로 설치하는 피뢰기의 동작에 대해서 설명한다.

9.2 내부 이상 전압

9.2.1 내부 이상 전압의 종류

송전 계통의 개폐 조작, 고조파 전압의 존재, 그 밖에 기기의 배치와 중성점의 접지 방식 등에 따라 내부 이상 전압이 발생하게 되는데 우선 그 대표적인 것을 든다면 표 9.1과 같다.

표 9.1 내부 이상 전압의 종류

파형 \ 발생시기	계통 조작시	고장 발생시
과도 진동 전 압	무부하 선로 개폐 이상 전압 유도성 소전류 차단시의 이상 전압 변압기의 3상 비동기 투입시의 전압	영구 지락에 따른 과도 진동 전압 충격성 지락에 따른 과도 진동 전압 고장 전류의 차단
상용 주파 지속 전압	무부하 송전선의 페란티 효과 수차 발전기의 부하 차단 발전기의 자기 여자 현상	기본파 공진 전압 고조파 공진 전압 소호 리액터계 1선 단선 이상 전압 소호 리액터계 이계통 병가

이들은 파형상 주로 상용 주파수 및 그 배수 주파로 지속적인 것과 수천 사이클로부터 수만 사이클에 이르는 과도 진동 파형의 것으로 분류된다. 또, 그 발생 원인도 정상 운전 상태에서 계통 조작시 발생하는 것과 지락, 단락 등의 고장시에 발생하는 것 등으로 나누어진다. 실제로는 과도 진동 전압과 상용 주파 전압이 겹쳐서 발생하게 되고 발생 원인도 고장시에 계통을 분리하거나 개폐 조작을 하는 수가 많아서 아주 복잡한 양상으로 되는 것이 보통이다.

일반적으로 이상 전압의 크기는 대지 상전압 파고값에 대한 배수로 나타내고 있다. 참고로 표 9.2에 각종 원인에 의해서 발생하는 내부 이상 전압의 크기를 정리해서 보인다.

송전 선로의 개폐 조작에 따른 과도 현상 때문에 발생하는 이상 전압을 **개폐 서지**라고 부른다. 개폐 서지는 건전한 선로에서 차단기를 투입하였을 때 일어나는 **투입 서지**와 선로를 차단하였을 때 일어나는 **개방 서지**로 나누어지는데 이들은 어느 것이나 선로 전압에 급격한 변화를 주어서 때로는 아주 높은 이상 전압을 발생할 수도 있다.

일반적으로 회로를 투입할 때보다도 개방하는 쪽이, 또 부하가 있는 회로를 개방하는 것보다 무부하의 회로를 개방하는 쪽이 더 높은 이상 전압을 발생한다. 그러므로 이상 전압이 가장 큰 경우는 무부하 송전 선로의 충전 전류를 차단할 경우이다.

표 9.2 내부 이상 전압의 크기

계통 이상 전압	유효 접지계		저항, 리액터 접지계		비접지계	
	개 폐 서 지	상용 주파 과 전 압	개 폐 서 지	상용 주파 과 전 압	개 폐 서 지	상용 주파 과 전 압
A 이상 전압의 대지 최대 전압에 대한 배수	2.8	1.3	3.3	1.82	4.0	1.82
B 페란티 효과의 영향	1.05	1.05	1.05	1.05	1.05	1.05
C 개폐 서지의 충격파에 대한 계수	1.10	–	1.10	–	1.10	–
D 개폐 서지의 파고율	1.414	–	1.414	–	1.414	–
$A \times B \times C \times D$ (실효값에 대한 배율)	4.57 (2.94)	1.365	5.39 (3.46)	1.91	6.53 (4.2)	1.91

여기서는 이상 전압이 가장 크게 나타나는 무부하 송전 선로를 차단할 경우를 살펴보기로 하자.

그림 9.1 (a)에 나타낸 바와 같이 발전기로부터 변압기를 거쳐서 무부하 송전 선로를 충전하고 있다고 한다. 이 경우 차단기로 충전 전류를 차단하였을 때 계통에 나타나는 이상 전압이 곧 개방 서지이다.

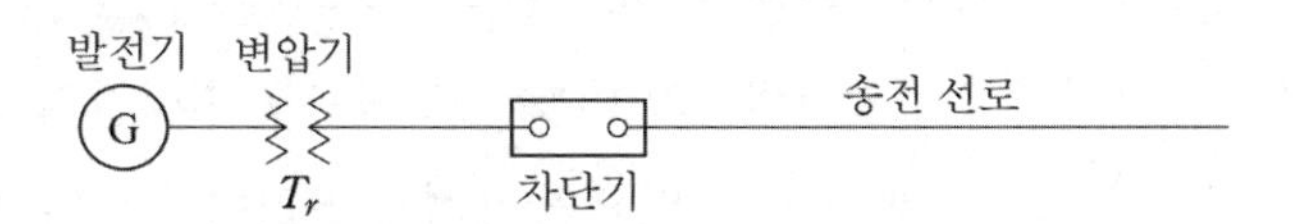

(a) 계통도

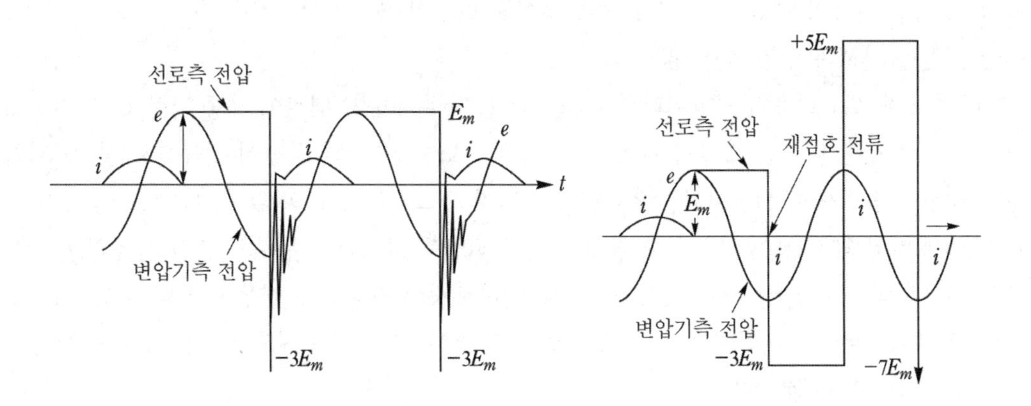

(b) 제동 작용이 있을 경우

(c) 무제동 이상 전압

그림 9.1 무부하 선로 충전 전류 차단시의 이상 전압

차단기를 개방하기 전에는 선로에는 발전기 단자 전압에 대해서 90° 위상이 앞선 충전 전류가 흐르고 있다. 교류에서는 전류가 0으로 되는 순간이 있으므로 이때 차단기를 개방하면 전극간의 아크가 소멸되어 충전 전류는 쉽게 차단된다.

충전 전류가 0으로 된 순간에서는 전압은 최대값 E_m 이므로 만일 전하의 누설이 없다면 선로측은 E_m 의 값을 유지한 채 충전되고 있다. 한편 차단기의 변압기측의 전압도 차단된 순간은 E_m 의 값이지만, 변압기측의 전압은 반사이클 후에는 $-E_m$ 으로 된다. 따라서 이 순간에는 차단기 전극간의 전압은 $2E_m$ 으로 되는데, 만일 이때 차단기의 접점이 충분히 열려 있지 않아서 극간 거리, 즉 전극간의 절연이 이 $2E_m$ 에 견딜 수 없을 경우에는 절연이 파괴되어 전극간이 다시 아크로 연결되어 버리는데 이것을 **재점호**라고 한다.

극간 거리는 점점 벌어져 가지만 그 과정에 있어서 이와 같은 현상이 일어나면 양극간은 아크에 의해 전기적으로 연결된 상태로 된다. 한편 전원측 전압과 선로측 전압은 같은 값이 되어야 하므로 선로측 전압은 E_m 으로부터 $-E_m$ 으로 급변하지 않으면 안 된다. 이 순간에 과도 진동 전압이 나타나서 $-E_m$ 을 중심으로 $2E_m$ 을 진폭으로 하는 고주파 진동을 발생해서 그림 9.1 (b)에 나타낸 것처럼 최대 $3E_m$ 인 이상 전압이 발생한다. 그러나 진동 전류에 의한 손실 때문에 과도 진동은 급속하게 감쇄해서 상용 주파 전류의 0점으로 아크가 소멸된다.

만일 선로가 짧고 충전 전류가 작은 경우에는 과도 진동 전압의 최대값에서 과도 진동 전류가 0으로 되므로 이 순간에 아크가 소멸된다. 이와 같은 경우에는 선로측이 $-3E_m$ 로 충전되어 있는데 다음 반 사이클에서 변압기측의 전압이 E_m 로 되므로 전극간의 전압은 $4E_m$ 로 되어 극간 거리가 이 $4E_m$ 라는 전압에 견딜 수 없으면 재점호가 일어나서 이번에는 $+E_m$ 을 중심으로 해서 $4E_m$ 을 진폭으로 하는 고주파 진동이 일어나기 때문에 그림 9.1 (c)처럼 $5E_m$ 라는 높은 이상 전압이 발생한다. 이와 같은 재점호 현상이 계속해서 일어나면 $7E_m$, $9E_m$ 라는 이상 전압을 발생하게 될 것이다.

그러나 실제로는 회로에 저항이라든지 코로나 등이 존재하기 때문에 제동 작용이 생겨서 이상 전압 파고값은 위처럼 그렇게 커지지는 않는다. 또한, 현재의 차단기 성능으로 볼 때 이와 같은 재점호를 일으킨다는 염려는 없다. 개방 서지의 크기는 선로의 길이, 차단기, 중성점 접지 방식에 따라 약간 차이가 있으나 최대의 이상 전압을 발생하는 무부하 충전 전류의 차단시에도 대부분의 경우 상규 대지 전압의 3.5배 이하로서 4배를 넘는 경우는 거의 없다. 또, 그 계속 시간은 아무리 길더라도 상용 주파의 반 사이클, 즉 1/120초 정도에 지나지 않고 보통은 수[μs]로 아주 짧은 것이다.

9.3 외부 이상 전압

9.3.1 직격뢰에 의한 이상 전압

송전 선로에 발생하는 고장 가운데 자연 현상에 의한 장해로서는 뇌운이 송전 선로에 직접 방전하는 것이 압도적으로 많고, 그 다음으로는 애자나 케이블 등 공작물의 불완전에 기인하는 것, 동물이나 수목 등의 외부적인 장해, 빙해나 홍수 등에 의한 장해를 들 수 있다.

송전 선로의 도선, 지지물 또는 가공 지선이 뇌의 직격을 받아 그 뇌격 전압으로 선로의 절연이 위협받게 되는 경우가 바로 직격뢰인데, 현재의 송전 선로로서는 아무리 절연을 강화하더라도 이 직격뢰에 대해서는 견딜 수 가 없어 반드시 **섬락**(flashover)을 일으키게 되어 있다.

일반적으로 뇌전압 또는 뇌전류의 파형은 그림 9.2에 나타낸 바와 같은 **충격파**(impulse wave)이다.

충격파를 **서지**(surge)라고 부르기도 하는데 이것은 극히 짧은 시간에 파고값에 달하고, 또 극히 짧은 시간에 소멸하는 파형을 갖는 것이다.

그림 9.2에서 A점을 파고점, E를 파고값, OA를 파두, OB를 파미(波尾)라고 한다.

충격파는 보통 파고값과 파두 길이(파고값에 달하기까지의 시간)와 파미 길이(파미의 부분으로서 파고값의 50[%]로 감쇠할 때까지의 시간)으로 나타내고 있다.

그러나 실제로는 파두 부분의 파형은 일그러지고 있기 때문에 그림에 나타낸 바와 같이 파고값의 30[%](전류의 경우에는 10[%]로 한다)와 90[%]의 점을 맺는 직선이 시간축과 교차하는 점을 시간의 기준점(이것을 **규약 영점**이라고 한다)으로 잡고 이것으로부터 위의 직선이 A점을 통과하는 수평선과 마주치는 점까지의 시간, 즉 그림의 T_f를 파두 길이라 하고 있다.

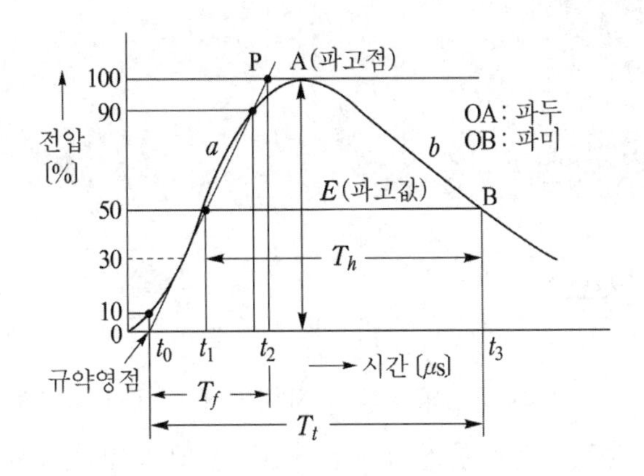

그림 9.2 충격 파형

파미 길이는 기준점으로부터 파미 부분에서 파고값의 반으로 내려가는 점까지의 시간 T_t로 나타낸다. 가령 1,000[kV], $1.2 \times 50[\mu s]$파라고 하면 그림에서 $E = 1,000$[kV], $T_f = 1.2[\mu s]$, $T_t = 50[\mu s]$의 충격 전압파를 나타내게 된다. 충격 전압 시험시의 표준 충격파형에서는 $T_f = 1.2[\mu s]$, $T_t = 50[\mu s]$, 즉 $1.2 \times 50[\mu s]$로 잡고 있다.

직격뢰에 의한 충격파 파고값은 매우 높아서 수 100[kV] 이상으로 추정되고 있으며 $T_f = 1 \sim 10[\mu s]$, $T_t = 10 \sim 100[\mu s]$ 정도이다.

선로가 뇌격을 받으면 전술한 충격파를 발생하고 이것이 진행파로 되어서 정해진 전파 속도로 선로상을 좌우로 진행한다. 그러나 선로상을 진행하는 과정에서 코로나, 저항, 누설 등으로 그 에너지가 소모되어서 점차적으로 파고가 저하되고, 또 파형도 일그러진다.

이 감쇠, 왜파의 주원인은 코로나이다. 따라서, 파고값이 큰 것일수록 감쇠 및 왜파가 커진다. 대략 500[kV] 이상의 높은 충격파에서는 진행파가 수 [km] 진행하는 동안에 그 파고값은 1/2 이하로 감쇠된다고 보고 있다.

송전 선로의 절연 설계를 합리적으로 하기 위해서는 이 뇌전류, 전압의 크기, 파형, 감쇠 등의 성질을 잘 파악해 둔다는 것이 매우 중요하다.

그 밖에 뇌운으로부터의 유도에 의해서 이상 전압이 발생하는 경우도 있는데, 이 경우의 전압값은 직격뢰의 그것보다 작은 것이 보통이다.

유도뢰는 뇌운 상호간 또는 뇌운과 대지와의 사이에서 방전이 일어났을 경우에 뇌운 밑에 있는 송전 선로상에 이상 전압을 발생하는 것을 말한다. 일반적으로 이 유도뢰는 발생 횟수가 현저히 많은 반면 그 위험성은 비교적 적은 편이다.

실측에 따르면 파고값이 수십[kV] 정도의 것이 대부분이고 200[kV]를 넘는 것은 거의 없다. 따라서 110[kV] 이상의 송전선에서는 유도뢰에 의한 이상 전압은 문제로 되지 않고 직격뢰만을 대상으로 해서 절연 설계를 하고 있다.

9.4 진행파의 특성

9.4.1 진행파의 개요

이상 전압의 발생과 이의 전파 과정에서 나온 **진행파**에 대해서 간단히 알아보자. 가령 전압 E인 발전기로 선로를 충전할 경우를 생각해 본다면 차단기 투입과 동시에 전선이 당장 그 자리에서 다 같이 전압 E로 가압된다는 것은 결코 아니다. 이 경우의 현상을 자세히 본다면 차단기를 투입하면 먼저 그 차단기에 접한 부분이 전압 E로 되어 그 부분의 정전 용량을 충전한다. 다음에 그와 인접한 부분의 전압이 E로 되면서 그 부분의 정전 용량을 충전해 나간다. 이와 같이 해서 차례차례로 전압 E의 부분이 수전단을 향해서 전진하면서 일정한 시간이 지난 후에 비로소 선로 전체가 전압 E로 가압되는 것이다. 즉, 전압파가 송전단으로부터 수전단을 향하여 진행해 나가는 것이라고 생각할 수 있다.

이상 전압의 전파도 마찬가지이다. 가령 뇌에 의해서 선로상의 어느 부분에 자유 전하 Q가 생겼다면 이 전하는 좌우로 나누어져서 각각 송·수전단을 향하여 진행하면서 진행파를 형성하게 된다.

9.4.2 전압, 전류의 진행파

알기 쉬운 예로서 그림 9.3에 나타낸 바와 같이 선로의 정수는 L, C뿐이고(저항은 무시됨) 길이가 무한히 긴 선로에서 파두의 준도가 무한대인 구형파의 전위 진행파가 임의의 점 a까지 진행해 왔다고 한다. 이 때문에 a점의 전위는 물론 e로 되어 있겠지만 이때 a점에는 어떤 전류 진행파가 도달하게 되었을까 하는 것을 생각해 본다.

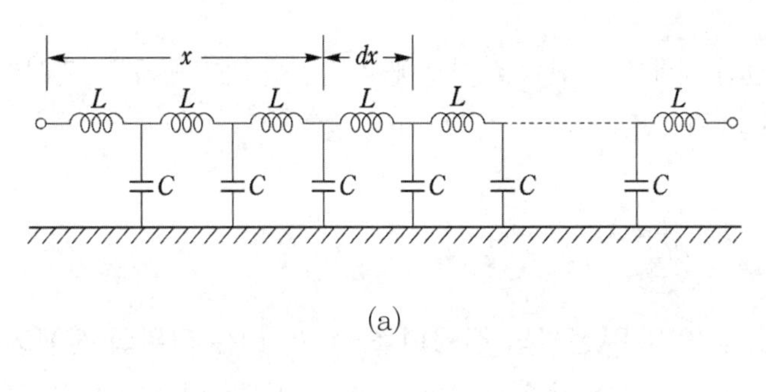

(a)

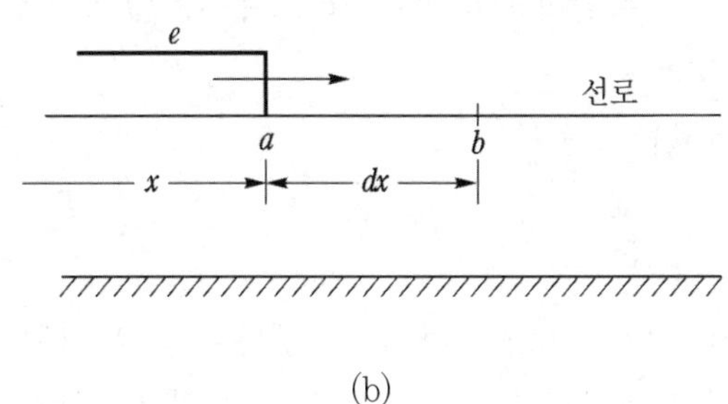

(b)

그림 9.3 진행파의 개념도

a점으로부터 dx만큼 앞쪽의 b점에는 아직 전위, 전류 진행파가 도달되지 않고 있기 때문에 b점에서는 전위 및 전류는 0이다.

진행파가 dx만큼 나가기 위해서는 dt만큼의 시간이 소요된다. 이때 dx 구간에 축적될 전하 dq는

$$dq = e\,Cdx \tag{9.1}$$

이다.

그러므로 dx 구간을 충전하기 위해서 흐르는 전류 i는

$$i = \frac{dq}{dt} = e\,C\frac{dx}{dt} \tag{9.2}$$

로 되는데 여기서, dx/dt는 바로 진행파의 전파 속도이므로 이것을 V라고 두면

$$i = e\,CV \tag{9.3}$$

로 된다. 이때 이 전류에 의해서 생긴 자속과 dx 부분을 흐르는 전류 i와의 쇄교 자속수 $d\phi$는

$$d\phi = i\,Ldx \tag{9.4}$$

로 된다. 이것이 전선 내에 역기전력을 발생해서 전위를 가지게 하는 것이다. 한편 이것은 전위 진행파 e와 평형하게 되므로

$$e = \frac{d\phi}{dt} = iL\frac{dx}{dt} = iLV \tag{9.5}$$

로 표시된다. 결국 식 (9.3)은 **전류의 진행파**를, 식 (9.5)는 **전위의 진행파**를 나타내는 관계식이 된다. 이때 e와 i의 비는 일종의 임피던스라고 볼 수 있으므로 이것을 Z라고 하면

$$Z = \frac{e}{i} = \frac{1}{CV} = LV = \sqrt{\frac{L}{C}} \tag{9.6}$$

로 된다.

이 Z를 **파동 임피던스**(surge impedance)라고 부른다. Z의 단위는 옴(Ω)인데 여기서 주의해야 할 점은 Z의 값이 선로의 길이와는 아무 관계가 없다는 것이다.

이것은 앞서의 5.3절에서 정의한 특성 임피던스와 같은 것이다. 가공 선로에서의 전파 속도는 가공 선로에서의 L와 C를 각각($D = 2h$라 둘 수 있다.)

$$\left.\begin{aligned} L &= 0.4605\log_{10}\frac{2h}{r}\ [\mathrm{mH/km}] \\ C &= \frac{0.02413}{\log_{10}\dfrac{2h}{r}}\ [\mu\mathrm{F/km}] \end{aligned}\right\} \tag{9.7}$$

로 나타낼 수 있으므로 가공선의 파동 임피던스 Z와 전파 속도 V는

$$Z = \sqrt{\frac{L}{C}} = \sqrt{\frac{0.4605\times10^{-3}}{0.02413\times10^{-6}}}\log_{10}\frac{2h}{r} = 138\log_{10}\frac{2h}{r}\,[\Omega] \tag{9.8}$$

$$V = \frac{1}{\sqrt{LC}} = \frac{1}{\sqrt{0.4605\times0.02413\times10^{-9}}} = 3\times10^{5}\,[\mathrm{km/s}] \tag{9.9}$$

로 된다.

즉, 파동 임피던스값은 전선의 굵기와 높이에 따라 달라지지만 전파 속도는 광속도와 같은 3×10^5[km/s]로 된다는 것을 알 수 있다.

지중 선로(케이블)에서의 전파 속도는 단심 케이블의 경우 L와 C를 각각

$$\left.\begin{aligned} L &= 0.4605\log_{10}\frac{R}{r}\ [\mathrm{mH/km}] \\ C &= \frac{0.02413\times\epsilon_s}{\log_{10}\dfrac{R}{r}}\ [\mu\mathrm{F/km}] \end{aligned}\right\} \tag{9.10}$$

여기서, R : 케이블의 도체 중심으로부터 연피까지의 반지름

ϵ_s : 절연물의 비유전율

로 나타낼 수 있으므로

$$\left.\begin{aligned} Z &= \frac{138}{\sqrt{\epsilon_s}}\log_{10}\frac{R}{r}\ [\Omega] \\ V &= \frac{1}{\sqrt{\epsilon_s}}\times3\times10^5\ [\mathrm{km/s}] \end{aligned}\right\} \tag{9.11}$$

즉, 케이블 선로의 경우에는 전파 속도는 절연물의 비유전율 ϵ_s 의 평방근에 반비례하게 된다. 그런데 비유전율은 보통 2.5~4 정도이므로 케이블 내의 전파 속도는 가공선보다 훨씬 느려져서 광속도의 절반내지 7할 정도밖에 되지 않는다.

9.4.3 진행파의 반사와 투과

선로상을 전파해 온 진행파는 선로의 종단에 와서 거기서부터 지중 케이블에 들어가거나 또는 전기 기기에 침입하게 되는 경우가 많다. 요컨대 파동 임피던스가 다른 회로에 연결된 점(이것을 보통 **변이점**이라고 한다)까지 진행파가 진입하였을 때에는 여기서 일부는 반사하고 나머지는 변이점을 통과해서 다음 회로에 침입해 들어가게 된다. 여기서는 다음과 같이 선로 정수가 다른 선로의 접속점에 진행파가 진입하였을 경우에 대해서 생각해 본다.

그림 9.4는 파동 임피던스 Z_1과 Z_2의 선로가 변이점 P에서 연결되고 Z_1쪽으로부터 진행파가 들어왔을 때 이 진행파가 변이점에서 어떻게 반사되고, 또 어떻게 투과해 나가는가를 보인 것이다. 진행파의 전압이나 전류에서도 교류의 경우와 마찬가지로 키르히호프의 법칙이 만족되므로

$$\left.\begin{aligned} i_i + i_r &= i_t \\ e_i + e_r &= e_t \end{aligned}\right\} \tag{9.12}$$

여기서,

$$e_i = Z_1 i_i,\ e_r = -Z_1 i_r,\ e_t = Z_2 i_t \tag{9.13}$$

이다. 따라서 위의 양 식으로부터 반사파(e_r, i_r)와 투과파(e_t, i_t)를 계산하면 다음과 같이 된다.

$$\left.\begin{aligned} e_r &= \frac{Z_2 - Z_1}{Z_2 + Z_1} e_i \qquad & i_r &= -\frac{Z_2 - Z_1}{Z_2 + Z_1} i_i \\ e_t &= \frac{2Z_2}{Z_2 + Z_1} e_i \qquad & i_t &= \frac{2Z_1}{Z_2 + Z_1} i_i \end{aligned}\right\} \tag{9.14}$$

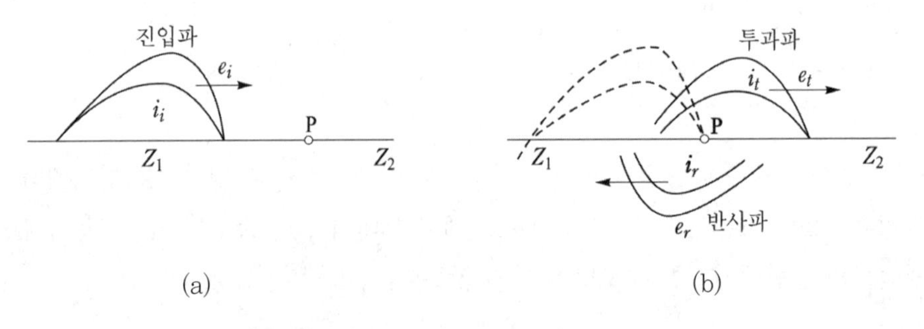

그림 9.4 **변이점에서의 반사와 투과**

즉, 반사파와 투과파는 같은 파형이고 이들의 값은 식 (9.14)로부터 계산할 수 있다.

앞 식에 대해서 아래 식으로 표시되는 β, γ를 각각 **반사 계수**, **투과 계수**라고 한다.

$$\left.\begin{aligned} \beta &= \frac{Z_2 - Z_1}{Z_2 + Z_1} \\ \gamma_e &= \frac{2Z_2}{Z_2 + Z_1}, \quad \gamma_i = \frac{2Z_1}{Z_2 + Z_1} \end{aligned}\right\} \tag{9.15}$$

여기서 $Z_2 > Z_1$의 경우에는 변이점의 전위, 따라서 투과하는 전위파의 값은 진입파보다 높아지고 반대로 $Z_2 < Z_1$의 경우에는 투과하는 전위파는 진입파보다 낮아진다.

가령 가공 송전선과 지중 케이블이 연결된 점에서는 파동 임피던스가 틀리므로 가공선쪽으로부터 진행파가 지중 케이블에 침입할 경우에는 반사 계수는 0.8 정도, 투과 계수는 0.2 정도로 되어 진입파의 파고값이 급격하게 감소한다.

식 (9.14)의 투과파는 다음과 같은 식으로 나타내는 것이 편리할 때가 많다.

$$\left.\begin{aligned} i_t &= \frac{2e_i}{Z_2 + Z_1} \\ e_t &= Z_2 i_t = \frac{2Z_2}{Z_2 + Z_1} e_i \end{aligned}\right\} \tag{9.16}$$

즉, 이것은 제2의 선로에 투과하는 전류는 진입해 온 전압파를 2배 해서 제1과 제2의 선로의 파동 임피던스의 합계로 나누어주면 된다는 것이다.

다음 변이점의 특수한 케이스로서 선로의 종단에서의 반사에 대해서 살펴본다. 곧 이것은 앞서의 그림에서

$Z_2 = \infty$: 선로의 종단 개방

$Z_2 = 0$: 선로의 종단 접지

로 된다는 것은 더 말할 필요가 없다.

(1) 종단이 개방되어 있는 경우($Z_2 = \infty$)

식 (9.14)로부터 먼저

e_r 의 파고 = e_i의 파고

e_t 의 파고 = 2 × (e_i의 파고)

로 된다.

이로부터 전위의 반사는 정반사로서 반사파의 파고는 진입파의 파고와 같고 양파의 대수합으로서 계산될 종단의 전위($e_t = e_i + e_r$)는 진입파의 2배로 된다는 것을 알 수 있다.

곧, 종단에서 전위는 진입파와 반사파의 대수합인 값으로 되어 어떤 순간에는 이들 양자의 파고가 겹치게 되므로 그 전위는 일시 진입파의 파고값의 2배에 달하게 되는 것이다.

한편 전류에서는

i_r 의 파고 = $-$(i_i 의 파고)

i_t 의 파고 = 0

로 되어 전류의 반사는 부반사로서 반사파의 파고는 진입파의 그것과 같고 양파의 대수합으로서 계산될 종단의 전류 $i_t\,(= i_i + i_r)$는 항상 0으로 된다.

따라서 전류의 반사는 진입파와 같은 크기의 부파가 종단으로부터 되돌아가게 되는 것이다(이 결과 선로의 전류는 0으로 된다).

(2) 종단이 접지되어 있을 경우($Z_2 = 0$)

이 경우에는 식 (9.14)로부터

e_r 의 파고 = $-$(e_i 의 파고)

e_t 의 파고 = 0

로 되어 결국 전위의 반사는 부반사로서 진입파, 반사파의 파고의 절대값은 같고 양파의 대수합으로서 계산될 종단 전압 e_t는 항상 0으로 된다는 것을 알 수 있다.

한편 전류는

i_r 의 파고 = i_i 의 파고

i_t 의 파고 = 2 × (i_i 의 파고)

로서 전류의 반사는 정반사로 되고 그 파고는 진입파의 파고와 같고 양파의 대수합으로서 계산될 종단 전류는 항상 진입파의 2배로 된다는 것을 알 수 있다.

따라서 어떤 순간에는 그 값은 진입파 파고값의 2배에 달하게 된다. 이상과 같이 반사파의 파고가 진입파의 파고와 같게 되는 반사를 **전반사**라고 한다.

예제 9.1 파동 임피던스가 500[Ω]인 가공 송전선의 1[km]당의 정전 용량, 인덕턴스를 구하여라.

1[km]당의 인덕턴스를 L[mH/km], 정전 용량을 C[μF/km]라고 하면

$$\text{파동 임피던스 } Z_w = \sqrt{\frac{L}{C}} = 500[\Omega]$$

$$\text{전파 속도 } \quad V = \frac{1}{\sqrt{LC}} = 3 \times 10^5 [\text{km/s}]$$

이므로, 이 두 식으로부터 L, C를 구하면

$$L = 1.67 \times 10^{-3}[\text{H/km}] = 1.67[\text{mH/km}]$$
$$C = 6.7 \times 10^{-9}[\text{F/km}] = 0.0067[\mu\text{F/km}]$$

예제 9.2 파동 임피던스 $Z_1 = 400[\Omega]$인 선로의 종단에 파동 임피던스 $Z_2 = 1{,}200[\Omega]$인 변압기가 접속되어 있다. 지금 선로로부터 파고 $e_i = 800$[kV]의 전압이 진입하였다. 접속점에 있어서의 전압의 반사파, 투과파를 구하여라.

전압 반사파 파고 e_r는 식 (9.14)로부터

$$e_r = \frac{1{,}200 - 400}{400 + 1{,}200} \times 800 = 400[\text{kV}]$$

전압 투과파의 파고, 즉 접속점의 전압 파고 e_t는

$$e_t = \frac{2 \times 1{,}200}{400 + 1{,}200} \times 800 = 1{,}200[\text{kV}]$$

한편 진입하는 전류파의 파고 i_i는

$$i_i = \frac{e_i}{Z_1} = \frac{800}{400} = 2.0[\text{kA}]$$

따라서 전류 반사파의 파고 i_r 및 투과파의 파고 i_t는 식 (9.14)를 써서 다음과 같이 계산된다.

$$i_r = -\frac{1{,}200 - 400}{400 + 1{,}200} \times 2.0 = -1.0[\text{kA}]$$

$$i_t = \frac{2 \times 400}{400 + 1{,}200} \times 2.0 = 1.0[\text{kA}]$$

예제 9.3 그림 9.5에 나타낸 바와 같이 변압기의 중성점이 변압기와 같은 크기(값)의 파동 임피던스를 가진 리액터로 접지되고 있다. 만일 이때 변압기의 1권선에 전압의 진입파가 침입해 왔을 경우 중성점의 전위는 얼마로 되겠는가?

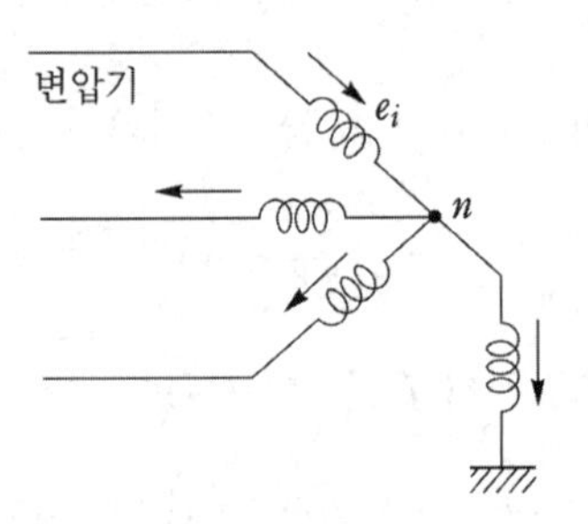

그림 9.5

변압기와 중성점의 리액터의 파동 임피던스를 어느 것이나 Z로 나타내면 식 (9.16)으로부터 전류의 투과파 i_t 는 다음과 같이 된다.

$$i_t = \frac{2e_i}{\frac{1}{3}Z + Z}$$

그러므로 중성점의 전위 e_t 는

$$e_t = \frac{1}{3}Z \times i_t = \frac{1}{3}Z \times \frac{2e_i}{\frac{1}{3}Z + Z} = 0.5\,e_i$$

즉, 진입한 전압파의 1/2의 것이 중성점에 나타나게 된다.

예제 9.4 파동 임피던스가 Z인 송전선 3선을 그림 9.6과 같이 일단을 일괄하고 타단으로부터 파고값 E인 충격파를 가하였다고 한다. 다음의 각 경우에 대해서 O점에 나타나는 전압을 계산하여라. 단, 송전선은 반무한장의 것이라고 한다.

(1) 1선에만 충격파를 가했을 경우
(2) 2선에 동시에 충격파를 가했을 경우
(3) 3선에 동시에 충격파를 가했을 경우

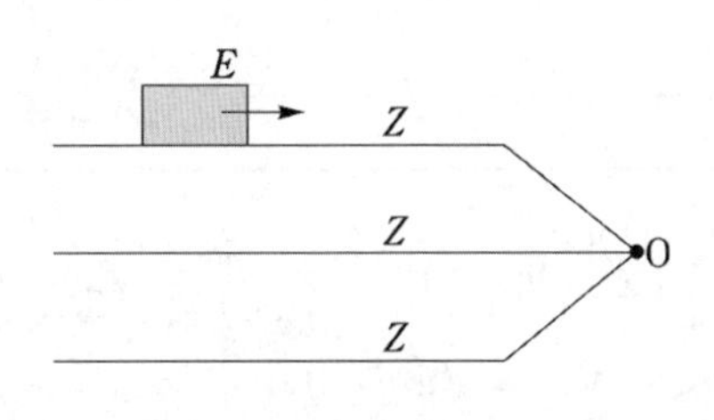

그림 9.6

식 (9.16)을 사용해서 다음과 같이 계산한다.

(1) $E_0 = \dfrac{2Z_2}{Z_2+Z_1}E = \dfrac{2\times\frac{1}{2}Z}{\frac{1}{2}Z+Z}E = \dfrac{2}{3}E$

(2) $E_0 = \dfrac{2Z}{Z+\frac{1}{2}Z}E = \dfrac{4}{3}E$

(3) $E_0 = \dfrac{2Z_2}{Z_2+Z_1}E = \dfrac{2}{1+\frac{Z_1}{Z_2}}E = 2E$

9.5 이상 전압 방지 대책

송전 계통에서의 이상 전압 방지 대책으로서는 크게 ① 기기 보호용으로서의 피뢰기 설치와 ② 가공 송전 선로의 피뢰용으로서의 가공 지선에 의한 뇌차폐 ③ 철탑 접지 저항의 저감책을 들 수 있다.

9.5.1 피뢰기에 의한 기기 보호

전항에서 설명한 바와 같이 상규 전압의 수배에 달하는 이상 전압이 선로에 나타나서 발・변전소를 내습하게 될 때 이것을 발・변전소 내에 설치된 기기의 절연 강도만으로 견디게 한다는 것은 도저히 불가능한 일이다. 따라서 일반적으로는 내습하는 이상 전압의 파고값을 저감시켜서 기기를 보호하기 위하여 **피뢰기**(lightning arrester)를 설치하고 있다.

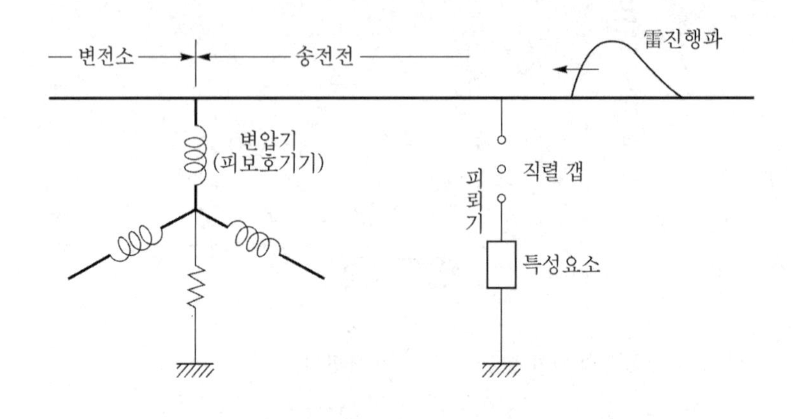

그림 9.7 피뢰기

피뢰기는 그림 9.7에 나타낸 바와 같이 **특성 요소**와 **직렬 갭**을 갖추고 이 양자에 의하여 기기의 보호 및 송전의 안정을 도모하고 있다. 곧, 피뢰기의 기능은 다음과 같다.

① 이상 전압이 내습해서 피뢰기의 단자 전압이 어느 일정값 이상으로 올라가면 즉시 방전해서 전압 상승을 억제한다.
② 이상 전압이 없어져서 단자 전압이 일정값 이하가 되면 즉시 방전을 정지해서 원래의 송전 상태로 되돌아가게 한다.

이처럼 피뢰기는 직렬 갭으로 통상의 전압, 즉 상용 주파수의 상규 전압에 대해서는 대지간에 절연을 유지하지만 이상 전압이 내습하면 갭이 방전을 개시해서 특성 요소를 통하여 서지 전류를 대지에 흘려 줌으로써 전압의 상승을 방지한다.

피뢰기 단자간에 충격 전압을 인가하였을 경우 방전을 개시하는 전압을 **충격 방전 개시 전압**이라고 한다. 이에 대하여 상용 주파수의 방전 개시 전압(실효값)을 **상용 주파 방전 개시 전압**이라고 하는데 보통 이 값은 피뢰기 정격 전압의 1.5배 이상이 되도록 잡고 있다. 또, 다음과 같은 값을 **충격비**라고 부르고 있다.

$$\text{충격비} = \frac{\text{충격 방전 개시 전압}}{\text{상용 주파 방전 개시 전압의 파고값}} \tag{9.17}$$

다음에 갭의 방전에 따라 피뢰기를 통해서 대지로 흐르는 충격 전류를 **피뢰기의 방전 전류**, 그 허용 최대한을 **피뢰기의 방전 내량**이라고 말하며 일반적으로는 이들을 파고값으로 나타내고 있다.

또, 방전으로 저하되어서 피뢰기의 단자간에 남게 되는 충격 전압을 **제한 전압**이라고 한다.

즉, 이것은 피뢰기 동작 중 계속해서 걸리고 있는 단자 전압의 파고값을 말하는데 그림 9.8은 이때의 파형을 보인 것이다.

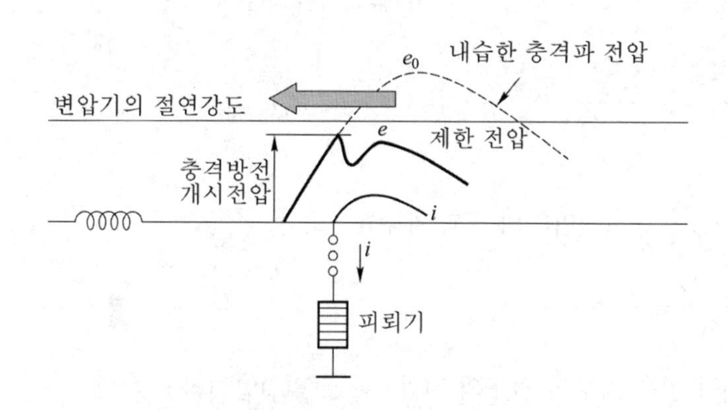

그림 9.8 피뢰기의 제한 전압

피뢰기의 제한 전압은 다음과 같이 구할 수 있다.

지금 그림 9.9에 나타낸 것처럼 피뢰기가 파동 임피던스 Z_1의 선로와 파동 임피던스 Z_2인 피보호 기기와의 접속점 P에 설치되었다고 한다.

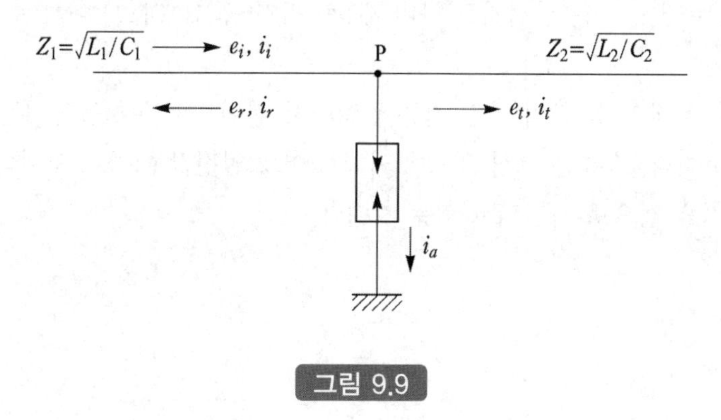

그림 9.9

여기서 e_i, i_i는 전압, 전류의 진입파를, e_r, i_r은 그 반사파를, 그리고 e_t, i_t는 투과파를 나타내고 i_a는 피뢰기의 방전 전류를 나타내는 것이다.

먼저 그림에서 다음 관계식이 성립한다.

$$\left.\begin{aligned} e_i + e_r &= e_t \\ i_i + i_r &= i_t + i_a \end{aligned}\right\} \qquad (9.18)$$

$$i_i = \frac{e_i}{Z_1},\ i_r = -\frac{e_r}{Z_1},\ i_t = \frac{e_t}{Z_2} \tag{9.19}$$

따라서 이들 관계식으로부터 e_t, 즉 피뢰기의 제한 전압 e_a는

$$e_a = e_t = \frac{2Z_2}{Z_1 + Z_2}\left(e_i - \frac{Z_1}{2}i_a\right) = e - \frac{1}{2}\gamma_e Z_1 i_a \tag{9.20}$$

여기서, $\gamma_e = \dfrac{2Z_2}{Z_1 + Z_2}$ (전압파의 투과 계수)

$$e = \frac{2Z_2}{Z_1 + Z_2}e_i = \gamma_e e_i$$

주) e는 피뢰기가 없을 경우의 점 P의 전압으로서 원전압이라고 한다.

한편 피뢰기의 접지에도 접지 저항이 있기 때문에 피뢰기가 방전하면 피뢰기 자체의 전압도 올라가게 되므로 변압기의 절연 강도는 다음 식을 만족하게끔 되어 있어야만 안전이 유지된다.

(변압기의 절연 강도) > (피뢰기의 제한 전압) + (접지 저항 전압 강하) (9.21)

피뢰기의 접지는 단독 또는 연접지로 하며 제1종 접지 공사(10[Ω] 이하)로 하도록 되어 있다.

그림 9.10에 나타낸 바와 같이 방전 전류에 이어서 전원으로부터 공급되는 상용 주파수의 전류를 **속류**라고 한다. 속류는 특성 요소에 의해서 어느 일정값 이하로 억제되어야 하기 때문에 평상시에는 직렬 갭으로 차단되고 있는 것이다.

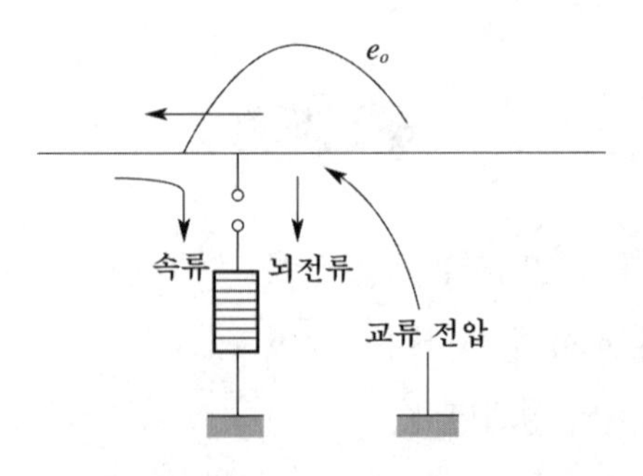

그림 9.10 피뢰기의 정격 전압

그러나, 만일 이때 피뢰기 단자에 인가되는 상용 주파수의 전압이 높으면 속류가 너무 커서 차단 불능으로 된다. 이처럼 속류를 끊을 수 있는 최고의 교류 전압을 **피뢰기의 정격 전압**이라고 하며 통상 실효값으로 나타내고 있다. 이것은 바꾸어 말해서 피뢰기의 정격 전압 이상의 고전압이 피뢰기의 단자에 걸렸을 경우에는 이 피뢰기는 속류를 끊을 수 없어 퓨즈처럼 타 버린다는 것이다. 따라서 정격 전압이 몇 볼트의 피뢰기를 사용할 것인가 하는 것은 그 선로에 나타나는 이상 전압의 크기를 조사해서 언제나 그 값을 상회하는 정격 전압의 피뢰기를 설치하여야 한다. 또, 이때의 전압은 어디까지나 실효값으로 표시되는 교류 전압이지 충격파의 전압이 아니라는 점에 유의하여야 한다. 그러므로 송전선의 전압이 같더라도 중성점의 접지 방식 여하에 따라서는 이상 전압값이 달라지므로 여기에 설치할 피뢰기의 정격 전압도 당연히 틀리게 된다.

이상으로 피뢰기가 구비하여야 할 조건으로서는

① 충격 방전 개시 전압이 낮을 것
② 상용 주파 방전 개시 전압이 높을 것
③ 방전 내량이 크면서 제한 전압이 낮을 것
④ 속류 차단 능력이 충분할 것

등으로 요약할 수 있다.

이밖에 피뢰기가 설비의 보호 효과를 충분히 발휘하기 위해서는, 주요 피보호 기기인 변압기 단자에서 되도록 가까운 거리에 설치해야 하는데 대략 50[m] 이내로 하는 것이 좋다(제1종 접지 공사(10[Ω] 이하)를 해야 한다).

피뢰기의 종류는 피뢰기의 구성 성분 및 기능에 따라서 표 9.3과 같이 나누어진다.

표 9.3 피뢰기의 종류

명 칭 별	갭 저항형	각형 피뢰기, 자기 취소형 피뢰기, 다극 피뢰기, 벤디맨 피뢰기
	밸 브 형	알루미늄 셀 피뢰기, 산화 필름 피뢰기, 팰릿 피뢰기, 자동 밸브 피뢰기
	저항 밸브형	사이리트 피뢰기, 저항 밸브 피뢰기, 건식 밸브 피뢰기, 자동 밸브 피뢰기
성 능 별	밸브형, 밸브 저항형, 방출형, 자기 소호형, 전류 제한형	
사용 장소별	선로용, 직렬 기기용, 저압 회로용, 발·변전소용, 전철용, 정류기용, 케이블 계통용	
규 격 별	교류 10,000[A], 5,000[A], 2,500[A]	

9.5.2 피뢰기의 특성

근년 산화아연(ZnO)을 주성분으로 하는 피뢰기가 개발되어 고압 이상의 회로에 많이 쓰이고 있다. 그림 9.11은 이의 전압-전류 특성을 보인 것으로서 산화아연의 특성 요소에서는 그림의 전압 V_0 이하에서는 거의 전류가 흐르지 않기 때문에 선로의 교류 전압의 최대 순시값을 이 전압보다도 작게 해 두면 직렬 갭을 따로 두어 가지고 속류를 차단할 필요도 없어진다.

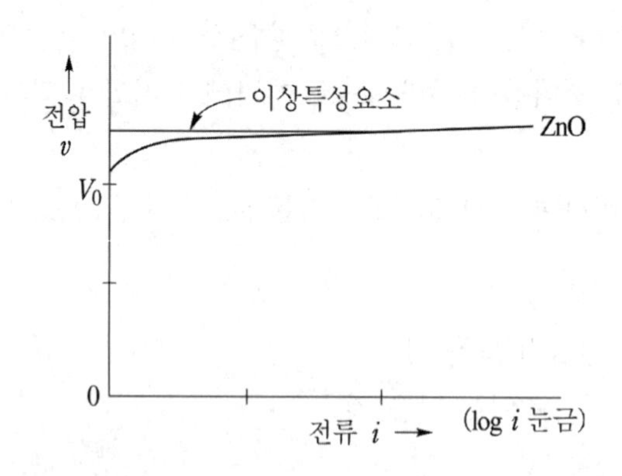

그림 9.11 ZnO 특성 요소의 전압-전류 특성

이처럼 ZnO형 피뢰기에서는 그림 9.12에 나타낸 것처럼 직렬 갭을 생략해서 사용하고 있기 때문에 이 형식을 **갭레스 피뢰기**라고 부르기도 한다.

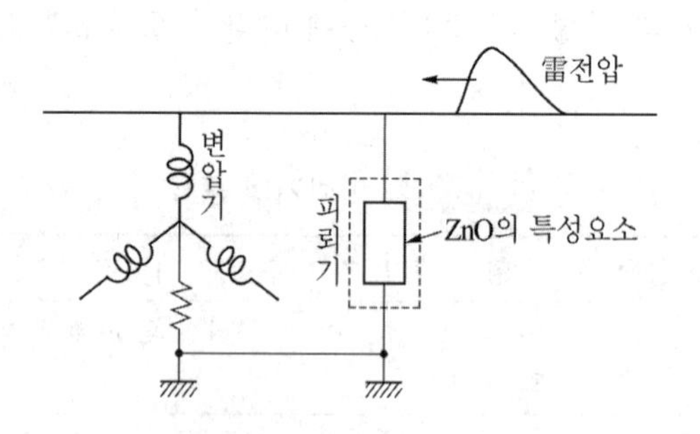

그림 9.12 ZnO형 피뢰기

이상 설명한 바와 같이 피뢰기는 피보호 기기의 절연 강도를 낮출 수 있는 특성과 속류 차단 능력을 지니고 있지 않으면 안 된다. 일반적으로는 이것을 **피뢰기의 동작책무**라 해서 별도로 정하고 있다.

9.5.3 피뢰기의 설치 장소

피뢰기의 설치 장소는 가능한 한 피보호 기기에 근접해서 설치하는 것이 바람직하다. 이것은 변전소에 침입한 뇌서지는 피뢰기의 제한 전압까지 제한되었음에도 불구하고 이것이 변압기 단자에 도달하였을 때 여기서 정반사를 하고 다시 피뢰기에 되돌아와서는 부반사해서 다시금 변압기를 향하게 된다.

이와 같이 뇌서지 전압은 피뢰기와 변압기간의 사이에서 왕복 진동을 되풀이하기 때문에 변압기 단자에 걸린 전압 파고값 e_t는 증대하게 된다.

$$e_t = e_a + \frac{2Sl}{v} = e_a + 2St\,[\text{kV}] \tag{9.22}$$

여기서, e_a : 피뢰기의 제한 전압

S : 파두 준도[kV/μs]

l : 피뢰기와 피보호기와의 거리[m]

v : 진행파의 전파 속도[m/μs]

$t = l/v$: 진행파의 전파 시간[μs]

가령 154[kV] 계통에서 피뢰기의 제한 전압 $e_a = 597$[kV], 변압기에 내습하는 진행파의 준도 $S = 250$ [kV/μs], 진행파의 전파 속도 $v = 150$[m/μs]라 할 때 피뢰기의 설치 개소를 변압기의 전방 30[m]로 하였을 경우에는

$$e_t = 597 + \frac{2 \times 30 \times 250}{150} = 597 + 100 = 697[\text{kV}]$$

로 된다. 곧, 피뢰기의 제한 전압은 597[kV]였지만 변압기의 단자에는 피뢰기와의 사이에서 왕복 진동하는 진행파 때문에 697[kV]라는 전압이 나타나고 있다.

만일 이때 피뢰기를 변압기의 전방 50[m]에 설치하였다면

$$e_t = 597 + \frac{2 \times 50 \times 250}{150} = 597 + 167 = 764[\text{kV}]$$

로 되어 변압기 단자에는 훨씬 더 높은 전압이 나타나게 된다. 이로부터 피뢰기의 설치 장소는 가능한 한 피보호기에 근접해서 설치하는 것이 유효하다는 것을 알 수 있다.

예제 9.5 피뢰기의 정격 전압에 대해서 설명하여라.

풀이 피뢰기는 상용 주파수의 전압에는 동작하지 않아야 한다. 상용 주파 이상 전압의 크기는 유효 접지계에서, 1선 지락시에는 1.2~1.4배 정도인 바, 정확하게는 계통의 접지계수$\left(=\dfrac{\text{고장 중 건전상의 최대 대지 전압}}{\text{최대 선간 전압}}\right)$에 따라 결정된다. 이때의 전압 상승값보다도 15[%] 정도 더 높은 전압에서도 방전이 있어서는 안 된다.

만일 345[kV] 계통의 상용 주파 이상 전압 배수를 1.2, 154[kV] 계통에서는 1.3이라고 하면

$$345[\text{kV}]\ \text{계통의 피뢰기 정격 전압} = \frac{362}{\sqrt{3}} \times 1.2 \times 1.15 \fallingdotseq 288[\text{kV}]$$

$$154[\text{kV}]\ \text{계통의 피뢰기 정격 전압} = \frac{169}{\sqrt{3}} \times 1.3 \times 1.15 \fallingdotseq 144[\text{kV}]$$

※ IEC에서는 피뢰기의 정격 전압이 6으로 나누어지는 값으로 하도록 권하고 있다. 66[kV] 비유효 접지계에 대해서는

$$66[\text{kV}]\ \text{계통의 피뢰기 정격 전압} = \frac{72}{\sqrt{3}} \times 1.73 \times 1.15 = 84[\text{kV}]$$

만일 선로의 전압을 기준으로 표시하면, 이들 값은 $\dfrac{288}{362} \fallingdotseq 0.8$, $\dfrac{144}{169} \fallingdotseq 0.85$, $\dfrac{84}{72} \fallingdotseq 1.15$(≒ 근사기호), 각각 80[%] 피뢰기, 85[%] 피뢰기 및 115[%] 피뢰기라고 부르고 있는 것이다.

예제 9.6 그림 9.13과 같이 파동 임피던스 $Z_1 = 500[\Omega]$ 및 $Z_2 = 400[\Omega]$의 2개의 선로의 접속점 P에 피뢰기를 설치하였을 경우 Z_1의 선로로부터 파고 $E = 600[\text{kV}]$의 전압파가 내습하였다. 선로 Z_2에의 전압 투과파의 파고를 250[kV]로 억제하기 위해서는 피뢰기의 저항 R의 값은 얼마로 하면 되겠는가?

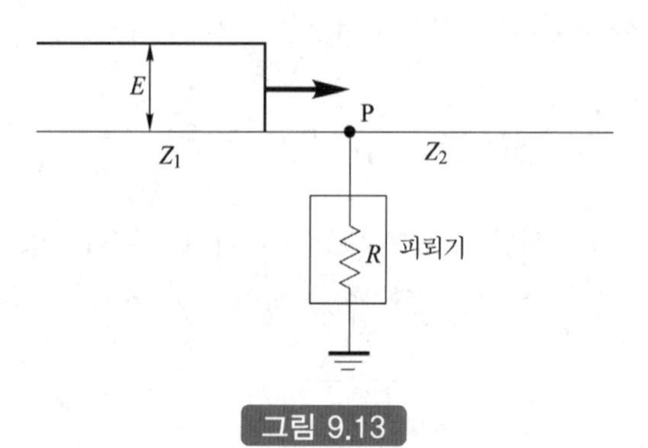

그림 9.13

피뢰기의 제한 전압을 나타내는 식 (9.20)

$$e_a = \frac{2Z_2}{Z_1+Z_2}\left(e_i - \frac{Z_1}{2}i_a\right)$$

에서 피뢰기의 저항을 R라고 하면 $i_a = e_a/R$이다.
이 관계를 윗식에 대입하면

$$e_a = \frac{2Z_2R}{Z_1Z_2 + R(Z_1+Z_2)}e_i$$

더 말할 것 없이 피뢰기의 제한 전압값이 선로 Z_2에의 투과파의 크기가 되므로 윗식에 주어진 데이터를 대입하면

$$250 = \frac{2\times 400R}{500\times 400 + R(500+400)}\times 600$$

이것을 풀면 $R = 196[\Omega]$을 얻는다.

예제 9.7 **파고값 25[kA]인 장방형(구형)의 전류파가 가공 지선상을 최종단 철탑을 향해 내습하였을 경우 철탑의 전위는 얼마로 되겠는가? 단, 가공 지선의 파동 임피던스 $Z = 500[\Omega]$, 철탑의 접지 저항 $R_t = 10[\Omega]$라 하고 기타의 정수는 무시한다.**

그림 9.14는 이 문제의 설명도이다. 여기서 e_i, i_i는 전압, 전류의 내습파이고 e_r, i_r는 이의 반사파, 그리고 e_t, i_t는 철탑에 대한 투과파를 나타내고 있다.

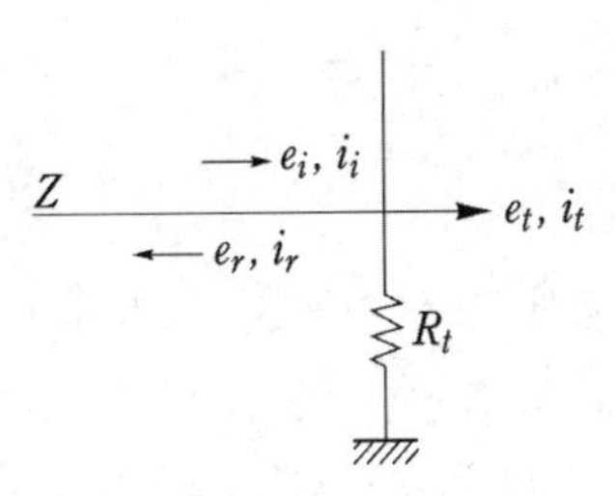

그림 9.14

이 그림에서 다음 식이 성립한다.

$$e_t = e_i + e_r,\quad i_t = i_i + i_r$$

$$i_i = \frac{e_i}{Z},\quad i_r = -\frac{e_r}{Z},\quad i_t = \frac{e_t}{R_t}$$

이들 관계식으로부터 철탑의 전위를 나타내는 계산식은

$$e_t = \frac{2ZR_t}{Z+R_t} i_i = \frac{2\times 500\times 10}{500+10}\times 25 = 490[\mathrm{kV}]$$

9.5.4 가공 지선에 의한 뇌차폐

송전선에의 뇌격에 대한 차폐용으로서 송전선의 전선 상부에 이것과 평행으로 전선을 따로 가선하여 각 철탑에서 접지시킨 **가공 지선**을 많이 쓰고 있다. 종래에는 강연선, 강심 알루미늄선(ACSR) 등이 사용되었으나 최근에는 차폐 효과를 높이기 위해서 보다 도전성이 좋은 전선을 사용하고 있다.

가공 지선을 가선하는 목적은 한마디로 말해서 뇌에 대한 전선의 차폐 및 진행파의 감쇠에 있다고 하겠다.

(1) 유도뢰에 대한 차폐

전선에 근접해서 전위가 영인 가공 지선이 있기 때문에 뇌운으로부터 정전 유도로 전선상에 유기되는 전하의 양은 줄어든다. 가공 지선이 있을 경우 전선상에 유기되는 전하를 단위 길이당 q_1, 가공 지선이 없을 때의 그것을 q_0라고 하면 아래 식으로 표시되는 m을 **가공 지선의 보호율**이라고 한다.

$$m = \frac{q_1}{q_0} \tag{9.23}$$

보호율 m의 개략적인 값은 3상 1회선 가공 지선 1가닥의 경우 0.5, 동 2가닥의 경우 0.3~0.4, 3상 2회선 가공 지선 1가닥의 경우 0.45~0.6, 동 2가닥의 경우 0.35~0.5 정도이다.

곧, 가공 지선을 설치함으로써 전선상의 구속 전하를 50[%] 정도 이하로 할 수 있기 때문에 유도뢰를 그만큼 저감시킬 수 있게 된다.

(2) 직격뢰에 대한 차폐

가공 지선을 설치하는 주목적은 송전선을 뇌의 직격으로부터 보호하는 데 있는 것이며 그 차폐 효과는 송전선의 내뢰 설계상 중요한 것이다. 그러나 본래 뇌의 직격 양상이 일정하지 않기 때문에 가공 지선을 어느 정도의 높이에 가선하는 것이 안전할 것인가는 알 수가 없다. 참고로 피뢰침은 규격상 일반 건조물에 대해서 보호각 60°, 위험 건조물에 대해서는 45°로 정해져 있지만 가공 지선에는 아직 이런 규정이 없다.

보호각(또는 **차폐각**이라고 한다)은 될 수 있는 대로 작게 하는 것이 바람직하지만 이것을 작게 하려면 그 만큼 가공 지선을 높이 가선해야 하기 때문에 철탑의 높이가 높아진다. 여기서 보호각이란 그림 9.15의 각 θ를 말한다.

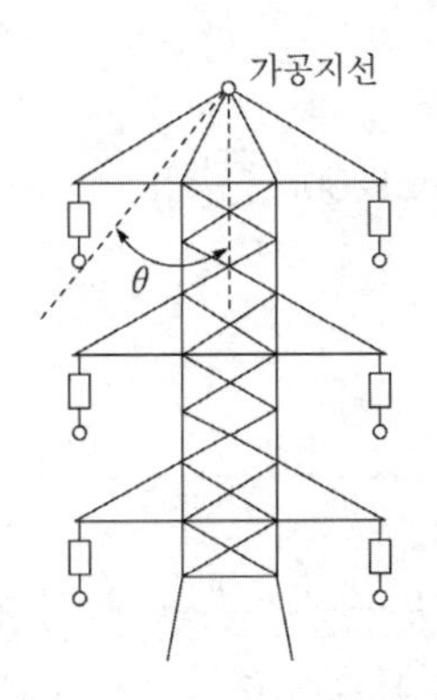

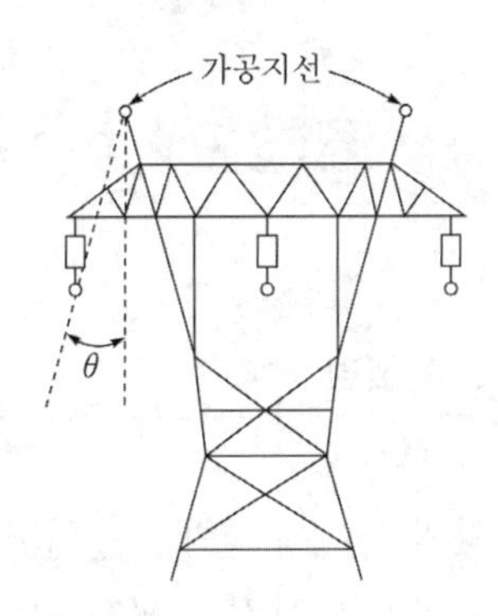

그림 9.15 **가공 지선과 차폐각** θ

실제의 선로에서는 2회선 가공에 대해서 지선 1가닥의 경우는 보호각을 35~40° 정도로 잡는 경우가 많다. 이 경우 가공 지선을 2가닥으로 하면 한층 더 차폐 효과가 좋아진다는 것은 더 말할 것도 없다. 따라서 발・변전소의 고압측 구내와 1~2[km] 정도 근접된 선로 부분에서는 가공 지선을 2가닥 가선하는 경우가 많다.

가공 지선의 차폐 효과를 나타내기 위해서 **가공 지선의 보호 효율**이라는 용어를 많이 쓰고 있다. 가령 보호 효율 90[%]라는 것은 선로에 대한 뇌직격 100회 중 10회는 전선에 직격되지만(보호 실패) 나머지 90회는 모두 지선에 직격되도록 해서(보호 성공) 선로의 피해를 막아준다는 뜻이다.

이와 같이 가공 지선은 철탑과 전기적으로 접속되어 뇌의 직격을 막기 위한 피뢰 도선으로서 철탑 정상부에 설치되는 것이다. 그러나 최근에는 바깥쪽의 알루미늄 피복 강연선을 피뢰 도체로 하고 안쪽의 알루미늄관에는 광섬유 케이블을 집어 넣어서 정보 통신 케이블로서 이용하는 **광섬유 복합 가공 지선**(composit fiber-Optic Ground Wire : OPGW)이 많이 쓰이고 있다. 그림 9.16은 이러한 OPGW의 단면 예로서 알루미늄관 내에 6심의 광섬유 케이블이 3가닥 들어 있는 것을 보이고 있다.

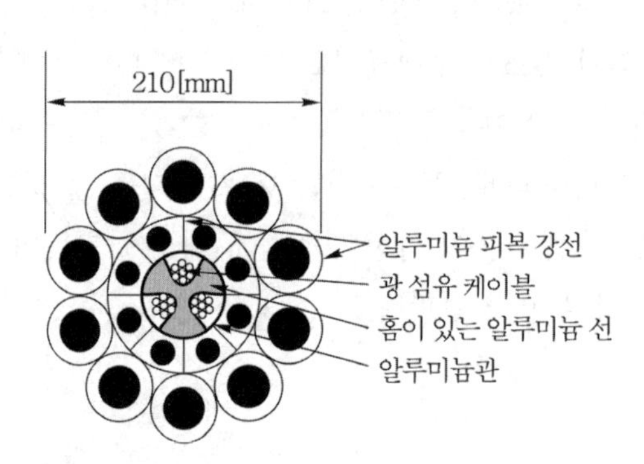

그림 9.16 OPGW의 단면도(260[mm^2])

9.5.5 섬락 및 역섬락

뇌운과 송전 선로와의 사이에 뇌방전이 일어났을 경우 송전선은 뇌에 직격되었다고 하고 이때 선로에 생긴 이상 전압을 **직격 뇌서지 전압**이라고 부르고 있다. 이 전압은 진행파로 되어서 선로상을 전파하여 철탑 설치 개소에 이르게 되면 애자의 절연을 파괴해서 불꽃 방전을 일으키는데 이것을 **애자의 섬락**이라고 한다. 섬락이 발생하면 선로 전류는 애자를 단락해서 아크 방전으로 된다. 따라서 선로 전류는 아크 전류로 되어서 철탑을 거쳐 대지에 흐르게 된다. 도체의 1선이 아크로 접지되었다 해서 일반적으로는 이것을 1선 지락이라고 부르고 있는 것이다.

철탑의 정상부(꼭대기) 또는 가공 지선에 직격뢰가 있었을 경우 뇌전류는 철탑을 통해서 직접 대지로 빠져나가는 것 외에 가공 지선에도 일부 진행파로 되어서 분류하게 된다. 이때 전류의 분류는 직격점에서 본 임피던스(충격파에 대한)에 반비례하게 된다. 이처럼 뇌전류가 철탑으로부터 대지로 흐를 경우 철탑 전위의 파고값 E는 다음 식으로 주어진다.

$$E = RI(1 - C_f)\alpha \tag{9.24}$$

여기서, I : 뇌격시 철탑의 방전전류[A]

R : 철탑 탑각 접지 저항[Ω] (충격 전류에 대한 것)

C_f : 가공 지선과 전선간의 정전 유도의 정도를 나타내는 결합 계수
(보통 0.2~0.4)
α : 인접 철탑으로부터의 반사파에 의한 파고 저감률

이와 같이 뇌격시에는 IR 강하 때문에 철탑 전위가 올라가게 되고 만일 이때의 전압E의 값이 전선을 절연하고 있는 애자련의 절연 파괴 전압 이상으로 될 경우에는 거꾸로 철탑으로부터 전선을 향해서 섬락을 일으키게 된다. 이 경우의 섬락은 그림 9.17에 나타낸 바와 같이 철탑측으로부터 도체를 향해서 일어나게 되는데 이것을 **철탑 역섬락 현상**이 라고 한다. 철탑 역섬락을 방지하기 위해서는 될 수 있는 대로 철탑 접지 저항 R을 작게 해 주어야 한다. 보통 이를 위해서 아연 도금의 절연선을 지면 밑 30[cm]에 1가닥 30~50[m]의 길이의 것을 방사상으로 몇 가닥 매설하고 있다(이것을 **매설 지선**이라고 한다).

한편 상술한 것은 철탑 정상부에만 뇌격이 있었을 때의 경우인데 때로는 가공 지선의 경간의 중앙부에서 뇌격이 일어나고, 이때 그 뇌격점과 전선과의 전위차가 가공 지선과 전선간의 충격 섬락 전압값보다 높을 경우에는 가공 지선의 뇌격점으로부터 전선에의 섬락, 즉 **경간 역섬락**이 일어나는 수도 있다.

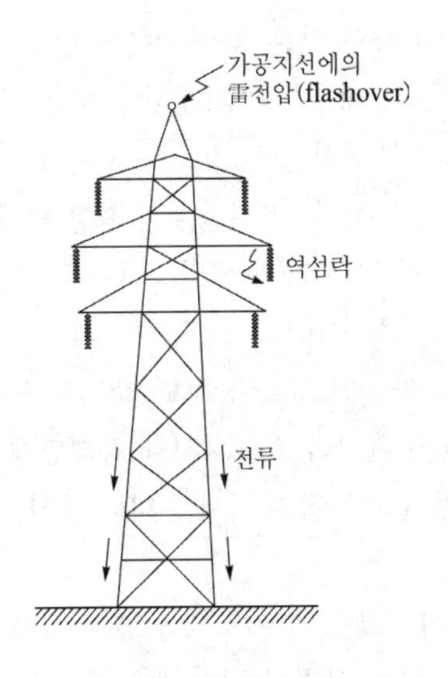

그림 9.17 역섬락

9.6 절연 협조

9.6.1 절연의 합리화

전력 계통에는 선로를 비롯해서 발전기, 변압기, 차단기, 개폐기 등 많은 기기, 공작물이 접속되어 있는데 이들의 절연 강도가 상호간에 아무 관계없이 정해져서 기기에 따라 필요 이상으로 절연 강도가 높거나 또는 약하게 되어 있다면 계통 전체로서의 신뢰도는 낮아진다. 가령 차단기의 절연 강도가 다른 설비에 비해 훨씬 낮게 정해졌다면 이상 전압이 발생할 때마다 차단기가 제일 먼저 사고를 일으켜서 계통 운용에 큰 지장을 줄 것이다.

그러므로 계통의 각 기기는 자체의 기능에서 요구되는 절연 강도뿐만 아니라 만일 사고가 발생하더라도 그 범위를 최소한으로 억제해서 계통 전체의 신뢰도를 높이고 또한 경제적이고 합리적인 절연 강도로 되게끔 기기 상호간에 절연의 협조를 잘 도모해 줄 필요가 있다. 이와 같이 계통 내의 각 기기, 기구 및 애자 등의 상호간에 적정한 절연 강도를 지니게 함으로써 계통 설계를 합리적, 경제적으로 할 수 있게 한 것을 **절연 협조**라고 한다.

그렇다면 각 기기의 절연 강도는 각각 어떤 값으로 선정해 주어야 할 것인지 이것을 결정하는 것은 어디까지나 앞서 설명한 바와 같은 송전 계통에 발생하는 이상 전압이다. 이 중 평상 운전시에 자주 발생하는 내뢰는 그 대부분이 기껏해야 상규 대지 전압 파고값의 4배 정도 이하이므로 이에 대해서는 계통 각 부분의 절연 강도를 높여서 기기 자체의 힘만으로 충분히 견딜 수 있게끔 설계하고 있다. 즉, 공작물, 기기는 내부적인 원인에 의한 이상 전압에 대해서는 특별한 보호 장치가 없어도 섬락, 절연 파괴를 일으키지 않을 정도의 절연 강도를 지니게 하고 있다.

이에 반하여 외뢰에 대해서는 아무런 보호 장치도 없이 기기 자체의 절연 강도를 이에 견딜 수 있을 정도까지 높인다는 것은 현재의 기술로서나 경제면에서 도저히 불가능하다. 그러므로 오늘날 어느 나라나 할 것 없이 외뢰에 대해서는 피뢰 장치로 기기 절연을 안전하게 보호한다는 기본 원리에 따르고 있다.

이 피뢰 장치로 이상 전압의 파고값을 각 기기의 충격 전압에 대한 절연 강도 이하로 저감하는 전압값을 **보호 레벨**이라고 한다. 따라서 전력 계통의 이상 전압에 대한 절연 설계는 발생하는 이상 전압, 보호 레벨, 기기의 절연 강도의 3자를 충분히 검토해서 해나가지 않으면 안 된다. 이 3자간의 상호 관계의 합리화, 곧 전기 기기 및 공작물의 절연 강도를 보호 레벨보다 높게 취해서 가장 경제적이면서도 신뢰성 있는 절연 설계를 선정한다는 것이 절연 협조인 것이다.

참고로 그림 9.18은 이러한 절연 협조의 일례로서 변압기 등의 기기, 보호용의 피뢰기, 전선로에서의 애자 및 초호환(아크 혼)의 절연 강도 관계를 보인 것이다.

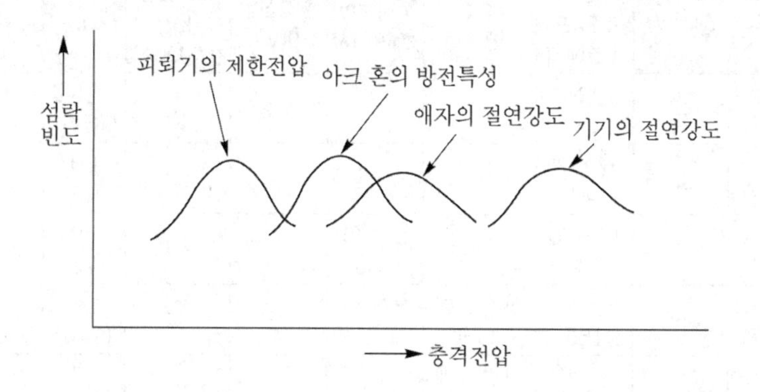

그림 9.18 **절연 협조의 일례**

이상과 같은 절연 협조에 관한 기본 방침은 가령 송전 선로만에 대해서도 적용할 수 있다. 그 구체적인 예가 2회선 송전선에서의 불평형 절연 같은 것이다. 곧, 2회선 송전선이 뇌격을 받으면 그때의 상황에 따라 2회선이 동시에 지락 사고를 일으키는 경우가 있다.

이러한 사고를 피하기 위하여 2회선 중 한쪽 회선의 절연 강도를 다른 회선의 그것보다 약간 낮게 하는 이른바 **불평형 절연**을 실시하는 것이다. 그 방법으로서는 양 회선간의 현수 애자의 연결 개수에 1~2개의 차를 두기도 한다. 200[kV]급 이하의 선로일 경우 이 방식의 채용으로 양 회선에 걸친 동시 섬락 사고는 30~40[%] 정도 감소하였다는 보고도 있다.

9.6.2 절연 계급과 기준 절연 강도

선로로부터 내습한 이상 전압은 앞에서 설명한 바와 같이 피뢰기로 일단 제한 전압까지 저감된다고 하였는데 그렇다면 이에 대해서 각 기기의 절연 강도는 어느 정도로 정해 주면 좋을 것인가 하는가를 공칭 전압별로 결정한 것이 표 9.4의 **절연 협조 대조표**이다.

표 9.4 절연 협조 대조표

접지 계통	공칭 전압 [kV]	절연 계급 [호]	기준 충격 절연 강도 BIL[kV]	선로 애자의 50[%] 충격 섬락 전압[kV]			피뢰기		충격 시험 전압값[kV]		상용 주파 시험전압값 [kV]
				고압 핀, 라인 포스트애자	장 간 애 자	250[mm] 현수 애자	정격전압 [kV]	제한전압 [kV] (10000A)	I	II	
비유효접지계통	3.3	3A (3B)	45	고압핀	–	–	4.2	14	45 (30)	–	16 (10)
	6.6	6A (6B)	60	애자대 80	–	–	8.4	28	60 (45)	–	22 (16)
	11	10A (10B)	90	LP-10 120	–	2개 연 255	14	47	90 (75)	–	28
	22	20A (20B)	150	LP-20 165	삿갓 5매 170	2개 연 255	28	94	150 (125)	–	50
	33	30A (30B)	200	LP-30 220	삿갓 7매 230 삿갓 10매 290	3개 연 355	42	140	200 (170)	–	70
	66	60	350	LP-60 385	삿갓 13매 380	4개 연 440	84	281	350	420	140
	77	70	400	LP-70 440	삿갓 17매 430	5개 연 525	98	328	400	480	160
	110	100	550	–	삿갓 21매 560 삿갓 24매 650	7개 연 695	140	469	550	660	230
유효접지계통	154	140	750	–	–	9개 연 860	196 (182)	656 (610)	750	900	325
	187	140	750	–	–	11개 연 1023	168 182*	563 610	750	–	325
	220	170	900	–	–	13개 연 1185	210* 224	703 750	900	–	395
	275	200	1050	–	–	16개 연 1425	252* 266	844 891	1050	–	460

이와 같이 기기 절연을 표준화하고 또 통일된 절연 체계를 구성한다는 목적에서 절연 계급을 설정하고 각 절연 계급에 대응해서 **기준 충격 절연 강도**(basic insulation level ; BIL)를 제정하고 있다.

표로부터 가령 절연 계급 140호의 기기라면 충격 전압에 대해서는 적어도 750[kV]에, 상용 주파 전압에 대해서는 325[kV]에 견딜 수 있어야 한다는 것을 알 수 있다.

표 9.5는 현재 우리 나라 초고압 (345[kV]) 송전 계통에서 채택하고 있는 절연 협조의 예를 보인 것이다.

표 9.5 345[kV] 절연 협조의 예

기준 전압 [kV]		345
최고 운전 전압[kV]		362
사용 BIL[kV]	변 압 기	1050
	차 단 기	1300
	CT, PT	1300
	선로애자	1367
피뢰기 정격[kV]	75[%]	270
	80[%]	288
	85[%]	306
	90[%]	324
288[kV] 피 뢰 기	방 전 전 압[kV]	815
	제 한 전 압[kV]	735
	개폐 서지 방전 전압[kV]	696

9.6.3 송배전 선로에서의 절연 협조

전력 계통의 절연 협조의 출발점은 선로의 절연 강도의 결정에 있다. 가공 송전 선로는 애자로 절연되지만 그 절연 강도는 우선 내부 이상 전압 및 고장시의 과전압에 의한 섬락을 일으키지 않는다는 것을 목표로 해서 설계한다. 뇌 이상 전압에 대해서는 가공 지선으로 전선에의 뇌 직격을 방지함과 동시에 상기의 설계에 의한 애자가 역섬락을 일으키지 않도록 철탑의 탑각 접지 저항을 충분히 저감하고, 또 가공 지선과 전선과의 사이에도 충분한 거리를 유지하도록 한다. 또, 뇌와 같은 순간적인 고장에 대해서는 속류를 신속히 차단하고 아크가 소멸하면 다시 송전할 수 있도록 하는 이른바 재투입 방식을 채용한다. 이상이 송전 선로에 있어서의 절연 협조의 기본 방침이다.

가공 배전 선로에 있어서도 절연 협조의 근본적인 방침은 송전 선로의 그것과 전혀 다를 바가 없다. 다만 배전 선로에서는 배전용 변압기가 다수 분산 배치되고 있기 때문에 이들을 어떻게 보호하느냐 하는 것이 절연 협조의 주안점으로 되고 있다. 여기서는 동작이 양호하고 가격도 싸고, 또 사용하기에 편리한 피뢰기가 요망되고 있으며 결국 이 피뢰기의 선택과 적용 방법이 문제로 된다.

이상과 같이 절연 협조를 검토함에 있어서는 뇌와 같은 자연 현상 및 기기의 제작 기술과 송배전 선로의 운용 기술을 하나로 묶은 광범위한 분야에 걸친 지식과 자료를 필요로 한다. 또,

절연 협조의 확보에는 확률적인 요소가 많이 포함되기 때문에 과거의 실적과 경험을 토대로 해서 신중히 검토해야 할 것이다.

예제 9.8 전력 계통의 절연 설계에 대해서 설명하여라.

먼저 절연 설계란 전력 계통에서 발생할 수 있는 이상 전압에 대하여 아무런 고장없이 연속적으로 송전이 가능하도록 전력 계통 각부의 절연 한도를 정하는 것이다.

가령 전력 계통을 구성하고 있는 절연체의 내전압보다 큰 과전압이 가해지면 절연체는 절연 특성을 상실하여 회복되지 않는다. 이에 따라 절연 대상의 절연 레벨을 발생 가능한 최대 과전압보다 높게 선정하는 방법으로 설계시 적정한 안전율을 적용해서 절연 레벨을 결정하게 된다. 일례로서 배전 선로일 경우, 22.9[kV-Y] 선로(대지 전압 13.4[kV])용 애자의 절연 표준 BIL은 18[kV]로 정하고 있다.

전력 계통의 절연 설계는 송전 선로와 변전소 절연 설계로 크게 나눌 수 있는데 가장 기본적인 원칙은 뇌전압 이외의 이상 전압에서는 결코 섬락(flash over)내지 절연 파괴가 일어나지 않도록 하는 것이다.

- **송전 선로의 절연 설계**

  특히 가공 선로는 뇌, 비, 바람 및 각종 오염에 노출되어 있으므로 절연 설계에 있어서는 이들 자연 환경에 의한 외부의 과전압, 바람에 의한 전선의 진동, 오염에 의한 애자의 절연 내력 저하 및 계통 내부의 과전압을 종합적으로 고려하여야 한다. 송전 선로의 절연 설계에 있어서 주된 결정 사항으로는 애자연의 개수, 전선과 지지물과의 이격거리, 전선 상호간의 간격, 탑각 접지저항, 가공 지선의 차폐각도 등이 해당된다.
- **변전소의 절연 설계**

  변전소의 절연설계에는 뇌에 대하여 완전 차폐되고 피뢰기에 의하여 과전압이 억제되는 것을 전제로 하여 절연설계를 해 나가야 한다.

최근 계통 전압의 격상이 활발하게 추진되고 있는 345[kV]에서 765[kV]로의 승압은 절연 계통의 절연이라는 측면에서 많은 변화를 가져오고 있다. 즉, 계통 자체의 절연 레벨이 극한치에 달하여 뇌에 의한 외부 이상 전압보다는 개폐 서지 등 내부에서 발생할 수 있는 요인이 절연 설계의 목표가 되어 격상 계통의 보다 상세한 해석이 필요할 것으로 전망된다. 또한, 계통 구성의 복잡화, 대용량화에 따라 앞으로는 이러한 절연 설계와 더불어 고장 전류 증가 문제에 대한 대책도 요망되고 있다는 것을 첨언해 둔다.

연 습 문 제

1. 송전 계통에 발생하는 이상 전압의 종류를 들고 그 내용을 간단히 설명하여라.

2. 전력 계통의 개폐 서지의 발생 원인과 그 대책에 대해서 설명하여라.

3. 낙뢰가 송전선에 미치는 영향을 논하여라.

4. 피뢰기의 정격 전압, 제한 전압에 대해서 설명하여라.

5. 피뢰기의 종류에 대해서 아는 바를 설명하여라.

6. 전력 계통의 절연 협조란 무엇인가?

7. 345[kV]급의 송전 계통에 있어서 선로의 섬락(flashover) 횟수를 감소시키고 또한 섬락에 의한 송전 정지를 피하기 위한 계통 구성, 선로 절연, 선로 보호 장치에 대해서 고려하지 않으면 안 될 점을 설명하여라.

8. 절연 협조와 기기의 절연 설계에 대해서 논하여라.

9. 피뢰용 가공 지선의 효과에 대해서 논하여라.

10. 파동 임피던스 $Z_1 = 500[\Omega]$ 및 $Z_2 = 400[\Omega]$인 2개의 선로의 접속점에 피뢰기를 설치하였을 경우 Z_1의 선로로부터 파고 800[kV]의 전압파가 내습하였다. 선로 Z_2에의 전압 투과파의 파고를 300[kV]로 억제하기 위해서는 피뢰기의 저항을 얼마로하면 되겠는가?

11. 파고값 20[kA]의 장방형(구형)의 전류파가 가공 지선상을 최종단 철탑을 향해 내습하였을 경우 철탑의 전위는 얼마로 되겠는가? 단, 가공 지선의 파동 임피던스 $Z=400[\Omega]$, 철탑의 접지 저항 $R_t=20[\Omega]$이라 하고 기타의 정수는 무시한다.

12. 100[kV] 이상의 송전선의 애자 개수를 표준보다도 감소시키고자 할 때 다음의 각 항과 관련하여 고려할 사항을 기술하여라.

(1) 뇌

(2) 개폐 이상 전압

(3) 피뢰기

(4) 변압기의 절연

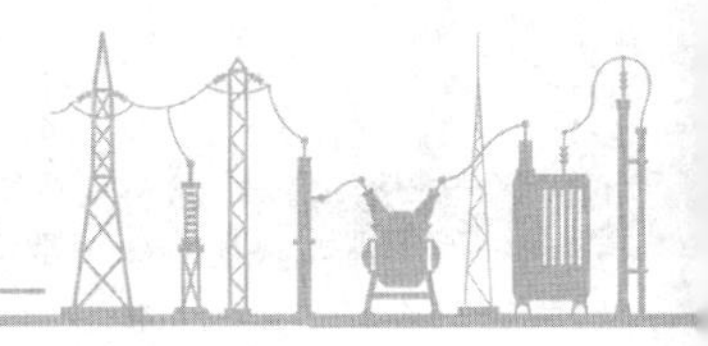

Transmission Distribution Engineering

10장 보호 계전 방식

10.1 계통 보호의 목적과 기능

10.1.1 계통 보호의 목적

전력 계통에는 수많은 발·변전 및 송배전 설비가 서로 복잡하게 연계되어 있기 때문에 전력 계통의 어느 지점에서 고장이 발생하였을 경우, 신속하게 이 고장 구간을 계통으로부터 분리시키지 않으면 과도한 고장 전류가 흐르고, 이상 전압이 발생하거나 위상이 변동되어서 전력 설비는 크게 손상될 뿐만 아니라 고장이 인접 구간으로 파급되어 사고의 범위가 확대되어 나간다.

특히 초고압 송·변전 설비 또는 대용량 발전기로의 파급이 연쇄적으로 진전될 경우 전력 계통 붕괴의 위험이 따르게 된다.

따라서 발전기, 변압기, 송·배전선 및 부하 설비 등 모든 전력 설비에는 그 설비의 이상 상태를 항시 감시하고 고장이 발생될 때는 고장을 검출하여 그 설비를 전력 계통으로부터 신속하게 분리시키는 보호 계전 설비를 갖추어서 고장이 발생한 선로 구간이라든지 기기는 될 수 있는 대로 빨리 계통으로부터 분리해서 고장을 제거해 주도록 하고 있다.

이 경우 자동적으로 동작하는 차단기에 의해 고장이 제거되는 것은 물론이지만 고장의 종류, 고장 전류와 전압, 고장점의 위치 등을 정확하게 검출해서 고장 구간을 고속도로 선택 차단하는 지령을 내리는 등 계통 보호를 위한 기능을 다하기 위해서 설치된 것이 **보호 계전기**이다. 또, 이들 계전기를 어떻게 계통 보호라는 목적을 위해서 조합 운용할 것인가 하는 것이 **보호 계전 방식**이다.

따라서 계통 보호 계전기의 역할은 "전력 계통의 안정 공급 유지를 도모한다"는 것을 사명으로 해서 다음과 같은 기능을 수행하게 된다.

첫째는 사고 발생시의 전압·전류 등의 전기량으로부터 이상 상태를 판별하여 「보안」을 유지하기 위하여 우선 사고를 신속하게 제거하는 기능과 두 번째는 「신뢰도」의 유지를 위하여 사고의 영향이 확대되는 것을 방지하는 기능이 있다.

사고 제거(**보안의 유지**)는 과전류나 지락으로 설비가 손상되거나 인명·재산에 위험이 가해지는 것을 방지하는 것으로서 이것은 무엇보다도 신속하게 사고점을 제거함으로써 달성된다.

한편 사고 확대 방지(**신뢰도의 유지**)는 전력 공급의 안정 확보를 위해 전력 계통이나 전기 설비의 사고를 최소한의 파급 범위에 억제해서 정전 범위를 국한시키는 것으로서 신속성은 물론 선택성을 지니게 함으로써 달성된다.

이밖에 계통 사고가 제거된 후에도 계통 상태를 정상 상태로 되돌아갈 수 있도록 자동 재폐로, 자동 동기 투입 등을 실시해서 사고 복구를 신속하게 달성한다는 것도 요구되는 중요한 역할이다.

그림 10.1은 이러한 기능과 목적을 정리해서 보인 것이다.

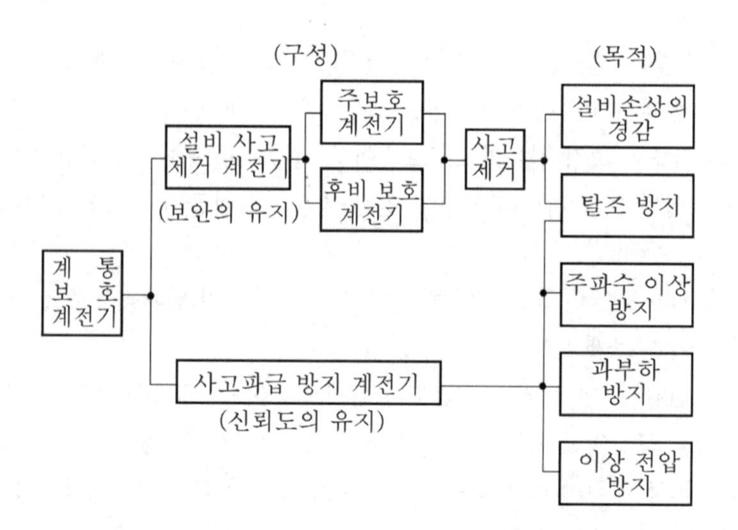

그림 10.1 **보호 계전 시스템의 구성 개요도**

10.1.2 보호 계전 시스템의 역할과 기능

보호 계전 시스템은 전력 계통에 사고가 발생하였을 때 피해를 가능한 한 경감시키고 그 영향이 파급되지 않게끔 한다는 것을 목적으로 해서

① 이상 부분을 정상 부분으로부터 분리하여 정상 부분이 이상 부분의 영향을 받지 않도록 한다.

② 이상 부분의 운전을 정지시킨다.

③ 이상 운전을 정상으로 회복시킨다.

와 같은 조치를 강구한다. 이와 같은 처리를 하는 보호 계전 시스템의 역할과 기능은 그림 10.2처럼 나타낼 수 있다. 곧 보호 계전 시스템이란 전력 계통의 전기적인 운전 상태를 센서인 계기용 변성기(PT) 및 계기용 변류기(CT)를 통해서 보호 계전기에 입력하여 보호 대상이 이상임을 검출하였을 경우에는 상술한 ①~③의 조치로서 차단기의 트립 코일(TC)을 여자하여 차단기를 개방함으로써 고장 구간을 차단한다. 이 트립에 필요한 제어용 전원으로서는 일반적으로 축전지를 사용하고 있다. 그림 10.3은 이러한 보호 계전 시스템의 전기 회로 구성 예를 보인 것이다.

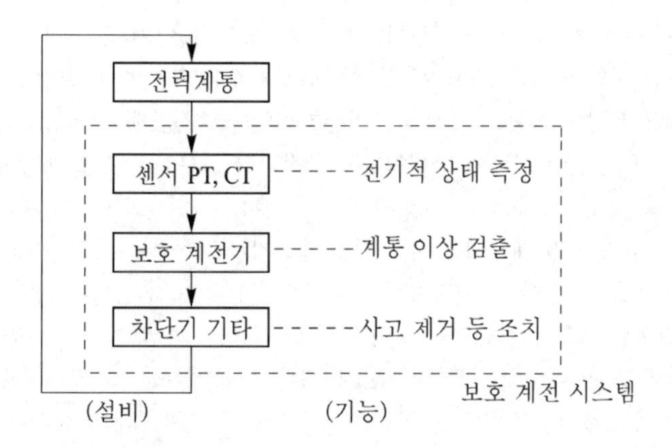

그림 10.2 보호 계전 시스템의 역할과 기능

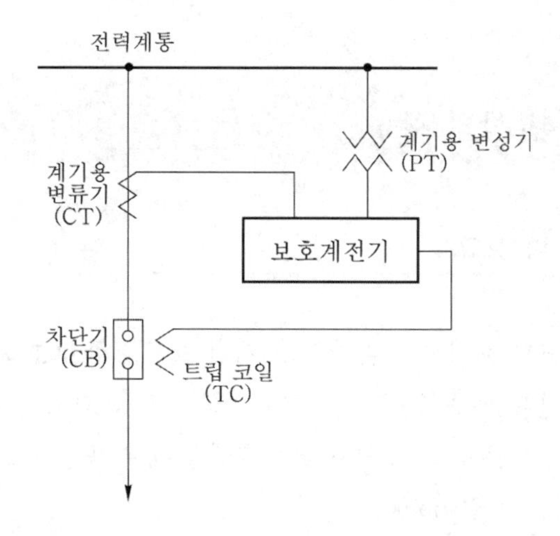

그림 10.3 보호 계전 시스템의 전기 회로 구성 예

예제 10.1 전력계통의 보호(보호 계전기)에 대해 간단히 설명하여라.

전력계통을 보호한다는 것은 계통 내의 각종 기기에 이상이 생기거나(고장) 계통 내에서 사고(정전을 수반)가 났을 때에 그 고장과 사고의 원인을 제공한 기기를 단기적으로 분리시켜서 그 기기의 손상을 작게 하거나 정전 범위가 확대되지 않도록 건전한 부분으로부터 분리시킨다는 것이다.

이와 같은 보호는 보호 계전기(릴레이)가 고장이나 사고가 났다는 것을 판단해서 즉시 차단기에 지령을 보내, 차단기로 하여금 이상이 발생한 부분(고장 난 기기라든지 사고가 난 선로 등)을 계통으로부터 분리시켜 줌으로써 이루어진다. 보호 계전기에는 크게 나누어 사고 제거 계전기와 사고 파급 방지 계전기의 두 가지 종류가 있다.

사고 제거 계전기는 송전선이나 배전선, 모선, 변압기 등의 기기마다 설치하게 된다. 이들은 전압 변성기(PT)라든가 전류 변성기(CT) 또는 다른 변전소의 전압이나 전류를 함께 사용하여 이들 기기에 낙뢰라든가 절연 열화 등에 의한 사고의 발생 여부를 판정하고 있다. 만약 사고가 발생했다고 판정되면 즉시 차단기를 개방하여 사고가 난 부분을 계통에서 분리하라는 신호를 보내게 된다.

사고 파급방지 계전기는 사고 제거 계전기가 작동해서 사고가 제거되더라도 조류(전기의 흐름)의 변화 등이 커져서 전력계통의 일부 내지 전체가 불안정하게 될 이상현상이 일어날 경우에 작동하는 것이다. 곧 이 계전기로 발전기나 부하를 적절히 제어한다거나 또는 이상이 있는 부분과 건전한 계통을 분리시킴으로써 계통을 안정화 시키는 것이다. 일반적으로 이러한 계전기는 아주 높은 고압의 주요 변전소라든가 제어소에 설치되고 있다.

10.2 보호 계전 방식의 구성

10.2.1 주보호와 후비 보호

전력 계통에 발생한 사고를 제거하기 위한 보호 계전 방식은 **주보호 계전 방식**과 **후비 보호 계전 방식**으로 나눌 수 있다. 주보호는 신속하게 고장 구간을 최소 범위로 한정해서 제거한다는 것을 책무로 하며, 후비 보호는 주보호가 실패했을 경우 또는 보호할 수 없을 경우에 일정한 시간을 두고 동작하는 백업(back up) 계전 방식이다.

(1) 주보호 계전 방식

그림 10.4에서 사고 제거는 차단기의 개방에 의해서 행해지기 때문에 차단기로 둘러싸인 최소 범위, 즉 그림의 점선으로 둘러싸인 범위가 사고 제거를 위한 최소 범위로 된다.

이와 같은 사고 제거를 최소 범위의 정전으로 끝나게끔 하는 차단 지령을 내리는 방식이 **주보호 계전 방식**이며 이 방식을 구성함에 있어서 주역이 될 계전기를 주보호 계전기라고 부르고 있다.

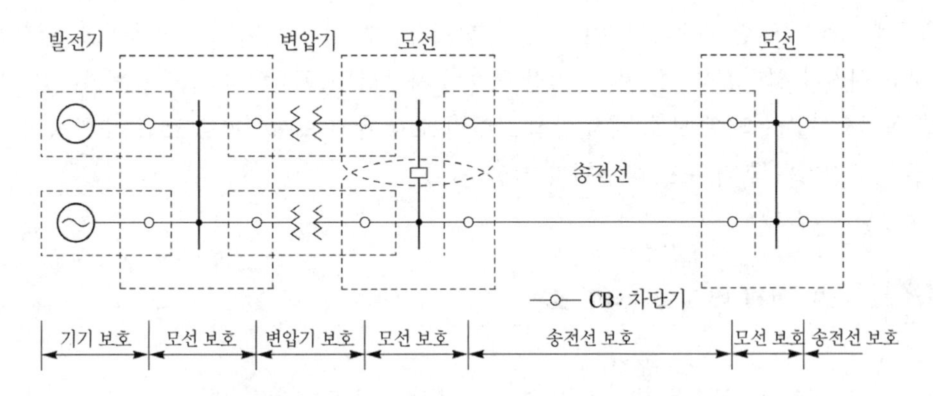

그림 10.4 보호 계전 방식에서의 보호 범위

(2) 후비 보호 계전 방식

후비 보호 계전기는 아래처럼 주보호 계전기로 보호할 수 없을 경우, 이것을 백업(back up)함과 동시에 사고 파급의 확대를 방지하는 것으로서 주보호 계전기와 병설된다.

① 주보호 계전기가 그 어떤 이유로 정지해 있는 구간의 사고
② 주보호 계전기에 결함이 있어 정상 동작을 할 수 없는 상태에 있는 구간의 사고
③ 차단기 사고 등 주보호 계전기로 보호할 수 없는 장소의 사고

후비 보호 계전 방식에는 다음과 같은 2가지 방식이 있다.

① 원격점 백업(back up) 보호 계전 방식(방향 거리 보호 계전 방식)
② 국지점 백업(back up) 보호 계전 방식

그림 10.5에서 가령 차단기 A는 개방되었지만 차단기 B가 동작하지 않은 사태를 상정할 필요가 있다. 그 원인으로서는 차단기 B를 개방하는 보호 계전기의 불량 또는 B차단기 자체의 고장에 의한 경우 등을 생각할 수 있으나 어느 경우이건 이대로는 사고 구간이 제거되지 않아서 계통에 큰 피해를 주게 될 것이다.

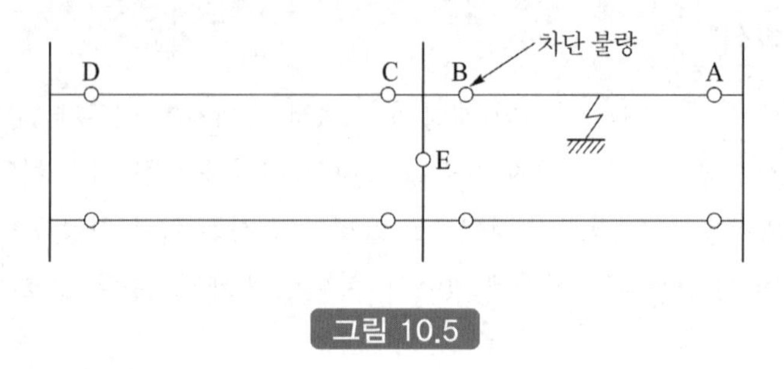

그림 10.5

이때 B에 가장 근접한 C(D라도 된다) 및 E를 개방하면 되는데 이와 같이 주보호 계전기에 의한 사고 제거가 실패했을 경우에는 인접 구간의 차단기를 개방해서 사고를 제거하고 있다. 이러한 목적으로 사용되는 보호 계전 방식을 후비 보호 계전 방식이라 부르고 이 방식의 주역을 이루는 계전기를 후비 보호 계전기라고 한다.

10.2.2 보호 계전 방식의 구비 조건

보호 계전 방식이 그 역할을 다하기 위하여 요구되는 구비 조건을 열거하면 다음과 같다.

1) 고장 회선 내지 고장 구간의 선택 차단을 신속 정확하게 할 수 있을 것

최근에 와서는 특히 주요 고전압 선로에서 1선 지락 등은 철탑과 전선간의 아크로 될 경우가 가장 많기 때문에 이와 같은 고장 회선을 차단하고 아크가 꺼질 무렵(20 사이클 정도 후)에 이른바 **재폐로**(reclosing)를 실시하고 있다. 이것은 어디까지나 고장 발생시 고장 구간만을 확실하게 선택 차단해서 고장 파급 범위를 될 수 있는 대로 최소 범위로 한정시키자는 데 그 목적이 있다.

2) 과도 안정도를 유지하는 데 필요한 한도 내의 동작 시한을 가질 것

가령, 1)의 선택 차단을 하게 될 때 만일 계전기의 동작 시한이 느려서 타이밍을 맞추지 못하면 설사 선택 차단에 성공했다 하더라도 계통의 안정 운전을 계속할 수 없으며, 전계통의 동요 사고를 일으켜서 불안정 상태에 이르게 되는 수가 있다.

3) 적절한 후비 보호 능력이 있을 것

만일 보호 구간의 제1단 계전기 또는 차단기가 그 어떤 고장으로 동작하지 않는 경우에도 자기 단자 또는 인접 구간의 **후비 보호 계전기**에 의해서 사고의 파급 범위를 최소한으로 줄여야 한다.

4) 계통 구성이라든지 발전기 운전 대수의 변화에 따른 고장 전류의 변동에 대해서도 동작 시

간의 조정 등으로 소정의 계전기 동작이 수행되어야 할 것

5) 전력 계통 운용의 입장에서도 보호 계전 방식 전체가 경제적이어야 할 것

10.3 보호 계전기의 분류

일반적으로 보호 계전기의 종류는 다종다양하며, 그 분류 방법도 동작 기구, 동작 한시 특성, 용도(기능) 등에 따라 여러 가지가 있다.

(1) 동작 기구상의 종류

1) 유도형 계전기

유도형 계전기는 이동 자계 또는 회전 자계에 의한 유도 작용에 의해서 원판 또는 원통에 생기는 토크(torque)를 사용해서 접점을 개폐하는 구조의 것으로서 현재 송전 계통에 사용되는 계전기로서는 이 유도형이 제일 많다.

2) 전류력계형 계전기

고정 코일과 가동 코일에 전류를 흘려서 양자 사이에 작용하는 토크를 이용하는 구조의 것으로서 고속도 동작이 가능하므로 교류 계전기 전반에 사용되고 있다.

3) 가동 철심형 계전기

가동 철심형 계전기는 전류 코일의 전자력만으로 철심을 운동시키는 전자형과 전자 코일에 흘리는 전류의 극성에 따라서 철편의 흡인력의 방향을 변화시키는 유극형의 두 가지가 있다. 구조는 간단하지만 정밀성이 약간 떨어지기 때문에 보조 계전기로서 사용되고 있다.

4) 가동 코일형 계전기

가동 코일형 계전기는 가동 코일형 계기와 같은 원리로서 영구 자석의 자계 중에 가동 코일을 회전하도록 한 것이다. 소비 전력은 작지만 토크도 작아서 주로 직류 계전기로서 많이 쓰이고 있다.

5) 전자형(정지형) 계전기

일찍부터 진공관, 트랜지스터를 사용한 여러 가지 종류의 계전기가 개발 이용되어 왔었다. 그러나 최근에는 마이크로일렉트로닉스의 진보로 소형 경량이면서 성능이 좋은 IC 등의 회로 소자가 개발됨에 따라 앞으로는 각종 논리 회로 및 전자 부품을 이용한 고성능의 전자형 계전

기가 더욱 더 많이 실용화되어 나갈 것으로 예상되고 있다. 전자형 계전기에는 정류형, 위상 비교형 등이 있다.

(2) 동작 시간에 의한 분류

보호 계전기는 송배전 계통에 고장이 일어났을 경우 신속하게 이것을 검출하는 것이 그 임무이다. 계전기에 정해진 최소 동작값 이상의 전압 또는 전류가 인가되었을 때부터 그 접점을 닫을 때까지에 요하는 시간, 즉 동작 시간을 **한시** 또는 **시한**(time limit)이라고 한다. 여기서 계전기를 동작시키는 최소 전류를 **최소 동작 전류**라고 한다. 계전기를 한시 특성으로 분류하면 다음과 같다.

1) 순한시 계전기

정정(set)된 최소 동작 전류 이상의 전류가 흐르면 즉시 동작하는 것으로서 한도를 넘은 양과는 아무 관계가 없다. 보통 0.3초 이내에서 동작하도록 하고 있으나 특히 그 중에서도 0.5~2 사이클 정도의 짧은 시간에서 동작하는 것을 **고속도 계전기**라고 부르고 있다.

2) 정한시 계전기

정정된 값 이상의 전류가 흘렀을 때 동작 전류의 크기와는 관계 없이 항상 정해진 시간이 경과한 후에 동작하는 것

3) 반한시 계전기

정정된 값 이상의 전류가 흘러서 동작할 때 동작 시간을 가령 예를 들어 전류값에 반비례시킨다든지 해서 전류값이 클수록 빨리 동작하고 반대로 전류값이 작으면 작은 것만큼 느리게 동작하는 것

4) 반한시성 정한시 계전기

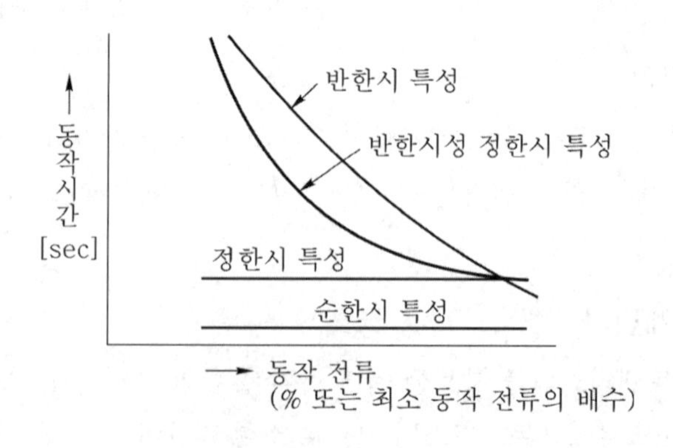

그림 10.6 **계전기의 한시 특성**

위에서 설명한 2)와 3)의 특성을 조합한 것으로서 어느 전류값까지는 반한시성이지만 그 이상이 되면 정한시로 되는 것으로서 실용상 가장 적절한 한시 특성이라고 할 수 있다.

그림 10.6은 이상 4가지의 한시 특성을 나타낸 것이다.

(3) 용도(기능)상의 분류

계전기를 보호 목적, 즉 용도면에서 간추려서 분류하면 다음과 같다.

1) 단락 보호용 계전기

① **과전류 계전기**(Over Current relay ; OC)

일정값 이상의 전류가 흘렀을 때 동작하며 일명 **과부하 계전기**라고 불려진다. 송전 선로에서는 각종 기기(발전기, 변압기)라든지 선로뿐만 아니라 배전 선로, 배전반 등에 많이 사용되는 극히 일반성이 있는 계전기이다.

② **과전압 계전기**(Over Voltage relay ; OV)

일정값 이상의 전압이 걸렸을 때 동작한다. 일반적으로 발전기가 무부하로 되었을 경우의 과전압 보호용으로서 쓰는 경우가 많다.

③ **부족 전압 계전기**(Under Voltage relay ; UV)

전압이 일정값 이하로 떨어졌을 경우, 예를 들면 대형 유도 전동기 등에서 갑자기 공급 전압이 내려갔을 때 지나친 과전류가 흐르지 않게끔 동작하는 것이다. 단락시의 고장 검출용으로도 사용되고 있다.

④ **단락 방향 계전기**(Directional Short circuit relay ; DS)

어느 일정 방향으로 일정값 이상의 단락 전류가 흘렀을 때 동작하는 것인데, 일반적으로는 이때 동시에 전력 조류가 반대로 되기 때문에 **역전력 계전기**라고도 한다.

⑤ **선택 단락 계전기**(Selective Short circuit relay ; SS)

병행 2회선 송전 선로에서 한 쪽의 1회선에 단락 고장이 발생하였을 경우 2중 방향 동작의 계전기를 사용해서 고장 회선의 선택 차단을 할 수 있는 것으로서 방향 단락 계전기에 의한 것, 또는 양 회선의 전류차로 동작하는 계전기 등을 사용한다.

⑥ **거리 계전기**(Distance relay ; Z)

계전기가 설치된 위치로부터 고장점까지의 전기적 거리에 비례한 한시에서 동작하는 것으로서 복잡한 계통의 단락 보호에 과전류 계전기의 대용으로 쓰인다. 고장점으로부터 일정한 거리 이내일 경우에는 순간적으로 동작할 수 있게 한 것을 **고속도 거리 계전기**라고 한다.

⑦ **방향 거리 계전기**(Directive Distance relay ; DZ)

거리 계전기에 방향성을 가지게 한 것으로서 복잡한 계통에서 방향 단락 계전기의 대용으로 쓰인다.

2) 지락 보호 계전기

① **과전류 지락 계전기**(Over Current Ground relay ; OCG)

과전류 계전기의 동작 전류를 특별히 작게 한 것으로서 지락 고장 보호용으로 사용한다.

② **방향 지락 계전기**(Directional Ground relay ; DG)

과전류 지락 계전기에 방향성을 준 것

③ **선택 지락 계전기**(Selective Ground relay ; SG)

병행 2회선 송전 선로에서 한 쪽의 1회선에 지락 고장이 일어났을 경우 이것을 검출해서 고장 회선만을 선택 차단할 수 있게끔 선택 단락 계전기의 동작 전류를 특별히 작게 한 것이다.

3) 기타

① **탈조 보호 계전기**(Step-Out protective relay ; SO)

송전 계통에 발생한 고장 때문에 일부 계통의 위상각이 커져서 동기를 벗어나려고 할 경우 이것을 검출하고 그 계통을 분리하기 위해서 차단하지 않으면 안 될 경우에 사용한다.

② **주파수 계전기**(Frequency relay ; F)

계통의 주파수가 허용폭 이상으로 변동하였을 경우에 동작하는 것

③ **한시 계전기**(Times Limit relay ; TL)

각종의 계전기 동작에 특별히 한시를 주었을 경우에 사용하는 계전기이다.

10.4 보호 계전 방식의 적용

10.4.1 송전 선로의 보호 계전 방식

송전 선로의 보호 계전 방식은 그 보호 대상인 선로의 길이가 길고 넓은 지역으로 뻗어 있기 때문에 낙뢰 등 자연의 위협을 받기 쉽고, 또 부하 변동이라든가 수·화력 발전력의 변화, 계통 접속의 변경, 시시각각의 조류 변화 등으로 그 운전 상태가 수시로 변화하고 있다. 이러한 운전 조건 아래에서 고장 구간 선택의 확실성, 고장 차단 시간의 신속성, 계전기 동작의 신뢰성 등을 유지해야 할 송전 선로의 보호는 기기라든지 모선의 보호와 비교해서 한층 더 어려운 점이 많다.

현재 사용되고 있는 송전선 보호 계전 방식은 다음과 같이 분류된다.

- 전류 차동 원리를 이용한 방식(파일럿 와이어 또는 PCM 전송)
- 전류 위상 비교 방식
- 방향 비교 방식
- 거리 측정 방식
- 전류 균형 방식
- 과전류 방식

표 10.1에 이들 방식의 성능 및 특징을 요약해서 보인다.

표 10.1 각종 보호 계전기의 성능 비교

	동작 속도	다상 재폐로의 가능성	검출 감도	자동 감시의 가능성	다단자에의 적용 가능성	전송로 여건
전류 차동 보호 계전 방식 (파일럿 와이어 전송)	빠르다	가 능	높다	가 능	가 능	파일럿 와이어 회선이 필요 (단, 30[km]미만)
전류 차동 보호 계전 방식 (PCM 전송)	빠르다	가 능	높다	가 능	가 능	마이크로파 회선이 필요
전류 위상 비교 보호 계전 방식	빠르다	가 능	높다	가 능	요주의	마이크로파 회선이 필요
방향 비교 보호 계전 방식	빠르다	어렵다	낮다	어렵다	요주의	전력선 반송 회선이 필요
거리 보호 계전 방식	느리다	어렵다	낮다	어렵다	가 능	불가
전류 균형 보호 계전 방식	느리다	어렵다	낮다	어렵다	가 능	불가
과전류 방식	느리다	어렵다	낮다	어렵다	가 능	불가

10.4.2 방사상 선로의 단락 보호 방식

(1) 전원이 1단에만 있을 경우

그림 10.7에 나타낸 바와 같이 전원이 1단에만 있는 방사상 송전 선로에서는 고장 전류는 모두 발전소로부터 방사상으로 흘러나간다.

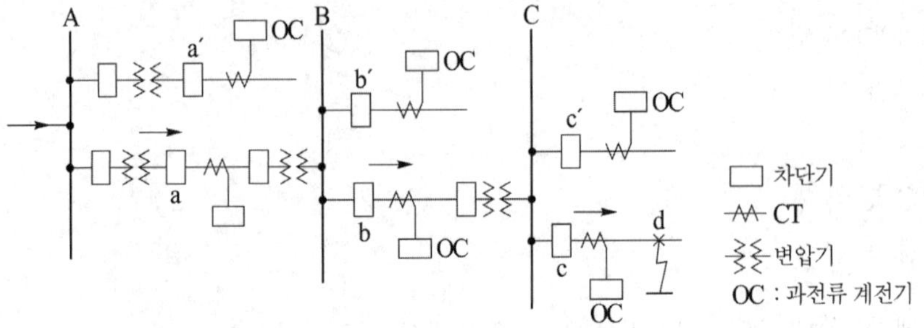

그림 10.7 방사상 송전선의 보호 방식

가령 d점에서 단락 사고가 발생하면 단락 전류는 화살표와 같이 흘러서 a, b, c의 각 과전류 계전기는 모두 다 같이 동작을 개시한다. 그러므로 이대로 둔다면 선로 말단에서의 고장 발생으로 전 계통이 정지될 것이다.

이때, 각 계전기의 시한 정정을 적당히 조절해서 가령 어떤 전류가 흐르더라도 반드시 a보다 b가, b보다 c가 빨리 동작하도록 한다면 d점의 고장에 대해서는 c모선 이하의 선로만 차단되어서 고장 구간을 최소한으로 한정시킬 수 있다. 물론, 이때 계전기의 한시차는 차단기의 차단 시간 이상으로 잡아 주어야 한다는 것은 더 말할 것 없고 보통은 안전을 감안해서 이것을 0.4~0.5초 정도로 잡고 있다.

한편 위처럼 직렬로 설치된 계전기가 많아지면 전원에 제일 가까운 발전소의 인출구의 계전기 시한은 그 직렬단수 배만큼 길어지겠지만 실제는 계통의 과도 안정도라든지 기기에 미치는 충격 등을 고려해서 최대 시한을 2초 정도로 제한하는 것이 보통이다.

만일 최대 시한이 2초 이상으로 되면 각 계전기의 시한 간격을 더 줄이든지 또는 시한차의 제한을 받지 않는 표시선 보호 계전 방식을 중간 부분에 사용한다.

(2) 전원이 양단에 있을 경우

그림 10.8에 나타낸 바와 같이 전원이 양단에 있을 경우는 단락 전류가 양측에서 흘러 들어가게 되므로 과전류 계전기만 가지고 서는 고장 구간을 선택 차단할 수 없다.

이러한 경우에는 그림 10.8에 도시한 바와 같이 방향 단락 계전기(DS)와 과전류 계전기(OC)를 조합시켜서 사용한다. 즉, 방향 단락 계전기를 a군, b군의 2조로 나누고 a군은 G_A 발전소로부터 외부를 향하는 전류로 동작하게 하고 b군은 G_B 발전소로부터 외부를 향하는 전류로 동작하게 한다. 이때, 동작 시한을 a군에서는 a_1보다 a_2, a_2보다 a_3의 순으로 짧게 조정해 둔다. b군에서도 마찬가지이다. 이렇게 하면 가령 P점에서 단락 사고가 발생하였을 때 a

군에서는 a_1보다 a_2가 빨리 동작하고 b군에서는 b_1보다 b_2가 빨리 동작하게 된다. 또 b_3, a_3은 전류의 방향이 거꾸로 되고 있기 때문에 동작하지 않아서 결국 b_2, a_2만이 차단 동작을 일으켜서 고장 구간을 선택 차단할 수 있게 된다.

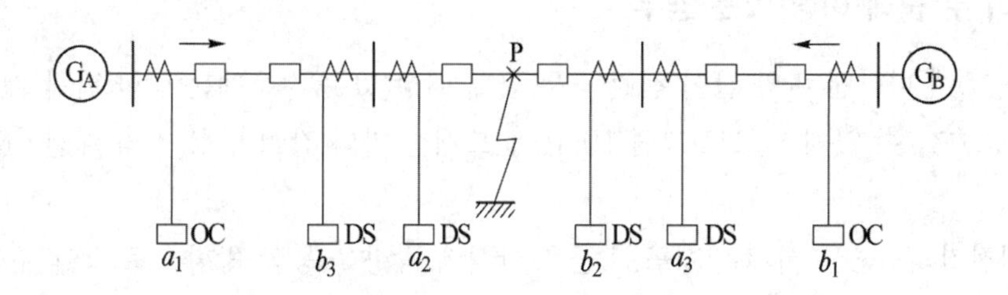

그림 10.8 양단 전원 단일 선로의 보호 방식

10.4.3 환상 선로의 단락 보호 방식

(1) 전원이 1단에만 있을 경우

그림 10.9에 나타낸 바와 같이 1단에만 전원이 접속되어 있는 환상 선로의 단락 보호는 어느 지점이건 양측에서 전류가 흘러들어 올 수 있기 때문에 양측에 전원이 있는 경우와 마찬가지로 볼 수 있다. 따라서 이 경우에는 그림 10.9에 나타낸 바와 같이 방향 단락 계전기를 사용한다.

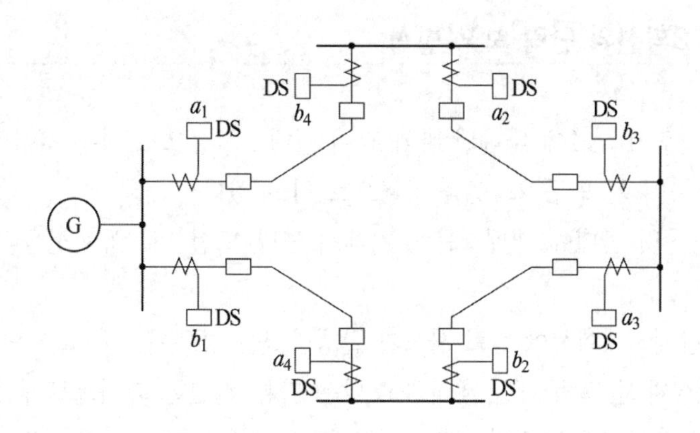

그림 10.9 환상 선로의 보호 방식(전원이 1단에만 있는 경우)

계전기는 a, b 2군으로 나누고 a군의 동작 방향은 a_1, a_2, a_3, a_4의 방향, b군의 동작 방향은 b_1, b_2, b_3, b_4의 방향으로 잡아 준다. 또, 동작 시한은 각각 1, 2, 3, 4의 순서로 길게 조정한다. 방향 거리 계전기의 적용에 대해서는 앞서 설명한 그대로이다.

(2) 전원이 두 군데 이상 있는 경우

그림 10.10에 나타낸 바와 같이 전원아 두 군데 이상 있는 경우에는 방향 단락 계전기(DS)만으로는 보호할 수 없게 되므로 그림 10.10에 도시한 바와 같이 방향 거리 계전기(DZ)를 사용한다.

이때, 계전기의 a군은 시계 방향을, b군은 반시계 방향을 동작 방향으로 잡아 준다.

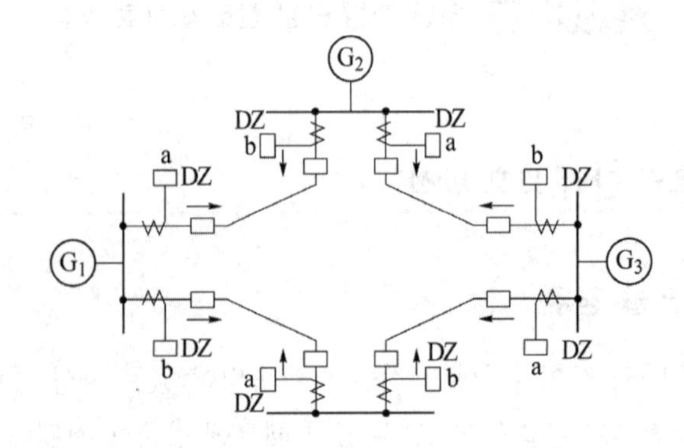

그림 10.10 환상 선로의 보호 방식(전원이 양단에 있는 경우)

10.4.4 병행 2회선의 단락 보호 방식

주요한 선로는 그림 10.11에 나타낸 바와 같이 병행 2회선으로 되는 것이 많다.(우리 나라에서도 기간 송전 선로는 모두 2회선을 기본으로 하고 있다).

이 경우에는 도중 몇 군데에 개폐소를 설치해서 연락 모선으로 양회선을 병렬로 연결하는 것이 일반적이다.

지금 임의의 구간에서 1회선에 단락 사고가 발생하였을 경우에는 사고가 난 그 구간의 양단의 차단기만을 개방해서 그 구간을 제거하고 남은 다른 건전한 회선으로 송전을 계속하도록 하고 있다. 물론 고장선이 차단되어 전부하가 다른 회선에 옮겨졌을 때 건전한 회선쪽이 이것에 견딜만한 용량을 가지고 있어야 한다는 것은 더 말할 것도 없다.

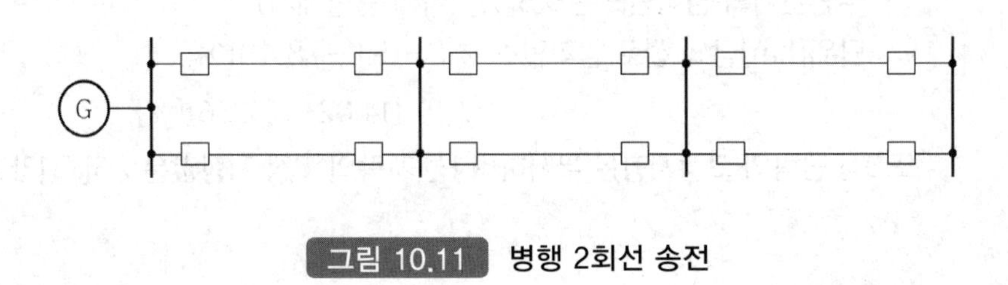

그림 10.11 병행 2회선 송전

병행 2회선의 선택 차단의 원리는 고장 회선과 건전 회선을 흐르는 전류의 크기에 차이가 난다는 것, 또는 위상이 180°다르다는 것을 이용하고 있다.

예제 10.2 66[kV]/6.9[kV], 6,000[kVA]의 3상 변압기 1대를 설치한 배전 변전소로부터 1.5[km]의 1회선 고압 배전 선로에 의해 공급되는 수용가의 인입구에서의 3상 단락 전류를 구하여라.

단, 변전소까지의 전원의 $\%X$는 3상 용량 10,000[kVA] 기준에서 정상분, 역상분 공히 16.5[%]라 하고 선로의 $\%R$ 및 $\%X$는 각각 km당 7.91[%], 7.22[%]라고 한다.

제의에 따라

변전소까지의 $\%X = 16.5[\%]$

배전선의 $\%R = 7.91[\%] \times 1.5 = 11.87[\%]$

배전선의 $\%X = 7.22[\%] \times 1.5 = 10.83[\%]$

따라서 합성 임피던스 Z는

$$\%Z = \sqrt{(11.87)^2 + (16.5 + 10.83)^2} = 29.8[\%]$$

$$3상\ 단락\ 용량 = \frac{P}{\%Z} \times 100 = \frac{10,000}{29.8} \times 100 = 33.6[\mathrm{MVA}]$$

$$3상\ 단락\ 전류\ I_s = \frac{33,600}{\sqrt{3} \times 6.9} = 2,810[\mathrm{A}]$$

예제 10.3 그림 10.12와 같은 송전 계통에서 변전소로부터 9[km] 떨어진 A점에서 각각

(1) 3상 단락 고장

(2) 1선 지락 고장

이 발생하였을 때의 3상 단락 전류(I_s)와 1선 지락 전류(I_g)를 구하여라.

단, 전원측(계통) 임피던스는 11[%]0.19 + j0.36 (100[MVA] 기준),

주변압기의 임피던스는 9.5[%] (자기 용량에서),
단위[km]당의 선로 임피던스 $Z_{l1} = (5.8 + j\,8.41)$[%],
$Z_{l0} = (14.02 + j\,32.36)$[%],
또 3상 단락의 고장저항은 무시하며 1선 지락의 고장 저항값은 7.5[Ω]라고 한다.

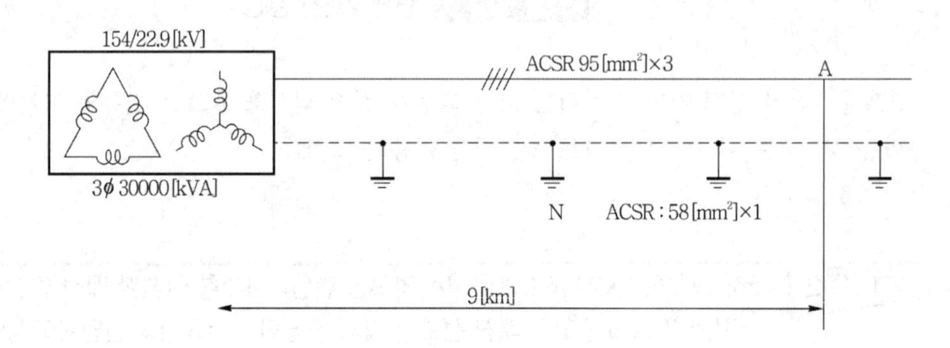

그림 10.12

(1) 먼저 3상 단락 전류 I_s를 구하면 식 (7.4)에서

$$I_s = \frac{100}{Z_1} \times \frac{100{,}000}{\sqrt{3} \cdot V} = \frac{100}{Z_1} \times \frac{100{,}000}{\sqrt{3} \times 22.9} = \frac{100}{Z_1} \times 2{,}521\,[\mathrm{A}]$$

이때

$$Z_1 = Z_s + Z_t + Z_{l1}$$

$$Z_s = j\,11\,[\%]$$

$$Z_t = j\,9.5 \times \frac{100}{30} = j\,31.7\,[\%] \;(100[\mathrm{MVA}]\text{ 기준})$$

$$Z_{l1} = (5.8 + j\,8.41) \times 9 = 52.2 + j\,75.7\,[\%]$$

$$\therefore\; Z_1 = Z_s + Z_t + Z_{l1}$$

$$= j\,11 + j\,31.7 + 52.2 + j\,75.7 = 52.2 + j\,118.4\,[\%]$$

$$\therefore\; I_s = \frac{100}{Z_1} \times 2{,}521 = \frac{100 \times 2{,}521}{52.2 + j\,118.4} = \frac{252{,}100}{52.2 + j\,118.4} \fallingdotseq 1{,}948\,[\mathrm{A}]$$

(2) 다음 1선 지락 전류 I_g는

$$I_g = \frac{3 \times 100}{Z_1 + Z_2 + Z_0 + 3R_f} \times \frac{100{,}000}{\sqrt{3} \cdot V}$$

$$= \frac{3 \times 100}{Z_1 + Z_2 + Z_0 + 3R_f} \times \frac{100{,}000}{\sqrt{3} \times 22.9}$$

$$= \frac{3 \times 100}{Z_1 + Z_2 + Z_0 + 3R_f} \times 2{,}521[\mathrm{A}]$$

여기서,

$$\begin{cases} Z_1 = Z_2 = Z_s + Z_t + Z_{l1} \\ Z_0 = Z_t + Z_{l0} \end{cases}$$

(1)에서

$$Z_1 = 53.1 + j\,118.4 = Z_2[\%]$$
$$Z_t = j\,31.7[\%]$$
$$Z_{l0} = (14.02 + j\,32.36) \times 9 = 126.2 + j\,291.2[\%]$$
$$\therefore\ Z_0 = 126.2 + j\,(31.7 + 291.2) = 126.2 + j\,322.9[\%]$$

또, R_f 는 7.5[Ω]을 100[MVA] 기준 % 임피던스로 환산하여야 하므로 %Z의 계산식으로부터

$$R_f = 7.5 \times \frac{100{,}000}{10 \times V^2} = 7.5 \times \frac{100{,}000}{10 \times 22.9^2} = 7.5 \times 19.1 \fallingdotseq 143.3[\%]$$

$$\therefore\ I_g = \frac{3 \times 2{,}521 \times 100}{Z_1 + Z_2 + Z_0 + 3R_f}$$
$$= \frac{3 \times 2{,}521 \times 100}{2(53.1 + j\,118.4) + (126.2 + j\,322.9) + (143.3 \times 3)}$$
$$= \frac{3 \times 2{,}521 \times 100}{662.3 + j\,559.7} = \frac{756{,}300}{662.3 + j\,559.7} \fallingdotseq 875[\mathrm{A}]$$

예제 10.4 앞 예제에서 지락 고장이 각각 0[Ω]와 40[Ω]일 때의 1선 지락 전류를 구하여라.

 예제 10.2에서

$$I_g = \frac{3 \times 2{,}521 \times 100}{Z_1 + Z_2 + Z_0 + 3R_f}$$

$R_f = 0[\Omega]$일 때

$$I_g = \frac{3 \times 2{,}521 \times 100}{2(53.1 + j118.4) + (126.2 + j322.9)} = \frac{756{,}300}{232.4 + j559.7} \fallingdotseq 1{,}250[\mathrm{A}]$$

$R_f = 40[\Omega]$일 때(100[MVA] 기준 % 임피던스로 환산해야 함)

$$I_g = \frac{3 \times 2{,}521 \times 100}{232.4 + j559.7 + 3 \times 746} = \frac{756{,}300}{2470.4 + j559.7} \fallingdotseq 298[\mathrm{A}]$$

예제 10.5 표시선 보호 계전 방식과 전력선 반송파 계전 방식에 대해 설명하여라.

표시선 계전 방식이란 보호해야 할 송전 선로의 선택 차단 구간의 양단간에 따로 표시선(pilot wire)을 설치해서 상용 주파의 신호 전류를 흘리게 한 것으로서 원리적으로는 차동 계전 방식과 같은 것이다. 가령 그 일례로서 그림 10.13은 전류 순환식 표시선 방식을 보인 것인데 평상시 및 보호 구간 외의 외부 고장시에는 억제 코일 RC에만 전류를 흘리지만, 내부 고장시에는 양단의 변류기의 2차 전류의 벡터차에 해당하는 전류가 동작 코일 OC에 흘러서 계전기를 즉시 동작하도록 하고 있다.

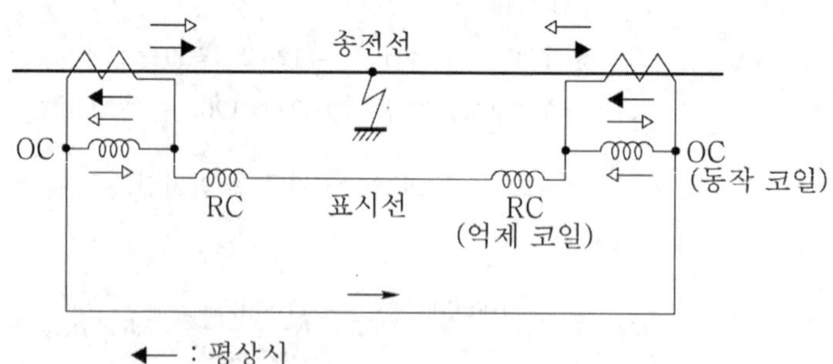

그림 10.13 전류 순환식 표시선 계전 방식의 원리

이 방식은 고장 선로의 양단을 동시에 차단할 수 있어서 그 동작은 확실하다. 그러나 표시선이라는 선로를 별도로 설치해야 하기 때문에 경제적으로는 장거리 송전선용으로서는 적합하지 않아서 주로 발전소 상호간, 변전소 상호간, 그 밖에 중요한 케이블 계통 등의 단거리 구간(20[km] 이내)에만 사용되고 있다.

참고로 최근에는 이러한 표시선 대신에 전력선에 200~300[kHz]의 고주파 반송 전류를 중첩시켜 이것으로 각 단자에 있는 계전기를 제어하는 **전력선 반송파 계전 방식**을 초고압 송전선을 비롯해서 주요 간선에 많이 쓰고 있다. 이 방식의 특징은 고장 구간의 선택이 확실하고, 동작이 예민하다는 등의 장점이 있어 신뢰도가 높은 계전 방식으로 평가받고 있다.

그러나 최근에는 한걸음 더 나가서 전력선 반송 대신에 900[kHz] 이상의 주파수인 마이크로파 통신 방식을 사용한 새로운 표시선 계전 방식이 등장하고 있다.

이 방식의 근본 원리는 반송파 계전 방식과 차이가 없다. 송전선의 사고 등과는 관계없이 안정된 전송이 가능하고 이용할 수 있는 채널 수에 여유가 있다는 것이 그 특징이다.

10.4.5 모선 보호 계전 방식

발・변전소의 모선은 송전선과 비교해서 보호해야 할 범위가 좁고 또한 뇌라든지 염해에 대해서도 충분히 절연을 강화하고 있기 때문에 사고율이 극히 낮은 것으로 보고 있다. 그러나 모선은 수많은 송전선 등이 집중하는 전력 계통의 중추가 되는 곳이기 때문에 만일 사고가 발생하였을 경우의 영향은 매우 커서 대규모 사고로 진전할 우려가 있다.

이를 방지하기 위해서 계통의 중추가 되는 모선에는 모선 보호 계전기를 적용해서 만약 모선에 사고가 발생하였을 때에는 확실하게 이것을 제거하도록 하고 있다. 또, 중요한 모선에는 후비 보호 계전 방식으로서 거리 방향 계전기를 설치해서 신뢰도 향상을 도모하고 있다.

현재 우리 나라에서의 모선 보호 계전 방식은 345[kV]의 $1\frac{1}{2}$ 모선 방식과 154[kV] 모선 및 제주 66[kV] 모선에 주로 적용하고 있으며 그 현황은 표 10.2에 보인 바와 같다.

참고로 그림 10.14에 모선 구성의 종류를 보인다.

표 10.2 모선 보호 계전 방식

전 압 별	보호 계전 방식 적용 현황
345[kV]	(고임피던스) 전압 차동 계전 방식 * 모선 구분 선택 보호
154[kV] 및 제주 66[kV] 계통	(고임피던스) 전압 차동 계전 방식 * 모선 일괄 보호 일주로 단모선에 적용, 위상 비교 계전 방식 * 모선 구분 선택 보호 가능

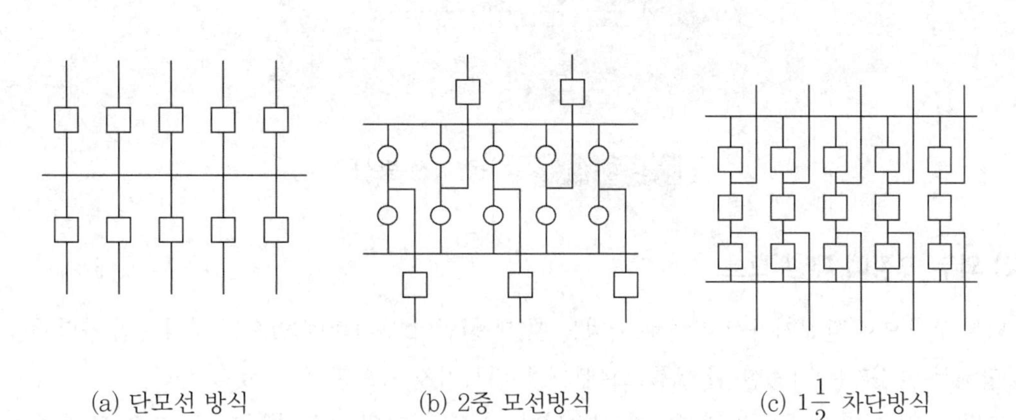

(a) 단모선 방식 (b) 2중 모선방식 (c) $1\frac{1}{2}$ 차단방식

그림 10.14 모선 구성도

10.4.6 발전기의 보호 계전 방식

(1) 내부 고장에 대한 보호

발전기의 코일은 Y로 결선되어 있기 때문에 발전기의 단자측 및 중성점측으로부터 뽑을 수 있는 각각 3개의 도선을 사용해서 발전기의 보호 계전 방식을 형성할 수 있다.

발전기의 내부 단락 고장의 보호로서는 보통 그림 10.15에 나타낸 바와 같이 차동 계전 방식을 많이 사용한다.

단자측과 중성점측의 각 상에 정격이 같은 변류기(CT)를 넣고 2차측을 차동적으로 접속해서 여기에 전류 계전기를 물려 주면(교락) 차동 계전 방식으로 되고 계전기는 발전기 권선의 단자측과 중성점측의 전류를 비교해서 그 사이에 벡터 차가 생기면 동작하게 된다. 이때,

① 단자측의 CT의 위치는 발전기로부터 모선까지의 도체를 전부 보호 범위 내에 포함시킬 것
② 발전기의 단락 전류의 크기가 사용한 CT의 과전류 계수 이하로 될 것
③ 양측의 CT의 부담을 될 수 있는 대로 작게 하고 또한 균등하게 부담시키도록 할 것 등의 몇 가지 점에 주의할 필요가 있다.

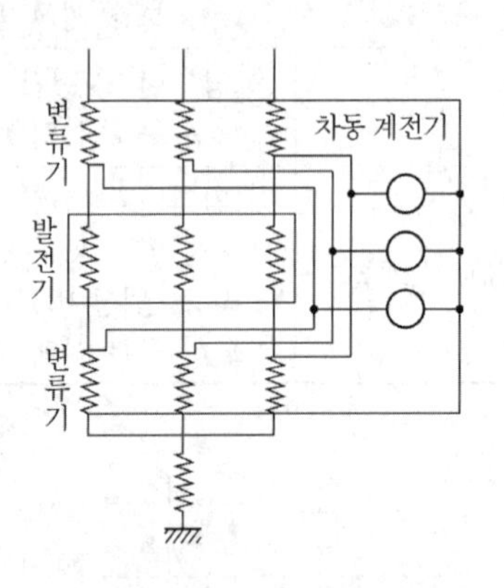

그림 10.15 차동 계전 방식

(2) 외부 고장에 대한 보호

외부 고장으로 발전기가 과부하로 되었을 때 그 원인이 부하측에 있으면 부하측의 차단기를 차단해서 발전기는 가능한 한 계통으로부터 분리시키지 않도록 하는 것이 좋다.

그러나, 그 어떤 원인으로 과부하가 계속된다든지 발전기의 모선이나 모선까지의 도체 중에 사고가 일어났을 경우에는 발전기측의 차단기를 차단하지 않을 수 없다.

이를 위해서는 일반적으로 반한시 과전류 계전기가 사용되고 있는데 그 시한 정정은 부하측

의 차단기가 먼저 동작하고 난 뒤에 동작하게끔 1~2초 정도로 잡아 주고 있다.

과전류 계전기를 단자측에 넣었을 때에는 단독 송전 계통일 경우에는 외부 고장에 대해서만 동작하고 내부 고장에 대해서는 동작하지 않는다. 그러나 이것을 중성점측에 넣었을 경우에는 발전기가 단독 송전 계통을 이루거나 또는 다른 계통과 병행 운전하고 있든지 간에 과전류 계전기는 내부 고장에 대해서도 동작하기 때문에 가능한 한 이것을 중성점측에 접속해서 쓰는 것이 좋다.

10.4.7 변압기의 보호 계전 방식

변압기의 내부 고장에 대한 보호용으로서 현재 가장 많이 쓰이고 있는 것은 **비율 차동 계전 방식**이다. 변압기의 내부 고장에 대해서는 발전기에서와 같은 차동 계전기는 사용할 수 없다. 왜냐하면 발전기의 경우는 평상 운전 시 단자측의 전류와 중성점측의 전류가 같지만 변압기의 경우에는 비록 저압측의 전류와 고압측의 전류를 변류기의 2차측에서 5[A]로 같게 하고 있더라도 이것은 어디까지나 부하 전류에 대한 것으로 여자 전류만큼의 차이는 언제나 존재하기 때문이다.

여자 전류는 저・고압측 중 한 쪽에만 흐르고 다른 쪽에는 흐르지 않기 때문에 계전기의 동작 코일에는 평상시에도 여자 전류가 흐르고 있는 것이다. 거기에 덧붙여서 변압기의 외부에 고장이 나더라도 저압측과 고압측에 들어 있는 변류기의 정격이 다르기 때문에 가령 단락 전류가 흘렀을 경우 포화해서 각각의 전류비를 바꾸게 되고 이 때문에 오차 전류가 발생해서 이것이 동작 코일에 흐르게 된다.

그러므로, 위에서 본 바와 같이 변압기의 내부 고장이 아닌 데도 동작 코일에 전류가 흐르는 수가 있기 때문에 이것만으로 내부 고장을 판정할 수 없게 된다. 그래서, 그림 10.16에서 나타낸 바와 같은 계전기의 억제 코일에 흐르는 전류의 일정[%]값 이상의 전류가 동작 코일에 흘렀을 때에만 비로소 이 계전기는 변압기에 내부 고장이 일어난 것으로 판정해서 동작하도록 되어 있다.

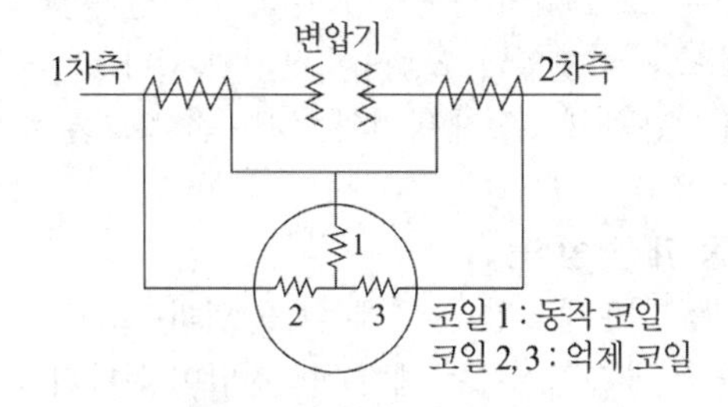

그림 10.16 비율 차동 계전기

이때의 전류 비율로서는 통상 30~35[%] 정도로 잡고 있다. 즉, 억제 코일에 흐르는 전류의 30[%] 또는 35[%] 이상의 전류가 동작 코일에 흘렀을 때에 비로소 이 계전기는 동작하게 된다. 이와 같은 비율을 지니도록 하면 설령 외부 고장이 일어났을 때 양측의 변류기에 포화 현상이 생겨 전류비가 변화하게 되더라도 이 계전기는 오동작하지 않게 되는 것이다.

최근의 대용량 변압기는 3상 변압기로 만들어지고 그 최대 자속 밀도도 점점 높아지는 경향이 있다. 이 때문에 변압기를 살릴 때의 여자의 돌입 전류도 커져서 이것이 계전기의 오동작을 일으키는 원인으로 되고 있다. 한편 이 돌입 전류의 파형은 고조파분을 많이 포함하고 있기 때문에 고조파 필터를 사용해서 고조파를 뽑아내고 이것을 거꾸로 억제 코일에 흘려줌으로써 계전기의 억제력을 높일 수 있다.

중요한 발・변전소에서는 신뢰도 향상을 도모하기 위해서 정지형(전자식) 계전기의 채택으로 성능을 향상시키고 그 밖에 후비 보호 계전기로서 거리 방향 계전기를 설치해서 한층 더 보호 능력을 향상시키고 있다.

예제 10.6 발・변전소의 모선 보호 계전 방식에 대해 설명하여라.

모선 사고는 어쩌다가 한 번 일어날 수 있는 사고이지만 일단 사고가 일어나면 그 영향이 크고 전력 계통에 중대한 지장을 주기 때문에 신속하게 고장 제거를 할 수 있는 선택성이 높은 보호 계전 방식이 요구된다. 아래에 중요한 보호 방식만을 간추려서 설명해 본다.

(1) 전류 차동 계전 방식

모선 내 고장과 외부 고장에서는 모선에 유입하는 전류의 합계와 유출하는 전류 합계의 총계가 틀린다는 것을 이용해서 고장 검출을 하는 방식이다. 곧, 각 CT의 2차 회로를 차동적으로 접속하고 거기에 과전류 계전기를 설치하면 모선 내 고장에서는 동작 코일이 작동해서 보호하고 모선 외부 고장에서는 동작하지 않는다는 원리에 의거하는 것이다.

이 방식은 CT 특성의 불균형 또는 과전류 영역에서의 특성차 등에 의해서 외부 고장에서도 동작 코일의 오동작이 생기기 쉽다. 그러므로 차동 회로에 비율 차동 계전기를 사용하고 오동작 방지의 억제력을 주도록 한 비율 차동 계전 방식이 일반적으로 채용되고 있다.

(2) 전압 차동 계전 방식

이것은 차동 회로에 넣는 전류 계전기를 임피던스가 큰 전압 계전기로 바꾸어 준 것으로서 모선 내 고장시에는 계전기에 전압이 인가되어서 동작하는 방식이다. 외부 고장시 변류기가 포화해서 오차 전류가 생기더라도 차동 회로는 고임피던스 때문에 흐르지 않고 변류기 2차 회로를 환류하므로 오동작을 방지할 수 있다.

(3) 위상 비교 계전 방식

모선에 접속된 각 회선의 전류 위상을 비교함으로써 모선 내 고장인지 외부 고장인지를 판별하는 방식이다. 곧 외부 고장일 경우에는 고장 회선의 유출 전류와 다른 회선의 전류 위상이 역위상으로 되지만, 모선 내 고장시에는 고장 전류가 모선으로 향하기 때문에 거의 동위상으로 된다. 따라서 이것을 계전기로 검출하여 동위상일 때만 동작해서 모선을 보호하도록 하고 있다.

(4) 방향 비교 계전 방식

모선에 접속된 각 회선에 전력 방향 계전기 또는 거리 방향 계전기를 사용한다. 모선으로부터 유출하는 고장 전류가 없는데 어느 회선으로부터 모선 방향에 고장 전류의 유입이 있었을 경우에는 곧 이것을 모선 고장이라고 판단해서 보호하는 방식이다.

예제 10.7 그림 10.17과 같은 전력 계통이 있다. 각 부분의 %임피던스는 그림에 보인 대로이며 모두가 10[MVA]의 기준 용량으로 환산된 것이다.
이 전력 계통에서

(1) 차단기 a의 차단 용량[MVA]
(2) 차단기 b의 차단 용량[MVA]

은 각각 얼마의 것을 사용하는 것이 좋은가?

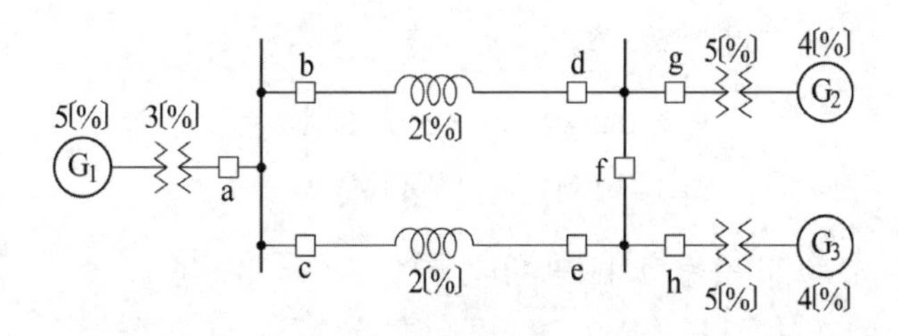

그림 10.17

고장 전류 중 G_1으로부터 흐르는 전류를 I_{G1}, G_2로부터 흐르는 전류를 I_{G2}, G_3으로부터 흐르는 전류를 I_{G3}라 한다. 또, 10[MVA]에 대한 정격 전류를 I_n이라고 한다.

(1) 차단기 a의 바로 우측에서 단락 고장이 일어났을 경우 a에 흐르는 전류 I_a는

$$I_a = I_{G1} = I_n \times \frac{100}{5+3} = 12.5\, I_n$$

차단기 a의 바로 좌측에서 단락 고장이 일어났을 경우 a에 흐르는 전류 I_a'

$$I_a' = I_{G2} + I_{G3} = 2 \times I_n \cdot \frac{100}{4+5+2} \fallingdotseq 18.2 I_n$$

$I_a' > I_a$ 이므로 I_a' 에 대해서 차단 용량을 결정해 주면 된다. 지금 정격 전압(선간 전압)을 V_n 이라고 하면 차단기 a의 차단 용량 P_a 는

$$P_a = \sqrt{3}\,V_n \cdot I_a' = \sqrt{3} \cdot V_n \cdot I_n \times 18.2 = 10 \times 18.2$$
$$= 182[\text{MVA}] \;(\because\; \sqrt{3}\,V_n I_n = P_n = 10[\text{MVA}])$$

(2) 차단기 b에 대해서도 마찬가지로 구할 수 있다. 차단기 b의 바로 우측에서 고장이 일어났을 경우 b에 흐르는 전류 I_b 는

$$I_b = I_{G1} + I_{G3} = I_n \cdot \frac{100}{5+3} + I_n \cdot \frac{100}{4+5+2} \fallingdotseq 21.6 I_n$$

b의 바로 좌측에서 고장이 일어났을 경우 b에 흐르는 전류 I_b' 는

$$I_b' = I_{G2} = I_n \cdot \frac{100}{4+5+2} = 9.1 I_n$$

$I_b > I_b'$ 이므로 이 경우에는 I_b 에 대해서 차단 용량을 정해 주면 된다. 차단기 b의 차단 용량 P_b 는

$$P_b = \sqrt{3}\,V_n \cdot I_b = \sqrt{3}\,V_n I_n \times 21.6 = 10 \times 21.6 = 216[\text{MVA}]$$

그러므로

$$P_a = 182[\text{MVA}] \rightarrow 200[\text{MVA}]$$
$$P_b = 216[\text{MVA}] \rightarrow 250[\text{MVA}]$$

의 것을 설치하면 된다.

예제 10.8 그림 10.18과 같은 전력 계통이 있다. S점에 3상 단락 고장이 발생하였을 경우 고장점에서의 전류값을 구하여라. 또, 차단기 C의 차단 용량은 몇 [kVA]이어야만 하는가? 단, 각 부분의 용량 및 임피던스는 그림에 나타낸 바와 같고 모선 전압은 100[kV]라고 한다.

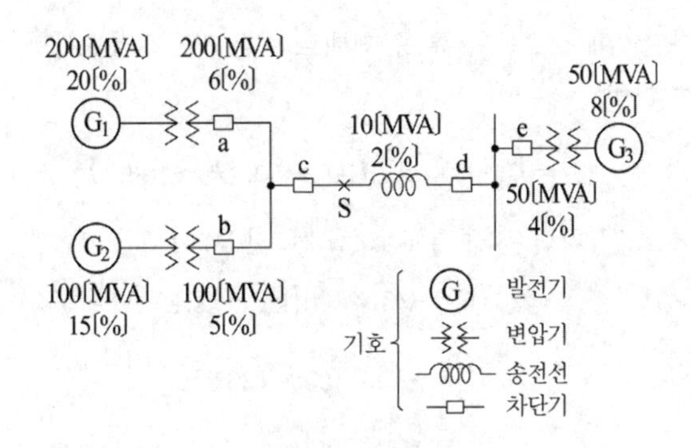

그림 10.18

각 부분의 % 임피던스를 모두 10[MVA]의 기준으로 환산하면

G_1 발전기 : $20[\%] \times \dfrac{10[\text{MVA}]}{200[\text{MVA}]} = 1[\%]$

G_1 변압기 : $6[\%] \times 10/200 = 0.3[\%]$

G_2 발전기 : $15[\%] \times 10/100 = 1.5[\%]$

G_2 변압기 : $5[\%] \times 10/100 = 0.5[\%]$

G_3 발전기 : $8[\%] \times 10/50 = 1.6[\%]$

G_3 변압기 : $4[\%] \times 10/50 = 0.8[\%]$

S점에 흐르는 고장 전류 중에 G_1으로부터 흐르는 것을 I_{G1}, G_2로부터 흐르는 것은 I_{G2}, G_3으로부터 흐르는 것을 I_{G3}라 하고 10[MVA]에 대한 정격 전류를 I_n이라고 한다.

$$I_{G1} = I_n \cdot \frac{100}{1+0.3} = 76.9\, I_n$$

$$I_{G2} = I_n \cdot \frac{100}{1.5+0.5} = 50.0\, I_n$$

$$I_{G3} = I_n \cdot \frac{100}{1.6+0.8+2} = 22.7\, I_n$$

고장 전류를 I_s 라고 하면

$$I_s = I_{G1} + I_{G2} + I_{G3} = (76.9+50.0+22.7)\, I_n = 149.6\, I_n$$

한편,

$$I_n = \frac{10 \times 10^3\ [\text{kVA}]}{\sqrt{3} \times 100\ [\text{kV}]} = 57.7[\text{A}]$$

$$\therefore\ I_s = 149.6 \times 57.7 = 8{,}632[\text{A}]$$

차단기에 흐르는 전류 중 최대로 되는 것은 S점에서의 3상 단락 전류이다. 이것을 I_c라고 하면

$$I_c = I_{G1} + I_{G2} = 76.9\,I_n + 50.0\,I_n = 126.9\,I_n$$

$$\begin{aligned}\text{차단 용량} &= \sqrt{3} \times \text{모선 전압} \times I_c \\ &= \sqrt{3} \times 100[\text{kV}] \times I_c[\text{kVA}] = \sqrt{3} \times 100 \times 126.9\,I_n \\ &= \sqrt{3} \times 100 \times 126.9 \times \frac{10 \times 10^3}{\sqrt{3} \times 100} \\ &= 1{,}269{,}000[\text{kVA}] = 1{,}269[\text{MVA}]\end{aligned}$$

예제 10.9 그림 10.19에서 G는 1,000[kVA]와 2,000[kVA]를 갖는 소수력 발전소로서 발전소 내에는 정격 차단 용량 150[MVA]의 차단기가 사용되고 있다. 이 발전소를 10,000[kVA]의 주변압기를 갖는 인접한 변전소 S와 연계해서 운전하고자 할 경우 발전기의 차단기는 절체하지 않고 연계선에 한류 리액터 X를 삽입하려고 한다. 이때 X의 리액턴스는 얼마로 하면 되겠는가? 그림에 도시한 정수 이외는 모두 무시하는 것으로 한다.

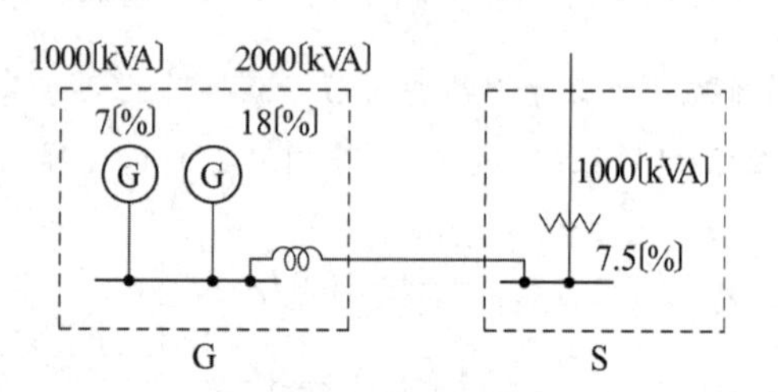

그림 10.19

풀이 기준 용량 P_0를 1,000[kVA]로 선정해서 우선 G 단독일 때의 단락 용량 P를 구해 본다.

$$X_{G1} = 7 \times \frac{1{,}000}{1{,}000} = 7[\%]$$

$$X_{G2} = 8 \times \frac{1{,}000}{2{,}000} = 4[\%]$$

발전기 모선에서의 합성 리액턴스 X_G는

$$X_G = \frac{7 \times 4}{7+4} = 2.545[\%]$$

이때의 단락 용량 P_{SG}는

$$P_{SG} = \frac{100}{2.545} \times P_0 = \frac{100}{2.545} \times 1,000[\text{kVA}] = 39.293[\text{MVA}]$$

다음 변전소 S에서의 변압기 X_{TS}는 1,000[kVA] 기준에서

$$X_{TS} = 7.5 \times \frac{1,000}{10,000} = 0.75[\%]$$

변전소 S와 연계하였을 때의 모선 단락 용량이 150[MVA]를 넘지 않기 위해서는 S로부터의 유입 전력이 다음과 같아야 한다.

$$\frac{100}{0.75 + X} \times 1,000[\text{kVA}] < (150 - 39.293) \times 1,000[\text{kVA}]$$

이것으로부터 X를 계산하면

$$X > 0.153[\%]$$

곧, 1[MVA] 기준에서 0.153[%] 이상의 리액턴스 값으로 하면 된다.

최 · 신 · 송 · 배 · 전 · 공 · 학

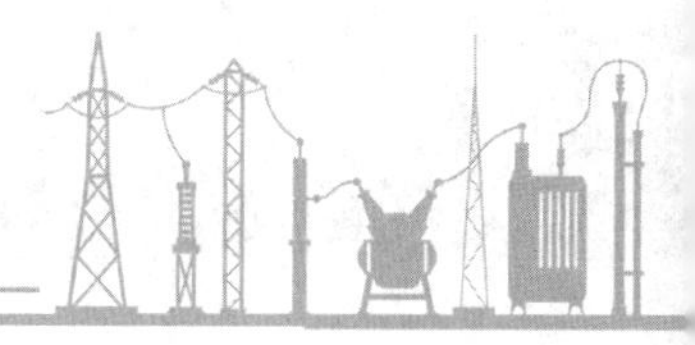

Transmission Distribution Engineering

11장 변전소

11.1 변전소의 역할

발전소에서 발전한 전력을 수용가에게 공급하는 과정에서는 여러 단계에 걸쳐 전압을 승압해 주거나 강압시켜 줄 필요가 있으며, 또 발전력, 송전력을 집중하거나 배분해 줄 필요가 있다. **변전소**는 이러한 역할 이외에도 전압 조정, 전력 조류 제어, 송배전 선로 및 변전소에 설치된 설비를 보호한다는 중요한 역할을 담당하고 있다.

한편 이들 기능을 다하기 위해서는 이에 소요되는 설비를 구비하는 한편 안정 운전을 계속할 수 있어야 하고 설비의 보수도 확실히 할 수 있어야 한다. 다음에 간단히 변전소의 역할과 구비 조건을 간추려 본다.

(1) 변압기능(전압을 바꾸거나 조종한다.)

효율적으로 전기를 흘려주기 위해 전압을 바꾸어주는 기능이다. 이 역할은 변압기라는 설비로 실시되는데 이에 의해서 적정한 전력 수송 능력의 확보, 전력 수송 설비의 경감과 전력 손실의 감소를 도모할 수 있다. 변전소에서는 3상 교류를 취급하기 때문에 변압기는 3상용의 것을 1대, 또는 단상용의 것을 3대 접속해서 3상 교류용으로 사용하고 있다. 아울러 양질의 전력을 공급하기 위해 수용가의 수전 전압이 허용 범위 내에 들도록 자동 전압 조정 장치와 조상설비로 전압을 조정하고 있다.

(2) 전력의 집배기능(전기의 흐름을 집중-분배한다.)

발전소에서 만들어진 전기나 다른 변전소로부터 보내온 전기를 일단 모아서 소비지나 다른 변전소 등에 나누어주는 역할이다. 발전소에서 만들어진 전기를 그대로 소비지에 보내게 되면 가령 그 도중의 송전선로에 벼락이 떨어진다면 전기의 흐름이 끊겨서 소비지에 전기가 못 가게 된다. 이 때문에 전기를 모선이라는 설비에 일단 모아서 거기서부터 전압을 낮추는 변압기라든가 다른 송전선에 전기를 분배함으로써 사고가 발생한 경우에도 정전범위가 확대되지 않도록 하고 있다. 송배전선의 인입구와 인출구에는 차단기와 단로기가 설치되어 있으며 필요에 따라 개폐가 이루어진다.

(3) 보호, 제어기능(송배전선로 및 변전소를 보호, 제어한다.)

전력계통의 안전한 운전을 지탱하는 기능이다. 안전한 운전이란 정전 없이 양질의 전기(미리 정해진 범위 내에서의 일정한 전압과 주파수의 전기)를 소비지까지 계속해서 보낼 수 있는 상태를 말한다. 전력 설비는 광범위하게 분포되어 자연 재해에 노출되고 있으며 또한 과부하에 의해서 설비가 위험 상태에 빠지기 쉬울 뿐만 아니라 설비 자체에도 사고가 일어날 가능성이 많다. 이와 같은 사태에 대비해서 송배전선로 및 변전소를 보호하기 위한 여러 가지 보호 장치가 변전소에 설치되고 있다.

(4) 전력조류 제어기능(전기의 흐름을 조정한다.)

유효 전력의 제어는 발전소의 출력 조정이 그 주축을 이루고 있지만 이 밖에도 변전소에서는 전력 계통의 접속 변경, 계통 내 설비의 과부하 방지, 사고시의 공급 지장 범위 확대 방지 등을 위해 적절한 조류 배분을 한다. 한편 무효 전력의 제어는 발전소에서의 무효 전력 공급보다도 가능한 한 소비 지점 가까이에서 무효 전력을 공급하는 것이 유효하기 때문에 변전소에 설치된 전력용 콘덴서와 분로 리액터 등의 조상 설비를 많이 이용하고 있다.

11.2 변전소의 설비

변전소는 상술한 목적과 역할을 다하기 위해서 필요한 설비를 설치하고 있으며 또한 이들을 운전, 보수하는 데 소요되는 시설도 구비하고 있는데 그 개요는 다음과 같다.

(1) 주변압기

변전소 설비의 주체가 되는 것으로서 전압의 변성을 주목적으로 하고, 발전소에서는 승압용, 변전소에서는 강압용 변압기가 사용된다. 변압기에는 단상용과 3상용이 있는데 경제적으로 유리한 3상용이 많이 쓰이고 있지만, 고전압 대용량의 변압기의 경우에는 오히려 단상용이 더 많이 채용되고 있다.

또한, 전력 전송용의 변압기는 부하시 탭 절환 변압기를 사용해서 전압 조정 및 무효 전력을 제어한다. 그 밖에 루프 시스템의 전력 조류를 제어하기 위해 전압 위상 조정 장치도 채용되고 있다.

예제 11.1 변압기의 원리를 설명하여라.

변압기는 그림 11.1에 보인 바와 같이 철로 된 철심에 동(구리)으로 된 권선이 감겨져 있는 기기이다. 입력 측(1차측)과 출력 측(2차측)에는 권선의 감긴 수(권수 N)가 다르게 되어 있어, 이 권수의 비율에 따라 교류의 전압을 바꿀 수 있다. 가령 출력 측의 권수(N_2)가 입력 측의 권수(N_1)의 2배라면 출력 측의 전압 V_2를 입력 측의 전압 V_1의 2배로 높일 수 있게 된다.

곧, $V_2 = V_1 \times (N_2/N_1) = V_1 \times (2/1) = 2V_1$

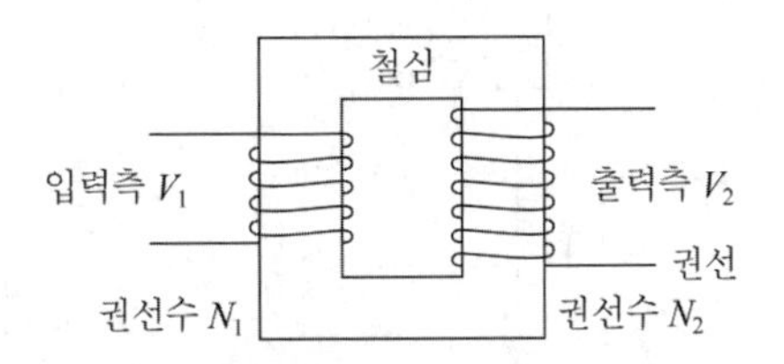

그림 11.1 변압기의 원리

(2) 조상 설비

조상 설비는 송・수전단 전압이 일정하게 유지되도록 하는 조정 역할과 역률 개선에 의한 송전 손실의 경감, 전력 시스템의 안정도 향상을 목적으로 하는 설비이다. 일반적으로 동력 부하는 유도성 부하가 많으므로 중부하시에는 큰 지상 전류가 흘러 전압 강하와 전압 변동률이 크게 된다. 한편 장거리 송전시 경부하로 되면 선로의 대지 커패시턴스 때문에 페란티 현상이 발생하게 된다. 이처럼 송전선에 흐르는 무효 전류는 전력 손실을 증대시킴과 동시에 송전 용량을 감소시켜 시스템의 안정도를 저하시킨다. 따라서 이들의 영향을 제거하기 위해 수전단에서 중부하시에는 진상 무효 전력을, 경부하시에는 지상 무효 전력을 공급하여 송전선의 전압을 조정하고 있다.

조상 설비에는 동기 조상기, 비동기 조상기, 전력용 커패시터 및 분로 리액터 등이 있다. 동기 조상기는 여자를 조정함으로써 진상 무효 전류와 지상 무효 전류를 연속적으로 공급할 수 있으며, 전력용 커패시터는 진상 전류만을 단계적으로 공급하는 기능을 가지므로 변전소 및 부하의 말단에 병렬로 접속해서 역률을 조정한다.

조상 설비에는 회전기와 정지형 설비가 있는데 전자에는 동기 조상기와 비동기 조상기가 있으며 후자에는 전력용 콘덴서, 병렬 리액터가 있다. 회전기는 진상, 지상 어느 쪽에서도 사용할 수 있고 또 연속적인 제어가 가능하다는 점에서 유리하지만 가격이 비싸고 운전 보수가 어렵다는 단점 때문에 최근에는 정지형 설비인 전력용 콘덴서가 보다 많이 보급되고 있다.

전력용 콘덴서는 그림 11.2에 보인 것처럼 고압용의 것은 3상형의 콘덴서, 직렬 리액터, 방전 코일로 구성되며(최근에는 이를 함께 조합해서 유닛화 하고 있다), 특고압용의 것은 단상용을 Y결선하고 중성점측에 직렬 리액터, 중간에 방전 코일을 설치하고 있다(1군의 용량은 80~100[MVA] 정도).

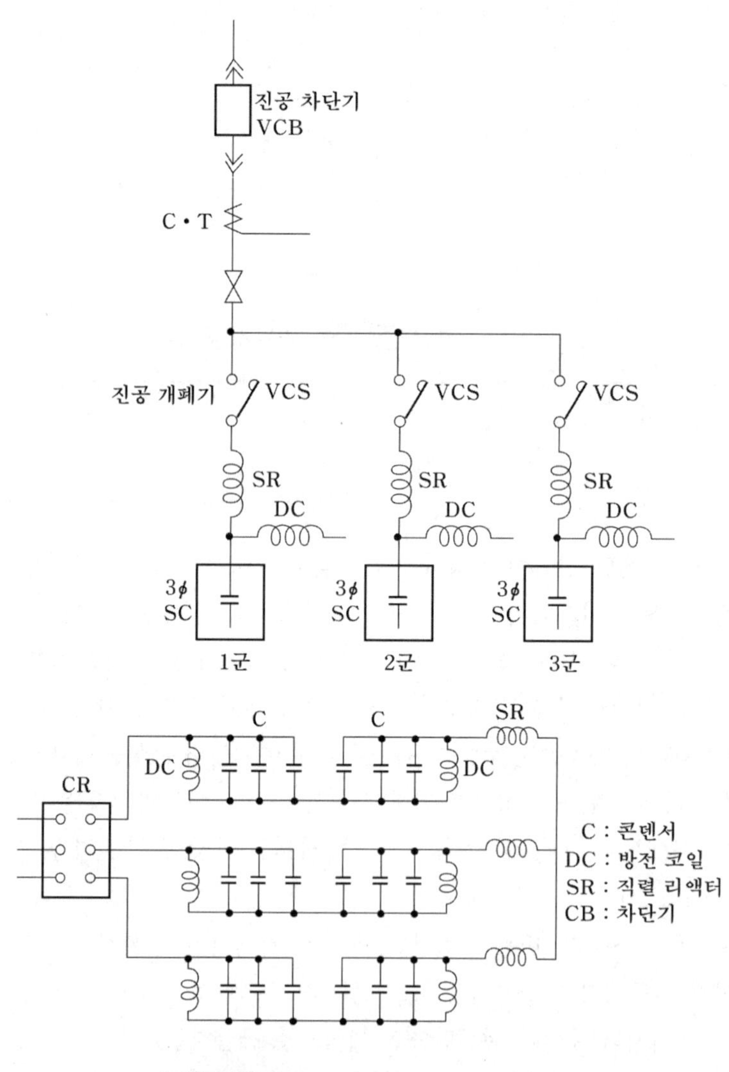

그림 11.2 전력용 콘덴서의 접속 예

참고로 표 11.1에 각 조상 설비의 비교를 보인다.

표 11.1 조상 설비의 비교

비교 항목	전력용 콘덴서	분로 리액터	동기 조상기
가격	저렴	저렴	고가
운전 유지	간단	간단	복잡
전력 손실	적다 (출력의 0.3[%] 이하)	약간 적다 (출력의 0.6[%] 이하)	크다 (출력의 2~3[%] 정도)
보수	간단	간단	번잡
무효 저력 흡수	진상용	지상용	지상과 진상 양용
조정 방법	계단적	계단적	연속적
전압 유지 능력	작다	작다	크다
안정도에의 영향	없다	없다	있다
시송전	불가능	불가능	가능

(3) 모선

변전소에서의 송전 선로의 접속 방식은 모선 방식에 따라 결정되는데, **모선**(bus)이란 주변압기, 조상 설비, 송전선, 배전선 및 기타 부속 설비가 접속되는 공통 도체로서 이것의 재료로는 경동 연선, 경알루미늄 연선 및 알루미늄 파이프가 사용되고 있다.

예제 11.2 모선의 역할을 설명하여라.

먼저 그림 11.3과 같은 간단한 단일계통을 살펴보기로 한다. A발전소에서 발전한 전력을 D변전소를 거쳐서 M수용지로 보내고 있다. 마찬가지로 B발전소는 전력을 E변전소를 거쳐 N수용지로 보내고 있다.

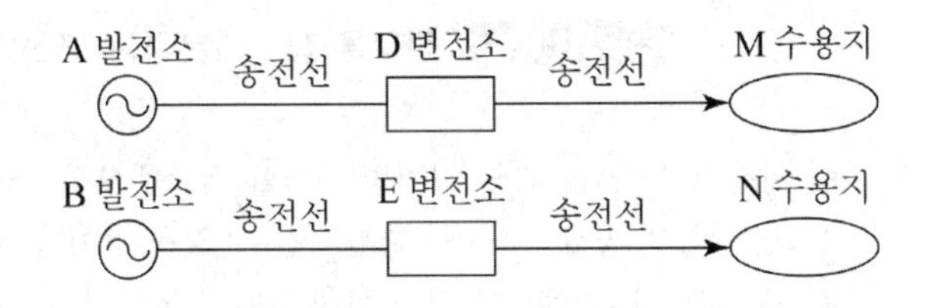

그림 11.3 간단한 단일계통의 일례

가령 이때 A발전소가 정지하면 M수용지는 정전될 것이다. B발전소가 있는 계통의 경우도 마찬가지이다. 그 밖에 M수용지의 수요가 늘어서 A 발전소의 출력을 초과하게 되면 제아무리 B발전소의 출력에 여유가 있더라도 이대로라면 그 여력을 융통할 길이 없어서 부분적인 정전이 불가피할 것이다. 이러한 상황은 각 발전소의 정전뿐 아니라 각 발전소 설비의 정기점검 시에도 마찬가지일 것이다.

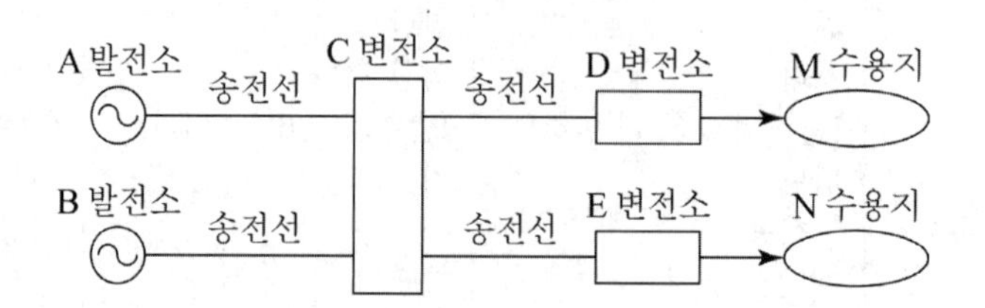

그림 11.4 전력의 집 · 배분 개요도

이번에는 그림 11.4처럼 A, B발전소에서 머지않은 곳에 C변전소를 만들어서 양 발전소의 전력을 모은 다음 거기서부터 C, D변전소에 공급하는 경우를 본다면 이때는 어느 한쪽의 발전소가 정지하더라도 수요량의 합계가 남은 건전한 발전소의 능력을 초과하지 않는 한 정전은 면할 수 있을 것이다. 여기서는 C점에 변전소를 건설하기로 하였지만, 그림 11.5처럼 보다 간단히 양 발전소로부터 보내온 전력을 모선이라고 불러지는 왼쪽 선에 연결한 다음 변압기를 거쳐 오른편의 모선에 접속시켜서 거기서부터 D, E변전소로 보낸다면 상기한 효과를 그대로 볼 수 있을 것이다.

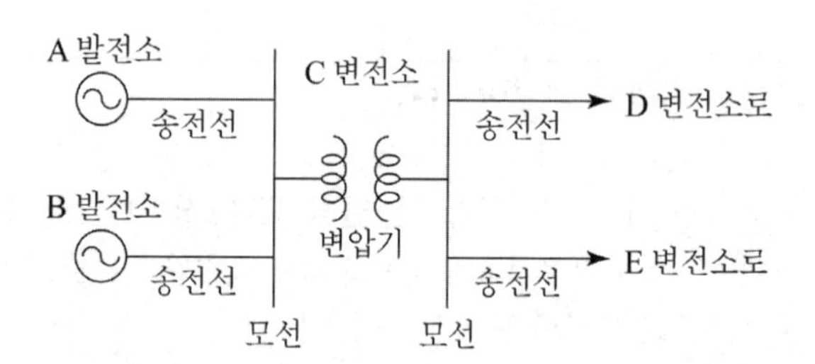

그림 11.5 전력을 집 · 배분하는 모선의 개요도

굳이 변전소가 아니더라도 이처럼 전력을 집 · 배분하는 전선(이것을 모선이라고 함)만 있으면 계통의 공급신뢰도를 향상시킬 수 있을 것이다. 이것이 곧 모선의 역할을 보인 것이다. 그림 11.5에서는 이 모선을 간단히 전선의 접속관계로만 표시하였지만, 실제로의 모선구성은 여기에 차단기, 단로기, 피뢰기 등의 여러 가지 기기들이 추가되고 있다는 것은 더 말할 필요가 없다.

모선 방식에는 단일 모선 방식, 표준 2중 모선 방식, $1\frac{1}{2}$ 차단기 방식, 환상 모선 방식 등이 있으며, 변전소의 계통상의 위치, 용량 등을 고려하여 적절한 방식을 채용한다.

단일 모선은 그림 11.6에 나타낸 것처럼 가장 단순한 모선 방식으로서 차단기 등의 소요 기기, 변전소 용지 등이 적어서 경제적이지만, 가령 모선 차단기의 사고 또는 보수・점검시 변전소 전체가 정전된다는 문제점을 지니고 있다.

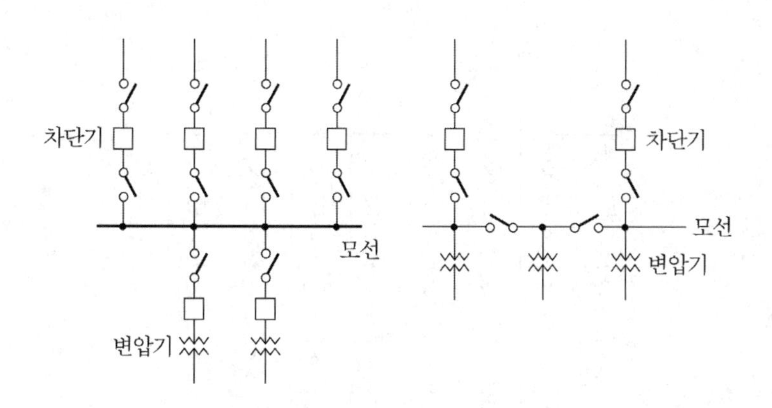

그림 11.6 단일 모선 회로도

복모선은 그림 11.7과 같이 통상 2중 모선을 사용하고 있다. 이것은 단모선에 비해 모선간 차단기, 단로기, 모선 및 소요 면적이 증가하지만 기기의 점검・보수라든지 계통 운용이 쉬워진다는 장점이 있다. 가령 한쪽 모선의 사고에 대해서는 모선간 차단기 및 사고 모선에 접속된 선로 또는 변압기를 제거함으로써 사고를 제외시킬 수 있다. 또한, 선로 사고에 대해서도 모선간 차단기를 개방함으로써 단락 전류를 억제할 수 있다.

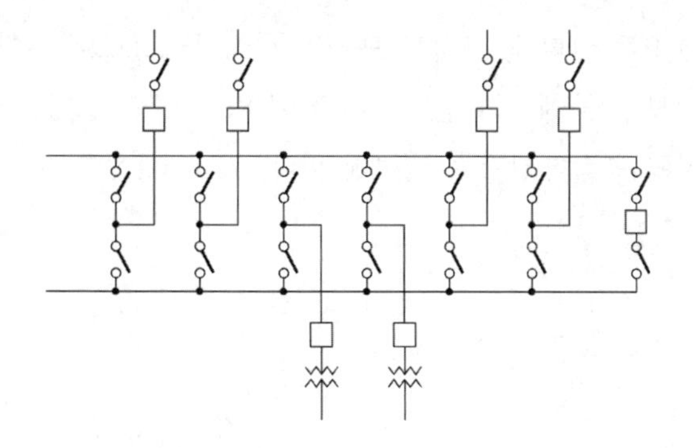

그림 11.7 표준 2중 모선 회로도

평상시 모선간 차단기를 개방해서 모선을 분할, 운용한다면 계통을 서로 다른 계통으로서도 운용할 수 있어서 효율적인 계통 운용을 기할 수 있다.

이러한 2중 모선 방식에서 모선 사고라든지 점검·보수시의 정전 범위를 축소하기 위해 그림 11.8과 같은 $1\frac{1}{2}$ 차단기 방식을 쓰는 경우가 많으나, 이 방식은 사고시의 계통 신뢰도를 높이는 데 유리한 점이 있는 반면, 소요 용지라든지 경제성이라는 면에서 불리한 점도 없지 않다.

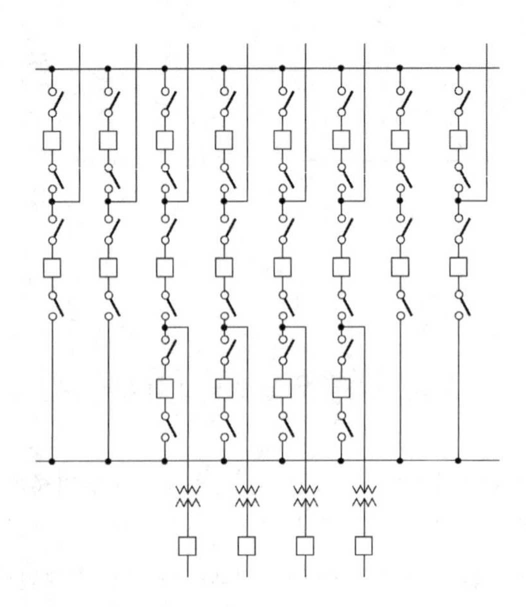

그림 11.8 $1\frac{1}{2}$ 차단기 방식 모선 회로도

환상 모선은 그림 11.9에 나타낸 것처럼 모선이 환상(루프)으로 되어 있어서 모선의 부분 정전, 차단기의 점검·보수 등에서는 편리한 장점이 있는 반면, 모선 내의 직렬 기기의 전류가 커지거나 보호 방식이 복잡해진다는 결점이 있다.

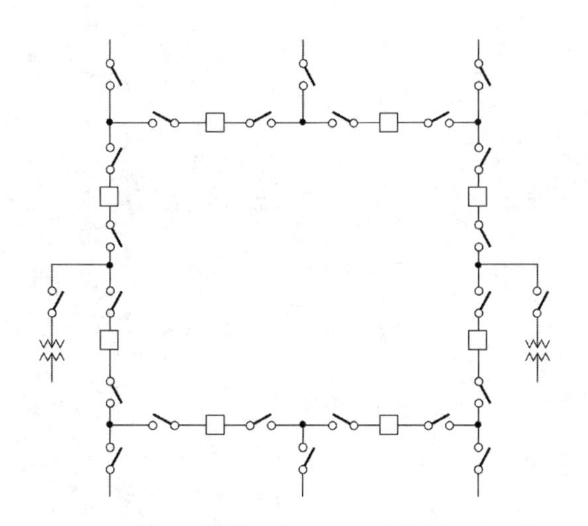

그림 11.9 환상 모선 회로도

(4) 차단기

차단기는 부하 전류는 물론 고장시에 발생하는 대전류를 차단시켜 설비를 보호하며, 변전소 내의 점검·수리 등의 작업시에 작업 장소를 정전시키기 위해서 필요한 설비이다.

또한, 전력 시스템의 대형화에 따른 단락 용량의 증대, 고장의 신속한 제거, 고속도 다중 재폐로 등의 요구에 따라 전기적, 기계적으로 신뢰성이 높은 형식의 차단기가 개발되어 사용되고 있다. 차단기는 그 소호 원리에 따라 표 11.2와 같이 분류되고 있다.

표 11.2 소호 원리에 따른 차단기의 종류

종 류	약 어	소호 원리
유입 차단기	OCB	소호실에서 아크에 의한 절연유 분해 가스의 흡부력(吸付力)을 이용해서 차단한다.
기중 차단기	ACB	대기 중에서 아크를 길게 하여 소호실에서 냉각 차단한다.
자기 차단기	MBB	대기 중에서 전자력을 이용하여 아크를 소호실 내로 유도해서 냉각 차단한다.
공기 차단기	ABB	압축된 공기를 아크에 불어넣어서 차단한다.
진공 차단기	VCB	고진공 중에서 전자의 고속도 확산에 의해 차단한다.
가스 차단기	GCB	고성능 절연 특성을 가진 특수 가스(SF_6)를 흡수해서 차단한다.

그림 11.10은 이상에서 설명한 차단기의 구조를 보인 것이다.

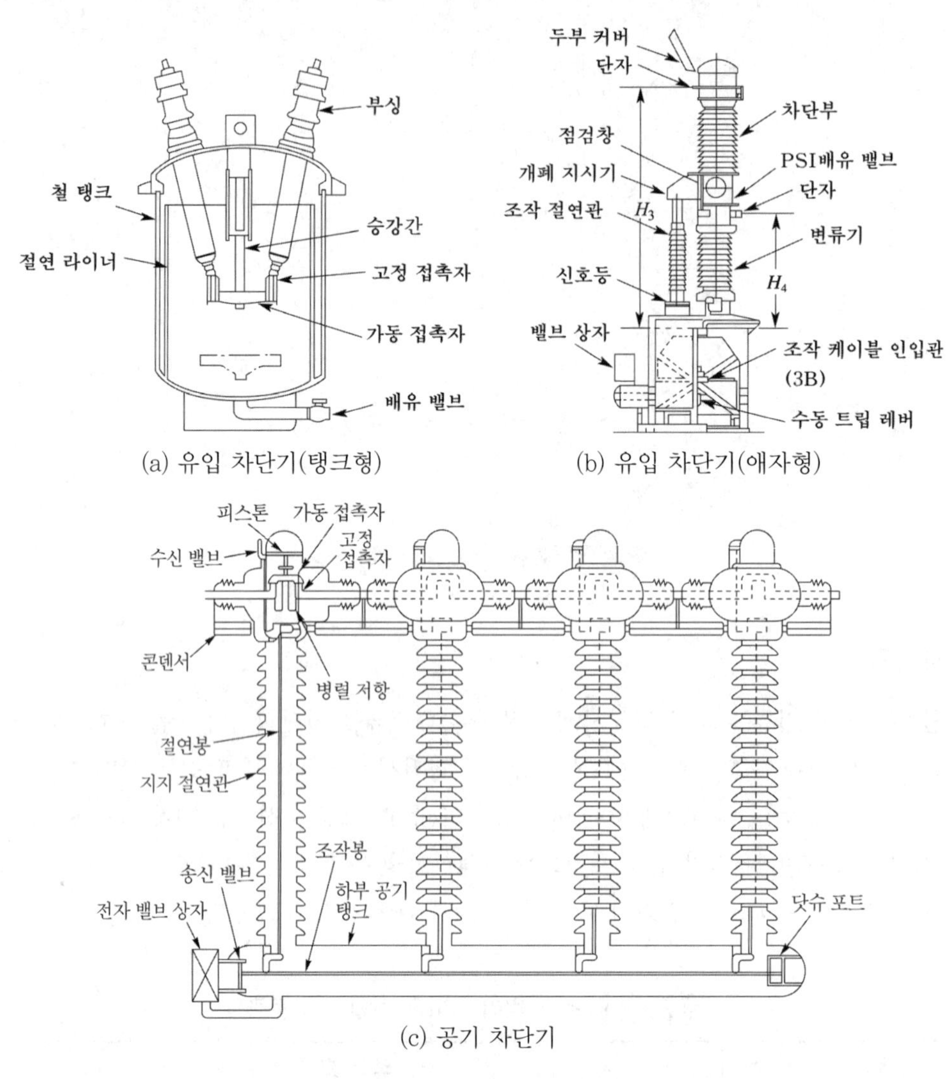

(a) 유입 차단기(탱크형)

(b) 유입 차단기(애자형)

(c) 공기 차단기

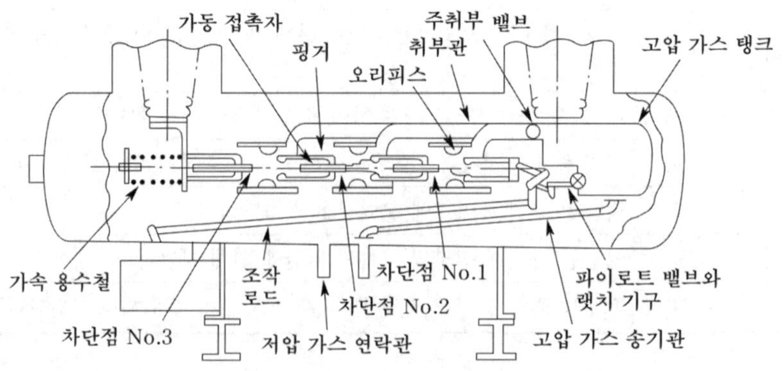

(d) 가스(SF_6) 차단기

그림 11.10 차단기의 개요도

최근에는 성능이 우수하고 규모가 작은 SF_6 **가스 차단기**가 많이 채용되고 있다. 이것은 SF_6(6불화유황) 가스의 우수한 소호 능력, 절연 강도를 이용한 차단기로서 차단부의 구조라든지 원리는 공기 차단기와 거의 같은 것이다. SF_6 가스는 같은 압력에서는 공기의 2.5~3.5배의 절연 내력이 있으며 가스 압력 3~4[kg/cm^2]에서는 절연유 이상으로 되고 있다. 또한, 소호 능력은 공기의 100배 이상에 이르고 있으며 고전압 다중 차단기에서는 공기 차단기의 1/2 ~1/3로 되기 때문에 소형화된다는 특징이 있다.

이처럼 SF_6 가스 차단기는 차단 성능이 좋으며 접촉자의 손모가 적고 설치 면적도 적으며 그 밖에 개폐시의 소음도 작다는 장점이 있어 최근에는 우리 나라에서도 많이 사용되고 있다.

(5) 단로기

단로기는 선로로부터 기기를 분리, 구분 및 변경할 때 사용되는 개폐 장치이며, 단순히 충전된 선로를 개폐하기 위해 사용된다. 단로기는 무부하 상태의 전류, 즉 전압 개폐 기능을 갖고 있는 집중 개폐기이며 부하 전류의 개폐에는 사용되지 않는다.

차단기는 부하 전류 및 고장 전류 등을 차단하는 기능이 있지만 차단 후 구조상 완전한 전기적 분리를 확인하기가 어렵기 때문에, 차단기와 직렬로 단로기를 연결해서 사용하면 전원과의 분리를 확실하게 할 수 있다. 즉, 단로기는 부하측의 기기 또는 케이블 등을 점검할 때에 선로를 개방하고 시스템을 절환하기 위해 사용된다.

이밖에도 **부하 개폐기** 및 **접촉기**가 있는데 이들은 어느 것이나 고장 전류와 같은 대전류는 차단할 수 없지만 평상 운전시의 전류는 아무 이상 없이 개폐할 수 있는 것이다.

이중 부하 개폐기는 송배전선 등의 개폐 빈도가 별로 많지 않은 장소에 사용되며, 접촉기는 전동기 등의 제어용으로서 빈도가 잦은 장소에 사용된다.

(6) 계기용 변성기

변전소를 운전하기 위해서 전력 계통의 전압, 전류 등을 계측할 필요가 있으며, 계통 및 설비를 보호하기 위해서도 이들 요소를 이용할 필요가 있다.

그러나, 고전압, 대전류의 전기를 직접 측정할 수 없기 때문에 이것을 적당한 전압, 전류로 변성해 주기 위한 것으로서 **계기용 변압기**(PT), **변류기**(CT), **전류 · 전압 변성기**(MOF) 등이 있다.

(7) 피뢰기

전력 시스템에서 발생하는 이상 전압에 대해 변전 설비 자체의 절연을 높게 설계해서 운용하는 것은 경제적으로 불가능하기 때문에 이상 전압의 파고값을 낮추어서 애자나 기기를 보호하도록 한 것이 피뢰 장치이다. 이 장치 중 중요한 것으로 **피뢰기**가 있는데, 이것은 보호하려는 기기의 단자 또는 선로의 대지 사이에 접속해서 뇌 또는 개폐 서지 등에 의한 충격파 전압의 파고값을 일정한 값 이하로 저감시켜 기기의 절연을 보호하며, 또한 속류를 신속히 차단하여 시스템을 정상 상태로 회복시키는 역할을 하는 설비이다.

(8) 중성점 접지 기기

변압기의 중성점을 접지하기 위해서 접지용 저항기, 소호 리액터, 보상 리액터 등을 설치하는 수가 있다. 또, 변압기의 중성점에는 절연을 보호하기 위한 피뢰기를 두는 경우도 있다. 변압기에 중성점이 없을 경우에는 접지용 변압기를 사용해서 중성점을 만들고 중성점 기기를 여기에 접속하는 수도 있다.

(9) 접지 장치

접지 사고 또는 낙뢰시에 변전소의 전위가 이상 상승해서 위험한 상태로 되지 않게끔 접지선의 매설이라든지 기기, 실외 철구, 가공 지선 등의 접지를 완전히 하고 있다.

(10) 배전반

배전반은 변전소에서의 중추 신경이다. 운전원이 계통, 기기의 상태를 감시하고 필요에 따라서 기기의 조작 및 전압, 전류, 전력 등을 계측할 수 있는 기능을 가지고 있다. 또, 사고시에는 보호 계전기로 자동적으로 이상을 검출하고 차단기를 동작시켜서 고장 부분을 회로로부터 분리시키기 위한 지령을 내리도록 하고 있다.

최근 중요 변전소의 배전반에는 텔레미터라든지 슈퍼비전의 송·수신 장치를 부가하는 경우가 많아지고 있다.

(11) 기타 설비

기타 설비로서는 뇌로부터 선로 및 기기를 보호하기 위한 가공 지선을 설치하며, 커패시터를 선로와 대지 사이에 설치해서 이상 전압을 억제하도록 하는 서지 흡수기가 있다. 또한, 소내 설비로서는 전원 설비, 애자 청소 장치, 압축 공기 발생 장치, 소화 설비, 냉각 설비 등이 있으며, 제어 회로, 소내 회로, 보안 통신 회로가 있다. 아울러 변전소의 기기 조작이나 제어용 전원으로 축전지가 사용되며 충전 장치가 구비되어 있다.

참고로 그림 11.11은 변전소의 기기 배치도의 일례를 보인 것이다(최근에는 보다 발전된 개폐 설비(GIS)를 주체로 한 신형, 축소형 변전소가 많이 채용되고 있는데, 여기서는 기기 배치도의 개념을 소개하기 위해서 구식 모델을 수록하였다).

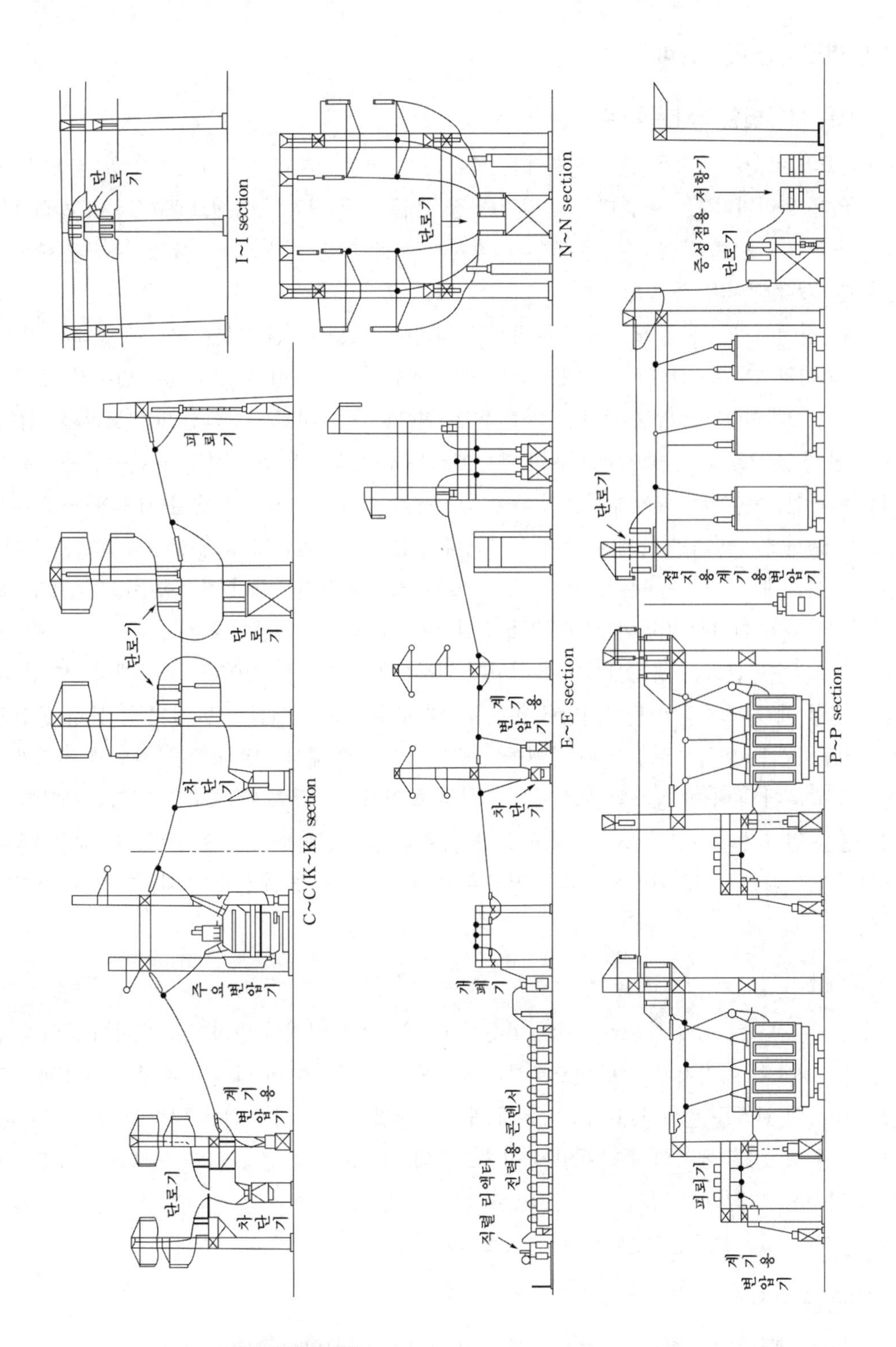

그림 11.11 변전소에서의 기기 배열의 일례

(12) 변전소와 유사설비

1) 교류, 직류변환소와 주파수변환소

변전소와 비슷한 역할을 하는 시설에는 교류, 직류변환소와 주파수변환소가 있다. 양자 공히 전압을 올리거나 낮추어준다든지 전력의 집ㆍ배분을 직접적인 목적으로 하지 않고 전자는 교류와 직류를 서로 변환(AC-DC 변환), 후자는 서로 다른 주파수의 교류 상호 변환(주파수 변환)을 각각 맡아서 하고 있다.

우리나라에서의 송전은 모두가 교류방식을 채택하고 있으나 일부 특수구간에 한해서 가령, 본토(해남)와 제주도간에서는 해저케이블에 의한 직류송전(1차로 1997년부터 DC + 180[kV], 2회선(150[MW/회선]), 2차는 2012년부터 + 250[kV], 2회선(200[MW/회선])으로 운전 중임)으로 운전 중에 있다. 이 계통에서는 송전측(본토)으로부터 교류송전 – 교류를 직류로 변환(순변환) – 해저케이블에 의한 직류송전 – 직류를 교류로 변환(역변환) – 교류송전으로 운전하고 있기 때문에 이 직류송전선의 송전단과 수전단의 양단에 각각 교류, 직류변환소를 설치해 놓고 있는 것이다. 앞으로도 일부 초고압 송전구간이 직류송전(+500[kV])으로 건설될 전망이어서 이러한 교류, 직류변환소는 더 늘어날 전망이다.

한편 주파수변환소는 세계에서도 유일하게 일본에만 존재하는 것이다. 일본에서 전기를 처음 도입할 때 경도중심의 관서지방에서는 구라파로부터 50사이클의 발전기를, 동경 중심의 관동지방에서는 미국으로부터 60사이클의 발전기를 도입해서 전력공급을 하면서 전력계통을 키워왔는데 끝내 이 양자의 시스템을 하나로 통일시키지 못해서 현재도 그 경계지역에 전력융통을 위한 주파수변환소를 유지하고 있다는 것이다. 변환소의 주요 설비로는 교류, 직류 변환기가 있다.(곧, 60사이클 교류 – 직류로 변환 – 50사이클 교류로 변환, 그 역도 마찬가지이다.)

2) 개폐소

개폐소는 겉으로 보기에는 변전소와 비슷한데, 여기에 변압기나 변환기는 설치되어 있지 않다. 곧 개폐소는 여기저기 각 방면으로부터 모아지는 전기가 가야 할 행선지의 중계와 배송망에 있어서의 전기를 원활하게 내보내는데 필요한 전압을 유지해 준다는 역할을 맡는 곳이다. 말하자면 고속도로에서의 인터체인지(고속도로와 일반도로의 접속점)와 정크션(고속도로끼리의 접속점)과 같다고 이해하면 좋을 것이다. 이 외에도 개폐소는 장거리 송전선의 중간에 설치되어서 그 선로구간의 배송능력을 강화하는 역할을 하는 경우도 있다.

3) 이동용 변전소

변전소가 재해를 당하거나 기기갱신 등을 위해서 일부 설비의 운용을 일시적으로 정지하게 될 때 현지에 가설해서 변전소의 용량을 보완하는 역할을 맡는 것이다. 일반적으로 이 이동용 변전소는 트레일러라든가 철도차량에 변압기 등을 설치해서 이동 가능하게 한 것이다. 이전에는 대통령이 야외행사를 할 때 비상용으로 대기시켜서 사용한 경우가 있었으나 최근에는 주로 전철용의 변전소에 사용되고 있다.

예제 11.3 변전소에서 접지를 하는 목적을 설명하여라.

변전소에서 접지를 하는 목적은

① 기기의 보호
② 송전 시스템의 중성점 접지
③ 근무자 및 공중의 안전 등이다.

참고로 이때 접지를 하게 될 중요 개소를 들면 다음과 같다.

(1) 피뢰기 및 철탑

변전소 기기를 이상 전압으로부터 보호하기 위하여 이들 철탑 및 피뢰기를 낮은 접지 저항으로 접지시킨다. 기술 기준에서는 피뢰기의 접지 공사를 제1종 접지 공사로 규정하고 있는데 그 접지 저항값은 10[Ω] 이하이어야 한다.

(2) 주변압기 중성점

송전 시스템을 합리적으로 건설 또는 운영하기 위하여 주변압기의 중성점을 접지한다. 중성점 접지 방식에는 직접 접지, 저항 접지, 소호 리액터 접지 방식 등이 있다.

(3) 건물의 금속 부분

기기의 금속제 외함, 기기 지지애자의 금속제 철구 케이블 접속함의 금속 부분, 기타 근무자와 공중의 안정을 위하여 이들을 접지한다.

(4) 계기용 변성기의 2차측

변성기 2차측에 접속되는 기기 및 보호 계전기의 손상을 막기 위해서 변성기 2차측을 접지한다.

예제 11.4 발·변전소에서는 선로의 접속이나 분리를 위해서 차단기 및 단로기를 설치하고 있다. 먼저 이들의 역할을 설명하고 또 이들을 개폐함에 있어 특히 주의하여야 할 사항을 열거하여라.

(1) 차단기의 역할

정상시의 부하 전류는 물론 고장시에 흐르는 대전류도 신속하게 차단, 개폐할 수 있는 능력을 가진 장치이다. 차단기는 고장 부분을 계통으로부터 분리시켜 사고가 확대되는 것을 방지함과 동시에, 그 능력은 정해진 동작 책무를 만족할 수 있는 것이어야만 한다.

(2) **단로기의 역할**

이것은 전류(부하 전류나 고장 전류)가 흐르고 있지 않는 충전 회로를 개폐하는 장치로서 기기의 점검 수리라든지 전로의 접속, 교체 등을 할 때 전원으로부터 분리해서 안전을 확보하는 것이다.

(3) **차단기 개폐시 주의할 사항**

차단기의 설치 장소라든지 중요도를 감안해서 개폐에는 신중히 대처해야 한다. 특히 오조작에 의한 사고나 정전을 방지함과 동시에 충전할 경우에는 각 기기나 작업자에 지장이 없도록 꼭 확인하여야 한다.

(4) **단로기 개폐시 주의할 사항**

단로기는 일반적으로 부하 전류의 개폐 능력을 가지고 있지 않으므로 잘못해서 부하 전류를 끊으면 아크에 의해서 손상을 입게 됨과 동시에 큰 사고를 일으킬 염려가 있다. 따라서 단로기를 개방할 경우에는 차단기가 개방되어 있다는 것을 확인하든지 또는 단로기와 차단기 사이에 인터록을 설치해서 이 단로기로 부하 전류나 고장 전류를 끊지 않도록 하여야 한다.

예제 11.5 **차단기의 정격과 동작 책무에 대해 설명하여라.**

풀이 차단기의 정격이란 규정된 책무, 조건 및 특정한 조작 하에서 차단기가 갖는 성능의 보증 한계를 말하는 것이며 그 주요 항목으로는 다음과 같은 것이 있다.

(1) **정격 전압**

차단기의 정격 전압이란 규정의 조건 하에서 그 차단기에 부과할 수 있는 사용 회로 전압의 상한값을 말하며 일반적으로는 선간 전압으로 나타낸다.

(2) **정격 차단 전류**

모든 정격 및 규정의 회로 조건 하에서 규정된 표준 동작 책무와 동작 상태에 따라서 차단할 수 있는 지상 역률의 차단 전류의 한도를 말한다.

(3) **정격 차단 용량**

3상 교류일 경우 이것은 그 차단기의 정격 차단 전류와 정격 전압과의 곱에 $\sqrt{3}$을 곱해 준 것이다. 즉,

$$\text{정격 차단 용량} = \sqrt{3} \times (\text{정격 전압}) \times (\text{정격 차단 전류})$$

단, 단상용의 경우에는 $\sqrt{3}$을 생략한다. 차단 용량의 단위는 [kVA] 또는 [MVA]로 나타낸다.

(4) **동작 책무**

전력 시스템 사고의 대부분은 일시적인 아크 지락이므로 사고 지점을 수리하지 않고 차단기의 재투입만으로도 송전을 계속할 수 있는 경우가 많다. 차단기가 재투입

되었을 경우 사고가 회복되지 않는데 또 다시 고장 전류가 흐르면 곧 계전기가 동작해서 회로를 다시 차단하게 된다. 이와 같이 차단기에 부과된 1회 또는 2회 이상의 투입, 차단 동작을 일정 시간 간격을 두고 행하는 일련의 동작을 동작 책무라 한다. 동작 책무는 다음과 같이 표기한다.

$$O - t_1 - CO - t_2 - CO$$

여기서, O (Open) : 차단 동작
C (Close) : 투입 동작
CO (Close and Open) : 투입 직후 차단
t_1, t_2 : 시간 간격

일반적으로 사용하는 정격 동작 책무는

일반용 : O – (3분) – CO – (3분) – CO
또는 CO – (15초) – CO
고속도 재투입용 : O – (0.3초) – CO – (3분) – CO

최근에 우리 나라에서도 많이 채용되고 있는 SF_6 가스 절연 변전소에 대해 설명하여라.

풀이 SF_6 가스 절연 변전소는 종래의 대기 절연 방식을 대신해서 SF_6 가스를 사용한 밀폐 방식의 **가스 절연 개폐 설비(GIS)**를 주체로 한 축소형 변전소로서 그 부지 면적이나 소요 공간을 크게 축소화한 것이다. SF_6는 같은 압력에서는 공기의 2.5~3.5배의 절연내력을 지니며 가스 압력 3~4[kg/cm^2]에서는 절연유 이상으로 된다. 특히 최근에는 변전소 용지를 취득하는 것이 아주 어려워졌으며 토지 단가도 비싸졌기 때문에 이 가스 절연 변전소가 많이 채용되고 있다. 이 변전소의 특징을 들면 아래와 같다.

① 대기 절연을 이용한 것에 비해 현저하게 소형화할 수 있다.

공칭 전압[kV]		66	154
축소화율 (개략의 %)	용 적	7	4
	면 적	12	8

② 충전부가 완전히 밀폐되기 때문에 안전성이 높다.
③ 대기 중의 오염물의 영향을 받지 않기 때문에 신뢰도가 높고 보수도 용이하다.
④ 소음이 적고 환경 조화를 기할 수 있다.
⑤ 공기를 단축할 수 있다.

한편 이 GIS가 갖는 단점으로서는 다음과 같은 점을 들 수 있다.

① 내부를 직접 눈으로 볼 수 없다.
② 가스 압력, 수분 등을 엄중하게 감시할 필요가 있다.
③ 한랭지, 산악 지방에서는 액화 방지 대책이 필요하다.
④ 내부 점검, 부품 교환이 번거롭다.
⑤ 비교적 고가이다.

이 때문에 이 GIS의 용도로서는 용지 취득이 어려운 장소라든지 도심부의 지하에 많이 채용되는 경향이 있다.

참고로 그림 11.12에 SF_6 가스 절연 변전소의 구성 및 설비 외관의 개요를 보인다.

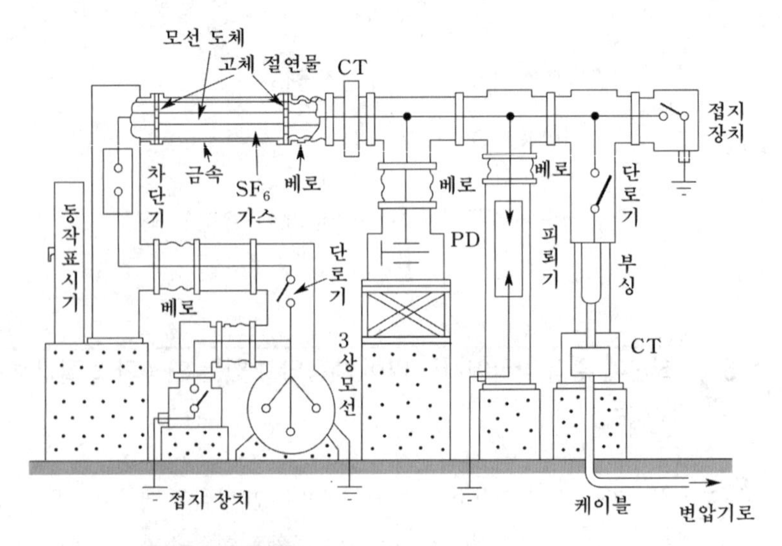

그림 11.12 SF_6 가스 절연 변전소의 구조

예제 11.7 그림 11.13과 같은 송전 선로를 통해 전력을 공급받는 수용가의 인입구에 설치해야 할 차단기 용량[MVA]은 얼마의 것이 적당하겠는가?

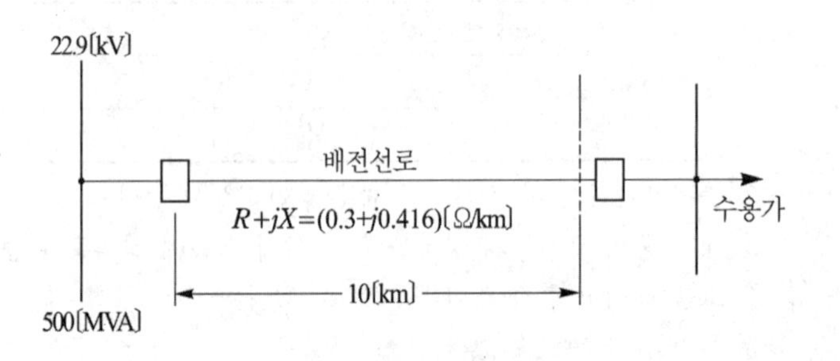

그림 11.13

 모선의 등가 임피던스 Z는

$$Z=\frac{E}{I}=\frac{E^2}{EI}=\frac{22.9^2}{500}=1.049[\Omega]$$

선로 임피던스

$$Z_l=(0.3+j0.416)\times 10=3+j4.16[\Omega]$$

합성 임피던스

$$Z_0=Z+Z_l=3+j5.209=6.01\angle 60°[\Omega]$$

인입구 차단기의 차단 전류 I_B는

$$I_B=\frac{\frac{22.9}{\sqrt{3}}\times 10^3}{6.01\angle 60°}=2,200[\text{A}]$$

따라서 차단 용량 C_B는

$$C_B=\sqrt{3}\times 22.9\times 2,200\times 10^{-3}=87.2[\text{MVA}]$$

곧, 수용가 인입구에 설치해야 할 차단기는 87.2[MVA]를 넘으면서 가까운 표준 규격 용량인 100[MVA]의 것을 택해야 한다.

예제 11.8 **그림 11.14에 보이는 바와 같은 전력 계통이 있다. 각 부분의 %Z는 그림에서와 같으며 이들은 모두 100[MVA] 기준으로 환산된 것이라고 한다. 이 전력 계통에서 차단기 a 및 차단기 b의 차단 용량은 각각 얼마로 하여야 하는가?**

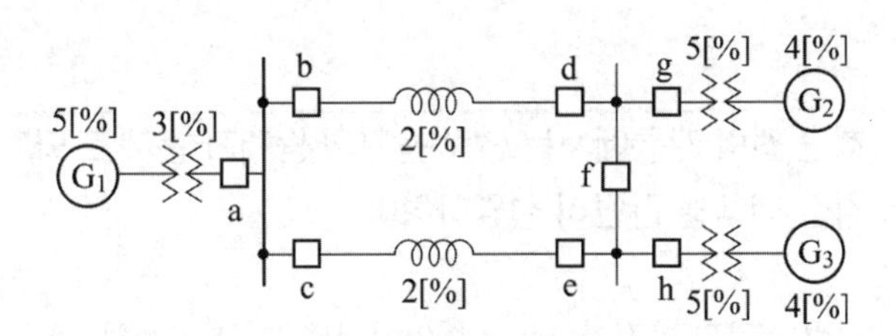

그림 11.14

 고장 전류 중 G_1으로부터의 성분을 I_{G1}, G_2로부터의 성분을 I_{G2}, G_3으로부터의 성분을 I_{G3}라고 한다. 또 100[MVA]에 대한 정격 전류를 I_n이라고 한다.

(1) 차단기 a의 용량 결정

차단기 a의 바로 우측에서 단락 고장이 일어났을 경우 a에 흐르는 전류 I_a는

$$I_a = I_{G1} = I_n \cdot \frac{100}{5+3} = 12.5\,I_n$$

차단기 a의 바로 좌측에서 단락 고장이 일어났을 경우 a에 흐르는 전류 I_a'는

$$I_a' = I_{G2} + I_{G3} = 2 \times I_n \cdot \frac{100}{4+5+2} \fallingdotseq 18.2\,I_n$$

그런데 $I_a' > I_a$이므로 차단기 a는, I_a'에 대해서 차단 용량을 결정해 주면 될 것이다. 가령 정격 전압(선간)을 V_n이라고 하면

$$\text{차단 용량} = \sqrt{3}\,V_n I_a' = \sqrt{3}\,V_n \times 18.2\,I_n = 18.2 \times 100 = 1{,}820\,[\text{MVA}]$$

(2) 차단기 b의 용량 결정

마찬가지로 차단기 b의 바로 우측에서 고장이 일어났을 경우 b에 흐르는 전류 I_b는

$$I_b = I_{G1} + I_{G3} = I_n \cdot \frac{100}{5+3} + I_n \cdot \frac{100}{4+5+2} \fallingdotseq 21.6\,I_n$$

b의 좌측에서 고장이 났을 경우 b에 흐르는 전류 I_b'는

$$I_b' = I_{G2} = I_n \cdot \frac{100}{4+5+2} \fallingdotseq 9.1\,I_n$$

$I_b > I_b'$이므로 차단기 b는 I_b에 대해서 차단 용량을 결정하면 된다.

$$\text{차단 용량} = \sqrt{3}\,V_n I_b = \sqrt{3}\,V_n \times 21.6\,I_n = 21.6 \times 100 = 2{,}160\,[\text{MVA}]$$

예제 11.9 **최근 전력 계통에서는 단락 용량의 증대가 문제로 되고 있다. 이러한 단락 용량의 경감 대책을 간단히 설명하여라.**

전력 계통의 발전기라든지 변압기의 증설, 송전선의 신·증설로 인해 단락·지락 전류가 증가하여 송변전 기기의 고장시 손상 증대, 부근에 있는 통신선에 대한 유도 장해 증가 등이 예상되므로 다음과 같은 단락 용량 대책을 강구할 필요가 있다.

(1) 현재 채용하고 있는 것보다 한 단계 더 높은 상위 전압의 계통을 구성한다.
(2) 발전기와 변압기의 임피던스를 크게 한다.
(3) 계통을 분할하거나 송전선 또는 모선간에 한류 리액터를 삽입한다.

(4) 계통간을 직류 설비라든지 특수한 연계 장치로 연계한다.
(5) 사고시 모선 분리 방식을 채용한다.

예제 11.10 최근 우리 나라에서의 변전소에 관한 새로운 경향과 운용 추세에 대해 설명하여라.

(1) 변전소의 고전압, 대용량화

1970년대 중반 이후 우리 나라에서도 345[kV] 변전소가 건설되고 계통 강화를 위해서 345[kV] 변전소가 계속 건설됨과 동시에, 송전 용량의 증대에 따라 단일 변전소 출력도 2,000~4,000[MVA]로 대형화하는 등 계속 고전압 대용량화의 추세를 보이고 있다.

2000년대에는 장거리, 대용량 송전이 345[kV] 송전만으로는 송전 용량의 부족이 예상되기 때문에 현재 차기 송전 전압으로서 765[kV] 초 초고압 송전의 도입이 계획되고 일부 송전선 및 변전소의 건설이 추진되고 있다.

(2) 초소형 변전소의 건설

도심 지역에서의 수요 증대에 비해 도시 및 그 주변에서의 변전소 용지 확보가 어려워짐에 따라 송전선의 고전압 지중화와 더불어 변전소의 지중화 및 소형 축소화가 적극 추진되고 있다. 특히 이 문제에 있어서는 SF_6 가스 절연 방식의 축소형 개폐 장치가 널리 이용되어 나갈 전망이다.

(3) 운전, 보수의 근대화

전력 수요의 증대에 따라 도시에 배전용 변전소가 많이 신설되고 있다. 변전소의 운용으로서는 변전 설비의 양적 증가 및 전력 공급에서의 고신뢰성을 확보하기 위해서 개폐 설비의 원격 조작, 송배전선의 자동 재폐로, 자동 조작 장치 등 각종의 자동화와 더불어 급전, 배전의 관련 부문과 협조를 꾀하면서 컴퓨터를 활용한 변전소의 대규모 집중 제어가 활발하게 전개되어 나갈 것이다.

예제 11.11 최근 우리 나라 전력 계통에서도 많이 사용되고 있는 SCADA 시스템에 대해 설명하여라.

최근 전력 시스템의 대용량화에 따라 고신뢰성 운용의 필요성이 날로 증대하고 있는 가운데, 특히 컴퓨터의 등장으로 정보 처리의 자동화 및 감시 제어의 자동화를 이룩함으로써 더욱 효율적인 운용이 이루어지고 있다. 이러한 시스템 중의 하나가 **원방 감시 제어**(Supervisory Control And Data Acguisition ; SCADA)이다. 이 시스템은 전자통신, 컴퓨터, 계측 제어, 전력 설비 및 시스템 운용 기술 등을 통합해서 전력 시스템을 효과적으로 운용하기 위한 데이터 통신 시스템으로서 이 시스템을 통하여 집중화, 무인

화를 실현할 수 있게 되었다. 우리 나라에서도 이미 변전소 SCADA 시스템이 서울, 부산 등에서 10여 군데 운용되고 있으며 전국적으로 확대되고 있는 추세이다.

SCADA 시스템 자체의 구성은 그림 11.15와 같이 컴퓨터와 통신 장치, 원격 장치에 연결된 전송 선로 등으로 되어 있다.

전력 시스템에서 운용되고 있는 SCADA 시스템은 자동 급전, 배전 사령실의 지역 급전, 수력계 발전소의 집중제어 및 배전 자동화 등에 이용되고 있다.

현재 우리 나라에서 이용되고 있는 SCADA의 기능을 보면 다음과 같다.

① 원방 감시 기능　　② 원격 제어 기능
③ 원격 측정 기능　　④ 자동기록 기능
⑤ 경보 발생 기능
⑥ 타시스템과의 연계 기능
(에너지 관리 시스템(EMS)과 배전 자동화 시스템(DAS)와의 연계 구상)

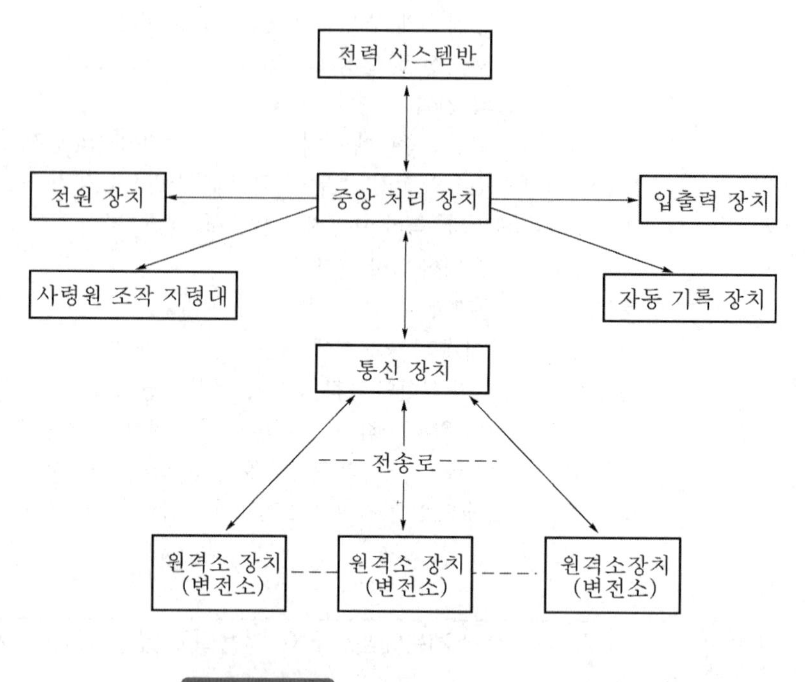

그림 11.15 SCADA 시스템의 구성도

Transmission Distribution Engineering

12장 배전 계통의 구성

12.1 배전 선로의 개요

일반적으로 **배전 선로**는 발전소 또는 배전용 변전소로부터 직접 수용 장소에 이르는 전선로를 말한다. 즉, 전송된 전력은 보통 송전 계통의 말단에 있는 **배전용 변전소**에 일단 들어가고 여기서 송전전압을 배전전압(고압배전, 우리 나라에서는 22.9[kV])으로 낮추어준 다음 적당한 회선수의 고압 배전선로에 의해서 다시 인출된다.

이처럼 배전선로를 사용해서 직접 수용가에게 전력을 공급하는 것을 **배전(Distribution)**이라고 한다. 이 선로에 따라서 적당한 장소마다 **배전 변압기**(주상에 설치된 경우가 많기 때문에 **주상 변압기**라고도 불려진다)를 설치해서 다시 이 주상 변압기로 전압을 적당히 낮추어서 저압 배전선로(우리나라에서는 220/380[V])에 접속하고 있다.

송전선로나 배전선로에서 전선 3본 1조(3상 교류)로 전기를 보내고 있으나 주상 변압기의 2차측으로부터 가정에 전기를 보낼 때에는 통상 가정의 콘센트에 맞추어서 전기를 보내는 전선 2본 + 접지선 1본의 전선 3본을 사용하고 있다.

배전 선로는 대용량의 전력을 먼 거리에 일괄해서 전송하는 송전 선로와는 달리 넓은 지역내에서 각각의 장소에 분산된 다수의 수용가에게 전력을 직접 배분 공급하는 관계상 전선로는 짧고 저전압 소전력이면서 회선수가 많고 각 선로 전류도 불평형을 이루는 경우가 많다는 등 여러가지 특징이 있다.

또, 배전용 시설물은 시가지의 도로상에 건설될 경우가 많기 때문에 전기 시설 규정 등에 의한 제한 외에 교통 및 건축물과의 관계, 도시의 미관, 화재, 풍수해 등의 비상시의 보안면에 대해서도 충분히 고려하지 않으면 안 된다.

일반적으로 배전 선로는 고압선과 저압선으로 나눌 수 있는데 여기서 저압, 고압은 다음과 같이 규정되고 있다(현행 전기설비기술기준 제3조).

- 저　압 : 직류에서는 750[V] 이하, 교류에서는 600[V] 이하의 전압
- 고　압 : 직류에서는 750[V]를, 교류에서는 600[V]를 넘고 7,000[V] 이하의 전압
- 특고압 : 7,000[V]를 넘는 전압(직류 및 교류)

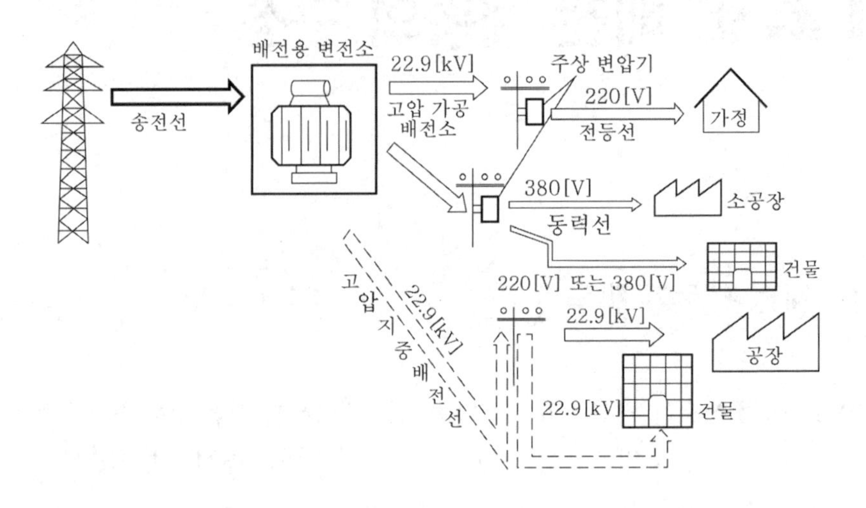

(a) 개요도

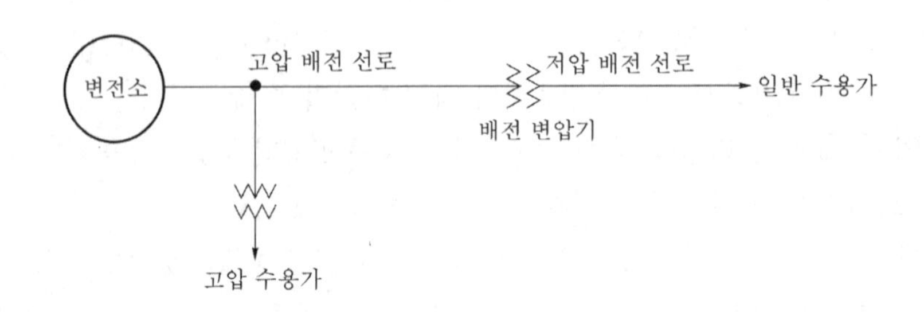

(b) 구성도

그림 12.1 **배전 계통의 구성**

우리 나라에서 지난 70년대까지 사용해 온 배전 전압은 고압선에서 공칭 3,300[V](일부에서는 6,600[V] 사용)의 비접지 3상 3선식이, 저압선은 일반 가정의 전등용으로 100[V]의 단상 2선식, 전동기용으로 200[V]를 운용해 왔었다. 그러나 지난 70년대 초부터는 부하 증대에 따른 전압 개선 및 전력 손실 경감을 위하여 고압선은 22.9[kV]-Y 3상 4선식, 공통 중성선 다중 접지 방식으로, 저압선은 220/380[V] 3상 4선식으로 승압해 나가고 있다. 다만 한 동안은 그 과도기로서 2차 배전 전압은 단상 110[V], 220[V], 110/220[V], 3상 220/380[V] 등 다양한 전압으로 사용되어 왔던 관계로 저압 배전 설비의 유지·보수에 여러 가지 문제를 안고 있었으나 최근에는 이들이 모두 220/380[V]로 통일되어서 공급되고 있다.

12.2 고압 배전 계통의 구성

12.2.1 급전선, 간선 및 분기선

배전용 변전소로부터 부하에 전력을 공급하는 데에는 여러 가지 방식이 있지만 우선 그 기본으로서 선로 전류의 대소에 따라 급전선, 간선 및 분기선으로 나눌 수 있다.

급전선(feeder)은 배전 변전소 또는 발전소로부터 배전 간선에 이르기까지의 도중에 부하가 일체 접속되지 않은 선로이다. 즉, 이것은 배전 구역까지의 송전선이라고도 할 수 있는 선로로서 **궤전선**이라고 부르기도 한다. **간선**은 급전선에 접속된 수용 지역에서의 배전 선로 가운데에서 부하의 분포 상태에 따라서 배전하거나 또는 분기선을 내어서 배전을 하는 부분을 말하는데 이것은 마치 발・변전소의 모선에 상당하는 것이라고 생각하면 된다. 간선 부분에는 많은 분기선 또는 주상 변압기가 접속되기도 하며 대부분은 가공선의 형태로 구성된다. 또, 급전선과 배전 간선과의 접속점을 **궤전점**이라고 한다. 한편 **분기선**이란 간선으로부터 분기해서 변압기에 이르기까지의 부분으로서 **지선**이라고도 하며 다양한 말단 부하 설비에 전력을 전송하는 역할을 담당한다.

그림 12.2는 이들 고압 배전 선로의 구성에 관한 일례를 보인 것이다.

소도시라든지 촌락 등에서의 배전에는 급전선을 따로 인출하지 않고 변전소로부터 직접 배전 간선을 인출해서 배전하는 경우가 많다. 그러나, 도시에서는 이렇게 하면 변전소의 인출선의 회선수가 많아지므로 통상 급전선을 수용 지점 부근까지 시설해서 그 구역의 배전 간선에

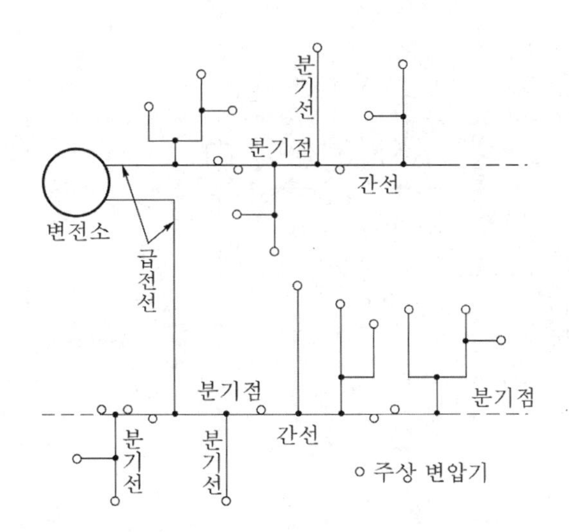

그림 12.2 배전 선로의 구성 예

공급하고 있다. 또, 이때 급전선의 회선수가 많아질 경우에는 가공 전선로로 끌면 변전소의 인출구가 복잡해지고, 또 1회선에 일어난 사고가 직접 다른 회선으로 확산될 우려도 있기 때문에 지중 전선로 또는 가공 케이블로 하는 경우도 있다. 고압 배전선의 전압은 그 동안 3.3[kV]가 사용되어 왔으나 현재는 이것이 22.9[kV]로 바뀌었다. 이와 같이 배전 전압을 승압하는 것은 전압 강하라든지 전력 손실을 경감한다는 목적 외에 대규모의 수용가 및 부하 밀도의 증가에 대응하여 공급 능력을 증강하기 위해서이다.

12.2.2 고압 배전선의 구성

일반적으로 고압 배전선의 구성은 **수지식**, **환상식** 및 **망상식**의 3가지로 나누어진다.

(1) 수지식(방사상식)

수지식 배전 간선은 그림 12.3에 나타낸 바와 같이 발・변전소로부터 인출된 배전선이 부하의 분포에 따라서 나뭇가지 모양으로 분기선을 내면서 각 방면에 이르는 것이다.

이 방식은 수요가 증가할 때마다 간선이나 분기선을 연장 또는 증강해서 이에 쉽게 응할 수 있다는 장점은 있으나, 한편 사고가 발생하였을 경우에는 다른 계통(간선)으로 전환시킬 수 없기 때문에 정전을 면할 수 없다거나 전압 변동 및 전력 손실이 크다는 결점이 있다. 우리 나라의 배전선은 종래에는 거의 대부분이 수지식이었으나 수용 밀도의 증대라든지 배전 근대화를 위해서 요즈음은 보다 튼튼하고 신뢰도가 높은 환상, 망상식으로 개선 보강되어 나가고 있다.

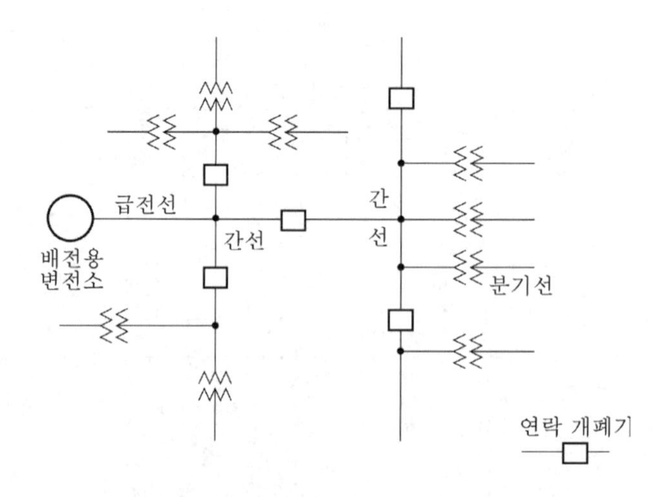

그림 12.3 수지식 배전 간선

(2) 환상(루프)식

환상식 배전 간선은 그림 12.4에 나타낸 바와 같이 배전 간선이 하나의 환상선으로 구성되고 수요 분포에 따라 임의의 각 장소에서 분기선을 끌어서 공급하는 방식으로서 **루프 방식**이라고도 한다.

이 그림에서 결합 개폐기의 역할은 고장시에만 자동적으로 폐로해서 전력을 공급하는 능력을 갖는다. 그림에서 결합 개폐기를 평상시에는 개방해 두는 경우와 상시 폐로해 두는 경우가 있는데, 전자를 상시 개로 루프, 후자를 상시 폐로 루프라고 부르기도 한다.

환상식 배전에서는 좌우 양쪽으로부터 전력이 공급되므로 선로의 도중에서 고장이 발생하더라도 고장 개소의 분리 조작이 용이해서 그 부분을 빨리 분리시킬 수 있다. 또한, 전류의 통로에 융통성이 있기 때문에 전력 손실과 전압 강하가 수지식보다 작다는 장점이 있으나, 한편 이 방식은 보호 방식이 복잡해지며 설비비가 비싸진다는 결점도 있다. 용도로서는 비교적 수용 밀도가 큰 지역의 고압 배전선으로서 많이 사용된다.

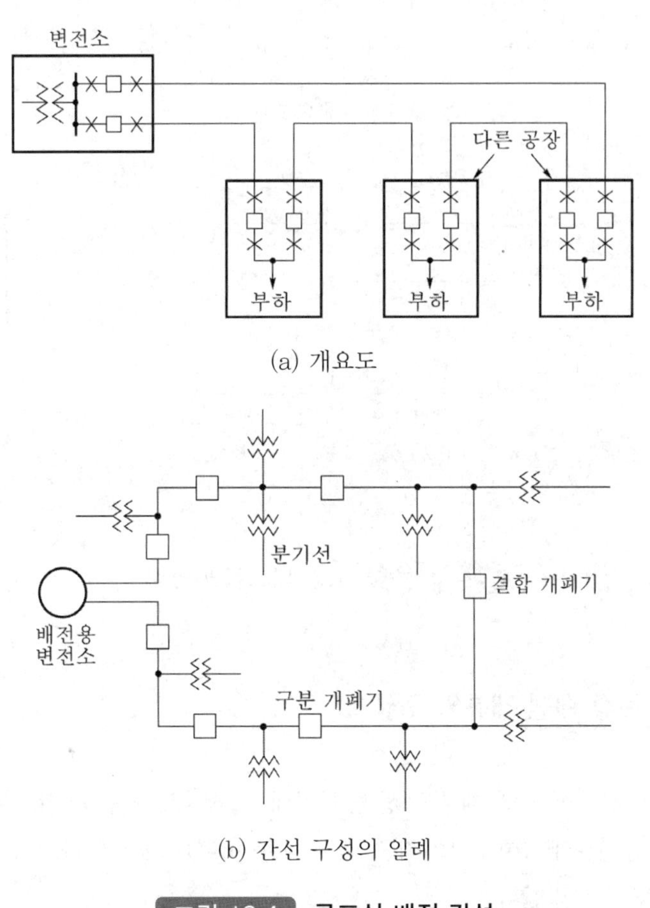

그림 12.4 루프식 배전 간선

(3) 망상식(network system)

망상식 배전 간선은 그림 12.5에 나타낸 바와 같이 배전 간선을 망상으로 접속하고 이 망상 계통내의 수개소의 접속점에 급전선을 연결한 것으로서 **네트워크 방식**이라고 불려지기도 한다.

이 방식은 환상식보다 무정전 공급의 신뢰도가 한층 더 높아진 것으로서 유럽이나 미국의 대도시에서는 이 방식을 널리 채택하고 있다.

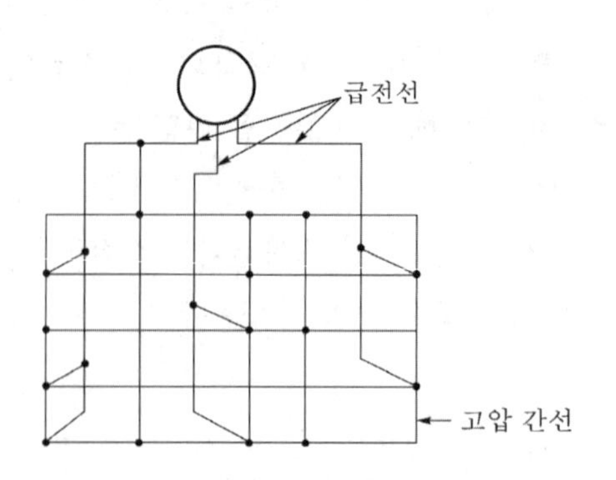

(a) 개요도

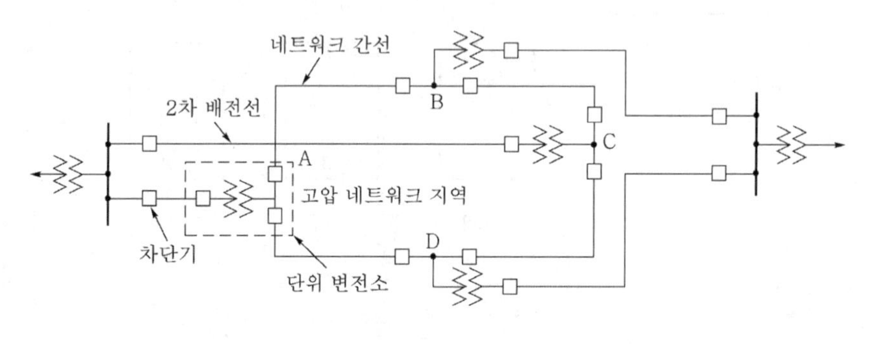

(b) 구성도

그림 12.5 고압 네트워크 방식

12.2.3 고압 지중 배전 계통의 구성

이상은 주로 가공 선로에 의한 계통 구성 방식인데, 근래 대도시를 중심으로 하는 부하 고밀도 지역에서는 지중선로에 의한 고압 지중 배전 계통이 확대되어 나가고 있다.

이하 이것을 간단히 설명한다.

(1) 방사상 방식

그림 12.6은 이 방식의 개요를 보인 것이며, 그 특징을 요약하면 다음과 같다.

▶ 특징

① 전원 변전소로부터 1회선 인출 수용가 공급
② 경제적인 공급 방식임
③ 신규 부하 증설이 용이함

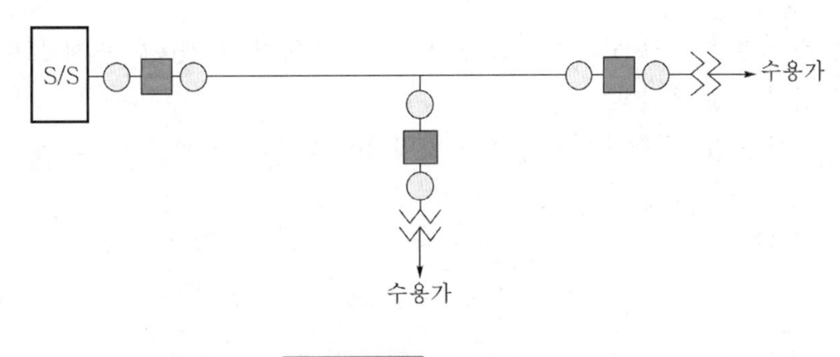

그림 12.6 방사상 방식

(2) 예비선 절체 방식

▶ 특징

① 일반적으로 서로 다른 변전소나 뱅크에서 본선과 예비선을 인출함
② 상시 본선으로 공급하고 본선로 고장이나 공사시 예비선으로 절체 공급함
③ 예비선 절체시 순간 정전 내지 단시간 정전이 수반됨
④ 개폐기 절체 방식(자동 절체, 원격 절체, 수동 절체)임

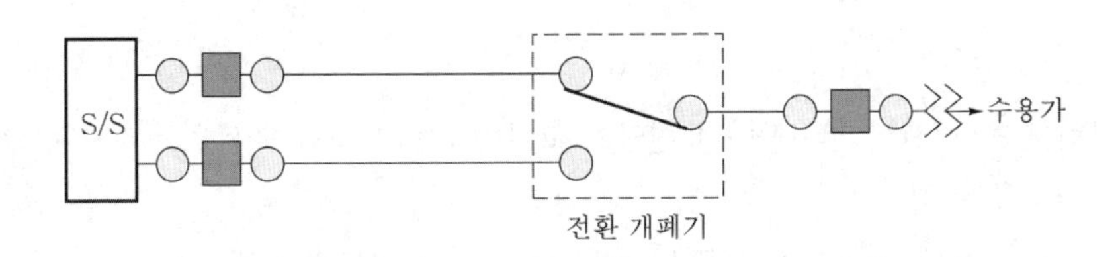

그림 12.7 예비선 절체 방식

(3) 환상 공급 방식

▶ 특징

① 순수 환상 방식

- 동일 변전소 동일 뱅크에서 2회선으로 상시 공급(설비 구성 고가)함
- 선로 고장시 고장 구간 양측의 계전기를 통해 차단기를 동작함
- 건전 선로에 의한 수용가 무정전 공급이 가능함

② 개방 환상 방식

- 동일 변전소 동일 뱅크 또는 변전소나 뱅크를 달리하여 양 계통을 연계하고 선로 부하 중심을 상시 개방 운전함
- 선로 고장시 고장점 탐색 및 개폐기 조작 방식에 따라 정전 시간이 좌우됨

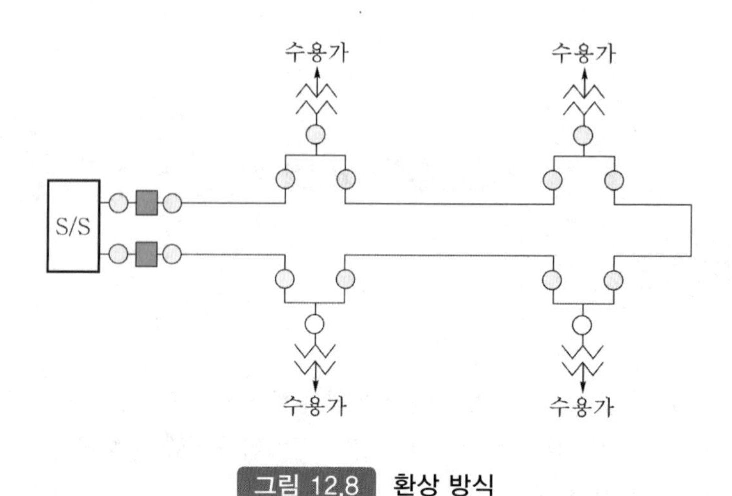

그림 12.8 환상 방식

(4) 스포트 네트워크 방식

▶ 특징

① 공급 신뢰도 - 1회선의 케이블이나 변압기 고장에도 2차 병렬 모선을 통해 부하측 무정전 전력 공급이 가능함

② 선로 이용률 - 환상 공급 방식의 50[%]에 비해 3회선 네트워크 방식은 67[%]

③ 전압 변동률 - 변압기 2차측의 병렬 운전으로 부하 분담이 균일화됨으로써 상시 부하 변동에 대한 전압 변동이 적음

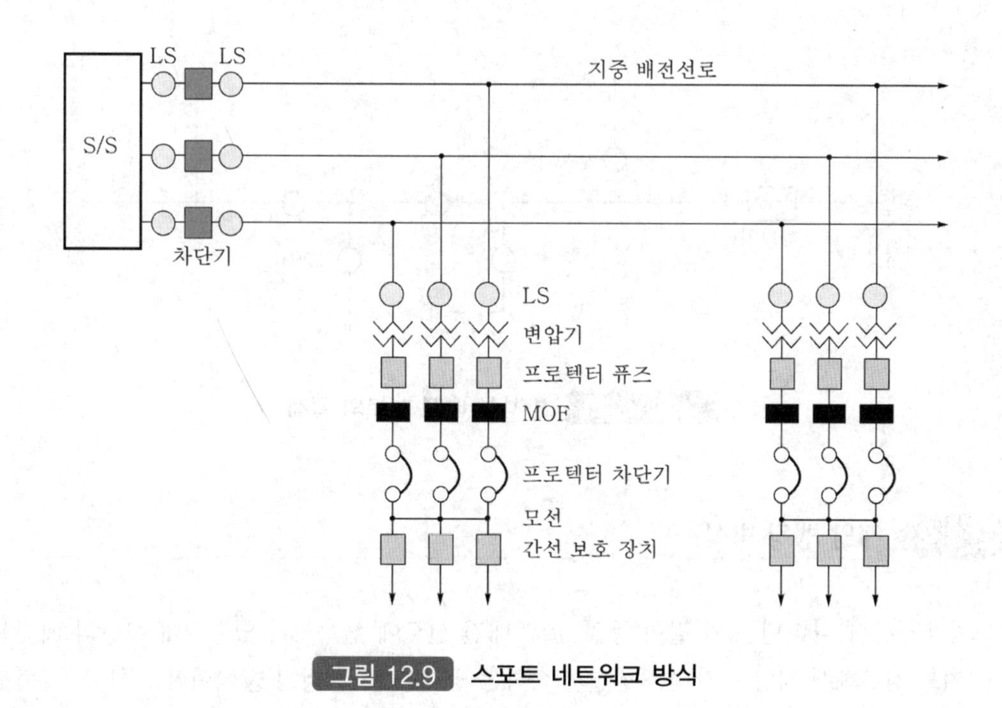

그림 12.9 **스포트 네트워크 방식**

12.3 저압 배전 계통의 구성

저압 배전 선로의 구성으로서는 방사상 방식이 일반적이지만 이외에도 저압 뱅킹 방식, 저압 네트워크 방식의 3가지가 있다.

12.3.1 방사상 방식

이 방식은 그림 12.10에 나타낸 바와 같이 변압기 뱅크 단위로 저압 배전선을 시설해서 그 변압기 용량에 맞는 범위까지의 수요를 공급하는 방식인데 부하의 증설에 따라 나뭇가지 모양으로 간선이나 분기선을 추가로 접속시키고 있다.

이 방식에서는 전압 변동 및 전력 손실이 크고 사고에 의한 정전 범위도 확대되기 때문에 신뢰성이 낮다는 결점이 있으나, 반면 그 구성이 단순하고 공사비가 저렴하다는 장점이 있다.

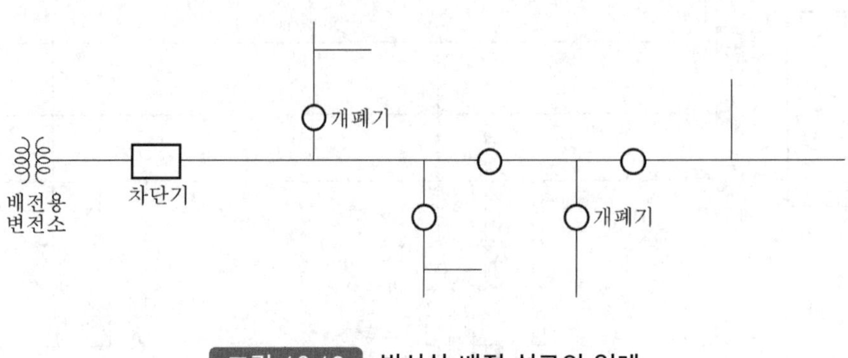

그림 12.10 방사상 배전 선로의 일례

12.3.2 저압 뱅킹 방식

그림 12.11에 나타낸 바와 같이 동일 고압 배전 선로에 접속되어 있는 2대 이상의 배전용 변압기를 경유해서 저압측 간선을 병렬 접속하는 방식을 **저압 뱅킹 방식**이라고 한다. 일반적으로는 비교적 대용량 변압기의 2차측에 적용되는데 이들 변압기의 고압측은 같은 상이다. 다시 말하면 이 저압 뱅킹 방식은 인접 변압기는 같은 고압선으로 공급하면서 그 2차측만 서로 연락해 준다는 것이다.

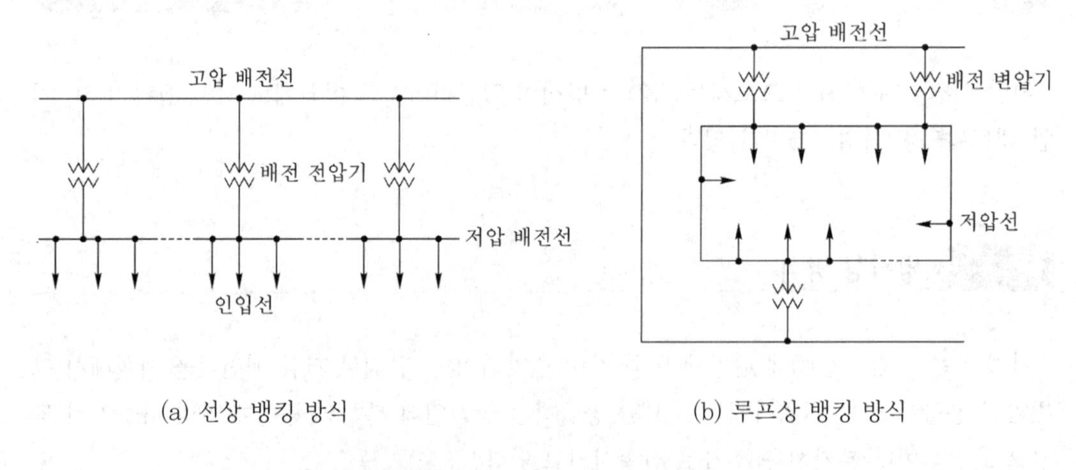

(a) 선상 뱅킹 방식 (b) 루프상 뱅킹 방식

그림 12.11 저압 뱅킹 방식의 일례

이 방식은 미국에서 널리 채용되고 있으며 종래의 2차측의 수지식 배전선과 비교해서 다음과 같은 장점을 지니고 있다.

① 변압기의 공급 전력을 서로 융통시킴으로써 변압기 용량을 저감할 수 있다.
② 전압 변동 및 전력 손실이 경감된다.
③ 부하의 증가에 대응할 수 있는 탄력성이 향상된다.
④ 고장 보호 방식이 적당할 때 공급 신뢰도는 향상된다(정전의 감소).

반면 저압측을 병렬 접속하는 1차 퓨즈라든지 2차 퓨즈 등의 보호 장치가 적당하지 않으면 어떤 장소에서 발생한 사고가 즉시에 고장 구간 양단의 단락 보호 장치로 제거 구분되지 않아서 사고 범위가 확대되어 나간다는 이른바 **캐스케이딩**이라는 장해를 일으키게 된다. 즉, 캐스케이딩이란 변압기 또는 선로의 사고에 의해서 뱅킹 내의 건전한 변압기의 일부 또는 전부가 연쇄적으로 회로로부터 차단되는 현상을 말한다.

이에 대해서 일반적으로 채택하고 있는 고장 보호 방식으로는 그림 12.12에 나타낸 바와 같이 인접 변압기의 중간에 퓨즈 또는 차단기를 삽입하고 있다.

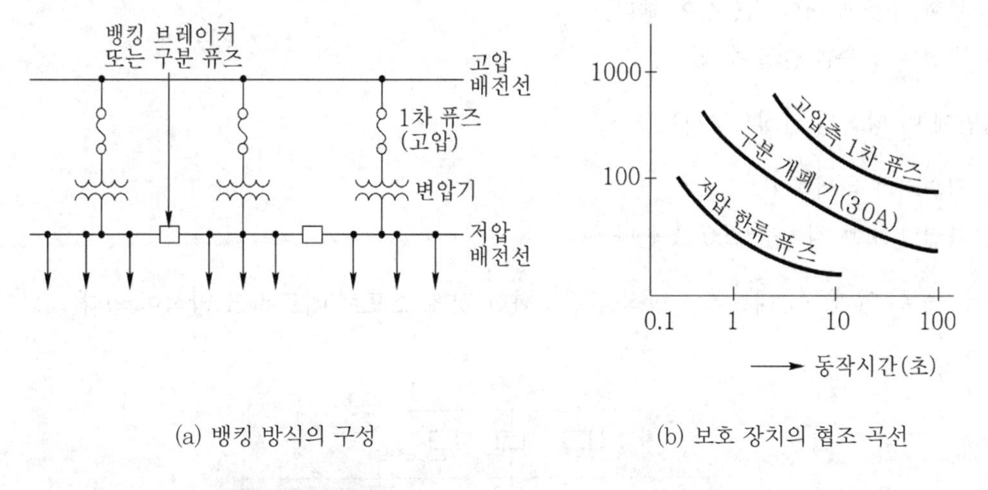

(a) 뱅킹 방식의 구성　　(b) 보호 장치의 협조 곡선

그림 12.12 뱅킹 방식에서의 보호 장치 설치 예

즉, 변압기의 1차측에 퓨즈를 설치하고 인접 변압기를 연락하는 저압선의 중간에 구분 퓨즈를 설치하는 것이다.

변압기 또는 저압선에 고장이 일어나면 1차측 퓨즈 및 변압기 양측의 구분 퓨즈가 용단해서 그 구간의 수용가만 정전하게 된다. 이때 변압기 퓨즈와 구분 퓨즈와의 용단 특성에 협조가 잘 취해져 있지 않으면 사고가 더 큰 범위로 확대될 우려가 있다. 더 말할 것 없이 구분 퓨즈는 변압기 퓨즈보다 빨리 끊어지게 되어 있어야 한다.

12.3.3 저압 네트워크 방식

이것은 배전 변전소의 동일 모선으로부터 2회선 이상의 급전선으로 전력을 공급하는 방식이다. 곧 **저압 네트워크 방식**은 그림 12.13에 나타낸 바와 같이 두 개 이상의 배전 변압기의 2차측(저압측)을 전기적으로 연결해서 망상으로 한 것인데 각 수용가에는 그 네트워크로부터 분기해서 직접 전기를 공급하도록 하고 있다.

이 그림에서 알 수 있듯이 이 방식은 어느 회선에 사고가 일어나더라도 다른 회선에서 무정전으로 공급할 수 있기 때문에 다음과 같은 여러 가지 장점을 지니고 있다.

① 무정전 공급이 가능해서 공급 신뢰도가 높다.
② 플리커, 전압 변동률이 적다.
③ 전력 손실이 감소된다.
④ 기기의 이용률이 향상된다.
⑤ 부하 증가에 대한 적응성이 좋다.
⑥ 변전소의 수를 줄일 수 있다.

반면에 이 방식의 단점으로서는

① 건설비가 비싸다.
② 특별한 보호 장치를 필요로 한다.

등을 들 수 있다. 이 네트워크 방식을 간소화한 것에 **스포트 네트워크 방식**이 있다.

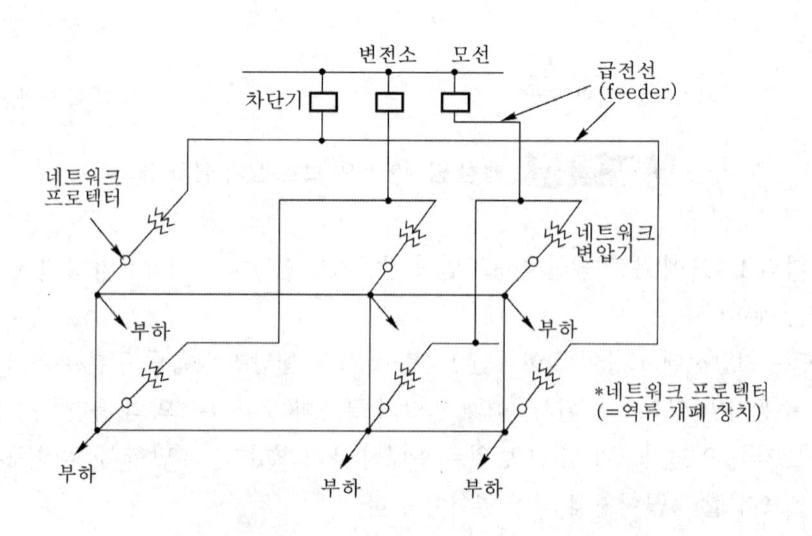

그림 12.13 저압 네트워크 배전 방식의 일례

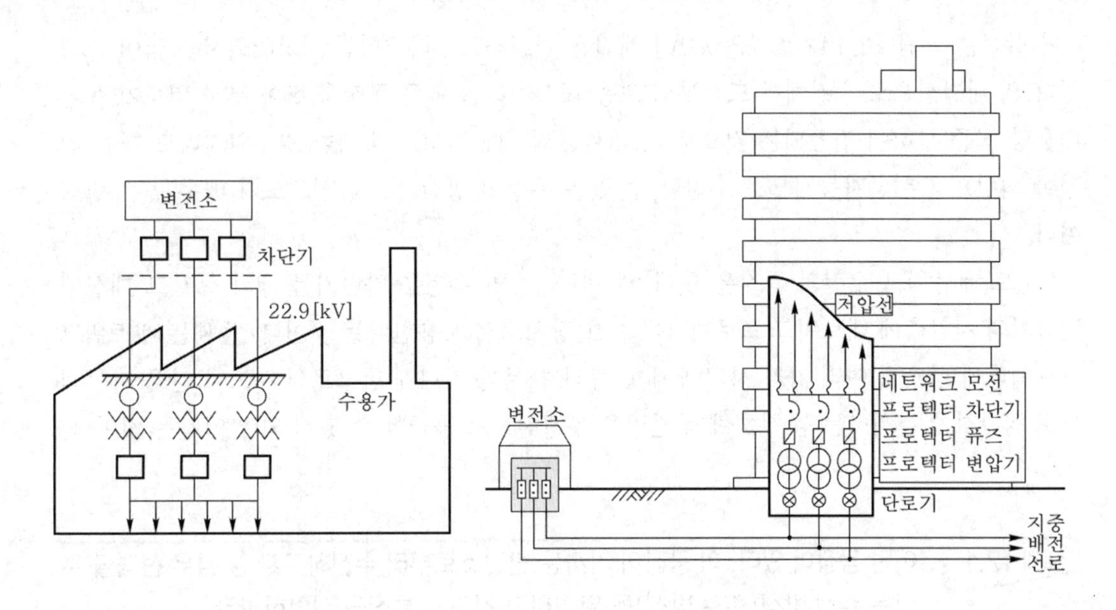

(a) 개요도(가공 선로)　　(b) 개요도(지중 선로)

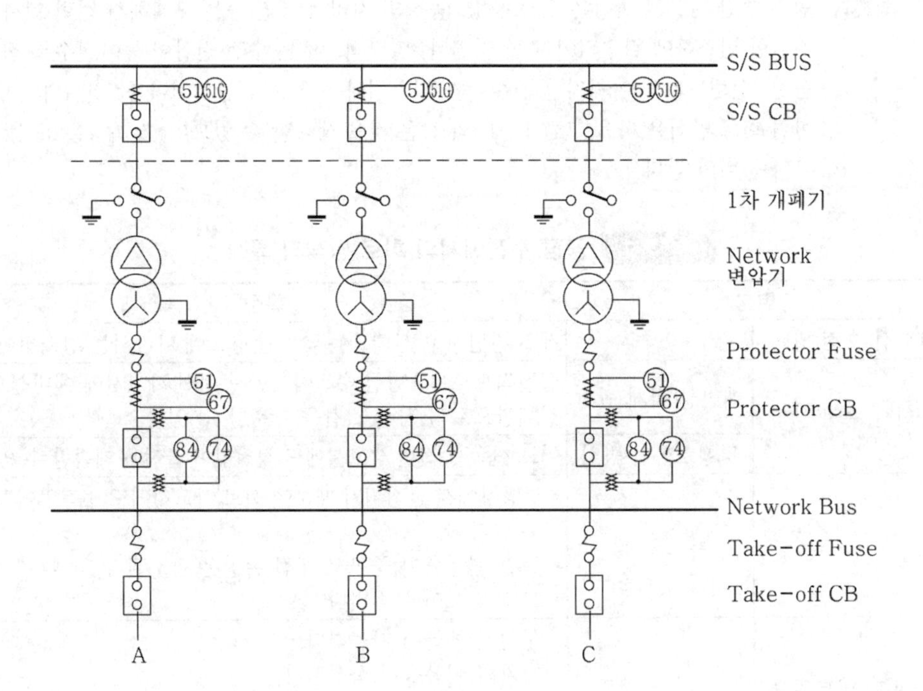

(c) 기기 배치도

그림 12.14 스포트 네트워크 방식

이 방식은 그림 12.14처럼 22.9[kV] 배전용 변전소로부터 2회선 이상(3회선을 많이 쓰고 있다)의 배전선으로 수전해서 도심부의 고층 빌딩이라든지 큰 공장과 같이 부하 밀도가 높은 대용량 집중 부하에 적용되는 것으로서, 가령 1회선에 사고가 발생한 경우일지라도 다른 건전한 회선으로부터 자동적으로 수전할 수 있는 무정전 방식으로서 신뢰도가 매우 높은 방식이다.

스포트 네트워크 수전의 특징은 첫째 22.9[kV]측의 수전용 차단기를 생략하고 그 대신에 변압기의 저압측에 네트워크 프로텍터를 보호 장치로서 사용한다는 것이다. 둘째는 네트워크 프로텍터에 상정될 여러 가지 사고에 대한 동작 책무를 지니게 함으로써 사고 구간을 자동적으로 정확하게 분리하는 등 부하에게 전력을 무정전으로 공급할 수 있게 되어 있다는 것이다.

예제 12.1 어떤 공장이 있다. 이 공장이 가까운 변전소로부터 수전하고자 할 경우 선택할 수 있는 수전 방식(회로 방식)을 열거하고 각각의 특징을 설명하여라.

먼저 수전 전압의 선정은 수전 용량, 공장의 지리적 조건 등을 고려해서 전력 회사측과 긴밀한 협조하에 결정되어야 할 것인바, 일반적으로는 수전 전압이 높아질수록 전력의 품질, 신뢰도는 좋아지지만 건설비가 비싸진다는 점을 감안하여야 할 것이다.
한편 회로 방식은 다음 그림 12.15와 같은 것을 생각할 수 있으며 그 특징은 표 12.1에 나타낸 바와 같다.

표 12.1 공장 수전에서의 회로 방식의 특징

명칭		특징
1회선 수전 방식		제일 간단하고 신뢰도는 낮지만 용도에 따라서는 경제적이다.
2회선 수전 방식	예비선 절체 방식	실질적으로는 1회선 수전이지만 송전선 사고시에 예비선으로 절체함으로써 정전 시간을 단축할 수 있다.
	평행 2회선 방식	어느 한쪽 송전선 사고시에도 정전없이 급전을 계속할 수 있다.
	루 프 식	• 양방향에서 급전되기 때문에 선로 사고시에도 정전없이 받을 수 있다. • 전압 변동률이 좋아서 배전 손실은 감소된다. • 보호 방식이 복잡하다
스포트 네트워크 방식		• 무정전 공급이 가능하다. • 기기의 이용률이 향상된다. • 전압 변동률이 좋다. • 부하 증가에 대한 적응성이 좋다. • 전등 · 동력의 일원화가 가능하다.

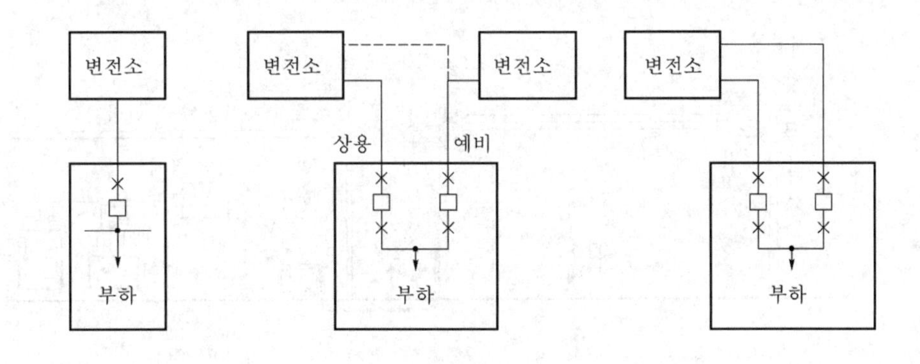

(a) 1회선 수전 방식　(b) 예비선 절체 방식　(c) 평행 2회선 방식

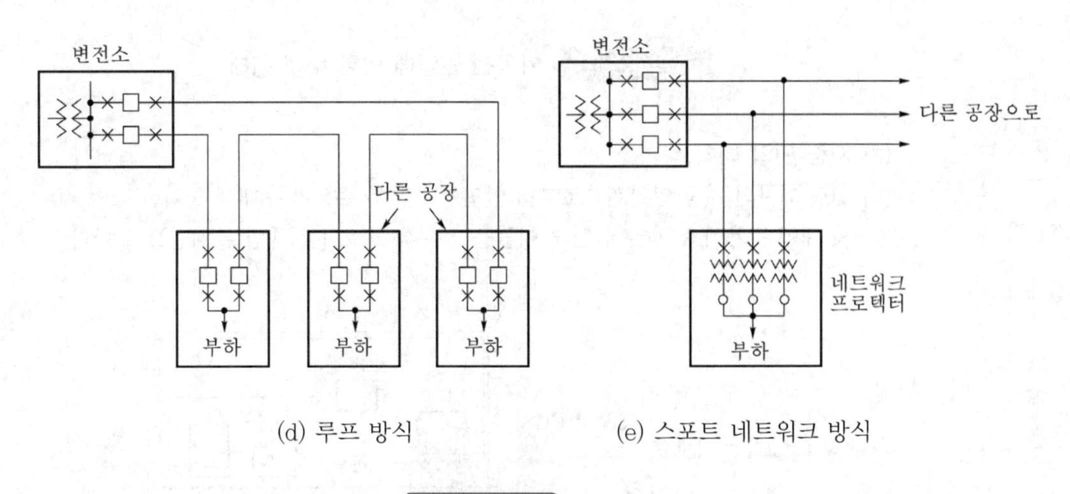

(d) 루프 방식　(e) 스포트 네트워크 방식

그림 12.15 **회로 방식**

예제 12.2 고압 수용가에 대한 인입 방식에 대해 설명하여라.

배전 선로로부터 고압 수용가의 수전 전기 설비까지 인입하는 방식으로서는 **가공 인입 방식**과 **지중 인입 방식**의 두 가지가 있다.

일반적으로 전력 회사측 설비와 고압 수전 설비와의 경계에는 보안상의 책임 분계점을 설정하고 있다.

이 경계로부터 부하측의 설비에 관한 공사, 유지 및 운용에 대한 보안 책임은 고압 수전 설비 설치자가 책임지게 되어 있다.

(1) 가공 인입 방식

전력 회사의 가공 인입선으로부터 인입할 경우에는 일반적으로 수용가 구내에 수용가가 전주를 세워서 가공선 또는 지중 케이블을 연결해서 여기를 책임 분계점으로 한다.

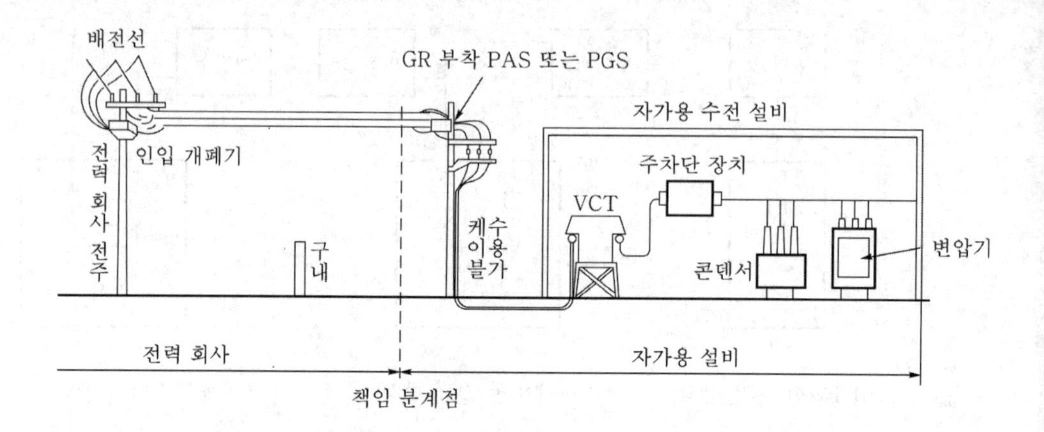

그림 12.16 가공선 인입에 의한 수전 형태

(2) 지중 인입 방식

전력 회사의 지중 인입선으로부터 인입할 경우는 수용가 구내에 설치한 고압 캐비닛 내에 수용가측 고압 인입 케이블을 접속하고 여기를 책임 분계점으로 한다.

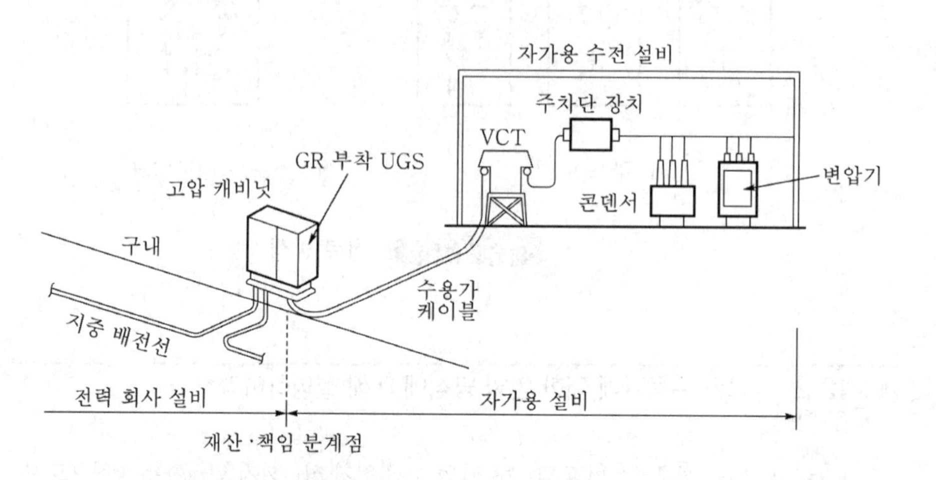

그림 12.17 지중선 인입에 의한 수전 형태

예제 12.3 고압 수전 설비를 구성하는 기기에 대해 설명하여라.

풀이 먼저 일반적인 고압 수전 설비의 단선 결선도를 그림 12.18에 보인다. 이 그림에서 보는바와 같이 고압수전 설비를 구성하는 기기는 수전 부분, 변압기 부분, 2차 모선 이후의 저압 부분으로 구성된다. 이들의 주요 구성 기기와 기능을 표 12.2에 보인다.

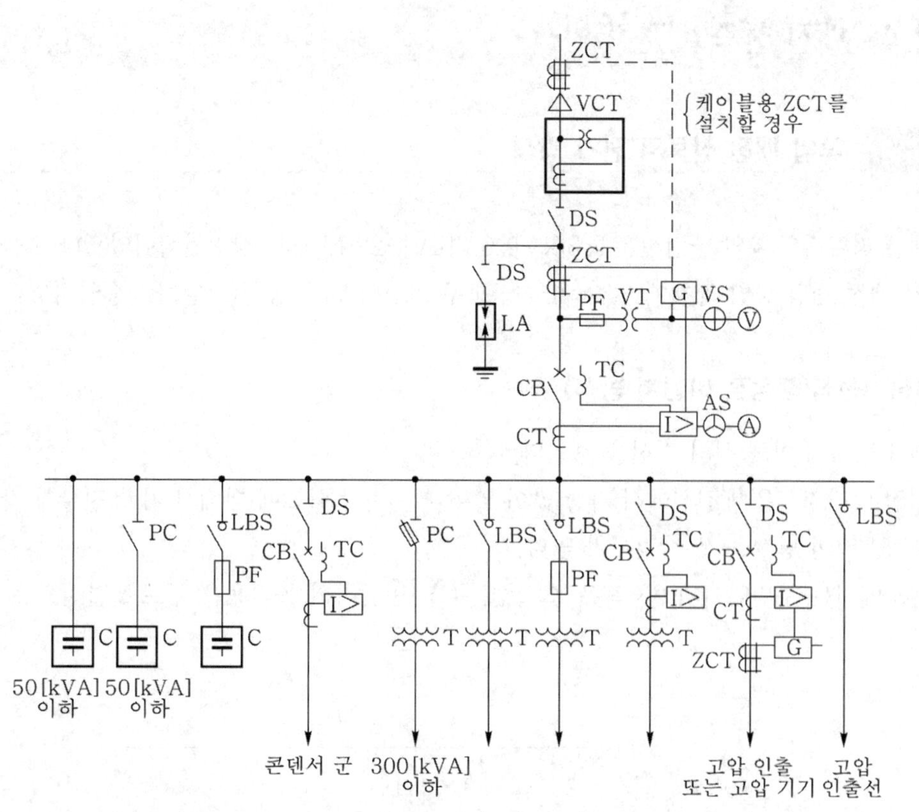

ZCT : 영상 변류기, **I >** : 과전류 계전기, **VCT** : 전력 수급용 계기용 변성기
PC : 고압 컷아웃, **DS** : 단로기, **LBS** : 고압 교류 부하 개폐기, **LA** : 피뢰기
T : 변압기, **PF** : 고압 한류 퓨즈, **C** : 고압 진상 콘덴서, **VT** : 계기용 변압기
A : 전류계, **CT** : 변류기, **AS** : 전류계 절체 개폐기, **G** : 지락 계전기
V : 전압계, **CB** : 고압 차단기, **VS** : 전압계 절체 개폐기, **TC** : 트립 코일

그림 12.18 고압 수전 설비 단선 결선도의 기기

표 12.2 고압 수전 설비의 주요 구성 기기와 기능

구성 기기의 명칭(( ) 내는 그림 12.18의 기호와 같음)	구성 기기의 기능
변압기(T), 전력 수급용 계기용 변성기(VCT), 계기용 변압기(VT), 변류기(CT, ZCT)	전압·전류를 변압·변류한다.
고압 차단기(CB), 고압 교류 부하 개폐기(LBS), 단로기(DS), 배전용 차단기(MCCB), 퓨즈(PF, F) 등	전압·전류를 개폐·차단한다.
과전류 계전기(OCR), 지락 계전기(GR), 배전용 차단기(MCCB), 퓨즈(PF, F) 등	회선의 고장·이상을 검출한다.
전압계(V), 전류계(A)	회선의 전압·전류 등을 측정한다.
피뢰기(LA)	뇌서지 등과 과전압의 침입을 방지한다.
진상 콘덴서(SC)	역률을 개선한다.

12.4 배전 선로의 전기 방식

12.4.1 고압 배전 선로의 전기 방식

종래 우리나라의 고압 배전선은 3.3[kV], 6.6[kV], 22[kV]의 3상 3선식이었으나 오늘날에는 1차 배전 전압 승압 정책에 따라 이들을 모두 22.9[kV]로 통일(단일화), 승압하였다.

(1) 3상 3선식(중성점 비접지 방식)

그림 12.19에 이 방식의 결선을 보인다.

중성점 비접지식은 배전선에서 가장 많이 일어나는 지락 사고에 대해서 지락 전류가 작다는 장점이 있어 이 방식을 쓰는 경우가 많다.

변전소에서는 주변압기의 2차측은 △결선, 주상 변압기의 동력용은 주로 V결선으로 하고 있다.

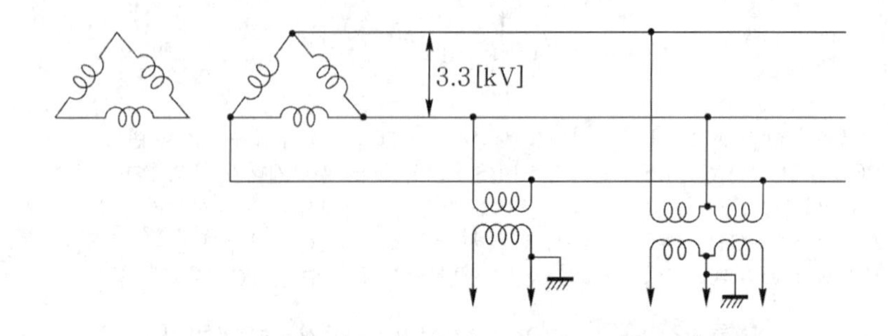

그림 12.19 3상 3선식(중성점 비접지 방식)

(2) 3상 4선식

변전소의 주변압기의 2차측을 Y결선으로 해서 중성점을 접지하는 방식으로서 접지 방식에 따라 중성선 대지 이용 방식, 중성선 단일 접지 방식, 공통 중성선 다중 접지 방식 등이 있다. 중성선 접지 방식에서는 1선의 지락 사고는 1상의 단락과 같으므로 지락 전류가 커서 고저압선 혼촉시에 저압선의 전위 상승이 높아지고 또한 통신선에 유도 장해를 줄 우려가 있다.

종래 우리 나라의 배전 시스템은 1차 고압계에는 6,600[V]와 3,300[V] 3상 3선식을 채용해 왔으며, 2차 저압계는 동력 200[V], 전등 100[V]의 두 전압을 사용하여 왔었다. 그러나 수년 전부터는 고압 배전 선로의 배전전압을 높여 배전 시스템의 공급 능력을 확충시킬 목적으로 그림 12.20과 같은 3상 4선식 다중 접지 방식을 채용하고 있다.

선간 전압은 22.9[kV]로, 다중 접지된 중성선간에는 $22.9/\sqrt{3} = 13.2$[kV]가 인가된다. 이 상전압은 변압기의 중간탭을 이용한다면 기존의 6,600[V]나 3,300[V]와의 연계가 용이해진다는 이점이 있다.

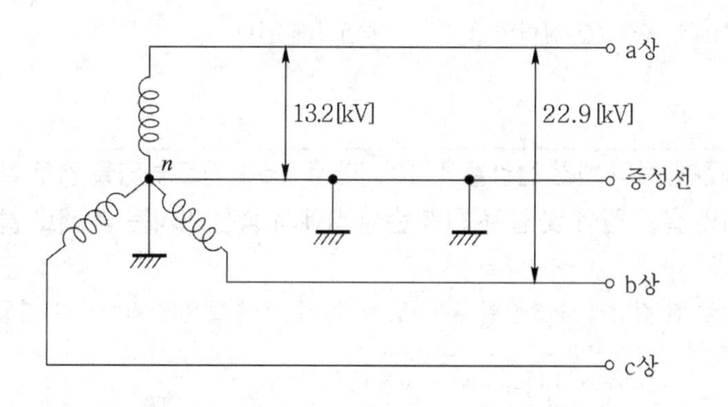

그림 12.20 3상 4선식 다중 접지 고압 배전 선로

예제 12.4 배전 전압을 $\sqrt{3}$배 하였을 때 같은 전력 손실률로 보낼 수 있는 전력은 몇 배로 늘어나겠는가?

풀이 먼저 전력 손실률은 $\frac{\text{손실 전력}}{\text{공급 전력}} = \frac{P_{LOSS}}{P}$으로 정의되는 것이므로 이것을 P_l라고 하면 승압 후의 P_l'는

$$P_l' = \frac{P'_{LOSS}}{P'} = \frac{3(I')^2R}{\sqrt{3}\,V'I'\cos\theta} = \frac{\sqrt{3}\,I'R}{V'\cos\theta}$$

한편 승압 전의 P_l는

$$P_l = \frac{P_{LOSS}}{P} = \frac{3I^2R}{\sqrt{3}\,VI\cos\theta} = \frac{\sqrt{3}\,IR}{V\cos\theta}$$

제의에 따라 $P_l = P_l'$이므로

$$\frac{\sqrt{3}\,I'R}{V'\cos\theta} = \frac{\sqrt{3}\,IR}{V\cos\theta}$$

$$\therefore\ \frac{I'}{I} = \frac{V'}{V} = \sqrt{3}$$

따라서 승압 후의 공급 전력 P'는

$$
\begin{aligned}
P' &= \sqrt{3}\,V'I'\cos\theta \\
&= \sqrt{3}(\sqrt{3}\,V)(\sqrt{3}\,I)\cos\theta \\
&= 3\cdot(\sqrt{3}\,VI\cos\theta) \\
&= 3\times P
\end{aligned}
$$

로 되어 승압 전 전력의 3배까지 늘어나게 된다.

예제 12.5 **배전 선로의 선간 전압을 3.3[kV]에서 6.6[kV]로 높였을 경우 같은 전선을 사용하면 같은 전력 및 같은 전력 손실 하에서 송전 거리는 몇 배로 늘어나겠는가?**

승압 전 전압을 V_1, 승압 후 전압을 V_2라 하면 같은 전력이므로 역률이 같다면

$$P = \sqrt{3}\,V_1 I_1\cos\theta = \sqrt{3}\,V_2 I_2\cos\theta$$

$$\therefore\ \frac{I_1}{I_2} = \frac{V_2}{V_1} = \frac{6.6}{3.3} = \frac{2}{1}$$

제의에 따라 전력 손실은 같으므로

$$3I_1^2R_1 = 3I_2^2R_2$$

$$\therefore\ \frac{R_2}{R_1} = \frac{I_1^2}{I_2^2} = \left(\frac{2}{1}\right)^2 = \frac{4}{1}$$

또, $R=\rho\dfrac{l}{A}$에서 제의에 따라 승압 전후에서 같은 전선을 사용한다고 하였으므로

$$\rho_1 = \rho_2,\ A_1 = A_2$$

$$\therefore\ \frac{R_2}{R_1} = \frac{\rho\dfrac{l_2}{A}}{\rho\dfrac{l_1}{A}} = \frac{l_2}{l_1} = \frac{4}{1}$$

곧, $l_2 = 4l_1$으로 되어 송전 거리는 4배로 늘어난다.

12.4.2 저압 배전선

종래의 저압 배전선은 전등 수용가에 대해서는 단상 2선식 100[V], 동력 수용가에 대해서는 3상 3선식 200[V]였으나 전력 수요의 증가에 따라 전압 강하, 전력 손실의 경감을 목적으로 3상 4선식 220/380[V]로 승압되고 있으며 일부에서는 승압 이행의 과도 조치로서 110/220[V] 양용 전압 공급을 위한 단상 3선식도 사용되고 있다. 계통 방식으로서는 전등·저압 동력 공히 수지상 방식을 표준으로 하고 있다. 표 12.3은 오늘날 우리 나라에서 사용하고 있는 저압 배전 방식을 보인 것이다.

표 12.3 우리 나라의 배전 방식

구 분	표 준 전 압 [V]	배전 방식별 전압 [V]			
		단상 2선식	단상 3선식	3상 3선식	3상 4선식
저 압	110	110	110	–	110/220
	220	220	220	–	–
	380	220	–	220	220/380
	*440	–	*440	–	–

* 부득이한 경우 이외에는 사용하지 않는 전압임

(1) 단상 2선식

단상 2선식은 그림 12.21에 나타낸 바와 같이 단상 교류 전력을 전선 2가닥으로 배전하는 것으로서 전등용 저압 배전에 가장 많이 쓰이고 있다. 이 방식은 전선수가 적고 가선 공사가 간단하다는 것, 그리고 공사비가 저렴하다는 등의 특징이 있다.

변압기 저압측의 1단자는 고저압선의 혼촉에 의한 저압선의 전위 상승의 위험을 방지하기 위하여 접지하고 있다.

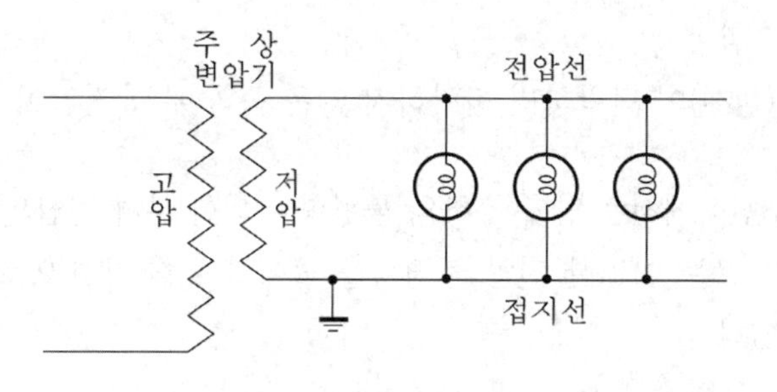

그림 12.21 단상 2선식

(2) 단상 3선식

이 방식은 그림 12.22에 나타낸 바와 같이 주상 변압기 저압측의 2개의 권선을 직렬로 하고 그 접속의 중간점으로부터 **중성선**을 끌어내어서 전선 3가닥으로 배전하는 방식이다.

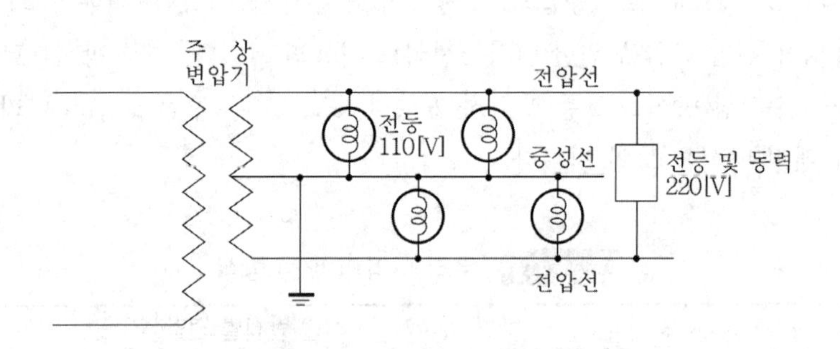

그림 12.22 단상 3선식

이 방식에서는 중성선과 외선간에 110[V] 부하(전등 수요)를, 바깥쪽의 양외선 간에 220[V] 부하(전등 및 동력)를 공급하도록 한다. 현재 우리 나라에서는 220/380[V] 승압 공사 추진의 잠정적인 방안으로서 110/220[V] 양용 전압 공급을 위해 일부지역에서 이 단상 3선식을 이용하고 있다.

단상 3선식은 단상 2선식에 비해 다음과 같은 특징이 있다.

① 전압 강하, 전력 손실이 평형 부하의 경우 1/4로 감소한다.
② 소요 전선량이 적어도 된다.
③ 110[V] 부하 외에 220[V] 부하의 사용이 가능하다.
④ 상시의 부하에 불평형이 있으면 부하 전압은 불평형으로 된다.
⑤ 중성선이 단선하면 불평형 부하일 경우 부하 전압에 심한 불평형이 발생한다(V가 거의 2배($\fallingdotseq 2V$)로 상승함).
⑥ 중성선과 전압선(외선)이 단락하면 단락하지 않은 쪽의 부하 전압이 이상 상승한다.

이상과 같이 단상 3선식에서는 양측 부하의 불평형에 의한 부하 전압의 불평형이 큰 문제로 되기 때문에 일반적으로는 이러한 전압 불평형을 줄이기 위한 대책으로서 저압선의 말단에 밸런서를 설치하고 있다.

(3) 3상 3선식

3상 3선식은 널리 사용되고 있는 배전 방식으로서 그림 12.23에 보인 것처럼 3상 교류를 3가닥의 전선을 사용해서 배전하는 것이다. 이 경우 단상 부하는 전체로서 상평형되게끔 조합과 접속 방법에 주의하여야 한다. 배전 변압기의 2차측 결선에는 그림 12.23에 나타낸 바와 같이 3종류가 있는데 비교적 용량이 클 때에는 단상 변압기 3대를 (a)처럼 △결선으로 해서 사용하는 경우가 많다. 그러나, 경우에 따라서는 (b)처럼 변압기 2대만 가지고 V결선으로 쓰다가 부하가 늘어날 때 한 대 더 증설해서 △결선으로 사용하는 경우도 있다. 물론 단상 변압기 대신에 3상 변압기를 그대로 사용하는 경우도 있다. Y결선은 특수한 경우에만 사용한다. 위의 3종류 공히 주상 변압기의 저압측은 1단을 접지하고 있다.

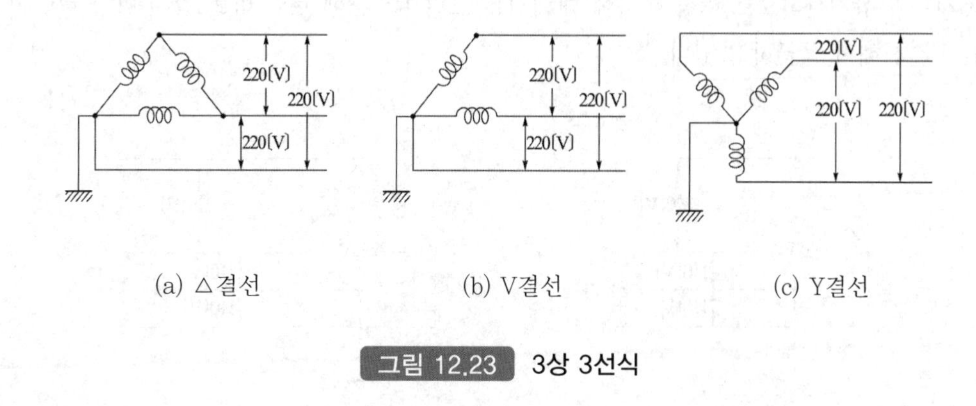

(a) △결선 (b) V결선 (c) Y결선

그림 12.23 3상 3선식

(4) 3상 4선식

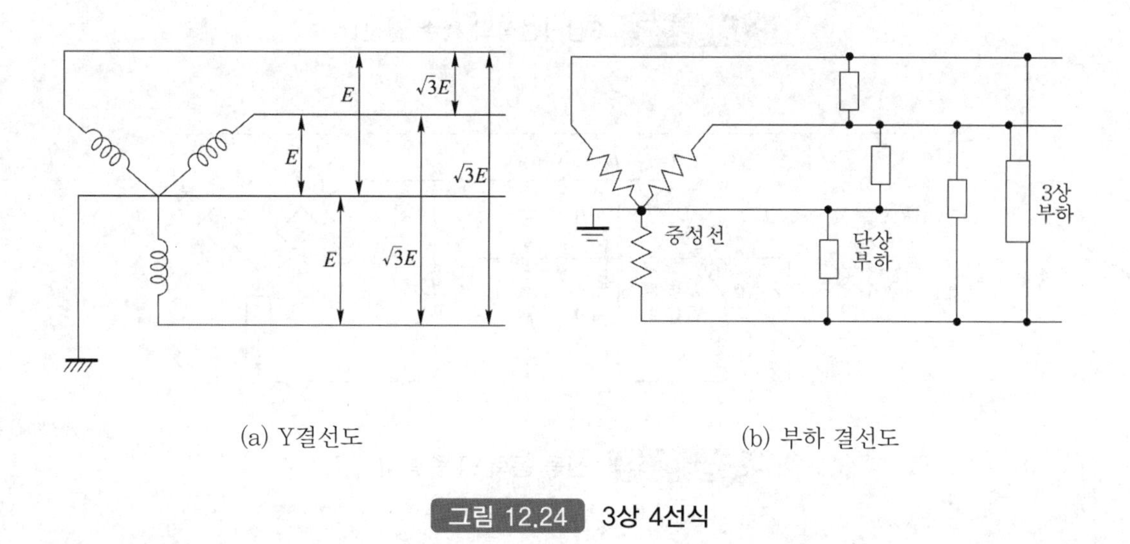

(a) Y결선도 (b) 부하 결선도

그림 12.24 3상 4선식

3상 4선식은 그림 12.24에 나타낸 바와 같이 변압기의 2차측을 접속하고 그 중성점으로부터 중성선을 인출해서 3선식의 전선 3가닥과 조합시킴으로써 2가지 전압을 공급할 수 있게 한 것이다. 즉, 중성점과 각 상간의 전압을 E라고 하면 선간 전압은 $\sqrt{3}E$로 된다.

가령 주상 변압기의 2차측 220[V] 단자를 Y접속하면 $\sqrt{3}E = 381$[V]로 되어 두 가지 전압을 1회선으로 동시에 배전할 수 있다. 그동안 우리나라에서 추진해온 220/380[V] 승압은 바로 이 3상 4선식을 채택하고 있는 것이다.

3상 4선식에는 그림 12.25에 나타낸 바와 같이 특수한 결선 방법도 있다. 이 방법은 저압 배전선의 일원화, 즉 전등 동력 공용 방식으로서 중성점이 접지되어 있는 변압기에 단상 부하를 접속하고 3상의 선간에 동력 부하를 접속하는 방식이다.

현재 외국에서 많이 사용하고 있는 이 **전등 동력 공용 방식**은 일반적으로 110[V] 부하에 대해서는 단상 3선식으로, 3상 부하에 대해서는 그림 12.26에 보인 바와 같이 단상 변압기 2대를 V결선해서 공급하고 있다.

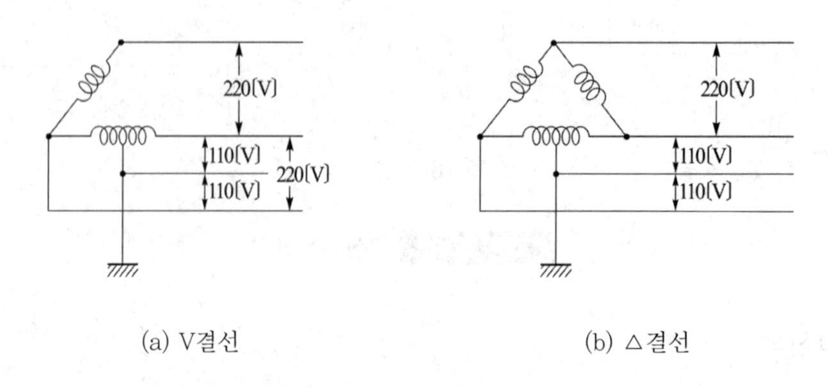

그림 12.25 3상 4선식의 특수 결선

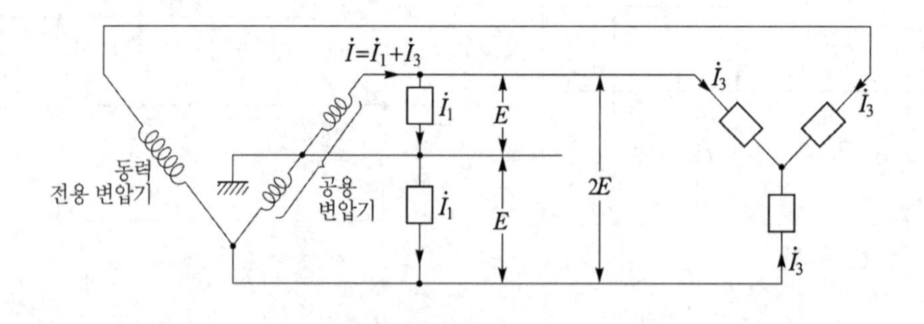

그림 12.26 전등 동력 공용 방식

따라서 그림 12.26에 나타낸 바와 같이 공용 변압기에는 전등 부하 전류 I_1과 동력 부하 전류 I_3이 함께 흐르고 동력 전용 변압기에는 동력 부하 전류 I_3만이 흐르게 되므로 공용 변압기쪽의 용량은 동력 전용 변압기의 용량보다 크게 하고 있다.

참고로 표 12.4에 전등 수용가에 대한 저압 배전 방식의 비교를 보인다.

표 12.4 전등 수용가에 대한 배전 방식의 비교

구분	단상 2선식 220[V] (A)	단상 3선식 110/220[V] (B)	A+B	3상 4선식 220/380[V]
공급방법	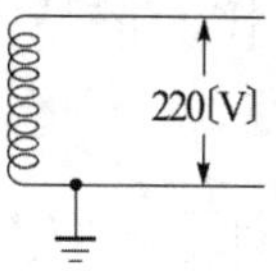 220[V]	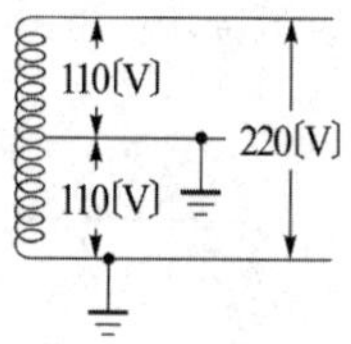 110[V] 110[V] 220[V]	A+B • 병행 운용	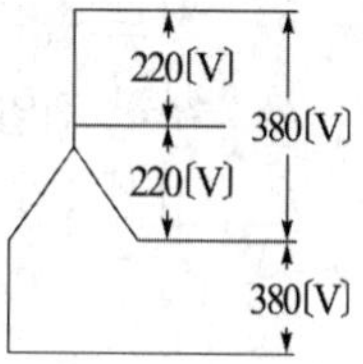 220[V] 220[V] 380[V] 380[V] • 동력 부하와 공용 • 동력 수용 또는 특수한 경우는 단상 공급 방식 보완 운용
장점	• 부하 불평형 없음 • 저압 선로가 단순함	• 경제적 배전 방식-전선 소요량 및 전력 손실 감소 • 장경간 공급 가능	• A+B	• 공급 능력 최대 • 경제적 배전 방식 • 배전 설비의 단순화
단점	• 전선 소요량 증가 • 전력 손실 증가 • 장경간 공급 곤란 • 대용량 공급 불가	• 부하 불평형 문제 발생 • 중성선 단선시 이상 전압 유입으로 기기 소손 사고 발생	• A+B	• 부하 불평형 발생 • 동력 부하 기동시 플리커 발생 우려 • 중성선 단선시 이상 전압 유입
비고	• 소용량 단경간 부하에 적합	• 아파트 등 부하 밀집 지역에 유리 • 220[V] 승압 과도 조치용	• 단상 2선식-소용량 부하 및 단경간 공급 • 단상 3선식-대용량 부하 및 장경간 부하 공급	• 동력과 전등 부하 공동 범위 검토 필요 • 부하 불평형 방지 대책 검토 • 중성선 단선 방지 마련

12.4.3 각 전기 방식의 비교

이상 설명한 각 전기 방식의 경제성을 비교해 본다.

편의상 각종의 전기 방식에 대해서 배전 전압, 배전 거리 및 전력 손실이 같다는 조건 하에서 필요한 전선량을 비교해 보기로 한다. 단, 부하 전압이 두 가지 이상 있는 방식에서는 그 중의 최소 전압, 예를 들면 단상 3선식에서는 전압선과 중성선간의 전압(곧 상전압)을 비교의 대상으로 한다. 또, 역률을 1이라 하고 다선식에서는 부하가 모두 평형되어 있는 것으로 한다. 먼저 그림 12.27에서는 다음과 같은 기호를 약속한다.

p : 선로 손실률　　W_1 : 송전단 전력　　W_2 : 부하 전력

E : 부하 전압　　I : 부하 전류　　L : 배전 거리

R : 전선 1가닥의 저항　　ρ : 저항률　　S : 전선의 단면적

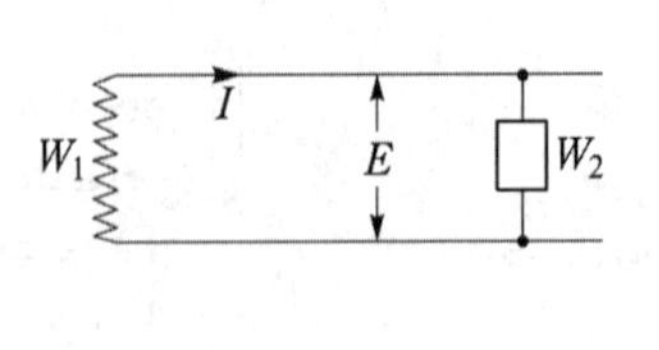

(a) 단상 2선식

(b) 단상 3선식

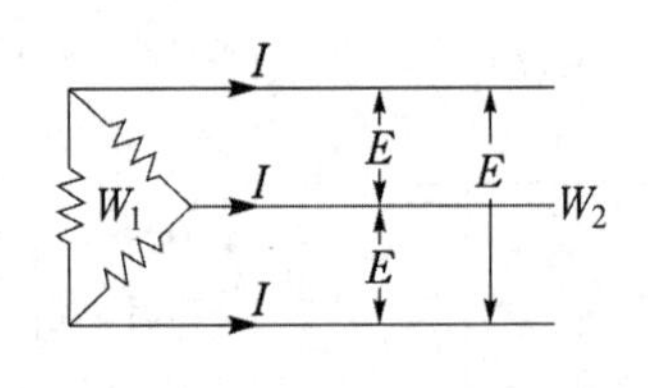

(c) 3상 3선식

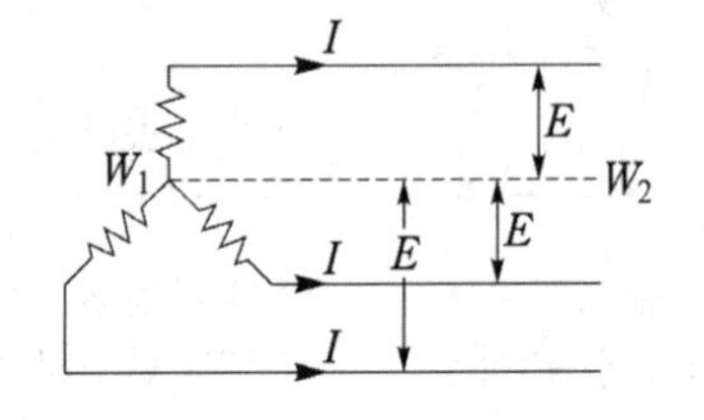

(d) 3상 4선식

그림 12.27 각종 전기 방식의 회로도

(1) 단상 2선식

그림 12.27 (a)에서

$$p = \frac{W_1 - W_2}{W_2} \tag{12.1}$$

$$p\,W_2 = 2I^2R = 2\left(\frac{W_2}{E}\right)^2 \frac{\rho L}{S} \tag{12.2}$$

$$\therefore\ S = 2\frac{W_2}{E^2} \cdot \frac{\rho L}{p} \tag{12.3}$$

따라서 전선의 총용적 V_1은

$$V_1 = 2SL = 4\frac{W_2\,\rho L^2}{E^2 p} \tag{12.4}$$

으로 된다.

(2) 단상 3선식

그림 12.27 (b)에서 만일 양 회로의 부하가 평형되어 있다면 중성선에 흐르는 전류는 0이 되므로 중성선은 아주 가늘어도 무방할 것이다. 이 경우

$$p\,W_2 = 2I^2R = 2\left(\frac{W_2}{2E}\right)^2 \frac{\rho L}{S} \tag{12.5}$$

$$\therefore\ S = 2\left(\frac{W_2}{2E}\right)^2 \frac{\rho L}{p\,W_2} = \frac{1}{2}\frac{W_2}{E^2}\frac{\rho L}{p} \tag{12.6}$$

따라서, 전선의 총용적 V_2는

$$V_2 = 2SL = \frac{W_2 \rho L^2}{E^2 p} = 0.25\,V_1 \tag{12.7}$$

으로 된다.

만일 중성선을 외선(전선)과 같은 굵기의 것을 사용한다면 다음과 같이 된다.

$$V_2 = 3SL = \frac{3}{2} \cdot \frac{W_2 \rho L^2}{E^2 p} = \frac{3}{8}V_1 = 0.375\,V_1 \tag{12.8}$$

곧, 단상 3선식의 전선 중량은 전선과 같은 굵기의 중성선을 사용하더라도 단상 2선식의 전선 중량의 37.5[%] 밖에 안 된다. 만일 중성선의 굵기를 전선의 반의 것을 택하였다면 다시 전선 중량은 줄어서 31.25[%]로 된다.

(3) 3상 3선식

그림 12.27 (c)에서

$$I = \frac{W_2}{\sqrt{3}\,E} \tag{12.9}$$

$$p\,W_2 = 3I^2R = 3\left(\frac{W_2}{\sqrt{3}\,E}\right)^2\frac{\rho L}{S} = \frac{{W_2}^2}{E^2}\cdot\frac{\rho L}{S} \tag{12.10}$$

$$\therefore\ S = \frac{W_2}{E^2}\cdot\frac{\rho L}{p} \tag{12.11}$$

따라서, 전선의 총용적 V_3은

$$V_3 = 3SL = 3\frac{W_2}{E^2}\cdot\frac{\rho L^2}{p} = \frac{3}{4}V_1 = 0.75\,V_1 \tag{12.12}$$

로 된다.

(4) 3상 4선식

그림 12.27 (d)에서 만일 3상 회로의 부하가 평형되고 있다면 중성선을 흐르는 전류는 0으로 되어 중성선은 아주 가늘어도 무방할 것이다. 이 경우

$$I = \frac{W_2}{3E} \tag{12.13}$$

$$p\,W_2 = 3\left(\frac{W_2}{3E}\right)^2\frac{\rho L}{S} = \frac{W_2^2}{3E^2}\cdot\frac{\rho L}{S} \tag{12.14}$$

$$\therefore\ S = \frac{W_2}{3E^2}\cdot\frac{\rho L}{p} \tag{12.15}$$

따라서, 전선의 총용적 V_4은

$$V_4 = 3SL = \frac{W_2\rho L^2}{E^2 p} = 0.25\,V_1 \tag{12.16}$$

으로 된다.

이때, 안전을 위해서 중성선을 외선과 같은 굵기의 것을 쓴다면 다음과 같이 된다.

$$V_4 = 4SL = \frac{4}{3} \cdot \frac{W_2 \rho L^2}{E^2 p} = \frac{1}{3} V_1 = 0.333 V_1 \tag{12.17}$$

이상을 정리해서 단상 2선식의 소요 전선 총량(총용적으로 대신해서 볼 수 있다)을 100[%]라 두고 각 방식의 전선총량을 비교하면 표 12.5와 같이 될 것이다.

표 12.5 각종 전기 방식의 전선 비교

전기 방식	중성선의 굵기[%]	전선 총중량[%] (단상 2선식을 100으로 함)
단상 2선식	–	100
단상 3선식	100 50	37.5 31.3
3상 3선식	–	75.0
3상 4선식	100 50	33.3 29.2

* 중성선의 굵기는 전선의 굵기와 같을 경우 100으로 하였음

참고로 현재 우리 나라에서 적용하고 있는 배전 방식과 공칭 전압을 표 12.6에 정리해서 보인다.

표 12.6 배전 방식과 공칭 전압

구 분	표준 공칭 전 압[V]	배전 방식별 전압[V]				회로 최고 전 압[V]
		단상 2선식	단상 3선식	3상 3선식	3상 4선식	
저 압	110 220 380 440* [주1]	110 220 220 –	110 220 – (440)*	– 200 – –	110/220 220 220/380 –	– – – –
고 압	6,600	6,600	–	6,600	–	7,200
특고압	22,900	13,200	–	–	13,200/22,900	25,800

[주] 부득이한 경우 이외에는 사용하지 않는 전압임

예제 12.6 220[V] 단상 2선식 배전에 의한 경우와 220[V] 3상 3선식 배전에 의한 경우에 있어서 배전선의 길이, 배전선에 사용되는 전선의 총중량 및 전선 내의 전력 손실이 같다고 할 경우 각 방식으로 보낼 수 있는 전력을 비교하여라. 단, 부하의 역률은 일정하다고 한다.

풀이 배전선의 길이를 l, 배전선에 사용될 전선의 총중량을 W, 선로 손실을 p_l, 송전 전력을 P, 역률을 $\cos\theta$, 선로 전류를 I, 전선의 단위 체적의 중량을 w, 그 단면적을 A, 저항률을 ρ라고 하면

	단상 2선식	3상 3선식
송 전 전 력	$P_1 = 220 I_1 \cos\theta$	$P_3 = \sqrt{3}\ 220 I_3 \cos\theta$
전선의 총중량	$W_1 = 2w A_1 l$	$W_3 = 3w A_3 l$
선 로 손 실	$P_{l1} = 2I_1^2 \rho \dfrac{l}{A_1}$	$P_{l3} = 3I_3^2 \rho \dfrac{l}{A_3}$

제의에 따라 $W_1 = W_3$, $p_{l1} = p_{l3}$이므로

$$2w A_1 l = 3w A_3 l$$

$$\therefore\ \frac{A_1}{A_3} = \frac{3}{2}$$

$$2I_1^2 \rho \frac{l}{A_1} = 3I_3^2 \rho \frac{l}{A_3}$$

$$2\frac{I_1^2}{A_1} = 3\frac{I_3^2}{A_3}$$

$$\frac{I_3^2}{I_1^2} = \frac{2}{3} \times \frac{A_3}{A_1} = \frac{2}{3} \times \frac{2}{3} = \frac{4}{9}$$

따라서

$$\frac{I_3}{I_1} = \frac{2}{3}$$

이것을 송전 전력식에 대입해서 양자의 비를 구하면

$$\frac{P_3}{P_1} = \sqrt{3}\frac{I_3}{I_1} = \sqrt{3} \times \frac{2}{3} = \frac{2}{\sqrt{3}}$$

곧, 3상 3선식 배전으로 하면 송전 전력은 단상 2선식 배전의 경우보다 $2/\sqrt{3}$배 (=1.15배) 더 보낼 수 있다.

예제 12.7 그림 12.28 (a) 및 (b)와 같은 3상 3선식 및 3상 4선식 선로로 평형 3상 부하에 전력을 공급할 때 전선로 내의 손실 비율은 얼마로 되겠는가? 단, 선로의 길이와 전선의 총중량은 같고 3상 4선식의 경우 외선과 중성선의 굵기도 같다고 한다.

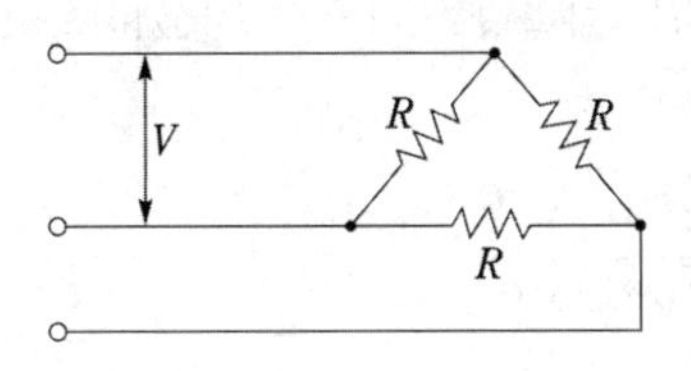

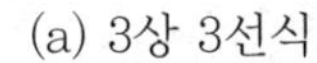
(a) 3상 3선식

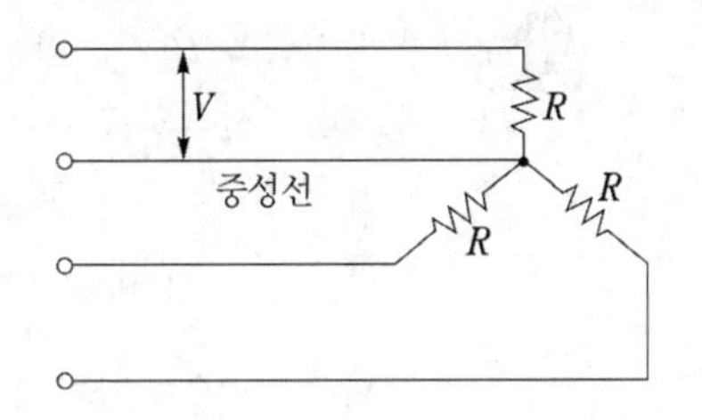

(b) 3상 4선식

그림 12.28

풀이 선로의 길이가 같고 전선의 총중량도 같다고 하였으므로 단면적의 합 A는 양자 모두 같다. 따라서 4선식의 1선의 단면적 $A_4 = \frac{1}{4}A$, 3선식의 1선의 단면적 $A_3 = \frac{1}{3}A$이다.

지금 3선식과 4선식의 1선의 저항을 각각 R_3, R_4라고 하면

$$R_3 = \rho\frac{l}{A_3} = \rho\frac{l}{\frac{A}{3}} = \frac{3\rho l}{A}, \quad R_4 = \rho\frac{l}{A_4} = \rho\frac{l}{\frac{A}{4}} = \frac{4\rho l}{A}$$

$$\therefore \frac{R_4}{R_3} = \frac{4}{3}$$

한편 1선의 전류는

$$3선식에서 \ I_3 = \frac{V}{R} = \frac{\sqrt{3}E}{R}$$

$$4선식에서 \ I_4 = \frac{E}{R}$$

$$\therefore \frac{I_4}{I_3} = \frac{1}{\sqrt{3}}$$

이므로 $P_{L3} = 3I_3^2R_3$, $P_{L4} = 3I_4^2R_4$로부터

$$\frac{P_{L4}}{P_{L3}} = \frac{3I_4^2R_4}{3I_3^2R_3} = \left(\frac{I_4}{I_3}\right)^2\left(\frac{R_4}{R_3}\right) = \left(\frac{1}{\sqrt{3}}\right)^2\left(\frac{4}{3}\right) = \frac{4}{9}$$

곧, 3상 4선식에서의 전력 손실은 3상 3선식의 4/9배로 줄어든다.

예제 12.8 전선의 굵기가 같은 3상 3선식 220[V] 배전선과 단상 2선식 110[V] 배전선이 있다. 선로 길이, 부하 전력 및 역률이 같을 경우 3상 3선식 배전선과 단상 2선식 배전선의 선로 손실의 비를 구하여라.

풀이 부하 전력을 P[W], 역률을 $\cos\theta$, 전선 1가닥당의 저항을 $R[\Omega]$이라고 하면 단상 2선식, 3상 3선식의 전류 I_1, I_3은 각각

$$I_1 = \frac{P}{110\cos\theta}, \quad I_3 = \frac{P}{\sqrt{3}\ 220\cos\theta}$$

로 된다. 여기서 각각의 선로 손실을 p_{l1}, p_{l3}이라고 하면

$$p_{l1} = 2I_1^2R = \frac{2P^2R}{110^2\cos^2\theta}$$

$$p_{l3} = 3I_3^2R = \frac{P^2R}{220^2\cos^2\theta}$$

$$\therefore \frac{p_{l3}}{p_{l1}} = \frac{\dfrac{P^2R}{220^2\cos^2\theta}}{\dfrac{2P^2R}{110^2\cos^2\theta}} = \left(\frac{110}{220}\right) \times \frac{1}{2} = \frac{1}{8}$$

곧, 3상 3선식 배전선에서의 선로 손실은 단상 2선식의 경우의 1/8로 줄어든다.

예제 12.9 부하 전력, 선로 길이 및 선로 손실이 동일할 경우 220/380[V] 3상 4선식과 110/220[V] 단상 3선식에서의 소요 전선 동량을 비교하여라. 단, 부하는 각상 평형되고 있는 것으로 한다.

220/380[V] 3상 4선식에 4, 110/220[V] 단상 3선식에 3이라는 첨자를 붙이기로 한다. 먼저 부하 전력이 같다는 조건으로부터 선전류 I에 대해서는

$$3 \times 220 \times I_4 = 220 \times I_3$$

$$\therefore \frac{I_4}{I_3} = \frac{220}{660} = \frac{1}{3}$$

다음 선로 손실이 같다는 조건으로부터 전선의 저항 R에 대해서는

$$3I_4^{\ 2}R_4 = 2I_3^{\ 2}R_3$$

$$\frac{R_4}{R_3} = \frac{2I_3^{\ 2}}{3I_4^{\ 2}} = \frac{2}{3} \times \left(\frac{660}{220}\right)^2 = 6.0$$

한편 전선의 단면적은 저항에 반비례하므로 단면적 A에 대해서는

$$\frac{A_4}{A_3}=\frac{1}{6.0}$$

따라서 전선 가닥수를 고려하면 전선의 동량 S의 비는

$$\frac{S_4}{S_3}=\frac{4}{3}\times\frac{A_4}{A_3}=\frac{4}{3}\times\frac{1}{6.0}=0.222\ (=22.2[\%])$$

곧, 3상 4선식에서의 소요 동량은 단상 3선식의 22.2[%] 밖에 되지 않는다.

예제 12.10 **저압 네트워크 방식에서 사용되는 네트워크 프로텍터의 기능을 설명하여라.**

저압 네트워크 방식에서는 네트워크 프로텍터를 중간에 넣어서 고압측 기기(주로 고압 배전선과 네트워크 변압기)의 사고나 작업 정전으로부터 저압 네트워크를 보호하고 있다. 네트워크 프로텍터는 그림 12.29에 보인 바와 같이 프로텍터 차단기와 네트워크 계전기 및 프로텍터 퓨즈로 구성되고 있는데 그 중에서도 네트워크 계전기는 다음과 같은 기능을 갖추고 있다.

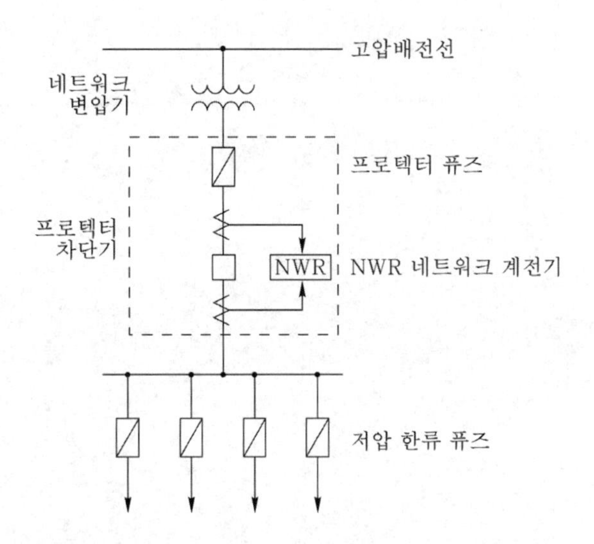

그림 12.29 네트워크 프로텍터의 개념도(점선 내)

(1) 역전력 차단 특성

고압 배전선에서 사고 또는 작업 정전이 있었을 경우, 네트워크 프로텍터부에 건전 회선을 경유해서 저압 네트워크로부터 네트워크 변압기 고압측에 전류가 역류하게 되는데, 이 전류를 검출해서 프로텍터 차단기를 트립시키는 특성

(2) 차전압 투입 특성

고압 배전선의 사고 복구라든지 작업 종료에 따라 네트워크 변압기의 2차측 전압이 회복되므로 이것을 네트워크 모선 전압과 비교해서 프로텍터 계전기를 자동적으로 투입하는 특성

(3) 무전압 투입 특성

저압 네트워크 모선이 무전압 상태일 때 네트워크 변압기가 충전되면 프로텍터 차단기를 자동적으로 투입하는 특성

연습문제

1. 배전 설비가 다른 전력 설비와 틀리는 점(특징)을 들고 우리 나라의 배전 기술이 나아가야 할 방향에 대해서 설명하여라.

2. 저압 뱅킹 배전 방식에서 일어나는 캐스케이딩 현상을 설명하고 그 대책을 기술하여라.

3. 교류 저압 배전망(네트워크)을 간단히 설명하고 그 특징 및 특히 필요로 하는 시설에 대해서 설명하여라.

4. 단상 3선식 배전 방식에서 중성선에 차단기 또는 퓨즈를 넣지 않는 이유를 설명하여라.

5. 발전소에서 수용가에 이르는 전선로 계통도의 예를 들고 각 부분의 명칭과 기능을 설명하여라.

6. 단상 2선식과 단상 3선식 및 3상 3선식과 3상 4선식에 대해서 각각 같은 배전 조건하에서의 소요 전선량을 비교하여라.

7. 저압 배전 계통에서의 네트워크 방식과 뱅킹 방식을 비교 설명하여라.

최·신·송·배·전·공·학

13장 배전 선로의 전기적 특성

Transmission Distribution Engineering

배전 선로의 전기적 특성은 기본적으로는 송전 선로에서의 특성과 다를 바 없다. 그러나 대전력을 집중, 일괄해서 장거리에 송전하는 송전 선로와는 달리 배전 선로는 소규모의 부하가 분산 접속되어 있다는 점과 수용가와 직결되고 있어서 수요 변동의 영향을 직접적으로 받기 쉽다는 특징을 지니고 있으므로 수용가에 대한 서비스 향상이라는 관점에서 이의 전기적 특성을 상세하게 검토할 필요가 있다.

13.1 선로 정수

배전 선로도 송전 선로와 마찬가지로 전선을 쓰고 있기 때문에 선로 정수로는 저항 R, 인덕턴스 L, 누설 콘덕턴스 g 및 정전 용량 C를 생각할 수 있다. 그러나 배전 선로는 송전 선로에 비하여 일반적으로 길이가 짧고 전압도 낮아서 가공 선로의 충전 전류가 부하 전류보다 훨씬 작기 때문에 정전 용량이나 콘덕턴스의 영향을 무시해도 별 지장이 없다.

(1) 저항의 정의와 단위

전선의 저항 R은 다음 식으로 표현된다.

$$R = \rho \frac{l}{A} [\Omega] \tag{13.1}$$

여기서, ρ : 전선의 저항률[Ω·m]
l : 전선의 길이[m]
A : 전선의 단면적[m^2]

ρ의 개략값은 다음 표 13.1과 같다.

표 13.1

경동선	연동선	경알루미늄선
$1/55\times10^{-6}$	$1/58\times10^{-8}$	$1/35\times10^{-6}$

(2) 인덕턴스의 정의와 단위

일반적인 배전 선로(단상 2선식, 단상 3선식, 3상 3선식 및 3상 4선식)에서의 전선 1가닥당의 인덕턴스 L은 다음 식으로 계산된다.

$$L=\left(\frac{\mu_s}{2}+2\log_e\frac{D}{r}\right)\times10^{-1}[\text{mH/km}]$$
$$=0.05+0.4605\log_{10}\frac{D}{r}[\text{mH/km}] \tag{13.2}$$

여기서, μ_s : 전선의 비투자율(동, 알루미늄은 1임)

D : 전압선의 등가 선간 거리[m]

3상의 경우는 $D=\sqrt[3]{D_{ab}D_{bc}D_{ca}}$

r : 전선의 반지름[m]

* 중성선의 인덕턴스 $L_n=L$로 취급할 수 있다.

지중 선로로서 사용되는 케이블의 인덕턴스도 상술한 가공선의 경우와 같이 계산할 수 있다.

$$L_c=\left(\frac{\mu_s}{2}+2\log_e\frac{D_c}{r}\right)\times10^{-1}[\text{mH/km}]$$
$$=0.05+0.4605\log_{10}\frac{D_c}{r}[\text{mH/km}] \tag{13.3}$$

여기서, D_c : 전압선의 등가 선간 거리[m]

도체의 단면이 원형일 경우

$$D_c=\sqrt[3]{D_{ab}D_{bc}D_{ca}}=2(r+t)[\text{m}]$$

도체 단면이 부채꼴 또는 반원형일 경우

$$D_c=2(0.84\times r_1+t)[\text{m}]$$

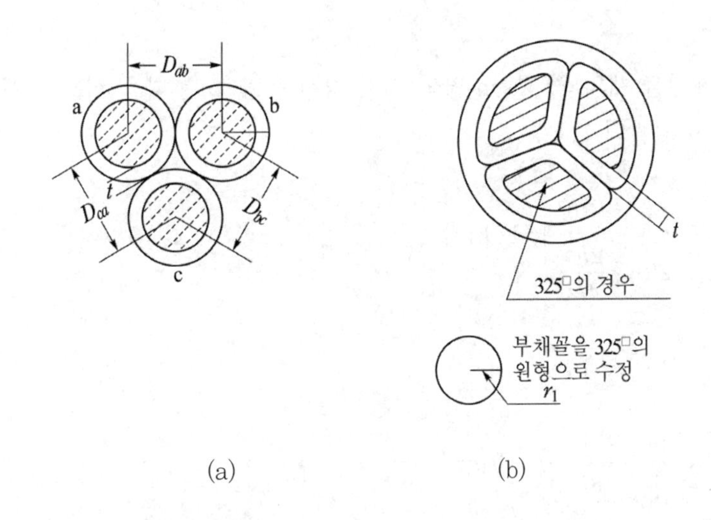

그림 13.1 케이블 전선간 거리의 개념도

여기서, r : 전선의 반지름[m]

t : 절연층의 두께[m]

r_1 : 부채꼴 또는 반원형의 도체의 단면과 같은 면적을 갖는 원형 도체의 반지름[m]

따라서 전선 1가닥당의 리액턴스 X_L는

$$X_L = \omega L = 2\pi f L[\Omega/\text{km}] \tag{13.4}$$

여기서, X_L : 유도 리액턴스[Ω/km]

f : 주파수[Hz]

L : 인덕턴스[mH/km]

로 계산된다.

참고로 설비 변경에 의한 인덕턴스값의 변화는 다음 표 13.2와 같다.

표 13.2

설비 변경 내용	인덕턴스값의 변화
선간 거리가 넓어지면	증가한다
전선이 굵어지면	감소한다

(3) 커패시턴스

가공 배전선(케이블 제외)의 1[km]당의 대지 정전 용량 C는 다음 식으로 계산한다.

단상 2선식(2선 일괄의 경우)

$$C = 2 \times \frac{4\pi\epsilon_0 \times 10^9}{2\log_e \frac{2h^2}{rD}} [\mu\text{F/km}] \tag{13.5}$$

3상 3선식(3선 일괄의 경우)

$$C = 3 \times \frac{4\pi\epsilon_0 \times 10^9}{2\log_e \frac{8h^3}{rD^2}} [\mu\text{F/km}] \tag{13.6}$$

여기서, r : 전선의 반지름[m]

D : 전선의 등가 선간 거리[m]

h : 전선의 지상 높이[m]

ϵ : 유전율[F/m]($\epsilon = \epsilon_s \times \epsilon_0$)

ϵ_s : 비유전율(공기의 경우는 1임)

ϵ_0 : 8.85×10^{-12}[F/m] (진공의 유전율)

전력 케이블의 경우는 가공 배전 선로의 경우와 비교하면 선간 거리가 짧아지는 데다가 절연체의 비유전율이 크기 때문에 정전 용량은 아주 커진다(20~30배).

단심 케이블의 1[km]당의 정전 용량 C는 다음 식으로 계산한다.

$$C = \frac{4\pi\epsilon_0 \epsilon_s \times 10^9}{2\log_e \frac{D}{d}} [\mu\text{F/km}] \tag{13.7}$$

여기서, D : 절연체 바깥지름[m]

d : 도체의 바깥지름[m]

ϵ_s : 비유전율(폴리에틸렌 2.0~2.5)

ϵ_0 : 진공의 유전율(8.85×10^{-12}[F/m])

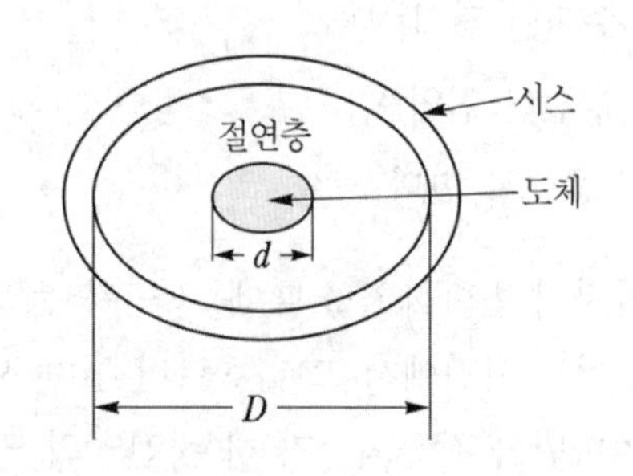

그림 13.2 단심 케이블의 개략도

13.2 전압 강하

가공 배전 선로에 부하가 접속되지 않고 전압만 걸렸을 경우 수전단 전압은 송전단의 전압과 그 크기가 거의 같다(정전 용량이 무시되기 때문이다). 그러나, 여기에 부하가 접속되면 수전단 전압은 송전단 전압보다 낮아진다. 이 전압의 차를 **전압 강하**라고 한다.

전압 강하는 선로에 전류가 흐름으로써 발생하는 역기전력 때문에 생기는 것이다.

보통 배전 선로에서 전압 강하라고 부르는 것은 송전단 전압 $\dot{E}_s$와 수전단 전압 $\dot{E}_r$의 절대값의 차, 바꾸어 말하면 전압계에 나타난 값의 산술차(스칼라(scalar)차)로서 $\dot{V}_s$와 $\dot{V}_r$의 벡터차인 선로의 임피던스 전압 강하와 다르다는 점에 주의할 필요가 있다.

전압 강하의 크기는 접속된 부하의 크기에 따라 변화하는데 이 전압 강하의 수전단 전압에 대한 백분율[%]을 **전압 강하율**이라고 한다. 즉,

$$\text{전압 강하율}[\%] = \frac{E_s - E_r}{E_r} \times 100[\%] \tag{13.8}$$

여기서, E_s : 송전단 전압[V]

E_r : 수전단 전압[V]

전압 강하율은 전선의 저항, 리액턴스, 역률 및 전선을 흐르는 전류와 관계가 있다. 다음에 **전압 변동률**이란 것이 있는데 이것은 다음 식으로 주어지는 것이다.

$$\text{전압 변동률}[\%] = \frac{E_{r0} - E_r}{E_r} \times 100[\%] \tag{13.9}$$

여기서, E_r : 전부하시의 수전단 전압[V]

E_{r0} : 무부하시의 수전단 전압[V]

역률 : 100[%]를 기준으로 한다.

즉, 전압 변동률은 부하가 갑자기 변화하였을 때에 그 단자 전압의 변화를 나타내는 것이다. 전술한 전압 강하율은 어떤 주어진 시점에서 그때 흐르던 부하 전류의 크기에 따라 수전단 전압이 송전단 전압에 비해서 얼마만큼 강하되는가 하는 전압의 크기를 대상으로 하는 데 대하여 전압 변동률은 가령 하루라든지 하는 임의의 주어진 기간 내에서의 부하의 변동(경부하, 중부하)에 따라 전압의 변동폭이 어느 정도로 되느냐 하는 변동 범위를 나타내는 것이다.

이 전압 변동률의 한도는 전기 사업법 시행 규칙에 따라 공급점에서 유지해야 할 전압으로서 따로 정하고 있다.

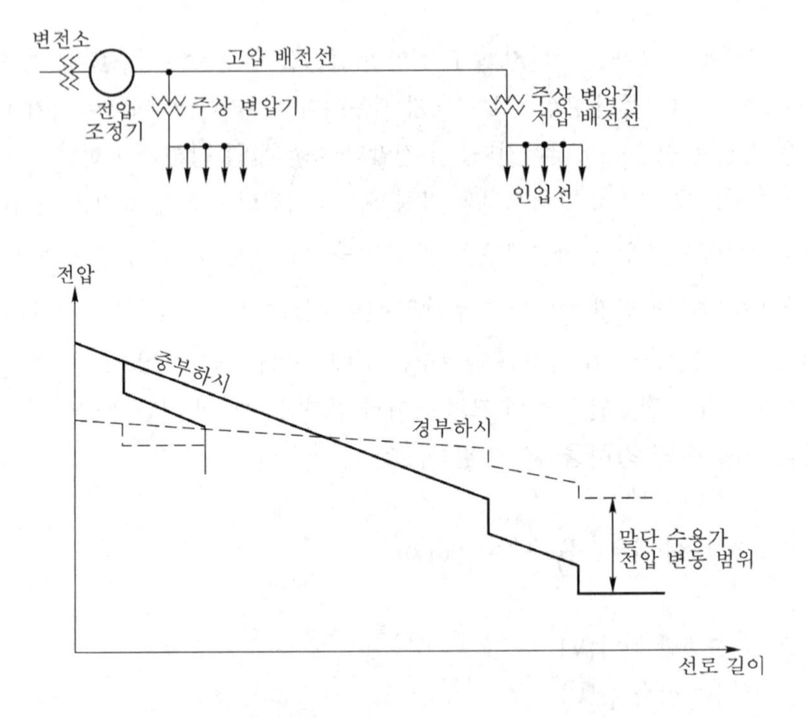

그림 13.3 배전 선로의 전압 강하

예제 13.1 직류 선로에서의 전압 강하율 및 전압 변동률에 대해서 설명하여라.

직류 선로에서는 인덕턴스를 생각할 필요가 없기 때문에(곧 이 경우에는 $E_{r0} = E_s$이다.) 전압 변동률과 전압 강하율은 서로 같게 된다. 지금 2선식 직류 선로에 대해서 생각하면 왕복 전체 길이의 저항을 R이라 하고 전부하 전류를 I라고 하면

$$\text{전압 변동률} = \frac{E_{r0} - E_r}{E_r} \times 100 = \frac{E_s - E_r}{E_r} \times 100$$

$$= \frac{IR}{E_r} \times 100 = \frac{I^2 R}{E_r I} \times 100 = \text{전력 손실률}$$

로 된다. 즉, 전압 변동률과 **전력 손실률**은 같게 되므로 가령 10[%]의 전압 강하율을 나타내는 선로이면 전력 손실도 부하의 10[%]가 된다는 것을 알 수 있다.

선로의 말단에 단일 부하가 집중되어 있을 경우의 단상 2선식 배전선의 등가 회로를 그림 13.4에 보인다. 3상 3선식의 경우에 있어서도 1상분의 양을 취급하면 단상 회로의 경우와 똑같이 계산할 수 있다. 여기서 수전단 전압 $\dot{E}_r$을 기준 벡터로 취해서 등가회로로 표시한 이 배전선의 벡터도를 그리면 그림 13.5처럼 된다.

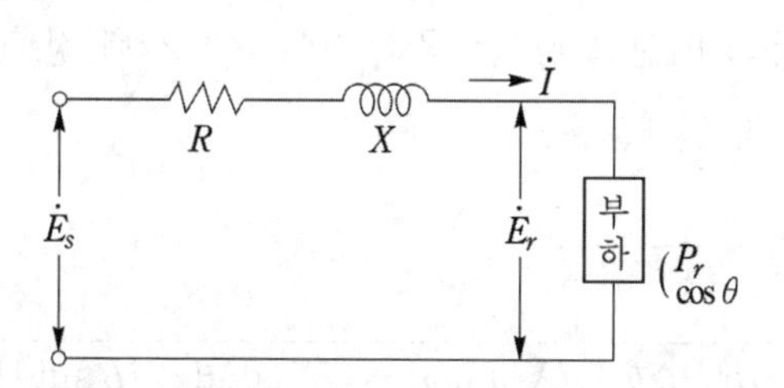

그림 13.4 배전선의 등가 회로

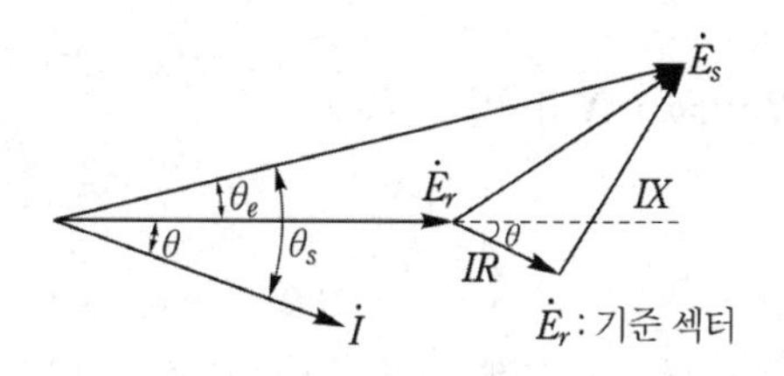

그림 13.5 배전선의 벡터도

그림에서

$$\dot{Z} = R + jX$$

여기서, $\dot{E}_s$, $\dot{E}_r$: 송전단 및 수전단에서의 대지 전압[V] (선간 전압의 $1/\sqrt{3}$)

$\cos\theta$: 부하 역률 (단, 지상을 정(+)으로 취한다.)

이라 하면

$$\begin{aligned}\dot{E}_s &= \dot{E}_r + \dot{I}\dot{Z} \\ &= E_r + I(\cos\theta - j\sin\theta)(R + jX) \\ &= (E_r + IR\cos\theta + IX\sin\theta) + j(IX\cos\theta - IR\cos\theta) \\ &= E_s' + jE_s''\end{aligned} \tag{13.10}$$

여기서, E_s', E_s''는 $\dot{E}_s$의 $\dot{E}_r$에 대한 동상 성분과 직각 성분을 나타낸다.

다음에 $\dot{E}_s$의 $\dot{E}_r$에 대한 위상각 θ_e를 구하면

$$\theta_e = \tan^{-1}\left(\frac{E_s''}{E_s'}\right) \tag{13.11}$$

로 되는데 이 각도는 보통의 배전선에서는 극히 작아서 무시될 정도이다.

다음 송전단의 전압 $\dot{E}_s$의 절대값은

$$\begin{aligned}|E_s| &= \sqrt{(E_s')^2 + (E_s'')^2} \\ &= \sqrt{(E_r + IR\cos\theta + IX\sin\theta)^2 + (IX\cos\theta - IR\sin\theta)^2}\end{aligned} \tag{13.12}$$

여기서, IR 및 IX는 E_r에 비해 아주 작으므로 제곱항은 무시하고 $\sqrt{1+2x} \fallingdotseq 1+x$의 관계를 이용하면

$$|E_s| \fallingdotseq E_r + I(R\cos\theta + X\sin\theta) \tag{13.13}$$

따라서

$$\text{전압 강하 } e = |E_s| - |E_r| = I(R\cos\theta + X\sin\theta) \tag{13.14}$$

$$전압 강하율 = \frac{|E_s|-|E_r|}{|E_r|}\times 100$$

$$= \frac{I}{E_r}(R\cos\theta + X\sin\theta)\times 100\,[\%] \tag{13.15}$$

로 된다. 식 (13.14)에서 전압 강하는 I와 $(R\cos\theta + X\sin\theta)$의 곱으로 표현되고 있는데 여기서

$$S = R\cos\theta + X\sin\theta \tag{13.16}$$

라고 두면 전압 강하 $e = IS$로 간단히 표현된다. 보통 이 S를 **근사 임피던스** 또는 **등가 저항**이라고 한다.

이밖에 위에서 설명한 관계식으로부터

$$송전단\ 전력\quad P_s = E_s I\cos\theta_s \tag{13.17}$$

$$수전단\ 전력\quad P_r = E_r I\cos\theta \tag{13.18}$$

$$선\ 로\ 손\ 실\quad P_l = P_s - P_r = I^2 R \tag{13.19}$$

로 된다.

이상은 모두 1상분에 대한 계산식이었으므로 이것으로부터 계산되는 전압 강하, 전력 및 손실 등은 각각 전선 1선당의 값이다(이때의 전력은 상전력이다).

만일 3상 3선식에서의 선간 전압 강하 v를 구하려면

$$v = |V_s| - |V_r| = \sqrt{3}\,I(R\cos\theta + X\sin\theta) \tag{13.20}$$

로 식 (13.14)를 $\sqrt{3}$ 배 해 주면 되고 3상 전력이나 3상 1괄의 손실을 구하려면 위에서 계산된 전력과 손실을 각각 3배 해주면 된다.

가령 3상 전력 P_{3s} 및 P_{3r} 은

$$P_{3s} = 3\cdot P_s = 3\times E_s\, I\cos\theta_s$$

$$= 3\times\left(\frac{V_s}{\sqrt{3}}\right) I\cos\theta_s = \sqrt{3}\, V_s I\cos\theta_s \tag{13.21}$$

$$P_{3r} = \sqrt{3}\, V_r I\cos\theta \tag{13.22}$$

로 된다.

다음 식 (13.20)으로부터 전압 강하율 ε은

$$\varepsilon = \frac{V_s - V_r}{V_r} \times 100[\%] = \frac{\sqrt{3}\,I\,(R\cos\theta + X\sin\theta)}{V_r} \times 100[\%] \tag{13.23}$$

식 (13.23)의 분모, 분자에 V_r 를 곱해서, 이것을 부하 전력으로 나타내면

$$\varepsilon = \frac{PR + QX}{V_r} \times 100[\%] \tag{13.24}$$

여기서, P : 부하 전력[W]
Q : 무효 전력[Var]
로 된다.

예제 13.2 3상 3선식 고압 배전선로의 말단에 3,000[kW], 역률 80[%](지상)의 부하가 접속되어 있다. 부하단의 전압을 20,400[V]라고 하면 송전단 전압은 얼마인가? 또한 이때의 전압강하율은 얼마인가? 단, 선로의 임피던스는 1선당 $0.5 + j1.0[\Omega]$ 이라고 한다.

송・수전단 전압을 각각 V_s, V_r[V], 부하 역률을 $\cos\theta$, 부하전력을 P_r[W], 부하전류를 I[A]라고 하면

$$V_s = V_r + \sqrt{3}\,I(R\cos\theta + X\sin\theta)$$

로 표시된다. 여기서 부하전류 I는

$$I = \frac{P_r}{\sqrt{3}\,V_r\cos\theta} = \frac{3{,}000 \times 10^{-3}}{\sqrt{3} \times 20{,}400 \times 0.8}$$
$$\fallingdotseq 106.13[\text{A}]$$

임피던스가 $0.5 + j10[\Omega]$이므로 $R = 0.5[\Omega]$, $X = 1.0[\Omega]$이다. 따라서

$$V_s = 20{,}400 + \sqrt{3} \times 106.13 \times (0.5 \times 0.8 + 1.0 \times \sqrt{1 - 0.8^2})$$
$$\fallingdotseq 21.573[\text{kV}]$$

곧, 송전단 전압은 21,573[V]이다.
그러므로 이 선로에서의 전압강하율 ε은

$$\varepsilon = \frac{21{,}573 - 20{,}400}{20{,}400} \times 100 = 5.75[\%]$$

예제 13.3 3상 3선식 1회선 배전선로의 말단에 역률 80[%](지상)의 평형 3상부하가 있다. 변전소 인출구(곧 송전단) 전압이 22,900[V], 부하의 단자전압이 20,600[V]일 때 부하전력은 몇 [kW]인가? 단, 전선 1가닥당의 저항은 1.4[Ω], 리액턴스는 1.8[Ω]이라 하고 기타의 선로정수는 무시한다.

풀이 배전선의 전압 강하 e[V]는 선전류를 I라고 하면 식 (13.20)으로부터

$$\begin{aligned} e &= 22{,}900 - 20{,}600 = 2{,}300 \\ &= \sqrt{3}\, I(R\cos\theta + X\sin\theta) \\ &= \sqrt{3} \times I \times (1.4 \times 0.8 + 1.8 \times \sqrt{1-0.8^2} \end{aligned}$$

$$I = \frac{2{,}300}{\sqrt{3} \times 2.2} \fallingdotseq 603.36[\mathrm{A}]$$

따라서 이때의 부하전력

$$\begin{aligned} P_r &= \sqrt{3}\, V_r I \cos\theta \\ &= \sqrt{3} \times 20{,}600 \times 603.36 \times 0.8 \times 10^{-3} \\ &\fallingdotseq 17{,}222[\mathrm{kW}] \end{aligned}$$

예제 13.4 22.9[kV] 배전 선로가 있는데 이 선로의 저항은 9.1[Ω], 리액턴스는 12.6[Ω]이라고 한다. 수전단 전압이 21[kV]이고 부하의 역률이 0.8(지상)에서 전압 강하율이 10[%]라고 할 경우 이 배전 선로의

(1) 송전단 전압
(2) 송전단 전력

을 구하여라.

이 예제는 전압 강하율이 주어진 경우이기 때문에 먼저 이 전압 강하율을 이용해서 이 선로에서의 전압 강하분을 계산해 나가면 된다.

(1) 송전단 전압 V_s

$$\varepsilon = \frac{V_s - V_r}{V_r} \times 100[\%]$$

로부터

$$V_s = V_r + V_r \times \epsilon = 21 + 21 \times 0.1 = 23.1[\mathrm{kV}]$$

(2) 송전단 전력 P_s

$V_s = V_r + \sqrt{3}\,I(R\cos\theta + X\sin\theta)$ 로부터

$$I = \frac{V_s - V_r}{\sqrt{3}(R\cos\theta + X\sin\theta)} = \frac{(23.1 - 21.0)\times 10^3}{\sqrt{3}(9.1\times 0.8 + 12.6\times 0.6)} = 82[\mathrm{A}]$$

$$\therefore\ P_s = P_r + 3I^2R = \sqrt{3}\,V_r I\cos\theta + 3I^2R$$
$$= \sqrt{3}\times 21\times 82\times 0.8 + 3\times(82)^2\times 9.1\times 10^{-3} = 2{,}574[\mathrm{kW}]$$

예제 13.5 저항이 8[Ω], 리액턴스가 14[Ω]인 22.9[kV] 배전 선로에서 수전단의 피상 전력이 10,000[kVA], 송전단 전압이 22.9[kV], 수전단 전압이 20.6[kV]이면 수전단 역률은 얼마인가?

풀이 선전류는 피상 전력으로부터 직접 구할 수 있으므로

$$I = \frac{10{,}000}{\sqrt{3}\times 20.6} = 277[\mathrm{A}]$$

$V_s = V_r + \sqrt{3}\,I(R\cos\theta + X\sin\theta)$의 관계로부터

$$22.9 = 20.6 + \sqrt{3}\times 277\times(8\times\cos\theta + 14\times\sin\theta)\times 10^{-3}$$
$$= 20.6 + \sqrt{3}\times 277\times(8\times\cos\theta + 14\times\sqrt{1-\cos^2\theta})\times 10^{-3}$$

윗식으로부터

$$(8\times\cos\theta + 14\times\sqrt{1-\cos^2\theta}) = \frac{(22.9 - 20.6)\times 10^3}{\sqrt{3}\times 277} = 4.8[\Omega]$$

$8\times\cos\theta$를 우변으로 넘기고 양변을 제곱해서 정리하면

$$260\cos^2\theta - 76.7\cos\theta - 173 = 0$$

이것은 $\cos\theta$에 관한 2차식이므로 근의 공식을 이용하면

$$\cos\theta = \frac{76.7 \pm \sqrt{76.7^2 + 4\times 260\times 173}}{2\times 260} = \frac{508}{520} = 0.973$$

곧, 부하의 역률은 97.3[%]이다.

예제 13.6 역률 80[%]의 3상 평형 부하에 공급하고 있는 길이 2[km]의 3상 3선식 배전 선로가 있다. 부하의 단자 전압을 6,000[V]로 유지하였을 경우 선로의 전압 강하율 ε 및 전력 손실률 p가 다 같이 10[%]를 넘지 않게 하기 위해서는 부하 전력을 얼마까지 허용할 수 있는가? 또, 이때의 ϵ 및 p를 구하여라. 단, 전선 1선당의 저항은 0.82[Ω/km], 리액턴스는 0.38[Ω/km]라 하고 그밖의 정수는 무시한다.

풀이 제의에 따라

$$R = 0.82 \times 2 = 1.64[\Omega]$$
$$X = 0.38 \times 2 = 0.76[\Omega]$$
$$I = \frac{1{,}000P}{\sqrt{3} \times 6{,}000 \times 0.8} = \frac{P}{\sqrt{3} \times 4.8}[\mathrm{A}]$$

전압 강하율 10[%]일 경우의 전력을 P_1[kW]라고 하면

$$\varepsilon = 0.1 = \frac{\dfrac{P_1}{\sqrt{3} \times 4.8}(R\cos\theta + X\sin\theta)}{6{,}000/\sqrt{3}}$$

$$= \frac{P_1(1.64 \times 0.8 + 0.76 \times 0.6)}{4.8 \times 6{,}000}$$

$$\therefore\ P_1 \fallingdotseq 1{,}629[\mathrm{kW}] \qquad (1)$$

전력 손실률 10[%]일 때의 부하 전력을 P_2[kW]라고 하면

$$p = 0.1 = \frac{\left(\dfrac{P_2}{\sqrt{3} \times 4.8}\right)^2 \times 1.64 \times 10^{-3}}{P_2/3} = \frac{P_2 \times 1.64 \times 10^{-3}}{4.8^2}$$

$$\therefore\ P_2 \fallingdotseq 1{,}405[\mathrm{kW}] \qquad (2)$$

(1), (2)를 비교하면 $P_1 > P_2$이므로 $\varepsilon = 0.1$의 경우 $p > 0.1$로 된다.
따라서, 전력 손실률 10[%]를 제한값으로 해서 이때의 전압 강하율을 산출하면 이것은 전력에 비례하므로

$$\text{전압 강하율} = 10 \times \frac{1{,}405}{1{,}629} \fallingdotseq 8.625\,[\%]$$

로 줄어들 것이다.

13.3 전력 손실

배전 계통에서 발생하는 전력 손실은 주로 전선, 케이블의 저항에 의한 옴 손실(줄열 손실 I^2R)과 변압기 손실이다.

다음 표 13.3은 배전 설비별 손실의 점유율 예를 나타낸 것이다.

표 13.3 배전 설비별 손실 구성[%] (참고로 이것은 1996년 기준의 값이다)

고압선	변압기	저압선, 인입선	계기	기타	계
29.17	40.21	19.03	5.22	6.37	100

13.3.1 옴 손(ohmic loss)

(1) 옴손의 기본식

배전 선로에서의 옴손(전력손) P_c는 다음 식으로 표시된다.

$$P_c = NI^2R[\mathrm{W}] \tag{13.25}$$

여기서, R : 전선 1가닥당의 저항[Ω]

I : 부하 전류[A]

N : 전선의 가닥수 (2선식 $N=2$, 3선식 $N=3$)

또한, 주어진 어느 시간 T[h] 내의 전력 손실량 W_c[Wh]는

$$W_c = NI^2RT[\mathrm{Wh}] \tag{13.26}$$

이다.

한편, T시간 동안 전류(부하)가 일정하면 식 (13.26)을 그대로 사용할 수 있으나 이 시간 내에서 전류가 변동할 경우에는 다음과 같이 구한다(단, 아래에서는 $N=1$로 가정해서 기술하였음).

$$W_c = R(I_1^2t_1 + I_2^2t_2 + \cdots +) \tag{13.27}$$

여기서, t_1 : 전류 I_1이 흐른 시간

I_1, I_2, I_3, … 중 최대 전류를 I_m 라 하고 t_1, t_2, … 합계를 T, 뒤에 설명하는 손실 계수를 H라고 하면

$$W_c = RI_{THm}^2 \tag{13.28}$$

로 계산할 수 있다.

(2) 손실 계수

전용선 또는 급전선처럼 그 말단에 단일 부하가 집중되어 있는 경우 선전류를 I[A], 1선당의 저항을 R이라고 하면 1선당의 옴[Ω] 손실(전력) P_c는

$$P_c = I^2 R[\mathrm{W}] \tag{13.29}$$

로 되며, 또 T시간(예를 든다면 1일) 중의 손실 전력량 w_c는 옴손만을 생각할 경우

$$w_c = \int_0^T I^2 R dt[\mathrm{Wh}] \tag{13.30}$$

로 된다.

그러나, 실제로는 T시간 중에 흐르는 전류 I는 T시간 동안에서의 부하 변동 여하에 따라 수시로 그 크기가 달라지고 있기 때문에 I를 하나의 대표값으로 고정시켜서 풀 수 없다. 그러므로, 지금 편의상 T시간 중의 I의 최대값(이것도 실용적으로는 그때그때의 순간값을 잡기가 어려우므로 30분 또는 한 시간 평균값에서의 최대값을 쓰고 있다)를 I_m 라하고 그 동안에 실제 흐른 전류는 이 I_m 의 H배였다고 생각해서

$$w_c = RHI_m^2 T[\mathrm{Wh}] \tag{13.31}$$

$$H = \frac{1}{I_m^2 T}\int_0^T I^2 dt \tag{13.32}$$

로 계산하고 있다. 즉, 여기서 나온 H는 **손실 계수**라고 불려지는 것으로서 이것은 식 (13.32)에서 정의한 것처럼 T시간 중의 최대 전류값 I_m 을 1로 하는 단위법으로 나타낸 전류의 제곱 $(I/I_m)^2$의 T시간 중의 평균값에 상당하는 것이다. 즉, 이것은 아래 식처럼 쓸 수 있다.

$$\text{손실 계수 } H = \frac{\text{어느 기간 중의 전류의 제곱의 평균}}{\text{같은 기간 중의 최대 전류의 제곱}} \times 100[\%] \tag{13.33}$$

위 식의 분모, 분자에 선로 저항을 각각 곱해 주면 분자는 어느 기간 중의 평균 손실 전력, 분모는 같은 기간 중의 최대 손실 전력이 된다. 따라서,

$$\text{손실 계수 } H = \frac{\text{어느 기간 중의 평균 손실 전력}}{\text{같은 기간 중의 최대 손실 전력}} \times 100[\%] \tag{13.34}$$

이라고 쓸 수 있다.

그러므로, 한편에서는 이것을 평균 전력 손실 $P_c = w_c / T (= HRI_m^2)$의 최대 전력 손실 $P_{cm} (= RI_m^2)$에 대한 비 P_c / P_{cm}로 나타내기도 한다. 또, 식 (13.31)의 $w_c = HTRI_m^2$에서 w_c는 최대 전류 I_m가 $HT = T_e$ 시간(이것을 **등가 시간**이라고 한다) 중 흐르고 있는 경우의 손실과 같다고도 말할 수 있다.

결국 이 손실 계수란 아래 식처럼 어떤 기간 중(보통 1일, 1개월 또는 1년을 취한다)의 평균 전력 손실$\left(= \int_0^T I^2 R dt\right)$이 최대 전력 손실($I_m$이 계속 흘렀을 경우의 손실 전력, $I_m{}^2 RT$)에 대한 백분율로서 정의되는 것이다.

$$H = \frac{\int_0^T I^2 R dt}{I_m^2 RT} \times 100 = \frac{\int_0^T I^2 dt}{I_m^2 T} \times 100[\%] \tag{13.35}$$

여기서, T : 기간 중의 시간 수
I : 어느 순간에서의 전류[A]
I_m : 그 기간 중의 최대 전류[A]
R : 저항[Ω]

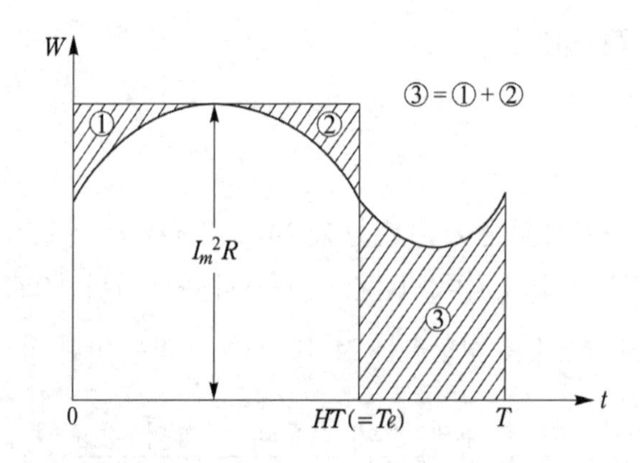

그림 13.6 손실 전력 곡선과 등가 시간의 개념도

따라서, 이 손실 계수는 어느 기간 중에서의 최대 전류에 대한 평균 전류의 비로서 표현되는 부하율(F)과는 다른 것이다.

손실 계수는 부하 곡선의 모양에 따라서 달라지는데 그 값은 부하율이 좋은 부하일 경우에는 부하율에 가까운 값이 되고($H \fallingdotseq F$), 부하율이 나쁜 부하일 경우에는 부하율의 제곱에 가까운 값으로 되는 경향이 있다($H \fallingdotseq F^2$).

곧, 평균수요 전력과 최대 수요 전력의 비로서 구해지는 부하율 F와 손실 계수 H와의 사이에는

$$1 \geqq F \geqq H \geqq F^2 \geqq 0 \tag{13.36}$$

의 관계가 있으며, 일반적으로는

$$H = \alpha F + (1-\alpha)F^2 \tag{13.37}$$

여기서, α는 정수로서 0.1~0.4로 표현된다.

곧, 이 α는 $I(t)$의 부하 곡선의 형태에 따라 그 값을 달리하게 되는데 대략 0.1~0.4 정도로 보고 있다.

부하가 분산되어서 접속된 분산 부하의 배전선에서의 옴손 p는 그림 13.7에 나타낸 바와 같이 송전단으로부터 x의 거리에 있는 점의 선로 전류를 I_x, 선로 단위 길이당의 저항을 r, 선로의 길이를 L이라 하면

$$p = \int_0^T I_x^{\ 2}\, r\, dx \tag{13.38}$$

로 된다. 한편, 부하가 선로의 말단에 집중되고 있을 경우에는 p가 최대로 되며(선로 전구간을 부하 전류 I가 흐르게 된다) 이것을 P_m이라고 하면

$$P_m = I^2 r L \tag{13.39}$$

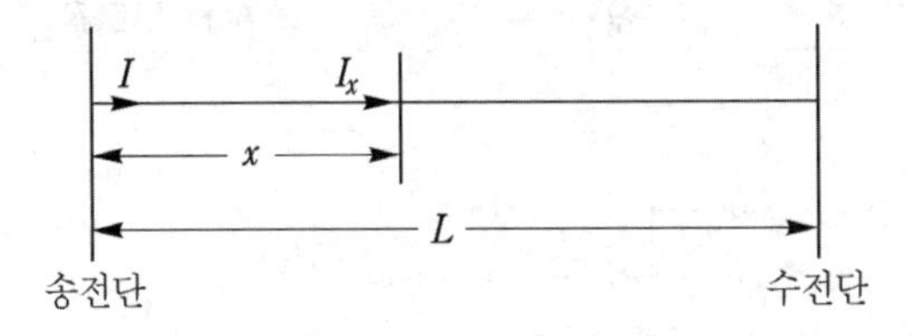

그림 13.7 부하 분포 선로

이다. 위의 양식으로부터 아래와 같이 h를 정의할 수 있다.

$$h = \frac{1}{I^2 L}\int_0^L I_x^{\ 2}\, dx = \frac{1}{I^2 R}\int_0^L I_x^{\ 2}\, r\, dx \tag{13.40}$$

여기서, R : 전 구간의 저항값[Ω](= rL)

r : x구간의 단위 길이당의 저항값[Ω/km]

이것으로부터 알 수 있듯이 h는 동일 선로에서 동일 송전단 전류의 경우 분산 부하에 의한 손실 p와 앞서 식 (13.23)에서 나타낸 말단 단일 집중 부하에 의한 손실 P_c와의 비를 나타낸다.

이와 같이 h는 손실 계수 H에 대응하는 것으로서 H가 부하의 시간적 변동 상황에 따른 전력 손실의 정도를 나타내는 데 대하여 h는 부하의 분산 상태에 따른 전력 손실의 정도를 나타내는 것이다. 그러므로, 손실 계수 H에 대응해서 이 h를 **분산 손실 계수**라고 부르고 등가 시간 $HT = T_e$에 대응하는 $hR = R_e$를 **전력 손실 등가 저항**이라고 한다.

다음에 손실 전력량 w는

$$w = \int_0^T \int_0^L I_x^{\ 2}\, r\, dx\, dt = rL\int_0^T hI^2 dt\ [\mathrm{Wh}] \tag{13.41}$$

h가 T시간 중 변하지 않을 경우에는

$$w = HhRI^2T\,[\mathrm{Wh}] \tag{13.42}$$

로 된다. h가 시간적으로 일정하지 않을 경우에도 그 변화가 심하지 않을 때에는 최대 부하시의 h의 값을 사용해서 계산하더라도 실용상으로는 별 지장이 없다.

참고로 표 13.4에 대표적인 경우에 대한 분산 부하율, 분산 손실 계수를 보인다.

표 13.4 분산 부하율 및 분산 손실 계수

부하 형태	모양	분산 부하율	분산 손실 계수
평등 분포	I, I_l, L	$\frac{1}{2}$	$\frac{1}{3}$

부하 형태	모양	분산 부하율	분산 손실 계수
말단일수록 큰 분포		$\frac{2}{3}$	$\frac{8}{15}$
송전단일수록 큰 분포		$\frac{1}{3}$	$\frac{1}{5}$
중앙일수록 큰 분포		$\frac{1}{2}$	$\frac{23}{60}$

예제 13.7 그림 13.8과 같은 3상 3선식 배전 선로의 전력 손실을 구하여라. 단, 전선 1가닥당의 저항은 0.5[Ω/km]라고 한다.

먼저 급전선 내의 전류 I를 구한다. 각 부하점의 역률이 주어져 있으므로,

$$I = (10 \times 1 + 20 \times 0.8 + 20 \times 0.9) + j(0 + 20\sqrt{1-0.8^2} + 20\sqrt{1-0.9^2})$$
$$= 44.0 + j20.7[\mathrm{A}]$$

각 부분의 전력 손실 P_c는

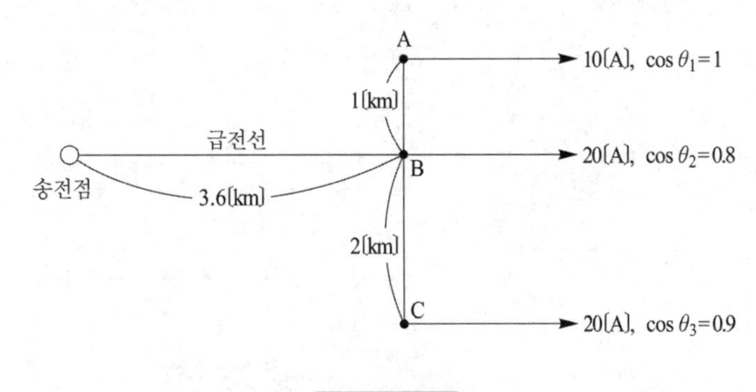

그림 13.8

$$P_c = NI^2R = NI^2rl$$

여기서, r : 전선 1가닥당의 저항[Ω/km]
l : 배전 거리[km]

AB간 손실 : $3 \times 10^2 \times 0.5 \times 1 = 150$[W]
BC간 손실 : $3 \times 20^2 \times 0.5 \times 2 = 1{,}200$[W]
급전선 내 손실 : $3 \times (44^2 + 20.7^2) \times 0.5 \times 3.6 = 12{,}770$[W]
∴ 전손실 $= 150 + 1{,}200 + 12{,}770 = 14{,}120$[W] = 14.12[kW]

예제 13.8 **그림 13.9에 보인 것처럼 전선의 굵기가 균일하고 부하가 송전단에서부터 말단에 이르기까지 균등하게 분포되고 있는 평등 부하 분포의 경우에 있어서의 분산 손실 계수 h의 값을 구하여라.**

송전단으로부터 거리가 x인 점에서의 전류 I_x는

$$I_x = I\left(1 - \frac{x}{L}\right)$$

전력 손실 p는 전선의 단위 길이당의 저항을 r라고 하면

$$p = \int_0^L I_x^2 r\,dx = \int_0^L I^2\left(1 - \frac{x}{L}\right)^2 r\,dx$$

$$= I^2 r\left[x - \frac{x^2}{L} + \frac{x^3}{3L^2}\right]_0^L = \frac{1}{3}I^2 rL$$

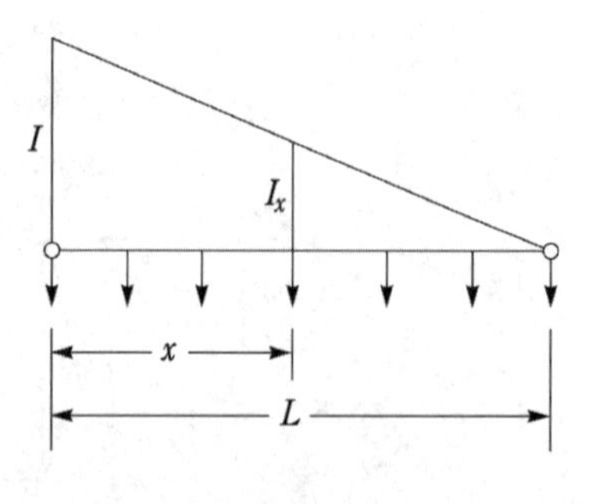

그림 13.9

I^2rL은 말단에 집중 부하가 접속되어 있을 경우의 전력 손실이므로 평등 분포 부하에 대한 손실은 송전단으로부터 전체 길이의 1/3에 해당하는 곳에 전부하가 집중하고 있다고 생각한 경우와 같다. 따라서 식 (13.40)의 h의 정의에 따라 이 경우의 $h=1/3$로 된다.

13.3.2 변압기 손실

변압기의 손실은 철손과 동손의 두 가지로 나눌 수 있다.

철손은 부하의 유무에 관계없이 전압만 인가되고 있으면 발생하는 것으로서 이것을 **무부하 손실**이라고 부르기도 한다. 무부하 손실에는 이밖에도 여자 전류에 의한 권선의 I^2R손 및 절연물의 유전체손도 다소 포함되지만 이들 양은 워낙 적기 때문에 무부하 손실은 주로 철손만으로 이루어진다고 생각하면 된다.

참고로 현재 배전용 변압기는 적철심형보다 철손이 적은 권철심형을 사용하고 있다. 이제까지는 이들 변압기의 철심으로 규소강판을 많이 써왔는데, 최근에는 저손실철심 재료로 새로 개발된 규소강판이나 비정질(아몰퍼스)철심재료를 사용한 변압기로 대체해서 이 철손을 많이 줄이고 있다고 한다.

이에 대하여 동손은 부하 전류에 의한 권선의 I^2R손으로서 이것은 부하가 변동하면 전류의 제곱에 비례해서 증감하게 되며 보통 이것을 **부하 손실**이라고 부르고 있다.

다음 표 13.5는 참고로 주상 변압기에서의 철손과 동손의 비율을 보인 것이다.

표 13.5 주상 변압기의 철손, 동손 비율

	철손[%]	동손[%]	합계[%]
손실 전력 (첨두 부하시)	33	67	100
손실 전력량	65	35	100

변압기에는 회전 부분이 전혀 없기 때문에 기계적 손실은 없고, 따라서 효율은 일반의 회전기에 비해서 훨씬 양호한 편이다. 보통 5[kVA] 정도의 소형의 것이라도 효율은 96[%] 정도이며, 10,000[kVA] 이상의 대형이 되면 99[%] 이상에 달하고 있다.

현재 각 전력 회사에서 채택하고 있는 이들 변압기의 손실 경감 대책을 열거하면 다음과 같다.

1) 동손 감소 대책

- 동선의 권선수 저감
- 권선의 단면적 증가

2) 철손 감소 대책

- 자속 밀도의 감소
- 저손실 철심 재료의 채용
- 고배향성 규소 강판 사용
- 아몰퍼스 변압기의 채용
- 철심 구조의 변경

13.3.3 변압기의 효율

변압기의 효율에는 입력과 출력의 실측값으로부터 계산해서 구하는 **실측 효율**과 일정한 규약에 따라 결정한 손실값을 기준으로 계산해서 구하는 **규약 효율**의 두 가지가 있다.

$$\text{실측 효율} = \frac{\text{출력의 측정값}}{\text{입력의 측정값}} \times 100[\%] \tag{13.43}$$

$$\begin{aligned}\text{규약 효율} &= \frac{\text{출력}[\text{kW}]}{\text{출력}[\text{kW}] + \text{손실}[\text{kW}]} \times 100[\%] \\ &= \frac{\text{입력}[\text{kW}] - \text{손실}[\text{kW}]}{\text{입력}[\text{kW}]} \times 100[\%]\end{aligned} \tag{13.44}$$

한편 이들로부터 계산되는 효율은 어디까지나 주어진 그 시각에서의 부하에 대한 값에 지나지 않으므로 부하가 변동할 경우 효율을 종합적으로 판정하기 위해서는 아래에 정의하는 **전일 효율**이라는 것을 사용하게 된다.

$$\begin{aligned}\text{전일 효율} &= \frac{\text{1일간의 출력 전력량}[\text{kWh}]}{\text{1일간의 출력 전력량}[\text{kWh}] + \text{1일간의 손실 전력량}[\text{kWh}]} \times 100[\%] \\ &= \frac{P_d}{P_d + (P_i \times 24) + P_{cd}} \times 100[\%]\end{aligned} \tag{13.45}$$

여기서, P_d : 1일 중의 출력 전력량[kWh]

P_i : 변압기의 철손[kW]

P_{cd} : 변압기의 동손 (1일 중의 손실 전력량)[kWh]

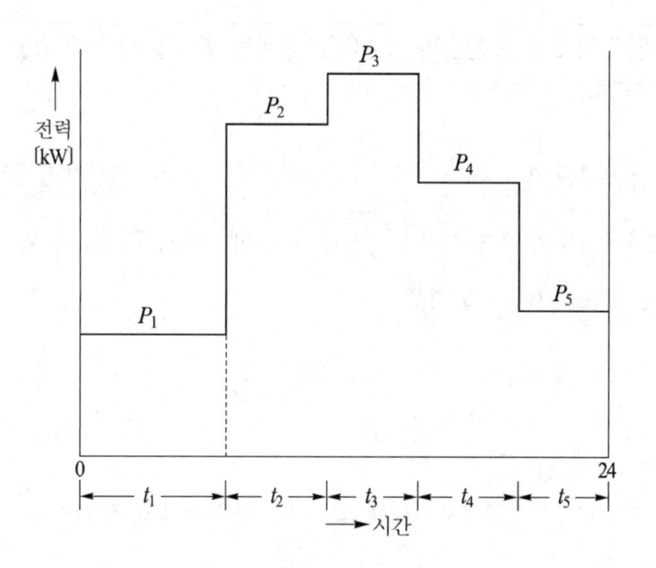

그림 13.10

가령 그림 13.10과 같은 부하 곡선에 대해서 생각한다면

$$1\text{일의 출력 전력량 } P_d = P_1t_1 + P_2t_2 + P_3t_3 + P_4t_4 + P_5t_5[\text{kWh}]$$

손실 전력량은 부하와 관계없이 일정한 철손 전력량과 부하의 제곱에 비례하는 동손 전력량이 있다. 철손을 W_i [kW], 전부하 동손을 W_c [kW], 변압기의 정격 용량을 P(kW = kVA (역률이 1.0일 경우)) 라고 하면 1일(24[h])의 손실 전력량은

$$\text{철손 전력량 } P_{id} = W_i \times 24[\text{kWh}]$$

$$\text{동손 전력량 } P_{cd} = W_c\left[\left(\frac{P_1}{P}\right)^2 t_1 + \left(\frac{P_2}{P}\right)^2 t_2 + \left(\frac{P_3}{P}\right)^2 t_3 + \left(\frac{P_4}{P}\right)^2 t_4 + \left(\frac{P_5}{P}\right)^2 t_5\right][\text{kWh}]$$

로 되어

$$\text{전일 효율} = \frac{P_d}{P_d + P_{id} + P_{cd}} \times 100[\%] \tag{13.46}$$

로 계산된다.

여기서 한 가지 주의할 점은 동손을 계산할 때 변압기의 정격 용량은 [kVA]로 표현해야 한다는 것이다. 가령 역률 0.8의 부하 8[kW]는 8/0.8 = 10[kVA], 따라서 변압기 용량 10[kVA]가 이때의 100[%] 부하로 된다.

예제 13.9 변압기의 효율은 철손과 동손이 같아지는 부하일 때 최고 효율로 된다는 것을 증명하여라.

지금 부하를 P_1[kW]라고 하면 P_1[kW]에서의 동손은 전부하 동손을 W_c, 변압기의 정격 용량을 P라 할 경우 $W_c\left(\frac{P_1}{P}\right)^2$가 된다. 여기서 $P_1/P=a$, 즉 $P_1=aP$라고 하면 효율 η는 철손을 W_i라 할 경우

$$\eta=\frac{P_1}{P_1+W_i+W_c\left(\frac{P_1}{P}\right)^2}=\frac{aP}{aP+W_i+a^2W_c}=\frac{P}{P+\frac{W_i}{a}+aW_c}$$

여기서 P는 일정하므로 η를 최고로 하는 것은 더 말할 것 없이 $\frac{W_i}{a}+aW_c$가 최소로 될 경우이다.

지금 $\mu=\frac{W_i}{a}+aW_c$라 하고 $\frac{d\mu}{da}=0$을 풀면

$$W_i=a^2W_c=W_c\left(\frac{P_1}{P}\right)^2$$

즉, (철손 = P_1 부하에서의 동손)이 효율 최대의 조건이 된다는 것을 알 수 있다.

예제 13.10 용량 30[kVA]의 단상 주상 변압기가 있다. 이 변압기의 어느 날의 부하가 30[kW]-2시간, 24[kW]-8시간 및 6[kW]-14시간이었다고 할 경우 이 변압기의 전일 효율 및 일 부하율을 구하여라. 단, 부하의 역률은 1, 변압기의 전부하 동손은 500[W], 철손은 200[W]라고 한다.

이 변압기에 걸리는 1일(24시간)의 부하 전력량(공급량) W_0는

$$W_0=30\times2+24\times8+6\times14=336[\text{kWh}]$$

1일 중의 평균 부하 P_m는

$$P_m=\frac{336}{24}=14[\text{kW}]$$

$$\text{일 부하율 } L_{fd}=\frac{\text{1일 중의 평균 부하}}{\text{1일 중의 최대 부하}}\times100$$

$$=\frac{14}{30}\times100=46.7[\%]$$

다음 변압기의 1일 중의 손실 전력량을 산출하는데, 철손은 부하의 크기와는 관계없이 일정하다는 것과 동손 I^2r은 부하 비율의 제곱에 비례한다는 것을 고려해서

$$1\text{일 중의 손실량} = \left[200 \times 24 + 500\left\{\left(\frac{30}{30}\right)^2 \times 2 + \left(\frac{24}{30}\right)^2 \times 8 + \left(\frac{6}{30}\right)^2 \times 14\right\}\right] \times 10^{-3}$$
$$= 8.64[\text{kWh}]$$

이 변압기의 1일 중의 입력 전력량 W_i는

$$W_i = \text{공급량} + \text{손실량} = 336 + 8.64 = 344.64[\text{kWh}]$$

따라서

$$\text{전일 효율} = \frac{1\text{일 중의 공급량}}{1\text{일 중의 입력량}}$$
$$= \frac{336}{344.64} \times 100 = 97.49[\%]$$

예제 13.11 **용량 100[kVA], 6,600/105[V]인 변압기의 철손이 1[kW], 전부하 동손이 1.25[kW]이다. 이 변압기의 효율이 최고로 될 때에 부하[kW]는 얼마인가? 또, 이 변압기가 무부하로 18시간, 역률 100[%]의 반부하로 4시간, 역률 80[%]의 전부하로 2시간 운전된다고 할 때 이 변압기의 전일 효율을 구하여라. 단, 부하 전압은 일정하다고 한다.**

풀이 먼저 효율이 최고로 되는 부하는 철손과 동손이 같을 경우이다. 구하고자 하는 부하를 P[kVA]라고 하면

$$1[\text{kW}] = \left(\frac{P}{100}\right)^2 \times 1.25[\text{kW}]$$

로부터 $P = 89$[kVA] (이때 역률이 $\cos\varphi$였다면 $89\cos\varphi$[kW]가 된다.)
다음 전일 효율 η는

전부하 운전의 kWh 출력 = 2 × 100 × 0.8 = 160[kWh]
반부하 운전의 kWh 출력 = 4 × 50 × 1.0 = 200[kWh]

그러므로,

총 kWh 출력 = 160 + 200 = 360[kWh]
24시간의 철손 = 24 × 1.0 = 24[kWh]
전부하의 동손 = 2 × 1.25 = 2.5[kWh]

반부하의 동손 = (4×1.25)/4 = 1.25[kWh]
전손실 = 24 + 2.5 + 1.25 = 27.75[kWh]

따라서,

$$전일\ 효율\ \eta = \frac{360}{360+27.75} \times 100 = 93[\%]$$

[답] 최고 효율시 부하 89cosϕ[kW]
전일 효율 $\eta = 93[\%]$

13.4 시설과 부하

13.4.1 전력 수요

전기의 수요는 문화와 산업의 발전에 따라 급격하게 증대하고 그 이용 분야도 다양하며 또한 다방면에 걸쳐서 널리 사용되고 있다. 우선 이들을 용도별로 나누면

(1) 주택용 (전등 수요)
(2) 상업용 (공공 및 서비스업)
(3) 산업용 (동력 수요)

의 3 가지로 된다.

표 13.6은 우리 나라에서의 이러한 전력 수요의 추이를 최근의 계약종별 판매량 구성비로 정리한 것이다.

표 13.6 전력 판매량의 구성비

단위[%]

년 도	주택 부문	공공 서비스 부문	생산(산업) 부문
1992	18.9	19.9	61.2
1997	16.2	25.8	58.0
2002	15.6	30.1	54.3
2007	15.4	31.7	52.9
2012	14.0	30.7	55.3

어느 일정 기간 내에서의 부하의 시간적 변동 상황를 그림으로 나타낸 것을 **부하 곡선**이라고 하는데 이것은 부하의 종류라든지 수요 지역의 산업이나 사회적인 상황에 따라 여러 가지 모양을 보이게 된다.

그림 13.11은 **일부하 곡선**의 일례를 보인 것이다. 보통 이것은 매 시간당의 부하 전력량을 계량해서 작성하게 된다.

주어진 기간 내의 부하 전력 가운데 최대의 것을 **최대 부하** 또는 **첨두 부하**라고 하며(그림에서 P_{max}로 나타낸 것), 또 이 기간 내의 사용 전력량을 사용 시간수로 나눈 것, 즉 그 기간 내의 부하 전력의 평균값을 **평균 부하**라고 부르고 있다(그림에서의 P_{mean}이다).

이러한 부하 곡선은 대상으로 하는 기간에 따라 월부하 곡선, 주간 부하 곡선, 일부하 곡선 등으로 나누어진다. 과거 우리 나라에서 연간을 통한 최대 부하는 겨울철에 발생하였으나, 지난 70년대 후반부터는 에어콘 등 냉방 부하가 집중되는 여름철로 서서히 옮겨져 이제는 완전히 여름철 최대 전력(최대 부하) 패턴이 굳어지고 있다. 참고로 그림 13.12는 지난 1988년 여름 최대 부하(13657[MW])가 발생한 8월 10일의 일부하 곡선의 실적을 보인 것이다.

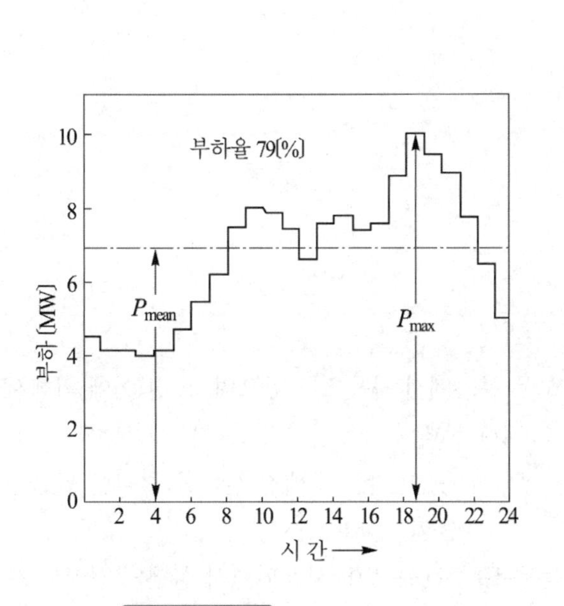

그림 13.11 부하 곡선의 일례

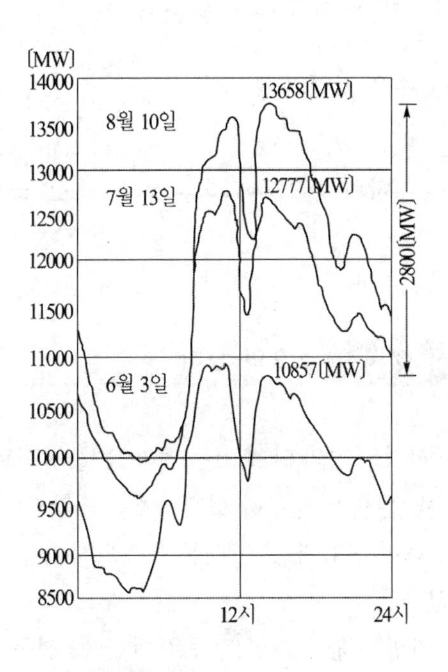

그림 13.12 일부하 곡선의 일례

13.4.2 전기의 공급 방식

전기의 공급 방식에는 전기의 수급 계약 방법에 의한 구별, 공급 전압에 의한 구별, 전기의 공급 시간 또는 계절에 의한 구별, 부하의 종류에 의한 구별 등 아래에 나타낸 바와 같이 여러 가지 분류 방법이 있다.

① 수급 계약별
- 종량선
- 정액선

② 공급 전압별
- 특고압선
- 고압선
- 저압선

③ 공급 시간별
- 주간선
- 야간선
- 주 · 야간선

④ 부하의 종류별
- 전등선
- 동력선

⑤ 수용 전력의 종류별
- 전용선
- 일반선

⑥ 부하의 중요도에 따른 종류
- 1 급선
- 2 급선
- 3 급선

13.4.3 수요와 부하

전기는 거의 안 쓰이는 데가 없을 정도로 모든 분야에서 사용되고 있으며, 또한 이에 의해서 수많은 종류의 부하 설비가 설치되고 있다. 그러나 실제의 사용면에 있어서는 각 부하의 사용 상태에 변화가 있기 때문에 반드시 부하 설비(시설 용량) 만큼의 배전 설비를 준비할 필요는 없다.

가령 예를 든다면 전등은 야간에, 전동기는 주로 주간에 많이 사용되면서 실제의 전기의 사용 조건 및 사용 시간 등을 달리하고 있으며 난방용, 냉방용 기기 등은 계절에 따라 그 수요를 달리하고 있다. 또, 이들이 쓰인다고 하더라도 설치된 설비가 언제나 하나도 빠지지 않고 전부 사용되는 경우는 거의 없고(일부는 예비 또는 휴지 상태), 또 수용 설비가 전부하로 계속 사용되는 경우도 드물 것이다.

따라서, 수요 설비에 대해서는 그 전체 설비와 맞먹는 공급력을 가질 필요는 없고 보통 그 중의 몇 할 정도에 해당하는 공급력(= 공급 설비)을 가지고 공급해 주어도 될 것이다.

이러한 **수요**(= 사용될 수 있는 수용 설비의 용량)와 **부하**(= 그 시점에서 실제로 수용 설비가 소비하는 전력)와의 관계를 나타내는 것이 수용률, 부등률, 부하율 등이다.

(1) 수용률

수용가의 부하 설비는 전부가 동시에 사용되는 일이 거의 없기 때문에 수용가의 부하 설비 용량의 합계와 그것이 실제로 사용되는 그 시점에서의 최대 전력과는 반드시 일치하지 않는다. 즉, 수용가의 최대 수요 전력[kW]은 부하 설비의 정격 용량의 합계[kW]보다 작은 것이 보통이다.

수용률이란 어느 기간 중에서의 수용가의 최대 수요 전력[kW]과 그 수용가가 설치하고 있는 설비 용량의 합계[kW]와의 비를 말한다. 즉,

$$\text{수용률} = \frac{\text{최대 수요 전력[kW]}}{\text{부하 설비 합계[kW]}} \times 100[\%] \tag{13.47}$$

이 값은 부하의 종류라든지 사용 기간, 계절 등에 따라서 차이가 있지만 기간을 1년으로 잡을 경우 대략 30~92[%] 범위이다.

이 수용률은 수요를 상정할 경우 중요한 요소로 사용된다.

(2) 부등률

일반적으로 수용가 상호간, 배전 변압기 상호간, 급전선 상호간 또는 변전소 상호간에서 각개의 최대 부하는 같은 시각에 일어나는 것이 아니고 그 발생 시각에 약간씩의 시간차가 있기 마련이다.

따라서, 각개의 최대 수요 전력의 합계는 그 군의 종합 최대 수요 전력(=합성 최대 전력)보다도 큰 것이 보통이다. 이 최대 전력의 발생 시각 또는 발생 시기의 분산을 나타내는 지표가 **부등률**이다. 즉,

$$\text{부등률} = \frac{\text{각 부하의 최대 수요 전력의 합계[kW]}}{\text{각 부하를 종합하였을 때의 최대 수요 전력(합성 최대 전력)[kW]}} \tag{13.48}$$

일반적으로 무슨무슨 율이라고 하면 그것을 분수로 나타낼 경우 1보다 작은 것이 보통이지만 이 부등률만은 식 (13.48)과 같이 정의되므로 1보다 큰 값을 가지게 되며, 또한 이것을 [%]로 나타내지 않는다는 데 유의할 필요가 있다.

배전용 변압기의 용량 및 저압선의 굵기 등을 정할 경우에는 먼저 각 수용가의 설비 용량에 수용률을 곱해서 최대 수요 전력을 구하고, 다음에 이 배전용 변압기가 공급하게 될 구역의 최대 수요 전력의 합계를 수용가간의 부등률로 나눈다. 여기서 얻어진 값이 변압기로 공급되는 구역의 실제로 걸릴 최대 수요 전력으로 되는 것이며 이로부터 변압기의 용량을 결정할 수 있다.

마찬가지로 하나의 급전선이 공급하는 변압기 각개의 최대 수요 전력의 합계를 변압기간의 부등률로 나눈 것이 급전선에 공급하는 최대 수요 전력으로 된다.

부등률에는 배전선간 부등률, 주상 변압기간 부등률, 수용가간 부등률 등이 있으며 이들 값은 설비의 필요 용량을 산정할 경우에 사용된다. 표 13.7에 부등률의 일례를 보인다.

표 13.7 부등률의 일례

구 분		부 등 률
수용가 상호간	전 등	1.14
	전 력	1.58
배전 변압기 상호간	전 등	1.18
	전 력	1.36
배전 간선 상호간		1.09
배전용 변전소 상호간		1.03
1차 변전소 상호간		1.13

(3) 부하율(load factor)

전력의 사용은 시각에 따라서 또는 계절에 따라서 상당히 변동한다. 부하율은 어느 일정 기간 중의 부하의 변동의 정도를 나타내는 것으로써 그 기간 중 평균 수요 전력(그 기간 내에서의 사용 전력량을 사용 시간으로 나눈 것)과 최대 수요 전력과의 비를 백분율로 나타낸 것이다. 곧,

$$\begin{aligned}\text{부하율} &= \frac{\text{평균 수요 전력[kW]}}{\text{최대 수요 전력[kW]}} \times 100[\%] \\ &= \frac{\text{평균 부하[kW]}}{\text{최대 부하[kW]}} \times 100[\%] \qquad (13.49)\end{aligned}$$

그림 13.13에 전등용 변압기의 일부하 곡선의 일례를 보인다.

부하율에는 기간을 얼마로 잡느냐에 따라 **일부하율**, **월부하율**, **연부하율** 등으로 나누어지는데 기간을 길게 잡을수록 부하율의 값은 작아지는 경향이 있다. 또, 부하율은 배전선 단위, 변압기 단위, 전주 단위, 수용가 단위 등의 범위라든가 시기에 따라서 달라지기도 한다.

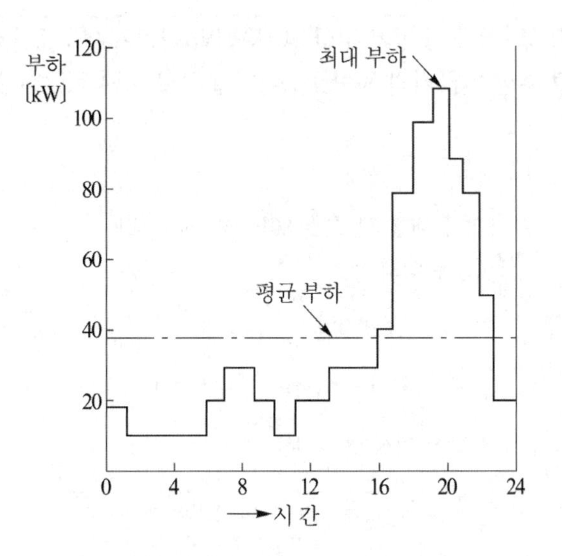

그림 13.13 일부하 곡선의 일례

부하율은 그 전기 설비가 얼마만큼 유효하게 이용되고 있는가 하는 정도를 나타내는 것이므로 부하율이 높을수록 설비가 효율적으로 사용되고 있다고 말할 수 있다. 근년에 와서는 연간의 가동 시간이 짧은 에어콘 등의 냉난방 기기의 사용이 급격히 증대해서 연부하율이 악화되어가고 있다. 또, 전기 밥솥, 전자 렌지 등 첨두형 기기의 보급으로 일부하율도 크게 저하하고 있는 실정에 있다. 부하율은 전기 요금 등의 산정에도 중요한 관계를 가진다.

표 13.8에 연부하율의 일례를 보인다.

표 13.8 부하율의 일례

종 류		부 하 율[%]
전등 수용가	일 반	45
	대수용가	58
동 력 수 용 가		47
고 압 배 전 선		55

상술한 바와 같이 부하율이 클수록 그에 대한 공급 설비는 유효하게 사용된다는 셈이 되기 때문에 부하율 향상을 위해서 전력 회사는 여러 가지 부하 조성책을 강구하고 있다.

최근 우리 나라에서도 축열식 난방 기기 및 축냉식 냉방 설비의 개발을 유도하고, 하절기의 첨두 부하 억제를 위하여 여름철 휴가・보수 기간 조정 요금 제도, 자율 절전 요금 제도 등의 부하 관리 요금 제도를 시행하고 있는 것은 바로 이러한 요구에 부응하는 것이라고 하겠다.

예제 13.12 역률 0.6의 유도 전동기 부하 30[kW]와 전열기 부하 25[kW]가 있다. 이 부하에 공급할 주상 변압기의 용량[kVA]은 얼마로 하면 적당하겠는가?

풀이 제의에 따라

부하의 유효 전력 $P_r = 30 + 25 = 55$[kW]

부하(전동기)의 무효 전력

$$Q_r = W_0 \sin\theta = \frac{P_r}{\cos\theta} \cdot \sin\theta = \frac{30}{0.6} \times \sqrt{1-0.6^2} = 40[\text{kVar}]$$

(* 전열기의 역률은 100[%]임)

따라서 부하의 합성 피상 전력 W

$$W = \sqrt{(\text{유효 전력})^2 + (\text{무효 전력})^2} = \sqrt{55^2 + 40^2} \fallingdotseq 68[\text{kVA}]$$

따라서 70[kVA] 또는 75[kVA]의 변압기를 설치하는 것이 적당하다(변압기는 [kVA]로 표시되므로 [kVA] 단위로 한다).

예제 13.13 그림 13.14는 어떤 수용가의 일부하 곡선이다. 이 수용가의 일부하율을 구하여라.

풀이 1일의 전력량 W는

$$W = 200 \times 8 + 600 \times 4 + 1{,}000 \times 3 + 1{,}400 \times 2 + 2{,}000 \times 7$$
$$= 23{,}800[\text{kWh}]$$

한편

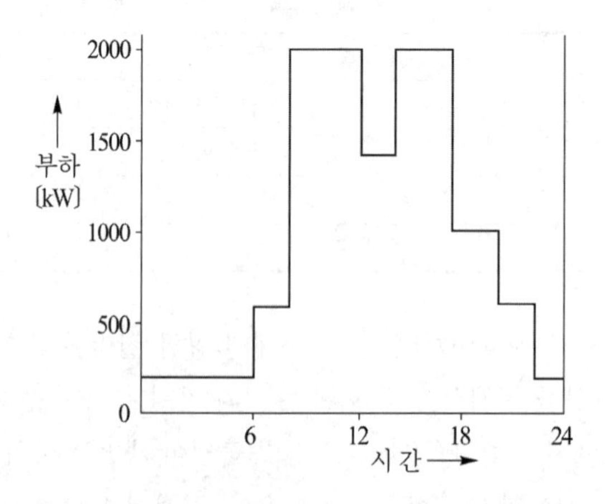

그림 13.14 일부하 곡선

$$1\text{일의 최대 전력} = 2{,}000[\text{kW}]$$
$$1\text{일의 평균 전력} = 23{,}800 \div 24 = 991.67[\text{kW}]$$

따라서

$$\text{일부하율 } F = \frac{991.67}{2{,}000} \times 100 = 49.6[\%]$$

예제 13.14 어떤 고층 건물에서 고압으로 전력을 수전해서 저압으로 옥내 배전하고자 한다. 한편 이 건물 내에 설치된 총설비 부하 용량은 850[kW]이고 수용률은 60[%]라고 한다면 이 건물 내의 변전소에 설치해야 할 변압기의 용량은 얼마로 하여야 하겠는가? 단, 이 건물 내 설비 부하의 종합 역률은 0.75(지상)이라고 한다.

풀이 $\text{수용률} = \dfrac{\text{최대 수용 전력}}{\text{접속 부하}} \times 100[\%]$의 정의식으로부터

$$\text{변압기 용량 } P_r = \text{최대 수용 전력} = \text{접속 부하} \times \text{수용률}$$

곧

$$P_r = 850 \times 0.6 = 510[\text{kW}]$$

한편, 종합 역률이 0.75이므로

$$P_{r0} = \frac{510}{0.75} = 680[\text{kVA}]$$

그러므로 이 경우에는 700[kVA]의 변압기를 설치하면 될 것이다.

예제 13.15 어느 변전소의 공급 구역 내에 설치되어 있는 수용가의 설비 용량 합계는 전등 600[kW], 동력 800[kW]이다. 각 수용가의 수용률을 각각 전등 60[%], 동력 80[%], 각 수용가간의 부등률을 전등 1.2, 동력 1.6, 변전소에서의 전등 부하와 동력 부하 상호 간의 부등률을 1.4라고 한다면 이 변전소로부터 공급하는 최대 전력은 몇 [kW]으로 되는가?

전등의 합성 최대 수용 전력 = 600 × (0.6/1.2) = 300[kW]
동력의 합성 최대 수용 전력 = 800 × (0.8/1.6) = 400[kW]
전등 부하와 동력 부하 상호간의 부등률은 1.4이므로

전등 및 동력의 합성 최대 수용 전력 = (300+400)/1.4 = 500[kW]

이로부터 공급 구역 내에 설치된 부하 설비 용량의 합계는 600 + 800 = 1,400[kW] 임에도 불구하고 변전소에서는 500[kW]의 최대 부하로 밖에 되지 않는다는 것을 알 수 있다. 실제에는 배전 선로(주상 변압기 포함)의 전력 손실이 여기에 추가되어서 실리게 되므로 이러한 손실분과 어느 정도의 여유분까지 감안해서 최대 부하를 결정하게 된다.

예제 13.16 어느 지역에서의 전등 수용가의 총설비 용량(보유 설비의 [kW])은 120[kW]로서 각 수용가의 수용률은 어느 곳이나 0.5라고 한다. 이 수용가군을 설비 용량 50[kW], 40[kW] 및 30[kW]의 3군으로 나누어 그림 13.15처럼 변압기, T_1, T_2 및 T_3으로 공급할 때 각 변압기마다의 종합 최대 수용 전력 및 평균 수용 전력, 고압 간선에 걸리는 최대 부하 및 종합 부하율을 구하여라.
단, 각 변압기마다의 수용가 상호간의 부등률 : T_1 : 1.2, T_2 : 1.1, T_3 : 1.2
　각 변압기마다의 종합 부하율 : T_1 : 0.6, T_2 : 0.5, T_3 : 0.4
　각 변압기 부하 상호간의 부등률 : 1.3이라 하고,
전력 손실은 무시하는 것으로 한다.

최대 수용 전력 = 설비 용량 × 수용률

A군의 최대 수용 전력 = 50 × 0.5=25[kW]
B군의 최대 수용 전력 = 40 × 0.5 = 20[kW]
C군의 최대 수용 전력 = 30 × 0.5 = 15[kW]

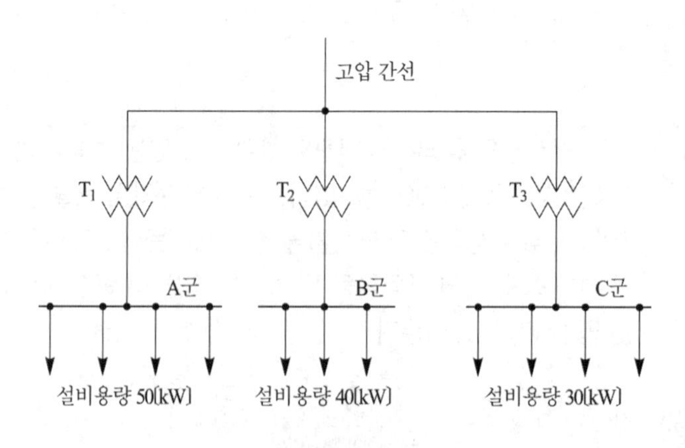

그림 13.15

종합 최대 수용 전력 = 각 부하의 최대 수용 전력의 합계 ÷ 부등률

A군의 종합 최대 수용 전력 = 25 ÷ 1.2 = 20.83[kW]
B군의 종합 최대 수용 전력 = 20 ÷ 1.1 = 18.18[kW]
C군의 종합 최대 수용 전력 = 15 ÷ 1.2 = 12.5[kW]

따라서 고압 간선에 걸리는 최대 부하는

(20.83 + 18.18 + 12.5) ÷ 1.3 = 51.5[kW]

다음, 평균 수용 전력 = 최대 수용 전력 × 부하율

A군의 평균 수용 전력 = 20.83 × 0.6 = 12.5[kW]
B군의 평균 수용 전력 = 18.18 × 0.5 = 9.1[kW]
C군의 평균 수용 전력 = 12.5 × 0.4 = 5.0[kW]

따라서 종합 부하율은

$$\frac{(12.5+9.1+5.0)}{51.51}\times 100 = 51.6[\%]$$

13.5 변압기와 부하

13.5.1 변압기 용량의 결정

주상 변압기는 상수에 따라 단상과 3상 변압기로 나누어진다. 일반적으로 전등용으로는 단상 변압기 한 대를 사용하고 동력용으로는 단상 변압기 2대를 V결선 또는 3대를 △결선해서 사용하고 있다. 한편 부하가 소용량일 경우에는 설치 장소를 줄이기 위하여 3상 변압기를 쓰는 경우도 있다.

주상에 설치하는 22.9[kV]용 배전용 변압기에는 5, 10, 15, 20, 30, 50, 75, 100, 150[kVA]와 같은 표준 용량을 가진 단상 변압기가 사용되고 있고, 지상 설치형으로서 단상용으로는 30, 50, 75, 100, 150, 200[kVA]가, 3상용으로는 500[kVA]까지의 것이 사용되고 있다.

일반적으로 배전 변압기의 용량은 다음과 같은 방법으로 결정된다. 곧, 변압기로부터 공급하고자 하는 수용가군에 대해서 개개의 수용가의 설치 용량의 합계에 수용률을 곱해서 일차적으로 각 수용가의 최대 수요 전력의 합계를 얻은 다음 이것을 수용가 상호간의 부등률로 나누어서 그 변압기로 공급해야 할 배전 선로의 합성 최대 부하, 곧 최대 수요 전력을 구하게 된다.

$$\text{합성 최대 부하} = \frac{\text{부하 용량} \times \text{수용률}}{\text{부등률}} \tag{13.50}$$

따라서 배전 변전소 출력 내지 배전 변압기의 용량은 이 최대 수요 전력에 대응하는 설비를 하게 되는데, 일반적으로는 현재의 부하로부터 앞으로의 그 지역의 발전 추세, 기타 통계 자료를 이용해서 장래의 수요 증가를 감안한 다음 배전 변압기의 표준 용량 가운데에서 적당한 것을 선정하게 된다.

일반적으로 수용가의 수가 많을수록 수용률은 작아지고 반대로 부등률이 커지기 때문에 비교적 소용량의 것을 가지고도 많은 부하에 공급할 수 있게 된다.

13.5.2 V–V 결선 변압기의 출력

단상 변압기 3대를 △–△ 결선해서 운전하고 있을 때 그 중 1대를 그림 13.16처럼 들어내면 V–V 결선으로 되어 그대로 3상 배전을 계속할 수 있다. UW 및 uw 간에 권선이 없더라도 1차 전압이 대칭 3상 전압이라면 그림 13.16 (b)에서처럼 2차도 대칭 3상 전압을 얻게 된다.

이러한 특징을 살려서 배전 계통에서는 당초 부하가 작은 초창기에는 2대의 변압기를 V–V 결선으로 접속해서 부하를 공급하다가 부하가 증가하면 그에 따라 새로이 변압기를 1대 추가해서 △–△ 결선으로 바꾸어 줌으로써 부하 증가에 쉽게 대응할 수 있는 방안을 많이 쓰고 있다.

그림 13.16에서 보는 바와 같이 V–V 결선에서의 전압 관계는 △결선의 경우와 같이 각 변압기의 단자 사이에 선간 전압이 걸리지만 변압기 권선을 흐르는 전류는 선전류 그 자체이기 때문에 이때의 출력은 다음과 같이 된다. 지금 그림 13.16에서

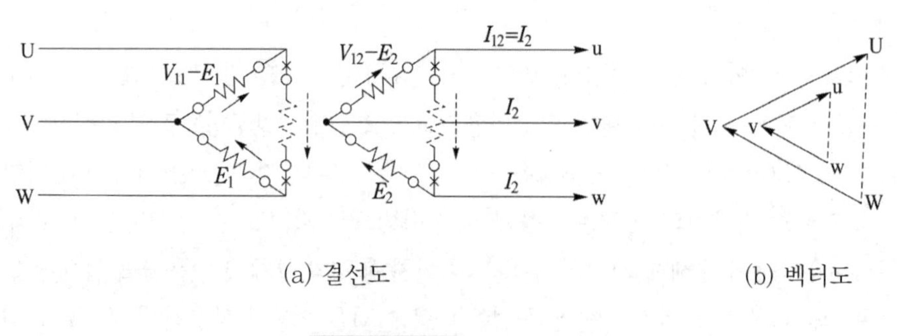

(a) 결선도 (b) 벡터도

그림 13.16 V–V 결선

P : 1대의 변압기의 용량[VA]

E : 선간 전압 (변압기 정격 전압[V])

I : 변압기의 정격 전류[A]

라 하고, 변압기에 정격 전류와 같은 크기의 전류를 흘렸을 경우(이 이상의 부하는 물론 걸 수 없다) 이때의 부하 전력은

$$\sqrt{3}EI = \sqrt{3}E \times \frac{P}{E} = \sqrt{3}P[\text{VA}] \tag{13.51}$$

로 된다. 이에 대해서 변압기 설비 용량은 $2P$[VA]이므로 전체 설비 용량에 대해서는 $\sqrt{3}P/2P = 0.866$배의 부하밖에 걸 수 없게 된다. 곧, V결선은 이용률이 나빠진다.

만일 △결선 변압기의 한 대가 고장 때문에 제거되고 나머지 2대로 V결선해서 부하 공급을 계속할 경우에는

$$\frac{P_V}{P_\triangle} = \frac{\sqrt{3}EI}{3EI} = \frac{\sqrt{3}P}{3P} = \frac{1}{\sqrt{3}} \fallingdotseq 0.577 \tag{13.52}$$

로 된다. 즉 공급할 수 있는 전력은 고장 전의 57.7[%]로 감소한다.

표 13.9에 △결선과 V결선의 비교 예를 보인다.

표 13.9 V결선 변압기의 출력

	△ 결선의 경우	V 결선의 경우
변압기 1대의 용량 P[kVA]	P	P
선간 전압[kV]	E	E
역률[%]	100	100
변압기의 정격 전류[A]	P/E	P/E
선전류[A]	$I = \sqrt{3}P/E$	$I = P/E$
3상 부하[kVA]	$\sqrt{3}EI = 3P$	$\sqrt{3}EI = \sqrt{3}P$
설비 변압기 용량[kVA]	$3P$	$2P$
이용률[%]	$3P/3P = 100$	$\sqrt{3}P/2P = 86.6$

예제 13.17

고압 자가용 수용가가 있다. 이 수용가의 부하는 역률이 1.0의 부하 50[kW]와 역률 0.8(지상)의 부하 100[kW]이다. 이 부하에 공급하는 변압기에 대해서

(1) △결선하였을 경우 1대당의 최저 용량[kVA]
(2) 1대 고장으로 V결선하였을 경우의 과부하율[%]

을 구하여라. 단, 변압기는 단상 변압기를 사용하고 평상시는 과부하시키지 않는 것으로 한다.

풀이 이 수용가의 피상 전력 P_0는

$$P_0 = \sqrt{(50+100)^2 + \left(\frac{100}{0.8} \times \sqrt{1-0.8^2}\right)^2} = 168[\text{kVA}]$$

(1) △결선시 1대당의 변압기 용량 P_T

$$P_T = P_0/3 = 56[\text{kVA}]$$

56[kVA]의 변압기는 시판되지 않으므로 75[kVA]의 변압기를 사용해야 한다.

(2) V결선시의 과부하율 F_0

V결선 출력은 $\sqrt{3}P_T$이므로

$$F_0 = \frac{P_0}{\sqrt{3}P_T} \times 100 = \frac{168}{\sqrt{3} \times 75} \times 100 = 129[\%]$$

연습문제

1. 전압 강하율과 전압 변동률에 대해서 설명하여라.

2. 수용률, 부등률, 부하율, 전일 효율의 정의를 설명하여라.

3. 배전용 변전소의 용량과 feeder의 회선수를 결정할 때 도시 배전과 농촌 배전에 있어서는 어떠한 차이점이 있는가?

4. 단상 2선식의 교류 배전선에서 전선 1가닥의 저항이 0.15[Ω], 리액턴스가 0.25[Ω]라고 한다. 부하가 220[V], 6.6[kW], 역률이 1.0일 경우 급전점의 전압을 계산하여라.

5. 전선 1가닥의 임피던스가 $2.0+j5.0[\Omega]$의 3상 1회선 송전선으로 공급되고 있는 전력 7,000[kVA]의 공장이 있다. 송전단의 전압이 23,000[V]로 일정할 때 공장의 수전단에서의 전압은 얼마로 되겠는가? 단, 공장의 역률은 0.8(지상)이고 부하는 평형되고 있는 것으로 한다.

6. 3상 배전 선로가 있다. 그 말단에 평형된 전등・전열 부하 100[kW]를 공급하였을 때 변전소의 송전 전압은 선로 말단 전압보다 5[%] 더 높았다. 지금 같은 선로의 말단에 상기 부하와 병렬로 3상 전동기 부하 100[kW]를 추가하였을 때 선로 말단의 전압을 그 전 전압과 같게 하기 위해서는 변전소의 송전 전압을 배전선 말단 전압보다 몇 [%] 더 높게 하면 되겠는가? 단, 전동기 부하 추가 전의 부하 역률은 1.0, 추가 후의 부하의 합성 역률은 0.8(지상)이라 하고 선로의 리액턴스는 무시하는 것으로 한다.

7. 연간의 최대 전류 150[A], 배전 거리 10[km]의 말단에 집중 부하를 갖는 공칭 전압 6,600[V]의 3상 3선식 배전 선로가 있다. 이 선로의 연간 손실 전력량[kWh]은 얼마인가? 단, 전선의 굵기를 38[mm^2], 전선의 저항을 0.48[Ω/km], 손실 계수를 50[%]라 하고, 또한 손실 계수 G는 다음 식으로 주어지는 것으로 한다.

$$G=\frac{W}{P \cdot H}$$

여기서, W : 1년간의 손실 전력량[Wh]
P : 1년간에 발생하는 최대 손실 전력[W]
H : 1년간(평년)의 시간 수

8. 표 E 13.8과 같은 수용가의 부하를 종합한 경우의
(1) 합성 최대 전력[kW]
(2) 평균 전력[kW]
(3) 부하율[%]
(4) 1일 전력량[kWh]
를 구하여라. 단, 각 수용가 간의 부등률은 1.30이라고 한다.

표 E 13.8 수용가의 부하

수용가	설비 용량[kVA]	역률[%] (지상)	수용률[%]	부하율[%]
A	100	85	50	40
B	50	80	60	50
C	150	90	40	30

9. 10[kW], 200[V]의 3상 유도 전동기가 있다. 어느 하루의 부하 실적이 다음과 같다고 한다.

1일의 사용 전력량 60[kWh]
1일 중의 최대 사용 전력 8[kW]
최대 전력 사용시의 전류 30[A]

이때 다음 값은 어떻게 되겠는가?

(1) 1일의 부하율
(2) 최대 전력 공급시의 역률

10. 10[kVA]의 단상 변압기 3대로 △결선해서 급전하고 있었는데 그 중 1대가 고장났기 때문에 이것을 들어내고 나머지 2대로 V결선해서 급전하였다고 한다. 이 경우의 부하가 25.8[kVA]였다고 하면 나머지 2대의 변압기는 몇 [%]의 과부하로 되었겠는가?

11. 500[kVA]의 단상 변압기를 상용 3대(△−△ 결선), 예비 1대를 설치한 변전소가 있다. 새로운 부하의 증가에 대응하기 위하여 예비의 변압기를 추가로 살려서 결선법을 V결선으로 변경하여 급전하고자 할 경우 얼마까지의 최대 부하에 공급할 수 있겠는가?

Transmission Distribution Engineering

14장 배전 선로의 관리와 보호

14.1 전압 조정

14.1.1 전압의 유지 기준

일반적으로 수용가에서 사용하게 되는 모든 전기 기기는 정격 전압에서 운전될 때 가장 그 효율이 좋아지게끔 정격 전압을 기준해서 설계되어 있다. 따라서, 공급 전압이 이 정격 전압을 유지하지 못하고 이보다 높아지거나 또는 낮아지면 우선 그 효율면에서 나쁜 영향을 미치게 된다. 가령 백열 전구(텅스텐 사용)를 예로 든다면 이것은 정격값보다 공급 전압이 5[%]만 저하해도 광도가 8[%] 감소되고 반대로 공급 전압이 정격값보다 5[%]만 상승하면 전구의 수명은 45[%]나 단축된다.

또한, 유도 전동기에서는 공급 전압이 낮아지면 부하 전류가 증가하고 공급 전압이 상승하면 역률이 나빠진다. 이와 같이 모든 전기 기기는 전압 변동의 영향을 민감하게 받고 있다.

일반적으로 전선로에 부하 전류가 흐르면 임피던스 때문에 전압 강하가 일어나게 된다. 이 때, 이 전압 강하의 정도는 전원으로부터 거리가 멀어질수록, 또 부하의 크기가 커질수록 심해진다. 한편 배전 선로에서는 수용가에 따라 실제로 수전하는 거리에 차이가 있고 또한 부하라는 것은 시시각각으로 변화하기 때문에 수용가에서의 전압 변동폭은 상당히 커지기 마련이다.

이처럼 전기의 품질 향상이라는 사회적인 요구가 점차 높아짐에 따라 전압의 허용 변동 범위를 정하여 이를 법률화하고 전력 회사에서 이 공급 기준을 준수하도록 하고 있으며 전력 회사도 이에 대한 안정화에 노력하고 있다.

전기 사업법 규정에 의하여 유지하여야 할 전압은 기술상 부득이한 경우를 제외하고는 그 전기의 공급 지점에서 표 14.1의 왼쪽 난의 표준 전압에 따라 각각 오른쪽 난에 명기한 변화폭 이내의 값으로 유지하여야 한다고 정하고 있다.

따라서, 배전 선로를 설계함에 있어서는 이 정해진 범위 내에 전압 변동을 유지한다는 것은 물론이고 부하의 급격한 변동에 의해서 전등에 깜박임 현상이 일어나거나 전동기에 출력 저하가 일어나지 않도록 하여야 한다.

표 14.1 전압 유지 범위

표준 전압	유지하여야 하는 전압	비 교
110[V] 220[V] 380[V]	110[V]의 상하로 6[V] 이내 220[V]의 상하로 13[V] 이내 380[V]의 상하로 38[V] 이내	104~116[V] 207~233[V] 348~418[V]
주파수 60[Hz]	60[Hz]의 상하로 0.2[Hz] 이내	59.8~60.2[Hz]

14.1.2 전압 조정의 필요성과 방법

양질의 전기를 공급하기 위해서는 수용단의 전압 변동을 될 수 있는 대로 작게 할 필요가 있다는 것은 더 말할 필요가 없다. 일반적으로 변전소로부터 수용가에 이르기까지에는 고압 배전선, 배전 변압기, 저압 배전선 및 인입선 등이 있다. 전압 강하는 이들 각 부분에서 일어나고 있으며, 이때 그 크기는 부하의 대소나 역률의 고저에 따라 변화하게 된다. 이 결과 일반적으로는 변전소의 모선 전압 자체도 이에 따라 같이 변하므로, 적당한 방법으로 이 전압 강하를 보상해 주어야 한다.

만일 고압 배전선의 전압이 일정하게 유지된다면 설사 전압 강하가 상당히 있더라도 그 전압에 따라서 배전 변압기의 탭을 적당히 선정해 줌으로써 배전 변압기의 2차측의 단자 전압을 표준값에 유지할 수 있다. 그러나, 실제로는 부하의 변동에 따라 고압 배전선 내의 전압 강하가 각 지점에 따라 변화하고 있을 뿐만 아니라 변전소의 모선 전압도 이와 함께 변화하므로 배전 변압기의 2차 전압은 장소에 따라 상당히 변동하게 되어 수용가측 공급 지점의 전압을 상술한 허용 범위 내에 유지할 수 없게 된다.

따라서, 여기에 배전선에서의 전압 조정의 필요성이 생기게 된다.

우선 전압 조정으로 얻어지는 이점을 들어보면

① 수용가측 : 적당한 전압을 공급받음으로써 생산 기기의 적정 운전으로 효율 증대, 생산성 향상이 기대되며 기기의 수명 보전에도 도움이 된다.

② 전력 공급자측 : 전력 손실의 경감과 기기의 과전압으로부터의 보호가 가능하며 저전압에 인한 효율 저하를 막을 수 있다.

부하의 변동에 관계없이 공급 전압을 정해진 변동 한도 내(표 14.1 참조)에 유지하기 위해서는 변전소 및 배전 선로를 종합적으로 협조시켜서 전압의 조정을 실시하여야 한다. 이 경우의 조정 설비로서는 주상 변압기의 탭 조정, 승압기, 유도 전압 조정기, 병렬 및 직렬 콘덴서 등을 들 수 있다.

먼저 그림 14.1에 전력 계통 전반에 걸친 전압 조정 계통도를 보인다. 그림 14.2는 이중 배전 계통 내에서의 전압 강하 배분의 개요를 보인 것이다.

수용가에의 공급 전압을 허용 범위 내에 유지하기 위해서는 일반적으로 다음과 같은 방법이 적용되고 있다.

① 변전소에서의 전압 조정에는 모선 또는 급전선마다 전압 조정 설비를 설치해서 변전소에서 내어보내는 송전 전압을 중부하시에는 높게, 경부하시에는 낮게 조정한다.

최근에는 이러한 송전단 전압의 조정을 변전소 내의 주변압기의 ULTC(부하시 전압 조정 장치)로 하고 있으며, 특히 배전용 변전소의 경우에는 자동 전압 조정 장치(AVR)로 제어되는 ULTC의 자동 운전으로 부하 시간대와 관계없이 배전 선로 송출 전압을 상시 규정 전압 범위 내(22.9[kV] 특고압 배전 선로의 경우 22.9[kV] - 1[%]~+4[%])에 유지하고 있다.

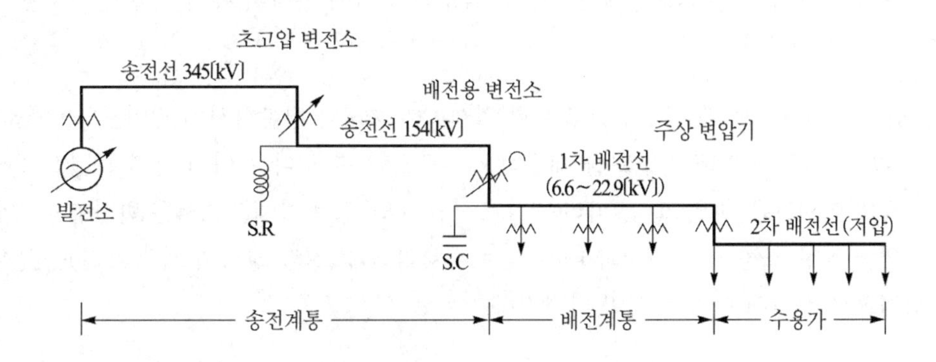

그림 14.1 전압 조정 계통도

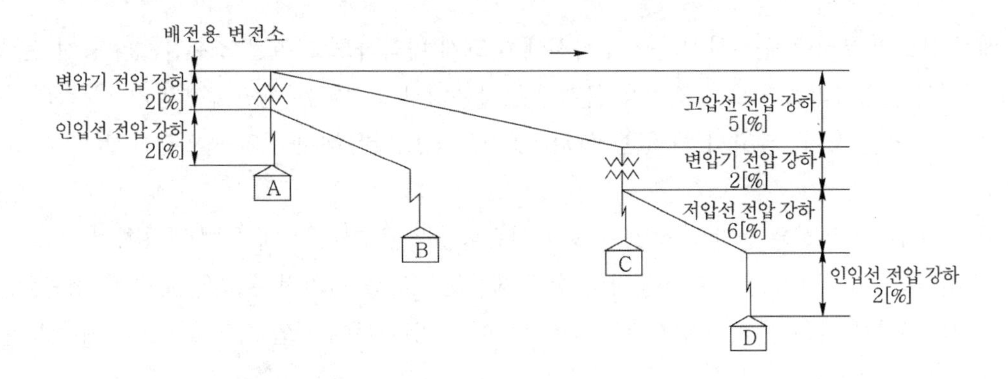

그림 14.2 배전 계통에서의 전압 강하 배분의 일례

② 배전선에서의 전압 조정에는 전선로의 설계상 고압선 및 저압선에서의 전압 강하를 적정 한도 이내로 억제한다.

현재 우리 나라에서는 특고압 배전 선로 및 저압 선로에서의 전압 강하 한도를 각각 10[%] 이내로 운영하고 있으며, 특히 저압 선로의 경우에는 배전 설비별로 적정 전압 강하 한도(주상 변압기 2[%], 저압선 6[%], 인입선 2[%])를 분담하는 방법으로 전압 조정 장치를 병용해서 가장 경제적이며 효율적인 전압 조정을 실시하도록 하고 있다.

배전 선로에서 사용하는 전압 조정기는 아래와 같다.

㉮ 고정 승압기 : 일반적으로 사용하지 않는다.

㉯ 자동 전압 조정기 : SVR, IR의 2종류가 있으나 현재 우리나라에서는 SVR만을 사용하고 있다.

㉰ 직렬 콘덴서 : 특별한 경우 외에는 사용하지 않는다.

㉱ 병렬 콘덴서 : 선로의 무효 전력을 흡수해서 전압 강하 방지에 기여하고 있다.

③ 배전 변압기에서의 전압 조정에는 고압선 각부의 전압에 따라서 배전 변압기의 사용 탭을 적정하게 선정한다.

배전 선로는 면상으로 분포되어 있고 부하 역시 중부하시와 경부하시에 있어서의 변동 특성이 같지 않으며, 각개의 배전 선로를 개별적으로 조정할 수 없다는 여러 가지 문제점이 있어 전압 조정의 어려움은 매우 크다. 따라서 효율적인 전압 조정 방법으로서는 변전소에서의 송출 전압의 적정한 조정 방법 선택과 배전 선로 자체의 조정(전압 강하의 적정 배분)을 병행해서 종합적으로 실시해 나가는 것이 바람직하다.

14.1.3 변전소에서의 전압 조정

배전 선로의 부하는 중부하시와 경부하시에서 크게 변화하므로 변전소 수전측의 송전 선로에 대해서는 병렬리액터 또는 전력용 콘덴서를 사용해서 조정하는 한편 주변압기 1차측의 무부하시 탭 조정 장치, **부하시 탭 절환 장치**(ULTC) 등을 활용해서 전압을 일정하게 유지하고 있다.

이중 **ULTC**의 운전은 전압의 정밀 조정과 신속한 조정을 기하는 데 특히 유용하지만 그 특성이 전기적, 기계적인 제약으로 동작 횟수에 제한(ULTC의 전기적 수명은 30만 회 정도, 일일 동작 20회시 내용 연수 30년으로 보고 있음)이 있기 때문에 전압 조정을 ULTC에만 의존하는 것은 피하여야 할 것이다.

한편 ULTC가 없는 변전소의 경우(66[kV] 이하)에는 자동 전압 조정 장치로써 **정지형 전압**

조정기(SVR)와 **유도 전압 조정기(IR)**를 많이 쓰고 있으나 현재 우리 나라에서는 이중 SVR만을 사용하고 있다.

같은 모선에 접속된 각 배전 선로의 길이 및 부하 상태가 비슷한 경우에는 모선에 일괄해서 대용량의 전압 조정기를 설치하는 모선 전압 조정방식이 경제적이지만, 특히 선로의 길이라든지 부하 상태가 서로 다른 배전 선로에는 급전선에 전압 조정기를 설치해서 각 급전선마다 개별적으로 전압을 조정해 주는 것이 더 좋을 경우가 있다. 또한, 선로의 길이가 부하의 크기에 비해서 특히 길 경우에는 선로의 도중에도 전압 조정기를 설치해서 전압을 2단으로 조정하는 경우도 있다.

전압의 조정 범위는 보통 정격 1차 전압에 대한 비율로 표시한다. 일반적으로 ±10[%] 및 ±5[%]를 표준으로 하고 있는데 전자가 보다 일반적이며, 후자는 대도시와 같이 수요 밀도가 높고 배전선의 전압 강하가 작은 지역의 변전소에서 사용된다.

참고로 그림 14.3은 우리 나라에서의 154/66/22.9[kV]의 전압 조정 장치에 의한 전압 조정 형태의 일례를 보인 것이다.

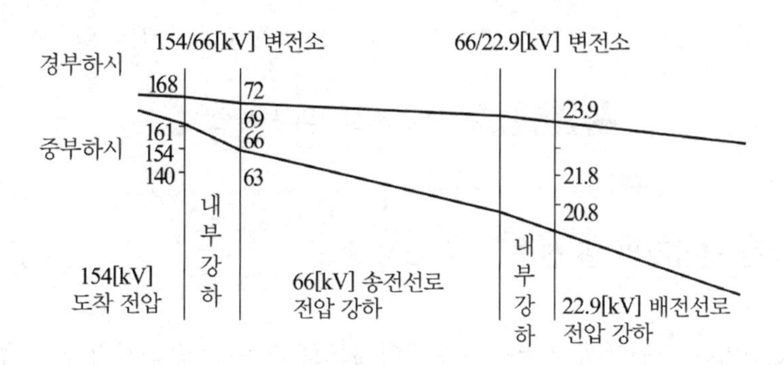

(a) 전압 조정 장치가 없는 경우

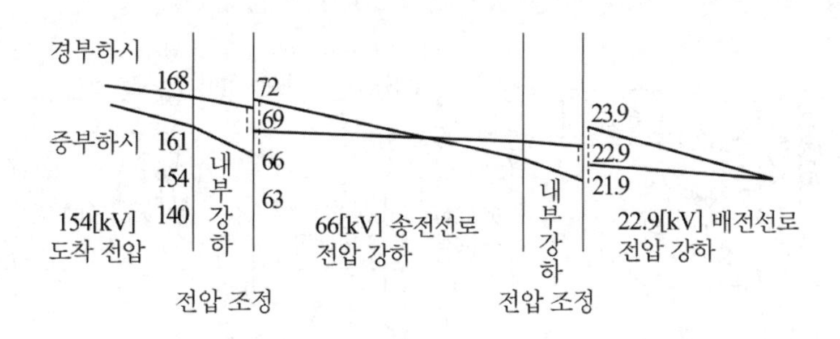

(b) 전압 조정 장치가 있는 경우

그림 14.3 변전소 모선 전압의 조정 예

전압 조정기를 변전소에 설치해서 전압 조정을 할 경우에는 이것을 변전소의 주상 변압기의 2차측에 설치해서 모선 전압을 일괄 조정하는 ① **모선 전압 조정기**, ② 각 배전선마다에 설치해서 급전선별로 전압을 조정하는 **급전선 전압 조정기**, ③ ①과 ②를 병용하는 3가지 종류가 있다.

앞에서 설명한 바와 같이 현재 우리 나라에서는 변전소로부터의 송전 전압 조정을 위해 부하시 탭 조정 장치(ULTC)를 많이 쓰고 있다.

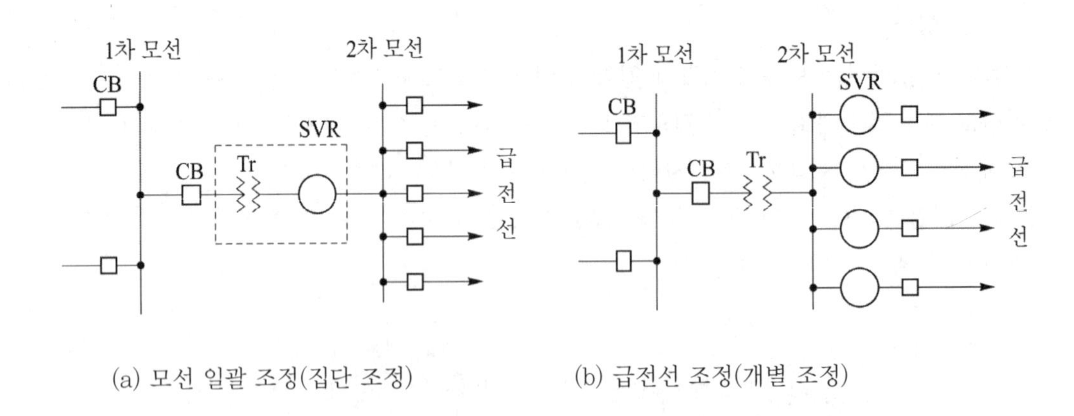

그림 14.4 전압 조정기의 사용 방법

14.1.4 배전 변압기의 탭 선정

배전 선로의 전압은 전원에서 멀어질수록 낮아지므로 각 주상 변압기의 탭을 동일하게 선정해서 접속하면 변압기의 2차 전압은 전원에서 멀어질수록 낮아진다.

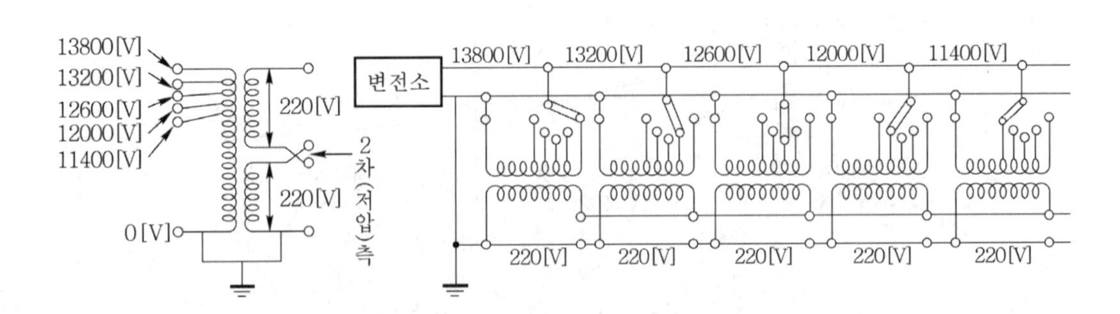

그림 14.5 주상 변압기에서의 탭 선정 예

그러나, 주상 설치형 배전용 변압기의 1차측에는 보통 5[%] 간격의 5개의 탭(가령 22.9[kV]용의 경우에는 13,800, 13,200, 12,600, 12,000, 11,400[V])이 있으므로 전원에서 먼 주상 변압기일수록 낮은 탭 전압을 사용하고 이것을 선로 전압에 맞추어 선정하도록 하면 변압기의 위치에 관계없이 2차측의 전압을 거의 일정하게 유지할 수 있다.

14.1.5 승압기

고압 배전 선로의 길이가 길어서 전압 강하가 너무 클 경우에는 주상 변압기의 탭 조정만으로는 전압을 유지할 수 없는 경우가 생긴다. 이와 같은 경우에는 배전 선로의 도중에 **승압기**(booster)를 설치해서 전압 강하를 보상할 수 있다. 승압기에는 단상 변압기 1대의 것, 단상 변압기 2대를 V결선한 것 및 단상 변압기 3대를 △결선한 것의 3가지가 있다. 종래의 승압기는 변압비 일정의 고정 승압기로서 전압 강하의 경감에는 유효하지만 경부하시에는 반대로 전압이 너무 상승하게 된다는 결점이 있었으나 최근에는 선로 전압의 크기에 따라서 자동적으로 탭을 바꿀 수 있는 **자동 승압기**가 사용되고 있다.((주) 우리 나라에서는 아직 승압기를 사용하지 않고 있다).

(1) 단상 승압기

그림 14.6에서

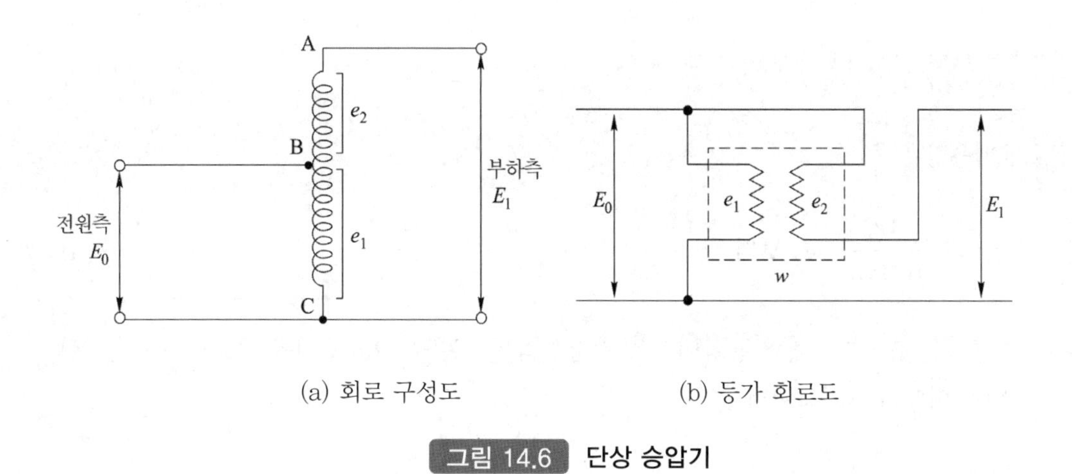

(a) 회로 구성도　　(b) 등가 회로도

그림 14.6 단상 승압기

여기서, E_0 : 승압 전의 전압[V]

E_1 : 승압 후의 전압[V]

e_1 : 승압기의 1차 정격 전압[V]

e_2 : 승압기의 2차 정격 전압[V]

a : 승압기의 권수비(e_1/e_2)

W : 부하의 용량[VA]

w : 승압기의 용량[VA]

이라고 하면

$$E_1 = E_0\left(1+\frac{1}{a}\right)[\text{V}] \tag{14.1}$$

$$w = \frac{W}{E_1}\times e_2[\text{VA}] \tag{14.2}$$

로 된다. 즉, E_0를 E_1으로 승압하여 W의 부하에 응하기 위해서는 변압비가 $1/a$, 용량이 w인 승압기가 필요하다.

(2) 3상 V결선 승압기

그림 14.7은 단상 변압기 2대를 V형으로 접속해서 3상을 승압하는 경우의 결선도이다. 그림에서 승압 후의 전압 E_1은

$$E_1 = E_0\left(1+\frac{1}{a}\right)[\text{V}] \tag{14.3}$$

승압기의 용량은

$$w = \frac{W_1}{\sqrt{3}\,E_1}\times e_2[\text{VA}] \tag{14.4}$$

이다. 단, w는 승압기 1대의 용량이므로 승압기의 총 용량은 $2w$[VA]를 필요로 한다. 그림 14.7 (b)는 이때의 벡터도이다.

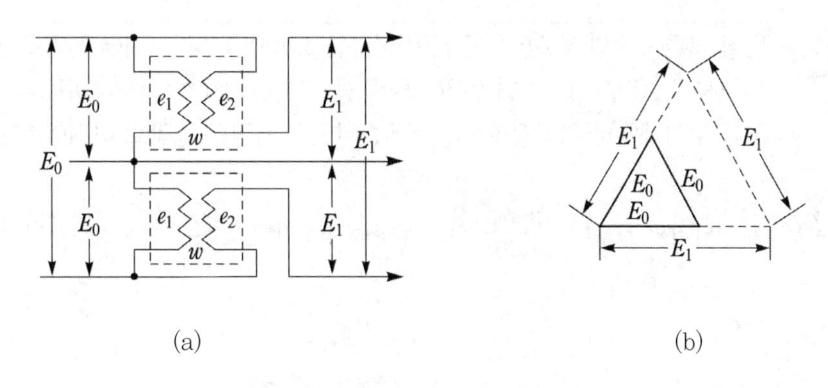

그림 14.7 3상 V결선 승압기

(3) 3상 △결선 승압기

그림 14.8 (a)는 단상 변압기 3대를 △형으로 접속해서 3상의 승압을 할 경우의 결선도이고 그림 14.8 (b)는 그 벡터도이다.

그림에서 알 수 있는 바와 같이

$$E_1 = E_0\sqrt{1+3\cdot\frac{1}{a}+3\left(\frac{1}{a}\right)^2} \fallingdotseq E_0\left(1+\frac{3}{2}\frac{1}{a}\right)[\text{V}] \tag{14.5}$$

$$w = \frac{W}{\sqrt{3}\,E_1}\times e_2[\text{VA}] \tag{14.6}$$

를 얻을 수 있다.

여기서, w는 승압기 한 대의 용량이므로 승압기의 총 용량은 $3w$[VA]를 필요로 한다.

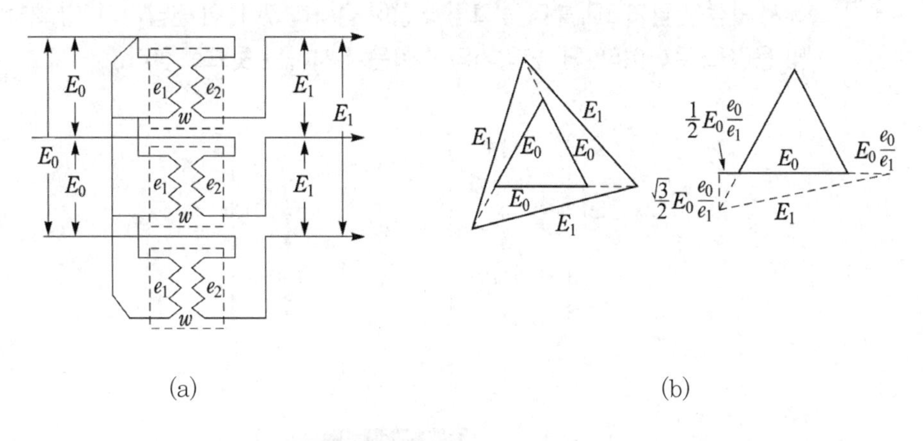

그림 14.8 3상 △결선 승압기

예제 14.1 단상 교류 회로에서 AB 두 점간에 전압은 3,000[V]이다. 지금 전압을 올려 주기 위해서 3,300/220[V]의 변압기를 다음 그림처럼 접속해서 40[kW]의 전력을 전등 부하에 공급하고자 한다. 이때 승압기의 용량은 얼마로 하여야 하는가?

풀이 이 변압기의 권수비$=\dfrac{3,300}{220}=15$, 부하측의 선간 전압은 식 (14.1)로부터

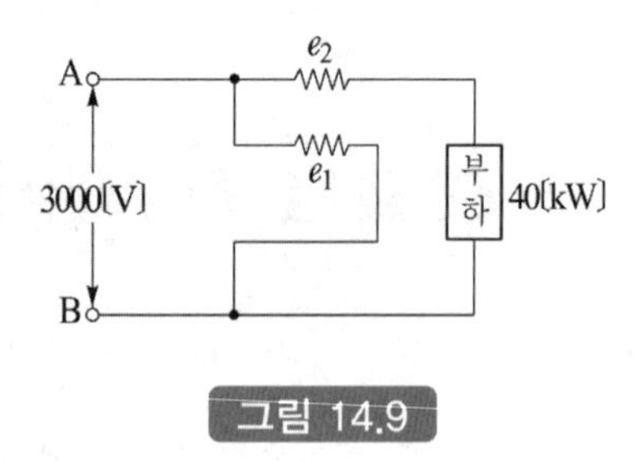

그림 14.9

$$E_1=3,000\left(1+\frac{1}{15}\right)=3,200[\mathrm{V}]$$

이다. 전등 부하이므로 역률 $=1.0$, 따라서 부하 $W=40[\mathrm{kVA}]$가 된다. 그러므로, 승압기의 최소 용량 w는 식 (14.2)로부터

$$w=\frac{40}{3,200}\times 220=2.75[\mathrm{kVA}]$$

따라서, 승압기의 용량은 3[kVA]의 것을 선정하면 된다.

예제 14.2 3상 3선식 3,000[V], 200[kVA]의 배전 선로의 전압을 3,100[V]로 승압하기 위해서 단상 변압기 3대를 다음 그림과 같이 접속하였다. 이 변압기의 1차, 2차 전압 및 용량을 구하여라. 단, 변압기의 손실은 무시하는 것으로 한다.

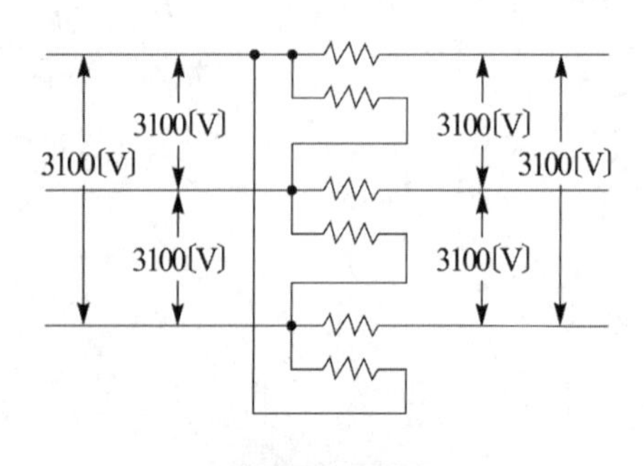

그림 14.10

변압기의 탭 전압은 3,000[V]가 가장 적합하므로 $e_1 = 3{,}000$[V]로 한다. 식 (14.5)로부터

$$3{,}100 = 3{,}000\left(1 + \frac{1.5 \times e_2}{3{,}000}\right)$$
$$\therefore\ e_2 = 66.7[\mathrm{V}]$$

승압기의 용량은 식 (14.6)으로부터

$$w = \frac{200}{\sqrt{3} \times 3{,}100} \times 66.7 = 2.48[\mathrm{kVA}]$$

따라서, 승압기의 총용량 $3w = 3 \times 2.48 \fallingdotseq 7.5[\mathrm{kVA}]$

14.1.6 전압 변동과 플리커

근래에 와서 가정용 전기 기기의 보급, 작업 환경의 개선 등으로 보다 쾌적한 생활을 누리고자 하는 사회적인 요구도가 높아지고 있으며 전기의 품질에 대해서도 단순히 어느 일정 기간을 통한 전압의 유지뿐만 아니라 순간적인 전압 동요의 억제까지도 중요시하게 되었다.

부하의 특성에 기인하는 전압 동요에 의해서 조명이 깜박거린다거나 텔레비전의 영상이 일그러진다든가 하는 현상을 일반적으로 **플리커**라고 부르고 있는데 이것이 어느 정도 이상으로 심해지면 인간에게 심한 불쾌감을 느끼게 한다.

전압 변동에 영향을 가장 크게 주는 요소로는 임피던스 변동이 심한 제강용 아크로가 있으며, 이 밖에도 X선 장치, 전동기, 용접기, 유도로 및 저항로 등이 있다. 배전 계통에서의 플리커 허용값에 관해서는 그림 14.11의 불유쾌 한계 곡선이 많이 사용된다.

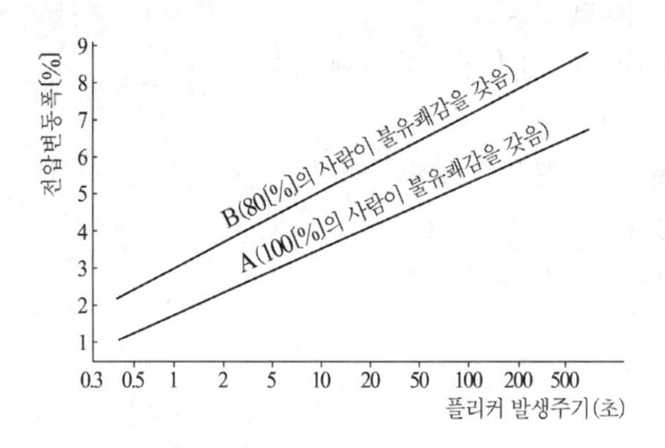

그림 14.11 플리커 불유쾌 한계 곡선

우리 나라에서도 최근 이 문제에 대한 관심이 높아지기 시작하였고 각 방면에서 여러 가지로 조사 연구가 진행 중에 있다. 플리커의 원인이 되는 가장 큰 요인은 전동기의 기동 전류이므로 앞으로는 일반 배전선에 사용하는 단상 유도 전동기에 대해서 충분히 검토해서 적정한 기준을 세워야 할 것이다.

국내의 경우, 전등용 변압기에서 공급 가능한 단상 전동기의 용량을 기동 방식에 따라 제한하고 있는데, 분상형과 콘덴서형은 1.5마력, 반발형은 1.5마력을 최대값으로 운영하고 있다.

플리커의 경감 대책으로는 전원측에서 실시하는 방법과 부하측에서 실시하는 방법으로 대별되는데, 전자는 플리커 발생 부하가 신증설될 경우에 플리커를 미리 예측하고, 이것을 줄이기 위해서 전력 공급측에서 실시하는 방법으로서

① 전용 계통으로 공급한다.
② 단락 용량이 큰 계통에서 공급한다.
③ 전용 변압기로 공급한다.
④ 공급 전압을 승압한다.

또한, 후자는 플리커를 발생시키는 수용가측에서 실시하는 방법으로서

① 전원 계통에 리액터분을 보상하는 방법
- 직렬 콘덴서 방식
- 3권선 보상 변압기 방식

② 전압 강하를 보상하는 방법
- 부스터 방식
- 상호 보상 리액터 방식

③ 부하의 무효 전력 변동분을 흡수하는 방법
- 동기 조상기와 리액터 방식
- 사이리스터(thyristor) 이용 콘덴서 개폐 방식
- 사이리스터용 리액터

④ 플리커 부하 전류의 변동분을 억제하는 방식
- 직렬 리액터 방식
- 직렬 리액터 가포화 방식 등이 있다.

14.1.7 고조파 문제

(1) 고조파 장해

고조파란 기본 주파수의 정수배의 주파수를 갖는 전압 또는 전류이며 이것을 포함한 전압, 전류는 그림 14.12에 나타낸 바와 같이 고조파를 포함하지 않는 경우의 정현 파형에 대해서 일그러진(왜곡된) 파형으로 된다.

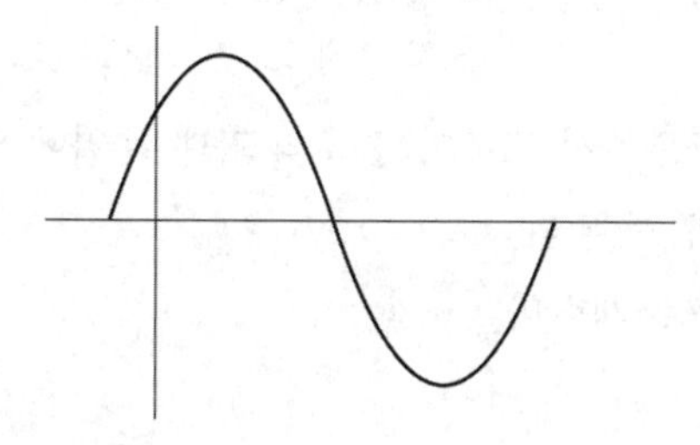

(a) 고조파를 포함하지 않는 파형

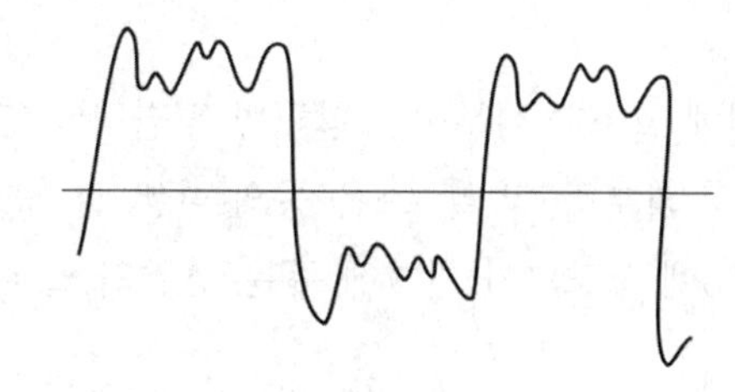

(b) 고조파를 포함한 파형

그림 14.12 고조파의 파형

고조파는 통상 제5조파라든지 제7조파라는 식으로 불려지고 있는데 이것은 기본 주파수의 5배라든가 7배의 주파수를 지닌 것을 나타낸 것이며 일반적으로 제3조파 이상의 홀수차 고조파가 현저한 것이다.

종래 고조파에 의한 장해는 별로 문제가 되지 않았으나 근년에는 사이리스터 변환기의 눈부신 발달에 따라 이것이 여러 방면에서 이용되고 또한 대용량화됨에 따라 일부 지역에서는 교류측에서 각종 문제가 발생하게 되었으므로 배전 선로에 있어서도 고조파가 주는 영향을 충분히 고려할 필요가 있다.

국내의 경우, 일반 전기 사업자가 고객의 전기 사용에 따른 협력과 관련하여 고조파 허용 기준값을 표 14.2와 같이 설정해서 운영하고 있다.

표 14.2 고조파 허용 기준값

전압 \ 항목 \ 계통	지중 선로가 있는 S/S에서 공급하는 고객		가공 선로가 있는 S/S에서 공급하는 고객	
	전압 왜형률[%]	등가 방해 전류[A]	전압 왜형률[%]	등가 방해 전류[A]
66[kV] 이하	3	–	3	–
154[kV] 이상	1.5	3.8	1.5	–

전력 계통의 전압 및 전류의 파형을 일그러뜨리는 원인이 되고 있는 고조파 발생 기기를 열거하면 다음과 같다.

① 사이리스터 등의 반도체를 사용한 기기에 의한 것(정류기, 변환기)
② 아크로 등의 비선형 부하 특성을 지닌 기기에 의한 것
③ 변압기, 회전기 등의 자기 포화 등에 의한 것
④ 형광등, TV 등의 기구

이중에서도 특히 사이리스터를 사용한 대형 변환기 및 아크로의 대용량화가 문제로 되고 있다.

배전선에 고조파 성분이 포함되면 직접적인 영향으로서 고조파 전류의 과대 유입에 의한 기기 설비의 과부하, 과열, 소음 등의 나쁜 결과를 입게 된다.

표 14.3에 고조파가 기기에 주는 영향의 일부를 소개한다.

표 14.3 고조파가 기기에 주는 영향

기 기 명	영 향 의 종 류
콘덴서 및 리 액 터	고조파 전류에 대한 회로의 임피던스가 공진 현상 등으로 감소해서 과대한 전류가 흐름으로써 과열, 소손 또는 진동, 소음이 발생함
변 압 기	고조파 전류에 의한 철심의 자기적인 왜곡 현상으로 소음 발생 고조파 전류·전압에 의한 철손, 동손의 증가
유도 전동기	고조파 전류에 의한 정상 진동 토크의 발생으로 회전수의 주기적 변동, 철손, 동손 등의 손실 증가
케 이 블	3상 4선식 회로의 중성선에 고조파 전류가 흐름에 따라 중성선의 과열
형 광 등	과대한 전류가 역률 개선용 콘덴서나 초크 코일에 흐름에 따라 과열, 소손이 발생함
통 신 선	전자 유도에 의한 잡음 전압의 발생
전력량계	측정 오차 발생, 전류 코일의 소손 발생
계 전 기	고조파 전류·전압에 의한 설정 레벨의 초과 내지는 위상 변화에 의한 오부 동작
음향기기	트랜지스터, 다이오드, 콘덴서 등 부품의 고장, 수명 저하, 성능 열화, 잡음 발생등
전력퓨즈	과대한 고조파 전류에 의한 용단
계기용 변성기	측정 정도의 악화

(2) 고조파의 경감 대책

고조파의 발생 원인과 이에 의한 장해의 실태는 복잡, 다양하기 때문에 뚜렷한 경감 대책을 제시할 수 없으나 현재 일부 채택되고 있는 방법 몇 가지를 소개하면 아래와 같다.

① 고조파 장해의 예방 (공진 현상의 회피)
- 직렬 리액터 삽입
- 직렬 리액터 용량 증가
- 콘덴서 · 직렬 리액터 용량 변경

② 계통에서의 대책
- 정류 상수의 증가(변환기 다상화)
- 과대한 위상 제어의 회피
- 교류 필터의 설치

이밖에 피해 기기측의 장해 방지 대책으로서는

- 설비측의 정수를 변경(고조파 분류 조건의 변경)하여 유입 고조파를 저감시킨다.
- 기기 자체의 고조파 내량을 강화시킨다.

등을 들 수 있다.

14.2 역률 개선

14.2.1 부하의 역률

부하의 역률은 일반적으로 전등, 전열기 등에서는 거의 100[%]인데, 유도 전동기, 용접기 등에서는 상당히 나쁘며 또한 부하 상태에 따라서도 그 값이 일정하지 않다. 역률을 저하시키는 원인으로서는 유도 전동기 부하의 영향을 첫째로 꼽고 있다. 유도 전동기는 특히 경부하일 때 역률이 낮은데 일반적으로는 이러한 경부하 상태로 운전하는 시간이 긴 것이 보통이다. 또, 소형 전동기를 사용하는 가정용 전기 기기와 방전등류의 보급도 역률을 저하시키는 원인으로 되고 있다. 그 밖에 주상 변압기의 여자 전류의 영향도 비교적 큰 편이다. 특히 경부하시에는 선로 전압이 상승해서 여자 전류가 증가하기 때문에 역률은 더욱더 나빠진다.

일정한 전력을 수전할 경우 부하의 역률이 낮을수록 선로 전류는 커지고 전압 강하는 증대하고 또한 선로 손실도 역률의 제곱에 반비례해서 증가한다.

또한, 발전기라든지 변압기 등의 용량은 [kVA]로 주어지므로 역률이 나빠지면 그만큼 [kW] 출력도 감소된다. 따라서 부하 역률의 좋고 나쁨은 부하점에서 발전소에 이르는 전 전기 설비에 영향을 미치게 되므로 역률 개선의 중요성은 매우 크다고 하겠다. 같은 전력을 수송할 때 다른 조건은 그대로 두고 역률만을 개선하면 다음과 같은 효과를 얻을 수 있다.

(1) 변압기, 배전선의 손실 저감
(2) 설비 용량의 여유 증가
(3) 전압 강하의 경감

배전 선로의 역률 개선은 그림 14.13에 나타낸 것처럼 주로 전력용 콘덴서를 부하에 병렬로 접속시켜서 하고 있는데 일반적으로 채용하고 있는 방법으로서는 다음과 같은 3가지를 들 수 있다.

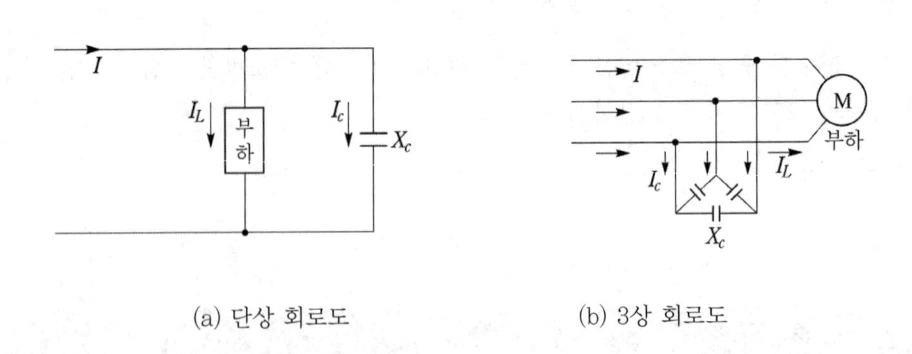

(a) 단상 회로도 (b) 3상 회로도

그림 14.13 전력용 콘덴서의 접속 예

① 고압 콘덴서를 변전소에 집중 설치하거나 고압 배전 선로의 주상에 설치한다.
② 고압 콘덴서를 고압 자가용 수용가의 수전실에 설치한다.
③ 저압 콘덴서를 부하에 직접 설치한다.

이상의 3가지 중 ①은 전력 공급자측에서, ②, ③은 수용가측에서 설치하는 것이 보통이다. 저압 콘덴서는 부하에 근접해서 설치되므로 역률 개선 효과가 직접적이고, 또 그 효과도 전 계통에 미치게 된다는 좋은 점은 있으나 그 반면에 가동률이 낮고 또한 단위 용량 당의 가격도 고압 콘덴서의 약 3배 정도로 비싸지기 때문에 배전 선로에서는 일반적으로 고압 콘덴서가 널리 사용되고 있다.

콘덴서의 용량은 저압용은 [μF]이고, 고압용은 [kVA]로 표시하는 것이 보통이다.

다음 3상 회로에서 필요로 하는 콘덴서의 용량 Q[kVA] 및 정전 용량 C[μF]는 그림 14.14에서 콘덴서의 정격 전압을 V[V], 주파수를 f [Hz], 충전 전류를 △결선에서 I_d[A], Y결선에서 I_s[A]라고 하면

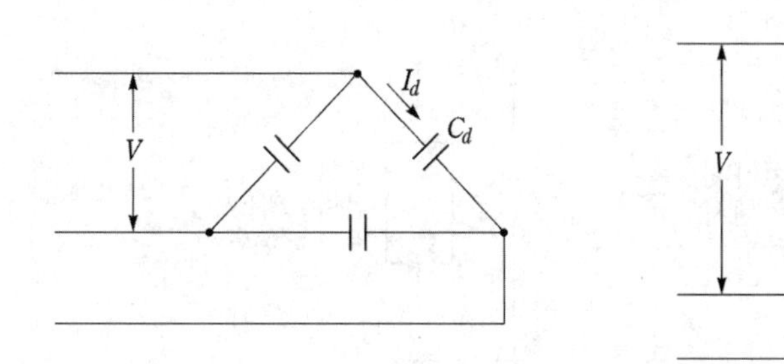

그림 14.14 3상용 콘덴서

1) △결선의 경우

$$Q = 3VI_d = 3 \times 2\pi f\, C_d V^2 \times 10^{-3}[\mathrm{kVA}]$$

$$\therefore\ C_d = \frac{Q}{3 \times 2\pi f\, V^2} \times 10^3 [\mu\mathrm{F}] \tag{14.7}$$

2) Y결선의 경우

$$Q = \sqrt{3}\, VI_s = \sqrt{3} \times 2\pi f C_s \frac{V^2}{\sqrt{3}} \times 10^{-3}[\mathrm{kVA}]$$

$$\therefore\ C_s = \frac{Q}{2\pi f\, V^2} \times 10^3 [\mu\mathrm{F}] \tag{14.8}$$

식 (14.7)과 식 (14.8)를 비교하면 △결선으로 접속할 때 필요로 하는 콘덴서의 정전 용량 [μF]는 Y결선으로 접속하는 경우의 1/3로 충분하다는 것을 알 수 있다.

또, 윗식에서 보는 바와 같이 콘덴서의 정전 용량 C는 전압의 제곱에 반비례하고 있으므로 고압측에 콘덴서를 설치하는 쪽이 저압측에 설치하는 것보다 유리하다는 것도 알 수 있다.

14.2.2 역률 개선용 콘덴서의 용량 계산

그림 14.15는 전력 P[kW], 역률 $\cos\theta$ 인 부하를 보인 것이다.

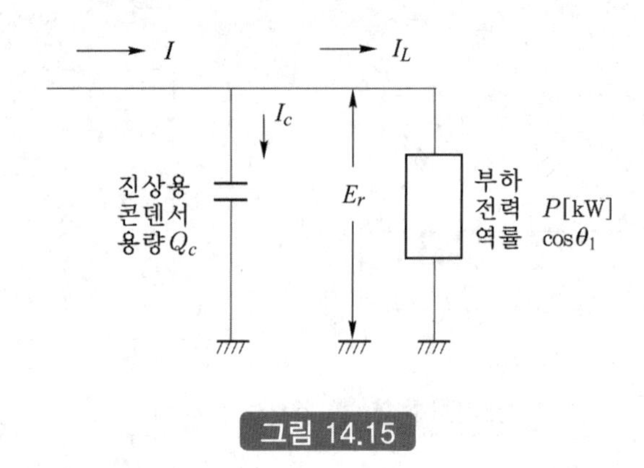

그림 14.15

지금 이 부하의 역률을 $\cos\theta_1$로부터 $\cos\theta_2$로 개선하기 위해서 얼마만큼의 진상 용량 Q_c를 설치하면 될 것인가 하는 것을 살펴보자.

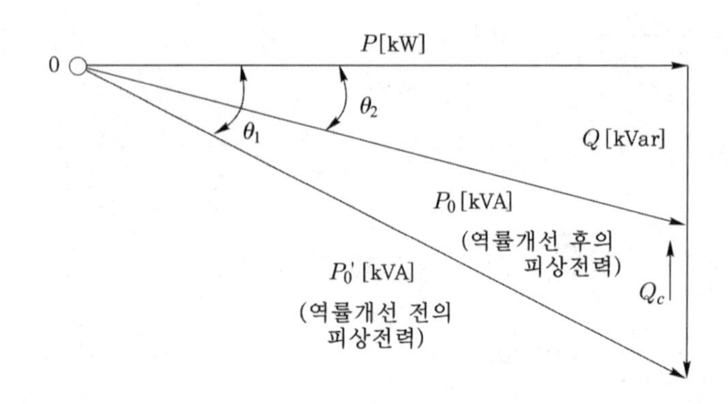

그림 14.16

그림 14.16에서 피상 전력 P_0[kVA]는

$$P_0 = P - jQ = P(1 - j\tan\theta_1) \tag{14.9}$$

인데 역률 개선 후의 무효 전력은 $P\tan\theta_2$로 되므로 필요한 진상 용량 Q_c는

$$Q_c = P(\tan\theta_1 - \tan\theta_2)[\text{kVA}] \tag{14.10}$$

로 구해진다.

윗식을 변형하면

$$Q_c = P\left\{\sqrt{\frac{1}{\cos^2\theta_1}-1}-\sqrt{\frac{1}{\cos^2\theta_2}-1}\right\} \tag{14.11}$$

로 된다.

예제 14.3 어떤 공장의 3상 부하가 20[kW], 역률이 60[%](지상)라고 한다. 이것을 역률 80[%]로 개선하기 위해서 소요되는 콘덴서의 용량[kVA]를 구하여라. 또, 이 콘덴서에 걸리는 전압이 200[V]라고 하면 그 정전 용량[μF]은 얼마로 되겠는가? 단, 주파수는 60[Hz]라고 한다.

아래 그림처럼 처음의 역률각을 θ_1, 개선 후의 역률각을 θ_2라고 하면

역률 개선 전의 무효 전력 $Q_1 = ac = 20\tan\theta_1$
역률 개선 후의 무효 전력 $Q_2 = ab = 20\tan\theta_2$

콘덴서의 진상 무효 전력

$$Q_c = bc = ac - ab = 20(\tan\theta_1 - \tan\theta_2)$$
$$= 20\left(\frac{4}{3}-\frac{3}{4}\right) = 20\times\frac{7}{12} \fallingdotseq 11.7[\text{kVA}]$$

다음 콘덴서를 그림 14.17처럼 접속하고 각 상간의 정전 용량을 $C[\mu\text{F}]$라고 하면

$$3\times 200\times(2\pi\times 60\times C\times 10^{-6})\times 200 = 11.7\times 1000$$
$$\therefore\ 3C = \frac{11.7\times 10^9}{200^2\times 2\pi\times 60} = \frac{11,700}{4.8\pi} = 776.3[\mu\text{F}]$$

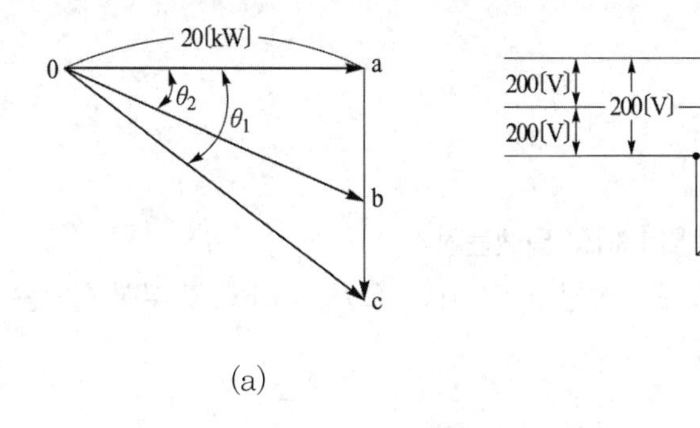

그림 14.17

예제 14.4 어느 수용가가 당초 역률 80[%] (지상)로 60[kW]의 부하를 사용하고 있었는데 새로이 역률 60[%] (지상)인 40[kW]의 부하를 추가해서 사용하게 되었다. 이때 콘덴서로 합성 역률을 90[%]로 개선하려고 할 경우 이에 소요될 콘덴서 용량 Q를 구하여라.

먼저 각각의 부하 전력에 대한 무효 전력을 구한 다음 합성 부하에 대한 유효 전력과 무효 전력을 계산해서 역률 개선을 위하여 필요한 진상 무효 전력을 산출하면 된다. 즉,

$$60[\text{kW}]\ \text{부하에 대한 무효 전력} = 60 \times \frac{0.6}{0.8} = 45[\text{kVA}]$$

$$40[\text{kW}]\ \text{부하에 대한 무효 전력} = 40 \times \frac{0.8}{0.6} = 53.3[\text{kVA}]$$

합성 부하에 대해서는

유효 전력 = 60 + 40 = 100[kW]
무효 전력 = 45 + 53.3 = 98.3[kVA]

합성 역률을 90[%]로 개선하였을 경우에는

$$\text{무효 전력} = \frac{100}{0.9} \times \sqrt{1-0.9^2} = 48.4[\text{kVA}]$$

따라서 구하고자 하는 콘덴서 용량 Q는

$$Q = 98.3 - 48.4 \fallingdotseq 50[\text{kVA}]$$

예제 14.5 3[km]의 3상 3선식 배전 선로의 말단에 1,000[kW], 역률 80[%](지상)의 부하가 접속되어 있다. 지금 전력용 콘덴서로 역률이 100[%]로 개선되었다면 이 선로의

(1) 전압 강하
(2) 전력 손실

은 역률 개선 전의 몇 [%]로 되겠는가?
단, 선로의 임피던스는 1선당 $0.3 + j0.4$[Ω/km]라 하고 부하 전압은 6,000[V]로 일정하다고 한다.

선로의 저항 및 리액턴스를 각각 R, X[Ω], 부하 전류를 I[A], 역률을 $\cos\theta$라고 하면 전압 강하 v는 다음 식으로 표시된다.

$$v = \sqrt{3}\,I(R\cos\theta + X\sin\theta)\,[\mathrm{V}]$$

(가) 역률 개선 전

$$I = \frac{P_r}{\sqrt{3}\,V_r\cos\theta} = \frac{1{,}000\times 10^3}{\sqrt{3}\times 6{,}000\times 0.8} = \frac{1{,}000}{4.8\sqrt{3}}\,[\mathrm{A}]$$

$$R = 0.3\times 3 = 0.9\,[\Omega]$$

$$X = 0.4\times 3 = 1.2\,[\Omega]$$

(1) 전압 강하

$$v = \sqrt{3}\times\frac{1{,}000}{4.8\sqrt{3}}\times(0.9\times 0.8 + 1.2\times\sqrt{1-0.8^2}) = 300\,[\mathrm{V}]$$

(2) 전력 손실

전력 손실을 w 라고 하면

$$w = 3I^2R = 3\times\left(\frac{1{,}000}{4.8\sqrt{3}}\right)^2\times 0.9 = 39{,}063\,[\mathrm{W}] \fallingdotseq 39\,[\mathrm{kW}]$$

(나) 역률 개선 후

$$I = \frac{1{,}000\times 10^3}{\sqrt{3}\times 6{,}000\times 1.0} = \frac{1{,}000}{6\sqrt{3}}\,[\mathrm{A}]$$

(1) 전압 강하 v'

$$v' = \sqrt{3}\times\frac{1{,}000}{6\sqrt{3}}\times(0.9\times 1.0 + 1.2\times\sqrt{1-1.0^2}) = 150\,[\mathrm{V}]$$

(2) 전력 손실 w'

$$w' = 3\times\left(\frac{1{,}000}{6\sqrt{3}}\right)^2\times 0.9 = 25{,}000\,[\mathrm{W}] = 25\,[\mathrm{kW}]$$

곧, 역률 개선 후의 전압 강하는 300[V]에서 150[V]로 50[%]로 줄고 전력 손실도 39[kW]에서 25[kW]로 64[%]로 감소한다.

(주) 전력 손실은 역률의 제곱에 반비례하므로 $(0.8/1.0)^2 = 0.64 = 64[\%]$로 계산해도 된다.

예제 14.6 변전소로부터 고압 3상 3선식의 전용 배전 선로로 수전하고 있는 공장이 있다. 지금 선로의 1선당 $r=1[\Omega]$, $x=2[\Omega]$, 공장의 부하는 300[kW], 역률 60[%](지상), 공장의 수전실에서의 전압은 2,900[V]라 한다. 이 전압을 3,050[V]로 개선하면서 동시에 배전 선로의 전력 손실을 경감하기 위해서 공장의 수전실에 전력용 콘덴서를 설치하고자 한다. 이때 소요될 콘덴서 용량[kVA]은 얼마가 되겠는가? 그리고 이때 이 콘덴서를 설치함으로써 얻어질 전력 손실의 경감량은 얼마로 되겠는가? 단, 공장의 부하 역률, 부하의 크기[kW] 및 배전 선로의 변전소 인출구에서의 전압은 일정하게 유지되는 것으로 한다.

풀이

$$\text{부하 전류}\quad I=\frac{P}{\sqrt{3}\,V\cos\theta}=\frac{300\times 1{,}000}{\sqrt{3}\times 2{,}900\times 0.6}=99.55[\text{A}]$$

$$\begin{aligned}\text{전압 강하}\quad v &\fallingdotseq \sqrt{3}\,I(R\cos\theta+X\sin\theta)\\ &=\sqrt{3}\times 99.55\times(1\times 0.6+2\times 0.8)=380[\text{V}]\end{aligned}$$

따라서 변전소 인출구 전압 V_s는

$$V_s=2{,}900+380=3{,}280[\text{V}]$$

다음 역률 개선 후의 전압 강하 v'는

$$(\cos\theta\rightarrow\cos\theta')$$
$$v'=\sqrt{3}\,I'(R\cos\theta'+X\sin\theta')$$

인데 제의에 따라 v'가 3,050[V] 개선되었다고 하므로

$$v'=3{,}280-3{,}050=230[\text{V}]$$

$$\begin{aligned}\therefore\ I'&=\frac{P}{\sqrt{3}\,V'\cos\theta'}=\frac{300\times 10^3}{\sqrt{3}\times 3{,}050\times\cos\theta'}\\ &=\frac{100/\sqrt{3}}{3.05\times\cos\theta'}[\text{A}]\end{aligned}$$

이것을 윗식에 대입하면

$$\begin{aligned}230&=\sqrt{3}\times\frac{100\sqrt{3}}{3.05\cos\theta'}(1\times\cos\theta'+2\times\sin\theta')\\ &=\frac{300}{3.05}+\frac{600}{3.05}\tan\theta'\end{aligned}$$

$$\therefore\ \tan\theta'=0.67$$

이 경우의 유효 전력, 무효 전력 및 피상 전력의 관계를 나타내는 벡터도는 그림에 보인 바와 같이 직각 삼각형이 되므로 이것으로부터 소요 콘덴서 용량은

$$Q = 300\tan\theta - 300\tan\theta' = 300\left(\frac{0.8}{0.6} - 0.67\right) \fallingdotseq 200[\text{kVA}]$$

배전 선로의 전력 손실의 경감량은

$$\begin{aligned} P &= 3 \times R \times (I^2 - I'^2) \\ &= 3 \times 1 \times \left\{(99.55)^2 - \left(\frac{100 \times \sqrt{3}}{3.05 \times 0.831}\right)^2\right\} \\ &= 15,720[\text{W}] = 15.72[\text{kW}] \end{aligned}$$

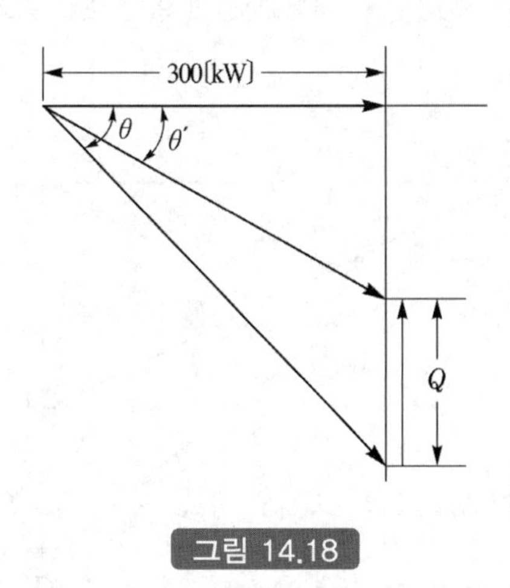

그림 14.18

14.2.3 역률 개선에 의한 설비 용량의 여유 증가

역률이 개선됨으로써 부하 전류가 감소하게 되어 같은 설비로도 설비 용량에 여유가 생기게 된다. 이것은 바꾸어 말한다면 설비 용량을 더 늘리지 않고도 부하의 증설이 가능해진다는 것이다.

지금 그림 14.19와 같이 정격 용량 W_0[kVA]의 변압기를 통해서 W_0[kVA]의 부하를 공급하고 있을 경우, 이대로는 이 변압기에서 더 이상의 부하를 공급할 수 없다.

그러나, 지금 기설 부하와 같은 역률의 피상 전력 W_1[kVA]과 전력용 콘덴서 Q[kVA]를 병렬로 접속시키고 또 W_0, W_1, Q의 합성값이 W_0와 같은 크기로 되게 하였다면 이때의 전력에 관한 벡터도는 그림 14.20과 같이 된다. 즉, Q[kVA]의 콘덴서를 접속하면 변압기의 합성 역률은 $\cos\theta_2$로 개선되고 그 결과 이 변압기에서는 새로운 부하 W_1[kVA] (역률은$\cos\theta_1$)만큼 더 공급할 수 있게 된 것이다.

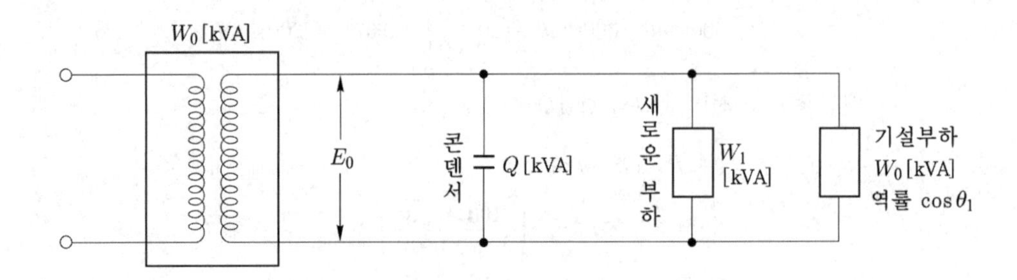

그림 14.19 역률 개선에 의한 출력 증가

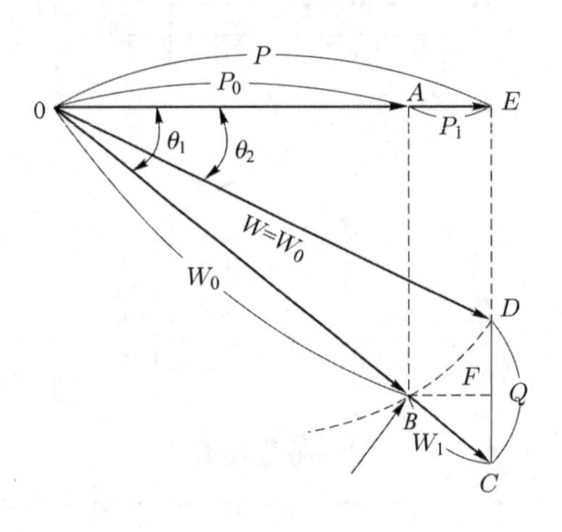

그림 14.20 역률 개선에 의한 출력 증가의 벡터도

따라서, 역률 $\cos\theta_1$의 새로운 부하 W_1 [kVA]에 대응하는 전력용 콘덴서의 용량 Q[kVA]는 그림 14.20으로부터

$$Q = CE - DE = P(\tan\theta_1 - \tan\theta_2) = W_0\cos\theta_2(\tan\theta_1 - \tan\theta_2)$$

$$= W_0\cos\theta_2\left(\sqrt{\frac{1}{\cos^2\theta_1} - 1} - \frac{\sqrt{1-\cos^2\theta_2}}{\cos\theta_2}\right)[\text{kVA}] \tag{14.12}$$

$$\therefore \frac{Q}{W_0} = \cos\theta_2\sqrt{\frac{1}{\cos^2\theta_1} - 1} - \sqrt{1-\cos^2\theta_2} \tag{14.13}$$

또, $P_0 = W_0\cos\theta_1$이므로

$$\frac{Q}{P_0} = \frac{\cos\theta_2}{\cos\theta_1}\sqrt{\frac{1}{\cos^2\theta_1} - 1} - \frac{\sqrt{1-\cos^2\theta_2}}{\cos\theta_1} \tag{14.14}$$

이 경우에 더 공급할 수 있는 부하 W[kVA] (역률은$\cos\theta_1$) 및 전력의 증가분 P_1[kW]은 다음과 같이 된다.

$$W_1 = BC = OC - OB$$

$$= \frac{P}{\cos\theta_1} - W_0 = W_0\left(\frac{\cos\theta_2}{\cos\theta_1} - 1\right)[\text{kVA}] \tag{14.15}$$

$$P_1 = W_1\cos\theta_1 = P - P_0 = W_0(\cos\theta_2 - \cos\theta_1)[\text{kW}] \tag{14.16}$$

예제 14.7 정격 용량 300[kVA]의 변압기에서 지상 역률 70[%]의 부하에 300[kVA]를 공급하고 있다. 지금 합성 역률을 90[%]로 개선해서 이 변압기의 전용량까지 공급하려고 한다. 여기에 소요될 전력용 콘덴서의 용량 및 이때 증가시킬 수 있는 부하(역률은 지상 70[%])는 얼마인가?

 전력 콘덴서의 용량 Q는 식 (14.12)로부터

$$Q = W_0\left(\cos\theta_2\sqrt{\frac{1}{\cos^2\theta_1} - 1} - \sqrt{1 - \cos^2\theta_2}\right)$$

$$= 300\left(0.9\sqrt{\frac{1}{0.7^2} - 1} - \sqrt{1 - 0.9^2}\right) = 144.9[\text{kVA}]$$

증가 부하의 피상 전력 W_1 및 전력 P_1은 식 (14.15), (14.16)으로부터

$$W_1 = W_0\left(\frac{\cos\theta_2}{\cos\theta_1} - 1\right) = 300\left(\frac{0.9}{0.7} - 1\right) = 85.8[\text{kVA}]$$

$$P_1 = W_1\cos\theta_1 = 85.8 \times 0.7 \fallingdotseq 60[\text{kW}]$$

또는,

$$P_1 = W_0(\cos\theta_2 - \cos\theta_1) = 300(0.9 - 0.7) = 60[\text{kW}]$$

예제 14.8 5,000[kVA]의 변전 설비를 갖는 수용가에서 현재 5,000[kVA], 역률 75[%](지상)의 부하가 운전 중이다. 여기에 1,045[kVA]의 콘덴서를 설치하면 역률 80[%](지상)의 부하를 몇 [kW] 증가할 수 있겠는가? 또, 이때의 종합 역률은 얼마로 되겠는가?

풀이 그림과 같이 기설의 부하를 $W_1 = 5{,}000$[kVA], $\cos\theta_1 = 0.75$로 하면 그 유효 전력 P_1 및 무효 전력 Q_1은 각각

$$P_1 = W_1 \cos\theta_1 = 3{,}750[\text{kW}]$$

$$Q_1 = W_1 \sin\theta_1 = 5{,}000 \times \sqrt{1-(0.75)^2} = 3{,}305[\text{kVar}]$$

따라서, Q[kVA]의 콘덴서를 설치해서 무효 전력을 보상하면

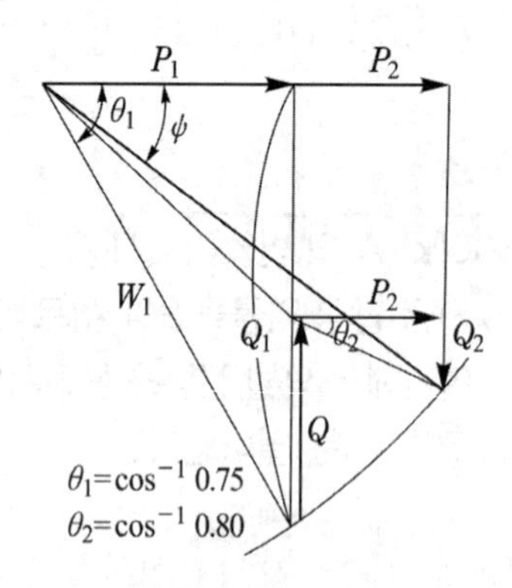

그림 14.21

$$Q_1 - Q = 3{,}305 - 1{,}045 = 2{,}260[\text{kVar}]$$

증가 부하의 유효 전력을 P_2[kW], 역률을 $\cos\theta_2$라고 하면 그 무효 전력 Q_2는

$$Q_2 = P_2 \tan\theta_2, \quad \tan\theta_2 = \frac{0.6}{0.8} = 0.75$$

이다. 이때 피상 전력이 5,000[kVA]로 되기 위해서는

$$5{,}000 = \sqrt{(P_1 + P_2)^2 + (Q_1 - Q + Q_2)^2}$$

가 성립하지 않으면 안 된다. 즉,

$$5{,}000 = \sqrt{(3{,}750 + P_2)^2 + (2{,}260 + P_2 \tan\theta_2)^2}$$

$$5{,}000^2 = (3{,}750 + P_2)^2 + (2{,}260 + 0.75P_2)^2$$

이것을 풀면 $P_2 \fallingdotseq 500$[kW]
이때의 종합 역률을 $\cos\varphi$라 하면

$$\cos\varphi = \frac{P_1 + P_2}{W_1} = \frac{4{,}250}{5{,}000} = 0.85$$

즉, $\cos\varphi$는 지상 역률의 85[%]로 된다.

14.2.4 역률 개선에 의한 전압 강하의 경감

역률을 개선하면 선로 전류가 줄어들게 되므로 선로에서의 전압 강하는 경감된다. 가령 그림 14.22와 같은 배전 선로에서 E_r를 수전단 전압, R, X를 선로 저항 및 리액턴스, P_r를 부하의 유효 전력, $\cos\theta_1$를 부하 전류 역률이라고 하면 전압 강하 ΔE는 다음 식으로 표시된다.

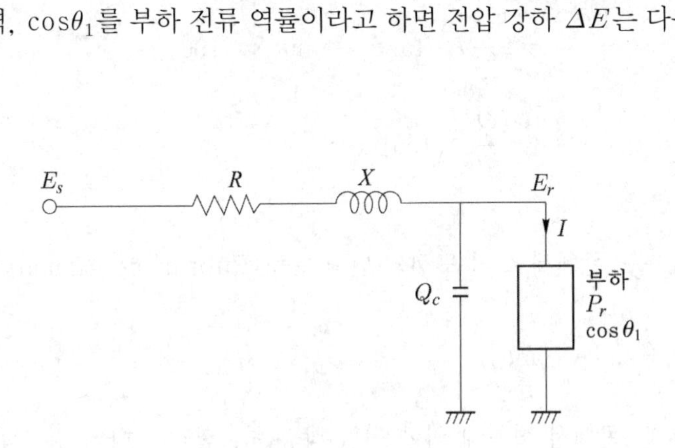

그림 14.22

$$\Delta E = I(R\cos\theta_1 + X\sin\theta_1) = \frac{P_r}{E_r}(R + X\tan\theta_1) \tag{14.17}$$

이때 수전단에 부하와 병렬로 콘덴서를 설치해서 역률을 $\cos\theta_2$로 개선한 후의 전압강하 $\Delta E'$는 유효 전류가 변하지 않는다고 가정하면

$$\Delta E' = \frac{P_r}{E_r}(R + X\tan\theta_2) \tag{14.18}$$

으로 될 것이다.

식 (14.17)과 식 (14.18)을 비교하면

$$\Delta E - \Delta E' = \frac{XP_r}{E_r}(\tan\theta_1 - \tan\theta_2) \tag{14.19}$$

로 되며 $\tan\theta_1 > \tan\theta_2$ 이므로 $\Delta E > \Delta E'$로 된다.

곧, 이것은 역률 개선으로 전압 강하가 경감되었음을 나타내는 것이다.

이처럼 배전 선로가 길고 부하 역률도 나빠서 말단의 전압 강하가 클 경우에는 콘덴서를 수전단(말단)에 설치함으로써 전압 강하의 경감을 기대할 수 있다. 한편 위의 식 (14.19)는 다음과 같이 간략화 할 수 있다.

$$\begin{aligned}\frac{\Delta E-\Delta E'}{E_r}\times 100 &= \frac{XP_r}{E_r^2}(\tan\theta_1-\tan\theta_2)\times 100 \\ &= \frac{X}{E_r^2}P_r(\tan\theta_1-\tan\theta_2)\times 100 \\ &\fallingdotseq \frac{Q_c}{RC}\times 100[\%] \end{aligned} \tag{14.20}$$

여기서, $RC \fallingdotseq \dfrac{E_r^2}{X}$ 콘덴서 설치 모선의 단락 용량(Rupturing Capacity)

$$Q_c = P_r(\tan\theta_1-\tan\theta_2)$$

이 계산식으로부터 콘덴서 설치에 의한 전압 상승(즉, 전압 강하의 경감)은 콘덴서 용량과 단락 용량의 비로 쉽게 구할 수 있다는 것을 알 수 있다.

가령 모선의 단락 용량이 30,000[kVA]이고 여기에 역률 개선용으로 투입된 콘덴서 용량이 1,500[kVA]였다면 역률 개선 결과 배전 선로의 전압 강하 경감량 ΔV_c는

$$\Delta V_c = \left(\frac{1,500}{30,000}\right)\times 100 = 5[\%]$$

로 계산된다.

이밖에도 역률 개선의 이점으로 전기 요금의 저감을 들 수 있다. 전기 요금은 계약 전력[kW]으로 정해지는 기본 요금과 사용 전력량[kWh]으로 정해지는 전력량 요금의 두 가지로 구성되고 있다. 전력 수용가의 부하역률을 개선하면 그만큼 전력 회사는 설비의 합리화가 이루어지기 때문에 고객의 역률 개선을 촉진한다는 목적으로 기본 요금에 역률에 따른 요금을 추가 또는 감액하고 있다.

우리 나라의 전기 요금 제도는 고객의 역률이 90[%]에 미달하는 경우에는 미달하는 매 1[%]에 대해서 기본 요금의 1[%]씩을 추가하고, 무효 전력을 계량할 수 있는 계기를 설치한 수용가의 역률이 90[%]를 초과하는 경우에는 95[%]까지의 초과하는 매 1[%]에 대해서 기본 요금의 1[%]씩 감액하고 있다. 이러한 역률 요금은 계약 전력이 6[kW] 이상의 일반용 전력, 교육용 전력, 산업용 전력, 농사용 전력, 심야 전력(을) 및 임시 전력 수용가에게 적용하고 있다.

예제 14.9 아래와 같은 일반용 고객이 있다.

수전 전압 : 22.9[kV]
계약 전력 : 1,000[kW]
평균 부하 가동 시간 : 200[시간/월]
평균 전력 : 800[kW]
평균 역률 : 75[%] (지상)

이 고객이 콘덴서를 설치해서 역률을 90[%]로 개선하였다고 할 경우 역률 개선 전후의 전기 요금을 비교하여라.

전기 요금 단가는 1998년 4월 30일 현재의 자료를 사용한다.

(1) 개선 후

기 본 요 금 : 5,400[원/kW] × 1,000[kW/월] = 5,400,000[원/월]
전력량 요금 : 61.60[원/kW] × 800[kW] × 200[H/월] = 9,856,000[원/월]
∴ 전기요금 = 5,400,000 + 9,856,000 = 15,256,000[원/월]

(2) 개선 전

역률이 15[%] 미달이므로

기본 요금 : 5,400,000 × (1+0.15) = 6,210,000[원/월]
∴ 전기 요금 = 6,210,000 + 9,856,000 = 16,066,000[원/월]

결국 콘덴서 설치에 의한 전기 요금 저감액은

16,066,000 − 15,256,000 = 810,000[원/월]

예제 14.10 어느 평형 3상 3선식 배전 선로로 100[kVA], 지상 역률 60[%]의 부하에 전력을 공급할 경우 이 선로의 전력 손실률은 12[%]라고 한다.

지금 부하에 병렬로 콘덴서를 설치해서 이 선로의 전력 손실률을 5[%]로 감소시키기 위해서는 몇 [kVA]의 콘덴서를 필요로 하게 되는가를 계산하여라. 단, 수전단의 전압은 변화하지 않는 것으로 한다.

3상 3선식의 선로 손실 L[kW]는

$$L = 3|I|^2 R \times 10^{-3}[\text{kW}] \qquad (1)$$

여기서, I : 부하 전류[A]

R : 배전 선로의 1가닥당의 저항[Ω]

또, 부하의 유효, 무효 전력 P, Q는

$$P[\mathrm{kW}] = \sqrt{3}\, VI\cos\theta \times 10^{-3}$$

$Q[\mathrm{kVar}] = \sqrt{3}\, VI\sin\theta \times 10^{-3}$이므로
(V : 수전단 전압[V])

$$|I|^2 = \frac{P^2 + Q^2}{3V^2} \times 10^6 \tag{2}$$

식 (2)를 식 (1)에 대입하면

$$L = \frac{R}{V^2}(P^2 + Q^2) \times 10^3 \tag{3}$$

따라서 콘덴서 설치 전의 전력 손실률은 식 (3)으로부터

$$0.12 = \frac{R}{V^2}(60^2 + 80^2) \tag{4}$$

콘덴서 Q_c[kVA]을 설치한 경우도 마찬가지로 해서

$$0.05 = \frac{R}{V^2}\left\{60^2 + (80 - Q_c)^2\right\} \tag{5}$$

식 (4), (5)로부터 Q_c를 구하면

$$Q_c = 80 - \sqrt{\frac{0.05}{0.12}(60^2 + 80^2) - 60^2} \simeq 56.2[\mathrm{kVA}]$$

그러므로 56[kVA]의 콘덴서를 설치하면 된다.

14.2.5 콘덴서 설치 장소의 선정

역률 개선을 위한 진상 콘덴서를 설치할 장소는 그림 14.23과 같이 여러 장소를 고려할 수 있으나 꼭 어느 장소가 최적이라고 결정할 수 없다. 이것은 표 14.4에 보인 것처럼 콘덴서의 설치 효과, 보수・점검, 투자 비용 및 수용가마다의 계통 구성이라든지 부하 상황 등의 여러 가지 요인이 작용하기 때문이다.

이들의 내용을 추려보면 다음과 같다.

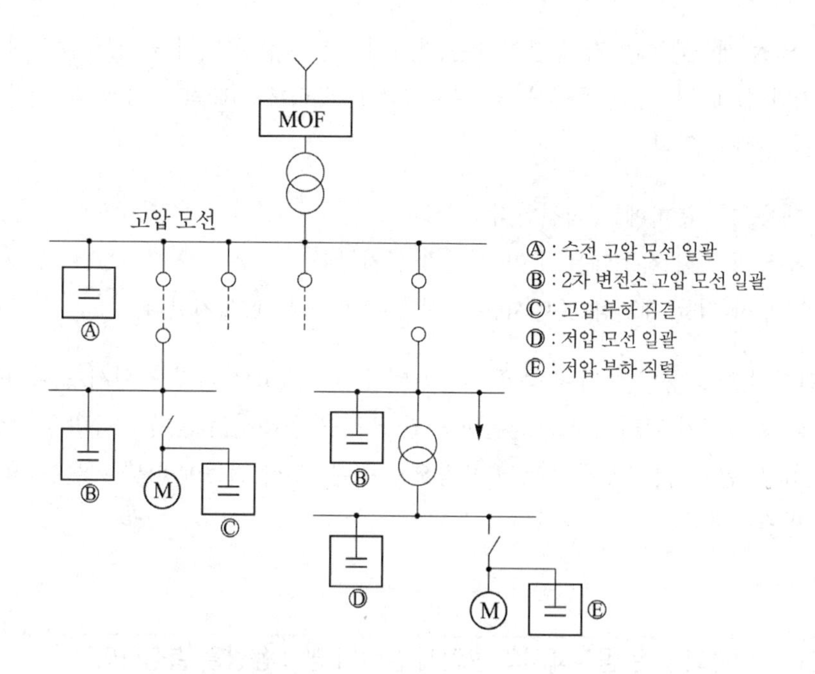

그림 14.23 전력용 콘덴서의 설치 장소

표 14.4 변전소 일괄 설치와 말단 분산 설치의 비교

항목	변전소 일괄 설치	말단 분산 설치(부하 직결 포함)
소요 콘덴서 용량	최 소	최 대
전력 손실 경감 효과	소	대
전압 강하 경감 효과	소	대
전기 요금 경감 효과	동 일	동 일
보수 점검	간단하다	복잡하다
초기 투자	소	일반적으로 크다. (저압일 경우 특히 크다)

① 수전 역률 개선 효과 : 설치 장소에 거의 무관계이다.

② 소요 콘덴서 용량 : 분산 설치할수록 이용률이 낮아져서 총용량은 증가한다.

③ 손실 저감 효과 : 역률과 손실, 무효 전력량의 관계는 비례하지 않는다(역률이 100[%]에 가까워지면 1[%]당의 저감 효과는 작아진다).

④ 설비 여력 : 말단에 설치할수록 커진다.

⑤ 전압 강하 경감 : 말단에 설치할수록 커진다(효과는 설치점에서 본 전원 임피던스에 따라 결정된다).

이상으로 역률 개선과 에너지 절감이라는 관점에서는 진상 콘덴서를 모두 말단에 설치하는 것이 좋겠지만 실제로는 투자 효율 등의 부대 조건을 고려해서 대략 다음과 같은 기준에 따라 설치 장소를 정하고 있다.

① 비교적 대용량의 부하에는 직결한다.
② 소용량 부하의 집합 장소에는 묶어서 일괄 설치한다.
③ 종합적인 부하 역률 개선용 콘덴서는 수전측 고압 모선에 설치한다.

다음 콘덴서의 소요 용량은 가령 목표 역률값이 일정하다고 하더라도 실제로 걸리는 부하의 크기에 따라 그 크기가 달라지므로 원활한 역률 조정을 위해서는 콘덴서 용량을 적당한 크기로 나누어서(곧, 콘덴서를 몇 개의 뱅크 용량으로 구분) 부하 변동에 따라 이들은 적당히 개폐하는 것이 바람직하다.

예제 14.11 아래와 같은 공장에서의 콘덴서 설비의 뱅크 용량을 결정하여라.

최대 사용 전력	2,000[kW]
최대 사용시 역률	85[%] (지상)
경부하시 전력	400[kW]
경부하시 역률	80[%] (지상)
평균 전력(가동 시간 내)	1,400[kW]
개선 전 역률	85[%] (지상)
목표 역률	98[%] (지상)

먼저 이 공장에서 소요될 콘덴서의 총용량을 $Q_{\max}$ [kVA]라고 하면 식 (14.11)로부터

$$Q_{\max} = P_{\max}\left\{\sqrt{\frac{1}{\cos^2\theta_0}-1}-\sqrt{\frac{1}{\cos^2\theta}-1}\right\}$$
$$= 2{,}000\left\{\sqrt{\frac{1}{0.85^2}-1}-\sqrt{\frac{1}{0.98^2}-1}\right\}$$
$$= 833[\text{kVA}]$$

이 콘덴서 가운데 고정적으로 접속하게 될 용량 Q_s[kVA]는 경부하시의 전력으로부터

$$Q_s = P_{\min}\tan\theta = P_{\min}\left(\sqrt{\frac{1}{\cos^2\theta}-1}\right) = 400\left(\sqrt{\frac{1}{0.8^2}-1}\right) = 300[\text{kVA}]$$

또, 평균 전력에 상당하는 콘덴서 용량 Q_{mean}은

$$Q_{\text{mean}} = 1{,}400\left(\sqrt{\frac{1}{0.85^2}-1}-\sqrt{\frac{1}{0.98^2}-1}\right) = 583[\text{kVA}]$$

따라서 이 경우에는 역률 조정을 3단계로 구분, 운용하는 것으로 해서 뱅크 용량을 300[kVA]×3으로 결정하여

경부하시 1뱅크 투입	300[kVA]
중간 부하시 1뱅크 추가 투입	600[kVA]
중부하시 1뱅크 추가 투입	900[kVA]

로하는 것이 좋을 것이다.

보다 세밀한 콘덴서 조정을 생각한다면 총용량 900[kVA]를 300[kVA]×1 뱅크와 200[kVA]×3 뱅크의 4단계 조정으로 나누어서 중간 부하시에는 부하의 크기에 따라 200[kVA] 뱅크를 적당히 1~3뱅크 선정해서 투입하는 것이 더 좋을 것이다.

14.3 전력 손실

14.3.1 송배전 손실

전력 계통에서의 전력 손실은 대체로 송전 거리 및 송전 용량에 영향을 주는 전원의 입지 및 구성비, 전압에 관계하는 수용 구성과 송배전 전압, 역률에 관계하는 부하 상태와 부하율, 배전 방식 등에 따라 좌우된다. 그러나, 여기서는 배전 계통과 밀접한 관계가 있는 것에 대해서만 기술하기로 한다.

일반적으로 배전 선로의 전력 손실은 전압 강하와 밀접한 관계가 있어서 전력 손실의 경감은 동시에 전압 강하, 따라서 전압 변동의 경감과 직결된다.

그러므로, 이들 중의 한쪽만을 고려한다는 것은 불충분할 것이며 어느 쪽에 중점을 둘 것인가에 따라 적당한 대책이 수립되기도 하고, 또 경제적 검토도 이루어진다고 할 수 있다. 그림 14.24는 송배전 계통에서의 송전손실과 배전 손실의 구분을 보인 것이고, 표 14.5는 우리 나라에서의 전력 손실률 추세를 송전 손실과 배전 손실로 세분해서 보인 것이다.

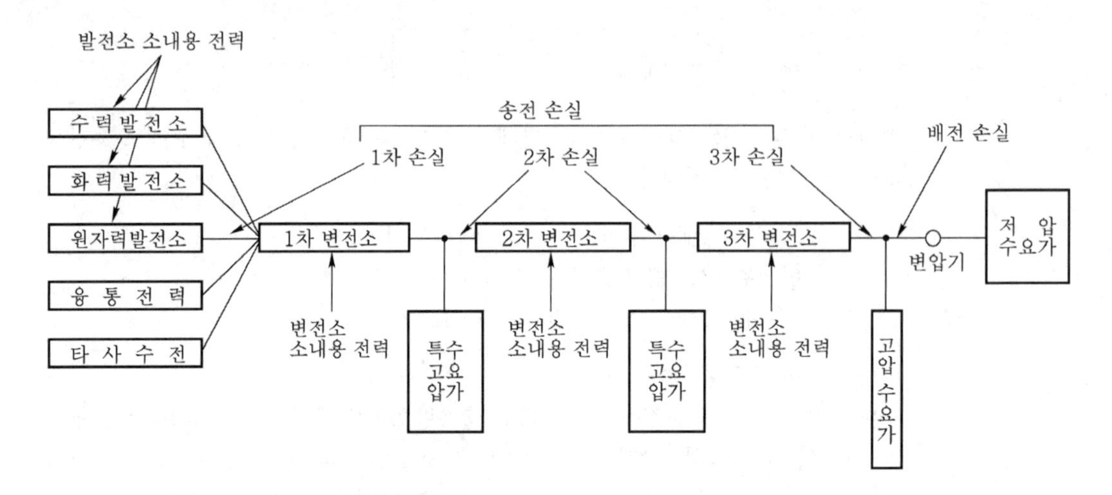

그림 14.24 전력 계통의 송배전 손실 개념도

표 14.5 전력 손실률 추세(1961~2011년) (단위 : %)

구분 \ 연도	'1961	'1971	'1976	'1981	'1986	'1991	'1996	'2001	'2006	'2011
송변전 손실	11.19	5.83	5.59	3.95	3.30	3.16	3.27	2.80	1.83	1.53
배전 손실	18.17	5.59	5.23	2.71	2.57	2.44	2.13	1.75	2.19	2.20
합 계	29.35	11.42	19.82	6.66	5.87	5.60	5.40	4.50	4.02	3.73

표에서 보는 바와 같이 우리나라의 송배전 손실률은 전기 3사 통합 당시인 1961년만 하여도 29.35[%]나 되었으나 50여년간 꾸준히 감소하였으며, '2000년대부터는 선진국 수준인 5[%] 이하의 수준을 유지하고 있다.

이러한 송배전 손실의 감소 요인을 나열하면 다음과 같다.

① 66[kV] 송전선의 154[kV] 격상과 복도체 사용
② 154[kV] 송전선의 2회선 루프 계통 구성
③ 345[kV] 송전선의 2회선, 4도체 루프 계통 구성
④ 전력량의 계측오차, 검침시차 및 천용 등의 손실감소
⑤ ACSR 전력선의 강심선(steel) 표면을 Al로 도포한 알루미늄 피복 ACSR/AM선 사용
⑥ 수요단의 규정 전압 유지
⑦ 배전 전압의 격상

1차 전압 : 3/3[kV], 6.6[kV] → 22.9[kV]

2차 전압 : 100/200[V] → 220/380[V]

⑧ 특고압 자가용 수전 설비의 수요 증가

일반적으로 배전 선로의 전력 손실은 13.3절에서 설명한 바와 같이 선로의 저항손(옴손) 및 배전 변압기의 저항손(동손)과 철손으로 대별된다.

선로의 저항손은 선로에 흐르는 전류의 제곱과 전선의 저항에 비례하므로 전력 손실을 경감시키는 기본은 전선의 전류 밀도를 어떻게 감소시킬 수 있느냐 하는 데 있다고 하겠다.

배전 선로의 손실 경감책으로는 다음과 같은 방법을 들 수 있다.

① 전류 밀도의 감소와 평형
② 전력용 콘덴서의 설치
③ 고압 선로에서의 대책
④ 저압 선로에서의 대책
⑤ 배전 전압의 승압

1) 전류 밀도의 감소와 평형

배전 선로의 전류 밀도의 감소 내지 평형화는 켈빈의 법칙(Kelvin's law)에 따르며 이에 맞는 값으로 한다는 것이 가장 경제적이다.

일반적인 배전 선로에서는 각 선의 부하 전류가 불평형으로 되는 것이 보통이다. 이럴 경우에는 가령 부하의 재배분 등으로 우선 야기된 불평형을 적극적으로 바로 잡아 주어야 하고, 또 앞으로 예상될 부하의 증가, 선로의 구분 연장 등에 대비해서도 될 수 있는 대로 부하의 불평형이 일어나지 않도록 하여야 한다.

2) 전력용 콘덴서의 설치

선로 손실은 부하 역률의 제곱에 반비례해서 증감하므로 역률 개선은 바로 손실 경감과 직결된다. 배전 선로의 부하 역률 개선은 주로 전력용 콘덴서를 부하와 병렬로 접속해서 실시하고 있는데 이에 대해서는 앞서 14.2절에서 설명한 그대로이다.

3) 고압 선로에 있어서의 대책

그동안 배전 계통은 도시의 발전이나 부하의 증가에 대응해서 확대되어 온 과정에서 어느새 긴 선로로 되어 있거나 급전점이 부하의 중심에서 멀리 떨어져 버리게 된 경우가 많다. 이러한 경우에는 배전 선로를 재검토해서 급전선의 변경, 증설, 선로의 분할은 물론 변전소의 증설에 의한 급전선의 단축화 등 가능한 대책을 강구하는 것이 바람직하다.

4) 저압 선로에 있어서의 대책

저압 배전선에 대해서는 특히 변압기의 배치와 용량을 적절하게 정하고 저압 배전선의 길이를 합리적으로 정비한다든지 변압기의 사용 효율을 향상시킬 필요가 있다. 그 밖에 배전 변압기 중에서도 특히 철손이 많은 적철심형을 지양해서 권철심형으로 대체하고 아몰퍼스코아 소재 변압기를 개발 사용하는 것도 유효한 대책일 것이다.

5) 배전 전압의 승압

이상적인 경우 전력 손실과 전압 강하율은 전압의 제곱에 반비례해서 감소되므로 배전 전압을 승압한다는 것은 손실 경감책으로나 전압 변동 경감책으로서도 극히 효과적이다.
지난날 우리 나라에서는 고압선에서 3,300[V]를 6,600[V] 또는 3,300[V] 변압기를 그대로 사용할 수 있는 5,700[V]로 승압해 왔으나 최근에는 고압선을 모두 22.9[kV] Y결선으로 승압하고 있다.

참고로 표 14.6에 22.9[kV] 승압에 따른 효과의 일례를 보인다.

한편 2차측의 저압 배전 전압도 100/200[V]를 220/380[V]로 승압하고 있다.

표 14.6 승압의 효과 예

전 압	3.3[kV]	11.4[kV]	22.9[kV]
전압강하	1	$1/2\sqrt{3}$	$1/4\sqrt{3}$
전력손실	1	1/12	1/48

예제 14.12 그림 14.25와 같은 3상 배전선이 있다. 변전소 A의 전압을 3,300[V], 중간점 B의 부하를 50[A] (지상 역률 80[%]), 말단의 부하를 50[A] (지상 역률 80[%])라고 한다. 지금 AB간의 선로 길이를 2[km], BC간의 선로 길이를 4[km]라 하고 선로의 임피던스는 $r = 0.9$[Ω/km], $x = 0.4$[Ω/km]라 할 때 다음 사항을 구하여라.

(1) B, C점의 전압

(2) C점에 전력용 콘덴서를 설치해서 진상 전류를 40[A] 취하게 할 때 B, C점의 전압

(3) 전력용 콘덴서 설치 전후의 선로 손실

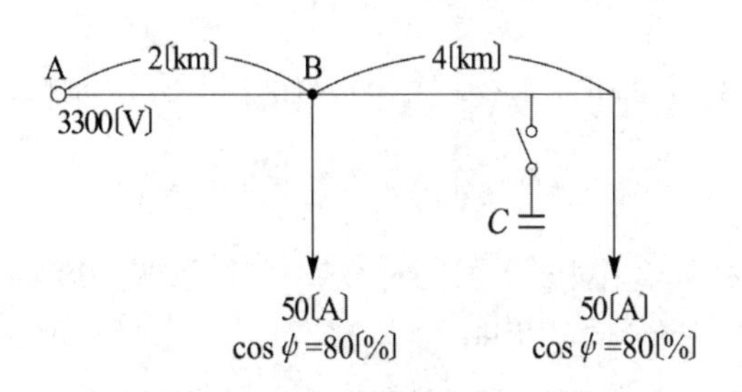

그림 14.25

3상 회로의 계산에서는 가령 V를 선간 전압이라고 한다면

$$V_s = V_r + \sqrt{3}\, I(R\cos\theta + X\sin\theta)$$
$$\therefore\ V_r = V_s - \sqrt{3}\, I(R\cos\theta + X\sin\theta)$$

(1) A, B간에는 같은 위상의 50[A]씩 합계 100[A]의 전류가 흐르므로

$$V_B = V_A - \sqrt{3}\times 100\{(1.8\times 0.8) + (0.8\times 0.6)\}$$
$$= 3{,}300 - 333 = 2{,}967[\mathrm{V}]$$

B, C간에는 50[A]만이 흐르기 때문에

$$V_C = V_B - \sqrt{3}\times 50\{(3.6\times 0.8) + (1.6\times 0.6)\}$$
$$= 2{,}967 - 333 = 2{,}634[\mathrm{V}]$$

(2) C점에 진상용 콘덴서를 연결하였을 경우는

$$V_B' = V_A - 333 - \sqrt{3}\times 40\{(1.8\times 0) - (0.8\times 1)\}$$
$$= 3{,}300 - 333 + 55 = 3{,}022[\mathrm{V}]$$
$$V_C' = V_B - 333 - \sqrt{3}\times 40\{(3.6\times 0) - (1.6\times 1)\}$$
$$= 3{,}022 - 333 + 111 = 2{,}800[\mathrm{V}]$$

(3) 콘덴서 설치 전의 손실은 3선을 합계해서

$$3\times\{(100^2\times 1.8) + (50^2\times 3.6)\}\times 10^{-3} = 81[\mathrm{kW}]$$

콘덴서 설치 후의 A, B간의 전류는

$$\sqrt{(100\times 0.8)^2 + (100\times 0.6 - 40)^2} = \sqrt{6{,}800}\,[\mathrm{A}]$$

마찬가지로 B, C간의 전류는

$$\sqrt{(50\times 0.8)^2 + (50\times 0.6 - 40)^2} = \sqrt{1{,}700}\,[\mathrm{A}]$$

따라서 콘덴서 설치 후의 선로 손실은

$$3 \times \{(6{,}800 \times 1.8) + (1{,}700 \times 3.6)\} \times 10^{-3} = 55[\mathrm{kW}]$$

$$\therefore \frac{\text{설치 후의 손실}}{\text{설치 전의 손실}} = \frac{55}{81} = 68[\%]$$

콘덴서를 설치하였기 때문에 선로 내의 손실은 68[%]로 되어 원래의 손실보다 32[%]나 줄어들고 있다.

14.4 배전 전압 승압

우리나라에서는 배전선 2차측의 저압 배전 전압을 100/200[V] 시스템에서 220/380[V] 시스템으로 승압하는 이른바 220/380[V] 승압 공사를 지난 1970년대 초부터 시작해서 '1999년에는 전등용 220[V], 2005년에는 동력용 380[V]의 승압을 완료해서 이제는 전국적으로 100[%]의 수용가에 220/380[V] 전압을 공급하고 있다. 이 절에서는 간단히 그 동안 한국 전력에서 추진해 온 220/380[V] 승압 공사의 개요를 소개한다.

14.4.1 승압의 필요성 및 효과

(1) 승압의 필요성

과거 가정용 제품으로는 전구, 라디오, 텔레비전 등이 대부분이었으나 점차 생활 수준이 향상되고 주거 환경이 변화됨에 따라 룸 에어컨, 심야 기기 등의 냉・난방 기기 또는 전자 렌지, 전기 오븐 등의 주방용 기기와 같은 대용량 가전제품의 사용이 증가하게 되었다.
이처럼 날로 증가하고 있는 가전 제품을 100[V]로 계속 사용하려면 옥내 배선을 한층 더 용량이 큰 굵은 전선으로 교체해 주어야 한다. 한편 이 배전 전압을 220[V]로 승압한다면 옥내 배선의 증강없이 기설의 동일 전선으로 이러한 수용 증가에 쉽게 대처할 수 있고 전력 손실 감소와 전압 변동이 적은 양질의 전기를 공급할 수 있게 된다.

승압의 필요성은 크게 전력 사업자측과 수용가측으로 구분할 수 있다. 전력 사업자측으로서는 저압 설비의 투자비를 절감하고 전력 손실을 감소시켜 전력 판매 원가를 절감시키며, 전압 강하 및 전압 변동률을 감소시켜서 수용가에게 전압 강하가 적은 양질의 전기를 공급할 수 있다는 데 있다. 한편 수용가측에서는 대용량 기기를 옥내 배선의 증설없이 사용하고 양질의 전기를 풍족하게 사용할 수 있다는 데 그 필요성을 들 수 있다.

참고로 외국에서의 가정용 사용 전압 실태를 표 14.7에 보인다.

표 14.7 세계 각국의 가정용 사용 전압

구분	220[V]급 전용	110/220[V]급 공용	110[V]급 전용	계
아 시 아	30	10	–	40
유 럽	27	5	–	32
북아메리카	8	19	3	30
남아메리카	6	6	1	13
오세아니아	11	–	–	11
아 프 리 카	42	7	1	50
계	124	47	5	176
점 유 율[%]	70.5	26.7	2.8	100

* 일본 해외 규격 통신사 발행 "World Voltage" 자료

(2) 승압 효과

1) 공급 용량의 증대

2차 배전 전압을 현재의 110[V]에서 220[V]로 승압하면 같은 굵기의 전선을 사용할 경우, 선로의 공급 용량은 2배로 증대한다. 신설하는 배전 선로의 경우는 110[V] 때보다 가는 전선을 사용할 수 있다.

2) 전력 손실의 감소

전선로의 전력 손실은 공급 전압의 제곱에 반비례해서 감소한다. 즉, 110[V]를 220[V]로 승압할 경우 저압 배전 선로에서의 전력 손실은 $1/4(=2^2)=25[\%]$로 대폭 감소된다. 저압 배전 선로는 광범위한 지역에 걸쳐 분포되어 있고 또 선로 길이도 길므로 그 효과는 매우 크다고 할 수 있다.

3) 전압 강하율의 개선

선로의 전압 강하율은 같은 전선을 사용할 경우 전압의 제곱에 반비례한다.

이전에는 도시 지역에 있어서의 110/220[V] 저압 배전 선로는 수요가 증가함에 따라 부분적으로 저전압 현상을 일으켜서 이에 대한 저전압 보상 공사가 이루어지기도 하였으나, 2차 전압을 110[V]에서 220[V]로 승압 완료한 현재에는 이러한 저전압 현상을 볼 수 없게 되었다.

4) 지중 배전 방식의 채택 용이

지중 배전 방식은 가공 배전 방식에 비해서 변압기 설치의 공간 확보가 어렵고 많은 건설비가 소요되지만 2차 배전 전압을 승압하면 변압기의 단위 용량과 선로 공급 능력을 증대시켜 시설비를 감소시킬 수 있다.

5) 고압 배전선 연장의 감소

220/380[V] 저압 배전은 110/220[V] 방식에 비하여 상당히 넓은 지역에 전력을 공급할 수 있으므로 고압 배전선을 수용 지점 가까이까지 연장하지 않고도 저압으로 공급할 수 있기 때문에 고압선 연장 감소에 의한 공사비를 절감할 수 있다.

6) 대용량의 전기 기기 사용 용이

생활 수준 향상에 따라 보급되는 냉방기, 온수기 및 주방 기기 등 대용량의 가전기기를 기존 옥내 배선의 교체 또는 증설없이 용이하게 사용할 수 있으며 저압 전동기의 사용 용량 한도도 늘릴 수 있다.

14.4.2 승압의 추진 현황

(1) 추진 경위

2차 배전 전압의 승압은 1963년 4월 ECAFE(아시아 극동 경제 위원회)의 승압 권장에 따라 검토, 착수되었다.

1970년에는 정부(상공부)에서 승압 방침을 결정하였고 신규 집단 고객에 대해서 220[V] 공급을 개시하였다.

승압의 추진 연혁을 보면 '71년 승압 초기에는 신규 수용을 대상으로 220[V] 단일 전압 공급을 시행하였으나, 기존 110[V]용 가전기기의 사용 불편에 따라 '79년 11월 110[V]와 220[V]를 동시에 사용할 수 있는 양전압 승압으로 변경하였고, 점차 220[V]용 가전기기의 증가와 110[V] 전용 기기의 감소 등에 따라 '92년 1월 양전압 공급을 폐지하고 220[V] 단일 전압으로 승압하게 되었다.

이처럼 한 동안은 전등용은 110[V], 220[V]로, 동력용은 200[V], 380[V] 등을 혼용해 쓰다가 드디어 1999년에는 전등용을 220[V]로, 2005년에는 동력용을 380[V]로의 단일 승압을 완료하게 된 것이다.

(2) 승압 방식

1) 직접 승압 방식

220[V] 직접 승압 방식이란 그림 14.26에 보인 바와 같이 110[V]로 사용하고 있는 가정용 전압을 220[V]로 승압하기 위하여 수용가가 보유하고 있는 110[V] 기기를 220[V]에 사용할 수 있도록 가전 기기별로 소형 강압기 또는 220[V] 신품 기기로 교환 지급하고 조명 기구 및 배전 기구는 220[V]용으로 교환하는 승압 방식을 말한다.

이 방식은 승압 효과를 조기에 획득할 수 있는 장점이 있는 반면에 110[V] 기기 사용이 불편하고 많은 보상비가 소요되므로 도시 지역보다 가전 기기의 보급률이 낮은 농촌 지역이나 신규 개발 지역을 중심으로 실시되고 있다.

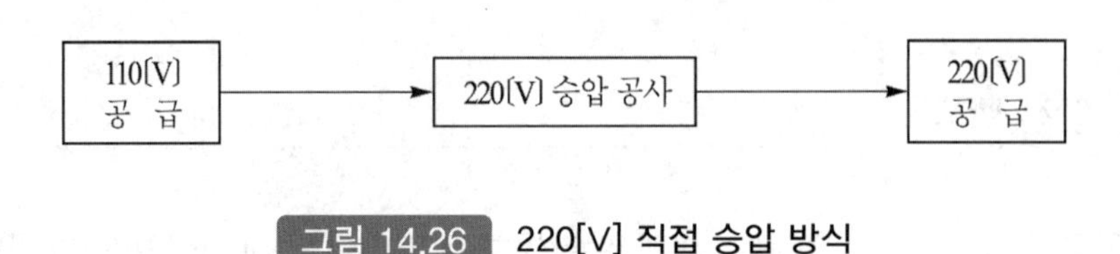

그림 14.26 220[V] 직접 승압 방식

2) 양 전압에 의한 승압 방식

110[V] 기기 생산 금지 조치에 따라 보급되는 220[V] 기기를 사용할 수 있도록 110[V] 수용가에 220[V] 전원을 임시 설비에 의해 추가 시설하는 양 전압 공사를 우선 시공하고, 110[V] 기기의 상당수가 220[V]용으로 바뀌고 난 후에 잔여 110[V] 기기를 보상하고 양 전압 임시 설비를 철거함으로써 220[V]로 전환하게 하는 방식이다. 이 방식은 기기 보상비가 적은 장점이 있는 반면 승압 기간이 장기간 소요되는 단점이 있다. 한편 이 방식은 도시 지역과 같이 가정용 전기 기기 보급률이 높은 지역에 적합한 것으로 평가되고 있다.

이때 각 수용가에 대한 공사 방법은 다음과 같다.

① 주상 변압기에서부터 전력량계까지는 전선 1조 추가 시설
② 전력량계는 단상 3선식용으로 교환 부설
③ 수용가 옥내는 220[V]용 가전 제품 사용 장소까지 전선을 노출 배선함(기존 110[V] 옥내 배선은 변동없이 계속 사용)

참고로 표 14.8에 승압이 마지막 단계를 맞이하고 있었던 1996년말 당시의 220[V] 승압 공사 추진 실적을 보인다.

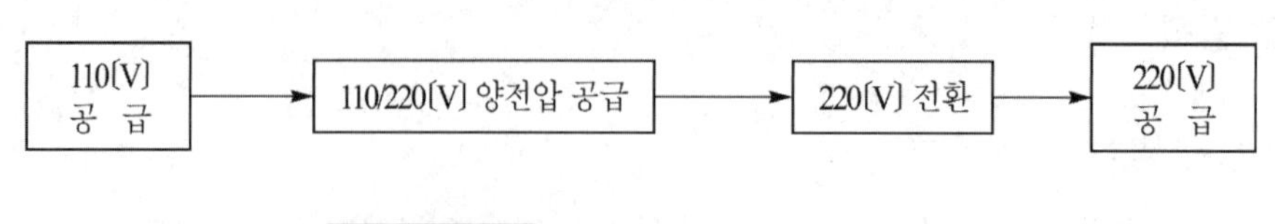

그림 14.27 양 전압에 의한 승압 방식

표 14.8 전압별 수용 호수('96.12 월말 기준)

구분 \ 전압별	110[V] (미승압 수용)	110/220[V] (임시 승압 수용)	220[V] (승압 수용)	계
수용 호수	537,000	1,476,000	10,184,000	12,197,000
점유율[%]	4.4	12.1	83.5	100

14.4.3 안전 대책

220[V] 공급에 따른 수용가의 안전 대책은 우선 대지 전압이 110[V]에서 220[V]로 상승하므로 전기 사용시의 위험성을 고려하지 않을 수 없다.

따라서 전기 설비 기술 기준 제187조에 명시된 바와 같이 220[V] 공급 수용가에는 의무적으로 인입구에 **누전 차단기**를 부설하도록 규정하고 있다.

(1) 누전 차단기의 부설

1) 허용 인체 통과 전류

인체의 감전 위험 요소는 인체를 통과한 전기량에 비례한다. 즉, 통과하는 전류의 크기와 시간에 따라 다르다.

인체 통과 전류의 안전 한계에 대해서는 Köeppen과 Osypka가 1966년에 인체에 미치는 영향에 대해 다음과 같은 한계선을 발표하였는데 세계 각국에서는 이 한계선을 안전 한계선으로 많이 이용하고 있다.

즉, 다음 그림 14.28의 a곡선에서 전류-시간의 곱 $Q = I_m \times T = 50$[mA · sec] 이내에 해당하는 부분이 위험 한계선으로서 여기에 안전율 1.67을 고려한 곡선 b를 **인체의 안전 한계선**으로 적용하고 있다.

(전류 × 시간) = (30[mA] × 초)

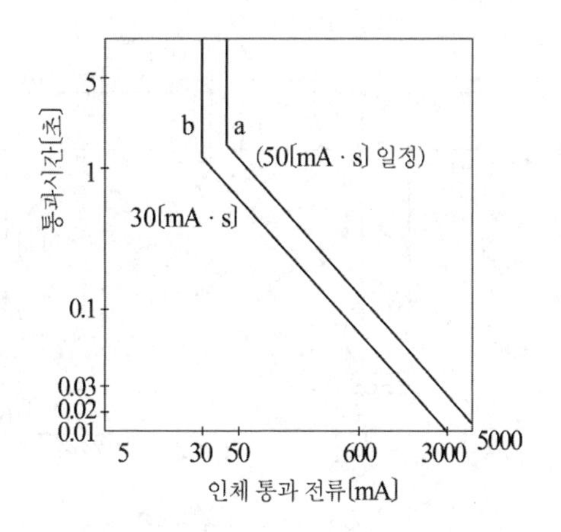

그림 14.28 인체의 안전 한계

2) 30[mA], 0.03[s] 누전 차단기의 안전성

인체가 완전히 젖어 있는 상태(인체 저항 500[Ω]로 추정)에서 220[V]에 완전 접촉시 인체에 흐르는 전류는 220[V]/500[Ω] = 440[mA]이다.

이때 0.03[s] 누전 차단기 부설시의 통전 전류 시간은 440[mA] × 0.03[s] = 13.2[mA · s]로 되는데 이 값은 상술한 안전 한계값 30[mA · s] 이내이므로 충분히 안전한 것임을 알 수 있다.

3) 누전 차단기의 동작 기능과 원리

누전 차단기의 동작 기능과 원리는 다음 그림 14.29 (a)와 같이 정상 상태의 선로에 지락이 발생하였을 경우 그 지락 전류를 감지해서 전로를 차단하는 것이다. 그 기본 원리는 그림 14.29 (b)와 같이 각 상 도체를 일괄하여 환상 철심을 관통시키고 이 환상 철심에 감긴 2차 코일을 주개폐부의 트립 코일에 접속하고 있다. 지락 사고시 주 회로에 지락 전류가 흐르게 되면 이것이 환상 철심에 자속을 발생해서 영상 변류기 2차 코일에 전압을 유기하고 트립 코일을 여자해서 차단 동작을 행하게 된다.

(2) 제3종 접지

누전 차단기가 부설되어 있는 수용가라 할지라도 인체 감전 보호의 완벽을 기하기 위해서 습기 또는 물기가 있는 장소에 설치된 각종 전기 설비의 철대 및 금속제 외함은 접지를 시공하여 인체의 접촉 전압을 제한하도록 전기 설비 기술 기준 제36조에 규정하고 있다. 이때의 접지 저항값은 수용가 인입구에 30[mA] 감도 전류의 누전 차단기를 부설할 경우 500[Ω] 이하(전기설비기술기준 제21조)로 정하고 있다.

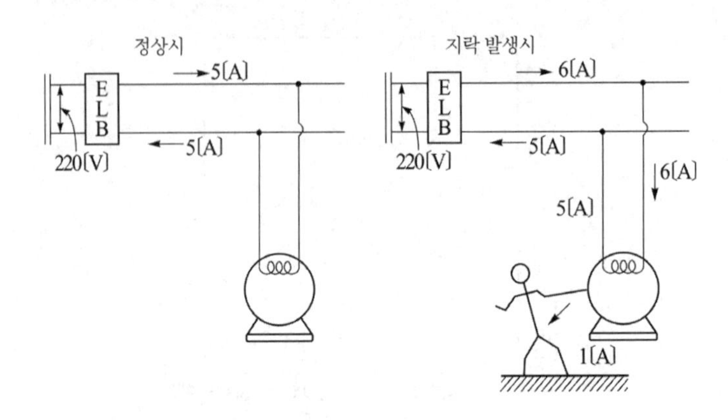

(a) 동작 기능

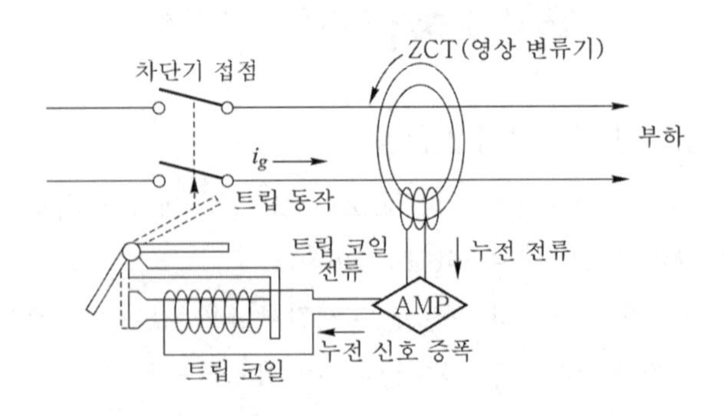

(b) 동작 원리

그림 14.29 누전 차단기의 동작 기능과 원리

14.5 배전 선로의 보호

14.5.1 배전 선로의 사고

우리 나라의 배전 선로는 그 대부분이 가공 전선로로 되어 있으므로 뇌, 바람, 비, 눈 등의 기상 조건에 의한 사고가 큰 비중을 차지하고 있다. 최근에는 교통량의 증가와 더불어 차량의 충돌에 의한 사고라든지 건축물의 고층화에 의한 접촉 사고 같은 것도 점차 증가하고 있다. 이들의 사고에 의한 정전이라든지 전압 강하는 직접 수용가에게 영향을 미치는 것이다. 또, 배전 선로는 도로를 따라서 가설되고 있기 때문에 선로 사고는 바로 도로상의 사람에게도 위해를 가할 우려가 있다. 그 밖에 이상 고전압이 수용가 내에 침입해서 기기라든지 인체에게 피해를 줄 경우도 있기 때문에 이에 대해서는 충분한 보호 대책을 수립함과 동시에 사고의 파급을 적극 방지하고, 또 신속한 사고 복구를 도모하여야 할 것이다.

고압 배전 선로에서의 사고를 크게 나누면 선로 사고와 기기 사고로 되는데 그 중에서도 선로 사고가 더 많은 비중을 차지하며, 또한 그 중에서도 1선 지락 사고가 가장 많이 일어나고 있다. 그러나 기기 사고, 그 중에서도 특히 변압기 사고는 무시할 수 없으며 최근에는 고압 수용가 옥내 기기의 사고도 적지 않다. 일반적으로 기기 사고는 그 기기를 파손시킴으로써 단락 사고로 되는 경우가 많다.

(1) 선로의 사고

선로 사고의 대부분은 단선, 애자 파손, 수목 및 조류 접촉(주로 까치집 접촉 사고), 지지물 사고 등에 의한 1선 지락 사고이다(변압기 사고도 1선 지락으로 되는 것이 많다).

표 14.9 (a), (b)는 고・저압 배전 선로에서의 사고를 정리해서 보인 것이다.

표 14.9 (a) 고압선의 사고

사고의 종류	사고의 내용	사 고 의 원 인
단락 사고	선간 단락	자동차 충돌, 기기 내 불량에 의한 접촉, 풍수해, 지지물 도괴에 의한 단락, 도로 공사시의 손상
서로 다른 상의 지락 사고	선간 단락 전압선의 접지	뇌격에 의한 애자의 파괴
접지 사고	전압선의 접지	자동차 충돌에 의한 단선 기기 내 불량에 의한 접촉 수목 및 조류 접촉, 도로 공사시의 손상

표 14.9 (b) 저압선, 인입선의 사고

사고의 종류	사고의 내용	사 고 의 원 인
단 락 사 고	선 간 단 락	지지물 도괴에 의한 혼촉 인입선의 손상
접 지 사 고	전압선의 접지	지지물 도괴 등에 의한 전압선의 접지 인입선의 손상

(2) 변압기 사고

변압기의 사고는 크게 나누어서 변압기 자체의 원인에 의한 것과 변압기 이외의 원인에 의한 것의 두 가지가 있다.

배전 선로의 사고에서는 이 변압기 자체의 고장에 의한 것이 전체의 반 이상을 차지하고 있기 때문에 이의 사고 방지를 위해서는 특히 변압기의 보수 점검에 유의함과 동시에 변압기 자체가 적정하게 설계된 것인지 아닌지 하는 것까지 충분히 검토할 필요가 있다.

변압기 이외의 원인에 의한 사고는 다음과 같은 것들이 있다.

① 과부하에 의한 것
② 뇌해에 의한 것
③ 저압 배전선, 인입선의 혼촉에 의한 것

(3) 기타 기기의 사고

변압기 이외의 기기 사고로서는 유입 개폐기, 애자형 개폐기 등의 개폐기류의 사고, 전력 콘덴서, 피뢰기 및 수용가 옥내의 계기용 변성기, 고압 전동기 등의 사고를 들 수 있다. 이들 기기의 사고도 변압기와 마찬가지로 기기 자체의 사고와 다른 원인에 의한 사고로 나누어진다. 개폐기의 사고는 이들 두 가지 원인이 반반 정도이고 피뢰기에 대해서는 피뢰기 자체의 속류 차단 능력의 열화에 의한 사고가 많고 기타는 대부분이 기기 자체의 열화에 의한 것으로 일어나고 있으므로 기기의 보수 점검을 철저히 할 필요가 있다. 또한, 이들 기기의 사고는 그 대부분이 단락 사고로 되어 있다.

(4) 통신선에의 유도 장해

배전 선로의 유도 장해는 크게 나누어 전자 유도 장해, 정전 유도 장해, 고조파 유도 장해의 3가지로 구분된다. 고압 배전 선로는 시가지 또는 도로상에 건설되는 경우가 대부분이므로 통신선에 접근해서 운전되기 때문에 통신선에 대한 유도 장해는 무시할 수 없다.

전자 유도는 지락 사고시의 지락 전류에 의한 유도 장해로서 지락 전류가 클수록 장해도 커진다. 배전 선로가 비접지 방식으로 운전될 경우에는 지락 전류가 별로 크지 않지만 특히 우리 나라의 22.9[kV] Y계통처럼 중성점 접지의 3상 4선식 배전 선로일 경우에는 상당히 큰 지락 전류가 흐르기 때문에 유도 장해 문제가 심각해진다.

한편, 전자 유도 장해는 배전선의 지락 사고시에만 발생하는 것이므로 사고의 신속한 검출과 사고 구간의 고속 차단으로 어느 정도 대처할 수 있다.

14.5.2 배전 선로의 보호

일반적으로 고압 배전 계통은 보호 계전기로, 저압 배전 계통은 퓨즈를 사용해서 보호하고 있다. 보호 장치는 회로에 단락이나 지락 사고가 발생하였을 경우 또는 과부하로 되었을 때 신속하게 고장 구간을 제거해서 기기 및 선로를 보호함과 동시에 사고 파급 방지의 역할을 다할 필요가 있는 바, 일반적으로는 표 14.10에 보는 바와 같은 보호 장치를 사용하고 있다.

표 14.10 사고와 보호 장치

	사고의 종류	보호 장치의 종류
고압 배전선	접지 사고 과부하, 단락 사고 뇌해 사고	접지 계전기 과전류 계전기 피뢰기, 가공 지선
주상 변압기	과부하, 단락 사고	고압 퓨즈
저압 배전선	고저압 혼촉 과부하, 단락 사고	제2종 접지 공사 저압 퓨즈

(1) 고압 배전 선로의 보호

고압 배전선에 과부하를 발생하거나 선로에 접속되어 있는 기기류의 단락 또는 다른 물체의 접촉 등에 의한 1선 지락 사고가 일어났을 경우에는 다른 배전 선로에 사고가 파급하지 않게끔 신속하게 고장 선로를 차단하지 않으면 안 된다.

1) 단락 보호(과부하 보호)

배전선에 단락 사고 또는 과부하가 발생하였을 경우, 배전선을 자동 차단하기 위하여 변전소에는 각 배전선마다에 과전류 계전기(유도 계전기)를 설치한다.

단락 사고의 경우, 과전류 계전기의 동작 전류를 배전선 허용 전류의 150[%] 정도, 동작시간은 0.2[초] 정도로 설정하고 있다.

단락 전류의 크기는 단락 사고가 발생한 장소의 변전소로부터의 거리, 전선의 지름, 전압, 단상 단락, 3상 단락 등의 단락 조건에 따라 달라지지만, 일반적으로 변전소에 가까울수록, 전류값이 클수록, 배전 설비의 손상은 커진다.

2) 지락 보호

배전선의 지락 고장은 바람에 의한 순간 혼촉이나 수목 및 까치집 접촉 내지는 건축 현장에서의 일시적 접촉, 절연 열화, 단선, 애자 파손, 고저압 혼촉 등에 의해 발생하는데 이러한 사고의 보호를 위해 선택 지락 계전 보호 방식이 널리 채용되고 있다.

한편 고압 및 특고압 배전 선로에서는 부하 개폐는 물론 작업 정전이나 사고 정전시 정전 구간을 축소시키고 정전 시간을 단축시키기 위하여 개폐기를 설치한다. 전원이 서로 다른 배전 선로의 상호간 또는 서로 다른 피더(Feeder) 상호간을 루프(Loop)화 하는 경우에는 양 배전선의 루프점에 루프용 개폐기를 설치하고 지중 배전 선로와 가공 배전 선로가 접속되는 지점에도 개폐 장치를 설치하고 있다. 특히, 배전 설비의 현대화에 수반하여 공급 신뢰도의 향상, 작업의 안전, 보수 관리의 용이성, 공중 재해의 방지 측면에서 유입 개폐기로부터 기중 개폐기, 가스 개폐기로 교체 시설되고 있는 추세이며, 대도시의 번화가 및 시가지에는 0.5[km]마다, 중・소도시의 시가지의 경우에는 1[km]마다 개폐기를 주상에 설치하고 있다. 특고압 배전 선로에서 보통 사용되는 개폐기의 정격 용량은 400~600[A] 정도이며, 최근에는 자동적 또는 원방 제어로 구분 개폐할 수 있는 **자동 구분 개폐기**가 개발되어 많이 사용되기 시작하고 있다.

(2) 주상 변압기의 보호

배전선의 사고 중 배전 변압기의 고장에 기인하는 것이 상당히 많기 때문에 변압기의 보호 장치는 서비스 향상이라는 관점에서도 중요시되고 있다.

최근에 많이 사용되고 있는 변압기의 보호 방식으로서는 고압측에 퓨즈 링크를 넣은 **컷아웃 스위치**를 사용하고 저압측에는 **캐치 홀더**를 쓰고 있다. 또, 저압측의 1선을 접지해서 고저압 코일의 혼촉에 의한 위험을 방지하고 있는 외에 변압기에 허용 용량 이상의 부하가 장시간 걸렸을 때 온도 상승으로 변압기가 열화해서 소손되는 것을 막기 위해서 **소손 방지기**를 사용하는 경우도 있다.

다음 고압용 변압기의 외함은 보통 주철 또는 철판으로 만들어지고 있는데 이것이 평소 고압 또는 특고압으로 사용될 경우 내부의 절연 열화에 의해서 상당히 높은 전압으로 충전될 위험성이 있기 때문에 반드시 **제1종 접지 공사**(접지 저항 10[Ω] 이하)를 하도록 정하고 있다.

한편 저압으로 사용하는 변압기의 외함은 300[V] 이하일 경우에는 **제3종 접지 공사**(접지 저항 100[Ω] 이하), 300[V]를 넘는 경우에는 **특별 제3종 접지 공사**(접지 저항 10[Ω] 이하)를 하도록 정하고 있다.

(3) 저압 배전 선로의 보호

배전 선로뿐만 아니라 전기 설비의 각 부분에서 발생하는 사고는 사고가 난 그 부분을 즉시 개방해서 사고의 영향을 전원측에 미치지 않도록 한다는 것이 원칙이며 이를 위해서 각 부분에는 보호용 차단기를 설치하고 있다.

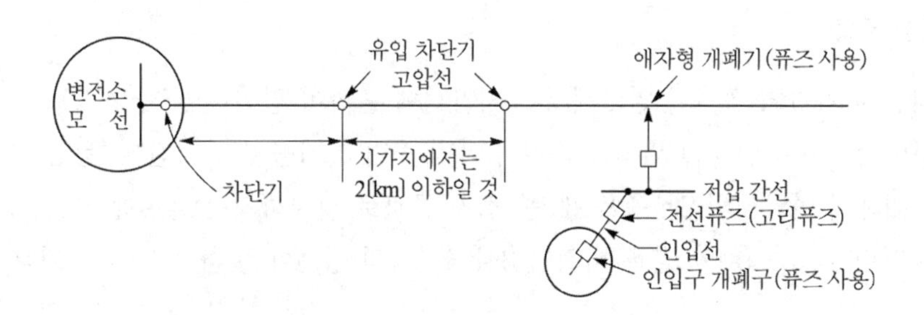

그림 14.30 **저압 배전 선로의 보호 장치 예**

그림 14.30은 저압 배전 선로에서의 보호 장치의 설치 예를 보인 것이다.

저압 배전선의 보호로서는 저압선의 단락, 과부하 보호용으로서는 자동 차단기를 설치하거나 퓨즈를 설치하는 외에도 고저압 혼촉시의 저압측 보호를 위해서 변압기 2차측에 **제2종 접지 공사**를 실시한다. 그 밖에 저압 배전 선로가 뱅킹 방식일 경우에는 각 구분 장소에 퓨즈 또는 브레이커를, 네트워크 방식일 경우에는 네트워크 프로텍터를 사용한다.

퓨즈의 선정은 인입선 전선의 굵기에 따라 표 14.11에 나타낸 바와 같은 용량의 것을 사용한다.

표 14.11 **퓨즈 용량**

전선의 굵기[mm]	퓨즈의 정격 전류[A]	캐치 용량[A]
2.6	30	50
3.2	50	50
4.0	75	100
5.0	100	100
22.0	100	100
38.0	150	200
60.0	200	300

(4) 접지 보호

배전 선로는 다음과 같은 목적으로 접지 공사를 한다.

① 혼촉, 누전, 접촉 등에 의한 위험을 방지한다.
② 이상 전압을 억제하고 대지 전압을 저하시켜 보호 장치의 동작을 확실하게 한다.
③ 피뢰기 등의 뇌해 방지 설비의 보호 효과를 향상시킨다.

(5) 고저압 혼촉

전선로라든지 기기의 절연이 열화해서 고저압선에 혼촉이 일어나면 저압 회로의 옥내 배선에 고전압이 침입해서 인체에 위해를 주거나 옥내 전기 기기를 손상시킨다. 통상 고전압의 침입을 막기 위해서 변압기의 2차측을 제2종 접지 공사로 접지하지만 혼촉에 의한 저압선의 전압 상승은 그림 14.31 (a)와 같은 비접지 3상 3선식의 경우에는 다음과 같이 된다.

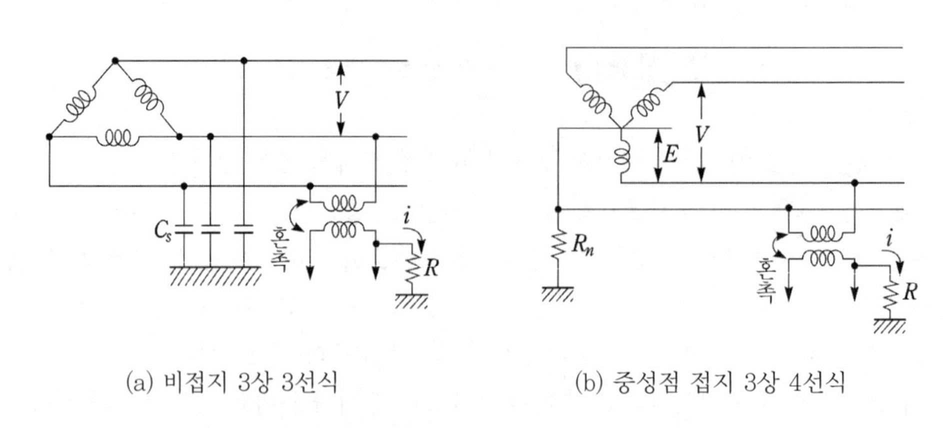

(a) 비접지 3상 3선식 (b) 중성점 접지 3상 4선식

그림 14.31 고저압 혼촉 사고의 일례

변압기 2차측의 접지 저항을 R, 고압선의 1선의 대지 정전 용량을 C_s 라고 하면 혼촉으로 접지 저항을 통해서 대지에 흐르는 전류 i 는

$$i = \frac{V/\sqrt{3}}{\sqrt{R^2 + (1/3\omega C_s)^2}} \fallingdotseq 3\omega C_s \frac{V}{\sqrt{3}} \text{[A]} \tag{14.21}$$

따라서 저압선의 전위 상승은

$$iR = 3\omega C_s R \frac{V}{\sqrt{3}} \text{[V]} \tag{14.22}$$

로 되는데 이 값은 고압 회로의 충전 전류가 작기 때문에 비교적 작아서 인체에 위험을 줄 정도는 아니다.

다음에 그림의 (b)와 같은 중성점 접지의 3상 4선식의 고저압 혼촉의 경우는 사정이 달라진다.

지금 중성점의 접지 저항을 R_n 라고 두면 혼촉시 R을 흐르는 전류 i 는

$$i = \frac{E}{R_n + R} \text{[A]} \tag{14.23}$$

로서 저압선의 전압 상승은

$$iR = E \cdot \frac{R}{R_n + R} [\mathrm{V}] \quad (14.24)$$

로 되어 전압 상승은 E를 R_n과 R의 분압한 값으로 된다. 따라서 앞 식으로부터 저압선의 전압 상승을 방지하려면 중성점의 접지 저항을 크게 하지 않으면 안 된다.

한편 고압선의 지락 고장시 건전상의 전압 상승을 막기 위해서는 중성점 저항을 작게 해야 할 필요가 있어 중성점 저항의 선정에 문제가 생긴다.

이처럼 중성점 저항은 중요한 요소이다. 일반적으로는 혼촉 사고시 저압선의 전압 상승이 150[V] 이하로 되게끔 1선 지락 전류를 사용해서 배전 변압기의 접지 저항(R_n도 포함해서)을 계산해서 선정하고 있다.

예제 14.13 요즈음 많이 쓰이고 있는 무정전 전원 장치에 대해 설명하여라.

우선 안정된 전력을 공급한다는 관점에서 **정전압 정주파 장치**(Constant Voltage Constant Frequency : CVCF)라는 것과, 기기측에서의 정전 및 순시 전압 저하 대책으로서 **무정전 전원 장치**(Uninterruptible Power Supply System : UPS)라는 것이 있는데 기본적으로는 같은 것이라고 생각할 수 있다.

무정전 전원 장치를 필요로 하는 부하로서는 더 말할 것 없이 컴퓨터 부하가 압도적이다.

주된 종류 내지 회로 구성을 그림 14.32에 보인다.

① **순단절환 방식** : 평상시 상용 전원에서 수전하고 순간 정지 사고시에는 스위치 절체로 수전을 계속한다.

② **상용 동기 무순단 절환 방식** : 평상시에는 상용 입력과 동기를 취해 인버터를 운전하고 순간 정지 사고 발생시에는 인버터 운전으로 절체한다.

③ **직렬 보상형 순저 대책 장치** : 평상시는 바이패스 스위치를 닫아서 직접 상용 전원으로부터 부하에 전력을 공급하고 순간 저전압 발생시에는 바이패스 스위치를 열어서 콘덴서에 축적한 에너지로 보상시킨다. 대용량의 CVCF에 비해 소형이고 값도 싼 편이다.

④ **트라이포트 방식** : 평상시는 트라이포트 변압기를 통해서 전력을 공급하고 순간 정전 발생시에는 인버터를 통해 전력을 공급한다.

UPS의 장점을 살리면서 고효율화를 꾀한 것이다.

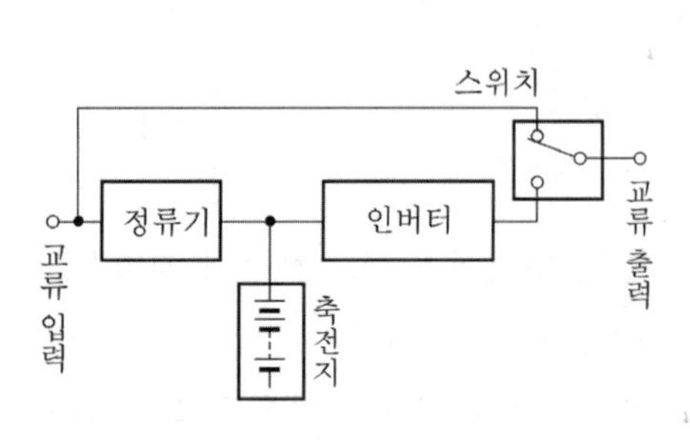

(a) 순단절환 방식

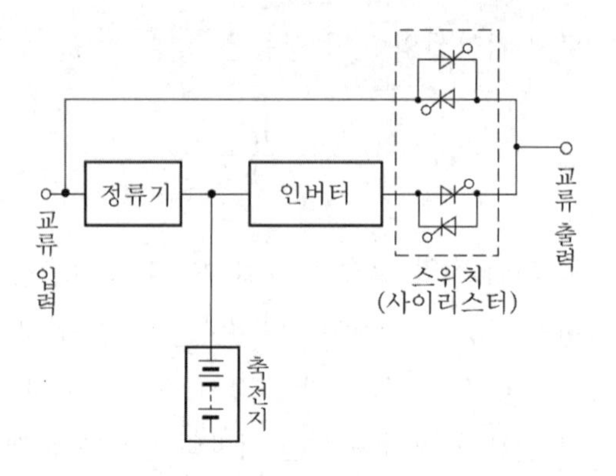

(b) 상용 동기 무순단절환 방식

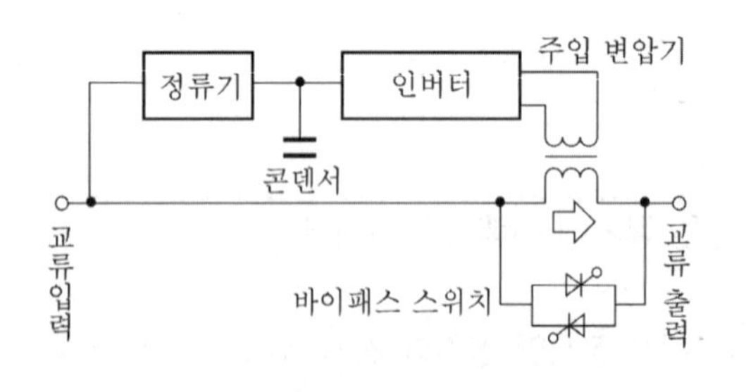

(c) 직렬 보상형 순저 대책 장치

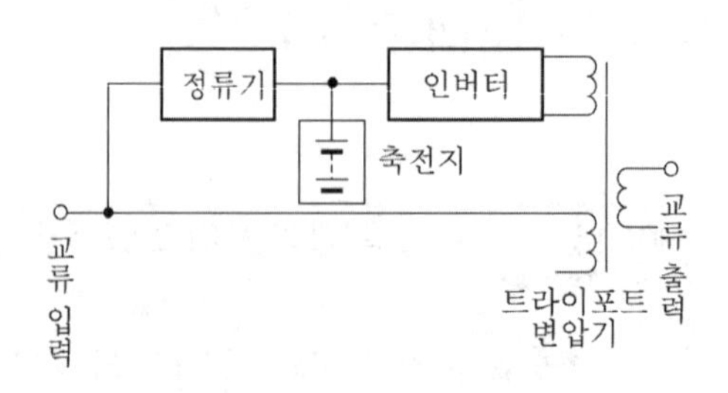

(d) 트라이포트 방식

그림 14.32 무정전 전원 장치의 회로 구성 예

14.6 옥내 배선의 보호

전등, 전열기, 전동기 등에 전기를 공급할 때는 사람에 대한 감전, 기계 기구류의 손상이 일어나지 않도록 전로의 보호용 개폐기, 과전류 차단기, 누전 차단기 등을 시설하여야 한다.

일반적으로 옥내 배선의 보호는 옥내 부하에 대한 과전류 보호, 지락 보호 및 절연 접지 보호 등으로 크게 나눌 수 있다.

14.6.1 옥내 배선의 과전류 보호

전선이나 전기 기계 기구는 각각 안전하게 흘릴 수 있는 전류에 한도가 있으며 전류가 이 한도를 넘으면 전선이나 기계 기구의 온도가 지나치게 상승하거나 절연물이 변질해서 불이 난다든지 하는 위험한 재해의 원인이 된다.

이와 같은 재해를 막기 위해서 한도 이상의 과전류가 흘렀을 경우에는 전선이나 기계 기구가 위험한 온도에 이르기 전에 전류를 자동적으로 차단하는 기능을 가진 설비(곧, 과전류 차단기)를 회로의 요소요소에 설치하여야 한다.

옥내에서 일어나는 과전류에는 과부하 전류와 단락 전류의 두 가지가 있다. 전자의 과부하 전류는 가령 3[kW]까지 사용하게끔 설계되어 있는 배선을 5[kW]로 사용한다든지 해서 안전하게 흘릴 수 있는 전류에 대해서 수배 이상의 전류를 흘리는 경우를 말한다. 이에 대해서 후자의 단락 전류는 기구의 고장이나 사용자의 과실로 안전하게 흘릴 수 있는 전류의 10배 정도 이상의 전류를 흘리는 경우를 말한다.

어느 경우이건 이러한 과전류를 흘린다는 것은 위험하므로 이를 신속하게 차단하여야 한다. 옥내 배선에서 사용하는 과전류 차단기의 주요한 것은 퓨즈와 배선용 차단기의 2가지이다.

(1) 퓨즈(fuse)

퓨즈는 가장 간단한 과전류 차단기로서 과전류에 의한 발열로 스스로 용단해서 회로를 차단하여 전선이나 기계 기구를 보호하는 기능을 가진다.

이것은 간단하고 값도 싸지만 한 번 끊어지고 나면(곧 용단되면) 다시 새로운 것으로 바꾸어 주어야 하는 불편이 있다.

퓨즈에는 가정용이나 옥내 시설에 사용되는 정도의 것으로부터 고압 회로의 전력 퓨즈에 이르기까지 여러 가지 것이 있다.

퓨즈는 어느 크기의 전류까지는 연속적으로 사용해도 용단되지 않으나 그 한도를 넘는 전류에 대해서는 일정한 시간 내에 확실하게 용단되지 않으면 안 된다. 기술 기준에서도 저압용 퓨즈의 전류 특성을 정격 전류의 1.1배의 전류에 견디고, 정격 전류의 1.6배와 2배의 전류가 흐를 때에는 다음 표 14.12에 표시한 시간 이내에 용단되어야 한다고 정하고 있다.

표 14.12 퓨즈의 정격 전류와 용단 시간

정격 전류의 구분	시간	
	정격 전류 1.6배의 전류 통과시 [min]	정격 전류 2배의 전류 통과시 [min]
30[A] 이하	60	2
30[A] 초과 60[A] 이하	60	4
60[A] 초과 100[A] 이하	120	6
100[A] 초과 200[A] 이하	120	8
200[A] 초과 400[A] 이하	120	10
400[A] 초과 600[A] 이하	120	12
600[A] 초과	180	20

(2) 배선용 차단기

이른바 노 퓨즈 브레이커로서 과부하 전류와 단락 전류의 어느 것에 대해서도 전선이나 기계 기구를 보호할 수 있다. 이것은 퓨즈와 달리 차단했을 경우 간단히 원상태로 복귀할 수 있다는 장점을 지니고 있다.

배선용 차단기는 동작 기구 및 트립 장치를 절연물의 외함 내에 하나로 조립한 것으로서 평상 상태의 전로를 수동으로 개폐할 수 있으며 또한 과부하 및 단락 사고시에는 안전하게 자동 차단할 수 있다.

KS에서는 정격 전압은 교류 600[V] 이하 및 직류 250[V] 이하, 정격 전류는 1,000[A]까지 단극, 2극 및 3극의 것이 정해져 있고 정격 차단 용량은 2,500[A]로부터 50,000[A]까지 12종이 정해져 있다. 최근에는 동작 원리에 오일 댓슈폿트에 의해 제동되는 전자석을 사용한 전자식 차단기도 많이 쓰이기 시작하고 있다.

과전류 차단기의 합리적 사용을 위해서는 단락시 그 단락 전류에 충분히 견디어야 하며, 더욱이 공장 등의 변압기 용량이 증가하는 경우라던지, 단락 전류값이 크게 되는 경향이 있을 때에는 과전류 차단기를 목적에 상응하게끔 경제적이고도 합리적인 것을 선택해서 사용해야 한다.

14.6.2 옥내 배선의 지락 보호

60[V] 이상의 저압에서 사용하는 금속제 외함 내의 기계 기구에서 전로에 지락 전류가 발생할 경우에는 자동적으로 전로를 차단하는 장치가 필요하다. 누전 차단기는 기기의 절연이 나빠졌을 때 회로를 순시에 개방해서 감전 사고를 방지하기 위하여 1930년대부터 유럽에서 개발되어 현재 세계 각국

에서도 많이 사용되고 있다. 이것은 동작 원리상 전압 동작형과 전류 동작형으로 나누어지는데 최근에는 후자의 전류 동작형이 보다 많이 사용되고 있다.

이것은 지락 사고 발생시 각 상(선) 전류에 생긴 불평형을 차동 변류기 및 검출부에서 파악하여 전로의 각 극을 자동 차단하는 것으로서 지락 전류값이 명판에 기재된 정격 감도 전류 이상으로 되면 반드시 동작하고 정격 감도 전류의 1/2 이하에서는 동작하지 않게끔 조정되는 것이 보통이다. 이 전류 동작형은 전압 동작형의 것에 비해서 감전 방지상 기능적으로 더 우수할 뿐 아니라 전로의 누전 화재에 대해서도 보호 작용을 지니고 있다고 한다.

우리 나라에서도 지난 70년대부터 시작된 220/380[V] 승압 공사와 보조를 맞추어 이 전류 동작형의 누전 차단기의 사용이 급속도로 늘어나고 있다. 또한, 옥내 전로의 전기 사고로는 감전 재해와 누전 화재로 구분할 수 있다.

인체 통과 전류가 심장 기능에 미치는 영향은 통전 시간이 심장의 맥동 주기를 초과할 경우에는 비록 수초 이내 일지라도 그 통과 전류의 크기와 통과 시간의 곱이 50[mA・s]를 초과하였을 때 치명적인 영향을 준다고 알려져 있다.

감전 사고를 방지하기 위해서 사용하는 누전 차단기는 감전 전류 30[mA] 이하, 동작 시간 0.1[s] 이하의 고감도, 고속도의 것이 일반적으로 사용되고 있다. 또한, 누전 화재의 방지로는 누전 차단기 이외에 누전 화재 경보기가 있다. 이 이외에 지락시의 주된 보호 장치로는 전기 기기의 금속함 등에 시설하는 접지 공사 보호 방법이 있다. 이는 전기 기기의 고장, 절연 열화 등에 의하여 금속제 박스가 누전될 경우에 생긴 대지 전위를 이 부분의 접지 공사로 더 낮은 값으로 억제하는 방법이다.

14.6.3 감전 방지 대책

감전 사고는 작업자 또는 대중의 과실, 고의 및 기계 기구류 내의 전로의 절연 불량 등에 의해서 발생하는데 여기서는 후자의 경우에 대해서 생각해 본다.

곧, 전동기라든지 전기 세탁기 등에서 절연 불량이 생기면 외함 등에 대지 전압이 발생해서 감전 사고를 일으키게 되는데 이러한 경우에 대한 방지 대책으로서는 다음과 같은 것들이 고려되고 있다.

(1) 외함 접지

저압의 기계 기구류에서는 주로 외함 등을 제3종 접지 공사로 접지하는 방법인데, 현실적으로는 절연 파괴시 외함 등에 생기는 대지 전압을 인체에 위험이 없는 값까지 저하시킨다는 것은 상당히 어려운 일이다.

(2) 누전 차단기의 설치

현재 우리 나라에서도 220/380[V] 승압 공사의 진전에 따라 전류 동작형의 누전 차단기가 많이 보급되고 있다.

(3) 저전압법

보일러나 탱크 등과 같은 금속 케이스 내에서 작업을 할 경우에는 200[V] 또는 100[V]에서도 감전 사고가 발생하기 쉽기 때문에 변압기로 회로 전압을 12[V], 24[V], 42[V] 등으로 저하시켜서 공급하는 방법이다.

(4) 2중 절연 기기

상술한 바와 같이 접지는 중요한 보호 대책이지만 그 효과에는 한계가 있기 때문에 이 2중 절연 기기가 개발되었다. 이것은 본래 그 기기로서 당연히 필요한 '기능 절연'과 그것이 소용없게 되었을 때 외함이 충전하는 것을 막기 위한 '보호 절연'이라는 2가지 절연 구조를 갖는 기기이다. 이와 같은 기기를 사용할 경우에는 외함을 접지하지 않아도 된다.

14.7 옥내 배선의 접지 공사

14.7.1 접지 공사의 종류

접지 공사는 일반 전기 설비는 물론 전화 설비, 소방 설비, 위험물 설비, 기타 음향 설비 등에 이르기까지 보안상 매우 중요한 사항이다. 여기서는 전기 설비 일반용에 대한 접지만을 다루기로 한다.

접지 공사를 실행하는 목적으로는

① 고저압 혼촉시의 저압선 전위 상승 억제(보호)
② 기기의 지락 사고 발생시 사람에 걸리는 분담 전압의 억제
③ 선로로부터의 유도에 의한 감전 방지
④ 이상 전압 억제에 의한 절연 계급의 저감, 보호 장치의 동작 확실화

등으로서 접지 공사는 매우 중요한 역할을 지니고 있다. 전기 설비 기술 기준에서는 접지 공사를 아래와 같이 4가지로 구분하고 있다.

(1) 제1종 접지 공사

피뢰기, 특고압 계기용 변성기의 2차측 전로, 고압 또는 특고압 계기의 철대 등과 같이 접지 사고가 발생하였을 때 고압이나 특고압 전압이 침입할 가능성이 있고, 또한 위험도도 높은 경우에 요구된다. 접지 저항값은 10[Ω] 이하로 정해져 있다.

(2) 제2종 접지 공사

변압기의 고압측 또는 특고압측의 전로의 1선 지락 전류의 암페어 수로 150(변압기의 고압측의 전로와 저압측의 전로와의 혼촉에 의하여 저압 전로의 대지 전압이 150[V]를 넘을 경우에 2초 이내에 자동적으로 고압 전로를 차단하는 장치를 설치한 경우에는 300)을 나눈값과 같은 옴 수 이하로 한다.

단, 고압으로부터 저압으로 변성하는 변압기의 제2종 접지 공사는 계산상 5[Ω] 미만이 되더라도 5[Ω] 미만의 값으로 할 필요는 없다.

이 접지 공사는 고압・특고압 선로로부터 저압으로 변성하는 변압기(주상 변압기 등)의 저압측의 중성점(중성점에 시공할 수 없을 경우에는 1단자)에서 시공한다.

여기서 변압기 내부라든지 병가한 고・저압 가공선간에서 혼촉 사고가 일어난 경우를 살펴보기로 한다. 그림 14.33은 이러한 고저압 혼촉시의 개요도를 보인 것인데 사고가 나면 접지를 통해서 지락 전류가 흘러 고압 배전선의 지락 전류 I[A]와 제2종 접지의 저항값 R[Ω]과의 곱인 IR[V]만큼 저압선의 전위가 상승한다.

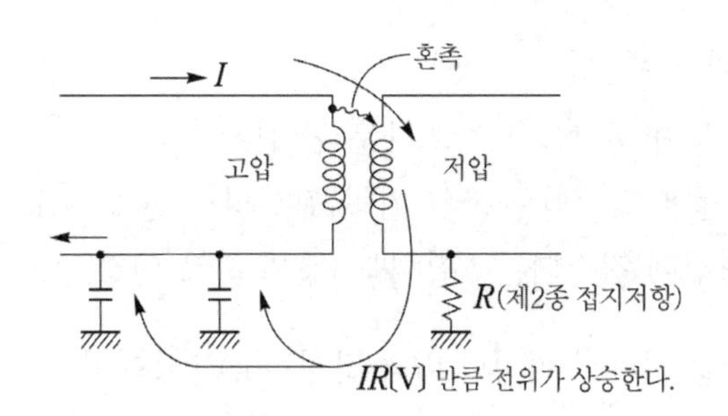

그림 14.33 고저압 혼촉의 일례

기술 기준에서는 이 값을 150[V](또는 300[V]) 이하가 되도록 규정하고 있다.

곧, 제2종 접지 공사는 고저압 혼촉시의 저압선 전위 상승을 적당한 값으로 억제하기 위한 것이다. 1선 지락 전류는 실측값 또는 계산에 의해서 구할 수 있는데 이때의 계산식은 다음과 같이 규정하고 있다.

1) 가공선만일 경우

$$I_1 = 1 + \frac{\frac{V}{3}L - 100}{150} \tag{14.25}$$

* 우변 제 2 항의 값은 소수점 이하는 절상한다. 또, I_1 이 2미만일 경우에는 2로 한다.

2) 케이블만일 경우

$$I_1 = 1 + \frac{\frac{V}{3}L' - 1}{2} \tag{14.26}$$

* 위의 경우와 같다.

3) 가공선과 케이블을 병용할 경우

$$I_1 = 1 + \frac{\frac{V}{3}L - 100}{150} + \frac{\frac{V}{3}L' - 1}{2} \tag{14.27}$$

* 우변 제2항 및 제3항의 값은 각각의 값이 부(−)가 될 경우에는 0으로 한다.

I_1의 값은 소수점 이하는 절상한다.

I_1이 2 미만일 경우에는 2로 한다.

여기서, I_1 : 1선 지락 전류[A]

V : 전로의 공칭 전압을 1.1로 나눈 전압[kV]

L : 동일 모선에 접속되는 고압 가공 전선의 전선 연장[km]

L' : 동일 모선에 접속되는 고압 케이블의 선로 연장[km]

공칭 전압은 앞서 제 1 장에서 설명한 바와 같이 3[kV] 급에서는 3.3[kV], 6[kV]급에서는 6.6[kV]이었다. 따라서 이들을 1.1로 나눔으로서 각 식의 V는 3.3 ÷ 1.1 = 3 또는 6.6 ÷ 1.1 = 6으로 된다.

L은 배전용 변전소의 같은 변압기로부터 나오고 있는 고압 가공 전선의 전선 연장인데 여기서 말하는 전선 연장이란 전선을 1선으로 연결해서 본다는 것이다.

가령 3상 3선식에서 1[km], 단상 2선식에서 1[km]의 경우는 1[km] × 3 + 1[km] ×2 = 5[km]로 한다. 가공선은 3선식으로 된 곳과 2선식으로 된 곳이 있기 때문에 이와 같이 계산하고 있지만 케이블은 3상 3선식이므로 L'는 케이블의 길이 그 자체를 취하면 된다.

곧, 케이블 1[km]는 $L' = 1$로 한다.

3) 제3종 접지 공사

접지 저항값은 100[Ω](저압 전로에서 당해 전로에 접지가 생긴 경우에 0.5초 이내에 자동적으로 전로를 차단하는 장치를 시설할 경우에는 500[Ω]) 이하로 한다.

이 접지 공사는 고압 계기용 변성기의 2차측 전로, 고압 지중 케이블의 금속 피복, 300[Ω] 이하의 기기의 철대, 외함에 시공한다. 그림 14.34는 외함에 R_3[Ω]의 제3종 접지 공사가 시공되어 있을 때 기기의 절연 불량으로 금속제 외함에 누전이 일어났을 경우의 예를 보인 것이다.

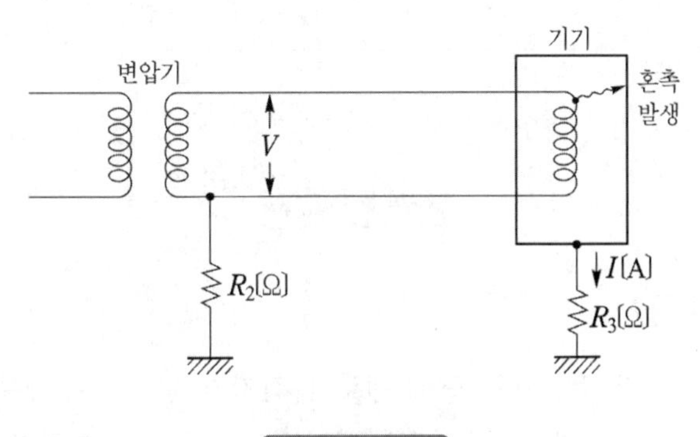

그림 14.34

이때 외함에 나타나는 전압 V_1은 지락 전류를 I[A]라고 하면

$$I = \frac{V}{R_2 + R_3}[\text{A}] \tag{14.28}$$

외함에 걸리는 전압은 R_3과 I의 곱이므로

$$V_1 = IR_3 = \frac{R_3 V}{R_2 + R_3}[\text{V}] \tag{14.29}$$

인체가 외함에 접촉하면 이때 인체를 통해서 흐르게 될 전류(곧 감전 전류) I_2는 그림 14.35에 나타낸 바와 같은 등가 회로가 형성되어서 다음 식과 같이 된다.

$$I_2 = I \times \frac{R_3}{R_3 + R} = \frac{V}{R_2 + \dfrac{R_3 R}{R_3 + R}} \times \frac{R_3}{R_3 + R}[\text{A}]$$

$$= \frac{R_3 V}{R_2 R_3 + R_3 R + R R_2}[\text{A}] \tag{14.30}$$

따라서 제3종 접지 공사가 규정 저항값대로 시공되어 있다고 하더라도 제2종 접지 공사의 저항값에 따라서는 반드시 안전하다고 할 수 없는 경우도 생기기 때문에 최근에는 누전 차단기를 설치해서 적극적으로 고장 전로를 차단하는 방법을 취하고 있다.

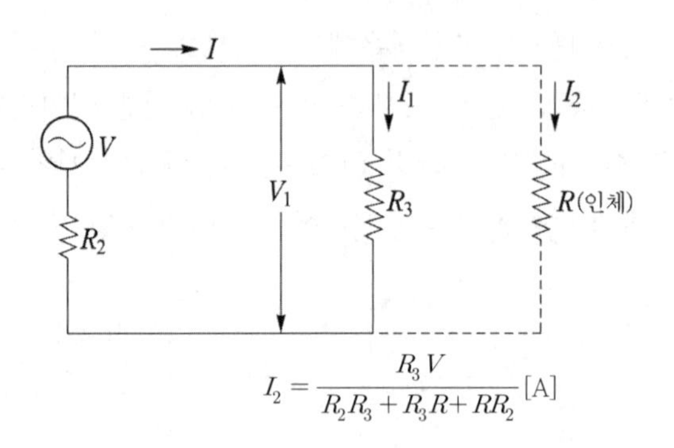

그림 14.35

(4) 특별 제3종 접지 공사

접지 저항값 10[Ω] (저압 전로에서 당해 전로에 접지가 생긴 경우에는 0.5초 이내에 자동적으로 전로를 차단하는 장치를 시설할 경우에는 500[Ω]) 이하로 한다.

이 접지 공사는 300[V]를 넘는 저압용(400[V] 배전) 기기의 철대, 금속관 및 외함 등에 시공한다. 참고로 그림 14.36에 이들 접지 공사의 개요를 보인다.

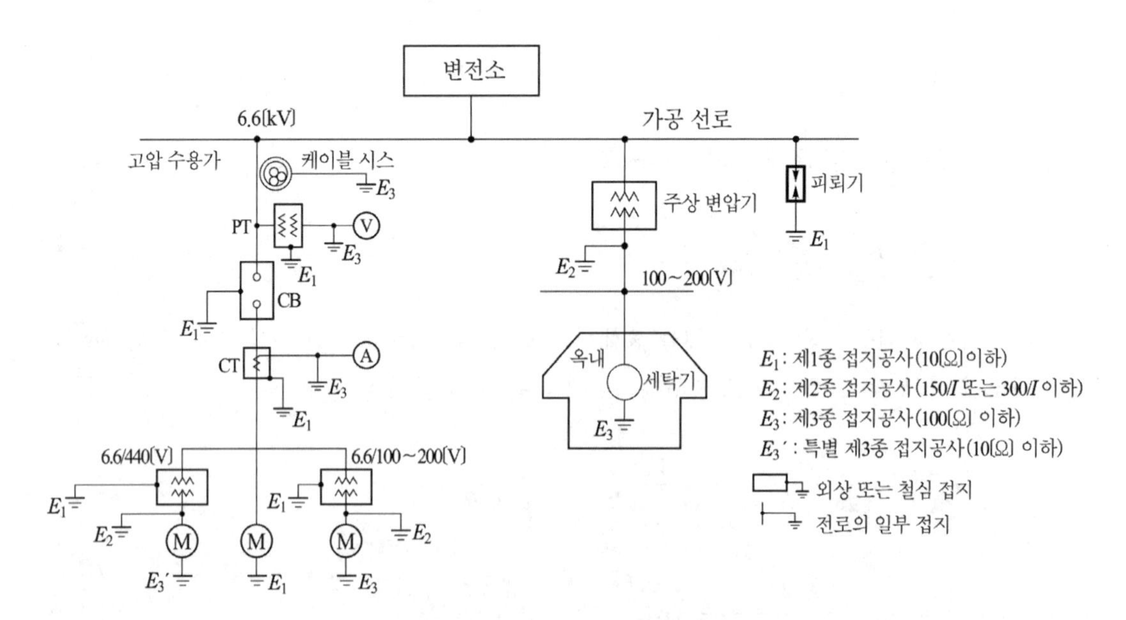

그림 14.36 접지 공사의 개요

이상으로 접지 공사는 표 14.13에 나타낸 바와 같이 요약 정리할 수 있다.

표 14.13 접지 공사의 개요

접지 종별	설비 또는 기기의 종별	비고
제1종	① 피뢰기 ② 옥내 또는 지상에 시설하는 특고압 또는 고압 기기의 외함 ③ 주상에 설치하는 3상 4선식 접지 계통의 변압기 및 기기 외함 ④ 22.9[kV]를 넘는 특고압선과 교차, 접근할 경우에 시설하는 보호망 ⑤ 교류 전차선의 아래 부분에 접근하는 경우에 시설하는 보호망	
제2종	주상에 시설하는 비접지 계통의 고압 주상 변압기의 저압측 중성점 또는 저압측의 일단과 그 변압기의 외함	
제3종	① 약전선과 교차 또는 접근 개소에 시설하는 보호선과 보호망 ② 삭도의 아래 부분에 교차, 접근하는 경우에 시설하는 보호 장치의 금속 부분 ③ 굴뚝 등과 접근하는 경우 굴뚝 등의 금속 부분 ④ 철주, 철탑, 강판주 ⑤ 교류 전차선과 교차하는 고압 전선로의 완철 ⑥ 고・저압 가공 케이블의 조가용 강연선 ⑦ 1차가 접지 계통인 경우의 다중 접지된 중성선 및 저압선의 접지측 전선. 단, 주상 변압기 2차측 접지는 제외 ⑧ 주상에 시설하는 고압 콘덴서, 고압 전압 조정기 및 고압 개폐기 등 기기의 외함 ⑨ 옥내 또는 지상에 시설하는 400[V] 이하 저압 기기의 외함 ⑩ 콘크리트주의 고압 및 특고압용 완철 ⑪ 1차가 비접지 계통인 경우의 단상 3선식 저압 중성선의 말단	단, 합성 접지 저항값은 5[Ω/km]
특별 제3종	옥내 또는 지상에 시설하는 400[V]를 넘는 저압 기기의 외함	

14.7.2 접지 공사의 시설 기준

(1) 접지선의 굵기

접지선에는 연동선 또는 이것과 동등 이상의 강도 및 굵기의 금속선을 사용하고 굵기(지름)는 아래의 값 이상으로 한다.

- 제1종 접지 공사 : 6[mm^2]
- 제2종 접지 공사 : 16[mm^2] (단, 고압 전로 또는 15[kV] 이하의 특별 고압 전로 (실제는 11.4[kV] 선로)에 사용할 경우에는 6[mm^2])

- 제3종 접지 공사 : 2.5[mm^2]
- 특별 제3종 접지 공사 : 2.5[mm^2]

(2) 공사 방법

제1종 또는 제2종 접지 공사에 사용하는 접지선을 사람이 접촉할 우려가 있는 장소에 시설할 경우에는 다음과 같이 시공한다.

① 접지선은 지하 75[cm] 이상의 깊이에 매설한다.
② 접지선을 철주 등의 금속체에 따라서 시설할 경우는 접지극은 금속체로부터 1[m] 이상 격리해서 매설한다.
③ 접지선에는 절연 전선 또는 케이블을 사용한다.
④ 지하 75[cm]부터 지표상 2[m]까지의 부분은 합성 수지관 또는 동등 이상의 절연 효력과 강도가 있는 것으로 피복한다.

그림 14.37은 이들의 공사 방법을 보인 것이다.

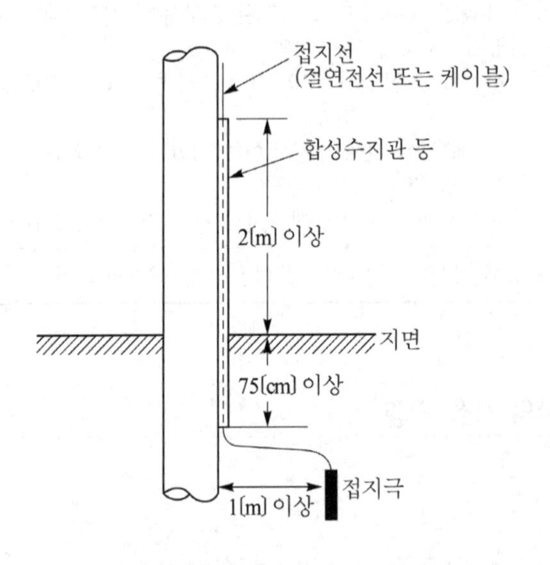

그림 14.37 **접지 공사 방법**

예제 14.14 3상 3선식이 90[km], 단상 2선식이 15[km]의 6.6[kV] 가공 배전 선로에 접속된 주상 변압기의 저압측에 시설될 제2종 접지 공사의 저항값을 구하여라.

먼저 식 (14.25)에서 $V=6$, $L=90\times3+15\times2=300$이므로

$$I_1=1+\frac{\frac{V}{3}L-100}{150}=1+\frac{\frac{6}{3}\times300-100}{150}$$
$$=1+3.33=1+4=5[\text{A}]$$

(* 우변 제2항은 소수점 이하를 절상하였기 때문임)
따라서 접지 저항 R는

$$R=\frac{150}{I}=\frac{150}{5}=30[\Omega]$$

만일, 이 전로에서 1초 초과, 2초 이내에 자동적으로 고압 전로를 차단할 수 있게 되어 있다면

$$R=\frac{300}{5}=60[\Omega]$$

로 된다.

예제 14.15 그림 14.38과 같은 계통에서 기기의 A점에서 완전 지락이 발생하였을 경우

(1) 이 기기의 외함에 인체가 접촉하고 있지 않을 경우 이 외함의 대지 전압은 몇 [V]로 되겠는가?

(2) 이 기기의 외함에 인체가 접촉하였을 경우 인체에는 몇 [mA]의 전류가 흐르는가?

(3) 인체 접촉시 인체에 흐르는 전류를 10[mA] 이하로 하려면 기기의 외함에 시공된 접지 공사의 접지 저항 $R_3[\Omega]$의 값을 얼마의 것으로 바꾸어 주어야 하겠는가?

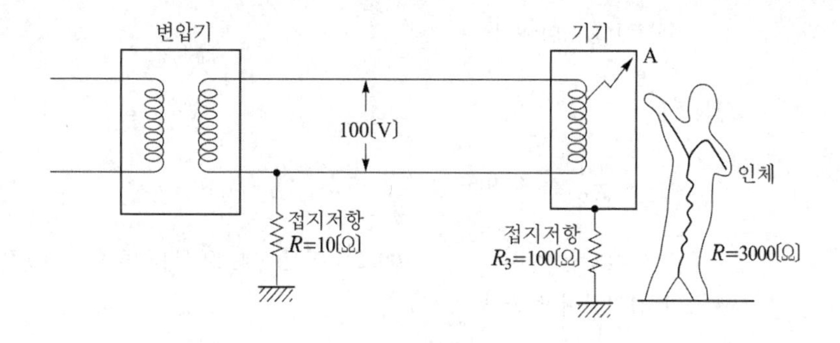

그림 14.38

 이 문제의 등가 회로는 그림 14.39처럼 된다.

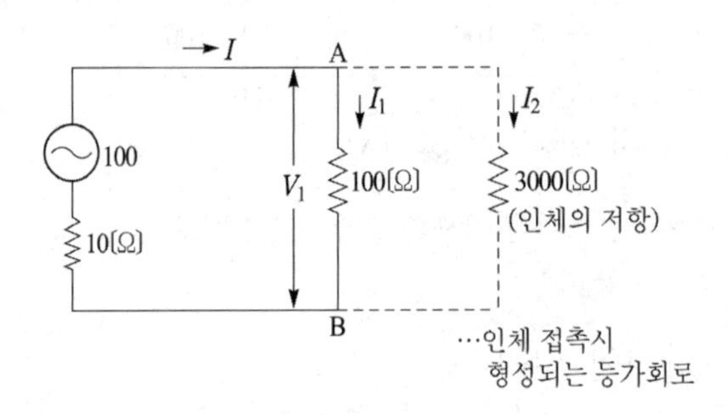

그림 14.39 등가 회로

(1) 인체가 접촉하고 있지 않을 경우

식 (14.29)에 의해

$$V_1 = \frac{100}{10+100} \times 100 \fallingdotseq 91[\mathrm{V}]$$

(2) 인체가 접촉했을 경우

식 (14.30)으로부터

$$I_2 = \frac{100 \times 100}{10 \times 100 + 100 \times 3{,}000 + 3{,}000 \times 10}$$
$$= 0.0302[\mathrm{A}] = 30.2[\mathrm{mA}]$$

(3) 인체에 10[mA]가 흐른다고 하면 AB간의 전압 V_1은

$$V_1 = 0.01 \times 3{,}000 = 30[\mathrm{V}]$$

이로부터 다음 식이 성립한다.

$$100 = \left(\frac{30}{R_3'} + 0.01\right) \times 10 + 30$$

이로부터

$$R_3' = \frac{300}{69.9} \fallingdotseq 4.29[\Omega]$$

곧, 기기의 외함을 현재의 $R_3 = 100[\Omega]$ 대신에 $4.29[\Omega]$ 이하의 저항(R_3')을 가지고 새로 접지하여야 한다.

예제 14.16 **오늘날 우리 나라 배전 계통의 운용 면에서 관심을 모으고 있는 배전 자동화 시스템에 대해서 설명하여라.**

배전 설비는 다양하고 방대한 양의 설비가 지역적으로 분산해서 설치되어 있을 뿐만 아니라 옥외의 가혹한 자연 조건에 노출되어 있다.

현대 사회의 맹점의 하나라고 불러지고 있는 정전, 제아무리 정보화가 진전해서 편리하게 되어도 전기가 없으면 가정 생활, 경제 활동은 마비되어 버린다는 것이 오늘날의 모습이다.

배전 자동화란 바로 이러한 정전을 줄이고, 전력 설비 운용의 효율성을 높이기 위해 제어 대상 기기에 원방감시 제어 기능을 부여하고, 제어소에서 일괄 제어를 가능하게 한 것을 말한다. 초기의 자동화 단계에서는 원방 제어 기능에만 중점을 두었으나 최근에는 배전 선로의 운용과 전력 수급에 관한 정보 처리를 컴퓨터나 통신 수단에 의해 자동화하는 컴퓨터 제어 형태로 정착되고 있다.

표 14.14는 이러한 배전 자동화의 기능과 효과를 정리해서 보인 것이다.

참고로 그림 14.40에 오늘날 우리 나라에서 추진하고 있는 종합 배전 자동화 시스템의 구상도를 보인다.

표 14.14 배전 자동화의 기능과 효과

기능		효과
선 로 개 폐 기 감시 제어	• 개폐기 상태 감시 • 사고시 구분 절환 • 작업 정전 부하 절환	• 정전 구간 축소 • 정전 시간 감소 • 안전 사고 감소 • 손실 감소 • 설비 이용률 향상
배전 관리 정 보 의 자동 수집	• 급전선 부하 계측 • 전압 변동 계측 • 단선 검출 • 사고 예지 정보 수집	• 배전 손실 절감 • 과부하 사고 예방 • 양질의 전기 공급
부하 관리	• 냉·난방 부하 제어 • 공장 부하 첨두의 둔화	• 부하 첨두 상승 지연 • 전원 설비 투자 지연 • 고압 수용가 수요 제어
자동 원격 검 침	• 전력량계 자동 검침 • 계절별 심야 전력 요금 전환 • 부하 분석	• 전력 설비 이용 검침 • 전력 회사의 수용가 양방향 서비스 • 검침 시스템 다양화

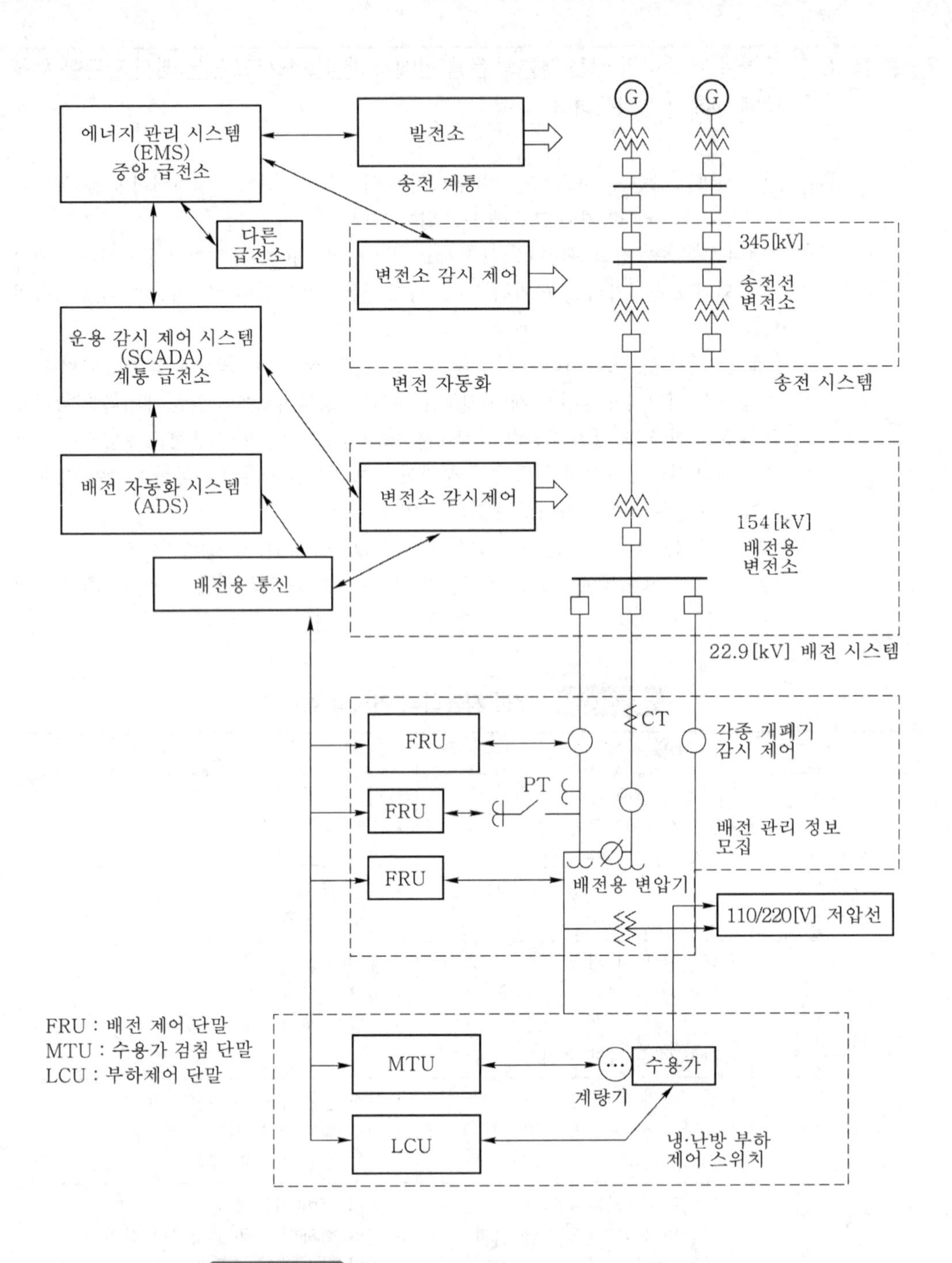

그림 14.40 우리 나라 종합 자동화 시스템의 구상도

전기 품질 수준을 결정하는 주요 요소로는 정전 시간, 규정 전압, 주파수 등을 꼽을 수 있다. 이 중에서도 정전 시간은 배전 설비의 신뢰도에 큰 영향을 미치는 요소로서 많은 관심을 모으고 있다. 오늘날 우리나라에서의 전기 품질은 어느 정도 수준에 와 있는가에 대해 간단히 설명하여라.

풀이

정전은 국민 생활 및 산업 활동에 미치는 파급 영향이 크고 사회 기능에 지장을 초래할 수 있는 중대한 사항이다. 그동안 우리나라에서는 정전 시간 단축을 위한 무정전 공법 개발과 배전 설비의 시공 품질 향상에 많은 노력을 경주하여 왔다. 이러한 노력의 결과 우리나라 정전 시간은 2011년말 현재 고객 1호당 정전시간은 12.4분에 불과하다는 세계 최고 수준에 도달하게 되었다.

1985년 우리나라 호당 정전시간은 523분이었다. 1990년에도 295분으로 여전히 최하위에 머물러 있었으나 1995년 39분 2000년 22분, 그리고 2011년에는 12.4분으로 획기적으로 단축된 것이다.

표 14.15는 최근의 우리나라의 전기품질과 세계 주요국간의 국제비교를 보인 것이다. 이 표에서 보는 바와 같이 오늘날 우리나라의 전기품질 수준은 세계 최고 수준에 있다는 것을 알 수 있다.

표 14.15 전기 품질의 국제비교

구 분	한국	일본	대만	프랑스	영국	미국	순위
호당 정전시간 (분/호)	12.4 ('11)	10.0 ('08)	18.2 ('11)	73 ('11)	68 ('11)	120 ('09)	2위
전압 유지율 (%)	99.93 ('12)	99.9 ('93)	96.6 ('96)	94.5 ('96)	–	–	1위
주파수 유지율 (%)	99.97 ('11)	99.99 ('94)	93.4 ('99)	99.9 ('97)	–	–	2위
송배전 손실률 (%)	3.69 ('11)	4.8 ('11)	4.7 ('11)	6.9 ('11)	7.8 ('11)	5.8 ('11)	1위

* 출처 : KPMG 전기에너지 평가결과('12)

예제 14.18 배전 선로에서 사용되는 개폐기 4가지를 들고 각각의 역할을 간단하게 설명하여라.

배전 선로에서는 다음과 같은 개폐기가 많이 사용되고 있다.

1. 컷 아웃 스위치(C.O.S)

주된 용도로는 주상 변압기의 고장이 배전 선로에 파급되는 것을 방지하고 변압기의 과부하 소손을 예방하고자 사용된다. 또한 정상시에는 주상변압기의 작업을 위한 1차측 개폐기로서 사용되며 농・어촌에서는 단상 배전 선로의 선로용 개폐기와 보호용 차단기로 활용되고 있다.

2. 부하 개폐기(I/S, G/S)

특별 고압 배전 선로의 정상 부하 전류를 수동으로 개폐하여 사고 구간의 분리 및 정상 구간의 절체, 정전 작업 구간의 분리에 사용된다. 다만 이것은 정상 부하 이외에 고장 전류는 차단할 수 없다.

3. 리클로저(Recloser)

배전 선로의 고장은 90[%] 이상이 순간 고장으로서 사고의 차단 후 일정 시간 경과하면 정상으로 회복된다. 따라서 리클로저는 배전 선로에서 지락 고장이나 단락 고장 사고가 발생하였을 때 고장을 검출하여 선로를 차단한 후 일정시간 경과하면 자동적으로 재투입 동작을 반복함으로써 순간 고장을 제거할 수 있다. 단, 영구 고장일 경우에는 정해진 재투입 동작을 반복한 후 사고 구간만을 계통에서 분리하여 선로에 파급되는 정전 범위를 최소한으로 억제하도록 한다.

4. 섹셔널라이저(Sectionalizer)

섹셔널라이저는 선로 고장시 후비 보호 장치인 리클로저나 재폐로 계전기가 장치된 차단기의 고장 차단으로 선로가 정전상태일 때 자동으로 개방되어 고장 구간을 분리시키는 선로 개폐기로서 반드시 리클로저와 조합해서 사용해야 한다. 이것은 고장전류를 차단할 수 없으므로 반드시 차단 기능이 있는 후비 보호 장치와 직렬로 설치되어야 한다.

연 습 문 제

1. 다음 사항에 대해서 설명하여라.
   (1) 주상 변압기의 탭
   (2) 모선 전압 조정
   (3) 선로 전압 강하 보상기
   (4) 유도형 전압 조정기
   (5) 자동 승압기

2. 긴 고압 배전 선로로 공급되는 농촌의 전등 부하에 대해서는 전압을 적당히 유지하기 위하여 어떤 전압 조정 방법을 취하고 있는가?

3. 배전용 변전소에서의 고압 배전선의 송출 전압의 조정 방법을 열거하고 그 우열을 비교하여라.

4. 주상 변압기의 탭 폭은 일반적으로 5[%]로 되어 있는데 이것을 2.5[%]로 하였을 경우의 득실에 대해서 설명하여라.

5. 배전선 전수용가의 전압 변동 범위를 일정한 한계 내에 유지하려고 할 경우 아래의 조건이 고저압선 중부하시 전압 강하의 조합에 어떤 영향을 미치게 되는가를 고찰하여라.
   (1) 변전소 송출 전압의 조정 범위
   (2) 주상 변압기 탭 폭의 정정

6. 전압 변동이 큰 고압 배전 선로에서의 전압 변동 경감 대책을 열거하고 설명하여라.

7. 전력 880[kW]로 역률 75[%](지상)인 부하가 있다. 전력용 콘덴서를 설치함으로써 역률을 90[%]로 개선하고자 한다. 이때 소요될 조상 용량 Q_c는 몇 [kVA]인가?

8. 역률 80[%], 10,000[kVA]의 부하를 갖는 변전소에 2,000[kVA]의 콘덴서를 설치해서 역률을 개선하면 변압기에 걸 수 있는 부하[kVA]는 얼마까지 늘어나겠는가?

9. 정격 용량 300[kVA]의 변압기로 300[kVA] 지상 역률 0.7의 부하에 전력을 공급하고 있다. 지금 합성 역률을 0.9로 개선해서 이 변압기의 전 용량으로 공급하려고 할 때 필요한 전력용 커패시터의 용량과 이때 추가할 수 있는 부하는 얼마인가?

10. 어느 수용가가 당초 역률 80[%] (지상)로 600[kW]의 부하를 사용하고 있었는데 새로이 역률 60[%] (지상)로 400[kW]의 부하를 추가해서 사용하게 되었다. 콘덴서로 합성 역률을 90[%]로 개선하려고 할 경우 콘덴서의 소요 용량을 구하여라.

11. 변전소로부터 3상 3선식 1회선의 전용 배전 선로로 수전하고 있는 공장이 있다. 이 배전 선로의 1가닥당의 임피던스는 $2.5+j5.0[\Omega]$이며, 공장 부하는 8,000[kW], 역률은 80[%](지상)라고 한다. 지금 변전소 송전단의 전압이 22,000[V]일 때 공장의 수전단 전압을 20,000[V]로 유지하기 위해서는 이 공장에 몇 [kVA]의 콘덴서를 설치하면 되겠는가?

12. 고압 배전 선로의 부하단에 40[kW], 지상 역률 0.8의 단일 집중 부하가 있다. 이 부하단에서 부하와 병렬로 10[kVA]의 콘덴서를 접속하면 선로 손실은 얼마만큼(몇 [%]) 감소되겠는가? 단, 부하단의 전압은 콘덴서의 설치와 관계없이 일정하다고 한다.

13. 어느 변전소에서 지상 역률 80[%]인 부하 6,000[kW]에 공급하고 있었는데 새로이 지상 역률 60[%]의 부하가 1,200[kW] 더 늘어나게 되었으므로 이에 따라 콘덴서를 설치하고자 한다. 아래의 각 경우에 대하여 소요 콘덴서 용량을 구하여라.

(1) 부하 증가 후에도 역률을 80[%]로 유지할 경우

(2) 부하 증가 후에도 변전소의 용량 [kVA]을 그대로 유지하고자 할 경우

(3) 부하 증가 후의 역률을 90[%]로 유지할 경우

14. 용량 10,000[kVA]의 변전소가 있는데 현재 10,000[kVA], 지상 역률 0.8의 부하에 전력을 공급하고 있다. 이 변전소로부터 다시 지상 역률 0.6, 1,000[kW]의 부하에 전력을 공급하고자 할 경우 변전소를 과부하시키지 않고 이 증가된 부하까지 함께 공급하기 위해서는 최저 몇 [kVA]의 전력용 콘덴서가 필요하겠는가? 또, 이때 이 콘덴서까지 포함한 부하의 합성 역률은 얼마로 되겠는가?

15. 배전 계통의 역률 저하에 따른 장해(또는 결점)를 열거해서 이의 개선 방법을 설명하여라.

16. 배전 선로의 전력 손실 경감 대책에 대해서 각 설비 구분별로 열거하고 설명하여라.

17. 고압 배전선에 적용할 역률 개선용 콘덴서에 대해서 선로 운용상 고려해야 할 사항을 들고 그 대책을 설명하여라.

18. 송배전 계통에서의 무효 전력의 합리적 배분의 의의와 경제적 설계에 관한 기본적인 방침을 설명하여라.

19. 대규모 빌딩에서의 옥내 배선의 전기 방식을 선정함에 있어서 고려해야 할 사항을 설명하여라.

20. 대용량의 고압 수전 설비를 설치할 경우 그 설치 장소의 선정, 사용 기기의 선정에 대해서 유의할 사항을 기술하여라.

21. 접지 공사의 종류에 대하여 설명하여라.

22. 일반 전기 설비에서 접지의 필요성에 대하여 설명하여라.

23. 누전 차단기의 동작 원리를 간단히 설명하여라.

24. 옥내 배선의 지락 보호에 대하여 간단히 설명하여라.

최신 송배전공학 부 록

부록 A. 연습문제 해답

부록 B. 찾아보기

최 · 신 · 송 · 배 · 전 · 공 · 학

부록 A. 연습문제 해답

제1장 연습문제 해답

5. $\frac{I_3}{I_2} = \frac{P/(\sqrt{3}\,V\cos\varphi)}{P/V\cos\varphi} = \frac{1}{\sqrt{3}}$

6. 단상 : $P_{l2} = 2I_2^2R = 2R\left(\frac{P}{V\cos\varphi}\right)^2$

3 상 : $P_{l3} = 3I_2^2 \cdot \left(\frac{3}{2}R\right) = \frac{3}{2}R\left(\frac{P}{V\cos\varphi}\right)^2$

으로 되므로, 전력 손실비는

$\therefore \frac{P_{l3}}{P_{l2}} = \frac{3}{4}$ 또는 75[%]로 된다.

7. 켈빈의 법칙을 사용한다.

가장 경제적인 전류 밀도

$$\sigma_E = \frac{0.964}{0.6} = 1.61[\text{A/mm}^2]$$

한편

$$I = \frac{20,000}{\sqrt{3}\times 77\times 0.8} = 187[\text{A}]\text{로부터}$$

$$A = \frac{187}{1.61} = 116[\text{mm}^2]$$

∴ 경동선의 규격으로부터 125[mm²]의 경동선을 써야 한다.

제2장 연습문제 해답

4. $T_0 = \frac{1,480}{2.2} = 672.7[\text{kg}]$

여기서,

$T_A = T_B = T_0 + wD = T_0 + 0.334D$ 이므로

$$D = \frac{wS^2}{8T_0} = \frac{0.334\times 300^2}{8\times 672.7} = 5.59[\text{m}]$$

5. $D = \frac{0.4\times 250^2}{8\times 150} = 20.833[\text{m}]$

$$L = 250 + \frac{8\times(20.833)^2}{3\times 250} = 254.629[\text{m}]$$

6. 이도 5.25[m] : $L_1 = 230.319[\text{m}]$

이도 5.0[m] : $L_2 = 230.29[\text{m}]$

$\therefore L_1 - L_2 = 2.9[\text{cm}]$

7. 경간 S_1, S_2 간의 전선의 길이를 각각 L_1, L_2라 하면,

$$L_1 + L_2 = S_1 + S_2 + \frac{8D_x^2}{3(S_1+S_2)}$$

$$\therefore D_x^2 = \frac{S_1+S_2}{S_1}D_1^2 + \frac{S_1+S_2}{S_2}D_2^2$$

한편

$$D_1 = \frac{WS_1^2}{8T},\quad D_2 = \frac{WS_2^2}{8T}$$

$$\therefore \frac{S_2}{S_1} = \sqrt{\frac{D_2}{D_1}},\quad \frac{S_1}{S_2} = \sqrt{\frac{D_1}{D_2}}$$

이것을 D_x에 대입하면($D_1 = 4[\text{m}]$, $D_2 = 9[\text{m}]$)

$$\therefore D_x = \sqrt{175} = 13.2[\text{m}]$$

구하는 높이는

$$D_h = h - D_x = 15 - 13.2 = 1.8[\text{m}]$$

제4장 연습문제 해답

4. (1) 정3각형 배치의 경우

$$L^{(3)} = 0.05 + 0.4605\log_{10}\frac{2.14}{0.00555} = 1.2409[\text{mH/km}]$$

(2) 수평으로 일직선 배치의 경우

$$D_e = \sqrt[3]{2\times 2.14\times 2.14\times 2.14} = 2.7[\text{m}]$$

$$L^{(3)} = 0.05 + 0.4605\log_{10}\frac{2.7}{0.00555} = 1.2874[\text{mH/km}]$$

5. 전선간 기하 평균 거리는

$$D = \sqrt[3]{8.5\times 8.5\times 17} = 10.71[\text{m}]$$

$$L = 0.4605\log_{10}\frac{10.71}{0.0146} + 0.05 = 1.32 + 0.05 = 1.37[\text{mH/km}]$$

$$C_n = \frac{0.02413}{\log_{10}\frac{10.71}{0.0146}} = \frac{0.02413}{2.86544}$$
$$= 0.00842[\mu F/km]$$
$$C_s = \frac{0.02413}{\log_{10}\frac{8\times 11^3}{0.0146\times 10.71^2}} = \frac{0.02413}{3.80334}$$
$$= 0.00634[\mu F/km]$$

* 참고로 이때의 충전 전류

$$I_c = \frac{345,000}{\sqrt{3}} \times \underset{(주파수)}{2\pi\times 60} \times \underset{(C_n)}{0.00842} \times \underset{(선로\ 길이)}{L} \times 10^{-6}$$

으로 계산한다.

6. 1선과 대지 귀로 회로의 자기 인덕턴스를 L_e, 대지를 귀로로 하는 회로간의 상호 인덕턴스를 L_e' 라고 하면 제의에 따라 다음 식이 성립한다.

$$\frac{1}{2}(L_e + L_e') = 1.78 \quad (1)$$
$$\frac{1}{3}(L_e + 2L_e') = 1.57 \quad (2)$$

식 (1), (2)를 함께 풀면

$L_e = 2.41[mH/km]$, $L_e' = 1.15[mH/km]$

를 얻는다. 한편 작용 인덕턴스 L은

$$L = L_e - L_e' = 2.41 - 1.15 = 1.26[mH/km]$$

8. $$C_2 = \frac{0.02413}{\log_{10}\frac{D}{\sqrt{rs}}} = \frac{0.02413}{\log_{10}\frac{200}{\sqrt{16\times 1}}}$$
$$= 0.014[mH/km]$$

9. $$C_n = C_s + 3C_m$$
$$= 0.003 + 3\times 0.009 = 0.03[\mu F/km]$$

10. $$Z_s = \frac{\%Z\times 10\cdot E^2}{kVA}$$
$$= \frac{95\times 10\times 13.2^2}{93,000} = 1.78[\Omega]$$

11. 제의에 따라 기준 용량을 변압기 9대의 전체 용량 20,000×9[kVA], 고압측 전압 154[kV]를 기준으로 취하면

$$Z = \frac{(0.6 + j12)\times 10\times 154^2}{20,000\times 9}$$
$$= 0.79 + j15.81[\Omega]$$

12. (1) $\%Z = \frac{ZI}{E}\times 100 = 0.9[\%]$

(2) $I_s = \frac{I_n}{\%Z}\times 100$

(I_n : 정격 전류(전 부하 전류))으로부터

$$\%Z = \frac{I_n}{I_s}\times 100 = \frac{1}{3.5}\times 100 = 28.57[\%]$$

(3) 기준 용량 P_B, 이 기준 용량 하에서의 %임피던스를 $\%Z_B$라 하면

$$\%Z_B = \%Z \times \frac{P_B}{P}$$
$$= 0.9\times \frac{100\times 10^6}{\sqrt{3}\times 154\times 10^3\times 100} = 3.37[\%]$$

(P : 당초 $\%Z$ 계산시의 계통 용량)

13. 먼저 변압기의 %임피던스

($Z_{ps} = 11[\%]$ (100[MVA]),
$Z_{pt} = 10[\%]$(30[MVA]),
$Z_{st} = 4[\%]$ (30[MVA]))를

100[MVA] 기준의 PU값으로 환산하면,

$Z_{ps}' = 0.11[PU]$
$Z_{pt}' = 0.333[PU]$
$Z_{st}' = 0.133[PU]$

1, 2, 3차의 단위 임피던스 x_p, x_s 및 x_t를 구하면

$x_p = 0.155[PU]$
$x_s = -0.045[PU]$
$x_t = 0.178[PU]$

로 된다. 그림 E 4.13은 이것을 보인 것이다.

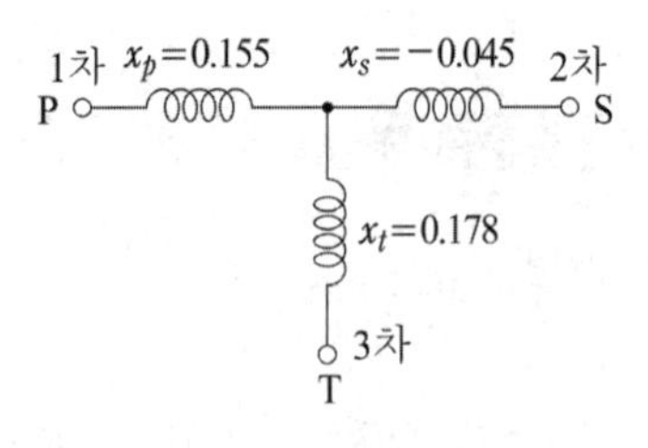

그림 E 4.13

14. 먼저 상대적 공기 밀도 δ를 구하면

$$\delta = \frac{0.386\times 710}{273+30} = 0.904$$
$$E_0 = 24.3 m_0 m_1 \delta d \log_{10}\frac{D}{r}[kV]$$
$$\frac{154}{\sqrt{3}} = 24.3\times 0.83\times 1.0\times 0.904\times d\log_{10}\frac{2\times 430}{d}$$

또는

$$d\log_{10}\frac{2\times430}{d}=\frac{154}{\sqrt{3}\times24.3\times0.83\times0.904}$$
$$=4.877$$

위 식을 직접 풀기는 곤란하지만 가령 d를 적당히 가정해서 계산해 보고 결과를 그림으로 도시하면서 반복해보면 $d=1.79$를 얻는다.

15. $\delta=\frac{0.386\times740}{273+16}=0.988$

$$E_v=48.8m_0m_1\,0.988\times1.0$$
$$\left(1+\frac{0.301}{\sqrt{1\times0.988}}\right)\log_{10}\frac{380}{1.0}$$
$$=161.0\times0.8\times0.9[\text{kV}]$$
$$=115.9[\text{kV}]$$

154[kVA] 전압의 대지 전압은 89[kVA]이므로, 코로나는 발생하지 않는다.

제5장 연습문제 해답

2. $P_s=38,400[\text{kW}]$, $V_s=67,680[\text{V}]$

3. $\cos\theta=0.973$

4. (1) 전압 강하율 $\varepsilon[\%]$

$$\varepsilon=8=\frac{V_s-30,000}{30,000}\times100$$
$$V_s=32,400[\text{V}]$$
$$I=\frac{V_s-V_r}{\sqrt{3}(R\cos\theta+X\sin\theta)}=\frac{100}{\sqrt{3}}[\text{A}]$$
$$\therefore P=\sqrt{3}V_r\,I\cos\theta\times10^{-3}$$
$$=\sqrt{3}\times30,000\times\frac{100}{\sqrt{3}}\times0.8\times10^{-3}$$
$$=2,400[\text{kW}]$$

(2) 전력 손실

$$p_l=3I^2R\times10^{-3}$$
$$=3\times(100/\sqrt{3})^2\times15\times10^{-3}=150[\text{kW}]$$
$$\therefore \text{전력 손실률 } \eta=\frac{p_l}{P}\times100=6.25[\%]$$

8. 변압기의 선로측 환산 임피던스 $\dot{Z}_T$는

$$\dot{Z}_T=\frac{10\times E^2}{\text{kVA}}\times\%Z$$
$$=\frac{10\times33^2}{1,500\times3}(0.5+j5)=1.21+j12.1[\Omega]$$

선로와 변압기의 합성 임피던스 $\dot{Z}$는

$$\dot{Z}=(15+1.21)+j(20+12.1)$$
$$=16.21+j32.1[\Omega]$$

부하 전류 $I_R=60(0.8-j0.6)$

$$\dot{V}_s=\dot{V}_r+\sqrt{3}I_R\,Z=33,350+j1,658$$
$$V_s=\sqrt{(33,350)^2+(1,658)^2}=33,391[\text{V}]$$

따라서 1차 모선 전압은 변압비에 따라서

$$33,391\times\frac{3.3}{33.0}=3,339[\text{V}]$$

9.
$$Z_w=\sqrt{\frac{L}{C}}=500[\Omega]$$
$$V=\frac{1}{\sqrt{LC}}=3\times10^5[\text{km/s}]$$

이 두 식으로부터

$$L=1.67\times10^{-3}[\text{H/km}]=1.67[\text{mH/km}]$$
$$C=6.7\times10^{-9}[\text{F/km}]=0.0067[\mu\text{F/km}]$$

10.
$$\dot{A}\dot{D}-\dot{B}\dot{C}=1$$

이로부터

$$\dot{A}=\sqrt{1+\dot{B}\dot{C}}=0.96=\dot{D}$$

$\dot{I}_r=0$ (무부하시)의 경우에는

$$\dot{E}_s=\dot{A}\dot{E}_r=0.96\times\frac{350}{\sqrt{3}}=194[\text{kV}]$$
$$\therefore V_s=\sqrt{3}\times E_s=336[\text{kV}]$$
$$\dot{I}_s=\dot{C}\dot{E}_r=j0.0016\times\frac{350}{\sqrt{3}}\times10^3$$
$$=j323.2[\text{A}]\text{ (진상 전류)}$$

11.
$$I_c=2\pi fCl\frac{V}{\sqrt{3}}$$
$$=2\pi\times60\times0.01\times10^{-6}\times200\times\frac{154,000}{\sqrt{3}}$$
$$=67.0[\text{A}]$$

이 선로의 충전 용량 Q'는

$$Q'=\sqrt{3}\,VI_c=17,870.8[\text{kVA}]$$

필요한 최소 발전기 용량 Q는

$$K_s\geq\frac{Q'}{Q}\left(\frac{V}{V'}\right)^2(1+\sigma)$$

의 관계식으로부터($V=V'$)

$$Q=\frac{17,870.8}{1.15}(1+0.1)=17,094[\text{kVA}]$$

제6장 연습문제 해답

7. 소호 리액터의 용량

$$W_L = I_L \times I_L \omega L \times 10^{-3}$$
$$\fallingdotseq \frac{V}{\sqrt{3}} 3\omega C_s \times \frac{V}{\sqrt{3}} \times 10^{-3}$$
$$= \omega C_s V^2 \times 10^{-3} [\text{kVA}]$$ 이므로
$$W_L = 2\pi \times 60 \times 0.0043 \times 10^{-6} \times 200 \times 2 \times 154,000^2 \times 10^{-3}$$
$$= 15,379\ [\text{kVA}]$$

* 병행 2회선이기 때문에 정전 용량을 2배로 하였음

9. 중성점 개방시의 잔류 전압을 $\dot{E}_n$이라고 하면 선전류는

$$\dot{I}_a + \dot{I}_b + \dot{I}_c = j\omega C_a (\dot{E}_a + \dot{E}_n) + j\omega C_b (\dot{E}_b + \dot{E}_n) + j\omega C_c (\dot{E}_c + \dot{E}_n) = 0$$
$$\therefore \dot{E}_n = \frac{C_a \dot{E}_a + C_b \dot{E}_b + C_c \dot{E}_c}{C_a + C_b + C_c}$$

이 식에 $\dot{E}_a = E$, $\dot{E}_b = a^2 E$, $\dot{E}_c = aE$를 대입해서 E_n의 절대값을 구하면

$$E_n = \frac{\sqrt{C_a(C_a - C_b) + C_b(C_b - C_c) + C_c(C_c - C_a)}}{C_a + C_b + C_c} \times E$$
$$= \frac{\sqrt{0.935^2 + 0.95^2 + 0.95^2 - 0.935 \times 0.95 - 0.95^2 - 0.95 \times 0.935}}{0.935 + 0.95 + 0.95} \times \frac{154}{\sqrt{3}} \times 10^3 \fallingdotseq 470[\text{V}]$$

10.

$$e_m = \frac{5,000}{\frac{1}{2}(500+700)} + \frac{4,000}{\frac{1}{2}(700+700)} + \frac{3,000}{\frac{1}{2}(700+100)} + \frac{1,000}{100} + \frac{2,500}{\frac{1}{2}(100+600)} + \frac{5,000}{\frac{1}{2}(600+500)}$$
$$= 47.781[\text{V}]$$
$$\therefore e = 0.00025 \times 60 \times 47.781 = 0.7164[\text{V}]$$

따라서 유도 전압 E_m은

$$E_m = e_m \times 3I_0 = 0.7164 \times 150 = 107.46[\text{V}]$$

제7장 연습문제 해답

4. 임피던스를 22[kV], 10,000[kVA] 기준에서 %Z로 환산하면

$$\%X_G = 20[\%], \quad \%R = 41.3[\%]$$
$$\%X_T = 10[\%], \quad \%X = 52.7[\%]$$

합성 임피던스 $Z = 41.3 + j82.7[\%]$

$$I_s = \frac{100}{\sqrt{41.3^2 + 82.7^2}} \times \frac{10,000}{\sqrt{3} \times 22} = 283[\text{A}]$$

5. 154[kV], 300,000[kVA] 기준 하에서

$$x_g = \frac{\%x \times 10 V^2}{P} = \frac{30 \times 10 \times 154^2}{300,000} = 23.7[\Omega]$$
$$x_t = \frac{8 \times 10 \times 154^2}{300,000} = 6.3[\Omega]$$
$$x_l = 0.5 \times 50 = 25[\Omega]$$
$$\therefore I_s = \frac{E[\text{V}]}{x[\Omega]} = \frac{\frac{154}{\sqrt{3}} \times 10^3}{(23.7 + 6.3 + 25)} = 1616.6[\text{A}]$$

6. 기준 용량을 40,000[kVA]로 취한다.

계통 전체의 리액턴스

$$X_U = X_d' + X_{ts} + X_L + X_{tr} = 0.25 + 0.08 + 0.0211 + 0.075 = 0.4261$$

발전기 전력의 PU값

$$V_U = \frac{12}{11} = 1.0909[\text{PU}]$$

단락 전류의 PU값

$$\frac{V_U}{X_U} = \frac{1.0909}{0.4261} = 2.5602[\text{PU}]$$

발전기의 기준 전류는 $\frac{40,000}{\sqrt{3} \times 11}$[A]이므로 발전기 1대당의 전류는 다음과 같이 된다.

$$\frac{1}{2} \times \frac{40,000}{\sqrt{3} \times 11} \times 2.5602 = 2,688[\text{A}]$$

7. (1) A점 고장시

발전기의 총용량 $= 3 \times 11,000 = 33,000[\text{kVA}]$

$$X_{Gi} = 21 \times \frac{33,000}{11,000} = 63[\%]$$
$$\therefore X_G = \frac{63}{3} = 21[\%]$$
$$I = \frac{33,000 \times 10^3}{\sqrt{3} \times 11,000} = 1,732[\text{A}]$$

∴ 단락 전류 $I_{s1} = \frac{100}{21} \times 1,732 = 8,248[A]$

(2) B점 고장시

고장점까지의 합성 리액턴스 X는

$$X = X_G + X_T = 21 + 15 = 36[\%]$$

변압기 2차측 부하 전류 I'는

$$I' = \frac{33,000 \times 10^3}{\sqrt{3} \times 66,000} = \frac{500}{\sqrt{3}}[A]$$

단락 전류 I_{s2}는

$$I_{s2} = \frac{100}{36} \times \frac{500}{\sqrt{3}} = 802[A]$$

8. $$\dot{I}_b = \frac{\dot{E}_{bc}}{\dot{Z}_1 + \dot{Z}_2}$$

$$\dot{V}_a = \dot{V}_1 + \dot{V}_2 = 2\dot{V}_2 = \frac{2\dot{Z}_2\dot{E}_a}{\dot{Z}_1 + \dot{Z}_2}$$

$$\dot{V}_b = \dot{V}_c = (a^2 + a)\dot{V}_1$$

$$= -\dot{V}_1 = -\dot{V}_2 = -\frac{\dot{Z}_2\dot{E}_a}{\dot{Z}_1 + \dot{Z}_2}$$

지금

$$\dot{Z}_1 + \dot{Z}_2 = 0.592 + j\,5.91[\Omega]$$

$$\dot{I}_b = \frac{\dot{E}_{bc}}{\dot{Z}_1 + \dot{Z}_2} = \frac{6,600}{0.592 + j5.91}$$

$$= 111 - j1,105 = 1,111\underline{/84.3}[A]$$

단, 위의 $\dot{I}_b$는 $\dot{E}_{bc}$를 기준 벡터로 해서 위상각을 나타내고 있다 (만일 $\dot{E}_a$를 기준 벡터로 잡는다면 $\dot{I}_b = 1,111\underline{/174.3}[A]$로 된다).

$$\dot{V}_a = \frac{2(0.513 + j1.41) \times 3,810}{0.592 + j5.91}$$

$$= 1,864 - j474 = 1,924\underline{/14.3}[V]$$

$$\dot{V}_b = \dot{V}_c = -\frac{1}{2}\dot{V}_a = 962\underline{/165.7}[V]$$

여기서, 전압측은 $\dot{E}_a$를 기준 벡터로 잡고 있다. 이상의 결과에 의하면 a상의 전압은 무부하 때의 약 반 정도로 되고 단락된 b상과 c상의 전압은 다시 이 값의 반으로 되고 있다.

9. $$\dot{V}_a = \frac{3\dot{Z}_0\dot{Z}_2}{\dot{Z}_0\dot{Z}_1 + \dot{Z}_1\dot{Z}_2 + \dot{Z}_2\dot{Z}_0}\dot{E}_a$$

$$X_{1A} = X_{2A} = 35 + 10 + 2/2 = 46[\%]$$

$$X_{1B} = X_{2B} = 28 + 8 + 2/2 = 37[\%]$$

고장점에서 본 정상, 역상 리액턴스 X_1, X_2는

$$X_1 = X_2 = 46 \times 37/(46 + 37) = 20.5[\%]$$

영상에 대해서는 고장점으로부터 중성점 접지측만을 생각하면 되므로

$$X_0 = 8/2 + 10 + 3 \times 15 = 59\,[\%]$$

따라서 구하고자 하는 고장 전후의 전압비는

$$\left|\frac{\dot{V}_a}{\dot{E}_a}\right| = \left|\frac{3\dot{Z}_0\dot{Z}_2}{\dot{Z}_0\dot{Z}_1 + \dot{Z}_1\dot{Z}_2 + \dot{Z}_2\dot{Z}_0}\right|$$

$$= \frac{3X_0X_1}{X_0X_1 + X_1X_2 + X_2X_0} \fallingdotseq 1.278$$

곧, 2선 지락 고장의 발생으로 건전상 전압은 약 1.28 배 상승한다.

10. 동기기의 정상과 역상 리액턴스는 문제가 고장 발생 직후의 값을 구하는 것이므로 $X_1 = X_2$로 같다고 보아도 된다. 지금 고장점으로부터 전원측을 보았을 때의 리액턴스를 X_{1A}, 부하측을 보았을 때의 그것을 X_{1B}라고 하면

$$X_{1A} = X_{2A} = X_{g1} + X_{tA} + X_A$$

$$= 25 + 6 + 5 = 36[\%]$$

$$X_{1B} = X_{2B} = X_{m1} + X_{tB} + X_B$$

$$= 35 + 6 + 4 = 45[\%]$$

$$X_1 = X_2 = \frac{X_{1A}X_{1B}}{X_{1A} + X_{1B}} = \frac{36 \times 45}{36 + 45} = 20[\%]$$

$$X_0 = X_{0B} + X_{tB} + 3X_e$$

$$= 16 + 6 + 3 \times 10 = 52[\%]$$

그러므로, 지락 전류 $\dot{I}_e$

$$\dot{I}_e = \frac{3\dot{E}_a}{\dot{Z}_0 + \dot{Z}_1 + \dot{Z}_2} = \frac{3 \times 100 I_n}{\%Z_0 + \%Z_1 + \%Z_2}$$

$$= \frac{300 \times \frac{50,000}{\sqrt{3} \times 154}}{52 + 2 \times 20} \times \frac{151}{154} = 600[A]$$

제8장 연습문제 해답

9. $$P_m = \frac{V_d' V_r}{X_{12}} = \frac{1.55 \times 1}{1.15}$$

$$= 1.35[PU] = 1,350[MW]$$

참고로 이 계통의 기준 전압을 345[kV]로 잡는다면

$$V_d' = 1.55 \times 345 = 534.8[kV]$$

$$V_r = 1.0 \times 345 = 345.0[kV]$$

10. (1) 평형 2회선의 경우

$$X = X_d' + X_{ts} + X_l + X_{ty} + X_m = 1.6[PU]$$

$$E_m = V_m - jIX_m = 1 - j(1.2\times0.4)$$
$$= 1.109\angle -25.6°[\text{PU}]$$
$$E_g = V_m + jI(X_d' + X_{l1} + X_l + X_{l2})$$
$$= 1 + j(1.2\times1.2) = 1.753\angle 55.2°[\text{PU}]$$
$$\theta = |\theta_m| + |\theta_g| = 25.6° + 55.2° = 80.8°$$
$$\therefore \frac{dP}{d\theta} = \frac{E_g E_m}{X}\cos\theta$$
$$= \frac{1.109\times1.753}{1.6}\cos80.8° = 0.194$$

따라서 정태 안정 운전 조건 $\frac{dP}{d\theta}>0$을 만족하므로 시스템은 안정하며, 이때의 정태 안정 극한 전력 $P_{\max}$ 는

$$P_{\max} = \frac{E_g E_m}{X} = 1.215[\text{PU}]$$

(2) 1회선의 경우

$$X = X_d' + X_{l1} + X_l' + X_{l2} + X_m = 2.2[\text{PU}]$$
$$E_m = V_m - jIX_m = 1 - j(1.2\times0.4)$$
$$= 1.109\angle -25.6°[\text{PU}]$$
$$E_g = V_{tm} + jI(X_d' + X_{l1} + X_l' + X_{l2})$$
$$= 1 + j(1.2\times1.8) = 2.380\angle 65.2°\ [\text{PU}]$$
$$\theta = |\theta_m| + |\theta_g| = 25.6° + 65.2° = 90.8°$$
$$\therefore \frac{dP}{d\theta} = \frac{E_g E_m}{X}\cos\theta$$
$$= \frac{1.109\times2.380}{2.2}\cos90.8° = -0.016$$

따라서 이 경우는 $\frac{dP}{d\theta}<0$이므로 시스템은 불안전하게 된다.

12. $$P_{AB} = \frac{E_A E_B}{Z_A + Z_B}\sin\theta_{AB}$$

고장 발생시의 고장 임피던스 Z_f 를 통한

$$Z_{AB}' = Z_A + Z_B + \frac{Z_A Z_B}{Z_f}\ (\text{Y}\rightarrow\triangle\text{변환})$$

따라서

$$P_{AB}' = \frac{E_A E_B}{Z_A + Z_B + \frac{Z_A Z_B}{Z_f}}\sin\theta_{AB}$$

일반적으로 $Z_f \geqq 0$이다. 따라서

$$Z_A + Z_B + \frac{Z_A Z_B}{Z_f} \geqq Z_A + Z_B$$

로서 고장 중의 전송 전력 $P_{AB}' \leqq P_{AB}$로 감소되는 경우가 많다.
제의에 따라 주어진 데이터를 대입하면

$$P_{AB} = \frac{1.0\times1.0}{0.2+0.2}\sin\theta_{AB} = 2.5\sin\theta_{AB}$$
$$P_{AB}' = \frac{1.0\times1.0}{0.2+0.2+\frac{0.2\times0.2}{0.1}}\sin\theta_{AB}$$
$$= 1.25\sin\theta_{AB}$$

그러므로 이 경우 고장 중의 전송 전력은 고장 전의 전송 전력의 $\frac{1}{2}$로 감소함을 알 수 있다.

제9장 연습문제 해답

10. [예제 9.6] 참조

$$e_a = \frac{2Z_2R}{Z_1Z_2 + R(Z_1 + Z_2)}e_i$$

더 말할 것 없이 피뢰기의 제한 전압값이 선로 Z_2에의 투과파의 크기가 되므로 위 식에 주어진 데이터를 대입하면

$$300 = \frac{2\times400R}{500\times400 + R(500+400)}\times800$$

이것을 풀면 $R = 162.2[\Omega]$을 얻는다.

11. 그림 E 9.11은 이 문제의 설명도이다.
여기서 e_i, i_i는 전압, 전류의 내습파이고 e_r, i_r는 이의 반사파, 그리고 e_t, i_t는 철탑에 대한 투과파를 나타내고 있다.

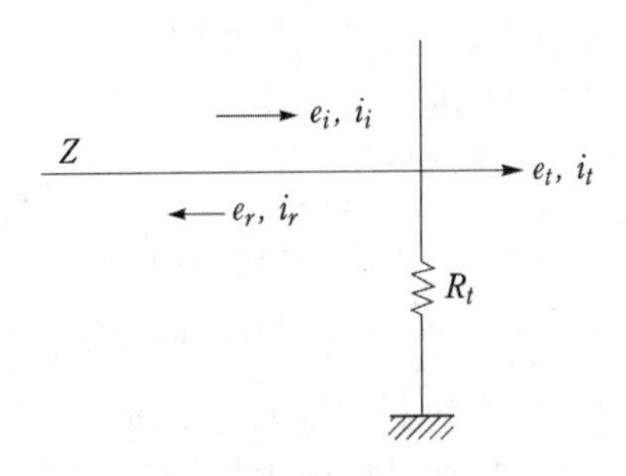

그림 E 9.11

이 그림에서 다음 식이 성립한다.

$$e_t = e_i + e_r,\quad i_t = i_i + i_r$$
$$i_i = \frac{e_i}{Z},\quad i_r = -\frac{e_r}{Z},\quad i_t = \frac{e_t}{R_t}$$

이들 관계식으로부터 철탑의 전위를 나타내는 계산식은

$$e_t = \frac{2ZR_t}{Z + R_t}i_i = \frac{2\times400\times20}{400+20}\times20 = 762[\text{kV}]$$

제13장 연습문제 해답

4. $I = \dfrac{6,600}{220} = 30[\text{A}]$

$RI = 2 \times 0.15 \times 30 = 9[\text{A}]$

$XI = 2 \times 0.25 \times 30 = 15[\text{V}]$

$V_s = \sqrt{(220+9)^2 + 15^2} = 229.5[\text{V}]$

5. 공장의 수전단에서의 전압을 $V_r[\text{kV}]$라 하면 선전류 $I[\text{A}]$는

$$I = \frac{7,000}{\sqrt{3}\,V_r}[\text{A}]$$

로 표시되므로 전압 강하 v는

$$v = \sqrt{3} \times \frac{7,000}{\sqrt{3}\,V_r} \times (2.0 \times 0.8 + 5.0 \times 0.6)$$

$$= \frac{32,200}{V_r}[\text{V}]$$

한편 전압 강하의 정의에 따라

$$v = (23 - V_r) \times 10^3[\text{V}]$$

$$(23 - V_r) \times 10^3 = \frac{32,200}{V_r}$$

$$V_r^{\ 2} - 23V_r + 32.2 = 0$$

$$V_r = \frac{23 \pm \sqrt{23^2 - 32.2 \times 4}}{2}$$

$$= \frac{23 \pm 20.0}{2} = 21.5$$

또는 1.5[kV]

여기서 1.5[kV]는 부적당하므로 V_r는 21.5[kV]로 된다.

6. $I = \dfrac{100 \times 1,000}{\sqrt{3}\,V_r}[\text{A}]$

제의에 따라

$$1.05V_r = V_r + \sqrt{3}IR$$

$$= V_r + \frac{100,000R}{V_r}$$

$$\therefore R = \frac{0.05V_r^2}{100,000}[\Omega]$$

$$V_s = V_r + \sqrt{3} \times \frac{(100+100) \times 1,000}{\sqrt{3}\,V_r \times 0.8} \times R \times 0.8$$

($\because x = 0$) 으로부터

$$V_s = V_r + \frac{200 \times 1,000}{V_r} \times \frac{0.05V_r^2}{100,000}$$

$$= V_r + 0.1V_r = 1.1V_r$$

그러므로 변전소의 전압을 배전 선로 말단의 전압보다 10[%] 더 높여 주면 된다.

7. $P = 3I^2r = 324[\text{kW}]$

$H = 365 \times 24 = 8,760[\text{h}]$

따라서 연간 손실 전력량 $W[\text{kWh}]$는

$$W = PH \times \frac{G}{100}$$

$$= 324 \times 8,760 \times 0.5$$

$$= 1,419,120[\text{kWh}]$$

8. (1) 합성 최대 전력[kW]

역률 수용률

$A_{max}[\text{kW}] = 100 \times 0.85 \times 0.5 = 42.5[\text{kW}]$

$B_{max}[\text{kW}] = 50 \times 0.8 \times 0.6 = 24[\text{kW}]$

$C_{max}[\text{kW}] = 150 \times 0.9 \times 0.4 = 54[\text{kW}]$

합성 최대 전력 $= \dfrac{42.5 + 24 + 54}{1.3} = 92.7[\text{kW}]$

(2) 평균 전력[kW]

$P_{mean} = \sum$ 평균전력

$= \sum$ 최대 전력 × 부하율

로부터

$P_{mean} = 42.5 \times 0.4 + 24 \times 0.5 + 54 \times 0.3$

$= 45.2[\text{kW}]$

(3) 부하율[%]

부하율 $= \dfrac{45.2}{92.7} \times 100 = 48.8[\%]$

(4) 1일 전력량 W는 평균 전력을 24 시간 사용한 것과 같기 때문에

$W = 45.2 \times 24 = 1084.8[\text{kWh}]$

9. $F = 31.25[\%]$

$\cos\theta \fallingdotseq 0.77$

∴ 최대 공급시의 역률(지상)은 77[%]이다.

10. $P_V = 10[\text{kVA}] \times 3 \times 0.576 = 17.30[\text{kVA}]$

과부하율 $= \dfrac{25.8}{17.3} \times 100 \fallingdotseq 149[\%]$

11. 단상 변압기 4대를 V결선해서 사용하면 2뱅크를 만들 수 있다. V결선 경우 변압기의 이용률은 $\dfrac{\sqrt{3}}{2}$ 이므로 전출력은

$$2 \times \left(2 \times 500 \times \frac{\sqrt{3}}{2}\right) = 1,730[\text{kVA}]$$

그러므로 △결선시의

1,500[kVA] (=3×500[kVA]+1대 예비)

를 V결선 2뱅크로 1,730[kVA]의 부하까지 공급할 수 있다.

제14장 연습문제 해답

7. 조상 용량 Q_c는

$P=880$[kW], $\cos\theta_1=0.75$, $\cos\theta_2=0.9$이므로

$\tan\theta_1=0.88$, $\tan\theta_2=0.48$

$\therefore\ Q_c=880(0.88-0.48)=352$[kVA]

또는 $Q_c=P(\tan\theta_1-\tan\theta_2)$에 $\cos\theta_1$, $\cos\theta_2$의 값을 직접 대입하여

$$Q_c=880\left\{\sqrt{\frac{1}{(0.75)^2}-1}-\sqrt{\frac{1}{(0.9)^2}-1}\right\}$$

$=352$[kVA]

를 얻을 수 있다.

8. 콘덴서 설치 전의 무효 전력 Q_1[kVA]는

$Q_1=P\sin\theta_1 Q_1$

$=10,000\times\sqrt{1-0.8^2}$

$=6,000$[kVA]

제의에 따라 콘덴서의 진상 용량은 2,000[kVA]이므로 역률 개선 후의 무효 전력은

$6,000-2,000=4,000$[kVA]

이것이 변압기에서 본 역률 개선 후의 종합 무효 전력으로 되므로 구하고자 하는 피상 부하 전력 P_0[kVA]는 다음의 벡터도에서

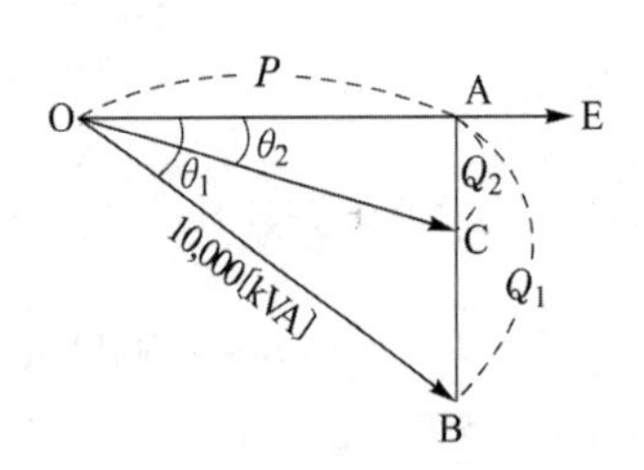

그림 E 14.8

$\overline{OC}=\sqrt{\overline{OA}^2+\overline{AC}^2}$

$=\sqrt{(10,000\times0.8)^2+4,000^2}$

$\fallingdotseq 9,000$[kVA]

따라서 2,000[kVA]의 콘덴서 설치에 따른 역률 개선의 결과, 변압기는 약 1,000[kVA]의 공급력 여유를 지니게 된다.

9. 전력용 커패시터의 용량 Q는

$$Q=300\times0.9\left(\frac{\sqrt{1-0.7^2}}{0.7}-\frac{\sqrt{1-0.9^2}}{0.9}\right)$$

$=144.7$[kVar]

추가할 수 있는 부하의 피상 전력 W_1[kVA] 및 전력 P_1[kW]

$$W_1=W_0\left(\frac{\cos\theta}{\cos\theta_0}-1\right)$$

$$=300\left(\frac{0.9}{0.7}-1\right)=85.8\text{[kVA]}$$

$P_1=W_1\cos\theta_0=85.8\times0.7$

$=60.06$[kW]

10. 600[kW] 부하에 대한 무효 전력

$$=600\times\frac{0.6}{0.8}=450\text{[kVA]}$$

400[kW] 부하에 대한 무효 전력

$$=400\times\frac{0.8}{0.6}=533\text{[kVA]}$$

합성 부하(P_0+jQ_0)는

$P_0=600+400=1,000$[kW]

$Q_0=450+533=983$[kVA]

합성 역률을 90[%]로 개선하였을 경우는

$$\text{무효 전력}=\frac{1,000}{0.9}\times\sqrt{1-0.9^2}$$

$=484$[kVA]

$\therefore\ Q_c=983-484\fallingdotseq 500$[kVA]

11.
$$v=\frac{\sqrt{3}\,V_R I\cos\theta}{V_R}\left(R+X\frac{\sin\theta}{\cos\theta}\right)$$

$$=\frac{P}{V_R}(R+X\tan\theta)$$

를 얻는다. 여기에 주어진 데이터를 대입하면

$$2,000=\frac{8,000\times10^3}{20,000}(2.5+5\tan\theta_2)\text{[V]}$$

이로부터 $\tan\theta_2=0.5$를 얻는다.

한편 콘덴서 설치 전의 역률 $\cos\theta_1=0.8$($\tan\theta_1=0.75$)을 개선하기 위한 콘덴서 용량 Q는 $P(\tan\theta_1-\tan\theta_2)$로부터

$Q=8,000\times10^3\cdot(0.75-0.5)$

$=2,000$[kVA]

12. 선로 손실 L[kW]은

$$L=\frac{R}{V^2}(P^2+Q^2)\times10^3$$

$$=\frac{R}{V^2}\{P^2+(P\tan\theta)^2\}\times10^3 \text{ 으로부터}$$

$$L=2.5\times10^5\times\frac{R}{V^2}$$

다음 부하와 병렬로 10[kVA]의 콘덴서를 접속하였을 때의 선로 손실 L'[kW]는

$$L'=\frac{R}{V^2}\{P^2+(Q-Q_c)^2\}\times10^3$$

$$=2.0\times10^6\times\frac{R}{V^2}$$

따라서 선로 손실의 감소율은

$$1-\frac{L'}{L}=1-\frac{2.0}{2.5}=0.2$$

콘덴서 접속에 의해 선로 손실은 20[%] 감소한다.

13. 현재의 부하 전력을 W_1, 증가 부하의 전력을 W_2라고 하면

$$W_1=6{,}000+j6{,}000\times\frac{0.6}{0.8}=6{,}000+j4{,}500$$

$$W_2=1{,}200+j1{,}200\times\frac{0.8}{0.6}=1{,}200+j1{,}600$$

합성 전력 W_0는

$$W_0=W_1+W_2=7{,}200+j6{,}100$$

이때의 $\tan\theta_0=0.847$, $\cos\theta_0=0.76$으로 된다.

(1) 역률 80[%]일 때의

$$\tan\theta=\frac{0.6}{0.8}=0.75$$

이므로 합성 전력의 역률을 80[%]로 하려면

$$0.75=\frac{6{,}100-Q_c}{7{,}200}$$

를 풀어서

$$Q_c=700[\text{kVA}]$$

(2) 콘덴서 설치 전의 피상 전력은

$$6{,}000/0.8=7{,}500[\text{kVA}]$$

이다.

따라서 콘덴서 소요 용량을 Q_c라고 하면

$$7{,}500=\sqrt{(7{,}200)^2+(6{,}100-Q_c)^2}$$

을 풀어서

$$Q_c=8.2\times10^3 \text{ 또는 } 4.0\times10^3[\text{kVA}]$$

를 얻는다. 이 중

$$Q_c=8.2\times10^3[\text{kVA}]$$

는 역률을 진상으로 하기 때문에 후자의 4,000[kVA]를 택하면 된다.

(3) $\cos\theta=0.9$일 때 $\tan\theta=0.484$이므로 콘덴서 용량 Q_c는

$$Q_c=7{,}200\times(0.847-0.484)=2{,}614[\text{kVA}]$$

14. 구하고자 하는 콘덴서 용량을 Q_c[kVA]라 하면 부하 증가 후의 전 무효 전력 Q[kVar]는

$$Q=P_0\sin\theta_1+\Delta P_L\tan\theta_2$$

$$=10{,}000\times\sqrt{1-0.8^2}+1{,}000\times\frac{\sqrt{1-0.6^2}}{0.6}$$

$$\fallingdotseq 7.333[\text{kVar}]$$

부하를 증가하고 역률을 개선한 후의 무효 전력 Q'[kVar]는

$$Q'=\sqrt{P_0^2-(P_L+\Delta P_L)^2}$$

$$=\sqrt{10{,}000^2-(10{,}000\times0.8+1{,}000)^2}$$

$$\fallingdotseq 4{,}359[\text{kVar}]$$

따라서 소요 콘덴서 용량 Q_c[kVA]는

$$Q_c=Q-Q' \fallingdotseq 2{,}974[\text{kVA}]$$

또, 이때의 합성 역률 $\cos\theta$는

$$\cos\theta=\frac{P_L+\Delta P_L}{P_0}$$

$$=\frac{10{,}000\times0.8+1{,}000}{10{,}000}=0.9$$

그러므로 90[%]로 개선된다.

부록 B. 찾아보기

(%)

(1)

(2)

(3)

(4)

(5)

(A)

(B)

(C)

(D)

(E)

(H)

(M)

(O)

(P)

(S)

(T)

(U)

(W)

(π)

(ρ)

(ㄱ)

(ㅅ)

(ㅇ)

(ㅈ)

(ㅎ)

▸ **著者 略歷**

宋吉永

1953년	서울工大 中退
1958년	日本武蔵工大 電氣科 卒業
1967년	日本早稻田大學大學院卒業 同大學에서 工學博士 學位 取得
1967년	韓國電力技術部 系統計劃課長
1970년	韓國電力 企劃管理部 技術役(EDPS 擔當次長)
1970년	科學技術部 中央電子計算所長
1974년	漢陽大學校 工科大學 電氣工學科 敎授
1977년	韓國情報科學會 會長
1977년	高麗大學校 工科大學 電氣工學科 敎授 (1999년 停年退任)
2001	日本早稻田大學 客員教授

▸ **著　書**

白合出版社	컴퓨터 利用의 基礎知識 電子計算機 하아드웨어 入門 포오트란 入門 알기쉬운 電子計算機외 3권
동일출판사	送配電工學, 發變電工學, 시스템 解析理論 電力系統의 解析과 運用 알기쉬운 컴퓨터지식 전자계산기의 원리와 구조, 신편 전자계산기 시스템 신편 전력공학, 전력공학연습, 신편 전력계통공학 알기쉬운 전기의 세계

최신 **송배전공학**

발　　행 / 2022년 6월 28일

•

저　　자 / 송 길 영
펴 낸 이 / 정 창 희
펴 낸 곳 / 동일출판사
주　　소 / 서울시 강서구 곰달래로31길7 (2층)
전　　화 / 02) 2608-8250
팩　　스 / 02) 2608-8265
등록번호 / 제109-90-92166호

•

이 책의 어느 부분도 동일출판사 발행인의 승인문서 없이 사진 복사 및 정보 재생 시스템을 비롯한 다른 수단을 통해 복사 및 재생하여 이용할 수 없습니다.

ISBN 978-89-381-1498-3 93560
값 / 32,000원